UMA INTRODUÇÃO CONCISA À MECÂNICA DOS FLUIDOS

Blucher

BRUCE R. MUNSON
DONALD F. YOUNG
Departamento de Engenharia Aeroespacial e Mecânica Aplicada

THEODORE H. OKIISHI
Departamento de Engenharia Mecânica

UNIVERSIDADE ESTADUAL DE IOWA
Ames, Iowa, Estados Unidos da América

UMA INTRODUÇÃO CONCISA À MECÂNICA DOS FLUIDOS

Tradução da 2.ª edição americana

Tradução:
Eng. Euryale de Jesus Zerbini
Professor Doutor do Departamento de Engenharia Mecânica
Escola Politécnica da Universidade de São Paulo
Integral Engenharia, Estudos e Projetos

A BRIEF INTRODUCTION TO FLUID MECHANICS
A segunda edição em língua inglesa foi publicada
pela JOHN WILEY & SONS, INC.

Uma introdução concisa à mecânica dos fluidos

4ª reimpressão - 2017

Blucher

Rua Pedroso Alvarenga, 1245, 4º andar
04531-934 - São Paulo - SP - Brasil
Tel.: 55 11 3078-5366
contato@blucher.com.br
www.blucher.com.br

FICHA CATALOGRÁFICA

Munson, Bruce R.
Uma introdução concisa à mecânica dos fluidos / Bruce R. Munson, Donald F. Young, Theodore H. Okiishi; tradução da 4ª edição americana Euryale de Jesus Zerbini - São Paulo: Blucher, 2005.

Título original: A brief introduction to fluid mechanics

ISBN 978-85-212-0360-5

1. Mecânica dos fluidos I. Young, Donald F. II. Okiishi, Theodore H. III. Título

05-0319 CDD-620.106

Índices para catálogo sistemático:
1. Mecânica dos fluidos: Engenharia 620.106

Prefácio

A segunda edição da *Introdução Concisa à Mecânica dos Fluidos* continua sendo uma versão abreviada do nosso livro *Fundamentos da Mecânica dos Fluidos* (que também foi publicado pela Ed. Edgard Blücher). Esta última obra tem sido muito bem recebida pelos estudantes e colegas mas apresenta um conteúdo muito maior do que aquele que pode ser coberto num curso típico de graduação sobre mecânica dos fluidos. A análise dos vários livros texto sobre mecânica dos fluidos publicados nas ultimas décadas revela que a tendência é a elaboração de obras cada vez maiores. Este fato é compreensível porque o nosso conhecimento da mecânica dos fluidos tem crescido continuamente e todos desejam incluir algum aspecto novo aqueles que são normalmente analisados nos cursos clássicos de graduação. Infelizmente, um dos perigos criados por essa tendência é que os livros sobre mecânica dos fluidos ficaram enormes e podem intimidar os alunos que estão iniciando sua formação. Além disso, esses mesmos alunos podem se perder no estudo de material periférico e, assim, a análise dos princípios básicos da mecânica dos fluidos fica prejudicada. Considerando esta situação, nós nos propusemos a elaborar um livro texto conciso que aborda os conceitos básicos da mecânica dos fluidos com um enfoque moderno. O material apresentado nessa nova edição ainda continua sendo maior do que aquele que pode ser ministrado num curso semestral de graduação típico sobre mecânica dos fluidos. Nós realizamos todos os esforços para reter as características principais do nosso livro original apesar de apresentarmos o material essencial de modo mais conciso e dirigido. Nós acreditamos que este livro será de grande valia para o aluno que inicia seus estudos na área da mecânica dos fluidos.

Nós utilizamos a primeira edição deste livro em muitos cursos introdutórios à mecânica dos fluidos. As alterações realizadas nesta segunda edição foram baseadas nos resultados desta experiência e nas sugestões de vários revisores, colegas e alunos. As principais alterações realizadas foram a inclusão de um capítulo sobre máquinas de fluxo, a proposição de muitos problemas novos e vários trechos de vídeos que ilustram diversos aspectos da mecânica dos fluidos. Este material poderá ser obtido no site: www.blucher.com.br.

Um de nossos objetivos ao escrever este livro é o de apresentar a mecânica dos fluidos como realmente ela é – uma disciplina muito útil e empolgante. Tendo esse objetivo em vista, nós incluímos muitas análises de problemas cotidianos que envolvem escoamentos. Nesta edição nós apresentamos detalhadamente a análise de centena de exemplos e o conjunto de problemas propostos foi reformulado. Os problemas que podem ser resolvidos e analisados com o uso de calculadoras programáveis, ou com computadores, estão devidamente identificados. Muitos problemas abertos também foram incluídos na maioria dos capítulos desta edição. A solução dos problemas abertos requer uma análise crítica, a formulação de hipóteses e a adoção de dados. Assim, os estudantes são estimulados a utilizar estimativas razoáveis ou obter informações adicionais fora da sala de aula. Os problemas abertos também são identificados facilmente. Outra nova característica é a inclusão de problemas do tipo encontrado em laboratórios didáticos de mecânica dos fluidos. Estes problemas são baseados em dados experimentais reais e o aluno é convidado a realizar uma análise detalhada de um problema similar ao encontrado num laboratório didático típico. Nós acreditamos que este tipo de problema é particularmente importante para o desenvolvimento de um curso de mecânica dos fluidos que não conta com uma parte experimental. Estes problemas estão localizados na parte final dos capítulos e também podem ser identificados facilmente.

Os quatro primeiros capítulos desta edição apresentam ao estudante os aspectos fundamentais dos escoamentos, por exemplo: as propriedades importantes dos fluidos, regimes de escoamento, variações de pressão em fluidos escoando ou em repouso, cinemática dos fluidos e métodos utilizados na descrição e análise dos escoamentos. A equação de Bernoulli é introduzida no Capítulo 3. Isto foi feito para chamar a atenção sobre a inter-relação entre a distribuição de pressão no campo de escoamento e o movimento do fluido.

Os Capítulos 5, 6 e 7 expandem o método básico de análise geralmente utilizado para resolver, ou começar a resolver, os problemas de mecânica dos fluidos. Nós enfatizamos o entendimento do fenômeno físico, a descrição matemática do fenômeno e como se devem utilizar os volumes de controle diferenciais e os integrais. Nós veremos que, em muitos casos, a análise matemática é insuficiente para analisar um escoamento. Assim, torna-se necessária a utilização de dados experimentais para fechar (resolver) o problema. Por este motivo, o Capítulo 7 apresenta as vantagens da utilização da análise dimensional e da similaridade para organizar os dados experimentais, para o planejamento experimental e, também, as técnicas básicas envolvidas nestes procedimentos.

Os Capítulos 8, 9 e 10 oferecem ao estudante a oportunidade de aplicar os princípios vistos ao longo do texto, introduzem muitas noções adicionais importantes (camada limite, transição de escoamento laminar para turbulento, separação do escoamento etc.) e mostram muitas aplicações práticas da mecânica dos fluidos (escoamento em tubos, escoamento em canais abertos, medições em escoamentos, arrasto e sustentação).

A maior característica nova desta segunda edição é a adição do Capítulo 11 – Máquinas de Fluxo. Neste novo capítulo, de acordo com a filosofia geral deste texto, é dada ênfase aos aspectos fundamentais da mecânica dos fluidos associados aos escoamentos em máquinas de fluxo (é dada uma ênfase particular na análise dos escoamentos em bombas e turbinas).

Está disponível no site www.blucher.com.br setenta e cinco trechos de vídeos que ilustram vários aspectos da mecânica dos fluidos. Grande parte dos fenômenos mostrados nos vídeos estão relacionados com dispositivos simples e conhecidos. Nós também associamos um texto curto a cada vídeo para indicar o tópico que está sendo demonstrado. A disponibilidade de um trecho de vídeo relacionado ao assunto que está sendo tratado é indicada pelo símbolo ⊙. O número que acompanha o símbolo identifica o trecho de vídeo em questão (por exemplo, ⊙ 2.3 se refere ao trecho de vídeo 3 no Capítulo 2). Muitos dos problemas novos do livro utilizam informações presentes nos trechos de vídeo. Assim, os estudantes podem associar mais claramente o problema específico com o fenômeno relevante. Os problemas relacionados aos trechos de vídeo também podem ser identificados facilmente. Nesta edição, os Capítulos Escoamento em Canal Aberto e Máquinas de Fluxo estão disponíveis no site www.blucher.com.br.

Nós expressamos nossos agradecimentos a todos os colegas que nos ajudaram a desenvolver este livro. Nós também estamos em débito com os revisores abaixo relacionados (da segunda edição) pelos comentários e sugestões propostas:

Prof. Frank Chambers
Oklahoma State University

Prof. Robert Medrow
University of Missouri

Prof. Ronald Flack
University of Virginia

Prof. Dick Desautel
San Jose State University

Prof. Doyle Knight
Rutgers University

Prof. Young Cho
Drexel University

Finalmente, nós agradecemos nossas famílias pelo estímulo e apoio contínuo durante a preparação desta segunda edição.

Nós temos a esperança que os alunos gostem da nossa abordagem da mecânica dos fluidos e que considerem agradável a apresentação do material exposto. O nosso objetivo tem sido o de desenvolver um texto introdutório que apresenta de modo claro os aspectos essenciais da mecânica dos fluidos. Nós agradecemos antecipadamente todas as suas sugestões para o aperfeiçoamento deste livro texto.

Donald F. Young
Bruce R. Munson
Theodore H. Okiishi

CONTEÚDO

5 Análise com Volumes de Controle Finitos

6 Análise Diferencial dos Escoamentos

No site www.blucher.com.br

Introdução 1

A mecânica dos fluidos é a parte da mecânica aplicada que se dedica à análise do comportamento dos líquidos e gases tanto em equilíbrio quanto em movimento. Obviamente, o escopo da mecânica dos fluidos abrange um vasto conjunto de problemas. Por exemplo, estes podem variar do estudo do escoamento de sangue nos capilares (que apresentam diâmetro da ordem de poucos mícrons) até o escoamento de petróleo através de um oleoduto (o do Alaska apresenta diâmetro igual a 1,2 m e comprimento aproximado de 1300 km). Os princípios da mecânica dos fluidos são necessários para explicar porque o vôo dos aviões com formato aerodinâmico e com superfícies lisas é mais eficiente e também porque a superfície das bolas de golfe deve ser rugosa. É muito provável que, durante a sua carreira de engenheiro, você utilizará vários conceitos da mecânica dos fluidos na análise e no projeto dos mais diversos equipamentos e sistemas. Assim, torna-se muito importante que você tenha um bom conhecimento desta disciplina. Nós esperamos que este texto introdutório lhe proporcione uma base sólida nos aspectos fundamentais da mecânica dos fluidos.

1.1 Algumas Características dos Fluidos

Uma das primeiras questões que temos de explorar é – o que é um fluido? Outra pergunta pertinente é – quais são as diferenças entre um sólido e um fluido? Todas as pessoas, no mínimo, tem uma vaga idéia destas diferenças. Um sólido é "duro" e não é fácil deformá-lo enquanto um fluido é "mole" e é muito fácil deformá-lo (nós podemos nos movimentar no ar !). Estas observações sobre as diferenças entre sólidos e fluidos, apesar de serem um tanto descritivas, não são satisfatórias do ponto de vista científico ou da engenharia. Entretanto, nós também podemos distingui-los a partir dos seus comportamentos (como eles deformam) sob a ação de uma carga externa. Especificamente, um fluido é definido como a substância que deforma continuamente quando submetida a uma tensão de cisalhamento de qualquer valor. A tensão de cisalhamento (força por unidade de área) é criada quando uma força atua tangencialmente numa superfície. Considere um sólido comum, tal como o aço ou outro metal, submetido a uma determinada tensão de cisalhamento. Inicialmente, o sólido deforma (normalmente a deformação provocada pela tensão é muito pequena) mas não escoa (deformação contínua). Entretanto, os fluidos comuns (como a água, óleo, ar etc.) satisfazem a definição apresentada, ou seja, eles escoarão quando submetidos a qualquer tensão de cisalhamento. Alguns materiais, como o alcatrão e a pasta de dente, não podem ser classificados facilmente porque se comportam como um sólido quando submetidos a tensões de cisalhamento pequenas e se comportam como um fluido quando a tensão aplicada excede um certo valor crítico. O estudo de tais materiais é denominado reologia e não pertence a mecânica dos fluidos dita "clássica". Neste livro nós só lidaremos com fluidos que se comportam de acordo com a definição formulada neste parágrafo.

Apesar da estrutura molecular dos fluidos ser importante para distinguir um fluido de outro, não é possível descrever o comportamento dos fluidos, em equilíbrio ou em movimento, a partir da dinâmica individual de suas moléculas. Mais precisamente, nós caracterizaremos o comportamento dos fluidos considerando os valores médios, ou macroscópicos, das quantidades de interesse. Note que esta média deve ser avaliada em um volume pequeno mas que ainda contém um número muito grande de moléculas. Assim, quando afirmamos que a velocidade num ponto do escoamento vale um certo valor, na verdade, nós estamos indicando a velocidade média das moléculas que ocupam um pequeno volume que envolve o ponto considerado. Este volume deve ser pequeno em relação as dimensões físicas do sistema que estamos analisando mas deve ser grande quando comparado com a distância média intermolecular.

Tabela 1.1 Dimensões Associadas a Algumas Quantidades Físicas Usuais

	Sistema *FLT*	Sistema *MLT*
Aceleração	LT^{-2}	LT^{-2}
Aceleração angular	T^{-2}	T^{-2}
Ângulo	$F^0L^0T^0$	$M^0L^0T^0$
Área	L^2	L^2
Calor	FL	ML^2T^{-2}
Calor específico	$L^2T^{-2}\Theta^{-1}$	$L^2T^{-2}\Theta^{-1}$
Comprimento	L	L
Deformação (relativa)	$F^0L^0T^0$	$M^0L^0T^0$
Energia	FL	ML^2T^{-2}
Força	F	MLT^{-2}
Freqüência	T^{-1}	T^{-1}
Massa	$FL^{-1}T^2$	M
Massa específica	$FL^{-4}T^2$	ML^{-3}
Módulo de elasticidade	FL^{-2}	$ML^{-1}T^{-2}$
Momento de inércia (área)	L^4	L^4
Momento de inércia (massa)	FLT^2	ML^2
Momento de uma força	FL	ML^2T^{-2}
Peso específico	FL^{-3}	$ML^{-2}T^{-2}$
Potência	FLT^{-1}	ML^2T^{-3}
Pressão	FL^{-2}	$ML^{-1}T^{-2}$
Quantidade de movimento	FT	MLT^{-1}
Temperatura	Θ	Θ
Tempo	T	T
Tensão	FL^{-2}	$ML^{-1}T^{-2}$
Tensão superficial	FL^{-1}	MT^{-2}
Torque	FL	ML^2T^{-2}
Trabalho	FL	ML^2T^{-2}
Velocidade	LT^{-1}	LT^{-1}
Velocidade angular	T^{-1}	T^{-1}
Viscosidade cinemática	L^2T^{-1}	L^2T^{-1}
Viscosidade dinâmica	$FL^{-2}T$	$ML^{-1}T^{-1}$
Volume	L^3	L^3

Nós vamos considerar que todas as características dos fluidos que estamos interessados (pressão, velocidade etc.) variam continuamente através do fluido – ou seja, nós trataremos o fluido como um meio contínuo. Este conceito será válido em todas as circunstâncias consideradas neste texto.

1.2 Dimensões, Homogeneidade Dimensional e Unidades

O estudo da mecânica dos fluidos envolve uma variedade de características. Assim, torna-se necessário desenvolver um sistema para descrevê-las de modo qualitativo e quantitativo. O aspecto qualitativo serve para identificar a natureza, ou tipo, da característica (como comprimento, tempo, tensão e velocidade) enquanto o aspecto quantitativo fornece uma medida numérica para a característica. A descrição quantitativa requer tanto um número quanto um padrão para que as várias quantidades possam ser comparadas. O padrão para o comprimento pode ser o metro ou a polegada, para o tempo pode ser a hora ou o segundo e para a massa pode ser o quilograma ou a libra. Tais padrões são chamados unidades e nós veremos, na próxima seção, alguns dos vários sistemas de unidades que estão sendo utilizados. A descrição qualitativa é convenientemente realizada quando utilizamos certas quantidades primárias (como o comprimento, L, tempo, T, massa, M, e temperatura, Θ). Estas quantidades primárias podem ser combinadas e utilizadas para descrever, qualitativamente, outras quantidades ditas secundárias, por exemplo: área $\doteq L^2$, velocidade $\doteq LT^{-1}$ e massa específica $\doteq ML^{-3}$. O símbolo $\doteq$ é utilizado para indicar a dimensão da quantidade secundária em função das dimensões das quantidades primárias. Assim, nós podemos descrever qualitativamente a velocidade, V, do seguinte modo

$$V \doteq LT^{-1}$$

e dizer que a dimensão da velocidade é igual a comprimento dividido pelo tempo. As quantidades primárias também são denominadas dimensões básicas.

É interessante notar que são necessárias apenas três dimensões básicas (L, T e M) para descrever um grande número de problemas da mecânica dos fluidos. Nós também podemos utilizar um conjunto de dimensões básicas composto por L, T e F onde F é a dimensão da força. Isto é possível porque a 2ª lei de Newton estabelece que a força é igual a massa multiplicada pela aceleração, ou seja, em termos qualitativos, esta lei pode ser expressa por $F \doteq MLT^{-2}$ ou $M \doteq FL^{-1}T^2$. Assim, as quantidades secundárias expressas em função de M também podem ser expressas em função de F através da relação anterior. Por exemplo, a dimensão da tensão, σ, é força por unidade de área, $\sigma \doteq FL^{-2}$, mas uma equação dimensional equivalente é $\sigma \doteq ML^{-1}T^{-2}$. A Tab. 1.1 apresenta as dimensões das quantidades físicas normalmente utilizadas na mecânica dos fluidos.

Todas as equações teóricas são dimensionalmente homogêneas, ou seja, as dimensões dos lados esquerdo e direito da equação são iguais e todos os termos aditivos separáveis que compõe a equação precisam apresentar a mesma dimensão. Nós aceitamos como premissa fundamental que todas as equações que descrevem os fenômenos físicos são dimensionalmente homogêneas. Se isto não for verdadeiro, nós estaremos igualando quantidades físicas diversas e isto não faz sentido. Por exemplo, a equação para a velocidade de um corpo uniformemente acelerado é

$$V = V_0 + at \quad \textbf{(1.1)}$$

onde V_0 é a velocidade inicial, a é a aceleração e t é o intervalo de tempo. Em termos dimensionais, a forma desta equação é

$$LT^{-1} \doteq LT^{-1} + LT^{-1}$$

Assim, nós concluímos que a Eq. 1.1 é dimensionalmente homogênea.

Algumas equações verdadeiras contém constantes que apresentam dimensionalidade. Por exemplo, sob certas condições, a equação para a distância, d, percorrida por um corpo que cai em queda livre pode ser expressa por

$$d = 4{,}9\,t^2 \quad \textbf{(1.2)}$$

Um teste dimensional desta equação revela que a constante precisa apresentar dimensão LT^{-2} para que a equação seja dimensionalmente homogênea. De fato, a Eq. 1.2 é uma forma particular da conhecida equação da física clássica que descreve o movimento dos corpos em queda livre,

$$d = \frac{g\,t^2}{2} \quad \textbf{(1.3)}$$

onde g é a aceleração da gravidade. É importante observar que a Eq. 1.3 é dimensionalmente homogênea e válida em qualquer sistema de unidades. Já a Eq. 1.2 só é válida se $g = 9{,}8$ m/s^2 e se o sistema de unidades for baseado no metro e no segundo. As equações que estão restritas a um sistema particular de unidades são conhecidas como equações homogêneas restritas e, em oposição, as equações que são válidas em qualquer sistema de unidades são conhecidas como equações homogêneas gerais. A discussão precedente indica um aspecto elementar, mas importante, da utilização do conceito de dimensões: é possível determinar a generalidade de uma equação a partir da análise das dimensões dos vários termos da equação. O conceito de dimensão é fundamental para a análise dimensional (uma ferramenta muito poderosa que será considerada detalhadamente no Cap. 7).

Exemplo 1.1

A equação usualmente utilizada para determinar a vazão em volume, Q, do escoamento de líquido através de um orifício localizado na lateral de um tanque é

$$Q = 0{,}61A\sqrt{2gh}$$

onde A é a área do orifício, g é a aceleração da gravidade e h é a altura da superfície livre do líquido em relação ao orifício. Investigue a homogeneidade dimensional desta equação.

Solução As dimensões dos componentes da equação são:

$$Q = \text{volume/tempo} \doteq L^3T^{-1} \qquad A = \text{área} \doteq L^2$$

$$g = \text{aceleração da gravidade} \doteq LT^{-2} \qquad h = \text{altura} \doteq L$$

Se substituirmos estes termos na equação, obtemos a forma dimensional, ou seja,

$$(L^3T^{-1}) \doteq (0{,}61)(L^2)(\sqrt{2})(LT^{-2})^{1/2}(L)^{1/2}$$

ou

$$(L^3T^{-1}) \doteq [(0{,}61)(\sqrt{2})](L^3T^{-1})$$

Este resultado mostra que a equação é dimensionalmente homogênea (os dois lados da equação apresentam a mesma dimensão L^3T^{-1}) e que as constantes (0,61 e $\sqrt{2}$) são adimensionais.

Agora, se é necessário utilizar esta relação repetitivamente, nós somos tentados a simplificá-la trocando g pelo valor da aceleração da gravidade padrão (9,81 m/s^2). Assim,

$$Q = 2{,}70A\sqrt{h} \qquad \textbf{(1)}$$

Uma verificação rápida das dimensões nesta equação revela que

$$(L^3T^{-1}) \doteq (2{,}70)(L^{5/2})$$

Então, a equação expressa como Eq. 1 só pode ser dimensionalmente correta se o número 2,70 apresentar dimensão $L^{1/2}T^{-1}$. O significado da constante (número) de uma equação, ou fórmula, apresentar dimensões é que seu valor depende do sistema de unidades utilizado. Assim, para o caso considerado (a unidade de comprimento é o metro e a de tempo é o segundo), o número 2,70 apresenta unidade m$^{1/2}$/s. A Eq. 1 somente fornecerá o valor correto de Q (em m^3/s) quando A for expresso em metros quadrados e a altura h em metros. Assim, a Eq. 1 é uma equação dimensionalmente restrita enquanto que a equação original é uma equação homogênea geral (porque é válida em qualquer sistema de unidades). Uma verificação rápida das dimensões dos vários termos da equação é uma prática muito indicada e sempre útil na eliminação de erros. Lembre que todas as equações que apresentam significado físico precisam ser dimensionalmente homogêneas. Nós abordamos superficialmente alguns aspectos da utilização das unidades neste exemplo e, por este motivo, vamos considerá-los novamente na próxima seção.

1.2.1 Sistemas de Unidades

Normalmente, além de termos que descrever qualitativamente uma quantidade, é necessário quantificá-la. Por exemplo, a afirmação – nós medimos a largura desta página e concluímos que ela apresenta 10 unidades de largura – não tem significado até que a unidade de comprimento seja definida. Nós estabeleceremos um sistema de unidade para o comprimento quando indicarmos que a unidade de comprimento é o metro e definirmos o metro como um comprimento padrão (agora é

Tabela 1.2 Fatores de Conversão dos Sistemas Britânicos de Unidades para o SI [a]

	Para converter de	**para**	**Multiplique por**
Aceleração	ft / s^2	m / s^2	3,048 E–1
Área	ft^2	m^2	9,290 E–2
Comprimento	ft	m	3,048 E–1
	in	m	2,540 E–2
	milha	m	1,609 E+3
Energia	Btu	J	1,055 E+3
	ft · lbf	J	1,356
Força	lbf	N	4,448
Massa	lbm	kg	4,536 E–1
	slug	kg	1,459 E+1
Massa específica	lbm / ft^3	kg / m^3	1,602 E+1
	slugs / ft^3	kg / m^3	5,154 E+2
Peso específico	lbf / ft^3	N / m^3	1,571 E+2
Potência	ft · lbf / s	W	1,356
	hp	W	7,457 E+2
Pressão	in. Hg (60 °F)	N / m^2	3,377 E+3
	lbf / ft^2 (psf)	N / m^2	4,788 E+1
	lbf / in^2 (psi)	N / m^2	6,895 E+3
Temperatura	°F	°C	$T_c = 5 / 9\ (T_F - 32)$
	°R	K	5,556 E–1
Vazão em volume	ft^3 / s	m^3 / s	2,832 E–2
	galão / minuto (gpm)	m^3 / s	6,309 E–5
Velocidade	ft / s	m / s	3,048 E–1
	milha / hora	m / s	4,470 E–1
Viscosidade cinemática	ft^2 / s	m^2 / s	9,290 E–2
Viscosidade dinâmica	$lbf \cdot s / ft^2$	$N \cdot s / m^2$	4,788 E+1

[a] O Apen. A contém uma tabela de conversão de unidades mais precisa.

possível atribuir um valor numérico para a largura da página). Adicionalmente ao comprimento, é necessário estabelecer uma unidade para cada uma das quantidades físicas básicas que são importantes nos nossos problemas (força, massa, tempo e temperatura). Existem vários sistemas de unidades em uso mas nós consideraremos apenas dois dos mais utilizados na engenharia.

Sistema Britânico Gravitacional. Neste sistema, a unidade de comprimento é o pé (ft), a unidade de tempo é o segundo (s), a unidade de força é a libra força (lbf), a unidade de temperatura é o grau Fahrenheit (°F) (ou o grau Rankine (°R) quando a temperatura é absoluta). Estas duas unidades de temperatura estão relacionadas através da relação

$$°R = °F + 459{,}67$$

A unidade de massa, conhecida como *slug*, é definida pela da segunda lei de Newton (força = massa × aceleração). Assim,

$$1 \text{ lbf} = (1 \textit{ slug})\ (1 \text{ ft} / s^2)$$

Esta relação indica que uma força de 1 libra atuando sobre a massa de 1 *slug* provocará uma aceleração de 1 ft/s^2.

O peso W (que é a força devida a aceleração da gravidade) de uma massa m é dado pela equação

$$W = m\,g$$

No sistema britânico gravitacional,

$$W\,(\text{lbf}) = m\,(slugs)\,g\,(\text{ft}\,/\,\text{s}^2)$$

Como a aceleração da gravidade padrão é igual a 32,174 ft/s², temos que a massa de 1 *slug* pesa 32,174 lbf no campo gravitacional padrão (normalmente este valor é aproximado para 32,2 lbf).

Sistema Internacional (SI). A décima-primeira Conferência Geral de Pesos e Medidas (1960), organização internacional responsável pela manutenção de normas precisas e uniformes de medidas, adotou oficialmente o Sistema Internacional de Unidades. Este sistema, conhecido como SI, tem sido adotado em quase todo o mundo e espera-se que todos países o utilizem a longo prazo. Neste sistema, a unidade de comprimento é o metro (m), a de tempo é o segundo (s), a de massa é o quilograma (kg) e a de temperatura é o kelvin (K). A escala de temperatura Kelvin é absoluta e está relacionada com a escala Celsius (ºC) através da relação

$$K = {}^{\circ}C + 273{,}15$$

Tabela 1.3 Fatores de Conversão do SI para os Sistemas Britânicos de Unidades [a]

	Para converter de	para	Multiplique por
Aceleração	m / s^2	ft / s^2	3,281
Área	m^2	ft^2	1,076 E+1
Comprimento	m	ft	3,281
	m	in	3,937 E+1
	m	milha	6,214 E–4
Energia	J	Btu	9,478 E–4
	J	ft · lbf	7,376 E–1
Força	N	lbf	2,248 E–1
Massa	kg	lbm	2,205
	kg	*slug*	6,852 E–2
Massa específica	kg / m^3	lbm / ft^3	6,243 E–2
	kg / m^3	*slugs* / ft^3	1,940 E–3
Peso específico	N / m^3	lbf / ft^3	6,366 E–3
Potência	W	ft · lbf / s	7,376 E–1
	W	hp	1,341 E–3
Pressão	N / m^2	in. Hg (60 ºF)	2,961 E–4
	N / m^2	lbf / ft^2 (psf)	2,089 E–2
	N / m^2	lbf / in^2 (psi)	1,450 E–4
Temperatura	ºC	ºF	$T_F = 1{,}8\,T_C + 32$
	K	ºR	1,800
Vazão em volume	m^3 / s	ft^3 / s	3,531 E+1
	m^3 / s	galão / minuto (gpm)	1,585 E+4
Velocidade	m / s	ft / s	3,281
	m / s	milha / hora	2,237
Viscosidade cinemática	m^2 / s	ft^2 / s	1,076 E+1
Viscosidade dinâmica	$N \cdot s / m^2$	$lbf \cdot s / ft^2$	2,089 E–2

[a] O Apen. A contém uma tabela de conversão de unidades mais precisa.

Apesar da escala Celsius não pertencer ao SI, é usual especificar a temperatura em graus Celsius quando estamos trabalhando no SI.

A unidade de força no SI é o newton (N) e é definida com a segunda lei de Newton, ou seja,

$$1 \text{ N} = (1 \text{ kg})\,(1 \text{ m} / \text{s}^2)$$

Assim, uma força de 1 N atuando numa massa de 1 kg provocará uma aceleração de 1 m/s^2. O módulo da aceleração da gravidade padrão no SI é 9,807 m/s^2 (normalmente nós aproximamos este valor para 9,81 m/s^2). Se adotarmos esta aproximação, a massa de 1 kg pesa 9,81 N sob a ação da gravidade padrão. Note que o peso e a massa são diferentes tanto qualitativamente como quantitativamente. A unidade de trabalho no SI é o joule (J). Um joule é o trabalho realizado quando o ponto de aplicação de uma força de 1 N é deslocado 1 m na direção de aplicação da força, ou seja,

$$1 \text{ J} = 1 \text{ N} \cdot \text{m}$$

A unidade de potência no SI é o watt (W). Ela é definida como um joule por segundo.

$$1 \text{ W} = 1 \text{ J} / \text{s} = 1 \text{ N} \cdot \text{m} / \text{s}$$

Vários prefixos são utilizados para indicar os múltiplos e as frações das unidades que compõe o SI. Por exemplo, a notação kN deve ser lida como "kilonewtons" e significa 10^3 N. De modo análogo, mm indica "milímetros", ou seja, 10^{-3} m. O centímetro não é aceito como unidade de comprimento no SI. Assim, os comprimentos serão expressos em milímetros ou metros.

As Tabs. 1.2 e 1.3 apresentam um conjunto de fatores de conversão para as unidades normalmente encontradas na mecânica dos fluidos. Note que a notação exponencial foi utilizada para apresentar os fatores de conversão das tabelas. Por exemplo, o número 5,154 E+2 é equivalente a $5{,}154 \times 10^2$ na notação científica e o número 2,832 E–2 é equivalente a $2{,}832 \times 10^{-2}$. Uma tabela com vários fatores de conversão de unidades está disponível no Apen. A.

1.3 Análise do Comportamento dos Fluidos

Nós utilizamos no estudo da mecânica dos fluidos as mesmas leis fundamentais que você estudou nos cursos de física e mecânica. Entre estas leis nós podemos citar as do movimento de Newton, a de conservação da massa, a primeira e a segunda lei da termodinâmica. Assim, existem grandes similaridades entre a abordagem geral da mecânica dos fluidos e a da mecânica dos corpos rígidos e deformáveis. Isto é alentador porque muitos dos conceitos e procedimentos de análise utilizados na mecânica dos fluidos são iguais aos que você já utilizou em outros cursos.

A mecânica dos fluidos pode ser subdividida no estudo da estática dos fluidos, onde o fluido está em repouso, e na dinâmica dos fluidos, onde o fluido está em movimento. Nos próximos capítulos nós consideraremos estas duas grandes áreas detalhadamente. Entretanto, antes de prosseguirmos no assunto, será necessário definir e discutir certas propriedades dos fluidos (as que definem o seu comportamento). É óbvio que fluidos diferentes podem apresentar características muito distintas. Por exemplo, os gases são leves e compressíveis enquanto os líquidos são pesados (em relação aos gases) e relativamente incompressíveis. Um escoamento de mel de um reservatório é bem mais lerdo do que o escoamento de água do mesmo reservatório. Assim, torna-se necessário definir certas propriedades para quantificar estas diferenças. Nós consideraremos, nas próximas seções, as propriedades que são importantes na análise do comportamento dos fluidos.

1.4 Medidas da Massa e do Peso dos Fluidos

1.4.1 Massa Específica

A massa específica de uma substância, designada por ρ, é definida como a massa de substância contida numa unidade de volume (a unidade da massa específica no SI é kg/m^3). Esta propriedade é normalmente utilizada para caracterizar a massa de um sistema fluido.

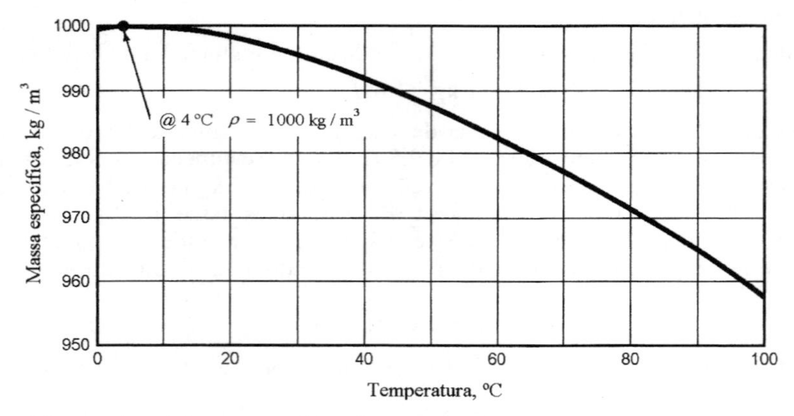

Figura 1.1 Massa específica da água em função da temperatura.

Os diversos fluidos podem apresentar massas específicas bastante distintas. Normalmente, a massa específica dos líquidos é pouco sensível as variações de pressão e de temperatura. Por exemplo, a Fig. 1.1 apresenta um gráfico da massa específica da água em função da temperatura. Já a Tab. 1.4 apresenta um conjunto de valores de massa específica para vários líquidos. De modo diferente dos líquidos, a massa específica dos gases é fortemente influenciada tanto pela pressão quanto pela temperatura e esta diferença será discutida na próxima seção.

O volume específico, v, é o volume ocupado por uma unidade de massa da substância considerada. Note que o volume específico é o recíproco da massa específica, ou seja,

$$v = \frac{1}{\rho} \tag{1.4}$$

Tab. 1.4 Propriedades Físicas Aproximadas de Alguns Líquidos [a]

	Temperatura (°C)	Massa Específica ρ (kg/m^3)	Viscosidade Dinâmica μ ($N \cdot s/m^2$)	Tensão Superficial [b], σ (N / m)	Pressão de Vapor, p_v [N/m^2 (abs)]	Compressibilidade [c] E_v (N/m^2)
Tetracloreto de Carbono	20	1590	9,58 E−4	2,69 E−2	1,3 E+4	1,31 E+9
Álcool Etílico	20	789	1,19 E−3	2,28 E−2	5,9 E+3	1,06 E+9
Gasolina[d]	15,6	680	3,1 E−4	2,2 E−2	5,5 E+4	1,3 E+9
Glicerina	20	1260	1,50 E+0	6,33 E−2	1,4 E−2	4,52 E+9
Mercúrio	20	13600	1,57 E−3	4,66 E−1	1,6 E−1	2,85 E+10
Óleo SAE 30[d]	15,6	912	3,8 E−1	3,6 E−2	−	1,5 E+9
Água do mar	15,6	1030	1,20 E−3	7,34 E−2	1,77 E+3	2,34 E+9
Água	15,6	999	1,12 E−3	7,34 E−2	1,77 E+3	2,15 E+9

a O peso específico, γ, pode ser calculado multiplicando-se a massa específica pela aceleração da gravidade. A viscosidade cinemática, ν, pode ser obtida dividindo-se a viscosidade dinâmica pela massa específica.

b Em contato com o ar.

c Compressibilidade isoentrópica calculada a partir da velocidade do som.

d Valor típico. As propriedades dos derivados de petróleo variam com a composição.

Tab. 1.5 Propriedades Físicas Aproximadas de Alguns Gases na Pressão Atmosférica Padrão[a]

	Temperatura T (°C)	Massa Específica ρ (kg / m^3)	Viscosidade Dinâmica μ ($N \cdot s / m^2$)	Constante do Gás [b], R ($J / kg \cdot K$)	Razão entre os Calores Específicos [c] k
Ar (padrão)	15	1,23 E+0	1,79 E–5	2,869 E+2	1,40
Dióxido de Carbono	20	1,83 E+0	1,47 E–5	1,889 E+2	1,30
Hélio	20	1,66 E–1	1,94 E–5	2,077 E+3	1,66
Hidrogênio	20	8,38 E–2	8,84 E–6	4,124 E+3	1,41
Metano (gás natural)	20	6,67 E–1	1,10 E–5	5,183 E+2	1,31
Nitrogênio	20	1,16 E+0	1,76 E–5	2,968 E+2	1,40
Oxigênio	20	1,33 E+0	2,04 E–5	2,598 E+2	1,40

a O peso específico, γ, pode ser calculado multiplicando-se a massa específica pela aceleração da gravidade. A viscosidade cinemática, ν, pode ser obtida dividindo-se a viscosidade dinâmica pela massa específica.

b Os valores da constante do gás são independentes da temperatura.

c Os valores da razão entre os calores específicos dependem moderadamente da temperatura.

Normalmente nós não utilizamos o volume específico na mecânica dos fluidos mas esta propriedade é muito utilizada na termodinâmica.

1.4.2 Peso Específico

O peso específico de uma substância, designado por γ, é definido como o peso da substância contida numa unidade de volume. O peso específico está relacionado com a massa específica através da relação

$$\gamma = \rho g \tag{1.5}$$

onde g é a aceleração da gravidade local. Note que o peso específico é utilizado para caracterizar o peso do sistema fluido enquanto a massa específica é utilizada para caraterizar a massa do sistema fluido. A unidade do peso específico no SI é N/m^3. Assim, se o valor da aceleração da gravidade é o padrão (g = 9,807 m/s^2), o peso específico da água a 15,6 °C é 9,8 kN/m^3. A Tab. 1.4 apresenta valores para a massa específica de alguns líquidos. Assim, torna-se fácil obter os valores do peso específico destes líquidos. A Tab. B.1 do Apen. B apresenta um conjunto mais completo de propriedades da água.

1.4.3 Densidade

A densidade de um fluido, designada por SG ("specific gravity"), é definida como a razão entre a massa específica do fluido e a massa específica da água numa certa temperatura. Usualmente, a temperatura especificada é 4 °C (nesta temperatura a massa específica da água é igual a 1000 kg / m^3). Nesta condição,

$$SG = \frac{\rho}{\rho_{H_2O\,@\,4°C}} \tag{1.6}$$

Como a densidade é uma relação entre massas específicas, o valor de SG não depende do sistema de unidades utilizado. É claro que a massa específica, o peso específico e a densidade são interdependentes. Assim, se conhecermos uma das três propriedades, as outras duas podem ser calculadas.

1.5 Lei dos Gases Perfeitos

Os gases são muito mais compressíveis do que os líquidos. Sob certas condições, a massa específica de um gás está relacionada com a pressão e a temperatura através da equação

$$p = \rho R T \tag{1.7}$$

onde p é a pressão absoluta, ρ é a massa específica, T é a temperatura absoluta* e R é a constante do gás. A Eq. 1.7 é conhecida como a lei dos gases perfeitos, ou como a equação de estado para os gases perfeitos, e aproxima o comportamento dos gases reais nas condições normais, ou seja, quando os gases não estão próximos da liquefação.

A pressão num fluido em repouso é definida como a força normal por unidade de área exercida numa superfície plana (real ou imaginária) imersa no fluido e é criada pelo bombardeamento de moléculas de fluido nesta superfície. Assim, a dimensão da pressão é FL^{-2} e sua unidade no SI é N/m^2 (que é a definição do pascal, abreviado como Pa). Já no sistema britânico, a unidade para a pressão mais utilizada é a lbf/in^2 (psi). A pressão que deve ser utilizada na equação de estado dos gases perfeitos é a absoluta, ou seja, a pressão medida em relação a pressão absoluta zero (a pressão que ocorreria no vácuo perfeito). Por convenção internacional, a pressão padrão no nível do mar é 101,33 kPa (abs) ou 14,696 psi (abs). Esta pressão pode ser arredondada para 101,3 kPa (ou 14,7 psi) na maioria dos problemas de mecânica dos fluidos. É habitual, na engenharia, medir as pressões em relação a pressão atmosférica local e, nestas condições, as pressões medidas são denominadas relativas. Assim, a pressão absoluta pode ser obtida a partir da soma da pressão relativa com a pressão atmosférica local. Por exemplo, a pressão de 206,9 kPa (relativa) num pneu é igual a 308,2 kPa (abs) quando o valor da pressão atmosférica for igual ao padrão. A pressão é particularmente importante nos problemas de mecânica dos fluidos e será melhor discutida no próximo capítulo.

A constante do gás, R, que aparece na Eq. 1.7, é função do tipo de gás que está sendo considerado e está relacionada à massa molecular do gás. A Tab. 1.5 apresenta o valor da constante do gás para algumas substâncias. Esta tabela também apresenta um conjunto de valores para a massa específica (referentes a pressão atmosférica padrão e a temperatura que está indicada na tabela). A Tab. B.2 do Apen. B apresenta um conjunto mais completo de propriedades do ar.

Exemplo 1.2

Um tanque de ar comprimido apresenta volume igual a $2{,}38 \times 10^{-2}$ m³. Determine a massa específica e o peso do ar contido no tanque quando a pressão relativa do ar no tanque for igual a 340 kPa. Admita que a temperatura do ar no tanque é igual a 21 °C e que a pressão atmosférica vale 101,3 kPa (abs).

Solução A massa específica do ar pode ser calculada com a lei dos gases perfeitos (Eq. 1.7),

$$\rho = \frac{p}{RT}$$

Assim,

$$\rho = \frac{(340 + 101{,}3) \times 10^3}{(2{,}869 \times 10^2)\,(273{,}15 + 21)} = 5{,}23 \text{ kg/m}^3$$

Note que os valores utilizados para a pressão e para a temperatura são absolutos. O peso, W, do ar contido no tanque é igual a

$$W = \rho\, g\,(\text{volume}) = 5{,}23 \times 9{,}8 \times 2{,}38 \times 10^{-2} = 1{,}22 \text{ N}$$

1.6 Viscosidade

A massa específica e o peso específico são propriedades que indicam o "peso" de um fluido. Estas propriedades não são suficientes para caracterizar o comportamento dos fluidos porque dois fluidos (como a água e o óleo) podem apresentar massas específicas aproximadamente iguais mas se comportar muito distintamente quando escoam. Assim, torna-se aparente que é necessária alguma propriedade adicional para descrever a "fluidez" das substâncias (⦿ 1.1 – Fluidos viscosos).

* Nós utilizaremos T para representar a temperatura nas relações termodinâmicas apesar de T também ser utilizado para indicar a dimensão básica do tempo.

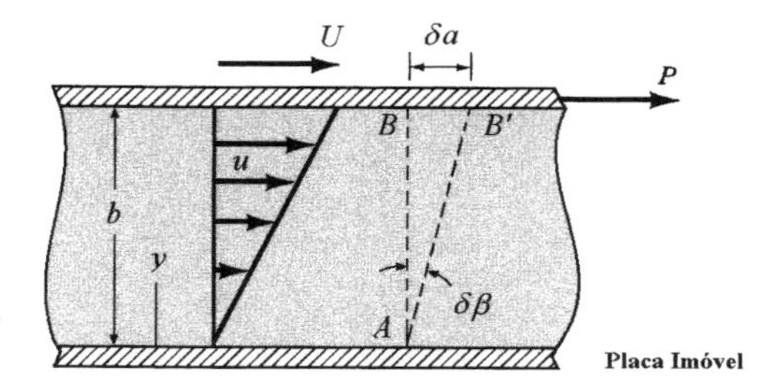

Figura 1.2 Comportamento de um fluido localizado entre duas placas paralelas.

Para determinar esta propriedade adicional, considere o experimento hipotético mostrado na Fig. 1.2. Note que um material é colocado entre duas placas largas e montadas paralelamente. A placa inferior está imobilizada mas a placa superior pode ser movimentada.

Quando a força P á aplicada na placa superior, esta se movimenta continuamente com uma velocidade U e do modo mostrado na Fig. 1.2 (após o término do movimento inicial transitório). Este comportamento é consistente com a definição de fluido, ou seja, se uma tensão de cisalhamento é aplicada num fluido, ele se deformará continuamente. Uma análise mais detalhada do movimento do fluido revelaria que o fluido em contato com a placa superior se move com a velocidade da placa, U, que o fluido em contato com a placa inferior apresenta velocidade nula e que o fluido entre as duas placas se move com velocidade $u = U\,y\,/\,b$ (note que esta velocidade é função só de y, veja a Fig. 1.2). Assim, notamos que existe um gradiente de velocidade, du/dy, no escoamento entre as placas. Neste caso, o gradiente de velocidade é constante porque $du/dy = U\,/\,b$. É interessante ressaltar que isto não será verdadeiro em situações mais complexas. A aderência dos fluidos às fronteiras sólidas tem sido observada experimentalmente e é um fato muito importante na mecânica dos fluidos. Usualmente, esta aderência é referida como a condição de não escorregamento. Todos os fluidos, tanto líquidos e gases, satisfazem esta condição (⦿ 1.2 – Condição de não escorregamento).

Num pequeno intervalo de tempo, δt, uma linha vertical AB no fluido rotaciona um ângulo $\delta\beta$. Assim,

$$\tan \delta\beta \approx \delta\beta = \frac{\delta a}{b}$$

Como $\delta a = U\,\delta t$, segue que

$$\delta\beta = \frac{U\ \delta t}{b}$$

Observe que $\delta\beta$ é função da força P (que determina U) e do tempo. Considere a taxa de variação de $\delta\beta$ com o tempo e definamos a taxa de deformação por cisalhamento, $\dot{\gamma}$, através da relação

$$\dot{\gamma} = \lim_{\delta t \to 0} \frac{\delta\beta}{\delta t}$$

No caso do escoamento entre as placas paralelas, a taxa de deformação por cisalhamento é igual a

$$\dot{\gamma} = \frac{U}{b} = \frac{du}{dy}$$

Se variarmos as condições deste experimento nós verificaremos que a tensão de cisalhamento aumenta se aumentarmos o valor de P (lembre que $\tau = P/A$) e que a taxa de deformação por cisalhamento aumenta proporcionalmente, ou seja,

$$\tau \propto \dot{\gamma} \qquad \text{ou} \qquad \tau \propto \frac{du}{dy}$$

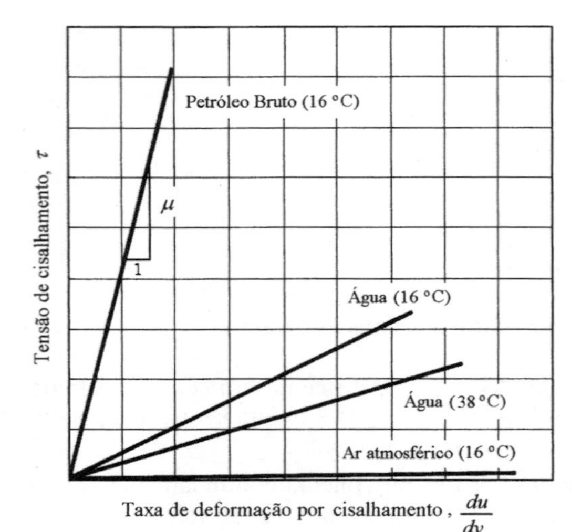

Figura 1.3 Tensão de cisalhamento em função da taxa de deformação por cisalhamento para alguns fluidos.

Este resultado indica que, para fluidos comuns (como a água, óleo, gasolina e ar), a tensão de cisalhamento e a taxa de deformação por cisalhamento (gradiente de velocidade) podem ser relacionadas com uma equação do tipo

$$\tau = \mu \frac{du}{dy} \tag{1.8}$$

onde a constante de proporcionalidade, μ, é denominada viscosidade dinâmica do fluido. De acordo com a Eq. 1.8, os gráficos de τ em função de du/dy devem ser retas com inclinação igual a viscosidade dinâmica e isto está corroborado nas curvas mostradas na Fig. 1.3. O valor da viscosidade dinâmica varia de fluido para fluido e, para um fluido em particular, esta viscosidade depende muito da temperatura. As duas curvas referentes à água da Fig. 1.3 mostram este fato. Os fluidos que apresentam relação linear entre tensão de cisalhamento e taxa de deformação por cisalhamento (também conhecida como taxa de deformação angular) são denominados fluidos newtonianos. A maioria dos fluidos comuns, tanto líquidos como gases, são newtonianos. (⦿ 1.3 – Viscosímetro de tubo capilar). Uma forma mais geral para a Eq. 1.8, que é aplicável a escoamentos mais complexos de fluidos newtonianos, será apresentada na Sec. 6.8.1.

Os fluidos que apresentam relação não linear entre a tensão de cisalhamento e a taxa de deformação por cisalhamento são denominados fluidos não newtonianos (⦿ 1.4 – Comportamento não newtoniano). A análise dos escoamentos desses fluidos está fora do escopo deste livro.

É fácil deduzir, a partir da Eq. 1.8, que a dimensão da viscosidade dinâmica é $F L^{-2} T$. Assim, no SI, a unidade da viscosidade dinâmica é $N{\cdot}s/m^2$. As Tabs. 1.4 e 1.5 apresentam valores desta propriedade para alguns líquidos e gases. A viscosidade dinâmica varia pouco com a pressão e o efeito da variação da pressão sobre o valor da viscosidade normalmente é desprezado. Entretanto, observe que o valor da viscosidade dinâmica é muito sensível as variações de temperatura. Por exemplo, quando a temperatura da água varia de 15 ºC a 38 ºC, a massa específica diminui menos do que 1% mas a viscosidade decresce aproximadamente 40%. Por este motivo, é importante determinar a viscosidade do fluido na temperatura correta da aplicação.

É freqüente, nos problemas de mecânica dos fluidos, a viscosidade dinâmica aparecer combinada com a massa específica do seguinte modo:

$$\nu = \frac{\mu}{\rho}$$

Esta relação define a viscosidade cinemática (que é representada por ν). A dimensão da viscosidade cinemática é L^2/T. Assim, no SI, a unidade desta viscosidade é m^2/s. O Apen B apresenta alguns valores das viscosidades dinâmica e cinemática da água e do ar (Tabs. B.1 e B.2) e também dois gráficos que mostram o modo de variação das viscosidades com a temperatura de alguns fluidos (Figs. B.1 e B.2).

Apesar deste texto utilizar o sistema SI, a viscosidade dinâmica é muitas vezes expressa no sistema métrico CGS de unidades (centímetro - grama - segundo). Neste sistema, a unidade da viscosidade dinâmica é o dina · s / cm² (poise, abreviado por P). Neste mesmo sistema, a unidade da viscosidade cinemática é cm²/s (stoke, abreviado por St).

Exemplo 1.3

Uma combinação de variáveis muito importante no estudo dos escoamentos viscosos em tubos é o número de Reynolds (Re). Este número é definido por $\rho VD/\mu$, onde ρ é a massa específica do fluido que escoa, V é a velocidade média do escoamento, D é o diâmetro do tubo e μ é a viscosidade dinâmica do fluido. Um fluido newtoniano, que apresenta viscosidade dinâmica igual a 0,38 N · s / m² e densidade 0,91, escoa num tubo com 25 mm de diâmetro interno. Sabendo que a velocidade média do escoamento é igual a 2,6 m/s, determine o valor do número de Reynolds.

Solução A massa específica do fluido pode ser calculada a partir da densidade. Assim,

$$\rho = SG\,\rho_{H_2O@4°C} = 0{,}91 \times 1000 = 910\ \text{kg/m}^3$$

O número de Reynolds pode ser calculado a partir de sua definição, ou seja,

$$\text{Re} = \frac{\rho V D}{\mu} = \frac{(910\ \text{kg/m}^3)\,(2{,}6\ \text{m/s})\,(25\times10^{-3}\ \text{m})}{(0{,}38\ \text{N}\cdot\text{s/m}^2)} = 156\,(\text{kg}\cdot\text{m/s}^2)/\text{N}$$

Entretanto, como 1 N = 1 kg·m/s², segue que o número de Reynolds é um adimensional, ou seja,

$$\text{Re} = 156$$

O valor de qualquer adimensional não depende do sistema de unidades utilizado desde que todas as variáveis utilizadas em sua composição forem expressas num sistema de unidades consistente. Os adimensionais tem um papel importante na mecânica dos fluidos. O significado do número de Reynolds, e de outros adimensionais, será discutido detalhadamente no Cap. 7. Note que a viscosidade cinemática, μ/ρ, é a propriedade importante na definição do número de Reynolds.

Exemplo 1.4

A distribuição de velocidade do escoamento de um fluido newtoniano num canal formado por duas placas paralelas e largas (veja a Fig. E1.4) é dada pela equação

$$u = \frac{3V}{2}\left[1 - \left(\frac{y}{h}\right)^2\right]$$

onde V é a velocidade média do escoamento. O fluido apresenta viscosidade dinâmica igual a 1,92 N · s/m². Admitindo que $V = 0.6$ m/s e $h = 5$ mm, determine: (a) a tensão de cisalhamento na parede inferior do canal e (b) a tensão de cisalhamento que atua no plano central do canal.

Solução Para este tipo de escoamento, a tensão de cisalhamento pode ser calculada com a Eq. 1.8,

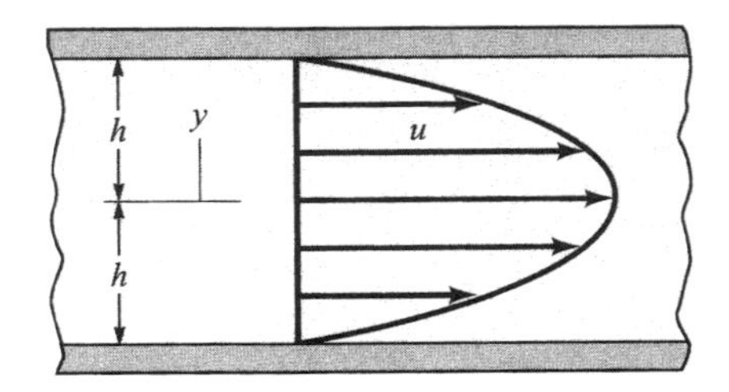

Figura E1.4

$$\tau = \mu \frac{du}{dy} \quad \textbf{(1)}$$

Se a distribuição de velocidade, $u = u(y)$, é conhecida, a tensão de cisalhamento, em qualquer plano, pode ser determinada com o gradiente de velocidade, du/dy. Para a distribuição de velocidade fornecida

$$\frac{du}{dy} = -\frac{3V\,y}{h^2} \quad \textbf{(2)}$$

(a) O gradiente de velocidade na parede inferior do canal, $y = -h$, vale

$$\frac{du}{dy} = \frac{3\,V}{h}$$

e a tensão de cisalhamento vale

$$\tau_{\text{parede inferior}} = \mu\left(\frac{3V}{h}\right) = 1{,}92\,\frac{3\times 0{,}6}{5\times 10^{-3}} = 6{,}91\times 10^{2}\ \text{N/m}^2$$

Esta tensão cria um arraste na parede. Como a distribuição de velocidade é simétrica, a tensão de cisalhamento na parede superior apresenta o mesmo valor, e sentido, da tensão na parede inferior.

(b) No plano médio, $y = 0$, temos (veja a Eq. (2))

$$\frac{du}{dy} = 0$$

Assim, a tensão de cisalhamento neste plano é nula, ou seja,

$$\tau_{\text{plano médio}} = 0$$

Analisando a Eq. 2, nós notamos que o gradiente de velocidade (e, portanto, a tensão de cisalhamento) varia linearmente com y. Neste exemplo, a tensão de cisalhamento varia de 0, no plano central, a 691 N/m^2 nas paredes. Para um caso mais geral, a variação real dependerá da natureza da distribuição de velocidade do escoamento.

1.7 Compressibilidade dos Fluidos

1.7.1 Módulo de Elasticidade Volumétrico (Coeficiente de Compressibilidade)

Uma importante questão a responder quando consideramos o comportamento de um fluido em particular é: Quão fácil é variar o volume de uma certa massa de fluido (e assim a sua massa específica) pelo aumento do valor da pressão? Isto é, quão compressível é o fluido? A propriedade normalmente utilizada para caracterizar a compressibilidade de um fluido é o módulo de elasticidade volumétrico, E_v, que é definido por

$$E_v = -\frac{dp}{d\mathcal{V}/\mathcal{V}} \quad \textbf{(1.9)}$$

onde dp é a variação diferencial de pressão necessária para provocar uma variação diferencial de volume $d\mathcal{V}$ num volume $\mathcal{V}$. O sinal negativo é incluído na definição para indicar que um aumento de pressão resultará numa diminuição do volume considerado. Como um decréscimo no volume de uma dada massa, $m = \rho\mathcal{V}$, resultará num aumento da massa específica, podemos reescrever a Eq. 1.9 do seguinte modo

$$E_v = \frac{dp}{d\rho/\rho} \quad \textbf{(1.10)}$$

A dimensão do módulo de elasticidade volumétrico é FL^{-2}. Assim, no sistema SI, sua unidade é a mesma da pressão, ou seja, N/m² (Pa). Um fluido é relativamente incompressível quando o valor do seu módulo de elasticidade volumétrico é grande, ou seja, é necessária uma grande variação de pressão para criar uma variação muito pequena no volume ocupado pelo fluido. Como esperado, os valores de E_v dos líquidos são grandes (veja a Tab. 1.4). Deste modo, é possível concluir que os líquidos podem ser considerados como incompressíveis na maioria dos problemas da engenharia. O módulo de elasticidade volumétrico dos líquidos aumenta com a pressão mas, normalmente, o que interessa é o seu valor a uma pressão próxima da atmosférica. Usualmente, o módulo de elasticidade volumétrico é utilizado para descrever os efeitos da compressibilidade nos líquidos (mas também poder ser utilizado para descrever o comportamento dos gases).

1.7.2 Compressão e Expansão de Gases

Quando os gases são comprimidos (ou expandidos), a relação entre a pressão e a massa específica depende da natureza do processo. Se a compressão, ou a expansão, ocorre a temperatura constante (processo isotérmico), a Eq. 1.7 fornece

$$\frac{p}{\rho} = \text{constante} \tag{1.11}$$

Se a compressão, ou a expansão, ocorre sem atrito e calor não é transferido do gás para o meio e vice versa (processo isoentrópico), temos

$$\frac{p}{\rho^k} = \text{constante} \tag{1.12}$$

onde k é a razão entre o calor específico a pressão constante, c_p, e o calor específico a volume constante, c_v (i.e. $k = c_p / c_v$). Os dois calores específicos estão relacionados com a constante do gás, R, através da relação $R = c_p - c_v$. Como no caso da lei dos gases perfeitos, a pressão nas Eqs. 1.11 e 1.12 precisa estar expressa em termos absolutos. A Tab. 1.5 apresenta alguns valores de k e o Apen. B apresenta um conjunto de valores mais completo de k para o ar (Tab. B.2). É interessante ressaltar que devemos prestar uma atenção redobrada ao efeito da compressibilidade no comportamento do fluido quando estamos analisando escoamentos de gases. Entretanto, como discutiremos em seções posteriores, os gases também podem ser tratados como fluidos incompressíveis se as variações de pressão no fluido forem pequenas.

Exemplo 1.5

Um metro cúbico de hélio a pressão absoluta de 101,3 kPa é comprimido isoentropicamente até que seu volume se torne igual a metade do volume inicial. Qual é o valor da pressão no estado final?

Solução Para uma compressão isoentrópica,

$$\frac{p_i}{\rho_i^k} = \frac{p_f}{\rho_f^k}$$

onde os subscritos i e f se referem, respectivamente, aos estados inicial e final do processo. Como nós estamos interessados na pressão final,

$$p_f = \left(\frac{\rho_f}{\rho_i}\right)^k p_i$$

Como o volume final é igual a metade do inicial, a massa específica deve dobrar porque a massa de gás é constante. Assim,

$$p_f = (2)^{1,66}\left(101,3\times10^3\right) = 3,20\times10^5 \text{ N/m}^2 = 320 \text{ kPa}$$

1.7.3 Velocidade do Som

Um conseqüência importante da compressibilidade dos fluidos é: as perturbações introduzidas num ponto do fluido se propagam com uma velocidade finita. Por exemplo, se uma válvula localizada na seção de descarga de um tubo onde escoa um fluido é fechada subitamente (criando uma perturbação localizada), o efeito do fechamento da válvula não é sentido instantaneamente no escoamento a montante da válvula. É necessário um intervalo de tempo finito para que o aumento de pressão criado pelo fechamento da válvula se propague para as regiões a montante da válvula. De modo análogo, um diafragma de alto falante provoca perturbações localizadas quando vibra e as pequenas variações de pressão provocadas pelo movimento do diafragma se propagam através do ar com uma velocidade finita. A velocidade com que estas perturbações se propagam é denominada velocidade do som, c. É possível mostrar que a velocidade do som está relacionada com as variações de pressão e da massa específica do fluido através da relação

$$c = \sqrt{\frac{dp}{d\rho}} \quad \textbf{(1.13)}$$

Se utilizarmos a definição do módulo de elasticidade volumétrico (veja a Eq. 1.10), nós podemos reescrever a equação anterior do seguinte modo

$$c = \sqrt{\frac{E_v}{\rho}} \quad \textbf{(1.14)}$$

Como as perturbações de pressão são pequenas, o processo de propagação das perturbações pode ser modelado como isoentrópico. Se o meio onde ocorre este processo isoentrópico é um gás, temos (observe que $E_v = kp$):

$$c = \sqrt{\frac{k\,p}{\rho}}$$

Se fizermos a hipótese de que o fluido se comporta como um gás perfeito,

$$c = \sqrt{kRT} \quad \textbf{(1.15)}$$

Esta equação mostra que a velocidade do som num gás perfeito é proporcional a raiz quadrada da temperatura absoluta. A velocidade do som no ar, em várias temperaturas, pode ser encontrada no Apen. B (Tab. B.2). A Eq. 1.14 também é válida para líquidos. Note que a velocidade do som na água é muito mais alta do que aquela no ar. Se o fluido fosse realmente incompressível ($E_v = \infty$) a velocidade do som seria infinita. A velocidade do som na água, em várias temperaturas, pode ser encontrada no Apen. B (Tab. B.1).

Exemplo 1.6

Um avião a jato voa com velocidade de 890 km//h numa altitude de 10700 m (onde a temperatura é igual a −55 ºC). Determine a razão entre a velocidade do avião, V, e a velocidade do som nesta altitude. Admita que, para o ar, k é igual a 1,40.

Solução. A velocidade do som pode ser calculada com a Eq. 1.15. Assim,

$$c = \sqrt{kRT} = \sqrt{1{,}4 \times 286{,}9 \times 218{,}15} = 296{,}0 \text{ m/s}$$

Como a velocidade do avião é

$$V = \frac{890 \times 1000}{3600} = 247{,}2 \text{ m/s}$$

a relação é

$$\frac{V}{c} = \frac{247{,}2}{296{,}0} = 0{,}84$$

Esta razão é denominada número de Mach, Ma. Se Ma < 1,0, o avião está voando numa velocidade subsônica e se Ma > 1 o vôo é supersônico. O número de Mach é um parâmetro adimensional importante no estudo de escoamentos com velocidades altas e será discutido nos Caps. 7 e 9.

1.8 Pressão de Vapor

Nós sempre observamos que líquidos, como a água e a gasolina, evaporam se estes são colocados num recipiente aberto para a atmosfera. A evaporação ocorre porque algumas moléculas do líquido, localizadas perto da superfície livre do fluido, apresentam quantidade de movimento suficiente para superar as forças intermoleculares coesivas e escapam para a atmosfera. Se removermos o ar de um recipiente estanque que contém um líquido (o espaço acima do líquido é evacuado), nós notaremos o desenvolvimento de uma pressão na região acima do nível do líquido (esta pressão é devida ao vapor formado pelas moléculas que escapam da superfície do líquido). Quando o equilíbrio é atingido, o número de moléculas que deixam a superfície é igual ao número de moléculas que são absorvidas na superfície, o vapor é dito saturado e a pressão que o vapor exerce na superfície da fase liquida é denominada pressão de vapor. Como o desenvolvimento da pressão de vapor está intimamente relacionado com a atividade molecular, o valor da pressão de vapor para um fluido depende da temperatura. A Tab. 1 do Apen. B apresenta valores da pressão de vapor para a água em várias temperaturas e a Tab. 1.4 apresenta valores da pressão de vapor para alguns líquidos em temperaturas próximas a do ambiente. A formação de bolhas de vapor na massa fluida é iniciada quando a pressão absoluta no fluido alcança a pressão de vapor (pressão de saturação). Este fenômeno é denominado ebulição.

É possível observar no campo de escoamento o desenvolvimento de regiões onde a pressão é baixa. Note que a ebulição no escoamento iniciará quando a pressão nestas regiões atingir a pressão de vapor. Este é o motivo pelo nosso interesse na pressão de vapor e na ebulição. Por exemplo, este fenômeno pode ocorrer em escoamentos através das passagens estreitas e irregulares encontradas nas válvulas e bombas. Observe que as bolhas de vapor formadas num escoamento podem ser transportadas para regiões onde a pressão é alta. Nesta condição, as bolhas podem colapsar rapidamente e com uma intensidade suficiente para causar danos estruturais. A formação e o subseqüente colapso das bolhas de vapor no escoamento de um fluido, denominada cavitação, é um fenômeno importante na mecânica dos fluidos e será visto detalhadamente nos Caps. 3 e 7.

1.9 Tensão Superficial

Nós detectamos, na interface entre um líquido e um gás (ou entre dois líquidos imiscíveis), a existência de forças superficiais. Estas forças fazem com que a superfície do líquido se comporte como uma membrana esticada sobre a massa fluida. Apesar desta membrana não existir, a analogia conceitual nos permite explicar muitos fenômenos observados experimentalmente. Por exemplo, uma agulha de aço flutua na água se esta for colocada delicadamente na superfície livre do fluido (porque a tensão desenvolvida na membrana hipotética suporta a agulha). Pequenas gotas de mercúrio são formadas quando o fluido é vertido numa superfície lisa (porque as forças coesivas na superfície tendem a segurar todas as moléculas juntas e numa forma compacta). De modo análogo, nós identificamos a formação de gotas quando água é vertida numa superfície gordurosa. Estes vários tipos de fenômenos superficiais são provocados pelo desbalanço das forças coesivas que atuam nas moléculas de líquido que estão próximas à superfície do fluido. As moléculas que estão no interior da massa de fluido estão envolvidas por outras moléculas que se atraem mutuamente e igualmente. Entretanto, as moléculas posicionadas na região próxima a superfície estão sujeitas a forças líquidas que apontam para o interior. A conseqüência física aparente deste desbalanceamento é a criação da membrana hipotética. Nós podemos considerar que a força de atração atua no plano da superfície e ao longo de qualquer linha na superfície. A intensidade da atração molecular por unidade de comprimento ao longo de qualquer linha na superfície é denominada tensão superficial (designada por σ). A tensão superficial é uma propriedade do líquido e depende da temperatura bem como do outro fluido que está em contato com o líquido. A dimensão da tensão superficial é FL^{-1} (a unidade no SI é N/m). A Tab. 1.4 apresenta o valor da tensão superficial de alguns líquidos em contato com o ar e a Tab. B.1 apresenta o valor desta propriedade para a água em várias temperaturas. Observe que o valor da tensão superficial diminui com o aumento da temperatura (⦿ 1.5 – Tensão superficial numa lâmina de barbear).

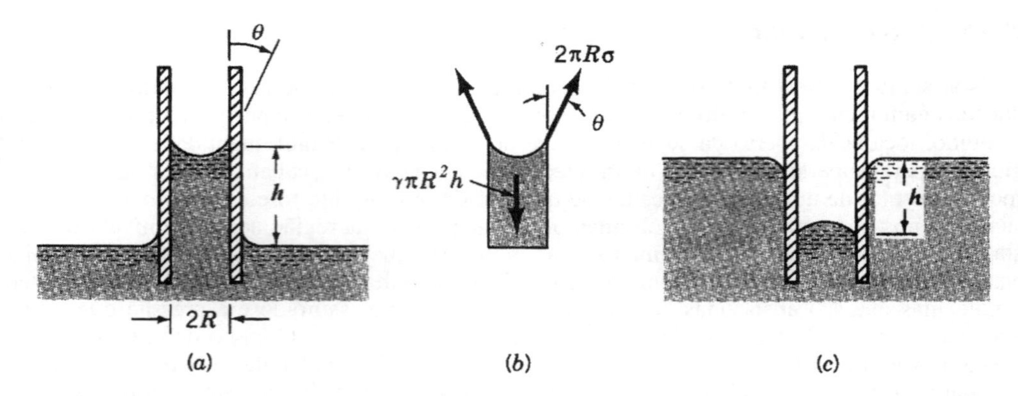

Figura 1.4 Efeito da ação capilar em tubos com diâmetro pequeno. (*a*) Elevação da coluna para um líquido que molha o tubo. (*b*) Diagrama de corpo livre para o cálculo da altura da coluna. (*c*) Depressão da coluna para um líquido que não molha a parede do tubo.

Um dos fenômenos associados com a tensão superficial é a subida (ou queda) de um líquido num tubo capilar. Se um tubo com diâmetro pequeno e aberto é inserido na água, o nível da água no tubo subirá acima do nível do reservatório (veja a Fig. 1.4*a*). Observe que, nesta situação, nós identificamos uma interface sólido-líquido-gás. Para o caso ilustrado, a atração (adesão) entre as moléculas da parede do tubo e as do líquido é forte o suficiente para sobrepujar a atração mútua (coesão) das moléculas do fluido. Nestas condições, o fluido "sobe" no capilar e nós dizemos que o líquido molha a superfície sólida.

A altura da coluna de líquido h é função dos valores da tensão superficial, σ, do raio do tubo, R, do peso específico do líquido, γ, e do ângulo de contato entre o fluido e o material do tubo, θ. Analisando o diagrama de corpo livre da Fig. 1.4*b*, é possível concluir que a força vertical provocada pela tensão superficial é igual a $2\pi R\sigma\cos\theta$, que o peso da coluna é $\gamma\pi R^2 h$ e que estas duas forças precisam estar equilibradas. Deste modo,

$$\gamma\pi R^2 h = 2\pi R\sigma\cos\theta$$

Assim, a altura da coluna é dada pela relação

$$h = \frac{2\sigma\cos\theta}{\gamma R} \tag{1.16}$$

O ângulo de contato é função da combinação líquido – material da superfície. Por exemplo, nós encontramos que $\theta \approx 0°$ para água em contato com vidro limpo. A Eq. 1.16 mostra que a altura da coluna é inversamente proporcional ao raio do tubo. Assim, a ascensão do líquido no tubo, pela ação da força capilar, fica mais pronunciada quanto menor for o diâmetro do tubo.

Exemplo 1.7

A pressão pode ser determinada medindo-se a altura da coluna de líquido num tubo vertical. Qual é o diâmetro de um tubo limpo de vidro necessário para que o movimento de água promovido pela ação capilar (e que se opõe ao movimento provocado pela pressão no tubo) seja menor do que 1,0 mm? Admita que a temperatura é uniforme e igual a 20 °C.

Solução. Utilizando a Eq. 1.16, temos

$$R = \frac{2\sigma\cos\theta}{\gamma h}$$

Para água a 20 °C (Tab. B.1), σ = 0,0728 N/m e γ = 9,789 kN/m³. Como $\theta \approx 0°$,

$$R = \frac{2 \times 0{,}0728}{(9{,}789 \times 10^3)(1{,}0 \times 10^{-3})} = 0{,}0149 \text{ m}$$

Assim, o diâmetro mínimo necessário, D, é

$$D = 2R = 0{,}0298 \text{ m} = 29{,}8 \text{ mm}$$

Se a adesão da molécula a superfície sólida é fraca (quando comparada a coesão entre moléculas), o líquido não molhará a superfície. Nesta condição, o nível do líquido no tubo imerso num banho será mais baixo que o nível do banho (veja a Fig. 1.4*c*). Mercúrio em contato com um tubo de vidro é um bom exemplo de líquido que não molha a superfície. Note que o ângulo de contato é maior do que 90° para os líquidos que não molham a superfície ($\theta \approx 130°$ para mercúrio em contato com vidro limpo).

A tensão superficial é importante em muitos problemas da mecânica dos fluidos, por exemplo: no escoamento de líquidos através do solo (e de outros meios porosos), nos escoamentos de líquidos em filmes finos, na formação de gotas e na quebra dos jatos de líquido. Fenômenos superficiais associados às interfaces líquido - gás, líquido - líquido, líquido - gás - sólido são muitos complexos e uma discussão mais detalhada e rigorosa está fora do escopo deste texto. Felizmente, os fenômenos superficiais caracterizados pela tensão superficial não são significativos em muitos problemas da mecânica dos fluidos. Nestes casos, a inércia, as forcas viscosas e as gravitacionais são muito mais importantes do que as forças promovidas pela tensão superficial.

Problemas

Nota: Se o valor de uma propriedade não for especificado no problema, utilize o valor fornecido na Tab. 1.4 ou 1.5 deste capítulo. Os problemas com a indicação (*) devem ser resolvidos com uma calculadora programável ou computador. Os problemas com a indicação (+) são do tipo aberto (requerem uma análise crítica, a formulação de hipóteses e a adoção de dados). Não existe uma solução única para este tipo de problema.

1.1 Determine as dimensões, tanto no sistema *FLT* quanto no *MLT*, para : (**a**) o produto da massa pela velocidade, (**b**) o produto da força pelo volume e (**c**) da energia cinética dividida pela área.

1.2 Verifique as dimensões, tanto no sistema *FLT* quanto no *MLT*, das seguintes quantidades que aparecem na Tab. 1.1: (**a**) aceleração, (**b**) tensão, (**c**) momento de uma força, (**d**) volume e (**e**) trabalho.

1.3 Se P é uma força e x um comprimento, quais serão as dimensões (no sistema *FLT*) de (**a**) dP/dx, (**b**) d^3P/dx^3, e (**c**) $\int P dx$?

1.4 As combinações adimensionais de certas quantidades (denominados parâmetros adimensionais) são muito importantes na mecânica dos fluidos. Construa cinco parâmetros adimensionais a partir das quantidades apresentadas na Tab. 1.1.

1.5 A força exercida sobre uma partícula esférica (com diâmetro D) que se movimenta lentamente num líquido, P, é dada por

$$P = 3\pi \mu D V$$

onde μ é a viscosidade dinâmica do fluido (dimensões $FL^{-2}T$) e V é a velocidade da partícula. Qual é a dimensão da constante 3π. Esta equação é do tipo geral homogêneo?

1.6 A diferença de pressão no escoamento de sangue através de um bloqueio parcial numa artéria (conhecido como estenose), Δp, pode ser avaliada com a equação:

$$\Delta p = K_v \frac{\mu V}{D} + K_u \left(\frac{A_0}{A_1} - 1 \right)^2 \rho V^2$$

onde V é a velocidade média do escoamento de sangue, μ é a viscosidade dinâmica do sangue, D é o diâmetro da artéria, A_0 é a área da seção transversal da artéria desobstruída e A_1 é a área da seção transversal da estenose. Determine as dimensões das constantes K_v e K_u . Esta equação é válida em qualquer sistema de unidades?

1.7 Um livro antigo sobre hidráulica indica que a perda de energia por unidade de peso de fluido que escoa através do bocal instalado numa mangueira pode ser calculado com a equação

$$h = (0{,}04 \;\; a \;\; 0{,}09)(D/d)^4 \, V^2 / 2g$$

onde h é a perda de energia por unidade de peso, D é o diâmetro da mangueira, d é o diâmetro da seção transversal mínima do bocal, V é a velocidade do fluido na mangueira e g é a aceleração da gravidade. Esta equação é válida em qualquer sistema de unidades? Justifique sua resposta.

+ **1.8** Encontre um exemplo de equação homogênea restrita num artigo técnico de uma revista de engenharia. Defina todos os termos da equação, explique porque ela é homogênea restrita e forneça a citação completa do artigo utilizado (nome da revista, volume etc.)

1.9 Utilize a Tab. 1.2 para expressar as seguintes quantidades no SI: (**a**) 10,2 in/min, (**b**) 4,81 slugs, (**c**) 3,02 lbf, (**d**) 73,1 ft/s^2, e (**e**) 0,0234 lbf·s /ft^2.

1.10 Utilize a Tab. 1.3 para expressar as seguintes quantidades no Sistema Britânico Gravitacional: (**a**) 14,20 km, (**b**) 8,14 N/m^3, (**c**) 1,61 kg/m^3, (**d**) 0,032 N·m/s, e (**e**) 5,67 mm/h.

1.11 A vazão de água numa tubulação de grande porte é igual a 1500 galões / minuto. Qual é o valor desta vazão em m^3/ s e em litros / minuto.

1.12 O número de Froude, definido como $V/(gl)^{1/2}$, é um adimensional importante em alguns problemas da mecânica dos fluidos (V é uma velocidade, g é a aceleração da gravidade e l é um comprimento). Determine o valor do número de Froude quando V = 10 ft/s, g = 32,2 ft/s^2 e l = 2 ft. Recalcule o adimensional com todos os termos expressos no SI.

1.13 O peso específico de um certo líquido é igual a 85,3 lbf/ft^3. Determine a massa específica e a densidade deste líquido.

1.14 A massa específica de um combustível leve é 805 kg/m^3. Determine a densidade e o peso específico deste combustível.

+ **1.15** Qual é a massa de mercúrio necessária para encher uma pia de banheiro? Faça uma lista com todas as hipótese utilizadas para a obtenção de sua estimativa .

1.16 Um reservatório graduado contém 500 ml de um líquido que pesa 6 N. Determine o peso específico, a massa específica e a densidade deste líquido.

* **1.17** A tabela abaixo mostra a variação da massa específica da água (ρ, em kg/m^3) com a temperatura na faixa 20 °C $\leq T \leq$ 60 °C.

ρ	998,2	997,1	995,7	994,1	992,2	990,2	988,1
T	20	25	30	35	40	45	50

Utilize estes dados para construir uma equação empírica, do tipo $\rho = c_1 + c_2 T + c_3 T^2$, que forneça a massa específica da água nesta faixa de temperaturas. Compare os valores fornecidos pela equação com os da tabela. Qual é o valor da massa específica da água quando a temperatura é igual a 42,1 °C?

+ **1.18** Estime a vazão em massa de água consumida, para fins domiciliares, na sua cidade. Faça uma lista com todas as hipótese utilizadas para a obtenção de sua estimativa.

1.19 A massa específica do oxigênio contido num tanque é 2,0 kg/m^3 quando a temperatura no gás é igual a 25 °C. Sabendo que a pressão atmosférica local é igual a 97 kPa, determine a pressão relativa no gás.

1.20 Um tanque fechado apresenta volume igual a 0,057 m^3 e contém 0,136 kg de um gás. Um manômetro indica que a pressão no tanque é 82,7 kPa quando a temperatura no gás é igual a 27 °C. Este tanque contém oxigênio ou hélio? Explique como você chegou a sua resposta.

+ **1.21** Estime o volume dos gases de exaustão gerados por dia pelos automóveis que existem em sua cidade. Faça uma lista com todas as hipóteses utilizadas para a obtenção de sua estimativa.

1.22 Um tanque de ar comprimido contém 8 kg de ar a 80 °C. A pressão relativa no tanque é igual a 300 kPa. Determine o volume do tanque.

1.23 Calcule a razão entre a viscosidade dinâmica da água e a do ar a 70 °C. Compare este valor com a razão entre as viscosidades cinemáticas (na mesma condição). Admita que a pressão é igual a atmosférica padrão.

1.24 A viscosidade cinemática e a densidade de um líquido são, respectivamente, iguais a 3,5 $\times 10^{-4}$ m^2/s e 0,79. Qual é o valor da viscosidade dinâmica deste líquido no SI?

1.25 O tempo necessário para retirar uma quantidade de líquido de um reservatório, t, é função de vários parâmetros e a viscosidade cinemática do fluido, ν, é importante nesse processo (veja o ⦿ 1.1). Nós medimos, num laboratório, o tempo necessário para retirar 100 ml de vários óleos que apresentavam mesma massa específica mas viscosidades diferentes. O volume do béquer utilizado nos experimentos é igual a 150 ml e a inclinação do béquer na operação de esvaziamento foi mantida constante. Os resultados obtidos nos experimentos são bem representados pela equação

$$t = 1 + 9\times10^2 \nu + 8\times10^3 \nu^2$$

onde ν está expresso em m^2/s. (**a**) A equação apresentada é do tipo geral homogênea? Justifique sua resposta. (**b**) Compare os tempos necessários para retirar 100 ml de óleo SAE 30 a 0 e a 60 °C do béquer de 150 ml. Utilize a Fig. B.2 do Apen. B para determinar o valor da viscosidade do óleo.

1.26 Óleo SAE 30 a 16 °C escoa numa tubulação, diâmetro igual a 50 mm, com velocidade média igual a 1,5 m/s. Determine o valor do número de Reynolds para este escoamento (veja o Ex. 1.3).

1.27 Calcule o número de Reynolds para os escoamentos de água e de ar num tubo com 3 mm de diâmetro. Admita que, nos dois casos, a temperatura é uniforme e igual a 30 °C e que a velocidades médias dos escoamentos são iguais a 2 m/s. Admita que a pressão é sempre igual a atmosférica padrão (veja o Ex. 1.3).

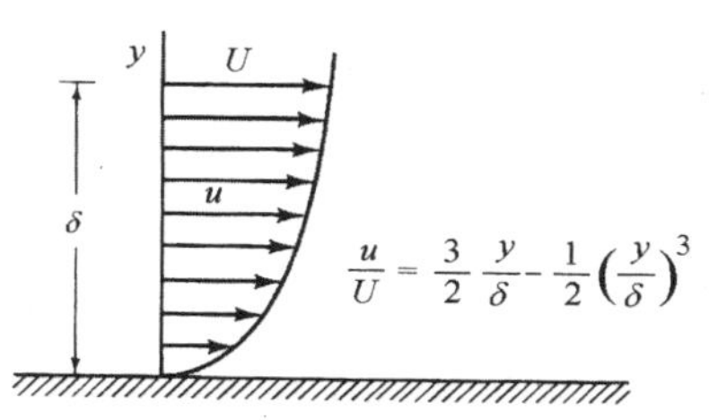

Figura P1.28

1.28 Um fluido newtoniano, densidade e viscosidade cinemática respectivamente iguais a 0,92 e 4×10^{-4} m²/s, escoa sobre uma superfície imóvel. O perfil de velocidade deste escoamento, na região próxima à superfície, está mostrado na Fig. P 1.28. Determine o valor, a direção e o sentido da tensão de cisalhamento que atua na placa. Expresse seu resultado em função de U (m/s) e δ (m).

1.29 Resolva novamente o Prob. 1.28 utilizando o perfil de velocidade

$$\frac{u}{U} = \text{sen}\left(\frac{\pi}{2}\frac{y}{\delta}\right)$$

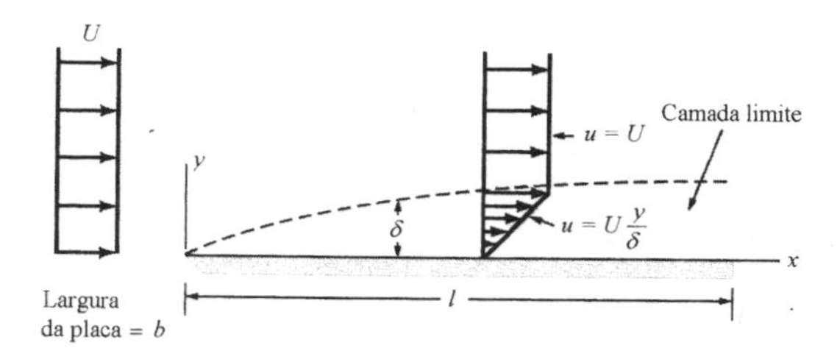

Figura P1.30

1.30 Quando um fluido viscoso escoa sobre uma placa plana que apresenta bordo de ataque afiado, nós observamos o desenvolvimento de uma camada fina, adjacente a superfície da placa, onde a velocidade do fluido varia de zero (a velocidade da placa) até o valor da velocidade do escoamento ao longe, U. Esta região é denominada camada limite e sua espessura, δ, é pequena em relação as outras dimensões do escoamento. A espessura da camada limite aumenta com a distância x medida ao longo da placa (veja a Fig. P1.30). Admita que $u = Uy/\delta$ e que $\delta = 3{,}5(\nu x/U)^{1/2}$, onde ν é a viscosidade cinemática do fluido. Determine a expressão para a força de arrasto desenvolvida na placa considerando que o comprimento e a largura da placa são respectivamente iguais a l e b. Expresse seus resultados em função de l, b, ν e ρ, onde ρ é a massa específica do fluido.

1.31 A Fig. P1.31 mostra um bloco de 10 kg que desliza num plano inclinado. Determine a velocidade terminal do bloco sabendo que a espessura do filme de óleo SAE 30 é igual a 0,1 mm e que a temperatura é uniforme e igual a 16 °C. Admita que a distribuição de velocidade no filme de óleo é linear e que a área do bloco em contato com o óleo é 0,2 m².

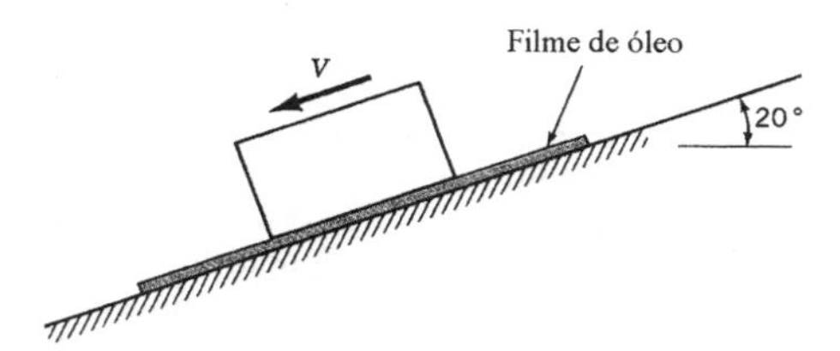

Figura P1.31

1.32 Um cubo sólido, com 152,4 mm de lado e apresentando massa igual a 45,3 kg, desliza sobre um superfície lisa que apresenta inclinação de 30° em relação a horizontal. O bloco desliza sobre um filme de óleo que apresenta viscosidade dinâmica igual a $8{,}19 \times 10^{-1}$ N · s / m². Qual é a espessura do filme de óleo se a velocidade terminal do bloco é 0,36 m / s ? Admita que o perfil de velocidade no filme é linear.

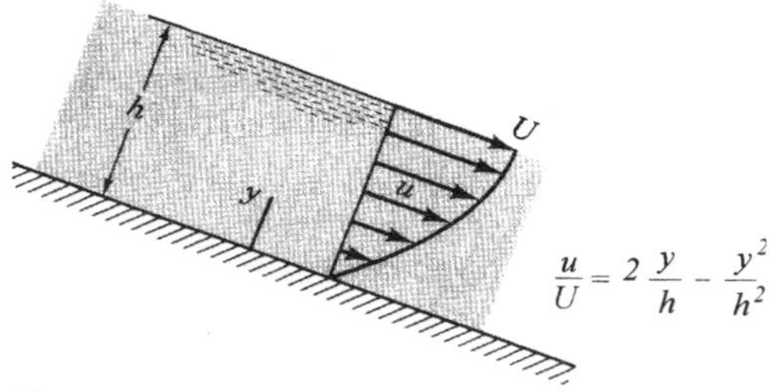

Figura P1.33

1.33 Uma lâmina d'água escoa sobre uma superfície inclinada com o perfil de velocidade mostrado na Fig. P1.33. Sabendo que U = 3 m / s e que h = 0,1 m, determine o valor (módulo), a direção e o sentido da tensão de cisalhamento que atua sobre a superfície inclinada.

* **1.34** A próxima tabela apresenta os valores das velocidade medidas num escoamento de ar sobre uma placa plana.

y (mm)	1,5	3,0	6,1	12,2	18,3	24,4
u (m/s)	0,23	0,46	0,92	1,94	3,11	4,40

A distância y é medida na direção normal à superfície e u é a velocidade paralela a superfície. A temperatura e a pressão no escoamento podem ser consideradas uniformes e iguais a 15 °C e 101 kPa.

(**a**) Admita que a distribuição de velocidade deste escoamento pode ser aproximada por

$$u = C_1\, y + C_2\, y^3$$

Determine os valores das constantes C_1 e C_2 utilizando uma técnica de ajustes de curvas. (**b**) Utilize o perfil obtido na parte (a) para determinar a tensão de cisalhamento na superfície da placa e no plano que apresenta y = 15 mm.

1.35 A viscosidade dinâmica de líquidos pode ser medida com um viscosímetro do tipo mostrado na Fig. P1.35 (cilindro rotativo). O cilindro externo deste dispositivo é imóvel enquanto o interno pode apresentar movimento de rotação (velocidade angular ω). O experimento para a determinação de μ consiste em medir a velocidade angular do cilindro interno e o torque necessário (T) para manter o valor de ω constante. Note que a viscosidade dinâmica é calculada a partir destes dois parâmetros. Desenvolva uma equação que relacione μ, ω, T, R_i e R_e . Despreze os efeitos de borda e admita que o perfil de velocidade no escoamento desenvolvido entre os cilindros é linear.

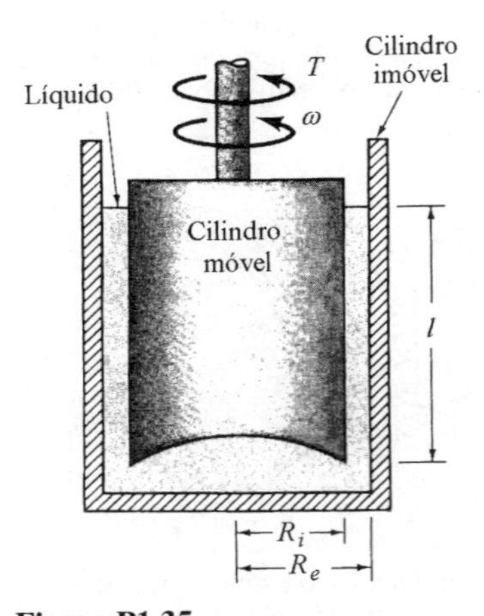

Figura P1.35

1.36 A Fig. P1.36 mostra o esquema de um viscosímetro do tipo tubo capilar (veja também o ⦿ 1.3). Neste tipo de dispositivo, a viscosidade do líquido pode ser avaliada medindo-se o tempo decorrido entre a passagem da superfície livre do líquido pela marca superior e a passagem da mesma superfície pela marca inferior do viscosímetro. A viscosidade cinemática, ν, em m^2/s, pode ser calculada com a equação $\nu = KR^4t$, onde K é uma constante, R é o raio do tubo capilar (em mm) e t é o tempo necessário para drenar o líquido (em segundos). Um viscosímetro de tubo capilar foi calibrado com glicerina a 20 °C e o tempo de drenagem medido no ensaio foi igual a 1430 s. O mesmo dispositivo vai ser agora utilizado para avaliar a viscosidade de um liquido que apresenta massa específica igual a 970 kg/m^3. Sabendo que o tempo de drenagem deste fluido é 900 s, determine a viscosidade dinâmica do líquido ensaiado.

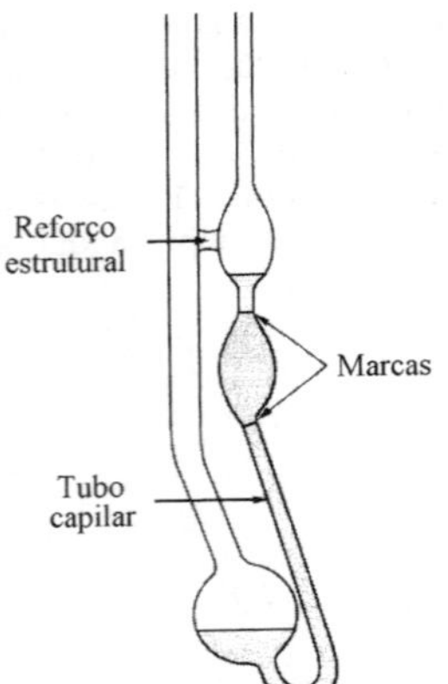

Figura P1.36

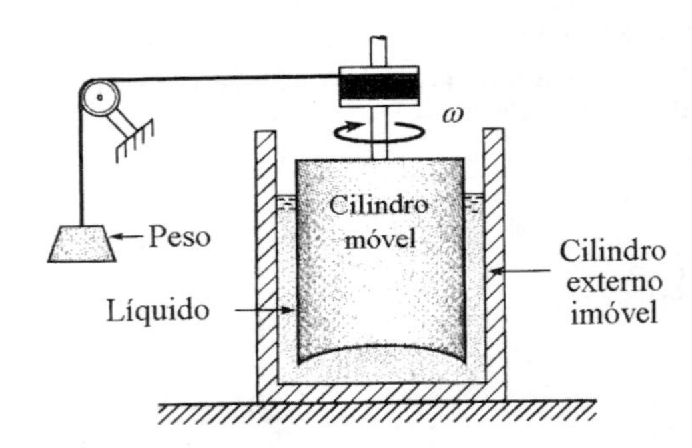

Figura P1.37

1.37 A Fig. P1.37 mostra o esquema de um viscosímetro de cilindro rotativo do tipo Stormer. Este dispositivo utiliza a queda de um peso, W, para movimentar o cilindro interno (com uma velocidade angular ω constante). A viscosidade do líquido está relacionada com W e ω através da relação $W = K\,\mu\,\omega$, onde K é uma constante que só depende da geometria do arranjo (que inclui a altura do banho de líquido no dispositivo). Normalmente, o valor de K é determinado com a utilização de um líquido de calibração (um líquido com viscosidade conhecida).

(**a**) A próxima tabela apresenta um conjunto de dados obtidos num certo viscosímetro de Stormer e que foram obtidos com glicerina a 20 °C (líquido de calibração). Determine o valor de K deste viscosímetro a partir da construção de um gráfico do peso em função da velocidade angular (desenhe a melhor curva que passa através dos pontos fornecidos).

W (N)	0,98	2,93	4,88	6,84	9,77
ω (rpm)	31,8	95,4	167,4	229,8	329,4

(**b**) A próxima tabela apresenta um conjunto de dados experimentais relativos a um líquido desconhecido e que foram obtidos com o mesmo viscosímetro da parte (a). Determine a viscosidade deste líquido.

W (N)	0,18	0,49	0,98	1,47	1,95
ω (rpm)	43,2	113,4	223,8	326,4	445,2

1.38 Um eixo com 25 mm de diâmetro é puxado num mancal cilíndrico (veja a Fig. P1.38). O espaço entre o eixo e o mancal, com folga igual a 0,3 mm, está preenchido com um óleo que apresenta densidade e viscosidade cinemática iguais a 0,91 e $8,0 \times 10^{-4}$ m²/ s. Determine o valor do módulo da força P necessário para imprimir ao eixo uma velocidade igual a 3 m/s. Admita que a distribuição de velocidade no escoamento é linear.

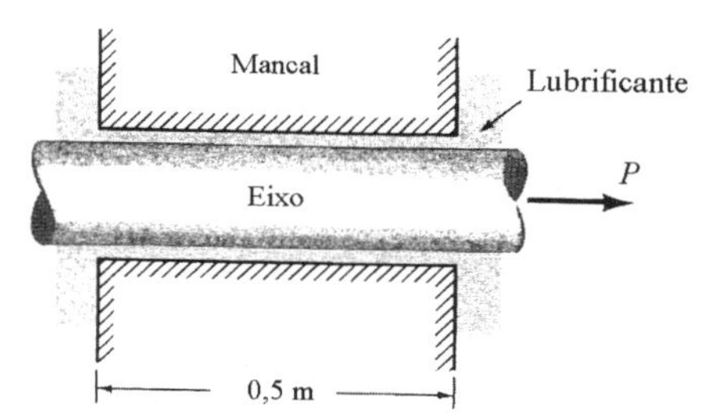

Figura P1.38

1.39 Muitos fluidos exibem comportamento não newtoniano (veja, por exemplo, o ◉ 1.4). A distinção entre um fluido não newtoniano e um newtoniano normalmente é realizada analisando-se o comportamento da tensão de cisalhamento em função a taxa de deformação por cisalhamento. A viscosidade do sangue pode ser determinada medindo-se a tensão de cisalhamento, τ, e a taxa de deformação por cisalhamento, du/dy, num viscosímetro. Utilizando os dados fornecidos na tabela, determine se o sangue pode ser modelado como um fluido newtoniano.

τ (N/m²)	0,04	0,06	0,12	0,18	0,30	0,52	1,12	2,10
du/dy (s⁻¹)	2,25	4,50	11,3	22,5	45,0	90,0	225	450

1.40 Calcule a velocidade do som, em m/s, na (**a**) gasolina, (**b**) mercúrio, e (**c**) água do mar.

1.41 Muitas vezes é razoável admitir que um escoamento é incompressível se a variação da massa específica do fluido ao longo do escoamento for menor do que 2%. Admita que ar escoa isotermicamente num tubo. As pressões relativas nas seções de alimentação e descarga do tubo são, respectivamente, iguais a 62,1 e 59,3 kPa. Este escoamento pode ser considerado incompressível? Justifique sua resposta. Admita que o valor da pressão atmosférica é o padrão.

1.42 Gás natural a 15,6 °C e 101,3 kPa (abs) é comprimido isoentropicamente até 4,14 bar (abs). Determine a massa específica e a temperatura do gás no estado final.

1.43 A temperatura da água na seção de alimentação de um bocal é igual a 90 °C e a pressão no fluido diminui ao longo do escoamento no bocal. Estime o valor da pressão absoluta onde se detecta o início da cavitação neste escoamento.

1.44 Qual deve ser o valor mínimo da pressão absoluta (em Pa) para que não ocorra a cavitação num escoamento de álcool etílico a 20 °C na seção de alimentação de uma bomba.

1.45 Qual deve ser o valor da pressão para que a água ferva a 35 °C?

1.46 Estime o excesso de pressão numa gota de chuva que apresenta diâmetro igual a 3 mm.

1.47 Duas placas limpas, verticais e paralelas estão espaçadas de 2 mm. Se as placas forem parcialmente mergulhadas num banho de líquido (perpendicularmente a superfície livre do banho), qual vai ser a altura da coluna de água formada pelas forças capilares?

1.48 Um tubo de vidro, aberto e com 3 mm de diâmetro interno é inserido num banho de mercúrio a 20 °C. Qual será a depressão do mercúrio no tubo?

1.49 O ◉ 1.5 mostra que as forças devidas a tensão superficial podem fazer uma lâmina de barba com duplo fio "flutuar" na água. Entretanto, uma lâmina de fio simples irá afundar. Admita que as forças de tensão superficial atuam numa direção que forma um ângulo θ em relação a superfície livre da água (veja a Fig. P1.49). (**a**) Sabendo que a massa da lâmina de duplo fio é $6,4 \times 10^{-4}$ kg e que o comprimento total dos fios é igual a 206 mm, determine o valor de θ para que o equilíbrio entre a o peso da lâmina e a resultante das forcas de tensão superficial seja mantido. (**b**) A massa da lâmina de fio simples é $2,61 \times 10^{-3}$ kg e o comprimento total de seus lados é igual a 154 mm. Explique porque esta lâmina afunda. Justifique sua resposta.

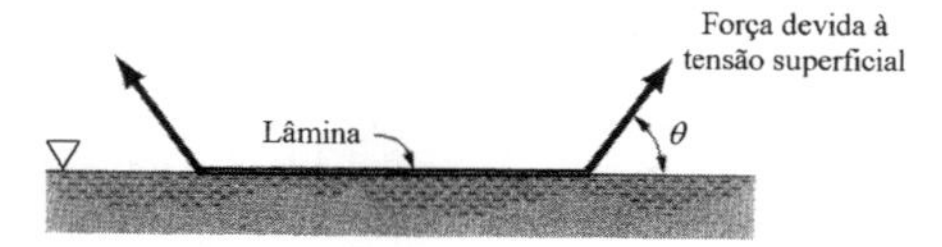

Figura P1.49

* **1.50** O "bombeamento capilar" depende muito da pureza do fluido e da limpeza do tubo. Normalmente, os valores medidos de h são menores que os fornecidos pela Eq. 1.16 (utilizando os valores de σ

e θ referentes a fluidos puros e superfícies limpas). A próxima tabela apresenta algumas medidas da altura, h, de uma coluna de água num tubo vertical, aberto e com diâmetro interno igual a d. A água do ensaio era de torneira a 15,5 °C e não foi realizada qualquer operação para limpar o tubo de vidro. Estime, a partir destes dados, o valor de $\sigma \cos\theta$. Se o valor para σ é aquele fornecido pela Tab. 1.4, qual é o valor de θ? Se nós admitirmos que θ é igual a 0°, qual é o valor de σ?

d (mm)	7,62	6,35	5,08	3,81	2,54	1,27
h (mm)	3,38	4,19	5,03	6,93	10,69	20,22

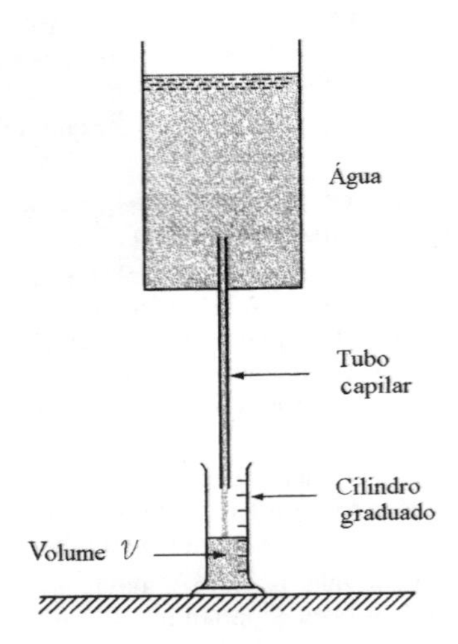

Figura P1.51

1.51 A Fig. P1.51 mostra o esboço de um viscosímetro de tubo capilar utilizado para determinar a viscosidade cinemática de líquidos. A vazão em volume, Q, do escoamento de líquido no tubo com diâmetro pequeno (i.e., tubo capilar) é função de muitos parâmetros (incluindo o diâmetro e o comprimento do tubo, a aceleração da gravidade, a massa específica e a viscosidade do líquido e a altura do nível do líquido em relação a seção de alimentação do tubo). Uma análise detalhada do escoamento no tubo mostra que a viscosidade cinemática está relacionada com a vazão através da relação $\nu = K / Q$, onde K é uma constante (se admitirmos que todos os parâmetros são constantes). O valor de K pode ser determinado medindo-se a vazão do escoamento de um fluido com viscosidade cinemática conhecida (fluido de calibração). A vazão em volume, no arranjo apresentado, é dada por $Q = \mathcal{V} / t$, onde $\mathcal{V}$ é o volume de água coletado no cilindro graduado durante o intervalo de tempo t.

A próxima tabela apresenta os valores de $\mathcal{V}$ e t referentes a experimentos realizados com água num arranjo do tipo mostrado na figura e em várias temperaturas. Determine o valor de K referente a cada uma das temperaturas. Utilize os valores de viscosidade cinemática fornecidos no Apêndice. É usual admitir que o valor de K é constante e independe da viscosidade do fluido utilizado nos testes. Seus resultados verificam esta hipótese? Discuta algumas razões para que isto não seja verdadeiro.

$\mathcal{V}$ (ml)	t (s)	T (°C)
9,50	15,4	26,3
9,30	17,0	21,3
9,05	20,4	12,3
9,25	13,3	34,3
9,40	9,9	50,4
9,10	8,9	58,0

Estática dos Fluidos 2

Nós analisaremos neste capítulo a classe dos problemas da mecânica dos fluidos onde o fluido está em repouso ou num tipo de movimento que não obriga as partículas de fluido adjacentes a apresentar deslocamento relativo. Nestas situações, as tensões de cisalhamento nas superfícies das partículas do fluido são nulas e as únicas forças que atuam nestas superfícies são as provocadas pela pressão. O principal objetivo deste capítulo é o estudo da pressão, de como ela varia no meio fluido e do efeito da pressão sobre superfícies imersas. A ausência das tensões de cisalhamento simplifica muito a modelagem dos problemas e, como veremos, nos permite obter soluções relativamente simples para muitos problemas da engenharia.

2.1 Pressão num Ponto

Nós vimos no Cap. 1 que o termo pressão é utilizado para indicar a força normal por unidade de área que atua sobre um ponto do fluido num dado plano. Uma questão que aparece imediatamente é: Como a pressão varia com a orientação do plano que passa pelo ponto? Para responder a esta questão, considere o diagrama de corpo livre mostrado na Fig. 2.1. Esta figura foi construída removendo-se, arbitrariamente, um pequeno elemento de fluido, com a forma de uma cunha triangular, de um meio fluido. Como nós estamos considerando a situação onde as tensões de cisalhamento são nulas, as únicas forças externas que atuam na cunha são as devidas ao peso e a pressão. Note que, por simplicidade, as forças na direção x não estão mostradas e o eixo z é tomado como o eixo vertical (observe que o peso atua no sentido negativo deste eixo). Apesar de estarmos interessados, principalmente, nas situações onde o fluido está em repouso, nós faremos uma análise geral e admitiremos que o elemento de fluido apresenta um movimento acelerado. A hipótese de que as tensões de cisalhamento são nulas será adequada enquanto o movimento do elemento de fluido for igual aquele de um corpo rígido (onde os elementos adjacentes não apresentam movimento relativo).

As equações do movimento (segunda lei de Newton, $\boldsymbol{F} = m\boldsymbol{a}$) nas direções y e z são:

$$\sum F_y = p_y\, \delta x\, \delta z - p_s\, \delta x\, \delta s\, \operatorname{sen}\theta = \rho \frac{\delta x\, \delta y\, \delta z}{2}\, a_y$$

$$\sum F_z = p_z\, \delta x\, \delta y - p_s\, \delta x\, \delta s \cos\theta - \gamma \frac{\delta x\, \delta y\, \delta z}{2} = \rho \frac{\delta x\, \delta y\, \delta z}{2}\, a_z$$

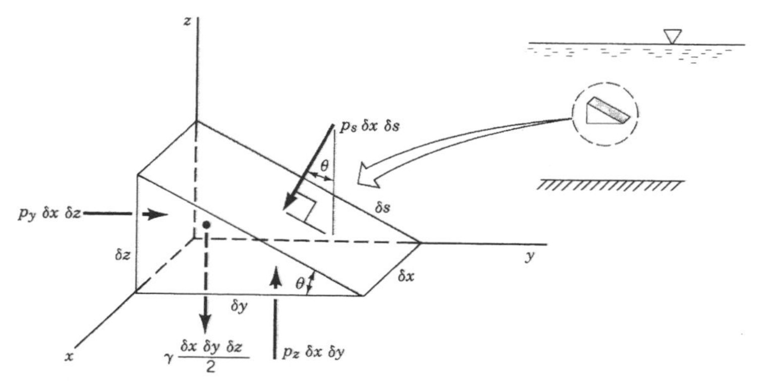

Figura 2.1 Forças num elemento de fluido arbitrário.

onde p_s, p_y e p_z são as pressões médias nas superfícies da cunha, γ e ρ são o peso específico e a massa específica do fluido e a_y, a_z representam as acelerações. Note que a pressão precisa ser multiplicada por uma área apropriada para que obtenhamos a força gerada pela pressão. Analisando a geometria da figura,

$$\delta y = \delta s \cos\theta \qquad \delta z = \delta s \operatorname{sen}\theta$$

e as equações do movimento podem ser reescritas do seguinte modo:

$$p_y - p_s = \rho a_y \frac{\delta y}{2}$$

$$p_z - p_s = (\rho a_z + \gamma)\frac{\delta z}{2}$$

Como nós estamos interessados no que acontece num ponto, é interessante analisarmos o caso limite onde δx, δy e δz tendem a zero (mas mantendo-se o ângulo θ constante). Assim,

$$p_y = p_s \qquad p_z = p_s$$

ou $p_s = p_y = p_z$. Como a escolha do ângulo θ foi arbitrária, nós podemos concluir que a pressão num ponto de um fluido em repouso, ou num movimento onde as tensões de cisalhamento não existem, é independente da direção. Este resultado importante é conhecido como a lei de Pascal. Nós mostraremos, no Cap. 6, que as tensões normais associadas a um ponto (que correspondem a pressão nos casos onde o fluido está em repouso) não são necessariamente iguais nos escoamentos que apresentam movimento relativo entre as partículas (i.e. na presença das tensões de cisalhamento). Nestes casos, a pressão é definida como a média das tensões normais tomadas em quaisquer três eixos mutuamente perpendiculares.

2.2 Equação Básica do Campo de Pressão

Apesar de termos respondido a questão – como varia a pressão num ponto com a direção? – nós temos outra questão tão importante quanto a já respondida – como varia, ponto a ponto, a pressão numa certa quantidade de fluido que não apresenta tensões de cisalhamento? Para responder esta nova questão, considere um pequeno elemento de fluido como o mostrado na Fig. 2.2. Observe que o elemento foi removido arbitrariamente da quantidade de fluido que estamos analisando. Existem dois tipos de forças que atuam neste elemento: as superficiais, devidas a pressão, e a de campo que, neste caso, é igual ao peso do elemento. Outros tipos de forças de campo, como àquela provocada pelos campos magnéticos, não serão consideradas neste texto.

Se nós designarmos a pressão no centro geométrico do elemento por p, as pressões médias nas várias faces do elemento podem ser expressas em função de p e de suas derivadas (veja a Fig. 2.2). Na verdade, nós estamos utilizando uma expansão em série de Taylor, baseada no centro

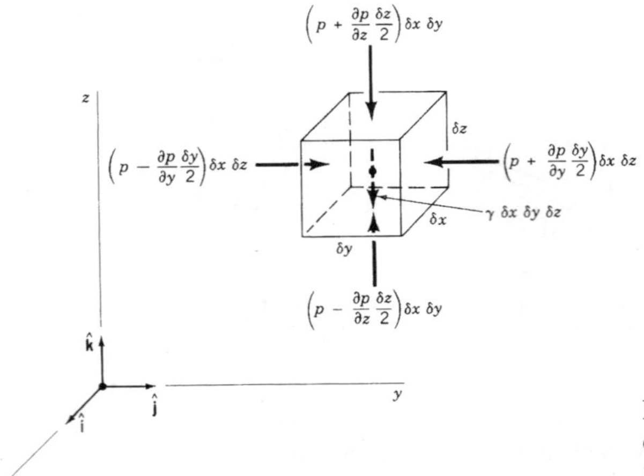

Figura 2. 2 Forças superficiais e de campo atuando num elemento de fluido.

do elemento, para calcular as pressões nas faces e também desprezando os termos com ordem maior que 1 (pois estes se tornam nulos quando as distâncias δx, δy e δz tendem a zero). As forças superficiais na direção x não estão mostradas na Fig. 2.2 para melhorar a visualização da figura. A força resultante na direção y é dada por

$$\delta F_y = \left(p - \frac{\partial p}{\partial y}\frac{\delta y}{2} \right) \delta x \, \delta z - \left(p + \frac{\partial p}{\partial y}\frac{\delta y}{2} \right) \delta x \, \delta z$$

ou

$$\delta F_y = -\frac{\partial p}{\partial y} \, \delta x \, \delta y \, \delta z$$

De modo análogo, as forças resultantes nas direções x e z são dadas por

$$\delta F_x = -\frac{\partial p}{\partial x} \, \delta x \, \delta y \, \delta z \qquad \delta F_z = -\frac{\partial p}{\partial z} \, \delta x \, \delta y \, \delta z$$

A forma vetorial da força superficial resultante que atua no elemento é

$$\delta \boldsymbol{F}_s = \delta F_x \, \hat{\mathbf{i}} + \delta F_y \, \hat{\mathbf{j}} + \delta F_z \, \hat{\mathbf{k}}$$

ou

$$\delta \boldsymbol{F}_s = -\left(\frac{\partial p}{\partial x}\hat{\mathbf{i}} + \frac{\partial p}{\partial y}\hat{\mathbf{j}} + \frac{\partial p}{\partial z}\hat{\mathbf{k}} \right) \delta x \, \delta y \, \delta z \tag{2.1}$$

onde $\hat{\mathbf{i}}$, $\hat{\mathbf{j}}$ e $\hat{\mathbf{k}}$ são os vetores unitários (versores) do sistema de coordenadas da Fig. 2.2.

O grupo entre parênteses da Eq. 2.1 representa a forma vetorial do gradiente de pressão e pode ser reescrito como

$$\frac{\partial p}{\partial x}\hat{\mathbf{i}} + \frac{\partial p}{\partial y}\hat{\mathbf{j}} + \frac{\partial p}{\partial z}\hat{\mathbf{k}} = \nabla p$$

onde

$$\nabla (\ ) = \frac{\partial (\ )}{\partial x}\hat{\mathbf{i}} + \frac{\partial (\ )}{\partial y}\hat{\mathbf{j}} + \frac{\partial (\ )}{\partial z}\hat{\mathbf{k}}$$

e o símbolo ∇ representa o operador gradiente. Assim, a força superficial resultante por unidade de volume por ser expressa por

$$\frac{\delta \boldsymbol{F}_s}{\delta x \, \delta y \, \delta z} = -\nabla p$$

Como o eixo z é vertical, o peso do elemento de fluido que estamos analisando é dado por

$$-\delta W \, \hat{\mathbf{k}} = -\gamma \, \delta x \, \delta y \, \delta z \, \hat{\mathbf{k}}$$

O sinal negativo indica que a força devida ao peso aponta para baixo (sentido negativo do eixo z). A segunda lei de Newton, aplicada ao elemento de fluido, pode ser escrita da seguinte forma

$$\sum \delta \boldsymbol{F} = \delta m \, \boldsymbol{a}$$

onde $\sum \delta \boldsymbol{F}$ representa a força resultante que atua no elemento, $\boldsymbol{a}$ a aceleração do elemento e δm é a massa do elemento (que pode ser escrita como $\rho \, \delta x \, \delta y \, \delta z$). Deste modo,

$$\sum \delta \boldsymbol{F} = \delta \boldsymbol{F}_s - \delta W \, \hat{\mathbf{k}} = \delta m \, \boldsymbol{a}$$

ou

$$-\nabla p \, \delta x \, \delta y \, \delta z - \gamma \, \delta x \, \delta y \, \delta z \, \hat{\mathbf{k}} = \rho \, \delta x \, \delta y \, \delta z \, \boldsymbol{a}$$

Dividindo por $\delta x \; \delta y \; \delta z$, obtemos

$$-\nabla p - \gamma \hat{\mathbf{k}} = \rho \boldsymbol{a} \tag{2.2}$$

A Eq. 2.2 é a equação geral do movimento válida para os casos onde as tensões de cisalhamento no fluido são nulas. Nós iremos utilizar a equação geral na análise da distribuição de pressão num fluido em movimento (Sec. 2.12). Por enquanto, restringiremos nossa atenção aos casos onde o fluido está em repouso.

2.3 Variação de Pressão num Fluido em Repouso

A aceleração é nula ($\boldsymbol{a}$ = 0) quando o fluido está em repouso. Nestes casos, a Eq. 2.2 fica reduzida a

$$-\nabla p - \gamma \hat{\mathbf{k}} = 0$$

Os componentes da equação anterior são:

$$\frac{\partial p}{\partial x} = 0 \qquad \frac{\partial p}{\partial y} = 0 \qquad \frac{\partial p}{\partial z} = -\gamma \tag{2.3}$$

Estas equações mostram que a pressão não é função de x ou y. Assim, nós não detectamos qualquer variação no valor da pressão quando mudamos de um ponto para outro situado no mesmo plano horizontal (qualquer plano paralelo ao plano x - y) . Como p é apenas função de z, a última equação da Eq. 2.3 pode ser reescrita como uma equação diferencial ordinária, ou seja,

$$\frac{dp}{dz} = -\gamma \tag{2.4}$$

A Eq. 2.4 é fundamental para o cálculo da distribuição de pressão nos casos onde o fluido está em repouso e pode ser utilizada para determinar como a pressão varia com a elevação. Esta equação indica que o gradiente de pressão na direção vertical é negativo, ou seja, a pressão decresce quando nós nos movemos para cima num fluido em repouso. Note que nós não fizemos qualquer restrição sobre o peso específico do fluido na obtenção da Eq. 2.4. Assim, a equação é válida para os casos onde o fluido apresenta γ constante (por exemplo, os líquidos) e também para os casos onde o peso específico do fluido varia (por exemplo, o ar e outros gases). Observe que é necessário especificar como o peso específico varia com z para que seja possível integrar a Eq. 2.4.

2.3.1 Fluido Incompressível

A variação do peso específico de um fluido é provocada pelas variações de sua massa específica e da aceleração da gravidade. Isto ocorre porque a propriedade é igual ao produto da massa específica do fluido pela aceleração da gravidade ($\gamma = \rho g$). Como as variações de g na maioria das aplicações da engenharia são desprezíveis, basta analisarmos as possíveis variações da massa específica. A variação da massa específica dos líquidos normalmente pode ser desprezada mesmo quando as distâncias verticais envolvidas são significativas. Nos casos onde a hipótese de peso específico constante é adequada, a Eq. 2.4 pode ser integrada diretamente, ou seja,

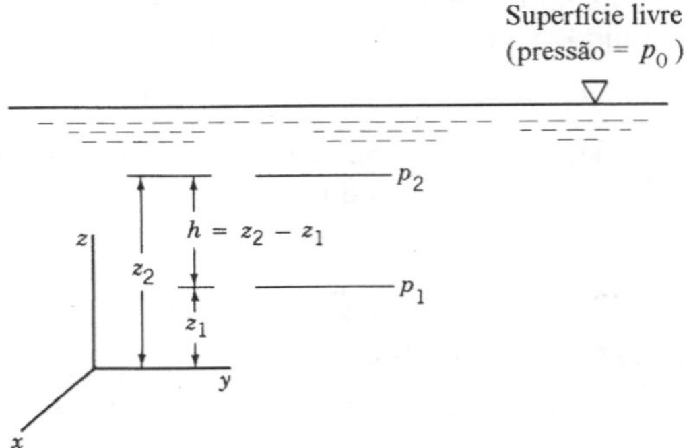

Figura 2. 3 Notação para a variação de pressão num fluido em repouso e com superfície livre.

$$\int_{p_1}^{p_2} dp = -\gamma \int_{z_1}^{z_2} dz$$

e

$$p_1 - p_2 = \gamma (z_2 - z_1) \quad \textbf{(2.5)}$$

onde p_1 e p_2 são as pressões nos planos com cota z_1 e z_2 (veja a Fig. 2.3).

A Eq. 2.5 pode ser reescrita de outras formas

$$p_1 - p_2 = \gamma h \quad \textbf{(2.6)}$$

ou

$$p_1 = \gamma h + p_2 \quad \textbf{(2.7)}$$

onde h é igual a distância $z_2 - z_1$ (profundidade medida a partir do plano que apresenta p_2). A Eq. 2.7 mostra que a pressão num fluido incompressível em repouso varia linearmente com a profundidade. Normalmente, este tipo de distribuição de pressão é denominada hidrostática. Note que a pressão precisa aumentar com a profundidade para que seja possível existir o equilíbrio.

Nós podemos observar na Eq. 2.6 que a diferença entre as pressões de dois pontos pode ser especificada pela distância h, ou seja,

$$h = \frac{p_1 - p_2}{\gamma}$$

Neste caso, a distância h é denominada "carga" e é interpretada como a altura da coluna de fluido com peso específico γ necessária para provocar uma diferença de pressão $p_1 - p_2$. Por exemplo, a diferença de pressão de 69 kPa pode ser especificada como uma carga de 7,04 m de coluna d' água (γ = 9,8 kN/m^3) ou como uma carga de 519 mm de Hg (γ = 133 kN/m^3).

É muito comum encontrarmos uma superfície livre quando estamos trabalhando com líquidos (veja a Fig. 2.3) e é conveniente utilizar o valor da pressão nesta superfície como referência. Assim, a pressão de referência, p_0, corresponde a pressão que atua na superfície livre (usualmente é igual a pressão atmosférica). Se fizermos $p_2 = p_0$ na Eq. 2.7, temos que a pressão em qualquer profundidade h (medida a partir da superfície livre) é dada por

$$p = \gamma h + p_0 \quad \textbf{(2.8)}$$

De acordo com as Eqs. 2.7 e 2.8, a distribuição de pressão num fluido homogêneo, incompressível e em repouso é função apenas da profundidade (em relação a algum plano de referência) e não é influenciada pelo tamanho ou forma do tanque ou recipiente que contém o fluido.

Exemplo 2.1

A Fig. E2.1 mostra o efeito da infiltração de água num tanque subterrâneo de gasolina. Se a densidade da gasolina é 0,68, determine a pressão na interface gasolina-água e no fundo do tanque.

Solução A distribuição de pressão será a hidrostática porque os dois fluidos estão em repouso. Assim, a variação de pressão pode ser calculada com a equação

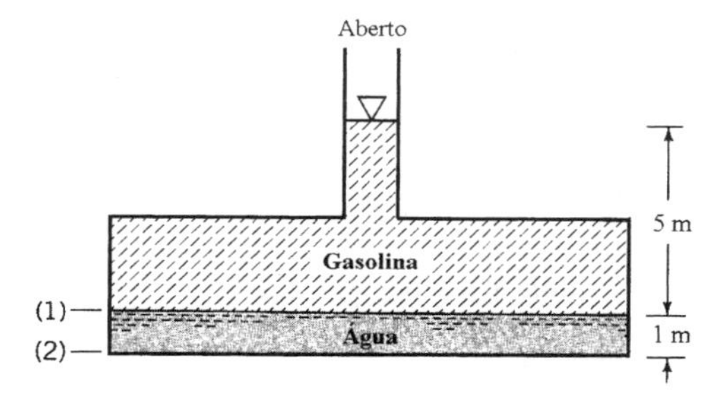

Figura E2.1

$$p = p_0 + \gamma h$$

Se p_0 corresponde a pressão na superfície livre da gasolina, a pressão na interface é

$$p_1 = p_0 + SG\gamma_{H_2O} h$$

$$p_1 = p_0 + 0{,}68 \times 9800 \times 5 = p_0 + 33320 \text{ (em Pa)}$$

Se nós estivermos interessados na pressão relativa, temos que $p_0 = 0$ e

$$p_1 = 33320 \text{ Pa} \quad \text{ou} \quad 3{,}4 \text{ m de coluna d'água}$$

Nós podemos agora aplicar a mesma relação para determinar a pressão no fundo do tanque, ou seja,

$$p_2 = p_1 + \gamma_{H_2O}\, h_{H_2O}$$

$$p_2 = 33320 + 9800 \times 1 = 43120 \text{ Pa} \quad \text{ou} \quad 4{,}4 \text{ m de coluna d'água}$$

Para transformar os resultados obtidos em pressões absolutas basta adicionar o valor da pressão atmosférica local aos resultados. A Sec. 2.5 apresenta uma discussão adicional sobre a pressão relativa e a absoluta.

2.3.2 Fluido Compressível

Nós normalmente modelamos os gases, tais como o oxigênio e nitrogênio, como fluidos compressíveis porque suas massas específicas variam de modo significativo com as alterações de pressão e temperatura. Por este motivo, é necessário considerar a possibilidade da variação do peso específico do fluido antes de integrarmos a Eq. 2.4. Entretanto, como foi discutido no Cap. 1, os pesos específicos dos gases comuns são pequenos em relação aos dos líquidos. Por exemplo, o peso específico do ar ao nível do mar a 15 °C é $1{,}2 \times 10^1$ N/m^3 enquanto que o da água, nas mesmas condições, é $9{,}8 \times 10^3$ N/m^3. Analisando a Eq. 2.4 nós notamos que, nestes casos, o gradiente de pressão na direção vertical é pequeno porque o peso específico dos gases é normalmente baixo. Assim, a variação de pressão numa coluna de ar com centenas de metros de altura é pequena. Isto significa que nós podemos desprezar o efeito da variação de elevação sobre a pressão no gás contido em tanques e tubulações que apresentem dimensões verticais moderadas.

Para os casos onde a variação de altura é grande, da ordem de milhares de metros, nós devemos considerar a variação do peso específico do fluido nos cálculos das variações de pressão. Como descrevemos no Cap. 1, a equação de estado para um gás perfeito é

$$p = \rho R T$$

onde p é a pressão absoluta, R é a constante do gás e T é a temperatura absoluta. Combinando esta relação com a Eq. 2.4 obtemos

$$\frac{dp}{dz} = -\frac{g\,p}{RT}$$

Separando as variáveis,

$$\int_{p_1}^{p_2} \frac{dp}{p} = \ln\frac{p_2}{p_1} = -\frac{g}{R}\int_{z_1}^{z_2} \frac{dz}{T} \tag{2.9}$$

onde g e R foram admitidos constantes no intervalo de integração.

Antes de completarmos a integração da Eq. 2.9 é necessário especificar como a temperatura varia com a elevação. Por exemplo, se nós admitirmos que a temperatura é constante e igual a T_0 no intervalo de integração (de z_1 a z_2), temos

$$p_2 = p_1 \exp\left[-\frac{g(z_2 - z_1)}{RT_0}\right] \tag{2.10}$$

Esta equação fornece a relação entre a pressão e a altura numa camada isotérmica de um gás perfeito. Observe que nós devemos utilizar um procedimento similar ao aqui apresentado para calcular a distribuição de pressão em camadas de gás não isotérmicas.

Tabela 2.1 Propriedades da Atmosfera Padrão Americana no Nível do Mar [a]

Temperatura, T	288,15 K (15 °C)
Pressão, p	101,33 kPa (abs)
Massa específica, ρ	1,225 kg/m^3
Peso Específico , γ	12,014 N/m^3
Viscosidade, μ	$1{,}789 \times 10^{-5}$ N·s/m^2

[a] Aceleração da gravidade no nível do mar = 9,807 m/s^2.

2.4 Atmosfera Padrão

Uma aplicação importante da Eq. 2.9 é o cálculo da variação da pressão na atmosfera terrestre. Nós gostaríamos de contar com medidas de pressão numa grande faixa de altitudes e para condições ambientais específicas (temperatura e pressão de referência) mas, infelizmente, este tipo de informação normalmente não é disponível. Assim, uma atmosfera padrão foi desenvolvida para ser utilizada no projeto de aviões, mísseis e espaçonaves e também para comparar o comportamento destes equipamentos numa condição padrão. A atmosfera americana padrão atual é baseada no documento publicado em 1962 e que foi revisado em 1976, Refs. [1 e 2]. Esta atmosfera também é utilizada como padrão em vários outros países. A Tab. 2.1 apresenta algumas propriedades importantes da atmosfera padrão relativas ao nível do mar e a Tab. C.1 do Apen. C apresenta um conjunto de valores para a pressão, temperatura, aceleração da gravidade e viscosidade para diversas altitudes da atmosfera padrão americana.

2.5 Medições de Pressão

A pressão é uma característica muito importante do campo de escoamento. Por esse motivo, vários dispositivos e técnicas foram desenvolvidos e são utilizados para sua medição. Como foi apontado rapidamente no Cap. 1, a pressão num ponto do sistema fluido pode ser designada em termos absolutos ou relativos. As pressões absolutas são medidas em relação ao vácuo perfeito (pressão absoluta nula) enquanto a pressão relativa é medida em relação a pressão atmosférica local. Deste modo, a pressão relativa nula corresponde a uma pressão igual a pressão atmosférica local. As pressões absolutas são sempre positivas mas as pressões relativas podem ser tanto positivas (pressão maior do que a atmosférica local) quanto negativas (pressão menor do que a atmosférica local). Uma pressão negativa é também referida como vácuo. Por exemplo, a pressão de 70 kPa (abs) pode ser expressa como −31,33 kPa (relativa), se a pressão atmosférica local é 101,33 kPa, ou com um vácuo de 31,33 kPa. A Fig. 2.4 ilustra os conceitos de pressão absoluta e relativa para duas pressões (representadas pelos pontos 1 e 2).

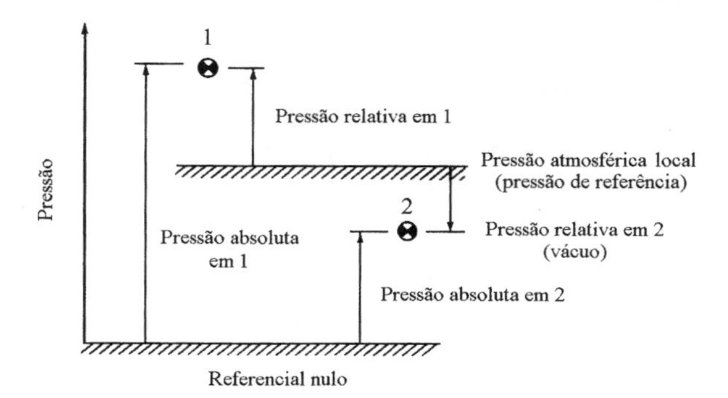

Figura 2.4 Representação gráfica das pressões relativa e absoluta.

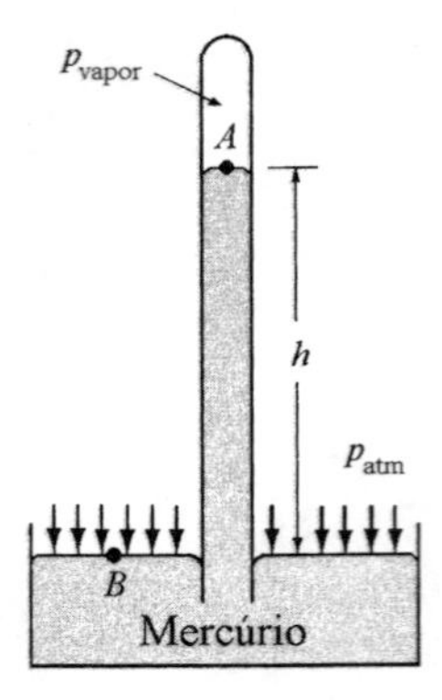

Figura 2.5 Barômetro de mercúrio.

Devido as características discutidas no parágrafo anterior, torna-se necessário especificar tanto a unidade da pressão quanto o referencial utilizado na sua medida. Como descrevemos na Sec. 1.5, a pressão é uma força por unidade de área. Assim, as unidades usuais nos sistemas britânicos são a lbf/ft^2 (psf) ou a lbf/in^2 (psi) e no SI a unidade é o N/m^2. Esta combinação é denominada pascal e é abreviada por Pa ($1\ N/m^2 = 1$ Pa). A pressão também pode ser especificada pela altura de uma coluna de líquido. Nesses casos, a pressão deve ser indicada pela altura da coluna (em metros, milímetros etc) e pela especificação do líquido da coluna (água, mercúrio etc.). Por exemplo, a pressão atmosférica padrão pode ser expressa como 760 mm Hg (abs).

A maioria das pressões utilizadas neste livro são relativas e nós indicaremos apenas os casos onde as pressões são absolutas. Por exemplo, 100 kPa indica uma pressão relativa enquanto que 100 kPa (abs) se refere a uma pressão absoluta. Note que as diferenças de pressão são independentes do referencial e, deste modo, não é necessário fazer qualquer indicação.

A medição da pressão atmosférica é normalmente realizada com o barômetro de mercúrio. A Fig. 2.5 mostra o esboço de um barômetro de mercúrio simples. Este dispositivo é constituído por um tubo de vidro com um extremidade fechada e a outra (aberta) imersa num recipiente que contém mercúrio. Inicialmente, o tubo estava repleto com mercúrio e então foi virado de ponta cabeça (com a extremidade aberta lacrada) e inserido no recipiente de mercúrio. O equilíbrio da coluna de mercúrio ocorre quando o peso da coluna mais a força provocada pela pressão de vapor do mercúrio (que se desenvolve no espaço acima da coluna) é igual a força devida a pressão atmosférica. Assim,

$$p_{atm} = \gamma h + p_{vapor} \tag{2.11}$$

onde γ é o peso específico do mercúrio. A contribuição da pressão de vapor, na maioria dos casos, pode ser desprezada porque é muito pequena (a pressão de vapor do mercúrio a 20 ºC é igual a 0,16 Pa (abs)). Nestas condições, nós temos que $p_{atm} \cong \gamma\ h$. É normal especificar a pressão atmosférica em função da altura de uma coluna de mercúrio.

2.6 Manometria

Uma das técnicas utilizadas na medição da pressão envolve o uso de colunas de líquido verticais ou inclinadas. Os dispositivos para a medida da pressão baseados nesta técnica são denominados manômetros. O barômetro de mercúrio é um exemplo deste tipo de manômetro mas existem muitas outras configurações que foram desenvolvidas para resolver problemas específicos. Os três tipos usuais de manômetros são o tubo piezométrico, o manômetro em U e o com tubo inclinado.

2.6.1. Tubo Piezométrico

O tipo mais simples de manômetro consiste num tubo vertical aberto no topo e conectado ao recipiente no qual desejamos conhecer a pressão (veja a Fig. 2.6). Note que a Eq. 2.8 é aplicável porque a coluna de líquido está em equilíbrio. Assim,

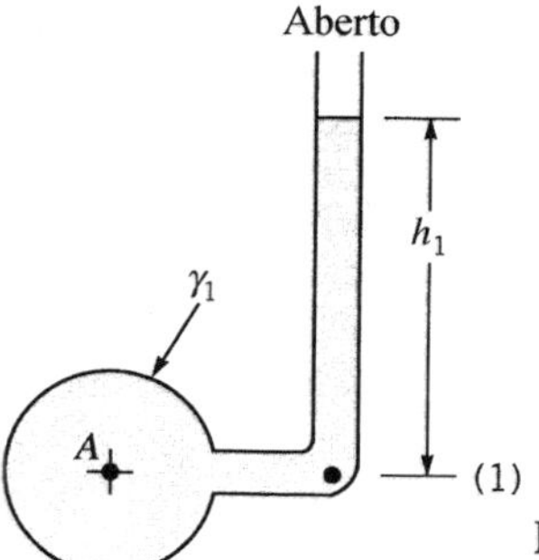

Figura 2.6 Tubo piezométrico.

$$p = p_0 + \gamma h$$

Esta equação fornece o valor da pressão gerada por qualquer coluna de fluido homogêneo em função da pressão de referência p_0 e da distância vertical entre os planos que apresentam p e p_0. Lembre que a pressão aumenta quando nós nos movimentamos para baixo numa coluna de fluido em equilíbrio e decrescerá se nos movimentarmos para cima. A aplicação desta equação ao tubo piezométrico da Fig. 2.6 indica que a pressão p_A pode ser determinada a partir de h_1 através da relação

$$p_A = \gamma_1 h_1$$

onde γ_1 é o peso específico do líquido do recipiente. Note que nós igualamos a pressão p_0 a zero (o tubo é aberto no topo) e isto implica que estamos lidando com pressões relativas. A altura h_1 deve ser medida a partir do menisco da superfície superior até o ponto (1). Como o ponto (1) e o A do recipiente apresentam a mesma elevação, temos que $p_A = p_1$.

A utilização do tubo piezométrico é bastante restrita apesar do dispositivo ser muito simples e preciso. O tubo piezométrico só é adequado nos casos onde a pressão no recipiente é maior do que a pressão atmosférica (se não ocorreria a sucção de ar para o interior do recipiente). Além disso, a pressão no reservatório não pode ser muito grande (para que a altura da coluna seja razoável). Note que só é possível utilizar este dispositivo se o fluido do recipiente for um líquido.

2.6.2 Manômetro com o Tubo em U

Um outro tipo de manômetro, o com tubo em U, foi desenvolvido para superar algumas das dificuldades apontadas previamente. A Fig. 2.7 apresenta um esboço deste tipo de manômetro e, normalmente, o fluido que se encontra no tubo do manômetro é denominado fluido manométrico.

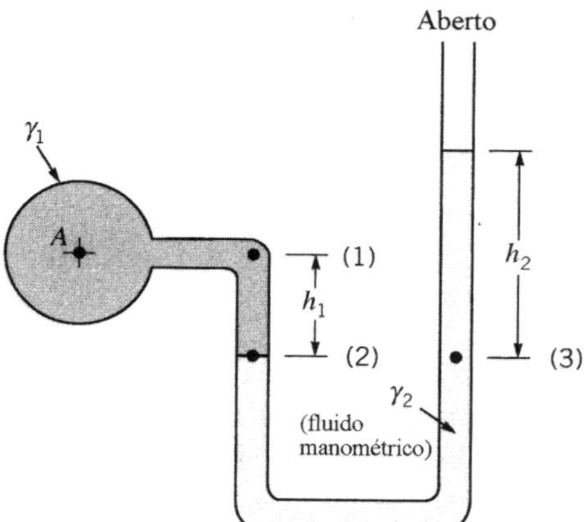

Figura 2.7 Manômetro com tubo em U simples.

Para determinar a pressão p_A em função das alturas das várias colunas, nós aplicaremos a Eq. 2.8 nos vários trechos preenchidos com o mesmo fluido. A pressão no ponto A e no ponto (1) são iguais e a pressão no ponto (2) é igual a soma de p_1 com $\gamma_1 h_1$. A pressão no ponto (2) é igual a pressão no ponto (3) porque as elevações são iguais. Note que nós não saltamos diretamente do ponto (1) para o ponto de mesma elevação no outro tubo porque existem dois fluidos diferentes na região limitada pelos planos horizontais que passam por estes pontos. Como conhecemos a pressão no ponto (3), nós vamos nos mover para a superfície livre da coluna onde a pressão relativa é nula. Quando nós nos movemos verticalmente para cima a pressão cai de um valor $\gamma_2 h_2$. Estes vários passos podem ser resumidos em

$$p_A + \gamma_1 h_1 - \gamma_2 h_2 = 0$$

e a pressão p_A pode ser escrita em função das alturas das colunas do seguinte modo:

$$p_A = \gamma_2 h_2 - \gamma_1 h_1 \qquad \textbf{(2.12)}$$

A maior vantagem do manômetro com tubo em U é que o fluido manométrico pode ser diferente do fluido contido no recipiente onde a pressão deve ser determinada. Por exemplo, o fluido do recipiente da Fig. 2.7 pode ser tanto um gás quanto um líquido. Se o recipiente contém um gás, a contribuição da coluna de gás, $\gamma_1 h_1$, normalmente pode ser desprezada de modo que $p_A \cong p_2$. Nesses casos, a Eq. 2.12 toma a seguinte forma

$$p_A = \gamma_2 h_2$$

Note que a altura da coluna (carga), h_2, é determinada unicamente pelo peso específico do fluido manométrico (γ_2) para uma dada pressão. Assim, nós podemos utilizar um fluido manométrico pesado, tal como mercúrio, para obter uma coluna com altura razoável quando a pressão p_A é alta. De outro lado, nós podemos utilizar um fluido mais leve, tal com a água, para obter uma coluna de líquido com uma altura adequada se a pressão p_A é baixa (⦿ 2.1 – Medição da pressão sangüínea).

Exemplo 2.2

O tanque fechado mostrado na Fig. E2.2 contém ar comprimido e um óleo que apresenta densidade 0,9. O fluido manométrico utilizado no manômetro em U conectado ao tanque é mercúrio (densidade igual a 13,6). Se h_1 = 914 mm, h_2 = 152 mm e h_3 = 229 mm, determine a leitura no manômetro localizado no topo do tanque.

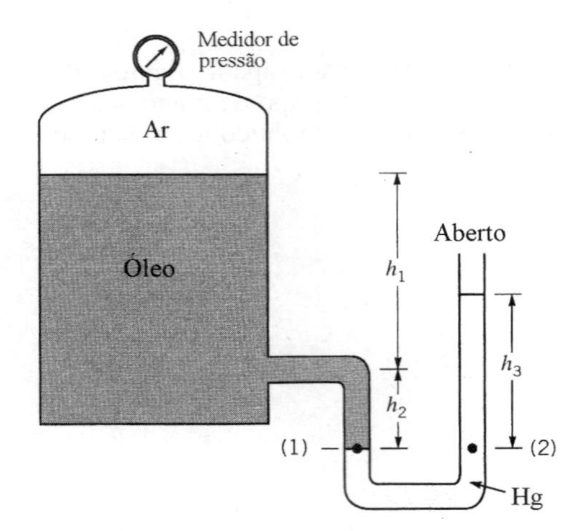

Figura E2.2

Solução Seguindo o procedimento geral utilizado nesta seção, nós iniciaremos a análise na interface ar – óleo localizada no tanque e prosseguiremos até a interface fluido manométrico – ar atmosférico onde a pressão relativa é nula. A pressão no ponto (1) é

$$p_1 = p_{\text{ar comprimido}} + \gamma_{\text{óleo}}(h_1 + h_2)$$

Esta pressão é igual a pressão no ponto (2) porque os dois pontos apresentam a mesma elevação e estão localizados num trecho de tubo ocupado pelo mesmo fluido homogêneo e que está em equilíbrio. A pressão no ponto (2) é igual a pressão na interface fluido manométrico - ar atmosférico somada àquela provocada pela coluna com altura h_3. Se nós admitirmos que a pressão relativa é nula nesta interface (note que estamos trabalhando com pressões relativas),

$$p_{\text{ar comprimido}} + \gamma_{\text{óleo}}(h_1 + h_2) - \gamma_{\text{Hg}}\, h_3 = 0$$

ou

$$p_{\text{ar comprimido}} + (SG_{\text{óleo}})\gamma_{\text{H}_2\text{O}}\,(h_1 + h_2) - (SG_{\text{Hg}})\gamma_{\text{H}_2\text{O}}\, h_3 = 0$$

Aplicando os valores fornecidos no enunciado do exemplo,

$$p_{\text{ar comprimido}} = 13{,}6 \times 9800 \times 0{,}229 - 0{,}9 \times 9800 \times (0{,}914 + 0{,}152) = 2{,}11 \times 10^4 \text{ Pa}$$

Como o peso específico do ar é muito menor que o peso específico do óleo, a pressão medida no manômetro localizado no topo do tanque é muito próxima da pressão na interface ar comprimido-óleo. Deste modo,

$$p_{\text{manômetro}} = 21{,}1 \text{ kPa}$$

O manômetro com tubo em U também é muito utilizado para medir diferenças de pressão em sistemas fluidos. Considere o manômetro conectado entre os recipientes *A* e *B* da Fig. 2.8. A diferença entre as pressões em *A* e *B* pode ser determinada com o mesmo procedimento utilizado na solução do exemplo anterior. Deste modo, se a pressão em *A* é p_A (que é igual a p_1), a pressão em (2) é igual a p_A mais o aumento de pressão provocado pela coluna de fluido do recipiente *A* ($\gamma_1 h_1$). A pressão em (2) é igual a pressão em (3). Já a pressão em (4) é igual a p_3 menos a pressão exercida pela coluna com altura h_2. De modo análogo, a pressão em (5) é igual a p_4 menos $\gamma_3 h_3$. Finalmente, $p_5 = p_B$ porque estes pontos apresentam a mesma elevação. Resumindo,

$$p_A + \gamma_1 h_1 - \gamma_2 h_2 - \gamma_3 h_3 = p_B$$

e a diferença de pressão é dada por

$$p_A - p_B = \gamma_2 h_2 + \gamma_3 h_3 - \gamma_1 h_1$$

Normalmente, os efeitos da tensão superficial nas várias interfaces do fluido manométrico não são consideradas. Note que os efeitos da capilaridade se cancelam (admitindo que as tensões superficiais e os diâmetros dos tubos de cada menisco são iguais) no manômetro com tubo em U simples e que nós podemos tornar o efeito do bombeamento capilar desprezível se utilizarmos tubos com diâmetro grande (em torno de 12 mm, ou maiores). Os dois fluidos manométricos mais utilizados são a água e o mercúrio. Estes dois fluidos formam um menisco bem definido (é uma característica importante para os fluidos manométricos) e apresentam propriedades bem conhecidas. Observe que o fluido manométrico precisa ser imiscível nos fluidos que estão em contato com ele. É interessante ressaltar que nós devemos tomar um cuidado especial com a temperatura nas medições precisas porque os pesos específicos dos fluidos variam com a temperatura.

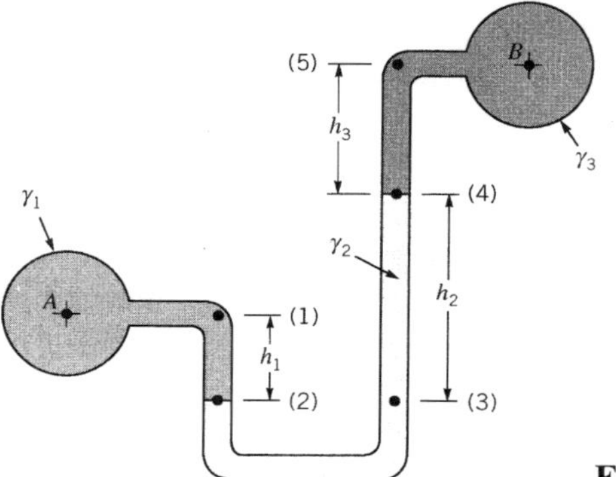

Figura 2.8 Manômetro diferencial em U.

Exemplo 2.3

A Fig. E2.5 mostra o esboço de um dispositivo utilizado para medir a vazão em volume em tubos, Q, que será apresentado no Cap. 3. O bocal convergente cria uma queda de pressão $p_A - p_B$ no escoamento que está relacionada com a vazão em volume através da equação $Q = K(p_A - p_B)^{1/2}$ (onde K é uma constante que é função das dimensões do bocal e do tubo). A queda de pressão normalmente é medida com um manômetro diferencial em U do tipo ilustrado na figura. (**a**) Determine uma equação para $p_A - p_B$ em função do peso específico do fluido que escoa, γ_1, do peso específico do fluido manométrico, γ_2, e das várias alturas indicadas na figura. (**b**) Determine a queda de pressão se $\gamma_1 = 9,80\ \text{kN/m}^3$, $\gamma_2 = 15,6\ \text{kN/m}^3$, $h_1 = 1,0$ m e $h_2 = 0,5$ m.

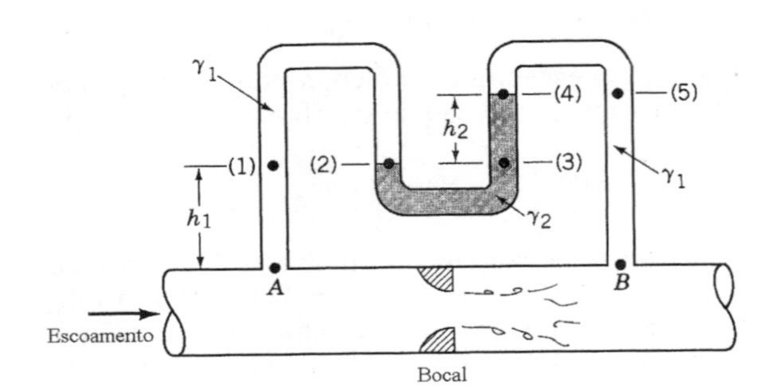

Figura E2.3

Solução (**a**) Apesar do fluido no tubo estar escoando, o que está contido no manômetro está em repouso e, assim, as variações de pressão nos tubos do manômetro são hidrostáticas. Deste modo, a pressão no ponto (1) é igual a pressão no ponto A menos a pressão correspondente a coluna de fluido com altura h_1 ($\gamma_1 h_1$). A pressão no ponto (2) é igual aquela no ponto (1) e também é igual aquela no ponto (3). Já a pressão no ponto (4) é igual a pressão no ponto (3) menos a pressão correspondente a coluna de fluido manométrico com altura h_2 ($\gamma_2 h_2$). A pressão no ponto (5) é igual a pressão no ponto (4) e a pressão em B é igual a pressão em (4) mais a pressão correspondente a coluna de fluido com altura ($h_1 + h_2$). Formalizando estes argumentos,

$$p_A - \gamma_1 h_1 - \gamma_2 h_2 + \gamma_1 (h_1 + h_2) = p_B$$

ou

$$p_A - p_B = h_2(\gamma_2 - \gamma_1)$$

Note que apenas uma altura de coluna de fluido manométrico (h_2) é importante neste manômetro, ou seja, este dispositivo pode ser instalado com h_1 igual a 0,5 ou a 5,0 m acima do tubo e a leitura do manômetro (o valor de h_2) continuaria a mesma. Observe também que é possível obter valores relativamente grandes de leitura diferencial, h_2, mesmo quando a diferença entre as pressões é baixa pois basta utilizar fluidos que apresentem pesos específicos próximos.

(**b**) O valor da queda de pressão para os valores fornecidos é

$$p_A - p_B = 0,5(15,6 \times 10^3 - 9,8 \times 10^3) = 2,9 \times 10^3 \text{ Pa}$$

2.6.3 Manômetro com Tubo Inclinado

O manômetro esboçado na Fig. 2.9 é freqüentemente utilizado para medir pequenas variações de pressão. Uma perna do manômetro é inclinada, formando um ângulo θ com o plano horizontal, e a leitura diferencial l_2 é medida ao longo do tubo inclinado. Nestas condições, a diferença de pressão $p_A - p_B$ é dada por

$$p_A + \gamma_1 h_1 - \gamma_2 l_2 \operatorname{sen} \theta - \gamma_3 h_3 = p_B$$

ou

$$p_A - p_B = \gamma_2 l_2 \operatorname{sen} \theta + \gamma_3 h_3 - \gamma_1 h_1 \quad \textbf{(2.13)}$$

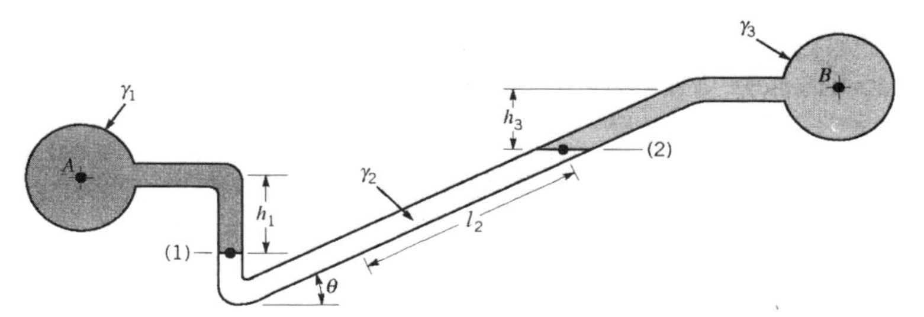

Figura 2.9 Manômetro com tubo inclinado.

Note que a distância vertical entre os pontos (1) e (2) é $l_2 \operatorname{sen} \theta$. Assim, para ângulos relativamente pequenos, a leitura diferencial ao longo do tubo inclinado pode ser feita mesmo que o diferencial de pressão seja pequeno. O manômetro de tubo inclinado é sempre utilizado para medir pequenas diferenças de pressão em sistemas que contém gases. Nestes casos,

$$p_A - p_B = \gamma_2 l_2 \operatorname{sen} \theta$$

ou

$$l_2 = \frac{p_A - p_B}{\gamma_2 \operatorname{sen} \theta} \qquad \textbf{(2.14)}$$

porque as contribuições das colunas de gás podem ser desprezadas. A Eq. 2.14 mostra que, para uma dada diferença de pressão, a leitura diferencial, l_2, do manômetro de tubo inclinado é $1/\operatorname{sen} \theta$ vezes maior do que àquela do manômetro com tubo em U. Lembre que $\operatorname{sen} \theta \to 0$ quando $\theta \to 0$.

2.7 Dispositivos Mecânicos e Elétricos para a Medição da Pressão

Os manômetros com coluna de líquido são muito utilizados mas eles não são adequados para medir pressões muita altas ou que variam rapidamente com o tempo. Além disso, a medida da pressão com estes dispositivos envolve a medição do comprimento de uma ou mais colunas de líquido. Apesar desta operação não apresentar dificuldade, ela pode consumir um tempo significativo. Para solucionar alguns destes problemas, outros tipos de medidores de pressão foram desenvolvidos. A maioria deles é baseada no princípio de que todas as estruturas elásticas deformam quando submetidas a uma pressão diferencial e que esta deformação pode ser relacionada com o valor da pressão. Provavelmente, o dispositivo mais comum deste tipo é o manômetro de Bourdon (veja a Fig. 2.10*a*). O elemento mecânico essencial neste manômetro é o tubo elástico curvado (tubo de Bourdon) que está conectado à fonte de pressão (Fig. 2.10*b*). O tubo curvado tende a ficar reto quando a pressão no tubo (interna) aumenta. Apesar da deformação

(*a*) (*b*)

Figura 2.10 (*a*) Manômetros de Bourdon para várias faixas de pressão. (*b*) Componentes do manômetro de Bourdon – Esquerda: Tubo de Bourdon com formato em "C" – Direita: Tubo de Bourdon "mola de torção" utilizado para medir pressões altas (Cortesia da Weiss Instruments Inc.).

ser pequena, ela pode ser transformada num movimento de um ponteiro localizado num mostrador. Como o movimento do ponteiro está relacionado com a diferença entre a pressão interna do tubo e a do meio externo (pressão atmosférica), a pressão indicada nestes dispositivos é relativa. O manômetro de Bourdon precisa ser calibrado para que ele indique o valor da pressão em psi ou em pascal. Lembre que uma leitura nula neste manômetro indica que a pressão medida é igual a pressão atmosférica. Este tipo de manômetro pode ser utilizado para medir pressões negativas (vácuo) e positivas (◉ 2.2 – Manômetro de Bourdon).

Existem muitas aplicações onde é necessário medir a pressão com um dispositivo que converta o sinal de pressão numa saída elétrica. Um exemplo deste tipo de aplicação é o monitoramento contínuo da pressão num processo químico. Este tipo de dispositivo é denominado transdutor de pressão.

2.8 Força Hidrostática Numa Superfície Plana

Nós sempre detectamos a presença de forças na superfície dos corpos que estão submersos nos fluidos. A determinação destas forças é importante no projeto de tanques para armazenamento de fluidos, navios, barragens e de outras estruturas hidráulicas. Nós também sabemos que o fluido exerce uma força perpendicular nas superfícies submersas quando está em repouso (porque as tensões de cisalhamento não estão presentes) e que a pressão varia linearmente com a profundidade se o fluido se comportar como incompressível. Assim, para uma superfície horizontal, como a inferior do tanque de líquido mostrado na Fig. 2.11, o módulo da força resultante sobre a superfície é $F_R = pA$ onde p é a pressão na superfície inferior e A é a área desta superfície. Note que para este caso (tanque aberto), $p = \gamma h$. Se a pressão atmosférica atua na superfície livre do fluido e na superfície inferior do tanque, a força resultante na superfície inferior é devida somente ao líquido contido no tanque. A força resultante atua no centróide da área da superfície inferior porque a pressão é constante e está distribuída uniformemente nesta superfície (◉ 2.3 – Represa Hoover).

A Fig. 2.12 mostra um caso mais geral porque a superfície plana submersa está inclinada. A determinação da força resultante (i.e. sua direção, sentido, módulo e ponto de aplicação) que atua nesta superfície é um pouco mais complicada. Nós vamos admitir, por enquanto, que a superfície livre do fluido está em contato com a atmosfera. Considere que o plano coincidente com a superfície que está sendo analisada intercepta a superfície livre do líquido em 0 e seja θ o ângulo entre os dois planos (veja a Fig. 2.12). O sistema de coordenadas x - y é definido de modo que 0 está na origem do sistema de coordenadas e y pertence ao plano coincidente com a superfície que está sendo analisada. Note que a superfície que estamos analisando pode apresentar uma forma qualquer. A força que atua em dA (a área diferencial da Fig. 2.12 localizada numa profundidade h) é $dF = \gamma h\, dA$ e é perpendicular a superfície. Assim, o módulo da força resultante na superfície pode ser determinado somando-se todas as forças diferenciais que atuam na superfície, ou seja,

$$F_R = \int_A \gamma h\, dA = \int_A \gamma y \operatorname{sen}\theta\, dA$$

onde $h = y\operatorname{sen}\theta$. Se γ e θ são constantes,

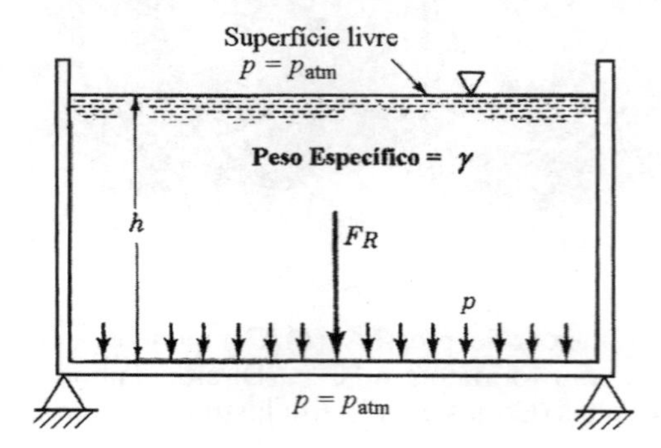

Figura 2.11 Pressão hidrostática e força resultante desenvolvida no fundo de um tanque aberto.

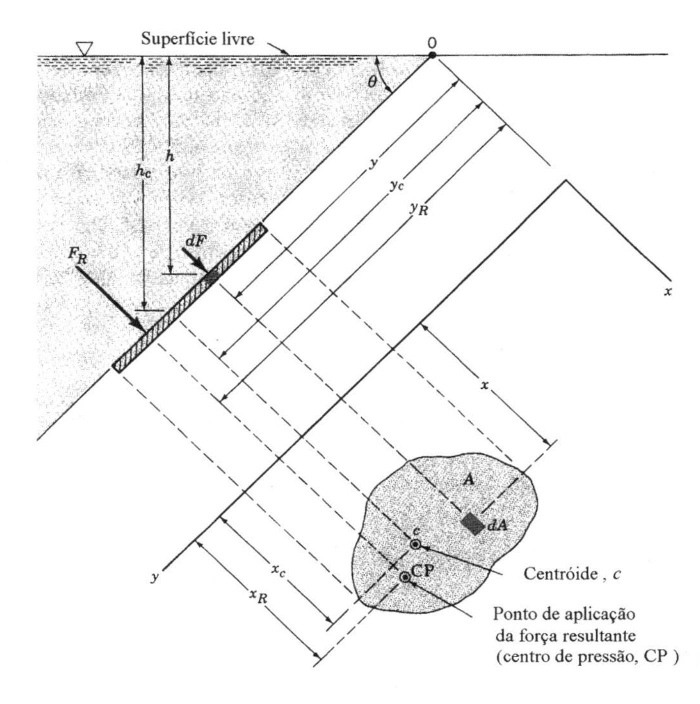

Figura 2.12 Força hidrostática numa superfície plana, inclinada e com formato arbitrário.

$$F_R = \gamma \operatorname{sen}\theta \int_A y \, dA \tag{2.15}$$

A integral da Eq. 2.15 é o momento de primeira ordem (momento de primeira ordem da área) em relação ao eixo x. Deste modo, nós podemos escrever

$$\int_A y \, dA = y_c A$$

onde y_c é a coordenada y do centróide medido a partir do eixo x que passa através de 0. Assim, a Eq. 2.15 pode ser reescrita como

$$F_R = \gamma A y_c \operatorname{sen} \theta$$

ou, de modo mais simples,

$$F_R = \gamma h_c A \tag{2.16}$$

onde h_c é a distância vertical entre a superfície livre do fluido e o centróide da área. Note que o módulo de F_R independe de θ e é função apenas do peso específico do fluido, da área total e da profundidade do centróide da superfície. De fato, a Eq. 2.16 indica que o módulo da força resultante é igual a pressão no centróide multiplicada pela área total da superfície submersa. Como todas as forças diferenciais que compõem F_R são perpendiculares a superfície, a resultante destas forças também será perpendicular a superfície.

Apesar de nossa intuição sugerir que a linha de ação da força resultante deveria passar através do centróide da área este não é o caso. A coordenada y_R da força resultante pode ser determinada pela soma dos momentos em torno do eixo x, ou seja, o momento da força resultante precisa ser igual aos momentos das forças devidas a pressão, ou seja,

$$F_R y_R = \int_A y \, dF = \int_A \gamma \operatorname{sen}\theta \, y^2 dA$$

Como $F_R = \gamma A y_c \operatorname{sen} \theta$

$$y_R = \frac{\int_A y^2 dA}{y_c A}$$

A integral no numerador desta equação é o momento de segunda ordem (momento de segunda ordem da área ou momento de inércia), I_x, em relação ao eixo formado pela intersecção do plano que contém a superfície e a superfície livre (eixo x). Assim, nós podemos escrever

$$y_R = \frac{I_x}{y_c A}$$

Se utilizarmos o teorema dos eixos paralelos, I_x pode ser expresso como

$$I_x = I_{xc} + A y_c^2$$

onde I_{xc} é o momento de segunda ordem em relação ao eixo que passa no centróide e é paralelo ao eixo x. Assim,

$$y_R = \frac{I_{xc}}{y_c A} + y_c \qquad \textbf{(2.17)}$$

A Eq. 2.17 mostra que a força resultante não passa através da centróide mas sempre atua abaixo dele (porque $I_{xc} / y_c A > 0$).

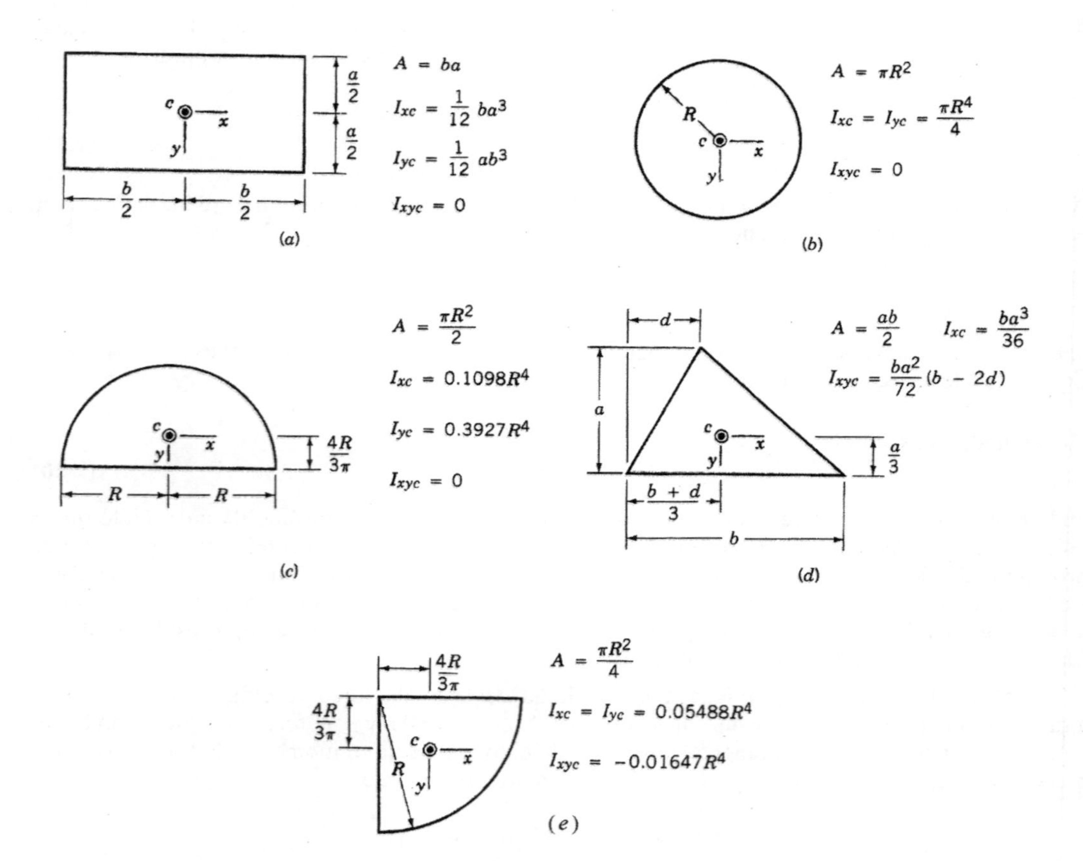

Figura 2.13 Propriedades geométricas de algumas figuras.

A coordenada x_R do ponto de aplicação da forca resultante pode ser determinada de modo análogo, ou seja, somando-se os momentos em relação ao eixo y. Deste modo,

$$x_R = \frac{I_{xyc}}{y_c A} + x_c \tag{2.18}$$

onde I_{xyc} é o produto de inércia em relação ao sistema de coordenadas ortogonal que passa através do centróide da área e criado por uma translação do sistema do sistema de coordenadas x-y. Se a área submersa é simétrica em relação ao eixo que passa pelo centróide e paralelo a um dos eixos (x ou y), a força resultante precisa atuar ao longo da linha $x = x_c$ porque I_{xyc} é nulo neste caso. O ponto de aplicação da força resultante é denominado centro de pressão. As Eqs. 2.17 e 2.18 mostram que um aumento de y_c provoca uma aproximação do centro de pressão para o centróide da área. Como $y_c = h_c / \operatorname{sen}\theta$, a distância y_c crescerá se a h_c aumentar ou, se para uma dada profundidade, a área for rotacionada de modo que o ângulo θ diminua. A Fig. 2.13 apresenta as coordenadas do centróide e os momentos de inércia de algumas figuras geométricas usuais.

Exemplo 2.4

A Fig. E2.4*a* mostra o esboço de uma comporta circular inclinada que está localizada num grande reservatório de água ($\gamma = 9{,}80$ kN/m^3). A comporta está montada num eixo que corre ao longo do diâmetro horizontal da comporta. Se o eixo está localizado a 10 m da superfície livre, determine: (**a**) o módulo e o ponto de aplicação da força resultante na comporta, e (**b**) o momento que deve ser aplicado no eixo para abrir a comporta.

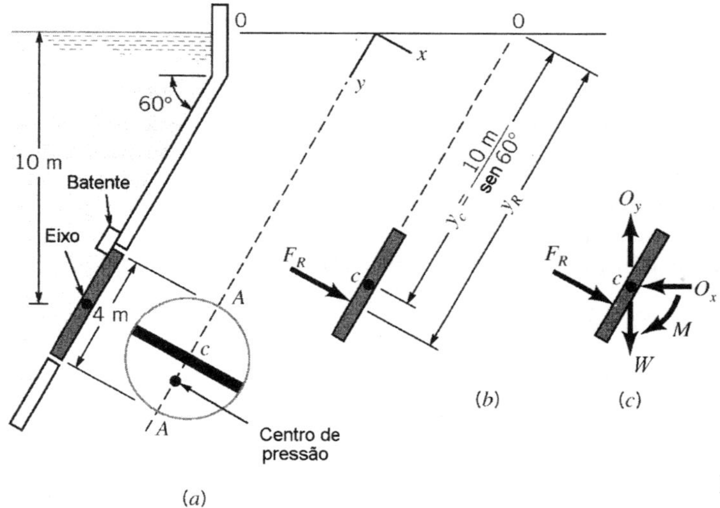

Figura E2.4

Solução. (**a**) Nós vamos utilizar a Eq. 2.16 para determinar a força resultante, ou seja,

$$F_R = \gamma h_c A$$

Como a distância vertical entre o centróide e a superfície livre da água é 10 m, temos,

$$F_R = (9{,}80 \times 10^3) \times (10) \times (4\pi) = 1{,}23 \times 10^6 \text{ N} = 1{,}23 \text{ MN}$$

Nós podemos utilizar as Eqs. 2.17 e 2.18 para localizar o ponto de aplicação da força resultante (centro de pressão).

$$x_R = \frac{I_{xyc}}{y_c A} + x_c \qquad\qquad y_R = \frac{I_{xc}}{y_c A} + y_c$$

Para o sistema de coordenadas mostrado, $x_R = 0$ porque a superfície da comporta é simétrica e o centro de pressão precisa estar localizado ao longo da linha *A - A*. Note que a Fig. 2.13 fornece

$$I_{xc} = \frac{\pi R^4}{4}$$

e que y_c está mostrado na Fig. E2.4*b*. Assim,

$$y_R = \frac{(\pi/4)(2)^2}{(10/\text{sen}\,60^\circ)(4\pi)} + \frac{10}{\text{sen}\,60^\circ} = 0{,}0866 + 11{,}55 = 11{,}6 \text{ m}$$

A distância entre o eixo da comporta e o centro de pressão (ao longo da comporta) é

$$y_R - y_c = 0{,}0866 \text{ m}$$

Resumindo, a força que atua sobre a comporta apresenta módulo igual a 1,23 MN, atua num ponto localizado a 0,0866 m abaixo da linha do eixo e que pertencente a linha *A - A*. Lembre que a força é perpendicular a superfície da comporta.

(**b**) O diagrama de corpo livre mostrado na Fig. E2.4*c* pode ser utilizado para determinar o momento necessário para abrir a comporta. Observe que *W* é o peso da comporta, O_x e O_y são as reações horizontal e vertical do eixo na comporta. A somatória dos momentos em torno do eixo da comporta é nula,

$$\sum M_c = 0$$

e nos fornece,

$$M = F_R\,(y_R - y_c) = (1{,}23\times10^6)(0{,}0866) = 1{,}07\times10^5 \text{ N}\cdot\text{m}$$

2.9 Prisma das Pressões

Nós apresentaremos, nesta seção, o desenvolvimento de uma interpretação gráfica da força desenvolvida por um fluido numa superfície plana. Considere a distribuição de pressão ao longo da parede vertical de um tanque com largura *b* e que contém um líquido que apresenta peso específico γ. Nós podemos representar a distribuição de pressão do modo mostrado na Fig. 2.14*a* porque a pressão varia linearmente com a profundidade. Note que a pressão relativa é nula na superfície livre do líquido, igual a γh na superfície inferior do líquido e que a pressão média ocorre num plano com profundidade $h/2$. Assim, a força resultante que atua na área retangular $A = bh$ é

$$F_R = p_{\text{med}} A = \gamma\left(\frac{h}{2}\right)A$$

Este resultado é igual ao obtido com a Eq. 2.16. A distribuição de pressão mostrada na Fig. 2.14*a* é adequada para toda a superfície vertical e, então, nós podemos representar tridimensionalmente a distribuição de pressão do modo mostrado na Fig. 2.14*b*. A base deste "volume" no espaço pressão

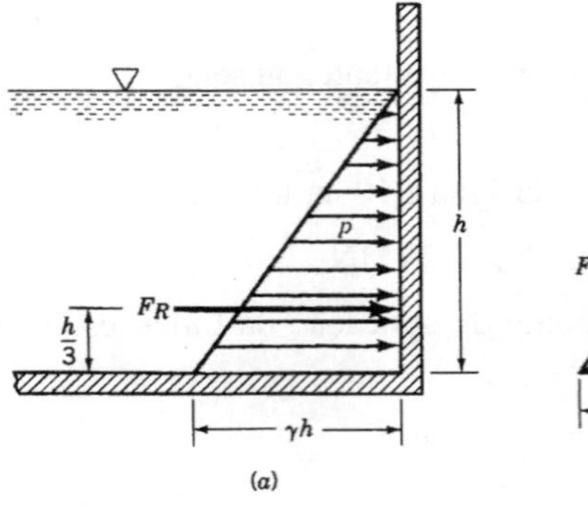

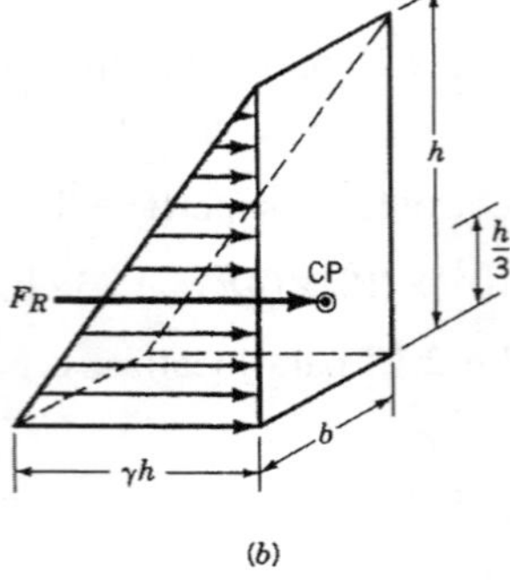

Figura 2.14 Prisma de pressões para uma superfície retangular vertical.

- área é a superfície plana que estamos analisando e a altura em cada ponto é dada pela pressão. Este "volume" é denominado prisma das pressões e é claro que o módulo da forca resultante que atua na superfície vertical é igual ao volume deste prisma. Assim, a força resultante para o prisma mostrado na Fig. 2.14*b* é

$$F_R = \text{volume} = \frac{1}{2}(\gamma h)(bh) = \gamma\left(\frac{h}{2}\right)A$$

onde bh é a área da superfície retangular vertical.

A linha de ação da força resultante precisa passar pelo centróide do prisma das pressões. O centróide do prisma mostrado na Fig. 2.14*b* está localizado no eixo vertical de simetria da superfície vertical e dista h / 3 da base (porque o centróide de um triângulo está localizado a h / 3 de sua base). Note que este resultado está consistente com aqueles obtidos com as Eqs. 2.17 e 2.18.

Se a pressão na superfície livre do líquido for diferente da atmosférica (como o que ocorre num tanque fechado e pressurizado), a força resultante que atua numa área submersa A será igual a superposição da força devida a distribuição hidrostática com $p_s A$, onde p_s é a pressão relativa na superfície do líquido (nós admitimos que o outro lado da superfície está exposto a atmosfera).

Exemplo 2.5

A Fig. E2.5*a* mostra o esboço de um tanque pressurizado que contém óleo (densidade = SG = 0,9) A placa de inspeção instalada no tanque é quadrada e apresenta largura igual a 0,6 m. Qual é o módulo, e a localização da linha de ação, da força resultante que atua na placa quando a pressão relativa no topo do tanque é igual a 50 kPa. Admita que o tanque está exposto à atmosfera.

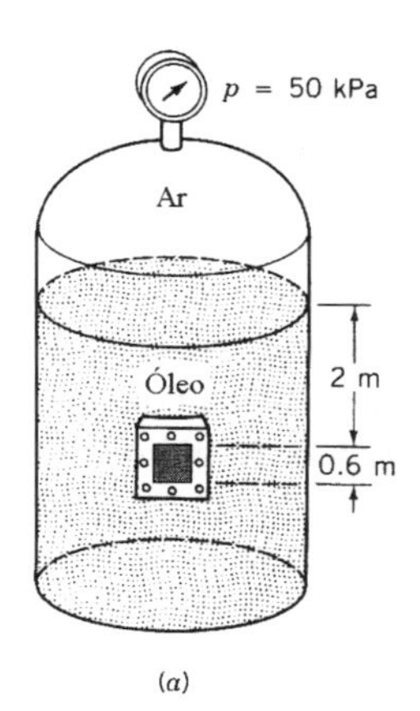

(*a*)

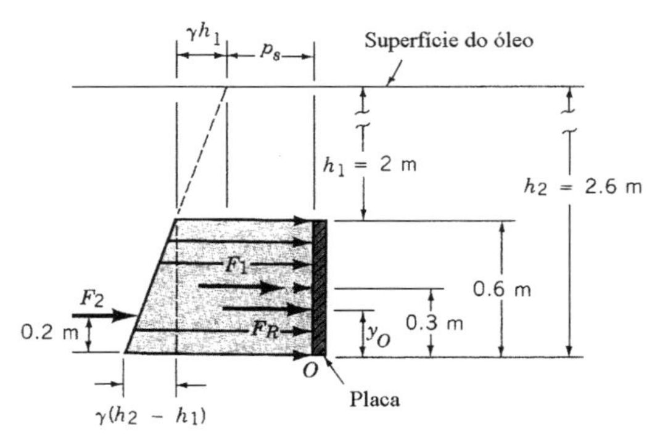

(*b*)

Figura E2.5

Solução. A Fig. E2.5*b* mostra a distribuição de pressão na superfície da placa. A pressão num dado ponto da placa é composta por uma parcela devida a pressão do ar comprimido na superfície do óleo, p_s, e outra devida a presença do óleo (que varia linearmente com a profundidade). Nós vamos considerar que a força resultante na placa com área A é composta pelas forças F_1 e F_2. Assim,

$$F_1 = (p_s + \gamma h_1)A = (50\times10^3 + 0{,}9\times9{,}81\times10^3\times2)\,(0{,}36) = 24{,}4\times10^3 \text{ N}$$

e

$$F_2 = \gamma\left(\frac{h_2 - h_1}{2}\right)A = \left(0{,}9\times9{,}81\times10^3\right)\left(\frac{0{,}6}{2}\right)(0{,}36) = 0{,}95\times10^3 \text{ N}$$

O módulo da força resultante, F_R, é

$$F_R = F_1 + F_2 = 25{,}4\times10^3 \text{ N} = 25{,}4 \text{ kN}$$

A localização vertical do ponto de aplicação de F_R pode ser obtida somando os momentos em relação ao eixo que passa através do ponto O. Assim,

$$F_R\, y_O = F_1\,(0{,}3) + F_2\,(0{,}2)$$

ou

$$y_O = \frac{\left(24{,}4\times10^3\right)(0{,}3) + \left(0{,}95\times10^3\right)(0{,}2)}{\left(25{,}4\times10^3\right)} = 0{,}296 \text{ m}$$

A força resultante atua num ponto situado a 0,296 m acima da borda inferior da placa e no eixo vertical de simetria da placa.

Note que a pressão do ar comprimido utilizado neste exercício é relativa. O valor da pressão atmosférica não afeta a força resultante (tanto o módulo quanto a direção e o sentido) porque ela atua nos dois lados da placa e seus efeitos são cancelados.

2.10 Força Hidrostática Em Superfícies Curvas

As equações desenvolvidas na Sec. 2.8 para a determinação do módulo, e a localização do ponto de aplicação, da força resultante que atua numa superfície submersa são aplicáveis a superfícies planas. Entretanto, nós também precisamos de resultados relativos a superfícies que não

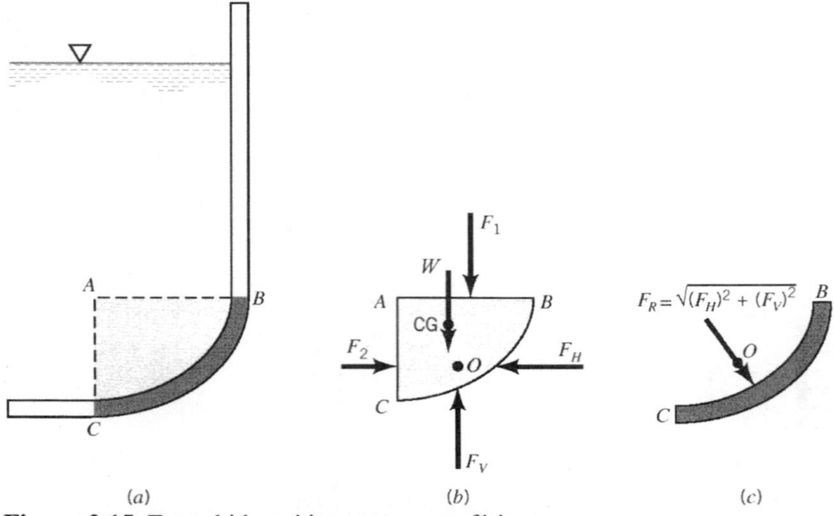

Figura 2.15 Força hidrostática numa superfície curva.

são planas (tais como as superfícies das barragens, tubulações e tanques). É possível determinar a força resultante em qualquer superfície por integração, como foi feito no caso das superfícies planas, mas este procedimento é trabalhoso e não é possível formular equações simples e gerais. Assim, como uma abordagem alternativa, nós consideraremos o equilíbrio de um volume de fluido delimitado pela superfície curva considerada e pelas suas projeções vertical e horizontal (⦿ 2.4 – Garrafa de refrigerante).

Por exemplo, considere a seção curva *BC* do tanque aberto mostrado na Fig. 2.15*a*. Nós desejamos determinar a força resultante que atua sobre esta seção que apresenta comprimento unitário na direção perpendicular ao plano do papel. Nós primeiramente vamos isolar o volume de fluido que é delimitado pela superfície curva considerada, neste caso a *BC*, o plano horizontal *AB* e o plano vertical *AC*. O diagrama de corpo livre deste volume está mostrado na Fig. 2.15*b*. Os módulos e as posições dos pontos de aplicação de F_1 e F_2 podem ser determinados utilizando as relações aplicáveis a superfícies planas. O peso do fluido contido no volume, W, é igual ao peso específico do fluido multiplicado pelo volume e o ponto de aplicação desta força coincide com o centro de gravidade da massa de fluido contida no volume. As forças F_H e F_V representam as componentes da força que o tanque exerce no fluido.

Para que este sistema de forças esteja equilibrado, o módulo do componente F_H precisa ser igual ao da força F_2 e estes vetores precisam ser colineares. Já o módulo do componente F_V deve ser igual a soma dos módulos de F_1 e W e estes vetores também devem ser colineares. Como três forças atuam na massa de fluido (F_2, a resultante de F_1 com W e a força que o tanque exerce sobre o fluido), estas precisam formar um sistema de forças concorrentes. Isto é uma decorrência do seguinte princípio da estática: quando um corpo é mantido em equilíbrio por três forças não paralelas, estas precisam ser concorrentes (suas linhas de ação se interceptam num ponto) e coplanares. Assim,

$$F_H = F_2$$
$$F_V = F_1 + W$$

e o módulo da força resultante é obtido pela equação

$$F_R = \sqrt{(F_H)^2 + (F_V)^2}$$

A linha de ação da força F_R passa pelo ponto O e o ponto de aplicação pode ser localizado somando-se os momentos em relação a um eixo apropriado. Assim, o módulo da força que atua na superfície curva *BC* pode ser calculado com as informações do diagrama de corpo livre mostrado na Fig. 2.15*b* e seu sentido é o mostrado na Fig. 2.15*c*.

Exemplo 2.6

A Fig. E2.6*a* mostra o esboço de um conduto utilizado na drenagem de um tanque e que está parcialmente cheio de água. Sabendo que a distância entre os pontos *A* e *C* é igual ao raio do conduto, determine o módulo, a direção e o sentido da força que atua sobre a seção curva *BC* (devida a presença da água). Admita que esta seção apresenta comprimento igual a 1 m.

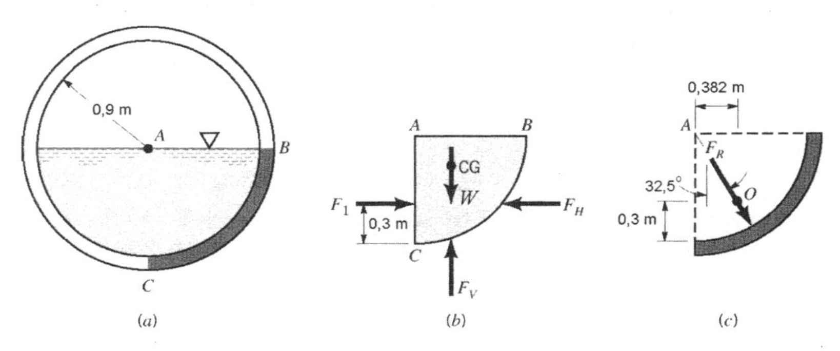

Figura E2.6

Solução. A Fig. E2.6*b* mostra o volume de fluido delimitado pela seção curva *BC*, pelo plano horizontal *AB* e pelo plano vertical *AC*. Este volume apresenta comprimento igual a 1 m. As forças que atuam no volume são a força horizontal F_1, que age na superfície vertical *AC*, o peso, *W*, da água contida no volume e as componentes horizontal e vertical da força que a superfície do conduto exerce sobre o volume (F_H e F_V). O módulo de F_1 pode ser determinado com a equação

$$F_1 = \gamma h_c A = \left(9{,}81\times10^3\right)\left(0{,}9/2\right)\left(0{,}9\times1\right) = 3{,}97\times10^3 \text{ N}$$

e a linha de ação desta força horizontal está situada a 0,3 m acima de *C*. O módulo do peso, *W*, é

$$W = \gamma \text{vol} = \left(9{,}81\times10^3\right)\left(\pi\times0{,}9^2/4\times1\right) = 6{,}24\times10^3 \text{ N}$$

e seu ponto de aplicação coincide com o centro de gravidade da massa de fluido. De acordo com a Fig. 2.13, este ponto está localizado a 0,382 m da linha vertical *AC* (veja a Fig. E2.6*c*). As condições para o equilíbrio são:

$$F_H = F_1 = 3{,}97\times10^3 \text{ N}$$

$$F_V = W = 6{,}24\times10^3 \text{ N}$$

e o módulo da força resultante é

$$F_R = \sqrt{\left(F_H\right)^2 + \left(F_V\right)^2} = \sqrt{\left(3{,}97\times10^3\right)^2 + \left(6{,}24\times10^3\right)^2} = 7{,}40\times10^3 \text{ N}$$

O módulo da força com que a água age sobre o trecho de conduto é igual ao calculado mas o sentido desta força é oposto aquele que pode ser representado na Fig. E2.6*b*. A Fig. E2.6*c* mostra a representação correta da força resultante sobre o trecho do conduto. Note que a linha de ação da força passa pelo ponto *O* e apresenta a inclinação mostrada na figura.

Este resultado mostra que a linha de ação da força resultante passa pelo centro do conduto. Isto não é surpreendente porque cada ponto da superfície curva do conduto está submetida a uma força normal devida a pressão, ou seja, como as linhas de força de cada uma destas forças elementares passa pelo centro do conduto, a linha de ação da resultante também deve passar pelo centro do conduto.

A mesma abordagem geral pode ser utilizada para determinar a força gerada em superfícies curvas de tanques fechados e pressurizados. Note que o peso do gás normalmente é desprezível em relação as forças desenvolvidas pela pressão na avaliação das forças em superfícies de tanques dedicados a estocagem de gases. Nesses casos, as forças que atuam nas projeções horizontal e vertical da superfície curva em que estamos interessados (tais como F_1 e F_2 da Fig. 2.15*b*) podem ser calculadas como o produto da pressão interna pela área projetada apropriada.

2.11 Empuxo, Flutuação e Estabilidade

2.11.1 Princípio de Arquimedes

Nós sempre identificamos uma força, exercida pelos fluidos, sobre os corpos que estão completamente submersos ou flutuando. A força resultante gerada pelo fluido e que atua nos corpos é denominada empuxo. Esta força líquida vertical, com sentido para cima, é o resultado do gradiente de pressão (a pressão aumenta com a profundidade) e já foi analisada nos cursos de física geral. Se considerarmos que o fluido apresenta massa específica constante, o módulo da força de empuxo pode ser avaliado com a equação

$$F_B = \gamma \mathcal{V} \qquad \textbf{(2.19)}$$

Observe que a força de empuxo apresenta módulo igual ao peso do fluido deslocado pelo corpo, sua direção é vertical e seu sentido é para cima. Este resultado é conhecido como o Princípio de Arquimedes e pode ser derivado a partir dos conceitos apresentados na Sec. 2.10 (⦿ 2.5 – Princípio de Arquimedes). A linha de ação da força de empuxo passa pelo centróide do volume deslocado e o ponto de aplicação da força de empuxo é denominado centro de empuxo.

Estes resultados também são aplicáveis aos corpos que flutuam se o peso específico do fluido localizado acima da superfície livre do líquido é muito pequeno em relação ao do líquido onde o corpo flutua. Normalmente, esta condição é satisfeita porque o fluido acima da superfície livre usualmente é ar (◉ 2.6 – Densímetro).

Exemplo 2.7

A Fig. E2.7*a* mostra o esboço de uma bóia, com diâmetro e peso iguais a 1,5 m e 8,5 kN, que está presa ao fundo do mar por um cabo. Normalmente, a bóia flutua na superfície do mar mas, em certas ocasiões, o nível do mar sobe e a bóia fica completamente submersa. Determine a força que tensiona o cabo na condição mostrada na figura.

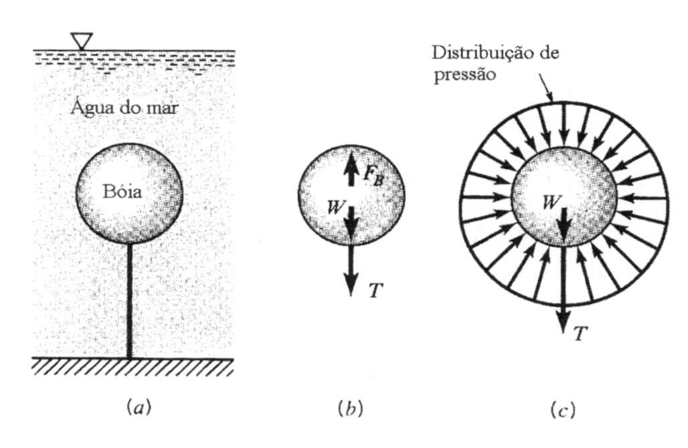

Figura E2.7

Solução. Nós primeiramente vamos construir o diagrama de corpo livre para a bóia (veja a Fig. E2.7*b*). A força F_B é a força de empuxo que atua sobre a bóia, W é o peso da bóia e T é a força que tensiona o cabo. Para que a bóia esteja em equilíbrio,

$$T = F_B - W$$

A Eq. 2.19 estabelece que

$$F_B = \gamma \mathcal{V}$$

O peso específico da água do mar é 10,1 kN/m³ e $\mathcal{V} = \pi d^3 / 6$. Substituindo,

$$F_B = \left(10{,}1\times10^3\right)\left[\left(\pi/6\right)\left(1{,}5\right)^3\right] = 1{,}785\times10^4 \text{ N}$$

Assim, a força que tensiona o cabo é

$$T = 1{,}785\times10^4 - 8{,}50\times10^3 = 9{,}35\times10^3 \text{ N} = 9{,}35 \text{ kN}$$

Note que nós trocamos o efeito da forças de pressão hidrostática no corpo pela força de empuxo. A Fig. E2.7*c* mostra um outro diagrama de corpo livre que também está correto, mas que apresenta uma distribuição das forças devidas a pressão. Lembre que o efeito líquido das forças de pressão na superfície da bóia é igual a força F_B (a força de empuxo).

2.11.2 Estabilidade

Um outro problema interessante e importante é aquele associado a estabilidade dos corpos submersos ou que flutuam num fluido em repouso. Um corpo está numa posição de equilíbrio estável se, quando perturbado, retorna a posição de equilíbrio original. De modo inverso, o corpo está numa posição de equilíbrio instável se ele se move para uma nova posição de equilíbrio após ser perturbado (mesmo que a perturbação seja bastante pequena). As considerações sobre o equilíbrio são importantes na análise dos corpos submersos e flutuantes porque os centro de empuxo e de gravidade necessariamente não são coincidentes. Assim, uma pequena rotação pode resultar num momento de restituição ou de emborcamento

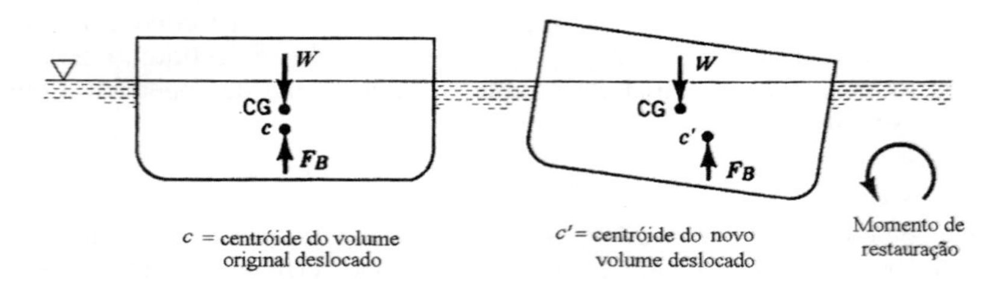

Figura 2.16 Estabilidade de um corpo flutuante – configuração estável.

Considere um corpo totalmente submerso cujo centro de gravidade está localizado abaixo do centro de empuxo. Nesta condição, uma rotação a partir do ponto de equilíbrio criará um momento de restituição formado pelo peso (W) e pela força de empuxo (F_B). Note que este binário provocará uma rotação no corpo para a sua posição original. Assim, para esta configuração, o equilíbrio é estável. O corpo sempre estará numa posição de equilíbrio estável, em relação a pequenas rotações, se o centro de gravidade estiver localizado abaixo do centro de empuxo. Entretanto, se o centro de gravidade estiver acima do centro de empuxo, o binário formado pelo peso e pela força de empuxo causará o emborcamento do corpo e ele se movimentará para uma nova posição de equilíbrio. Assim, um corpo totalmente submerso que apresenta centro de gravidade acima do centro de empuxo está numa posição de equilíbrio instável

O problema de estabilidade para os corpos que flutuam num fluido em repouso é mais complicado porque a localização do centro de empuxo (que coincide com o centróide do volume deslocado) pode mudar quando o corpo rotaciona. A Fig. 2.16 mostra o esquema de uma barcaça com calado pequeno. Este corpo pode estar numa posição estável mesmo que o centro de gravidade esteja acima do centróide. Isto é verdade porque a força de empuxo, F_B , na posição perturbada (relativa ao novo volume deslocado) combina com o peso para formar um binário de restituição (que levará o corpo para a posição de equilíbrio original). Entretanto, se impusermos uma pequena rotação num corpo esbelto que flutua (Fig. 2.17), a força de empuxo e o peso podem formar um binário de emborcamento. (◉ 2.7 – Estabilidade do modelo de uma barcaça).

Estes exemplos simples mostram que a análise da estabilidade dos corpos submersos e flutuantes pode ser dificultada tanto pela geometria quanto pela distribuição de peso no corpo analisado. É importante ressaltar que, as vezes, também é necessário considerar outros tipos de forças externas que atuam no corpo que está sendo analisado (tais como a induzida pelas rajadas de vento ou correntes no fluido). A análise da estabilidade é muito importante no projeto de embarcações e toma muito tempo do trabalho dos engenheiros navais.

2.12 Variação da Pressão num Fluido com Movimento de Corpo Rígido.

Até este ponto, nós nos preocupamos com problemas relativos a fluidos em repouso, mas a equação geral do movimento (Eq. 2.2)

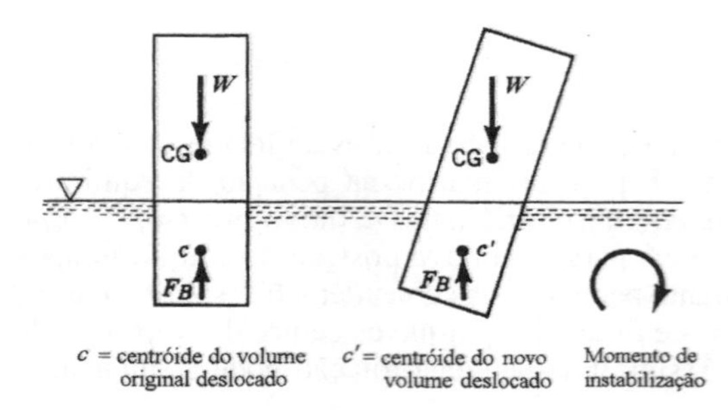

Figura 2.17 Estabilidade de um corpo flutuante - configuração instável.

$$-\nabla p - \gamma \hat{k} = \rho \boldsymbol{a}$$

foi desenvolvida para fluidos que estão em repouso ou num movimento que não apresenta tensões de cisalhamento.

O movimento do fluido que não apresenta tensão de cisalhamento é aquele onde a massa de fluido é submetida a um movimento de corpo rígido. Por exemplo, se um recipiente de fluido acelera ao longo de uma trajetória retilínea, o fluido se moverá como uma massa rígida (depois que o movimento transitório inicial tiver desaparecido) e cada partícula apresentará a mesma aceleração. Como não existe deformação neste tipo de movimento, as tensões de cisalhamento serão nulas e, deste modo, a Eq. 2.2 é adequada para descrever o movimento. De modo análogo, se o fluido contido num tanque rotaciona em torno de um eixo fixo, o fluido simplesmente rotacionará com o tanque como se fosse um corpo rígido e, de novo, a Eq. 2.2 pode ser utilizada para determinar a distribuição de pressão no fluido.

Referências

1. *The U.S. Standard Atmosphere*, 1962, U.S. Government Printing Office, Washington, D.C., 1962.
2. *The U.S. Standard Atmosphere*, 1976, U.S. Government Printing Office, Washington, D.C., 1976.

Problemas

Nota: Se o valor de uma propriedade não for especificado no problema, utilize o valor fornecido na Tab. 1.4 ou 1.5 do Cap. 1. Os problemas com a indicação (*) devem ser resolvidos com uma calculadora programável ou computador. Os problemas com a indicação (+) são do tipo aberto (requerem uma análise crítica, a formulação de hipóteses e a adoção de dados). Não existe uma solução única para este tipo de problema.

2.1 A distância vertical entre a superfície livre da água numa caixa de incêndio aberta a atmosfera e o nível do solo é 30 m. Qual é o valor da pressão estática num hidrante que está conectado a caixa d'água e localizado ao nível do chão?

2.2 Qual deve ser a altura de uma coluna de óleo SAE 30 para que se obtenha uma pressão igual a 700 mm Hg?

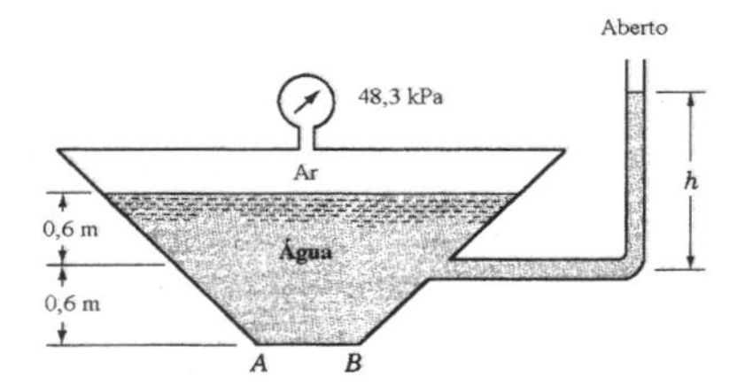

Figura P2.3

2.3 A Fig. P2.3 mostra o esboço de um tanque fechado e que contém água. O manômetro indica que a pressão no ar é 48,3 kPa. Determine: (**a**) a altura h da coluna aberta, (**b**) a pressão relativa na superfície AB do tanque e (**c**) a pressão absoluta do ar no topo do tanque se a pressão atmosférica for igual a 101,13 kPa.

2.4 Os batiscafos são utilizados para mergulhos profundos no oceano. Qual é a pressão no batiscafo se a profundidade de mergulho é 6 km? Admita que o peso específico da água do mar é constante e igual a 10,1 kN/m^3.

2.5 A pressão sangüínea é usualmente especificada pela relação entre a pressão máxima (pressão sistólica) e a pressão mínima (pressão diastólica). O ◉ 2.1 mostra que estas pressões são normalmente representadas por uma coluna de mercúrio. Por exemplo, o valor típico desta relação para um humano é 12 por 7 cm de Hg. Quais os valores destas pressões em pascal?

* **2.6** A próxima tabela apresenta um conjunto de valores de peso específico medidos num banho de líquido em repouso. A profundidade $h = 0$ corresponde ao nível da superfície livre que está em contato com a atmosfera. Determine, através da integração numérica da Eq. 2.4, como a pressão varia com a profundidade. Mostre seus resultados num gráfico onde a pressão é mostrada em função da profundidade.

Profundidade, h (m)	Peso específico, γ (kN/m³)
0	11,00
3,0	11,94
6,0	13,20
9,0	14,30
12,0	15,24
15,0	16,02
18,0	16,81
21,0	17,28
24,0	17,60
27,0	17,91
30,0	18,07

2.7 Quais são os valores de uma pressão barométrica de 29,4 in Hg em psia e em pascal?

2.8 Qual é o valor da pressão barométrica, em mm de Hg, para uma elevação de 4 km na atmosfera padrão americana? (Utilize a tabela do Apen. C).

2.9 Uma pressão de 62,1 kPa (abs) corresponde a que pressão relativa se a pressão atmosférica local vale 101,3 kPa.

2.10 Os manômetros do tipo Bourdon (veja o ◉ 2.2 e a Fig. 2.10) são muito utilizados nas medições da pressão. O manômetro conectado ao tanque mostrado na Fig. P2.10 indica que a pressão é igual a 34,5 kPa. Determine a pressão absoluta no ar contido no tanque sabendo que a pressão atmosférica local é igual a 101,3 kPa.

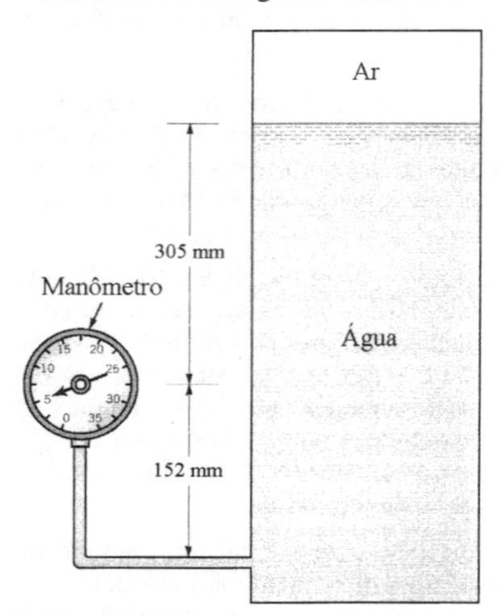

Figura P2.10

2.11 Um manômetro de Bourdon instalado na tubulação de alimentação de uma bomba indica que a pressão é negativa e igual a 40 kPa. Qual é a pressão absoluta correspondente se a pressão atmosférica local é igual a 100 kPa (abs)?

* **2.12** Em condições atmosféricas normais, a temperatura do ar diminui com o aumento da elevação. Entretanto, em algumas ocasiões, pode ocorrer uma inversão térmica e a temperatura pode crescer com o aumento da elevação. A próxima tabela mostra um conjunto de dados experimentais da temperatura do ar em função da elevação obtidos com sensores instalados numa montanha. Sabendo que a pressão na base da montanha é igual a 83,6 kPa (abs), determine a pressão atmosférica no cume da montanha. Utilize um procedimento numérico de integração para resolver o problema.

Elevação (m)	Temperatura (°C)
1524 (base)	10,1
1676	12,9
1829	15,7
1951	17,0
2164	19,4
2256	20,2
2500	21,1
2621	20,8
2804	20,0
3017 (cume)	19.5

2.13 A Fig. P2.13 mostra o esboço de um tanque cilíndrico, com tampa hemisférica, que contém água e está conectado a uma tubulação invertida. A densidade do líquido aprisionado na parte superior da tubulação é 0,8 e o resto da tubulação está repleto com água. Sabendo que a pressão indicada no manômetro montado em A é 60 kPa, determine: **(a)** a pressão em B, e **(b)** a pressão no ponto C.

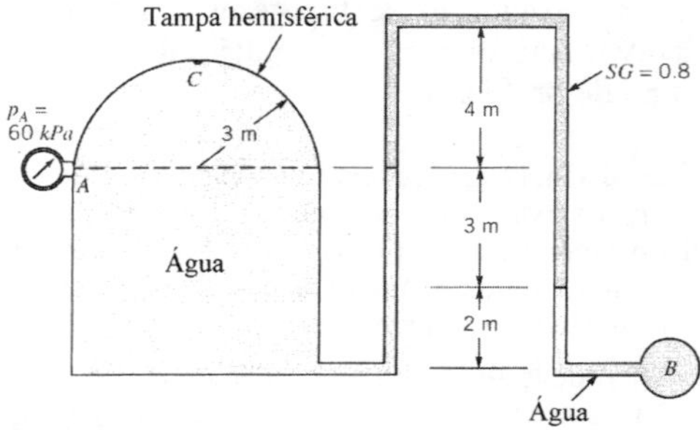

Figura P2.13

2.14 O tubo A da Fig. P2.14 contém tetracloreto de carbono (densidade = 1,60) e o tanque B contém uma solução salina (densidade = 1,15). Determine a pressão no ar do tanque B se a pressão no tubo A é igual a 1,72 bar.

2.15 A Fig. P2.15 mostra um manômetro em U conectado a um tanque pressurizado. Sabendo que a pressão do ar contido no tanque é 13,8 kPa, determine a leitura diferencial no manômetro, h.

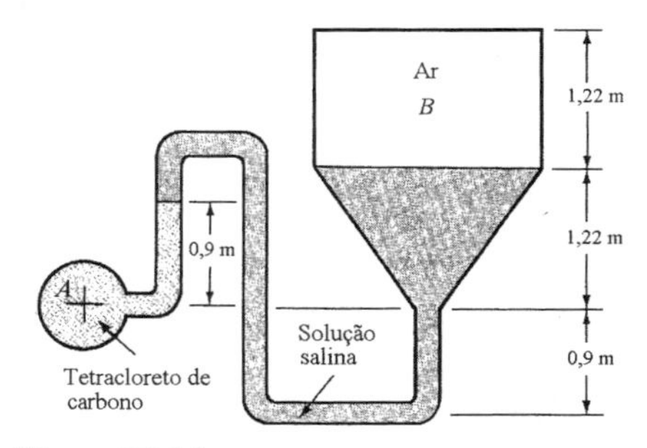

Figura P2.14

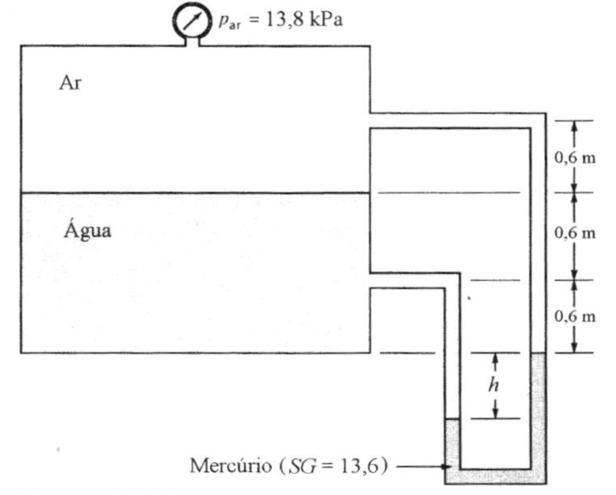

Figura P2.15

2.16 O tubo em U mostrado na Fig. P2.16 contém três líquidos distintos: óleo, água e um fluido desconhecido. Determine a densidade do fluido desconhecido considerando as condições operacionais indicadas na figura.

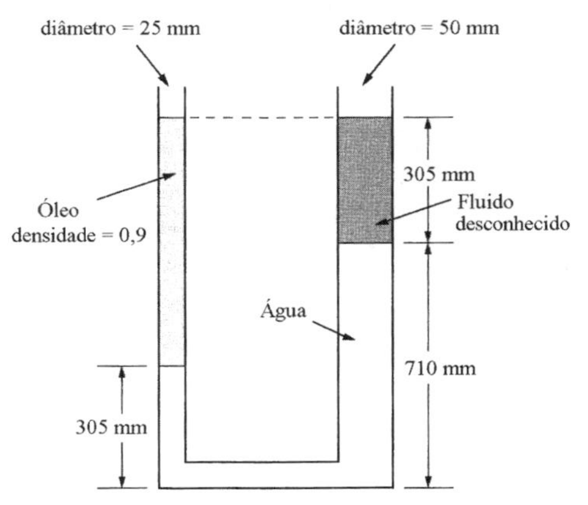

Figura P2.16

\+ **2.17** Apesar da água não ser facilmente comprimida, a massa específica da água no fundo do oceano é maior do que aquela na superfície (o aumento é devido a variação de pressão). Estime qual seria o aumento da superfície do oceano se a água se tornasse verdadeiramente incompressível e apresentasse uma massa específica igual aquela encontrada em sua superfície livre.

2.18 O manômetro inclinado da Fig. P2.18 indica que a pressão no tubo *A* é 0,8 psi. O fluido que escoa nos tubos *A* e *B* é água e o fluido manométrico apresenta densidade 2,6. Qual é a pressão no tubo *B* que corresponde a condição mostrada na figura.

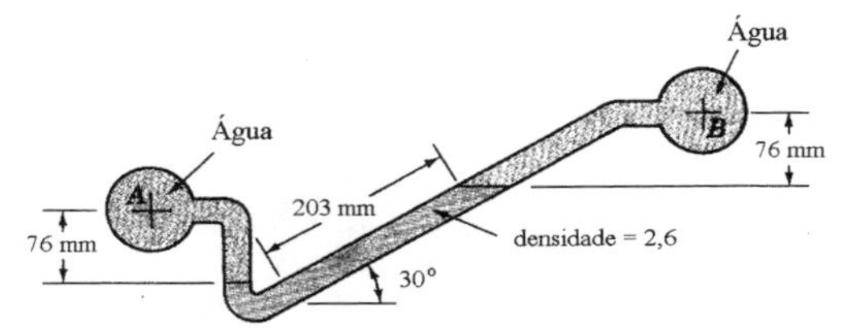

Figura P2.18

2.19 O manômetro de mercúrio da Fig. P2.19 indica uma leitura diferencial de 0,3 m quando a pressão no tubo *A* é 30 mm de Hg (vácuo). Determine a pressão no tubo *B*.

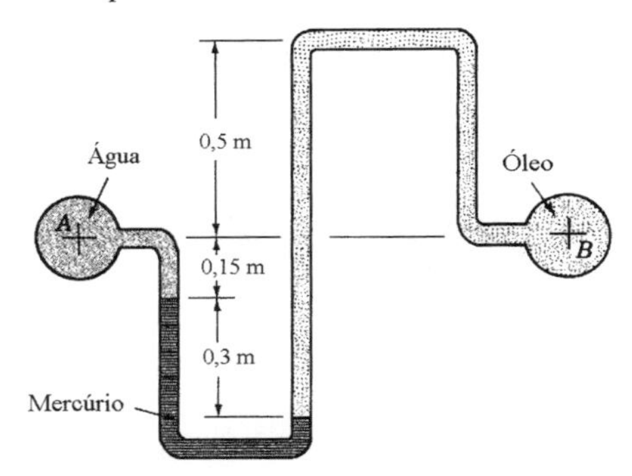

Figura P2.19

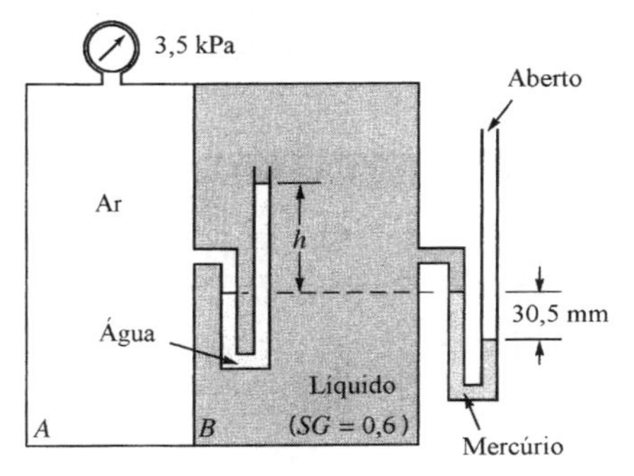

Fig. P2.20

2.20 Os compartimentos *A* e *B* do reservatório mostrado na Fig. P2.20 contém ar e um líquido que apresenta densidade igual a 0,6. Determine a altura *h* indicada no manômetro sabendo que a pressão atmosférica vale 101,3 kPa. Observe que o manômetro instalado no compartimento *A* indica que a pressão no ar é igual a 3,5 kPa.

2.21 O conjunto tanque e tubos manométricos mostrado na Fig. P2.21 contém três fluidos diferentes. Sabendo que o peso específico do fluido 1 é igual a 9,8 kN/m^3, que a massa específica do fluido 2 vale 825 kg/m^3, determine a densidade do fluido 3.

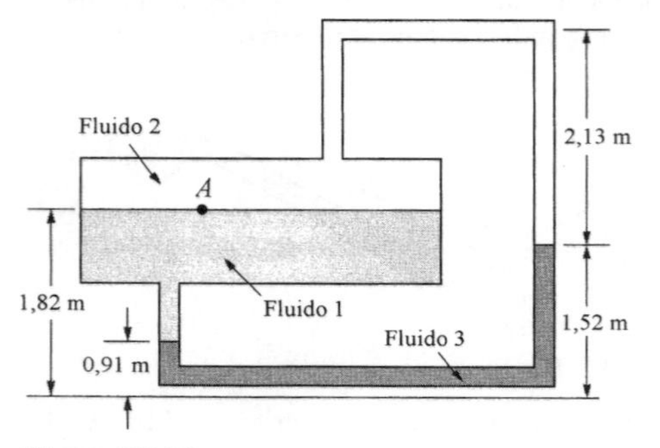

Figura P2.21

2.22 Determine o ângulo θ do tubo inclinado mostrado na Fig. P2.22 sabendo que a diferença entre as pressões em *A* e *B* é 13,8 kPa.

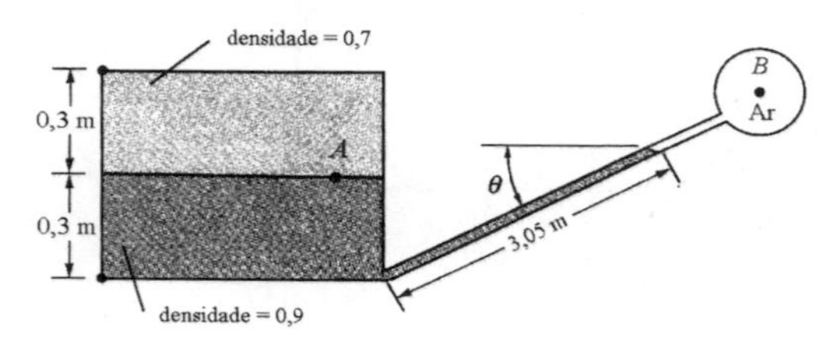

Figura P2.22

2.23 O tubo mostrado na Fig. P2.23 contém água, óleo e água salgada. A massa específica do óleo é igual a 619 kg/m^3, a densidade da água salgada vale 1,20 e uma das extremidades do tubo está fechada. Nestas condições, determine a pressão no ponto 1 (que é interno ao tubo).

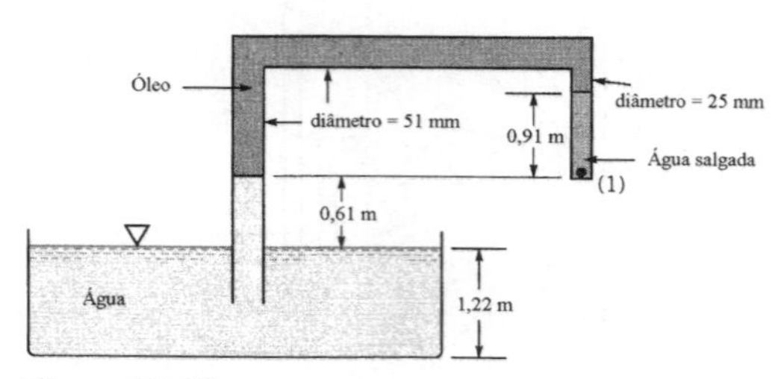

Figura P2.23

2.24 O tubo *A* da Fig. P2.24 contém gasolina (densidade = 0,7), o tubo *B* contém óleo (densidade = 0,9) e o fluido manométrico é mercúrio. Determine a nova leitura diferencial se a pressão no tubo *A* for diminuída de 25 kPa e a pressão no tubo *B* perma-

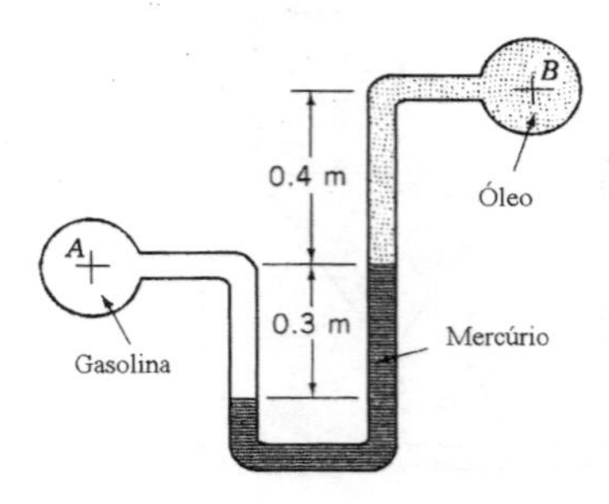

Figura P2.24

necer constante. Note que a leitura inicial mostrada na figura e é igual a 0,30 m.

2.25 A Fig. P2.25 mostra um conjunto cilindro-pistão (diâmetro = 152 mm) conectado a um manômetro de tubo inclinado com diâmetro igual a 12,7 mm. O fluido contido no cilindro e no manômetro é óleo ($\gamma = 9{,}27 \times 10^3$ N/m^3). O nível do fluido no manômetro sobe do ponto (1) para o (2) quando nós colocamos um peso ($\mathcal{W}$) no topo do cilindro. Qual é o valor do peso $\mathcal{W}$ para as condições mostradas na figura. Admita que a variação da posição do pistão é desprezível.

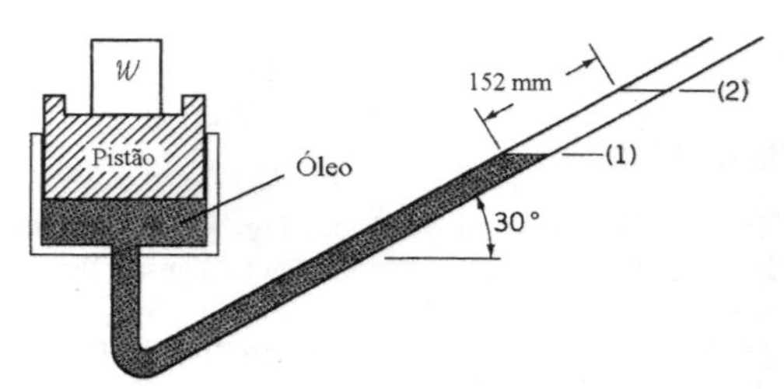

Figura P2.25

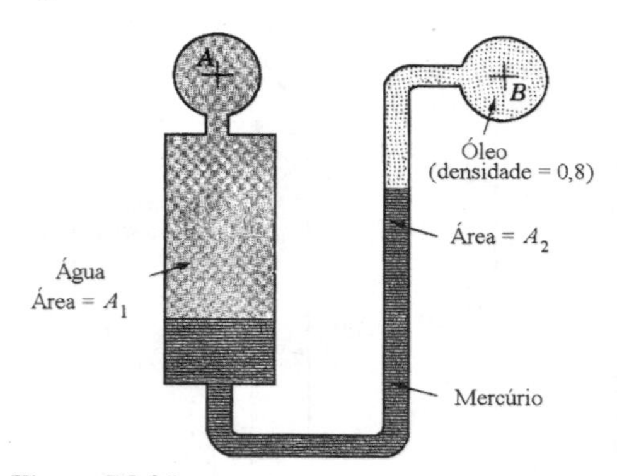

Figura P2.26

2.26 Determine a relação entre as áreas A_1 / A_2 das pernas do manômetro mostrado na Fig. P2.26 se uma mudança na pressão no tubo *B* de 3,5 kPa provoca uma alteração de 25,4 mm no nível do mercúrio na perna direita do manômetro . A pressão no tubo *A* é constante.

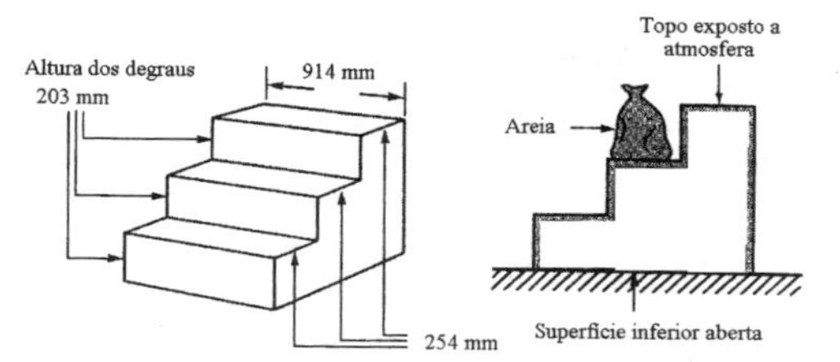

Figura P2.27

2.27 A forma sem fundo mostrada na Fig. P2.27 deve ser utilizada para a produção de um conjunto de degraus de concreto. Determine o peso do saco de areia necessário para impedir a movimentação da forma com concreto sabendo que o peso da forma é 50 kg e que o peso específico do concreto é igual a $2{,}36 \times 10^4$ N/ m^3.

2.28 Uma comporta quadrada (4 m × 4 m) está localizada na parede de uma barragem que apresenta inclinação igual a 45°. O lado superior da comporta está localizado a 8 m abaixo da superfície livre da água. Determine o módulo e o ponto de aplicação da força com que a água atua na comporta.

2.29 Um tanque grande e exposto a atmosfera contém ,água e está conectado a um conduto com 1830 mm de diâmetro do modo mostrado na Fig. P2.29. Note que uma tampa circular é utilizada para selar o conduto. Determine o ponto de aplicação, o módulo, a direção e o sentido da força com que a água atua na tampa.

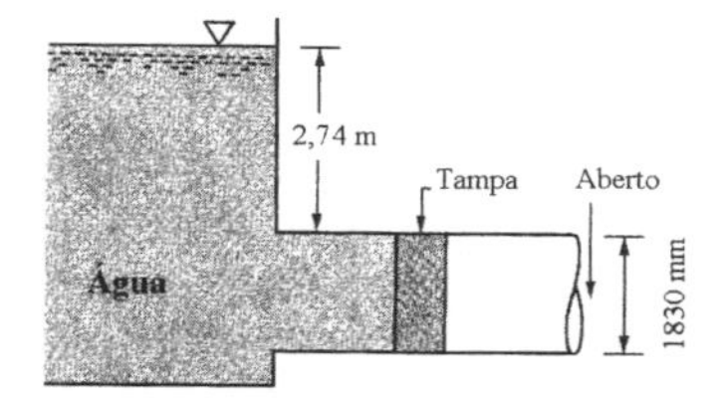

Figura P2.29

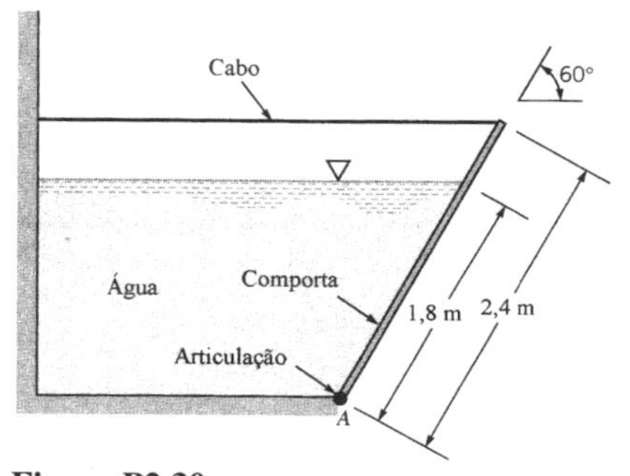

Figura P2.30

2.30 A Fig. P2.30 mostra o corte transversal de uma comporta que apresenta massa igual a 363 kg. Observe que a comporta é articulada e que está imobilizada por um cabo. O comprimento e a largura da placa são respectivamente iguais a 1,2 e 2,4 m. Sabendo que o atrito na articulação é desprezível, determine a tensão no cabo.

+ **2.31** Um tampão de borracha cobre o ralo de sua banheira. Estime o módulo da força com que a água atua sobre o tampão. Faça uma relação das hipóteses utilizadas na solução do problema e mostre, claramente, todos os cálculos necessários para a determinação desta força. O módulo desta força é igual aquele da força necessária para remover o tampão?

2.32 Uma triângulo isósceles (base e altura respectivamente iguais a 1830 e 2440 mm) se encontra encostado na parede inclinada de um tanque que contém um líquido que apresenta peso específico igual a 12,5 kN/m^3. A parede lateral do tanque forma um ângulo de 60° com a horizontal. A base do triângulo é horizontal e o vértice está localizado acima da base. Determine o módulo da força resultante com que o fluido atua sobre o triângulo sabendo que a superfície livre do líquido está a 6,1 m acima da base do triângulo. Determine, graficamente, aonde está localizado o centro de pressão.

2.33 Resolva o Prob. 2.32 substituindo o triângulo isósceles por um triângulo retângulo que apresenta mesma base e altura.

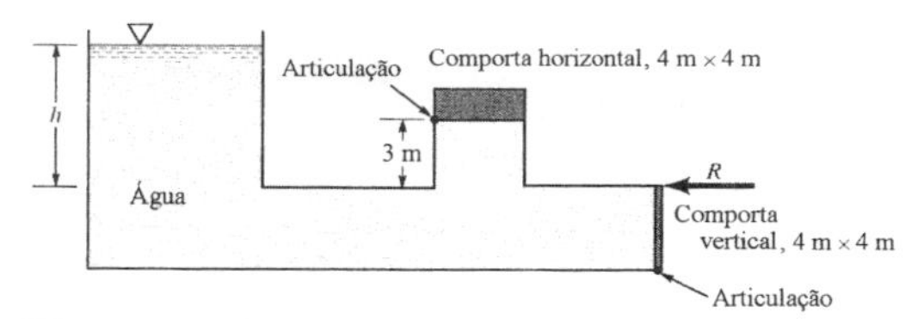

Figura P2.34

2.34 A Fig. P2.34 mostra um conduto conectado a um tanque aberto que contém água. As duas comportas instaladas no conduto devem abrir simultaneamente quando a altura da superfície livre da água, h, atinge 5 m. Determine o peso da comporta horizontal e o módulo da força horizontal, R, para que isso ocorra. Admita que o peso da comporta vertical é desprezível e que não existe atrito nas articulações

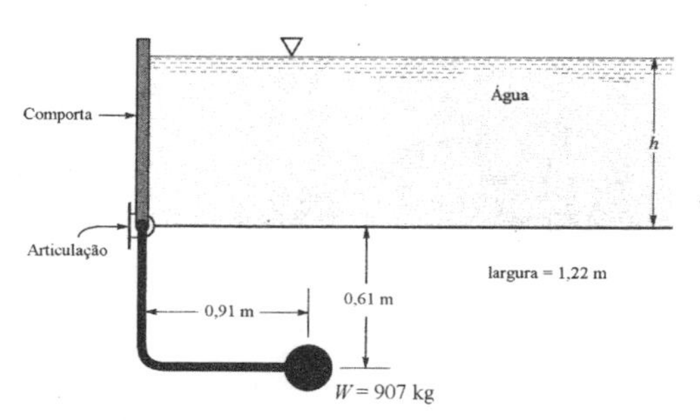

Figura P2.35

2.35 A Fig. P2.35 mostra o corte transversal de um reservatório que contém água. A largura da comporta é igual a 1,22 m e o atrito na articulação é nulo. Sabendo que a comporta está em equilíbrio pela ação do peso *W*, determine a profundidade da água no reservatório.

2.36 A Fig. P2.36 mostra uma comporta rígida (*OAB*), articulada em *O*, e que repousa sobre um suporte (*B*). Qual é o módulo da mínima força horizontal *P* necessária para manter a comporta fechada. Admita que a largura da comporta é igual a 3 m e despreze tanto o peso da comporta quanto o atrito na articulação. Observe que superfície externa da comporta está exposta a atmosfera.

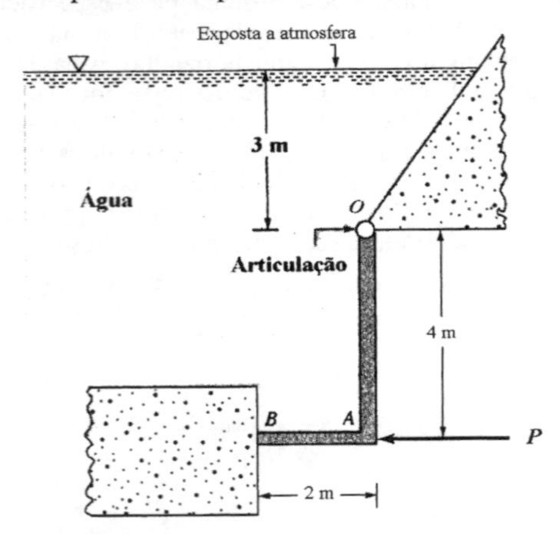

Figura P2.36

* **2.37** A Fig. P2.37 mostra o esboço de uma comporta homogênea (3 m de largura e 1,5 m de altura) que pesa 890 N e está articulada no ponto *A*. Note que a comporta é mantida na posição mostrada na figura através de uma barra que apresenta comprimento igual a 3,66 m. Quando o ponto inferior da barra é movimentado para a direita, o nível da água permanece no topo da comporta. A linha de ação da força que a barra exerce sobre a comporta coincide com o eixo da barra. (**a**) Faça um gráfico do módulo da força exercida pela barra em função do ângulo da comporta para $0 \leq \theta \leq 90°$. (**b**) Repita seus cálculos admitindo que o peso da comporta é desprezível. Analise seus resultados para $\theta \rightarrow 0$.

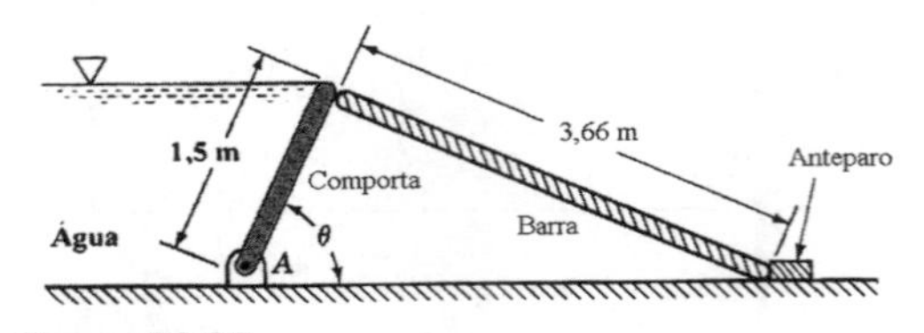

Figura P2.37

2.38 Um tanque retangular (largura e comprimento iguais a 3 e 4 m) contém água e óleo e está aberto para a atmosfera. A distância entre o fundo do tanque e a interface água – óleo é 2 m e a distância entre esta interface e a superfície livre do óleo é 1 m. Sabendo que a densidade do óleo é 0,8, determine os módulos e os pontos de aplicação das forças resultantes que atuam nas paredes laterais do tanque.

2.39 A comporta mostrada na Fig. P2.39 está instalada na parede vertical de um tanque aberto que contém água. Observe que a comporta está montada num eixo horizontal. (**a**) Determine os módulos das forças que atuam nas regiões retangular e semicircular da comporta quando o nível da superfície livre da água é o mostrado na figura. (**b**) Calcule, nas mesmas condições do item anterior, o momento da força que atua sobre a porção semicircular da comporta em relação ao eixo que coincide com aquele de acionamento da comporta.

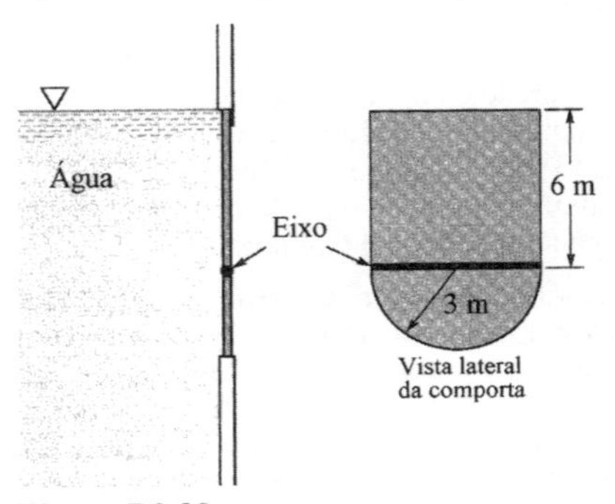

Figura P2.39

2.40 A comporta mostrada na Fig. P2.40 apresenta largura igual a 1,22 m e pode girar livremente em torno da articulação indicada. A porção horizontal da comporta cobre um tubo utilizado para drenar o tanque. O diâmetro deste tubo é 0,31 m e, na condição mostrada na figura, está ocupado com ar da atmosfera. Sabendo que a massa da comporta é desprezível, determine a altura mínima da superfície livre da água, *h*, para que a água escoe pelo dreno.

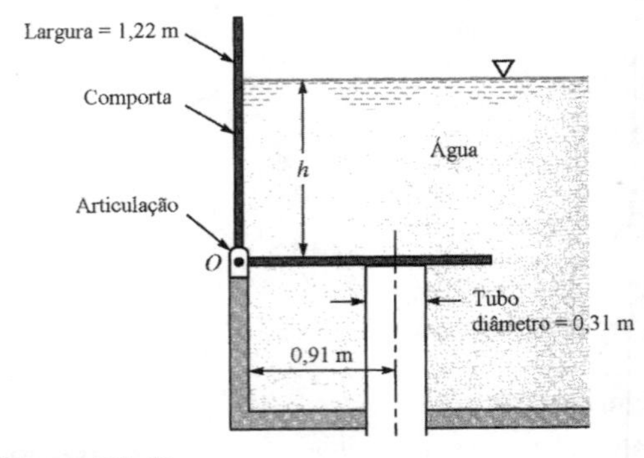

Figura P2.40

* **2.41** Um tanque aberto de decantação contém uma suspensão líquida que apresenta peso específico em função da altura de acordo com os dados indicados

na próxima tabela. A profundidade $h = 0$ corresponde a superfície livre da suspensão. Determine, utilizando uma integração numérica, o módulo e a localização da força resultante que atua numa superfície vertical do tanque que apresenta 6 m de largura. A profundidade do fluido no tanque é igual a 3,6 m.

h (m)	γ(kN/m^3)
0	10,0
0,4	10,1
0,8	10,2
1,2	10,6
1,6	11,3
2,0	12,3
2,4	12,7
2,8	12,9
3,2	13,0
3,6	13,1

2.42 A barragem mostrada na Fig. P2.42 é construída com concreto ($\gamma = 23,6$ kN/m^3) e está simplesmente apoiada numa fundação rígida. Determine qual é o mínimo coeficiente de atrito entre a barragem e a fundação para que a barragem não escorregue. Admita que a água não provoca qualquer efeito na superfície inferior da barragem e analise o problema por unidade de comprimento da barragem.

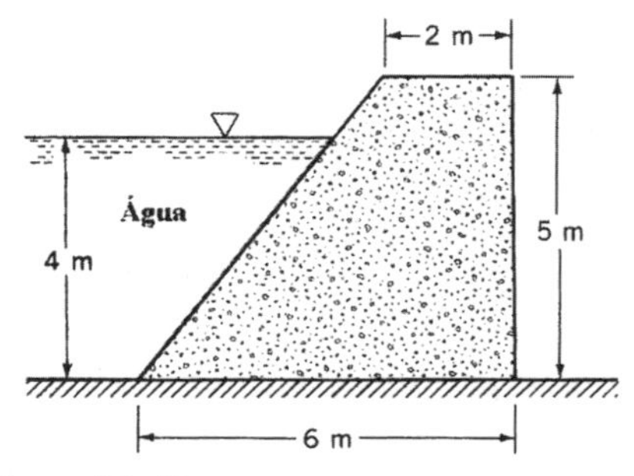

Figura P2.42

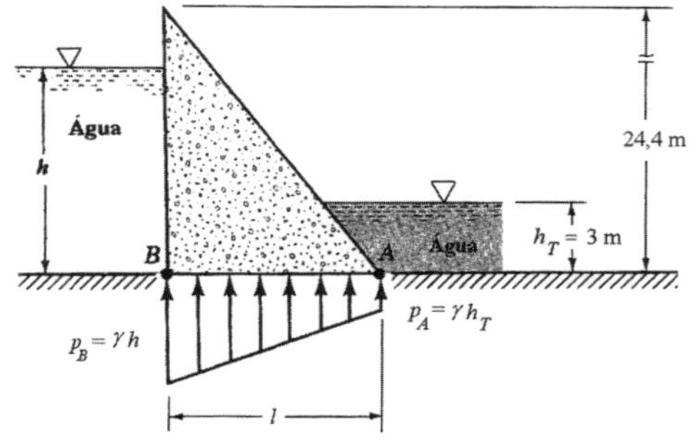

Figura P2.43

* **2.43** A Fig. P2.43 mostra o corte transversal de uma barragem que apresenta infiltração. A infiltração de água sob a fundação da barragem provoca a distribuição de pressão mostrada na figura. Se o nível da água, h, na represa é muito grande, a barragem tombará (girará em torno do ponto A). Para as dimensões fornecidas, determine a altura máxima da superfície livre da água na represa para $l = 6$, 9, 12, 15 e 18 m. Analise o problema por unidade de comprimento da barragem e admita que o peso específico do concreto é igual a 23,6 kN/m^3.

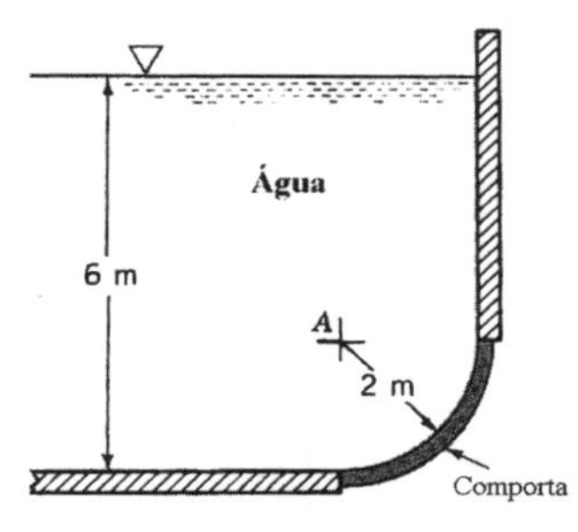

Figura P2.44

2.44 Uma comporta curvada, com 3 m de comprimento, está localizada na parede lateral de um tanque (veja a Fig. P2.44). Determine os módulos das componentes horizontal e vertical da força com que a água atua sobre a comporta. A linha de força desta força passa através do ponto A? Justifique sua resposta.

2.45 A Fig. P2.45 mostra o esboço de um tanque cilíndrico (diâmetro = 3 m), aberto, com fundo hemisférico e que contém água. Determine o módulo, direção, sentido e ponto de aplicação da força resultante com que a água atua no fundo do tanque.

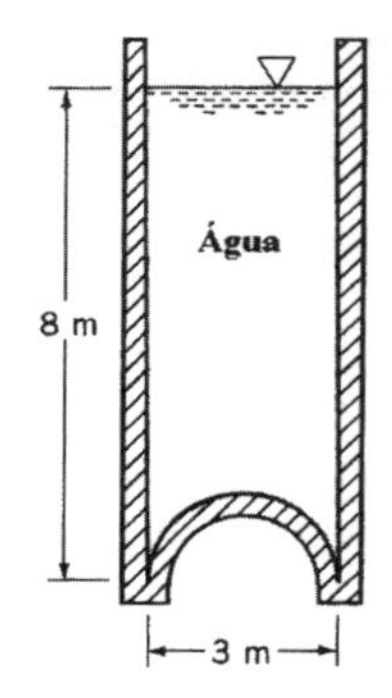

Figura P2.45

2.46 A Fig. P2.46 mostra o corte transversal de uma comporta, com formato de quarto de círculo, que está articulada através de um eixo que passa pelo ponto H. Determine o módulo da força horizontal P necessária para manter a comporta na posição mostrada na figura. Despreze o atrito na articulação e o peso da comporta.

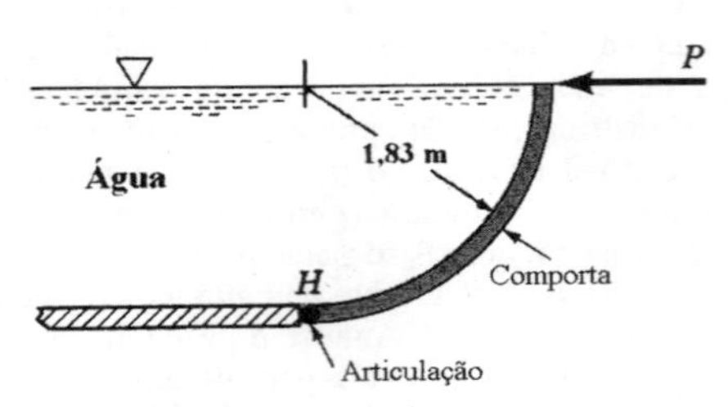

Figura P2.46

2.47 A Fig. P2.47 mostra um tampão cônico instalado na superfície inferior de um tanque de líquido pressurizado. A pressão no ar é 50 kPa e o líquido contido no tanque apresenta peso específico igual a 27 kN/m³. Determine o módulo, direção e sentido da força resultante que atua na superfície lateral imersa do cone.

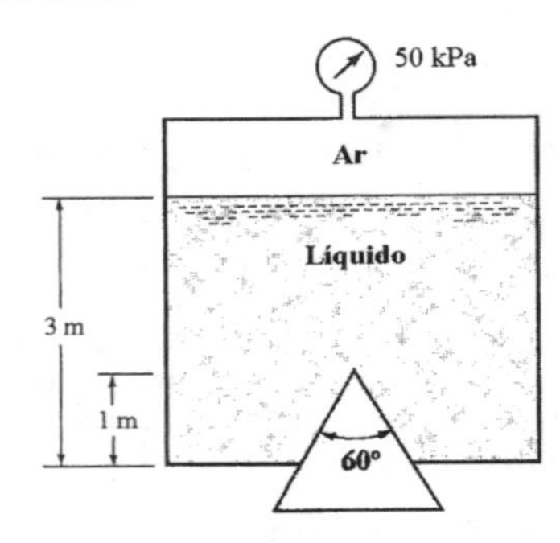

Figura P2.47

2.48 A parte *a* da Fig. P2.48 mostra o corte transversal da barragem Hoover e a parte *b* mostra a seção de escoamento de água imediatamente a montante da barragem (veja o ◉ 2.3). Utilize os dados fornecidos na figura para estimar a componente horizontal da força resultante que atua na barragem. Determine, também, o ponto de aplicação desta força.

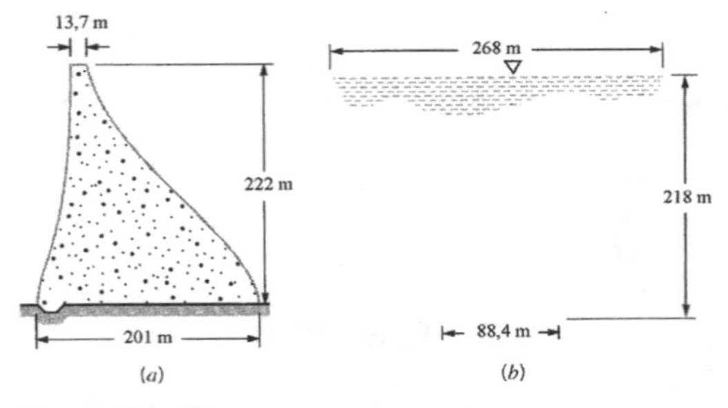

Figura P2.48

2.49 A Fig. P2.49 mostra o esboço da parede lateral de um tanque. Determine as componentes horizontal e vertical da força resultante que atua sobre o trecho curvo da parede. Faça seus cálculos admitindo que a largura do tanque é unitária.

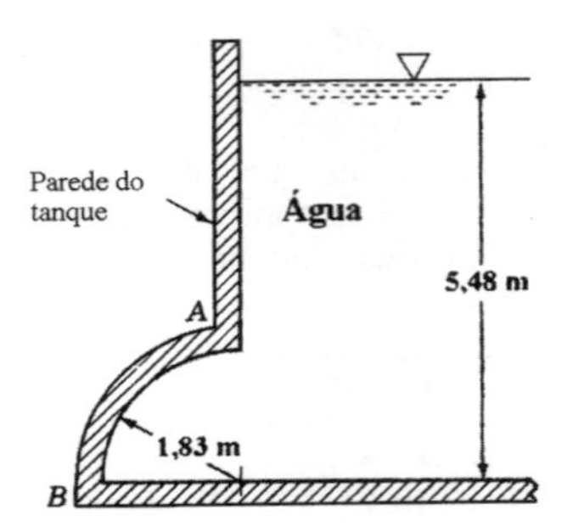

Figura P2.49

2.50 A pressão no ar contido na região superior da garrafa de refrigerante mostrada na Fig. P2.50 é igual a 276 kPa (veja também o ◉ 2.4). Observe que a forma do fundo da garrafa é irregular. **(a)** Determine o valor do módulo da força axial necessária para manter a tampa solidária à garrafa. **(b)** Considere a região da garrafa limitada pelo fundo e por um plano horizontal localizado a 50 mm do fundo. Calcule a força que atua na parede da garrafa necessária para manter esta região em equilíbrio. Admita, neste caso, que a massa específica do refrigerante é muito pequena. **(c)** Como o peso específico do refrigerante influencia o resultado calculado no item anterior? Admita que a massa específica do refrigerante é igual a da água.

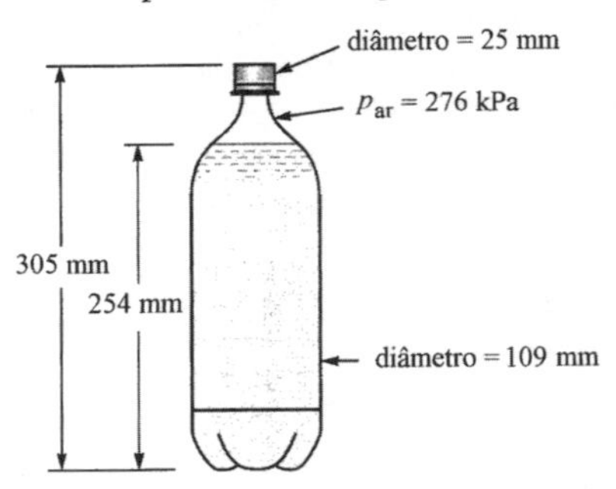

Figura P2.50

2.51 A Fig. P2.51 mostra um cubo sólido flutuando num banho de água recoberto com uma camada com 150 mm de espessura de óleo. Determine o peso do cubo.

Figura P2.51

2.52 O caibro de madeira homogênea da Fig. P2.52 apresenta seção transversal de 0,15 por 0,35 m. Determine o peso específico da madeira do caibro e a tensão no cabo mostrado na figura.

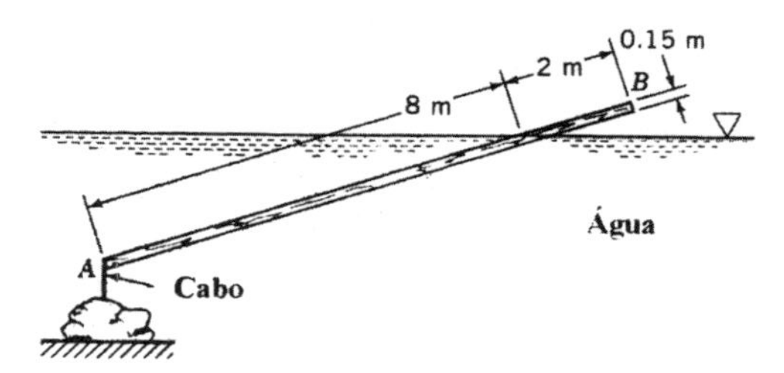

Figura P2.52

2.53 Um cubo, lado igual a 1,22 m, pesa 13,34 kN e flutua no banho de óleo mostrado na Fig. P2.53. A distância entre a superfície livre do banho e a superfície superior do cubo é igual a 0,61 m. Admitindo que a profundidade do banho seja igual a 3,05 m, determine a força que atua na parede inclinada *AB* do tanque sabendo que a largura da parede é igual a 1,83 m. Mostre, num esquema auxiliar, o módulo, direção e o sentido da força resultante calculada e também seu ponto de aplicação.

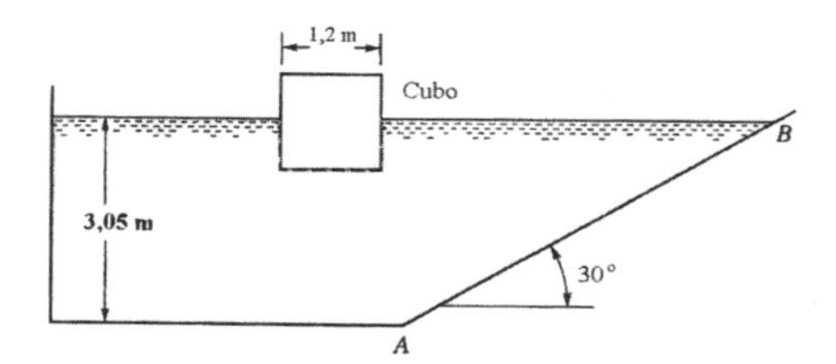

Figura P2.53

+ 2.54 Estime qual é a mínima profundidade de água necessária para que uma canoa que transporta duas pessoas flutue. Faça uma relação com todas as hipóteses utilizadas na solução do problema.

2.55 A Fig. P2.55 mostra um tubo de ensaio inserido numa garrafa plástica de refrigerante (veja o ◉ 2.5). A quantidade de ar aprisionado no tubo de ensaio é a suficiente para que o tubo flutue do modo mostrado na figura. Se a tampa da garrafa está bem fechada, nós detectamos que o tubo afunda quando provocamos uma deformação na garrafa. Explique porque este fenômeno ocorre.

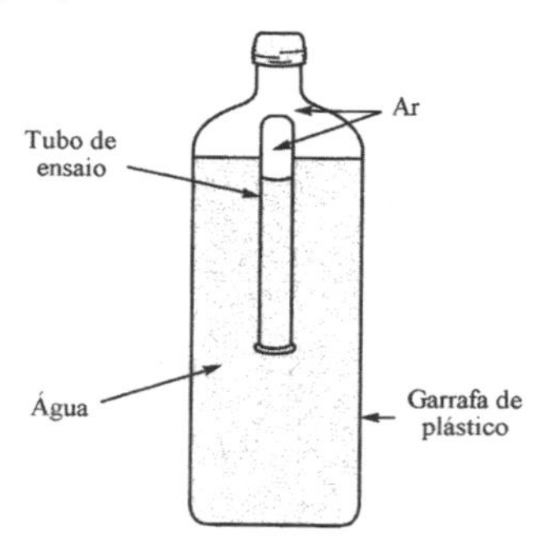

Figura P2.55

2.56 A Fig. P2.56 mostra o esboço de uma comporta rígida em L que apresenta largura igual a 0,61 m. Observe que a comporta é articulada e admita que seu peso é desprezível. Um bloco de concreto ($\gamma = 23600\ \text{N/m}^3$) deve ser instalado na comporta para que a reação vertical no ponto *A* se torne nula quando a superfície livre da água estiver 1,22 m acima deste ponto. Determine o volume do bloco considerando que o atrito na articulação é nulo.

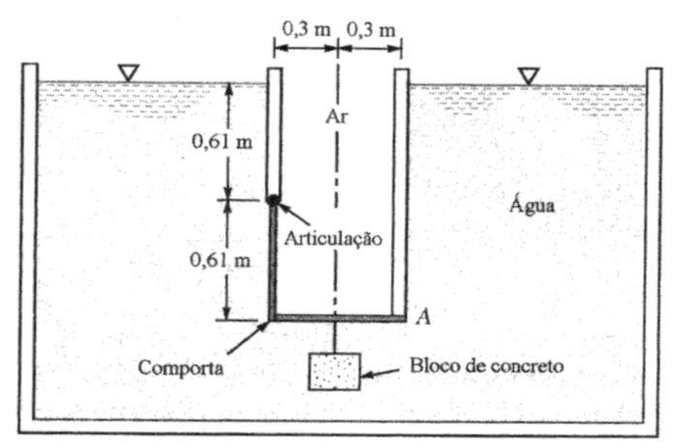

Figura P2.56

2.57 Uma placa com peso desprezível fecha um furo com 305 mm de diâmetro localizado na superfície superior de um tanque que contém ar e água (veja a Fig. P2.57). Um bloco de concreto ($\gamma = 23{,}6\ \text{kN/m}^3$) com volume de $4{,}25 \times 10^{-2}\ \text{m}^3$ está suspenso na placa e permanece completamente imerso na água. Note que a leitura diferencial, Δh, no manômetro inclinado de mercúrio aumenta quando a pressão no ar aumenta. Determine o valor de Δh no instante em que a placa começa a levantar do furo. Admita que a presença do ar no tanque não influi sobre a leitura no manômetro.

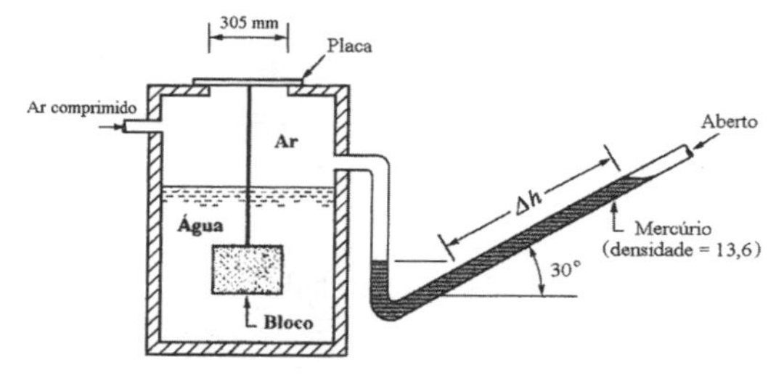

Figura P2.57

2.58 O densímetro mostrado na Fig. P2.58 (veja o ◉ 2.6) apresenta massa igual a 45 gramas e a seção transversal da haste é igual a 290 mm². Determine a distância entre as graduações na haste referentes as densidades 1,00 e 0,90.

2.59 Um recipiente cilíndrico está repleto de glicerina e repousa sobre o chão de um elevador. Sabendo que o volume e a área da seção transversal do recipiente são iguais a $1{,}9 \times 10^{-2}\ \text{m}^3$ e $7{,}7 \times 10^{-2}\ \text{m}^2$ (**a**) determine o valor da pressão no fundo do recipiente quando o elevador apresenta uma aceleração de 1 m/s² para cima, (**b**) qual é a força que o recipiente exerce sobre o chão do elevador durante este movimento? Admita que o peso do recipiente é desprezível.

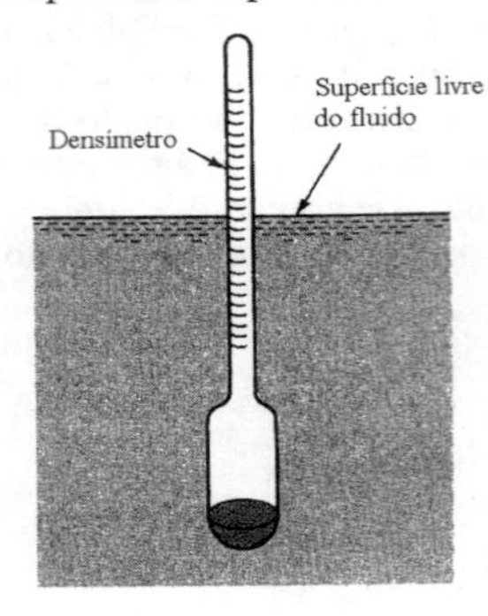

Figura P2.58

2.60 Um tanque fechado e cilíndrico (diâmetro e comprimento respectivamente iguais a 2,44 e 7,32 m) está completamente preenchido com gasolina. O tanque, com seu eixo de simetria na horizontal, é movido por um caminhão ao longo de uma superfície horizontal. Determine a diferença entre as pressões nos pontos extremos do eixo de simetria do tanque quando o caminhão impõe uma aceleração igual a 1,52 m/s² ao tanque.

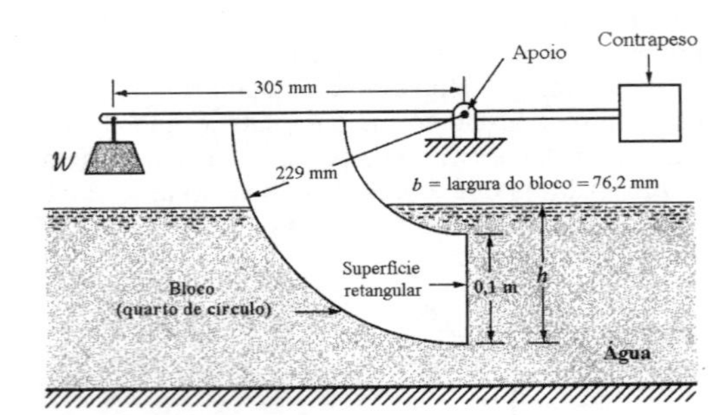

Figura P2.61

2.61 O dispositivo mostrado na Fig. P2.61 é utilizado para estudar a força hidrostática que atua em superfícies retangulares planas. Quando o tanque d'água está vazio, o eixo da balança está na horizontal. Um peso $\mathcal{W}$ é acoplado ao eixo, do modo mostrado na figura, e a distância entre a borda inferior da placa e a superfície livre da água no tanque é ajustada para que o eixo fique na posição horizontal.

A tabela abaixo mostra um conjunto de valores para $\mathcal{W}$ e h obtidos experimentalmente. Utilize estes resultados para construir um gráfico do peso em função desta altura. Superponha, no mesmo gráfico, a curva teórica obtida igualando-se o momento que o peso produz no apoio ao momento produzido pela força hidrostática na superfície retangular. Note que as forças devidas à pressão nas superfícies curvas do aparato não produzem momento em relação ao apoio porque as linhas de ação destas forças passam pelo apoio. Compare os valores obtidos pelas via experimental e teórica e discuta as razões para os desvios que podem existir entre estes valores.

$\mathcal{W}$ (N)	h (mm)
0	0
0,196	28,2
0,587	48,8
1,174	70,1
1,566	81,3
1,957	91,4
2,549	105,9
2,949	114,6
3,923	136,9
4,897	159,3
5,387	170,1

Dinâmica dos Fluidos Elementar – Equação de Bernoulli 3

Para entender os fenômenos associados aos movimentos dos fluidos é necessário considerar as leis fundamentais que modelam o movimento das partículas fluidas. Tais considerações incluem os conceitos de força e aceleração. Nós vamos discutir, com algum detalhe, a aplicação da segunda lei de Newton ($\boldsymbol{F} = m\boldsymbol{a}$) ao movimento da partícula fluida (de um modo ideal). Deste modo, nós vamos obter a famosa Equação de Bernoulli e a aplicaremos a vários escoamentos. É interessante ressaltar que esta equação pode ser efetivamente utilizada na análise de uma grande quantidade de escoamentos (apesar da equação ser uma das mais antigas da mecânica dos fluidos e obtida a partir de hipóteses bastante restritivas).

3.1 Segunda Lei de Newton

É usual identificarmos uma aceleração, ou desaceleração, quando uma partícula fluida escoa de um local para outro. De acordo com a segunda lei de Newton, a força líquida que atua na partícula fluida que estamos considerando precisa ser igual ao produto de sua massa pela aceleração,

$$\boldsymbol{F} = m\boldsymbol{a}$$

Nós consideraremos, neste capítulo, apenas os escoamentos invíscidos, ou seja, nós vamos admitir que a viscosidade do fluido é nula. Assim, o movimento do fluido é provocado pelas forças de gravidade e de pressão. Aplicando a segunda lei de Newton à partícula fluida, obtemos

$$\left(\text{Força líquida na partícula devida a pressão}\right)+\left(\text{Força na partícula devida a gravidade}\right)=$$
$$\left(\text{massa da partícula}\right)\times\left(\text{aceleração da partícula}\right)$$

A análise da interação entre o campo de pressão, o campo gravitacional e a aceleração da partícula fluida é muito importante na mecânica dos fluidos.

Nós analisaremos, neste capítulo, os escoamentos bidimensionais como aquele mostrado no plano x - z da Fig. 3.1*a*. O movimento de cada partícula fluida é descrito em função do vetor velocidade, $\boldsymbol{V}$, que é definido como a taxa de variação temporal da posição da partícula. A velocidade da partícula é uma quantidade vetorial pois apresenta módulo, direção e sentido. Quando a partícula muda de posição, ela segue uma trajetória particular cuja formato é definido pela velocidade da partícula.

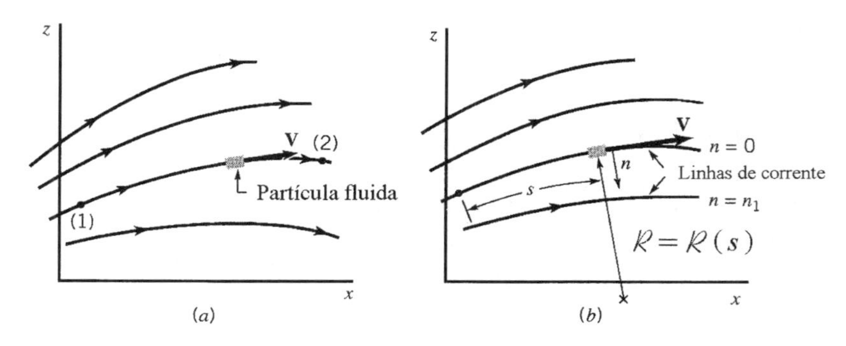

Figura 3.1 (*a*) Escoamento no plano *x–z*. (*b*) Descrição do escoamento utilizando as coordenadas da linha de corrente.

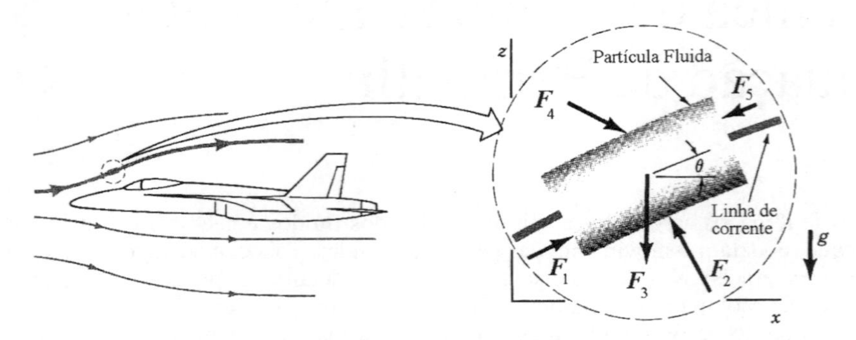

Figura 3.2 Remoção de uma partícula fluida do campo de escoamento.

Se o regime de escoamento é o permanente, toda partícula fluida escoa ao longo de sua trajetória e seu vetor velocidade é sempre tangente a trajetória. As linhas que são tangentes aos vetores velocidade no campo de escoamento são chamadas de linha de corrente. Em muitas situações é mais fácil descrever o escoamento em função das coordenadas da linha de corrente (veja a Fig. 3.1*b*). O movimento da partícula é descrito em função da distância, $s = s(t)$, medida ao longo da linha de corrente e a partir de uma origem conveniente, e do raio de curvatura local da linha de corrente $\mathcal{R} = \mathcal{R}(s)$. A distância ao longo da linha de corrente está relacionada com a velocidade da partícula através de $V = ds/dt$ e o raio de curvatura está relacionado com o formato da linha de corrente. Adicionalmente a coordenada ao longo da linha de corrente, s, a coordenada normal a linha de corrente, n, também será utilizada (veja a Fig. 3.1*b*).

Para aplicar a segunda lei de Newton à partícula que escoa numa linha de corrente, nós precisamos escrever a aceleração da partícula em função da coordenada ao longo da linha de corrente. Por definição, a aceleração é a taxa de variação temporal da velocidade da partícula, $\boldsymbol{a} = d\mathbf{V}/dt$. Para um escoamento bidimensional no plano x - z, a aceleração apresenta duas componentes – uma ao longo da linha de corrente a_s, e outra normal a linha de corrente, a_n.

Utilizando a regra da cadeia para diferenciação, e lembrando que $V = ds/dt$, a componente da aceleração na coordenada s é dada por $a_s = dV/dt = (\partial V / \partial s)(ds / dt) = (\partial V / \partial s) V$. A componente normal da aceleração, a aceleração centrífuga, é dada em função da velocidade da partícula e do raio de curvatura da trajetória. Assim, temos que $a_n = V^2 / \mathcal{R}$ (tanto V quanto $\mathcal{R}$ podem variar ao longo das trajetórias das partículas). Resumindo, os componentes do vetor aceleração nas direções s e n, a_s e a_n, são dados por

$$a_s = V \frac{\partial V}{\partial s} \qquad \text{e} \qquad a_n = \frac{V^2}{\mathcal{R}} \tag{3.1}$$

onde $\mathcal{R}$ é o raio de curvatura local da linha de corrente e s é a distância medida ao longo da linha de corrente e a partir de um ponto inicial arbitrário.

3.2 *F* = *ma* ao Longo de uma Linha de Corrente

Considere a partícula fluida indicada na Fig. 3.2. As dimensões da partícula no plano da figura são δs e δn. Já a Fig. 3.3 mostra o diagrama de corpo livre desta partícula (a dimensão da partícula na direção normal ao plano da figura é δy). Os versores na direção ao longo da linha de corrente e na normal à linha de corrente são representados por $\hat{\mathbf{s}}$ e $\hat{\mathbf{n}}$. Se o regime de escoamento é o permanente, a aplicação da segunda lei de Newton na direção ao longo da linha de corrente fornece

$$\sum \delta F_s = \delta m \, a_s = \delta m \, V \frac{\partial V}{\partial s} = \rho \, \delta \mathcal{V} \, V \frac{\partial V}{\partial s} \tag{3.2}$$

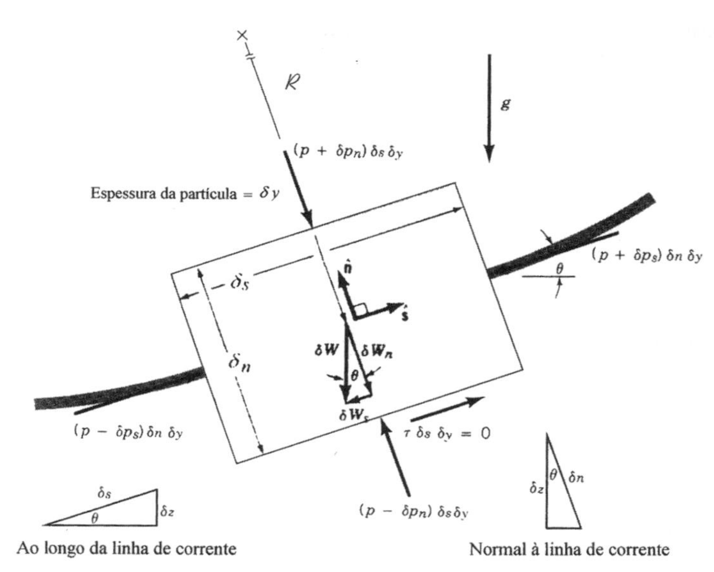

Figura 3.3 Diagrama de corpo livre para uma partícula fluida (as forças importantes são as devidas a pressão e a gravidade).

onde $\sum \delta F_s$ representa a soma dos componentes das forças que atuam na partícula na direção $\hat{s}$. Note que a massa da partícula é $\delta m = \rho \delta V$, que $V\,\partial V / \partial s$ é a aceleração da partícula na direção $\hat{s}$ e que $\delta V = \delta s \delta n \delta y$ é o volume da partícula. A Eq. 3.2 é válida tanto para fluidos compressíveis quanto para incompressíveis, ou seja, a massa específica não precisa ser constante no escoamento.

A força provocada pela aceleração da gravidade na partícula pode ser escrita como $\delta W = \gamma \delta V$ onde $\gamma = \rho g$ é o peso específico do fluido (N/m³). Assim, a componente da força peso na direção da linha de corrente é dada por

$$\delta W_s = -\delta W \,\mathrm{sen}\theta = -\gamma\, \delta V \,\mathrm{sen}\theta$$

Se o ponto que estamos analisando pertence a um trecho horizontal da linha de corrente temos que $\theta = 0$. Nestes casos, não existe componente da força peso na direção ao longo da linha de corrente (não existe contribuição do campo gravitacional para a aceleração da partícula nesta direção).

Se representarmos a pressão no centro da partícula mostrada na Fig. 3.3 por p, os valores médios nas duas faces perpendiculares a linha de corrente são iguais a $p + \delta p_s$ e $p - \delta p_s$. Como a partícula é "pequena", nós podemos utilizar apenas o primeiro termo da expansão de Taylor para calcular estas pequenas variações de pressão, ou seja,

$$\delta p_s \approx \frac{\partial p}{\partial s}\frac{\partial s}{2}$$

Assim, se δF_{ps} é a força liquida de pressão na partícula na direção da linha de corrente, segue que

$$\begin{aligned}\delta F_{ps} &= (p - \delta p_s)\delta n \delta y - (p + \delta p_s)\delta n \delta y = -2\delta p_s \delta n \delta y \\ &= -\frac{\partial p}{\partial s}\delta s \delta n \delta y\end{aligned}$$

ou seja

$$\delta F_{ps} = -\frac{\partial p}{\partial s}\delta V$$

Nestas condições, a força líquida que atua sobre a partícula fluida mostrada na Fig. 3.3 é

$$\sum \delta F_s = \delta W_s + \delta F_{ps} = \left(-\gamma\,\mathrm{sen}\theta - \frac{\partial p}{\partial s}\right)\delta V \qquad \textbf{(3.3)}$$

Combinando as Eqs. 3.2 e 3.3 nós obtemos a equação do movimento ao longo da linha de corrente:

$$-\gamma \operatorname{sen}\theta - \frac{\partial p}{\partial s} = \rho V \frac{\partial V}{\partial s} = \rho a_s \tag{3.4}$$

A interpretação física da Eq. 3.4 é que a variação da velocidade da partícula é provocada por uma combinação adequada do gradiente de pressão com a componente do peso da partícula na direção da linha de corrente.

Exemplo 3.1

A Fig. E3.1*a* mostra algumas linhas de corrente do escoamento, em regime permanente, de um fluido invíscido e incompressível em torno de uma esfera de raio *a*. Nós sabemos, utilizando um tópico mais avançado da mecânica dos fluidos, que a velocidade ao longo da linha de corrente *A* - *B* é dada por

$$V = V_0\left(1 + \frac{a^3}{x^3}\right)$$

Determine a variação de pressão entre os pontos *A* ($x_A = -\infty$ e $V_A = V_0$) e *B* ($x_B = -a$ e $V_B = 0$) da linha de corrente mostrada na Fig. E3.1*a*.

Solução A Eq. 3.4 é aplicável, neste caso, porque o regime do escoamento é o permanente e o escoamento é invíscido. Adicionalmente, como a linha de corrente é horizontal, $\operatorname{sen}\theta = \operatorname{sen} 0 = 0$ e a equação do movimento ao longo da linha de corrente fica reduzida a

$$\frac{\partial p}{\partial s} = -\rho V \frac{\partial V}{\partial s} \tag{1}$$

Aplicando a equação que descreve a velocidade na linha de corrente na equação anterior podemos obter o termo da aceleração, ou seja,

$$V\frac{\partial V}{\partial s} = V\frac{\partial V}{\partial x} = V_0\left(1 + \frac{a^3}{x^3}\right)\left(-\frac{3V_0 a^3}{x^4}\right) = -3V_0^2\left(1 + \frac{a^3}{x^3}\right)\frac{a^3}{x^4}$$

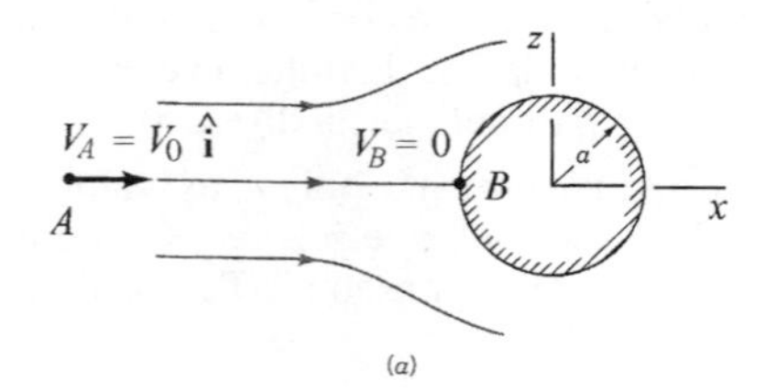

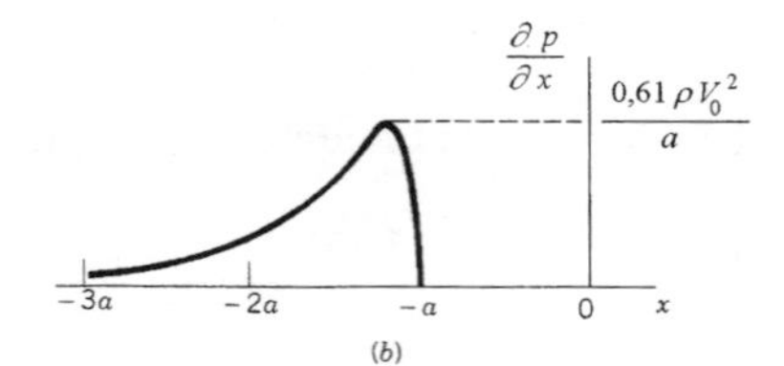

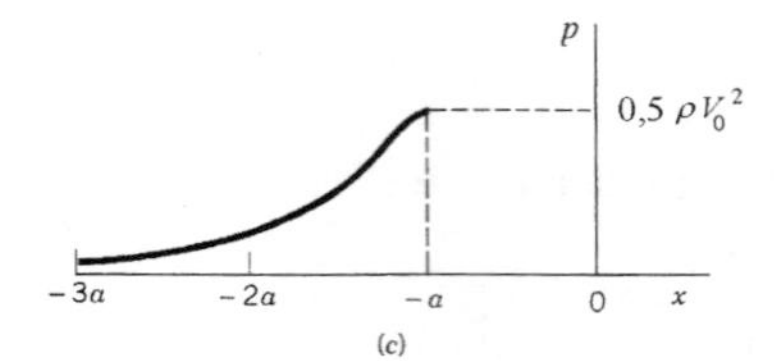

Figura E3.1

onde nós trocamos s por x porque as duas coordenadas são idênticas na linha de corrente A - B (a menos de uma constante aditiva). Note que $V\ (\partial V / \partial s) < 0$ ao longo da linha de corrente. Assim, o fluido desacelera de V_0, ao longe da esfera, até a velocidade nula no "nariz" da esfera ($x = -a$).

De acordo com a Eq. 1, o gradiente de pressão ao longo da linha de corrente é

$$\frac{\partial p}{\partial x} = \frac{3\rho a^3 V_0^2 \left(1 + a^3/x^3\right)}{x^4} \qquad \textbf{(2)}$$

Esta variação está indicada na Fig. E3.1*b*. Note que a pressão aumenta na direção do escoamento pois $\partial p / \partial x > 0$ do ponto A para o ponto B. O gradiente de pressão máximo ocorre um pouco a frente da esfera ($x = -1{,}205a$). Este é o gradiente necessário para que o fluido escoe de A ($V_A = V_0$) para B ($V_B = 0$).

A distribuição de pressão ao longo da linha de corrente pode ser obtida integrando-se a Eq. 2 de $p = 0$ (é uma pressão relativa) em $x = -\infty$ até a pressão p em x. O resultado desta integração está apresentado abaixo e na Fig. E3.1*c*.

$$p = -\rho V_0^2 \left[\left(\frac{a}{x}\right)^3 + \frac{(a/x)^6}{2} \right]$$

A pressão em B, um ponto de estagnação porque $V_B = 0$, é a maior pressão nesta linha de corrente ($p_B = 0{,}5\rho V_0^{\,2} / 2$). Nós mostraremos no Cap. 9 que este excesso de pressão na parte frontal da esfera (i.e., $p_B > 0$) contribui para a força de arrasto na esfera. Note que o gradiente de pressão e a pressão são diretamente proporcionais a massa específica do fluido (isto é uma representação do fato que a inércia do fluido é proporcional a sua massa).

A Eq. 3.4 pode ser rearranjada do seguinte modo. Primeiramente, note que ao longo de uma linha de corrente $\operatorname{sen}\theta = dz / ds$ (veja a Fig. 3.3), que $VdV/ds = 1/2\ d(V^2) / ds$ e que o valor de n é constante ao longo da linha de corrente ($dn = 0$). Como $dp = (\partial p / \partial s)ds + (\partial p / \partial n)dn$, seque que, ao longo de uma linha de corrente, $\partial p / \partial s = dp / ds$. Aplicando estes resultados na Eq. 3.4 nós obtemos a seguinte equação (que é válida ao longo de uma linha de corrente)

$$-\gamma \frac{dz}{ds} - \frac{dp}{ds} = \frac{1}{2}\rho \frac{d\left(V^2\right)}{ds}$$

Simplificando,

$$dp + \frac{1}{2}\rho\, d\left(V^2\right) + \gamma\, dz = 0 \qquad \text{(ao longo da linha de corrente)} \qquad \textbf{(3.5)}$$

Nós podemos integrar a equação anterior ao longo da linha de corrente e obter

$$\int \frac{dp}{\rho} + \frac{1}{2}V^2 + g\,z = C \qquad \text{(ao longo da linha de corrente)}$$

onde C é uma constante de integração que deve ser determinada pelas condições existentes em algum ponto da linha de corrente.

Com a hipótese adicional de que a massa específica é constante (uma boa hipótese para os escoamentos de líquidos e também para os de gases desde que a velocidade não seja muito alta), a equação anterior fica reduzida a (válida em escoamentos em regime permanente, incompressível e invíscido):

$$p + \frac{1}{2}\rho V^2 + \gamma z = \text{constante ao longo da linha de corrente} \qquad \textbf{(3.6)}$$

Esta equação é conhecida como a de Bernoulli. (◉ 3.1 – Movimento de uma bola).

Exemplo 3.2

Considere o escoamento de ar em torno do ciclista que se move em ar estagnado com velocidade V_0 (veja a Fig. E3.2). Determine a diferença entre as pressões nos pontos (*1*) e (*2*) do escoamento.

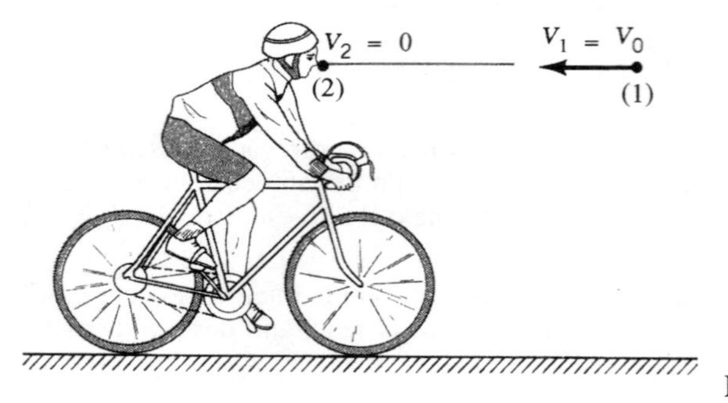

Figura E3.2

Solução Para um sistema de coordenadas fixo na bicicleta, o escoamento de ar ocorre em regime permanente e com velocidade ao longe igual a V_0 . Se as hipóteses utilizadas na obtenção da equação de Bernoulli são respeitadas (regime permanente, escoamento incompressível e invíscido), a Eq. 3.6 pode ser aplicada ao longo da linha de corrente que passa pelos pontos (1) e (2), ou seja,

$$p_1 + \frac{1}{2}\rho V_1^2 + \gamma z_1 = p_2 + \frac{1}{2}\rho V_2^2 + \gamma z_2$$

Nós vamos considerar que o ponto (1) está posicionado suficientemente longe do ciclista de modo que $V_1 = V_0$ e que o ponto (2) está localizado na ponta do nariz do ciclista. Nós ainda vamos admitir que $z_1 = z_2$ e $V_2 = 0$ (estas duas hipótese são razoáveis - veja a Sec. 3.4). Nestas condições, a pressão em (2) é maior que a pressão em (1), ou seja,

$$p_2 - p_1 = \frac{1}{2}\rho V_1^2 = \frac{1}{2}\rho V_0^2$$

Nós obtivemos um resultado similar no Exemplo 3.1 pela integração do gradiente de pressão no escoamento (e este gradiente foi calculado a partir da distribuição de velocidade ao longo da linha de corrente pois $V(s)$ era conhecido naquele exemplo). A equação de Bernoulli é a integração geral da equação $\boldsymbol{F} = m\boldsymbol{a}$. É interessante notar que não é necessário um conhecimento detalhado da distribuição de velocidade do escoamento para calcular $p_2 - p_1$ mas apenas as condições de contorno em (1) e (2). É claro que é necessário conhecer como varia a velocidade longo da linha de corrente para determinar a distribuição de pressão entre os pontos (1) e (2). Nós podemos determinar o valor da velocidade V_0 se nós medirmos a diferença de pressão $(p_1 - p_2)$. Como será discutido na Sec. 3.5, este é o princípio utilizado em muitos dispositivos dedicados a medição da velocidade.

Se o ciclista estiver acelerando, ou desacelerando, o escoamento será transitório (i. e., $V_0 \neq$ constante) e a análise que nós realizamos seria incorreta porque a Eq. 3.6 só é aplicável a escoamentos em regime permanente.

3.3 Aplicação de *F* = *ma* na Direção Normal à Linha de Corrente

Nós vamos considerar novamente o balanço de forças da partícula fluida mostrada na Fig. 3.3. Entretanto, desta vez, nós vamos considerar o movimento na direção normal à linha de corrente, $\hat{\mathbf{n}}$. A aplicação da segunda lei de Newton nesta direção resulta em

$$\sum \delta F_n = \frac{\delta m\, V^2}{\mathcal{R}} = \frac{\rho\, \delta \mathcal{V}\, V^2}{\mathcal{R}} \tag{3.7}$$

onde $\Sigma \delta F_n$ representa a soma das componentes de todas as forças que atuam, na direção considerada, sobre a partícula fluida. Nós admitimos que o regime de escoamento é o permanente e que a aceleração normal a linha de corrente é $a_n = V^2/\mathcal{R}$ onde $\mathcal{R}$ é o raio de curvatura local da linha de corrente.

Nós também vamos admitir que as únicas forças importantes são as devidas a pressão e a gravidade. Aplicando o método utilizado na Sec. 3.2 para determinar as forças que atuam na direção da linha de corrente, nós identificamos que a força líquida que atua na direção normal à linha de corrente mostrada na Fig. 3.3 é descrita por

$$\sum \delta F_n = \delta W_n + \delta F_{pn} = \left(-\gamma \cos\theta - \frac{\partial p}{\partial n} \right) \delta V \qquad \textbf{(3.8)}$$

onde $\partial p/\partial n$ é o gradiente de pressão na direção normal a linha de corrente. Combinando as Eqs. 3.7 e 3.8 e lembrando que cos $\theta = dz/dn$ ao longo da normal à linha de corrente (veja a Fig. 3.3), nós obtemos a equação do movimento na direção normal à linha de corrente

$$-\gamma \frac{dz}{dn} - \frac{\partial p}{\partial n} = \frac{\rho V^2}{\mathcal{R}} \qquad \textbf{(3.9)}$$

Note que a mudança na direção do escoamento de uma partícula fluida (i.e., uma trajetória curva, $\mathcal{R} < \infty$) é realizada pela combinação apropriada do gradiente de pressão e da componente da força peso na direção normal à linha de corrente. Uma velocidade, ou massa específica, mais alta e um raio de curvatura da linha de corrente mais baixo requer um desbalanceamento maior para produzir o movimento. A forma final da segunda lei de Newton, aplicada na direção normal à linha de corrente, pode ser obtida a partir da integração da Eq. 3.9. Se admitirmos que o escoamento ocorre em regime permanente, é invíscido e incompressível, a forma desta equação é

$$p + \rho \int \frac{V^2}{\mathcal{R}} dn + \gamma z = \text{constante na direção normal à linha de corrente} \qquad \textbf{(3.10)}$$

Exemplo 3.3

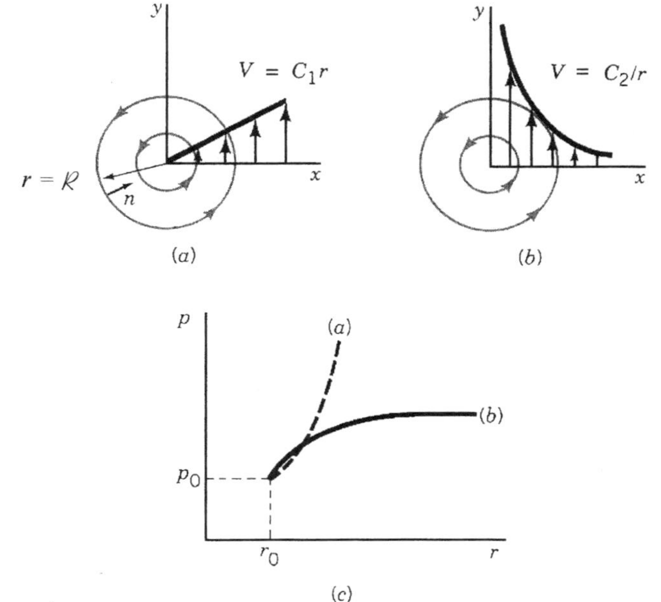

Figura E3.3

A Fig. E3.3 mostra dois escoamentos com linhas de corrente circulares. As distribuições de velocidade para estes escoamentos são

$$V(r) = C_1 r \qquad \text{para o caso } (a)$$

e

$$V(r) = \frac{C_2}{r} \qquad \text{para o caso } (b)$$

onde C_1 e C_2 são constantes. Determine a distribuição de pressão, $p = p(r)$, para cada caso sabendo que $p = p_0$ em $r = r_0$.

Solução Nós vamos admitir que o escoamento é invíscido, incompressível, ocorre em regime permanente e que as linhas de corrente pertencem a um plano horizontal ($dz/dn = 0$). Como as linhas de corrente são circulares, a coordenada n aponta num sentido oposto ao da coordenada radial. Assim, $\partial / \partial n = - \partial / \partial r$ e o raio de curvatura é dado por $\mathcal{R} = r$. Nestas condições, a Eq. 3.9 pode ser reescrita do seguinte modo

$$\frac{\partial p}{\partial r} = \frac{\rho V^2}{r}$$

Aplicando a distribuição de velocidade do caso (a) nesta equação,

$$\frac{\partial p}{\partial r} = \rho C_1^2 r$$

e a do caso (b)

$$\frac{\partial p}{\partial r} = \frac{\rho C_2^2}{r^3}$$

A pressão aumenta com o raio nos dois casos porque $\partial p / \partial r > 0$. A integração destas equações em relação a r e considerando que $p = p_0$ em $r = r_0$ resulta em

$$p = \frac{1}{2} \rho C_1^2 \left(r - r_0^2 \right) + p_0$$

para o caso (a) e

$$p = \frac{1}{2} \rho C_2^2 \left(\frac{1}{r_0^2} - \frac{1}{r^2} \right) + p_0$$

para o caso (b). Estas distribuições de pressão estão esboçadas na Fig. E3.3c. As distribuições de pressão necessárias para balancear as acelerações centrífugas nos casos (a) e (b) não são iguais porque as distribuições de velocidade são diferentes. De fato, a pressão no caso (a) aumenta sem limite quando $r \to \infty$ enquanto que a pressão no caso (b) se aproxima de uma valor finito quando $r \to \infty$ (apesar dos formatos das linhas de corrente serem os mesmos nos dois casos).

Fisicamente, o caso (a) representa uma rotação de corpo rígido (pode ser obtida numa caneca de água sobre um mesa giratória) e o caso (b) representa um vórtice livre que é uma aproximação de um tornado ou do movimento da água na vizinhança do ralo de uma pia (◉ 3.2 – Vórtice livre).

3.4 Interpretação Física

Uma forma equivalente da equação de Bernoulli é obtida dividindo todos os termos da Eq. 3.6 pelo peso específico do fluido. Assim,

$$\frac{p}{\gamma} + \frac{V^2}{2g} + z = \text{constante ao longo da linha de corrente} \qquad \textbf{(3.11)}$$

Observe que cada um dos termos desta equação apresenta dimensão de energia por peso ($LF/F = L$) ou comprimento (metros) e representa um tipo de carga.

O termo de elevação, z, está relacionado a energia potencial da partícula e é chamado de carga de elevação, O termo de pressão, p/γ, é denominado de carga de pressão e representa o peso de uma coluna de líquido necessária para produzir a pressão p. O termo de velocidade, $V^2/2g$, é a carga de velocidade e representa a distância vertical necessária para que o fluido acelere do repouso até a velocidade V numa queda livre (desprezando o atrito). A equação de Bernoulli estabelece que a soma da cargas de pressão, velocidade e elevação é constante ao longo da linha de corrente.

Exemplo 3.4

Considere o escoamento de água mostrado na Fig. E3.4. A força aplicada no êmbolo da seringa produzirá uma pressão maior do que a atmosférica no ponto (1) do escoamento. A água escoa pela agulha, ponto (2), com uma velocidade bastante alta e atinge o ponto (3) no topo do jato. Discuta, utilizando a equação de Bernoulli, a distribuição de energia nos pontos (1), (2) e (3) do escoamento.

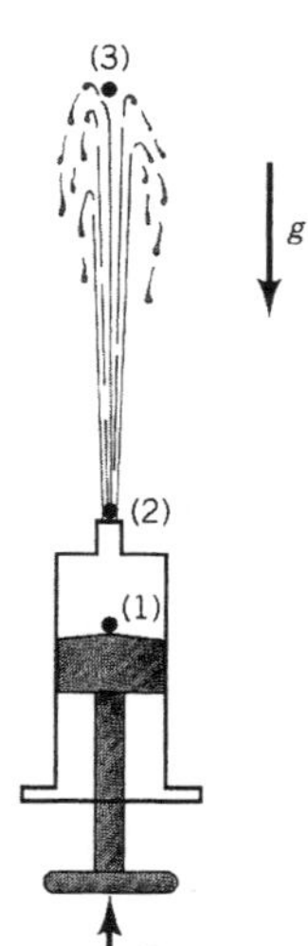

	Tipo de Energia		
	Cinética	Potencial	Pressão
Ponto	$\rho V^2/2$	γz	p
1	Pequena	Zero	Grande
2	Grande	Pequena	Zero
3	Zero	Grande	Zero

Figura E3.4

Solução Se as hipóteses (regime permanente, escoamento incompressível e invíscido) utilizadas na obtenção da equação de Bernoulli são aproximadamente válidas, nós podemos analisar o escoamento com esta equação. De acordo com a Eq. 3.11, a soma dos três tipos de energia (cinética, potencial e pressão) ou cargas (velocidade, elevação e pressão) precisam permanecer constantes. A tabela anterior indica as grandezas relativas de cada uma destas energias nos três pontos mostrados na figura.

Observe que os valores associados aos diferentes tipos de energia variam ao longo do escoamento de água. Um modo alternativo de analisar este escoamento é o seguinte: o gradiente de pressão entre (1) e (2) produz uma aceleração para ejetar água pela agulha. A gravidade atua na partícula entre (2) e (3) e provoca a paralisação da água no topo do vôo.

Se o efeito do atrito (viscoso) é importante nós detectaremos uma perda de energia mecânica entre os pontos (1) e (3). Assim, para um dado p_1 , a água não será capaz de alcançar a altura indicada na figura. Tal atrito pode surgir na agulha (veja o Cap. 8, escoamento em tubo) ou entre o jato d'água e o ar ambiente (veja o Cap. 9, escoamento externo).

É necessário existir uma força líquida, dirigida para o centro de curvatura, quando uma partícula de fluido se desloca ao longo de uma trajetória curva. Sob certas condições, a Eq. 3.10 mostra que esta força pode ser tanto gravitacional ou devida a pressão ou uma combinação de ambas. Em muitas situações, as linhas de corrente são quase retilíneas ($\mathcal{R} = \infty$). Nestes casos, os efeitos centrífugos são desprezíveis e a variação de pressão na direção normal as linhas de corrente é a hidrostática (devida a gravidade) mesmo que o fluido esteja em movimento.

Exemplo 3.5

Considere o escoamento incompressível, invíscido e que ocorre em regime permanente mostrado na Fig. E3.5. As linhas de corrente são retilíneas entre as seções A e B e circulares entre as seções C e D. Descreva como varia a pressão entre os pontos (1) e (2) e entre os pontos (3) e (4).

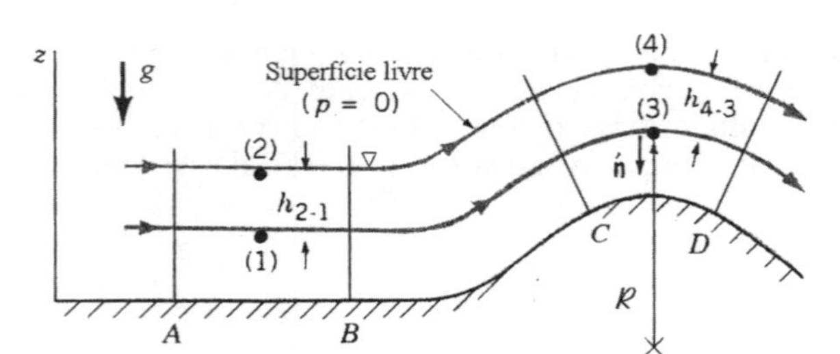

Figura E3.5

Solução Com as hipótese fornecidas e o fato de que $\mathcal{R} = \infty$ no trecho limitado por A e B, a aplicação da Eq. 3.10 resulta em

$$p + \gamma z = \text{constante}$$

A constante pode ser determinada a partir da avaliação de variáveis conhecidas em duas posições. Utilizando $p_2 = 0$ (pressão relativa), $z_1 = 0$ e $z_2 = h_{2\text{-}1}$, temos

$$p_1 = p_2 + \gamma(z_2 - z_1) = p_2 + \gamma h_{2-1}$$

Note que a variação de pressão na direção vertical é a mesma daquela onde o fluido está imóvel porque o o raio de curvatura da linha de corrente no trecho analisado é infinito.

Entretanto, se nós aplicarmos a Eq. 3.10 entre os pontos (3) e (4), nós obtemos (utilizando $dn = -\,dz$)

$$p_4 + \rho \int_{z_3}^{z_4} \frac{V^2}{\mathcal{R}}(-dz) + \gamma z_4 = p_3 + \gamma z_3$$

Como $p_4 = 0$ e $z_4 - z_3 = h_{4\text{-}3}$, obtemos

$$p_3 = \gamma h_{4-3} - \rho \int_{z_3}^{z_4} \frac{V^2}{\mathcal{R}} dz$$

Nós precisamos conhecer como V e $\mathcal{R}$ variam com z para avaliar esta integral. Entretanto, por inspeção, o valor da integral é positivo. Assim, a pressão em (3) é menor do que o valor da pressão hidrostática , $\gamma h_{4\text{-}3}$. Esta pressão mais baixa, provocada pela curvatura da linha de corrente, é necessária para acelerar o fluido em torno da trajetória curva.

3.5 Pressão Estática, Dinâmica, de Estagnação e Total

A pressão de estagnação e a dinâmica são conceitos que podem ser associados a equação de Bernoulli. Estas pressões surgem da conversão de energia cinética do fluido em aumento de pressão quando o fluido é levado ao repouso (como no Exemplo 3.2). Nesta seção nós exploraremos vários resultados deste processo. Cada termo da equação de Bernoulli, Eq. 3.6, apresenta dimensão de força por unidade de área. O primeiro termo, p, é a pressão termodinâmica no fluido que escoa. Para medi-la, nós deveríamos nos mover solidariamente ao fluido, ou seja, de um modo estático em relação ao fluido. Por este motivo, esta pressão é denominada pressão estática. Um

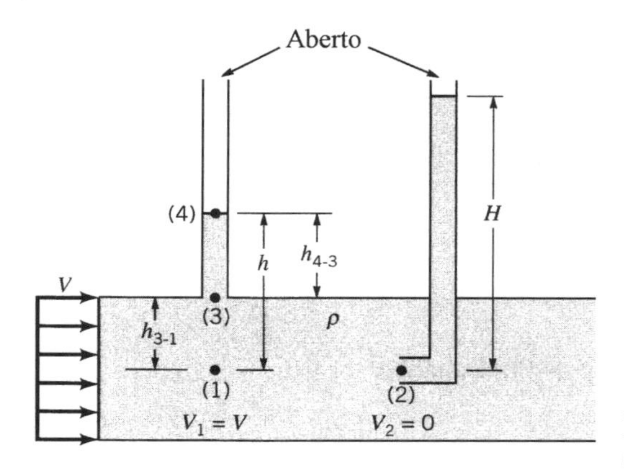

Figura 3.4 Medição das pressões estática e dinâmica.

outro modo de medir a pressão estática é utilizando um tubo piezométrico instalado numa superfície plana do modo indicado no ponto (3) da Fig. 3.4.

O terceiro termo da Eq. 3.5, γz, é denominado pressão hidrostática pela relação óbvia com a variação de pressão hidrostática discutida no Cap. 2. Ele não é realmente uma pressão mas representa a mudança possível na pressão devida a variação de energia potencial do fluido como resultado na alteração de elevação.

O segundo termo da equação de Bernoulli, $\rho V^2 / 2$, é denominado pressão dinâmica. Sua interpretação pode ser vista na Fig. 3.4 considerando a pressão na extremidade do pequeno tubo inserido no escoamento e apontando para a montante do escoamento. Após o término do movimento inicial transitório, o líquido preencherá o tubo até uma altura H. O fluido no tubo, incluindo aquele na ponta do tubo, (2) estará imóvel, ou seja, $V_2 = 0$. Nestas condições o ponto (2) será denominado um ponto de estagnação.

Se nós aplicarmos a equação de Bernoulli entre os pontos (1) e (2), utilizarmos $V_2 = 0$ e admitirmos que $z_1 = z_2$, é possível obter

$$p_2 = p_1 + \frac{1}{2}\rho V_1^2$$

Assim, a pressão no ponto de estagnação é maior do que a pressão estática, p_1, de $\rho V_1^2 / 2$, ou seja da pressão dinâmica.

É possível mostrar que só existe um ponto de estagnação em qualquer corpo imóvel colocado num escoamento de fluido. Algum fluido escoa "sobre" e algum "abaixo" do objeto. A linha divisória (ou superfície para escoamentos bidimensionais) é denominada linha de corrente de estagnação e termina no ponto de estagnação. Para objetos simétricos (tal como uma esfera) o ponto de estagnação está localizado na frente do objeto (veja a Fig. 3.5*a*). Para objetos não simétricos tal como um avião (veja a Fig. 3.5*b*) a localização do ponto de estagnação não é obvia (◉ 3.3 – Escoamento com ponto de estagnação).

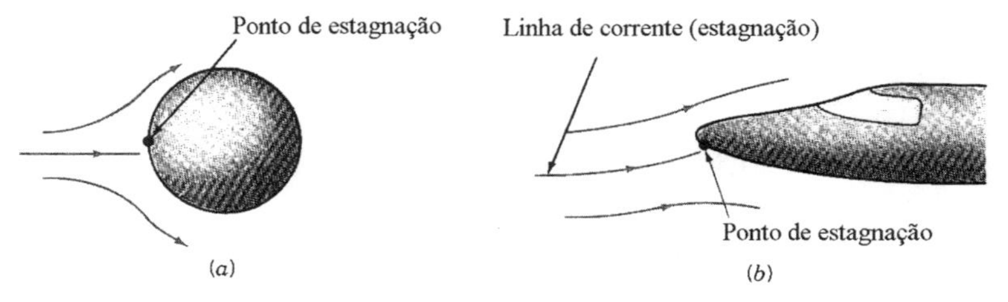

Figura 3.5 Pontos de estagnação em escoamentos sobre corpos.

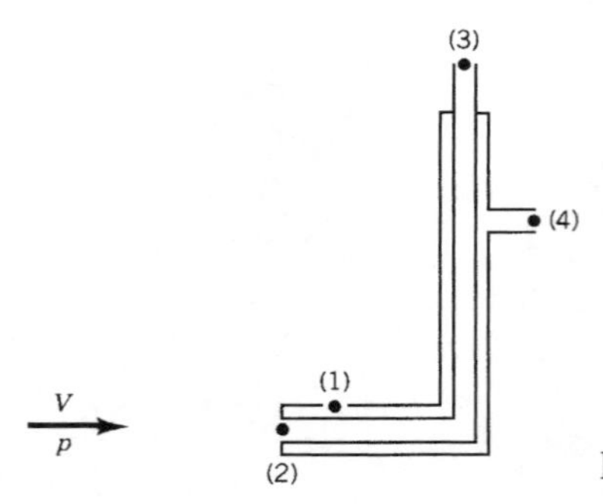

Figura 3.6 Tubo de Pitot estático.

A soma das pressões estática, hidrostática e dinâmica é denominada pressão total, p_T. A equação de Bernoulli estabelece que a pressão total permanece constante ao longo da linha de corrente, ou seja,

$$p + \frac{1}{2}\rho V^2 + \gamma z = p_T = \text{constante ao longo da linha de corrente} \quad \textbf{(3.12)}$$

O conhecimento dos valores das pressões estática e dinâmica no escoamento nos permite calcular a velocidade local do escoamento e esta é a base do funcionamento do tubo de Pitot estático. A Fig. 3.6 mostra dois tubos concêntricos que estão conectados a dois medidores de pressão (ou a um manômetro diferencial) de modo que os valores de p_3 e p_4 (ou a diferença $p_3 - p_4$) podem ser determinados. Note que o tubo central mede a pressão de estagnação (na sua extremidade exposta ao escoamento). Se a variação de elevação é desprezível,

$$p_3 = p + \frac{1}{2}\rho V^2$$

onde p e V são a pressão e a velocidade a montante do ponto (2). O tubo externo contém diversos furos pequenos localizados a uma certa distância da ponta de modo que estes medem a pressão estática. Se a diferença de elevação entre os pontos (1) e (4) é desprezível,

$$p_4 = p_1 = p$$

Combinando as duas últimas equações e rearranjando, temos

$$V = \sqrt{2(p_3 - p_4)/\rho} \quad \textbf{(3.13)}$$

A forma dos tubos de Pitot estáticos utilizados para medir a velocidade em experimentos varia consideravelmente (◉ 3.4 – Indicador de velocidade do ar).

Exemplo 3.6

A Fig. E3.6 mostra um avião voando a 160 km/h numa altitude 3000 m. Admitindo que a atmosfera seja a padrão, determine a pressão ao longe do avião, ponto (1), a pressão no ponto de estagnação no nariz do avião, ponto (2), e a diferença de pressão indicada pelo tubo de Pitot que está instalado na fuselagem do avião.

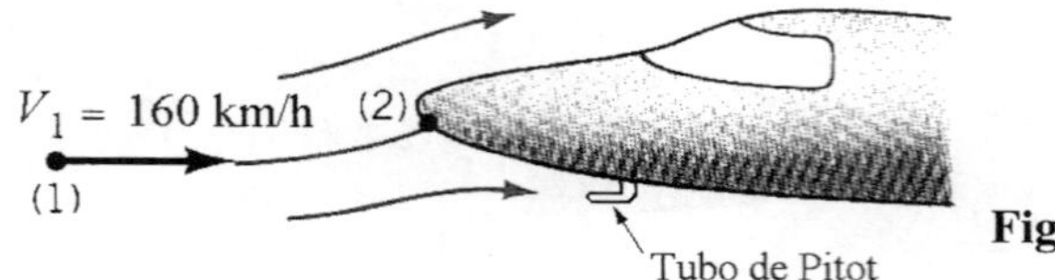

Figura E3.6

Solução Nós encontramos na Tab. C.1 os valores da pressão estática e da massa específica do ar na altitude fornecida, ou seja,

$$p_1 = 70,12 \text{ kPa} \qquad \text{e} \qquad \rho = 0,9093 \text{ kg / m}^3$$

Nós vamos considerar que as variações de elevação são desprezíveis e que o escoamento ocorre em regime permanente, é invíscido e incompressível. Nestas condições, a aplicação da Eq, 3,6 resulta em

$$p_2 = p_1 + \frac{\rho V_1^2}{2}$$

Com V_1 = 160 km/h = 44,4 m/s e V_2 = 0 (porque o sistema de coordenadas está solidário ao avião), temos

$$p_2 = 70,12\times10^3 + \frac{0,9093\times44,4^2}{2} = \left(70,12\times10^3 + 8,96\times10^2\right)\text{Pa} = 71,02\times10^3 \text{ Pa(abs)}$$

Em termos relativos, a pressão no ponto (2) é igual a 0,896 kPa e a diferença de pressão indicada pelo tubo de Pitot é

$$p_2 - p_1 = \frac{\rho V_1^2}{2} = 896 \text{ Pa} = 0,896 \text{ kPa}$$

Nós admitimos que o escoamento é incompressível - a massa específica permanece constante de (1) para (2). Entretanto, como $\rho = p \,/\, R\,T$, uma variação na pressão (ou temperatura) causará uma variação na massa específica. Para uma velocidade relativamente baixa, a relação entre as pressões absolutas é aproximadamente igual a 1 (i.e., $p_1 \,/\, p_2$ = 70,12 / 71,02 = 0,987) de modo que a variação na massa específica é desprezível. Entretanto, se a velocidade é alta, torna-se necessário utilizar os conceitos do escoamento compressível para obter resultados precisos.

3.6 Exemplos de Aplicação da Equação de Bernoulli

Nesta seção nós apresentaremos várias aplicações da equação de Bernoulli. Nós podemos aplicar a equação de Bernoulli entre dois pontos de uma linha de corrente, (1) e (2), se o escoamento puder ser modelado como invíscido, incompressível e se o regime for permanente. Assim,

$$p_1 + \frac{1}{2}\rho V_1^2 + \gamma z_1 = p_2 + \frac{1}{2}\rho V_2^2 + \gamma z_2 \tag{3.14}$$

É óbvio que se conhecermos cinco das seis variáveis da equação, a variável que sobra pode ser determinada imediatamente. Em muitos casos é necessário introduzir outras equações, tal como a da conservação da massa, para a solução dos problemas. Tais considerações serão discutidas nesta seção e analisadas detalhadamente no Cap. 5.

3.6.1 Jato Livre

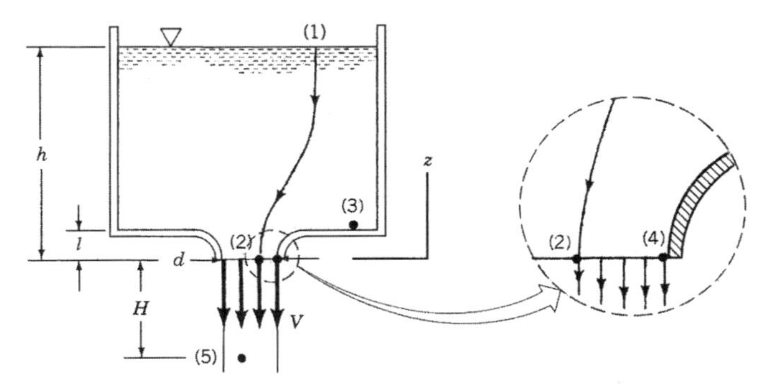

Figura 3.7 Escoamento vertical no bocal de um tanque.

Um das equações mais antigas da mecânica dos fluidos é aquela que descreve a descarga de líquido de um grande reservatório (veja a Fig. 3.7). Um jato de líquido, com diâmetro *d*, escoa no bocal com velocidade *V*. A aplicação da Eq. 3.14 entre os pontos (1) e (2) da linha de corrente fornece

$$\gamma h = \frac{1}{2}\rho V^2$$

Nós utilizamos a hipótese que $z_1 = h$, $z_2 = 0$, que o reservatório é grande ($V_1 \cong 0$), está exposto à atmosfera ($p_1 = 0$) e que o fluido deixa o bocal como um jato livre ($p_2 = 0$). Assim,

$$V = \sqrt{2\frac{\gamma h}{\rho}} = \sqrt{2gh} \qquad \textbf{(3.15)}$$

O escoamento se comporta como um jato livre, com pressão uniforme e igual a atmosférica ($p_5 = 0$), a jusante do plano de descarga do bocal. Aplicando a Eq. 3.14 entre os pontos (1) e (5) nós identificamos que a velocidade aumenta de acordo com

$$V = \sqrt{2g(h+H)}$$

onde *H* é distância entre a seção de descarga do bocal e o ponto (5).

A Eq. 3.15 também pode ser obtida escrevendo-se a equação de Bernoulli entre os pontos (3) e (4) e notando que $z_4 = 0$, $z_3 = l$. Note que $V_3 = 0$ porque este ponto está localizado ao longe do bocal e que $p_3 = \gamma(h - l)$.

Se o contorno do bocal não é suave (diferente daquele mostrado na Fig. 3.7), o diâmetro do jato, d_j, será menor que o diâmetro do orifício, d_h. Este efeito, conhecido como vena contracta, é o resultado da inabilidade do fluido de fazer um curva de 90° (analise as linhas de corrente mostradas na figura).

O formato da vena contracta é função da geometria da seção de descarga. Algumas configurações típicas estão mostradas na Fig. 3.8 juntamente com os valores experimentais típicos do coeficiente de contração, C_c. Este coeficiente é definido pela relação A_j / A_h onde A_j é a área da seção transversal do jato na vena contracta e A_h é a área da seção de descarga do tanque.

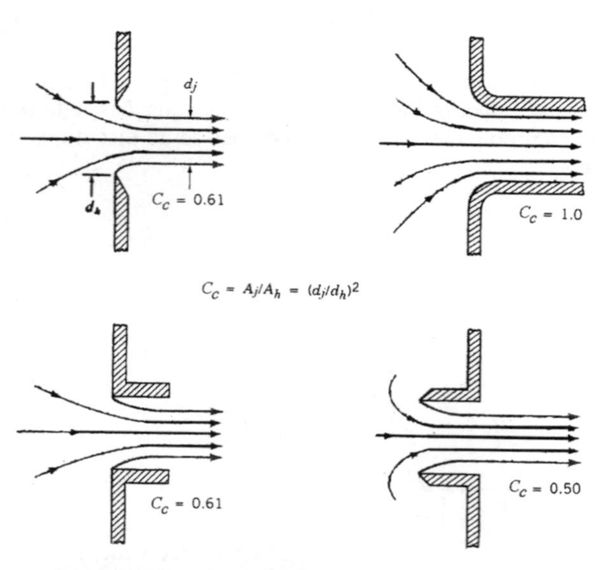

Figura 3.8 Formatos das linhas de corrente e coeficientes de contração para várias configurações de descarga (a seção transversal da descarga é circular).

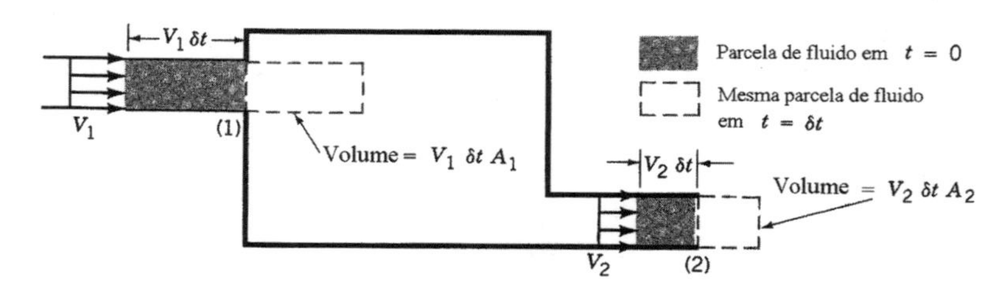

Figura 3.9 Escoamento em regime permanente num tanque.

3.6.2 Escoamentos Confinados

É comum encontrarmos situações onde o escoamento está confinado fisicamente (por exemplo, por paredes) e a pressão não pode ser determinada a priori como no caso do jato livre. Para a resolução destes escoamentos confinados é necessário utilizar o conceito da conservação da massa (ou equação da continuidade) juntamente com a equação de Bernoulli. A derivação rigorosa da equação da continuidade será apresentada nos Caps. 4 e 5. Por enquanto, nós iremos derivar (a partir de argumentos intuitivos) e utilizar uma versão simplificada desta equação. Considere um escoamento de um fluido num volume fixo (tal como um tanque) que apresenta apenas uma seção de alimentação e uma seção de descarga (veja a Fig. 3.9). Se o escoamento ocorre em regime permanente, de modo que não existe acumulação de fluido no volume, a taxa com que o fluido escoa para o volume precisa ser igual a taxa com que o fluido escoa do volume (de outro modo a massa não seria conservada).

A vazão em massa na seção de descarga, $\dot{m}$ (kg/s), é dada por $\dot{m} = \rho Q$, onde Q é a vazão em volume (m^3/s). Se a área da seção de descarga é A e o fluido escoar na direção normal ao plano da seção com velocidade média V, a quantidade de fluido que passa pela seção no intervalo de tempo δt é $V\,A\,\delta t$ (ou seja, igual a área da seção de descarga multiplicada pela distância percorrida pelo escoamento, $V\,\delta t$). Assim, a vazão em volume é $Q = AV$ e a vazão em massa é $\dot{m} = \rho VA$. Para que a massa no volume considerado permaneça constante, a vazão em massa na seção de alimentação deve ser igual àquela na seção de descarga. Se nós designarmos a seção de alimentação por (1) e a de descarga por (2), temos que $\dot{m}_1 = \dot{m}_2$. Assim, a conservação da massa exige que

$$\rho_1\,A_1\,V_1 = \rho_2\,A_2\,V_2$$

Se a massa específica do fluido permanecer constante, $\rho_1 = \rho_2$, a equação anterior se torna igual a

$$A_1\,V_1 = A_2\,V_2 \qquad \text{ou} \qquad Q_1 = Q_2 \tag{3.16}$$

Exemplo 3.7

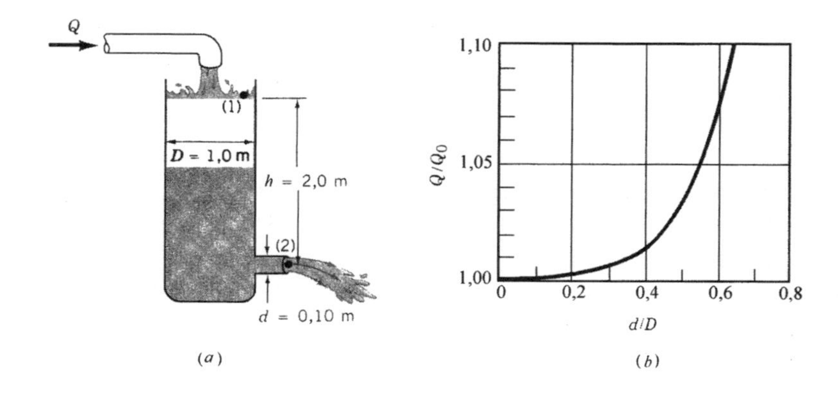

Figura E3.7

A Fig. E3.7 mostra um tanque (diâmetro D = 1,0 m) que é alimentado com um escoamento de água proveniente de um tubo que apresenta diâmetro, d, igual a 0,1 m. Determine a vazão em volume, Q, necessária para que o nível da água no tanque (h) permaneça constante e igual a 2 m.

Solução Se modelarmos o escoamento como invíscido, incompressível e em regime permanente, a aplicação da equação de Bernoulli entre os pontos (1) e (2) resulta em

$$p_1 + \frac{1}{2}\rho V_1^2 + \gamma z_1 = p_2 + \frac{1}{2}\rho V_2^2 + \gamma z_2 \qquad (1)$$

Admitindo que $p_1 = p_2 = 0$, $z_1 = h$ e $z_2 = 0$, temos

$$\frac{1}{2}V_1^2 + g\,h = \frac{1}{2}V_2^2 \qquad (2)$$

Note que o nível d'água pode permanecer constante (h = constante) porque existe uma alimentação de água no tanque. A Eq. 3.16, que é adequada para escoamento incompressível, requer que $Q_1 = Q_2$, onde $Q = AV$. Assim, $A_1\,V_1 = A_2\,V_2$, ou

$$\frac{\pi}{4}D^2V_1 = \frac{\pi}{4}d^2V_2$$

Assim,

$$V_1 = \left(\frac{d}{D}\right)^2 V_2 \qquad (3)$$

Combinando as equações (1) e (3), obtemos

$$V_2 = \sqrt{\frac{2gh}{1-(d/D)^4}}$$

Aplicando os dados fornecidos na formulação do problema, temos

$$V_2 = \sqrt{\frac{2\times 9{,}81\times 2{,}0}{1-(0{,}1/1)^4}} = 6{,}26 \text{ m/s}$$

e

$$Q = A_1V_1 = A_2V_2 = \frac{\pi}{4}(0{,}1)^2(6{,}26) = 0{,}0492 \text{ m}^3\text{/s}$$

Neste exemplo nós não desprezamos a energia cinética da água no tanque ($V_1 \neq 0$). Se o diâmetro do tanque é grande em relação ao diâmetro do jato ($D >> d$), a Eq. 3 indica que $V_1 << V_2$ e a hipótese de $V_1 \approx 0$ seria adequada. O erro associado com esta hipótese pode ser visto a partir da relação entre a vazão calculada admitindo que $V_1 \neq 0$, indicada por Q, e aquela obtida admitindo que $V_1 = 0$, denotada por Q_0. Esta relação é dada por,

$$\frac{Q}{Q_0} = \frac{V_2}{V_2|_{D\to\infty}} = \frac{\left[2gh/\left(1-(d/D)^4\right)\right]^{1/2}}{\left[2gh\right]^{1/2}} = \frac{1}{\left(1-(d/D)^4\right)^{1/2}}$$

A Fig. E3.7*b* mostra o gráfico desta relação funcional. Note que $1 < Q/Q_0 \leq 1{,}01$ se $0 < d/D < 0{,}4$. Assim, o erro provocado pela hipótese $V_1 = 0$ é menor do que 1% nesta faixa de relação de diâmetros.

O Exemplo 3.8 mostra que a mudança de energia cinética está sempre acompanhada por uma mudança de pressão.

Exemplo 3.8

A Fig. E3.8 mostra o esquema de uma mangueira com diâmetro D = 0,03 m que é alimentada, em regime permanente, com ar proveniente de um tanque. O fluido é descarregado no ambiente através de um bocal que apresenta seção de descarga, d, igual a 0,01 m. Sabendo que a pressão no tanque é constante e igual a 3,0 kPa (relativa) e que a atmosfera apresenta pressão e temperatura padrões, determine a vazão em massa e a pressão na mangueira.

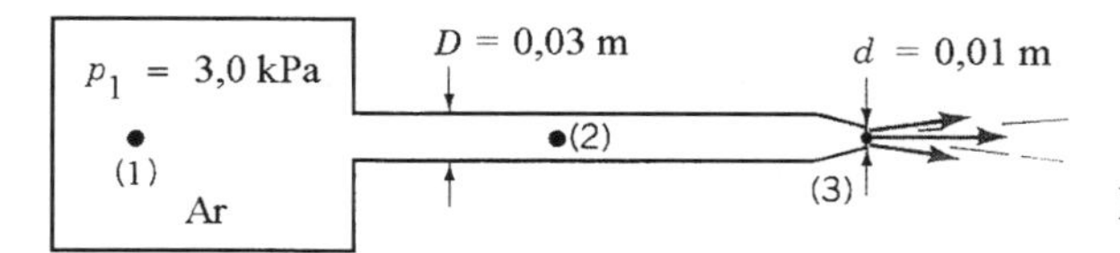

Figura E3.8

Solução Se nós admitirmos que o escoamento ocorre em regime permanente é invíscido e incompressível, nós podemos aplicar a equação de Bernoulli ao longo da linha de corrente que passa por (1), (2) e (3). Assim,

$$p_1 + \frac{1}{2}\rho V_1^2 + \gamma z_1 = p_2 + \frac{1}{2}\rho V_2^2 + \gamma z_2 = p_3 + \frac{1}{2}\rho V_3^2 + \gamma z_3$$

Se nós admitirmos que $z_1 = z_2 = z_3$ (a mangueira está na horizontal), que $V_1 = 0$ (o tanque é grande) e que $p_3 = 0$ (jato livre), temos que

$$V_3 = \sqrt{\frac{2p_1}{\rho}}$$

e

$$p_2 = p_1 - \frac{1}{2}\rho V_2^2 \tag{1}$$

A massa específica do ar no tanque pode ser obtida com a lei dos gases perfeitos (utilizando temperatura e pressão absolutas). Assim,

$$\rho = \frac{p_1}{RT_1} = \frac{[(3+101)\times 10^3]}{286{,}9\times(15+273)} = 1{,}26 \text{ kg/m}^3$$

Assim, nós encontramos que

$$V_3 = \sqrt{\frac{2(3{,}0\times 10^3)}{1{,}26}} = 69{,}0 \text{ m/s}$$

e

$$Q = A_3 V_3 = \frac{\pi}{4} d^2 V_3 = \frac{\pi}{4}(0{,}01)^2(69{,}0) = 5{,}42\times 10^{-3} \text{ m}^3\text{/s}$$

Note que o valor de V_3 independe do formato do bocal e foi determinado utilizando apenas o valor de p_1 e as hipóteses envolvidas na equação de Bernoulli. A carga de pressão no tanque, $p_1 / \gamma = (3000 \text{ Pa}) / [(9{,}8 \text{ m/s}^2)(1{,}26 \text{ kg/m}^3)] = 243$ m, é convertida em carga de velocidade na seção de descarga, $V_2^2 / 2g = (69{,}0 \text{ m/s})^2 / (2 \times 9{,}8 \text{ m/s}^2) = 243$ m. Observe que, apesar de termos utilizado pressões relativas na equação de Bernoulli ($p_3 = 0$), nós utilizamos a pressão absoluta para calcular a massa específica do ar com a lei dos gases perfeitos.

A pressão na mangueira pode ser calculada utilizando a Eq. (1) e a equação da conservação da massa (Eq. 3.16)

$$A_2 V_2 = A_3 V_3$$

Assim,

$$V_2 = A_3V_3 / A_2 = \left(\frac{d}{D}\right)^2 V_3 = \left(\frac{0{,}01}{0{,}03}\right)^2 (69{,}0) = 7{,}67 \text{ m/s}$$

e da Eq. 1

$$p_2 = 3{,}0 \times 10^3 - \frac{1}{2}(1{,}26)(7{,}67)^2 = 2963 \text{ N/m}^2$$

A pressão na mangueira é constante e igual a p_2 se os efeitos viscosos não forem significativos. O decréscimo na pressão de p_1 a p_3 acelera o ar e aumenta sua energia cinética de zero no tanque até um valor intermediário na mangueira e finalmente até um valor máximo na seção de descarga do bocal. Como a velocidade do ar na seção de descarga do bocal é nove vezes maior do que na mangueira, a maior queda de pressão ocorre no bocal ($p_1 = 3$ kPa, $p_2 = 2{,}96$ kPa e $p_3 = 0$).

Como a variação de pressão de (1) para (3) não é muito grande em termos absolutos, $(p_1 - p_3) / p_1 = 3{,}0/101 = 0{,}03$, temos que a variação na massa específica do ar não é significativa (veja a equação dos gases perfeitos). Assim, a hipótese de escoamento incompressível é razoável para este problema. Se a pressão no tanque fosse consideravelmente maior ou se os efeitos viscosos forem importantes, os resultados obtidos neste exercício não são adequados.

Em muitos casos a combinação dos efeitos da energia cinética, pressão e gravidade são importantes nos escoamentos. O Exemplo 3.9 ilustra uma destas situações.

Exemplo 3.9

A Fig. E3.9 mostra o escoamento de água numa redução. A pressão estática em (1) e em (2) são medidas com um manômetro em U invertido que utiliza óleo, densidade igual a *SG,* como fluido manométrico. Nestas condições, determine a leitura no manômetro (h).

Solução Se admitirmos que o regime de operação é o permanente e que o escoamento é incompressível e invíscido, nós podemos escrever a equação de Bernoulli do seguinte modo:

$$p_1 + \frac{1}{2}\rho V_1^2 + \gamma z_1 = p_2 + \frac{1}{2}\rho V_2^2 + \gamma z_2$$

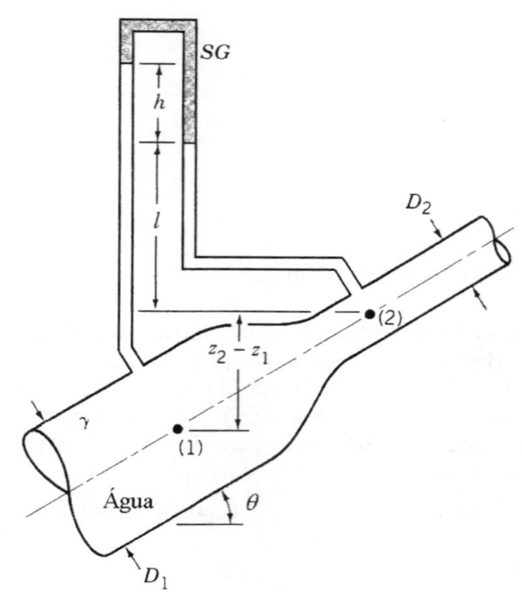

Figura E3.9

A equação da conservação da massa (Eq. 3.16) pode fornecer uma segunda relação entre V_1 e V_2 se nós admitirmos que os perfis de velocidade são uniformes nestas duas seções. Deste modo,

$$Q = A_1 V_1 = A_2 V_2$$

Combinando as duas últimas equações,

$$p_1 - p_2 = \gamma(z_2 - z_1) + \frac{1}{2}\rho V_2^2 \left[1 - (A_2/A_1)^2\right] \qquad \textbf{(1)}$$

Esta diferença de pressão é a medida pelo manômetro e pode ser determinada com os conceitos desenvolvidos no Cap. 2. Assim,

$$p_1 - \gamma(z_2 - z_1) - \gamma l - \gamma h + SG\,\gamma h + \gamma l = p_2$$

ou

$$p_1 - p_2 = \gamma(z_2 - z_1) + (1 - SG)\gamma h \qquad \textbf{(2)}$$

As equações (1) e (2) podem ser combinadas para fornecer

$$(1 - SG)\gamma h = \frac{1}{2}\rho V_2^2 \left[1 - (A_2/A_1)^2\right]$$

mas como $V_2 = Q/A_2$

$$h = (Q/A_2)^2 \frac{1 - (A_2/A_1)^2}{2g(1 - SG)}$$

A diferença de elevação $z_1 - z_2$ não aparece na equação porque o termo de variação de elevação na equação de Bernoulli é cancelado pelo termo referente a variação de elevação na equação do manômetro. Entretanto, a diferença de pressão $p_1 - p_2$ é função do ângulo θ por causa do termo $z_1 - z_2$ da Eq. (1). Assim, para uma dada vazão em volume, a diferença de pressão $p_1 - p_2$ medida no manômetro variará com θ mas a leitura do manômetro, h, é independente deste ângulo.

Geralmente, um aumento de velocidade é acompanhado por uma diminuição na pressão (◉ 3.6 – Canal Venturi). Se a variação de velocidade é alta, a diferença entre as pressões também pode ser considerável. Isto pode introduzir efeitos compressíveis nos escoamentos de gases e a cavitação nos escoamentos de líquidos. A cavitação ocorre quando a pressão no fluido é reduzida a pressão de vapor e o líquido evapora.

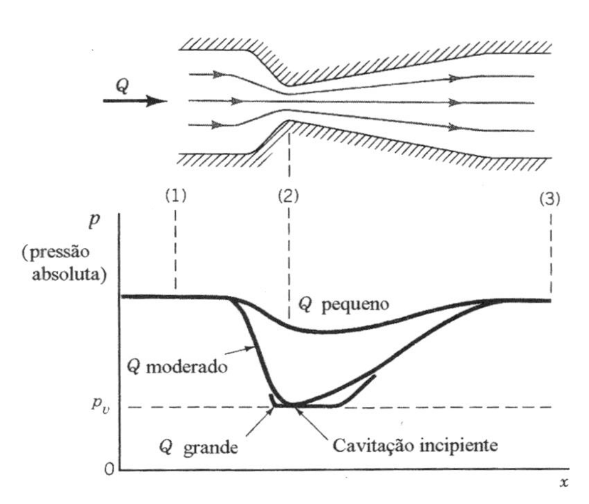

Figura 3.10 Distribuição de pressão e cavitação numa tubulação com diâmetro variável.

É possível identificar a produção de cavitação num escoamento de líquido utilizando a equação de Bernoulli. Se a velocidade do fluido é aumentada (por exemplo, por uma redução da área disponível para o escoamento, veja a Fig. 3.10) a pressão diminuirá. Esta diminuição de pressão, necessária para acelerar o fluido na restrição, pode ser grande o suficiente para que a pressão no líquido atinja o valor da sua pressão de vapor.

Exemplo 3.10

A Fig. E3.10 mostra um modo de retirar água a 20 ºC de um grande tanque. Sabendo que o diâmetro da mangueira é constante, determine a máxima elevação da mangueira, *H*, para que não ocorra cavitação no escoamento de água na mangueira. Admita que a seção de descarga da mangueira está localizada a 1,5 m abaixo da superfície inferior do tanque e que a pressão atmosférica é igual a 1,013 bar (abs).

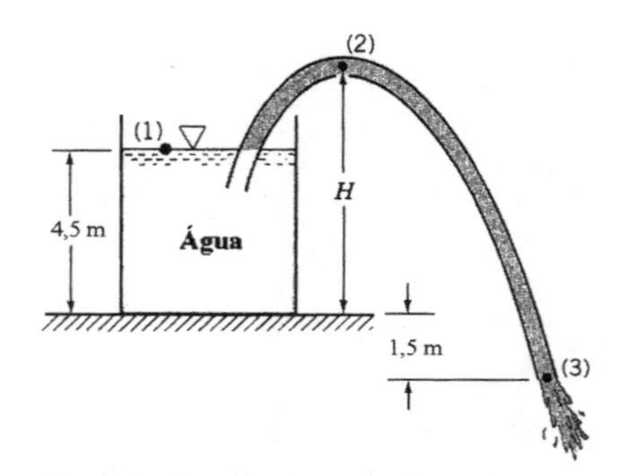

Figura E3.10

Solução Nós podemos aplicar a equação de Bernoulli ao longo da linha de corrente que passa por (1), (2) e (3) se o escoamento ocorre em regime permanente, é incompressível e invíscido. Nestas condições,

$$p_1 + \frac{1}{2}\rho V_1^2 + \gamma z_1 = p_2 + \frac{1}{2}\rho V_2^2 + \gamma z_2 = p_3 + \frac{1}{2}\rho V_3^2 + \gamma z_3 \qquad \textbf{(1)}$$

Nós vamos utilizar o fundo do tanque como referência. Assim, z_1= 4,5 m, $z_2 = H$ e $z_3 = -1{,}5$ m. Nós também vamos admitir que $V_1 = 0$ (tanque grande), $p_1 = 0$ (tanque aberto), $p_3 = 0$ (jato livre). A equação da continuidade estabelece que $A_2 V_2 = A_3 V_3$. Como o diâmetro da mangueira é constante, temos que $V_2 = V_3$. Assim a velocidade do fluido na mangueira pode ser determinada com a Eq. (1), ou seja,

$$V_3 = \sqrt{2g(z_1 - z_3)} = \sqrt{2 \times 9{,}8 \times (4{,}5 - (-1{,}5))} = 10{,}8 \text{ m/s} \qquad \textbf{(2)}$$

A utilização da Eq. (1) entre os pontos (1) e (2) fornece a pressão na elevação máxima da mangueira, p_2,

$$p_2 = p_1 + \frac{1}{2}\rho V_1^2 + \gamma z_1 - \frac{1}{2}\rho V_2^2 - \gamma z_2 = \gamma(z_1 - z_2) - \frac{1}{2}\rho V_2^2$$

A Tab. B.1 do Apêndice mostra que a pressão de vapor da água a 20 ºC é igual a 2,338 kPa(abs). Assim, a pressão mínima na mangueira deve ser igual a 2,338 kPa (abs) para que ocorra cavitação incipiente no escoamento. A análise da Fig. E3.10 e da Eq. (2) mostra que a pressão mínima do escoamento na mangueira ocorre no ponto de elevação máxima. Como nós utilizamos pressões relativas na Eq. 1 nós precisamos converter a pressão no ponto (2) em pressão relativa, ou seja , $p_2 = 2{,}338 - 101{,}3 = -99$ kPa. Aplicando este valor na Eq. (2), temos

$$-99 \times 10^3 = 9800 \times (4{,}5 - H) - \frac{1}{2} \times 1000 \times 10{,}8^2$$

ou

$$H = 8{,}7 \text{ m}$$

Note que ocorrerá a formação de bolhas em (2) se o valor de H for maior do que o calculado e, nesta condição, o escoamento no sifão cessará. Nós poderíamos ter trabalhado com pressões absolutas (p_2 = 2,338 kPa e p_1 = 101,3 kPa) em todo o problema e é claro que obteríamos o mesmo resultado. Quanto mais baixa a seção de descarga da mangueira maior a vazão e menor o valor permissível de H.

Nós também poderíamos ter utilizado a equação de Bernoulli entre os pontos (2) e (3) com $V_2 = V_3$ e obteríamos o mesmo valor de H. Neste caso não seria necessário determinar V_2 com a aplicação da equação de Bernoulli entre os pontos (1) e (3).

Os resultados obtidos neste Exemplo são independentes do diâmetro e do comprimento da mangueira (desde que os efeitos viscosos não sejam importantes). Observe que ainda é necessário realizar um projeto mecânico da mangueira (ou tubulação) para assegurar que ela não colapse devido a diferença entre a pressão atmosférica e a pressão no escoamento.

3.6.3 Medição da Vazão

Muitos tipos de dispositivos foram desenvolvidos, a partir da equação de Bernoulli, para medir a velocidade de escoamentos e vazões em massa.

Um modo eficiente de medir a vazão em volume em tubos é instalar algum tipo de restrição no tubo (veja a Fig. 3.11) e medir a diferença entre as pressões na região de baixa velocidade e alta pressão (1) e a de alta velocidade e baixa pressão (2). A Fig. 3.11 mostra três tipos comuns de medidores de vazão: o medidor de orifício, o medidor de bocal e o medidor Venturi. A operação de cada um é baseada no mesmo princípio - um aumento de velocidade provoca uma diminuição na pressão. A diferença entre eles é uma questão de custo, precisão e como sua condição ideal de funcionamento se aproxima da operação real.

Nós vamos admitir que o escoamento entre os pontos (1) e (2) é incompressível, invíscido e horizontal ($z_1 = z_2$). Se o regime de escoamento é o permanente, a equação de Bernoulli fica restrita a

$$p_1 + \frac{1}{2}\rho V_1^2 = p_2 + \frac{1}{2}\rho V_2^2$$

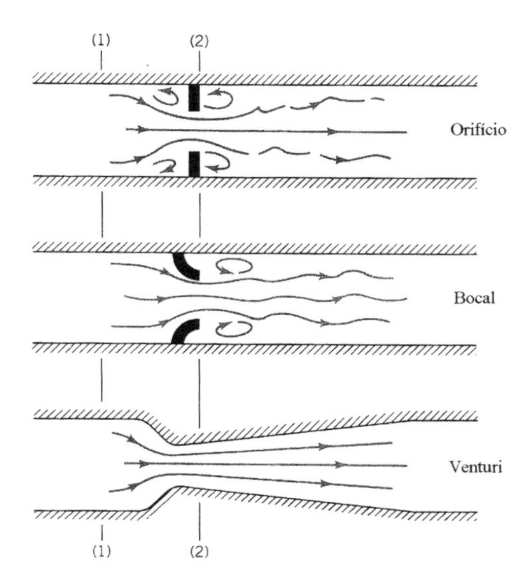

Figura 3.11 Dispositivos típicos para medir a vazão em volume em tubos.

Se nós admitirmos que os perfis de velocidade são uniformes em (1) e (2), a equação de conservação da massa (Eq. 3.16) pode ser rescrita como

$$Q = A_1 V_1 = A_2 V_2$$

onde A_2 é a área de escoamento da seção (2). Combinando estas duas equações obtemos a seguinte expressão para a vazão em volume teórica

$$Q = A_2 \left(\frac{2(p_1 - p_2)}{\rho\left(1 - (A_2 / A_1)^2\right)} \right)^{1/2} \qquad \textbf{(3.17)}$$

Assim, para uma dada geometria do escoamento (A_1 e A_2), a vazão em volume pode ser determinada se a diferença de pressão $p_1 - p_2$ for medida. A vazão real, Q_{real}, será menor que o resultado teórico porque existem várias diferenças entre o mundo real e aquele modificado pelas hipóteses utilizadas na obtenção da Eq. 3.17. Estas diferenças (que dependem da geometria dos medidores e podem ser menores do que 1% ou tão grandes quanto 40%) serão discutidas no Cap. 8.

Exemplo 3.11

Querosene (densidade = SG = 0,85) escoa no medidor Venturi mostrado na Fig. E3.11 e a vazão em volume varia de 0,005 a 0,050 m³/s. Determine a faixa de variação da diferença de pressão medida nestes escoamentos, ($p_1 - p_2$).

Solução Se nós admitirmos que o escoamento é invíscido, incompressível e que o regime é o permanente, a relação entre a variação de pressão e a vazão pode ser calculada com a Eq. 3.17, ou seja,

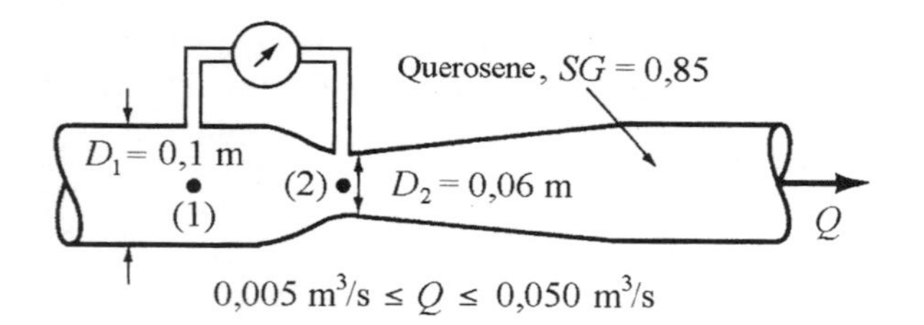

Figura E3.11

$$p_1 - p_2 = \frac{Q^2 \rho\left(1 - (A_2/A_1)^2\right)}{2 A_2^2}$$

A massa específica do querosene é igual a

$$\rho = SG\ \rho_{H_2O} = 0{,}85(1000) = 850 \text{ kg/m}^3$$

A diferença de pressão correspondente a vazão mínima é

$$p_1 - p_2 = (0{,}005)^2(850)\frac{\left(1 - (0{,}06/0{,}10)^4\right)}{2\left((\pi/4)(0{,}06)^2\right)^2} = 1160 \text{ N/m}^2 = 1{,}16 \text{ kPa}$$

Já a diferença de pressão correspondente a vazão máxima é

$$p_1 - p_2 = (0{,}05)^2(850)\frac{\left(1 - (0{,}06/0{,}10)^4\right)}{2\left((\pi/4)(0{,}06)^2\right)^2} = 116000 \text{ N/m}^2 = 116 \text{ kPa}$$

Assim,

$$1{,}16 \text{ kPa} \leq p_1 - p_2 \leq 116 \text{ kPa}$$

Estes valores representam as diferenças de pressão que seriam encontradas em escoamentos incompressíveis, invíscidos e que ocorrem em regime permanente. Os resultados ideais apresentados são independentes da geometria do medidor de vazão - um orifício, bocal ou medidor Venturi (veja a Fig. 3.11).

A Eq. 3.17 mostra que a vazão em volume varia com a raiz quadrada da diferença de pressão. Assim, como indicam os resultados obtidos neste exemplo, um aumento de 10 vezes na vazão em volume provoca um aumento de 100 vezes na diferença de pressão. Esta relação não linear pode causar dificuldades na medição de vazão se a faixa de variação for muito larga. Tais medições podem requere transdutores de pressão com uma faixa muito ampla de operação. Um modo alternativo para escapar deste problema é a utilização de dois manômetros em paralelo - um dedicado a medir as baixas vazões e outro dedicado a faixa com vazões mais altas.

Outros medidores de vazão, baseados na equação de Bernoulli, são utilizados para medir a vazão em canais abertos tais como as calhas e os canais de irrigação. A comporta deslizante é um dispositivos de medida normalmente utilizado nestes casos. Se nós admitirmos que o regime de operação é o permanente, que o fluido é incompressível e invíscido, nós podemos analisar o comportamento da comporta com a equação de Bernoulli.

Observe que a comporta deslizante mostrada na Fig. 3.12 pode ser utilizada para controlar e para medir a vazão em volume em canais abertos. A vazão em volume, Q, é função da profundidade do escoamento de água a montante da comporta, z_1, da largura da comporta, b, e de sua abertura, a. A aplicação da equação de Bernoulli e da equação da conservação da massa (continuidade) entre os pontos (1) e (2) pode fornecer uma boa aproximação da vazão real neste dispositivo. Nós vamos admitir que os perfis de velocidade são suficientemente uniformes a montante e a jusante da comporta.

A aplicação das equações de Bernoulli e da continuidade entre os pontos (1) e (2) - que estão localizados na superfície livre do escoamento - resulta em

$$p_1 + \frac{1}{2}\rho V_1^2 + \gamma z_1 = p_2 + \frac{1}{2}\rho V_2^2 + \gamma z_2$$

e

$$Q = A_1 V_1 = b V_1 z_1 = A_2 V_2 = b V_2 z_2$$

Como os dois pontos são superficiais, temos que $p_1 = p_2 = 0$. Combinado as duas últimas equações, obtemos

$$Q = z_2 b \sqrt{\frac{2g(z_1 - z_2)}{1 - (z_2/z_1)^2}} \tag{3.18}$$

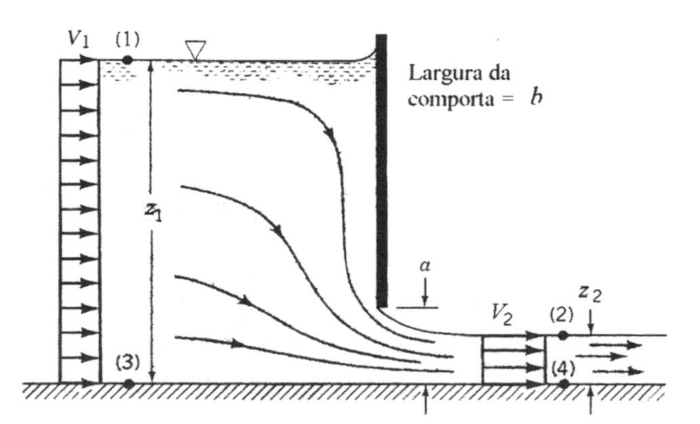

Figura 3.12 Comporta deslizante.

Nos utilizamos a profundidade do escoamento a jusante da comporta, z_2, e não a abertura da comporta, a, para obter a Eq. 3.18. Como foi discutido no escoamento em orifícios (Fig. 3.8), o fluido não pode fazer uma curva de 90º e, neste caso, nós também encontramos uma vena contracta que induz um coeficiente de contração $C_c = z_2/a$ menor do que 1. O valor típico de C_c é aproximadamente igual a 0,61 na faixa $0 < a/z_1 < 0,2$ mas o valor do coeficiente de contração cresce rapidamente quando a relação a/z_1 aumenta.

Exemplo 3.12

Água escoa sob a comporta deslizante mostrada na Fig. E3.12. Estime o valor da vazão em volume de água na comporta por unidade de comprimento de canal.

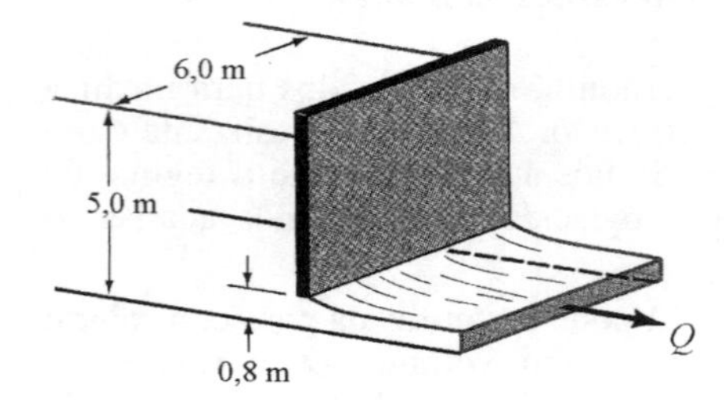

Figura E3.12

Solução Nós vamos admitir que o escoamento é incompressível, invíscido e que o regime do escoamento é o permanente. Assim, nós podemos aplicar a Eq. 3.18 para obter Q/b, ou seja, a vazão em volume por unidade de comprimento do canal.

$$\frac{Q}{b} = z_2 \sqrt{\frac{2g\left(z_1 - z_2\right)}{1-\left(z_2/z_1\right)^2}}$$

Neste caso nós temos que $z_1 = 5{,}0$ m e $a = 0{,}8$ m. Como $a/z_1 = 0{,}16 < 0{,}20$, vamos admitir que C_c, o coeficiente de contração, é igual a 0,61. Assim, $z_2 = C_c a = 0{,}61 \times 0{,}8 = 0{,}488$ m e a vazão por unidade de comprimento do canal é

$$\frac{Q}{b} = (0{,}488)\sqrt{\frac{2\times 9{,}81\times(5{,}0-0{,}488)}{1-(0{,}488/5{,}0)^2}} = 4{,}61 \text{ m}^2/\text{s}$$

Se nós considerarmos que $z_1 >> z_2$ e desprezarmos a energia cinética do fluido a montante da comporta, encontramos

$$\frac{Q}{b} = z_2\sqrt{2gz_1} = (0{,}488)\sqrt{2\times 9{,}81\times 5{,}0} = 4{,}83 \text{ m}^2/\text{s}$$

Neste caso, a diferença entre as vazões calculadas dos dois modos não é muito significativa porque a relação entre as profundidades é razoavelmente grande ($z_1/z_2 = 5{,}0/0{,}488 = 10{,}2$). Este resultado mostra que muitas vezes é razoável desprezar a energia cinética do escoamento a montante da comporta em relação àquela a jusante da comporta.

3.7 A Linha de Energia (ou de Carga Total) e a Linha Piezométrica

A equação de Bernoulli, como apresentada na Sec. 3.4, é a equação de conservação da energia mecânica. Esta equação mostra qual é a partição desta energia nos escoamentos em regime permanente, invíscidos e incompressíveis. Observe, também, que nas condições indicadas, a soma das várias energias do fluido permanece constante no escoamento de uma seção para outra. Uma nova interpretação da equação de Bernoulli pode ser obtida através da utilização dos conceitos da linhas piezométrica e de energia. Estes conceitos nos permitem realizar uma interpretação geométrica dos escoamentos.

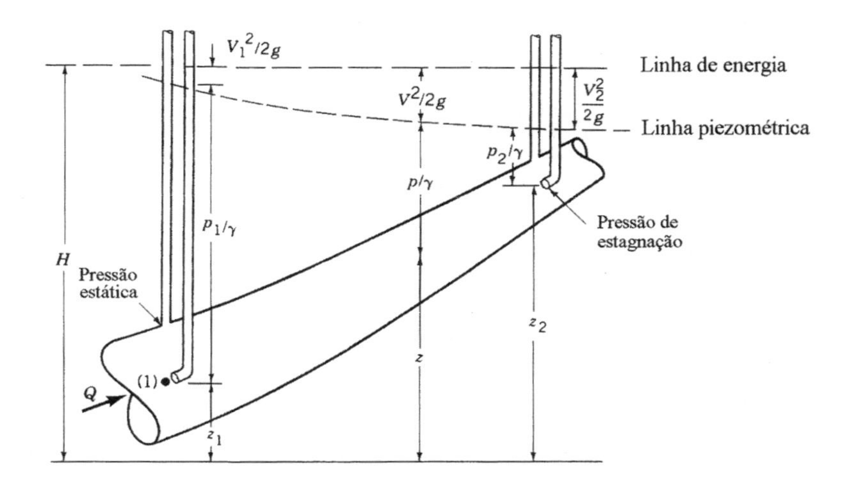

Figura 3.13 Representação da linha de energia e da linha piezométrica.

A energia total permanece constante ao longo da linha de corrente nos escoamentos incompressíveis, invíscidos e que ocorrem em regime permanente. O conceito de carga foi introduzido dividindo cada um dos termos da Eq. 3.6 pelo peso específico do fluido, $\gamma = \rho g$, ou seja,

$$\frac{p}{\gamma} + \frac{V^2}{2g} + z = \text{constante numa linha de corrente} = H \tag{3.19}$$

Cada um dos termos desta equação apresenta unidades de comprimento e representa um certo tipo de carga. A equação de Bernoulli estabelece que a somatória das cargas de pressão, de velocidade e de elevação é constante numa linha de corrente. Esta constante é denominada carga total, H.

A linha de energia representa a carga total disponível no fluido. Como mostra a Fig. 3.13, a elevação da linha de energia pode ser obtida a partir da pressão de estagnação medida com um tubo de Pitot (um tubo de Pitot é a porção do tubo de Pitot estático que mede a pressão de estagnação, veja a Sec. 3.5). Assim, a pressão de estagnação fornece uma medida da carga (ou energia) total do escoamento. A pressão estática, medida pelos tubos piezométricos, por outro lado, mede a soma da carga de pressão e de elevação, $p/\gamma + z$, e esta soma é denominada carga piezométrica.

De acordo com a Eq, 3.19, a carga total permanece constante ao longo da linha de corrente (desde que as hipótese utilizadas na derivação da equação de Bernoulli sejam respeitadas). Assim, um tubo de Pitot inserido em qualquer local do escoamento irá medir sempre a mesma carga total (veja a Fig. 3.13). Entretanto, as cargas de elevação, velocidade e pressão podem variar ao longo do escoamento.

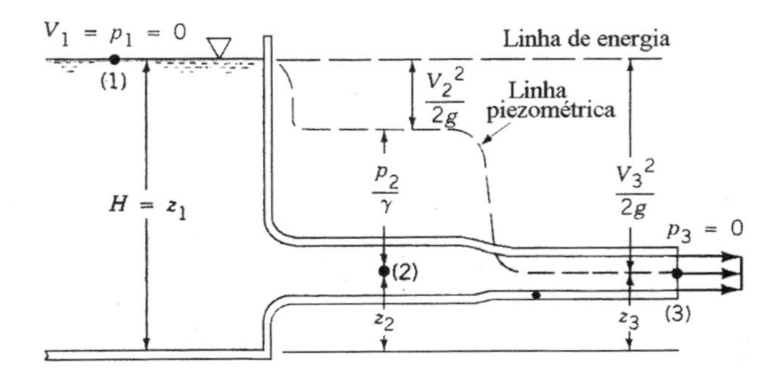

Figura 3.14 As linhas de energia e piezométrica no escoamento efluente de um grande tanque.

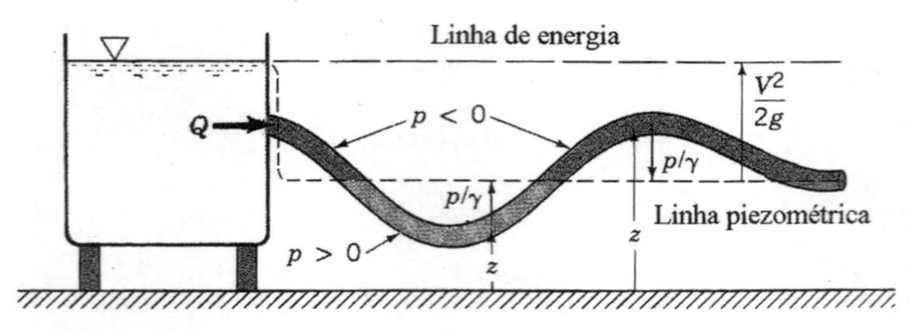

Figura 3.15 Utilização das linhas de energia e piezométrica.

O lugar geométrico das elevações obtidas com um tubo de Pitot num escoamento é denominado linha de energia. A linha formada pela série de medições piezométricas num escoamento é denominada linha piezométrica. Note que a linha de energia será horizontal se o escoamento não violar as hipótese utilizadas para a obtenção da equação de Bernoulli. Se a velocidade do fluido aumenta ao longo da linha de corrente, a linha piezométrica não será horizontal.

A Fig. 3.14 mostra a linha de energia e a piezométrica relativas ao escoamento efluente de um grande tanque. Se o escoamento é invíscido, incompressível e o regime for o permanente, a linha de energia é horizontal e passa pela superfície livre do líquido no tanque (porque a velocidade e a pressão relativa na superfície livre do tanque são nulas). A linha piezométrica dista $V^2/2g$ da linha de energia.

A distância entre a tubulação e a linha piezométrica indica qual é a pressão no escoamento (veja a Fig. 3.15). Se o trecho de tubulação se encontra abaixo da linha piezométrica, a pressão no escoamento é positiva (acima da atmosférica). Se o trecho de tubulação está acima da linha piezométrica, a pressão é negativa (abaixo da atmosférica). Assim, nós podemos utilizar o desenho em escala de uma tubulação e a linha piezométrica para identificar as regiões onde as pressões são positivas e as regiões onde as pressões são negativas.

Exemplo 3.13

A Fig. E3.13 mostra água sendo retirada de um tanque através de uma mangueira que apresenta diâmetro constante. Um pequeno furo é encontrado no ponto (1) da mangueira. Nós identificaremos um vazamento de água ou de ar no furo?

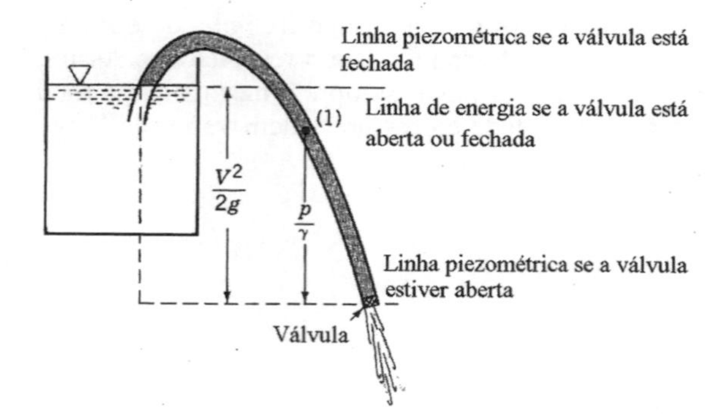

Figura E3.13

Solução Se a pressão no ponto (1) for menor do que a atmosférica nós detectaremos um vazamento de ar para o escoamento de água e se a pressão em (1) for maior do que a atmosférica nós identificaremos um vazamento de água da mangueira. Nós podemos determinar o valor da pressão neste ponto se utilizarmos as linhas de energia e piezométrica. Primeiramente nós vamos admitir que o escoamento ocorre em regime permanente, é incompressível e invíscido. Nestas condições, a carga total é constante, ou seja, a linha de energia é horizontal. A equação da continuidade (AV = constante) estabelece que a velocidade do escoamento na mangueira é constante porque o diâmetro da mangueira não varia. Assim, a linha piezométrica está localizada a $V^2/2g$ abaixo da linha de energia (veja a Fig. E3.13). Como a pressão na seção de descarga da mangueira é igual a atmosférica, segue que a linha piezométrica apresenta a mesma altura da seção de descarga da mangueira. O fluido contido na mangueira está acima da linha piezométrica e, assim, a pressão em toda a mangueira é menor do que a pressão atmosférica.

Isto mostra que ar vazará para o escoamento de água através do furo localizado no ponto (1).

Note que os efeitos viscosos podem tornar esta análise simples (linha de energia horizontal) incorreta. Entretanto, se a velocidade do escoamento não for alta, se o diâmetro da mangueira não for muito pequeno e seu comprimento não for longo, o escoamento pode ser modelado como não viscoso e os resultados desta análise são muito próximos dos experimentais. Será necessário realizar uma análise mais detalhada deste escoamento se qualquer uma das hipóteses utilizadas for relaxada (veja o Cap. 8). Se a válvula localizada na seção de descarga da mangueira for fechada, de modo que a vazão em volume se torna nula, a linha piezométrica coincidirá com a linha de energia ($V^2/2g = 0$ em toda a mangueira) e a pressão no ponto (1) será maior que a atmosférica. Neste caso, nós identificaremos um vazamento de água pelo furo localizado no ponto (1).

3.8 Restrições para a Utilização da Equação de Bernoulli

Uma das principais hipóteses utilizadas na obtenção da equação de Bernoulli é a incompressibilidade do fluido. Apesar desta hipótese ser razoável para a maioria dos escoamentos de líquidos, ela pode, em certos casos, introduzir sérios erros na análise de escoamentos de gases.

Nós vimos, na seção anterior, que a diferença entre a pressão de estagnação e a pressão estática é igual a $\rho V^2/2$ desde que a massa específica permaneça constante. Se a pressão dinâmica não é alta, quando comparada com a pressão estática, a variação da massa específica entre dois pontos do escoamento não é muito grande e o fluido pode ser considerado incompressível. Entretanto, como a pressão dinâmica varia com V^2, o erro associado com a hipótese de incompressibilidade do fluido aumenta com o quadrado da velocidade do escoamento.

Normalmente, um escoamento de gás perfeito pode ser considerado incompressível desde que o número de Mach seja menor do que 0,3. Para ar a T_1 = 15 °C, a velocidade do som é igual a $c_1 = (kRT_1)^{1/2}$ = 332 m/s. Deste modo, um escoamento com velocidade $V_1 = c_1 \, \mathrm{Ma}_1 = 0{,}3 \times 332$ = 99,6 m/s ainda pode ser considerado incompressível. Note que os efeitos da compressibilidade podem ser importantes se a velocidade do escoamento for maior que este valor.

Outra restrição para a derivação da equação de Bernoulli (Eq. 3.6) é a hipótese de que o escoamento ocorre em regime permanente. Em tais escoamentos, a velocidade numa linha de corrente é só função de s, a coordenada da linha de corrente, ou seja, $V = V(s)$. Para escoamentos em regime transitório, $V = V(s, t)$ e nós somos obrigados a levar em consideração a derivada temporal da velocidade para obter a aceleração ao longo da linha de corrente. Assim, nós obtemos $a_s = \partial V / \partial t + V \, \partial V / \partial s$ em vez de $a_s = V \, \partial V / \partial s$ (que é o resultado adequado para os escoamentos em regime permanente). A aceleração nos escoamentos em regime permanente é devida a mudança de velocidade resultante da mudança de posição da partícula (o termo $V \, \partial V / \partial s$) enquanto que nos escoamentos em regime transitório existe uma contribuição adicional que é o resultado da variação de velocidade com o tempo numa posição fixa (o termo $\partial V / \partial t$). A inclusão do termo transitório na equação do movimento não permite que esta possa ser integrada facilmente (como foi feito para obter a equação de Bernoulli) e nós somos induzidos a utilizar outras hipóteses adicionais.

Os resultados da aplicação da equação de Bernoulli só serão válidos se o escoamento analisado for invíscido. Como discutimos na Sec. 3.4, a equação de Bernoulli é, de fato, a primeira integral da segunda lei de Newton ao longo da linha de corrente. Esta integração foi possível porque, na ausência de efeitos viscosos, o sistema fluido considerado é conservativo (a energia mecânica total do sistema permanece constante). Se os efeitos viscosos são importantes, o sistema passa a ser não conservativo e ocorrem perdas de energia mecânica. Nestes casos, é necessário realizar uma análise mais detalhada do escoamento (veja o material apresentado no Cap. 8).

A restrição final para a aplicação da equação de Bernoulli entre dois pontos da mesma linha de corrente é que não podem existir dispositivos mecânicos (bombas ou turbinas) entre estes dois pontos. Note que estes dispositivos representam fontes ou sumidouros de energia. Como a equação de Bernoulli é realmente uma forma da equação da energia, ela precisa ser alterada para levar em consideração a presença de bombas ou turbinas. A análise dos efeitos das inclusões de bombas e turbinas nos sistemas fluidos será apresentada no Cap. 5.

Problemas

Nota: Se o valor de uma propriedade não for especificado no problema, utilize o valor fornecido na Tab. 1.4 ou 1.5 do Cap. 1. Os problemas com a indicação (*) devem ser resolvidos com uma calculadora programável ou computador. Os problemas com a indicação (+) são do tipo aberto (requerem uma análise crítica, a formulação de hipóteses e a adoção de dados). Não existe uma solução única para este tipo de problema.

3.1 Água escoa em regime permanente no bocal mostrado na Fig. P3.1. O eixo de simetria do bocal está na horizontal e a distribuição de velocidade neste eixo é dada por $\mathbf{V} = 10(1 + x)\ \hat{\mathbf{i}}$ m/s. Admitindo que os efeitos viscosos são desprezíveis, determine: (**a**) o gradiente de pressão necessário para produzir este escoamento (em função de x). (**b**) Se a pressão na seção (1) é 3,4 bar, determine a pressão na seção (2) (i) integrando o gradiente de pressão obtido na parte (**a**) e (ii) aplicando a equação de Bernoulli.

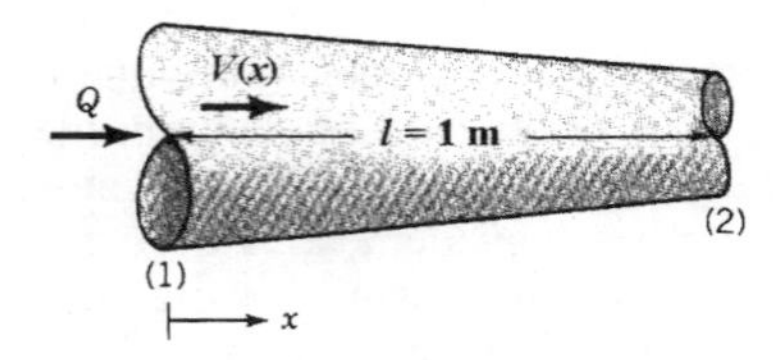

Figura P3.1

3.2 Refaça o Prob. 3.1 admitindo que o bocal está na vertical e que o sentido do escoamento é para cima.

3.3 A Fig. P3.3 mostra o escoamento em regime permanente de um fluido incompressível em torno de um objeto (veja o ⦿ 3.3). A velocidade do escoamento ao longo da linha de corrente horizontal que divide o escoamento ($-\infty \leq x \leq -a$) é dada por $V = V_0\ (1 + a/x)$ onde a é o raio de curvatura da região frontal do objeto e V_0 é a velocidade a montante (ao longe) do cilindro. (**a**) Determine o gradiente de pressão ao longo desta linha de corren-

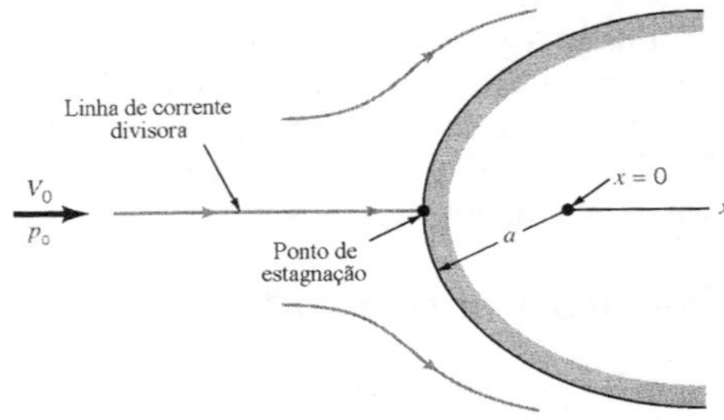

Figura P3.3

te. (**b**) Se a pressão a montante do corpo é p_0, integre o gradiente de pressão para obter $p(x)$ na faixa $-\infty \leq x \leq -a$. (**c**) Mostre, utilizando o resultado da parte (b), que a pressão no ponto de estagnação ($x = -a$) é igual a $p_0 + \rho V_0^2 / 2$.

3.4 Qual é o gradiente de pressão ao longo da linha de corrente, dp/ds, necessário para impor uma aceleração de 10 m/s² no escoamento de água num tubo horizontal?

3.5 Qual o gradiente de pressão ao longo da linha de corrente, dp/ds, necessário para impor uma aceleração de 9,14 m/s² no escoamento ascendente de água num tubo vertical? Qual é o valor deste gradiente se o escoamento for descendente?

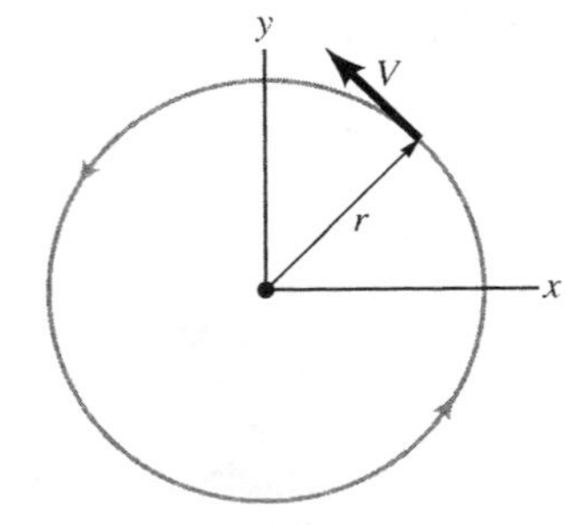

Figura P3.6

3.6 A Fig. P3.6 mostra uma linha de corrente horizontal e circular que apresenta raio r. Esta linha pode representar tanto o escoamento de água num recipiente como o de ar num tornado (veja o ⦿ 3.2). Determine o gradiente de pressão radial, $\partial p / \partial r$, nos seguintes casos: (**a**) Escoamento de água com r =

75 mm e V = 0,24 m/s. **(b)** Escoamento de ar com r = 91,4 m e V = 322 km/h.

3.7 Água escoa na curva bidimensional mostrada na Fig. 3.7. Note que as linhas de corrente são circulares e que a velocidade é uniforme no escoamento. Determine a pressão nos pontos (2) e (3) sabendo que a pressão no ponto (1) é igual a 40 kPa.

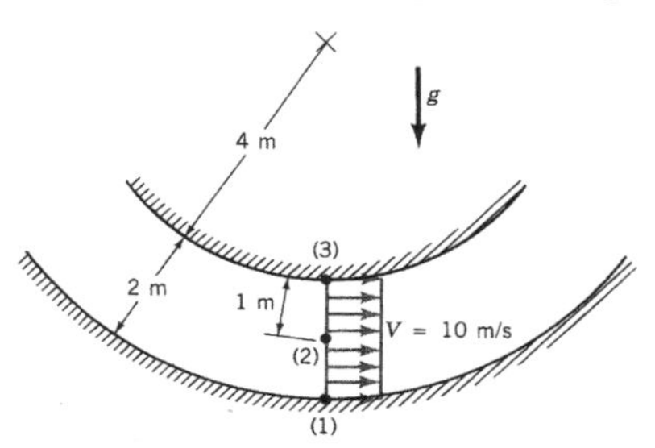

Figura P3.7

+ 3.8 O ar escoa suavemente sobre o seu rosto quando você anda de bicicleta. Entretanto, é bastante comum nós sentirmos o impacto de insetos e de pequenas partículas no nosso rosto e olhos durante os passeios. Explique porque isto ocorre.

3.9 Alguns animais utilizam o "efeito Bernoulli" sem terem qualquer conhecimento sobre mecânica dos fluidos. Por exemplo, as tocas das marmotas normalmente apresentam duas entradas – a frontal (localizada numa superfície plana) e a dos fundos (localizada numa elevação – veja a Fig. P3.9). Quando o vento sopra com velocidade V_0 na superfície plana, a velocidade média na porta dos fundos é maior do que V_0 (o aumento de velocidade é provocado pela elevação). Admita que a velocidade do escoamento de ar acima da porta traseira da toca é igual a $1{,}07V_0$. Calcule a diferença de pressão $p(1) - p(2)$ quando a velocidade do vento na superfície plana for igual a 6 m/s. Note que esta diferença de pressão gera uma circulação de ar na toca da marmota.

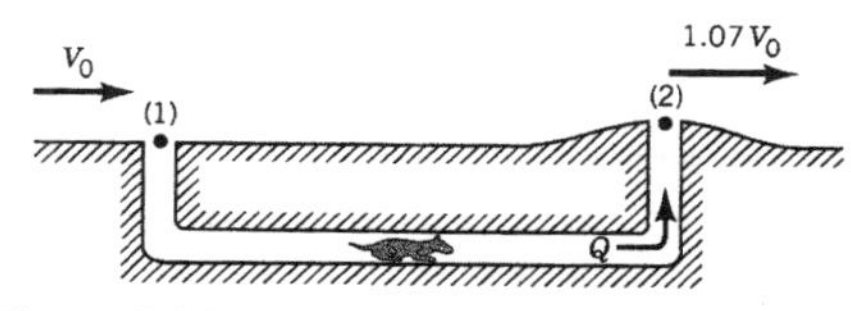

Figura P3.9

3.10 A Fig. P3.10 mostra dois jatos d'água sendo descarregados da superfície lateral de uma garrafa de refrigerante (veja também o ◉ 3.5). A distância entre a superfície lateral da garrafa e o ponto onde os jatos d'água se cruzam é L e as distâncias entre os orifícios e a superfície livre da água são iguais a h_1 e h_2. Admitindo que os efeitos viscosos não são importantes e que o regime de escoamento é próximo do permanente, mostre que $L = 2(h_1 h_2)^{1/2}$. Compare este resultado com aquele que pode ser obtido a partir do ◉ 3.5. A distância entre os orifícios da garrafa mostrada no vídeo é 50,8 mm.

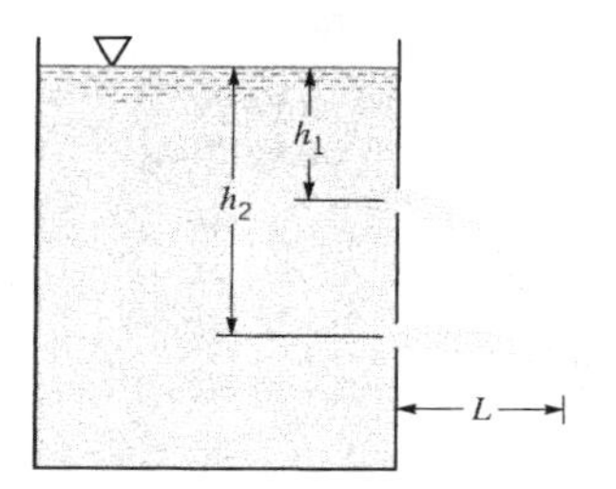

Figura P3.10

+ 3.11 Estime qual é a pressão na seção de descarga da bomba de um caminhão tanque necessária para que a água atinja um incêndio localizado no teto de uma edificação com cinco pavimentos. Faça uma lista com todas as hipóteses utilizadas na solução do problema.

3.12 O bocal de uma mangueira de incêndio apresenta diâmetro interno igual a 29 mm. De acordo com algumas normas de segurança, o bocal deve ser capaz de fornecer uma vazão mínima de 68 m³ /h. Determine o valor da pressão na seção de alimentação do bocal para que a vazão mínima seja detectada sabendo que o bocal está conectado a uma mangueira que apresenta diâmetro igual a 76 mm.

3.13 O diâmetro interno da tubulação mostrada na Fig. P3.13 é 19 mm e o jato d'água descarregado atinge uma altura, medida a partir da seção de descarga da tubulação, igual a 71 mm. Determine, nestas condições, a vazão em volume do escoamento na tubulação (veja o ◉ 8.6).

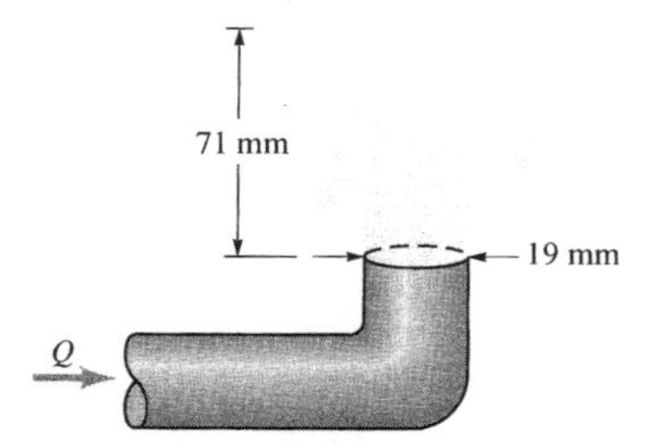

Figura P3.13

3.14 Uma pessoa coloca a mão para fora de um automóvel que se desloca com uma velocidade de 105 km/h numa atmosfera estagnada. Qual é a máxima pressão que atua na mão exposta ao escoamento? Qual seria o valor desta pressão máxima se a velocidade do automóvel fosse igual a 354 km/h? Admita que a atmosfera se comporte como a padrão.

3.15 A Fig. P3.15 mostra um jato de ar incidindo numa esfera (veja o ◉ 3.1). Observe que a velocidade do ar na região próxima ao ponto 1 é maior do que aquela da região próxima do ponto 2 quando a esfera não está alinhada com o jato.

Determine, para as condições mostradas na figura, a diferença entre as pressões nos pontos 2 e 1. Despreze os efeitos viscosos e gravitacionais.

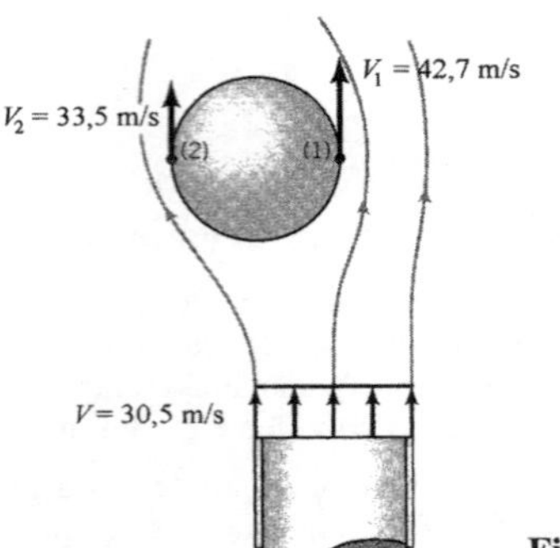

Figura P3.15

3.16 Um tubulação, com diâmetro igual a 102 mm, transporta 68 m³/h de água numa pressão de 4 bar. Determine: (**a**) a carga de pressão em metros de coluna d'água, (**b**) a carga de velocidade e (**c**) a carga total utilizando como referência o plano localizado a 6,1 m abaixo do tubulação.

3.17 A Fig. P3.17 mostra o esboço de um pequeno túnel de vento com circuito aberto. A pressão e a temperatura atmosféricas são iguais a 98,7 kPa (abs) e 27 °C. Determine a pressão no ponto de estagnação localizado no nariz do avião desprezando os efeitos viscosos. Determine, também, a leitura no manômetro, h, localizado na seção de teste do túnel de vento quando a velocidade nesta seção for igual a 60 m/s.

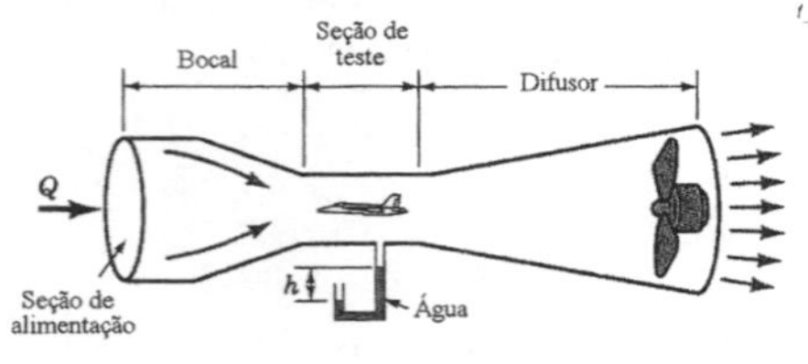

Figura P3.17

3.18 Água escoa na contração axisimétrica mostrada na Fig. P3.18. Determine a vazão em volume na contração em função de D sabendo que a diferença de alturas no manômetro é constante e igual a 0,2 m.

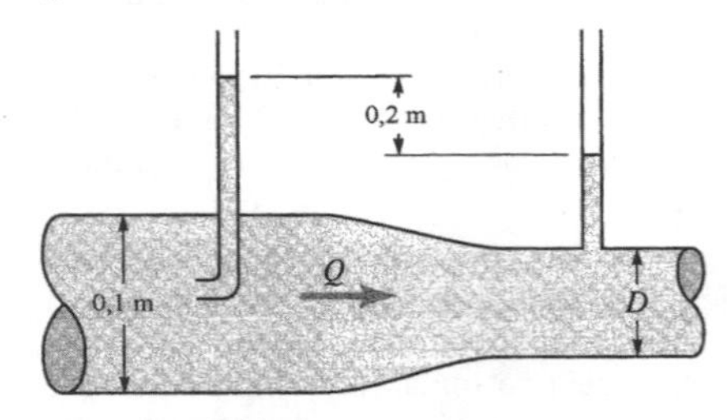

Figura P3.18

3.19 Água escoa na contração axisimétrica mostrada na Fig. P3.19. Determine a altura h sabendo que a vazão em volume na contração é igual a 0,10 m³/s.

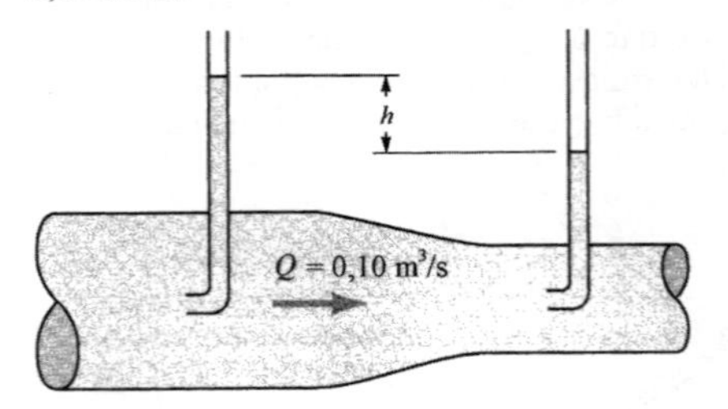

Figura P3.19

3.20 A velocidade de um avião pode ser calculada a partir da diferença entre a pressão de estagnação e a estática medida num tubo de Pitot (veja o ⦿ 3.4) e o indicador do diferencial de pressão também pode ser calibrado para fornecer diretamente a velocidade do avião (se a atmosfera padrão for adotada como referência). Nestas condições, a velocidade medida com este conjunto medidor só será a verdadeira se o avião estiver voando na atmosfera padrão. Determine a velocidade real de um avião que está voando a uma altura de 6100 m e a velocidade indicada pelo conjunto medidor é 113 m/s.

3.21 Tetracloreto de carbono escoa num tubo que apresenta diâmetro variável. A pressão e a velocidade num ponto A do escoamento são iguais a 1,38 bar e 9,14 m/s. Já num ponto B do escoamento, a pressão e a velocidade são iguais a 1,58 bar e 4,27 m/s. Qual é o ponto que apresenta maior elevação? Qual é a diferença entre as elevações dos pontos A e B ? Admita que os efeitos viscosos são desprezíveis.

3.22 O mergulhão é um pássaro que pode locomover-se no ar e na água. Qual é a velocidade de mergulho do pássaro que produz uma pressão dinâmica igual àquela relativa a um vôo com velocidade igual a 18 m/s.

3.23 Água escoa em regime permanente na tubulação mostrada na Fig. P3.23. Qual é vazão em volume máxima na tubulação sem que ocorra vazamento de água no tubo vertical? Admita que os efeitos viscosos são desprezíveis.

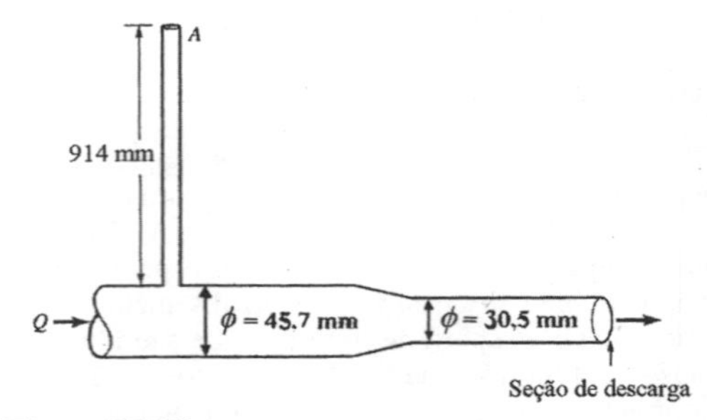

Figura P3.23

3.24 A diâmetro da seção de saída de uma torneira é 20 mm e o jato d'água descarregado apresenta um diâmetro de 10 mm a 0,5 m da torneira. Determine a vazão de água neste escoamento.

3.25 Água é retirada do tanque mostrado na Fig. P3.25 enquanto o barômetro d'água indica uma leitura de 9,21 m. Determine o máximo valor de h com a restrição de que não ocorra cavitação no sistema analisado. Note que a pressão do vapor no topo da coluna do barômetro é igual a pressão de vapor do líquido.

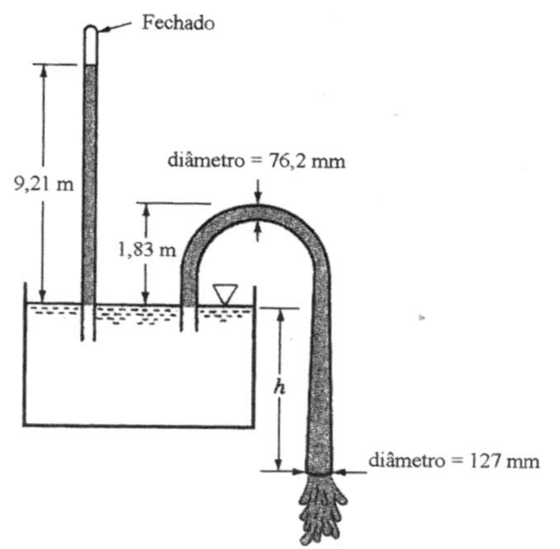

Figura P3.25

3.26 Um fluido incompressível escoa em regime permanente na contração mostrada na Fig. P3.26. Derive uma equação para a velocidade no ponto (2) em função de D_1, D_2, ρ, ρ_m e h. Admita que os efeitos viscosos são desprezíveis.

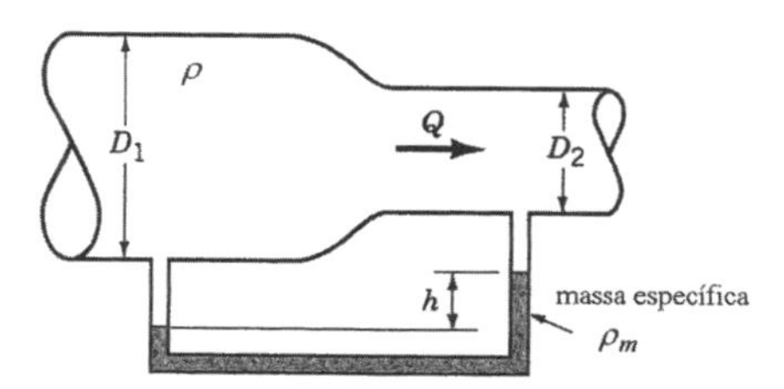

Figura P3.26

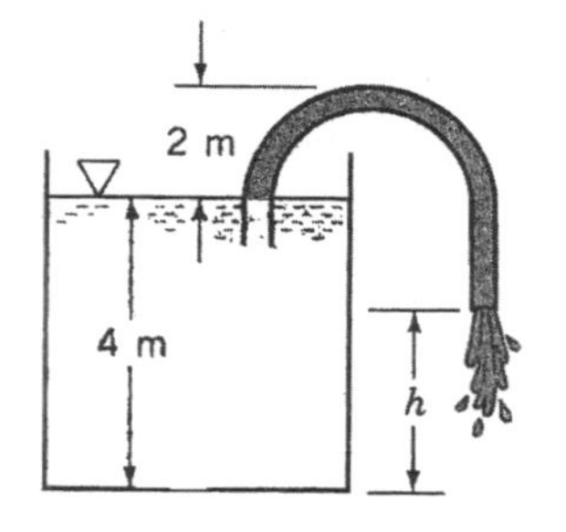

Figura P3.27

3.27 Uma tubulação de plástico, diâmetro igual a 50 mm, é utilizada para sifonar água do tanque mostrado na Fig. P3.27. Se a diferença entre a pressão externa e a do escoamento for maior do que 25 kPa, a tubulação colapsará e o escoamento na tubulação será interrompido. Até que valor de h este sifão opera? Admita que os efeitos viscosos são desprezíveis.

3.28 Uma mangueira de plástico, com 10 m de comprimento e diâmetro interno igual a 15 mm, é utilizada para drenar uma piscina do modo mostrado na Fig. P3.28. Qual é a vazão em volume do escoamento na mangueira? Admita que os efeitos viscosos são desprezíveis.

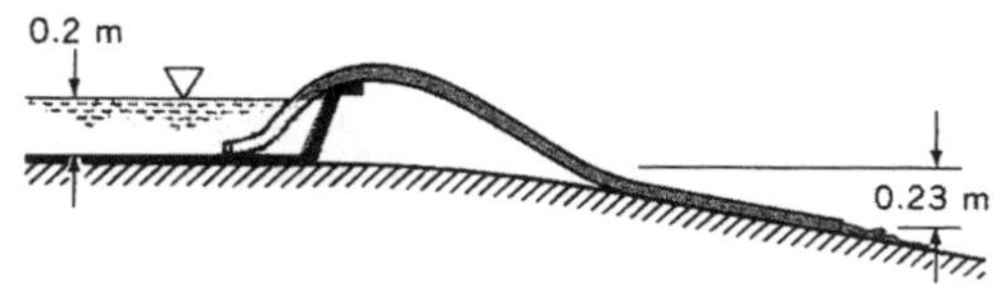

Figura P3.28

3.29 A vazão de dióxido de carbono num trecho de tubulação, composto por dois tubos em série (diâmetros iguais a 76,2 e 38,1 mm) é 153 m³/h. A pressão e a temperatura do escoamento no tubo maior são iguais a 1,38 bar e 49 °C. Determine a pressão no tubo menor admitindo que o escoamento é incompressível e que os efeitos viscosos são desprezíveis.

3.30 Determine a vazão em volume na tubulação mostrada na Fig. P3.30.

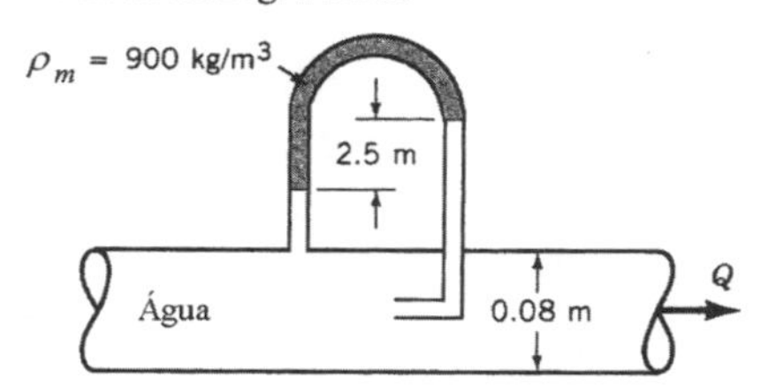

Figura P3.30

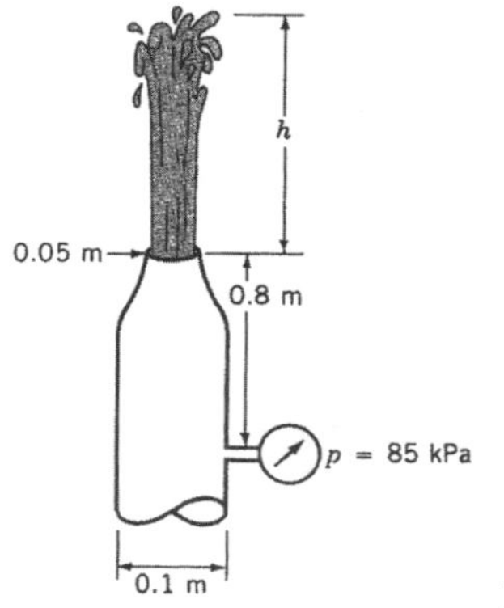

Figura P3.31

3.31 Água escoa no bocal mostrado na Fig. P3.31. Determine a vazão em volume e a altura h que o jato d'água pode atingir. Despreze os efeitos viscosos sobre o escoamento.

3.32 A Fig. P3.32 mostra o escoamento de gasolina numa expansão axisimétrica. As pressões nas seções transversais (1) e (2) são, respectivamente, iguais a 3,88 e 4,01 bar. Determine a vazão em massa deste escoamento.

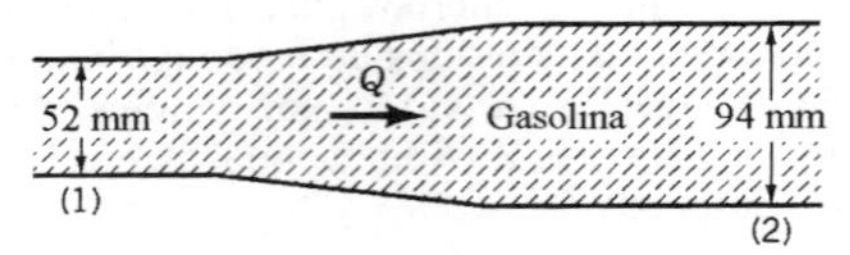

Figura P3.32

3.33 A vazão de água que é bombeada de um lago, através de uma tubulação com 0,2 m de diâmetro, é 0,28 m³/s. Qual é a pressão no tubo de sucção da bomba numa altura de 1,82 m acima da superfície livre do lago? Admita que os efeitos viscosos são desprezíveis.

3.34 Ar escoa no canal Venturi, com seção transversal retangular, mostrado na Fig. P3.34 (veja o ⦿ 3.6). A largura do canal é constante e igual a 0,06 m. Considerando a condição operacional indicada na figura e admitindo que os efeitos viscosos e da compressibilidade são desprezíveis, determine a vazão em volume de ar no canal. Calcule, também, a altura h_2 e a pressão no ponto 1 do canal.

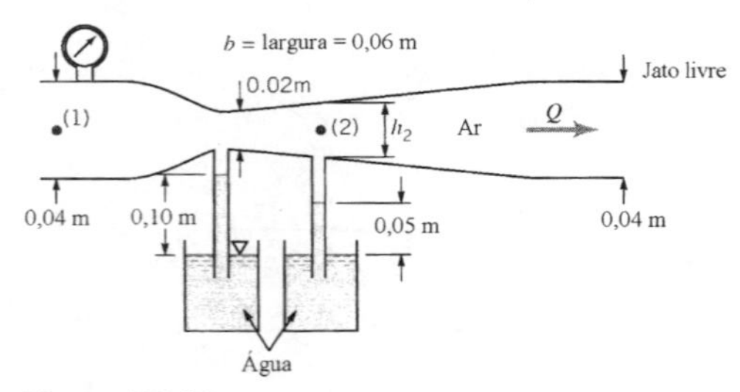

Figura P3.34

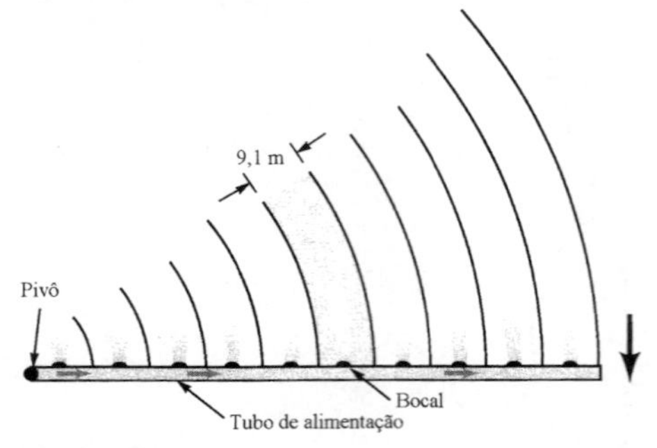

Figura P3.35

3.35 A Fig. P3.35 mostra o braço de um irrigador articulado. A tubo de alimentação apresenta 10 orifícios espaçados uniformemente e cada jato descarregado do tubo cobre uma zona com largura igual a 9,1 m (veja a figura). Admitindo que os efeitos viscosos são desprezíveis, determine os diâmetros dos orifícios em função do diâmetro do décimo orifício (aquele posicionado na extremidade direita do braço).

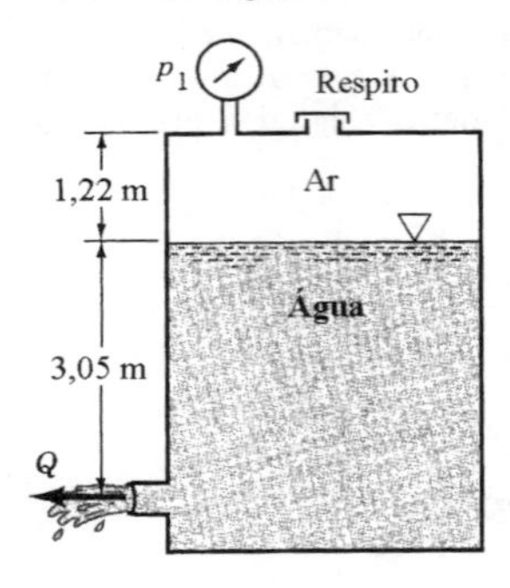

Figura P3.36

3.36 O respiro do tanque esboçado na Fig. P3.36 está fechado e o tanque foi pressurizado para aumentar a vazão Q. Qual é a pressão no tanque, p_1, para que a vazão no tubo seja igual ao dobro daquela referente a situação onde respiro está aberto?

3.37 Água escoa em regime permanente nos tanques mostrados na Fig. P3.37. Determine a profundidade da água no tanque A, h_A.

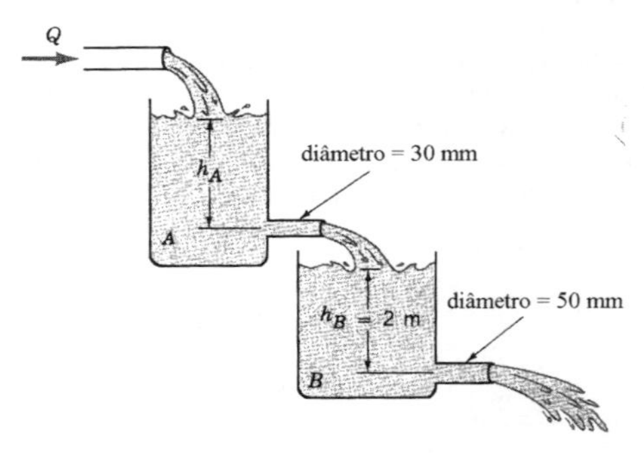

Figura P3.37

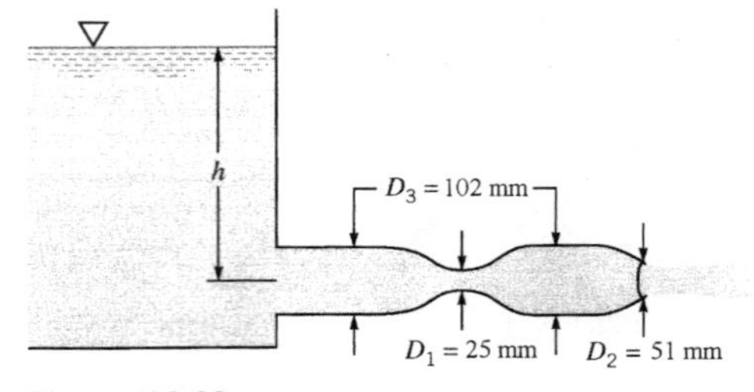

Figura P3.38

3.38 Água escoa do grande tanque mostrado na Fig. P3.38. A pressão atmosférica é igual a 1,0 bar e a pressão de vapor da água é igual a 20 kPa. Qual é a altura h necessária para que nós detectemos o início da cavitação no escoamento? O valor de D_1 deve ser aumentado, ou diminuído, para evitar a cavitação? O valor de D_2 deve ser aumentado, ou diminuído, para evitar a cavitação? Justifique suas respostas e admita que os efeitos viscosos são desprezíveis.

3.39 Determine a vazão em volume descarregada do tanque mostrado na Fig. P3.39. Admita que o tanque é grande e que os efeitos viscosos são desprezíveis.

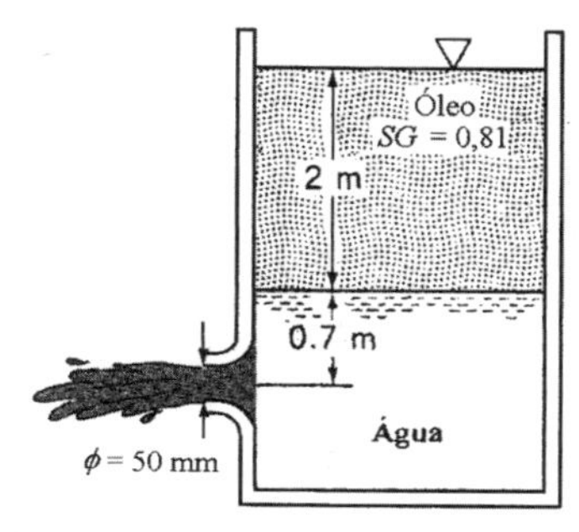

Figura P3.39

3.40 A pressão ambiente nos laboratórios que trabalham com materiais perigosos normalmente é negativa. Isto é feito para evitar o transporte destes materiais para fora dos laboratórios. Admita que a pressão num laboratório é 2,5 mm de coluna d'água menor do que a pressão em sua vizinhança imediata. Determine, nesta condição, a velocidade do ar que entra no laboratório através de uma abertura. Admita que os efeitos viscosos são desprezíveis.

3.41 Água é retirada do tanque mostrado na Fig. P3.41. Determine a vazão em volume do escoamento e as pressões nos pontos (1), (2) e (3). Admita que os efeitos viscosos são desprezíveis.

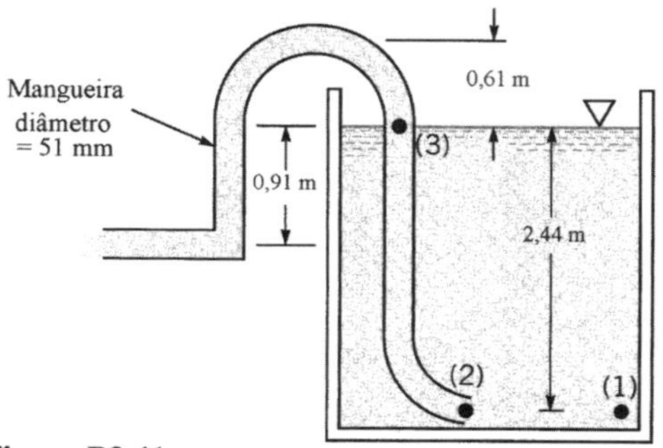

Figura P3.41

3.42 Um bocal, que apresenta seção de descarga com 25 mm de diâmetro, foi instalado na mangueira do Prob. 3.41. Recalcule novamente a vazão e as pressões pedidas naquele problema.

3.43 A densidade do fluido manométrico utilizado no dispositivo mostrado na Fig. P3.43 é igual a 1,07. Determine a vazão, Q, no dispositivo admitindo que

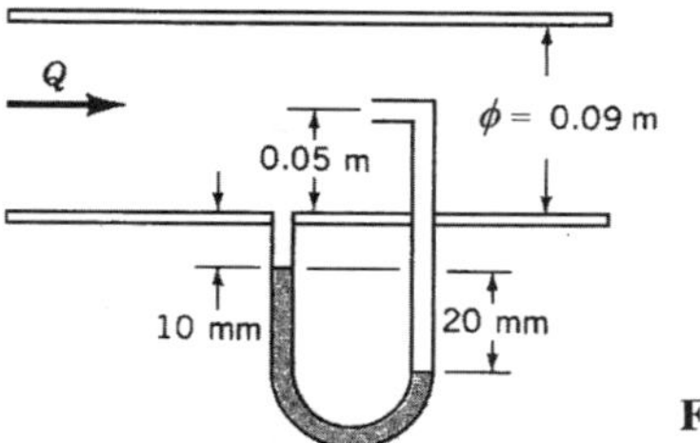

Figura P3.43

o escoamento é invíscido e incompressível. Considere os seguintes fluidos: (**a**) água, (**b**) gasolina e (**c**) ar na condição padrão.

3.44 Um combustível, densidade igual a 0,77, escoa no medidor Venturi mostrado na Fig. P3.44. A velocidade do escoamento é 4,6 m/s no tubo que apresenta diâmetro igual a 152 mm. Determine a elevação h no tubo aberto que está conectado a garganta do medidor. Admita que os efeitos viscosos são desprezíveis.

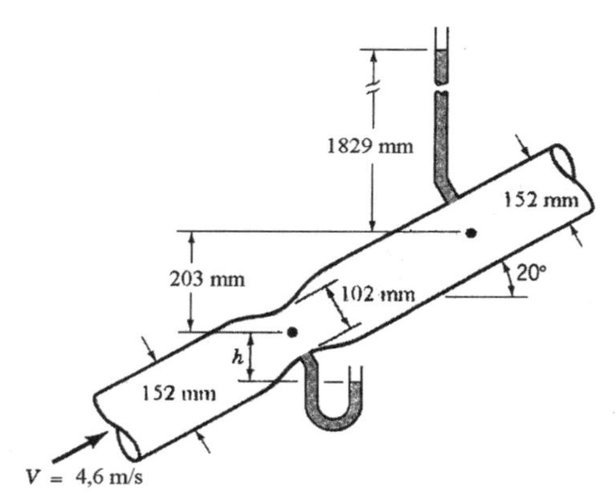

Figura P3.44

3.45 Ar na condição padrão escoa na chaminé axisimétrica mostrada na Fig. P3.45. Determine a vazão em volume na chaminé sabendo que o fluido utilizado no manômetro é água. Admita que os efeitos viscosos são desprezíveis.

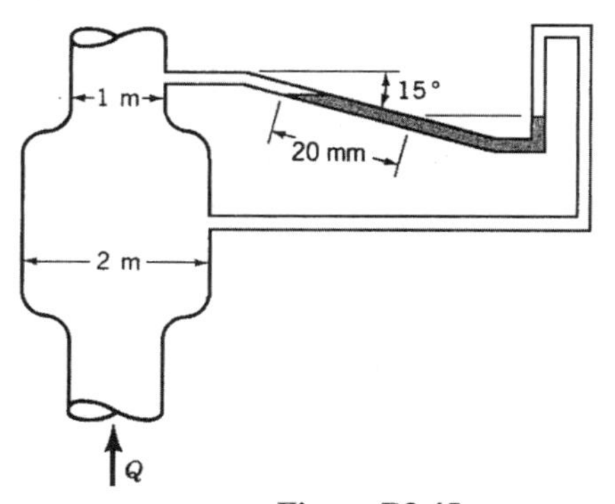

Figura P3.45

3.46 Determine a vazão em volume no medidor Venturi mostrado na Fig. P3.46. Admita que todas as condições de escoamento são ideais.

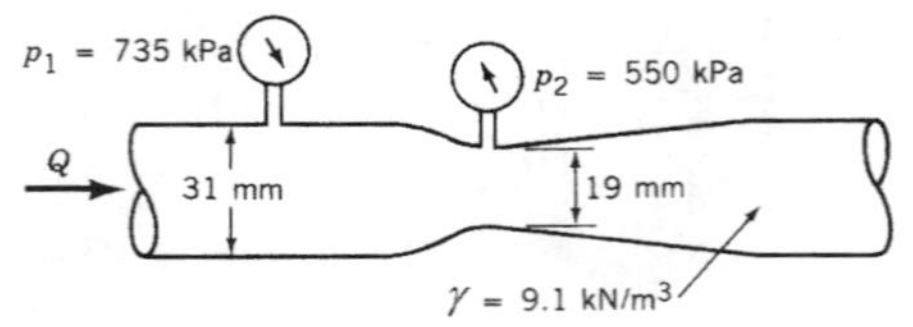

Figura P3.46

3.47 Determine o diâmetro do orifício, d, mostrado na Fig. P3.47 para que $p_1 - p_2$ seja igual a 16,3 kPa quando a vazão for igual a 6,8 m³/h. Admita que o escoamento é ideal e que o coeficiente de contração é igual a 0,63.

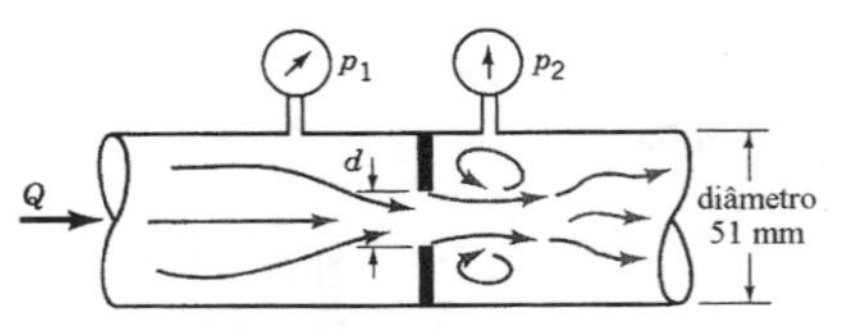

Figura P3.47

* **3.48** Um tanque esférico, diâmetro D, apresenta um furo, com diâmetro d, localizado na sua parte mais baixa. O tanque é ventilado, ou seja a pressão na superfície livre do líquido no tanque é sempre igual a atmosférica. Inicialmente, o tanque estava cheio e o escoamento de liquido para fora do tanque pode ser modelado como quase permanente e invíscido. Determine como varia a altura da superfície livre do líquido no tanque em função do tempo. Construa um gráfico de $h(t)$ para cada um dos seguintes diâmetros de tanque: 0,3; 1,5; 3,0; e 6 m. Admita que d = 25 mm.

3.49 Água escoa na tubulação ramificada que está esboçada na Fig. P3.49. Admitindo que os efeitos viscosos são desprezíveis, determine a pressão nas seções 2 e 3 desta tubulação.

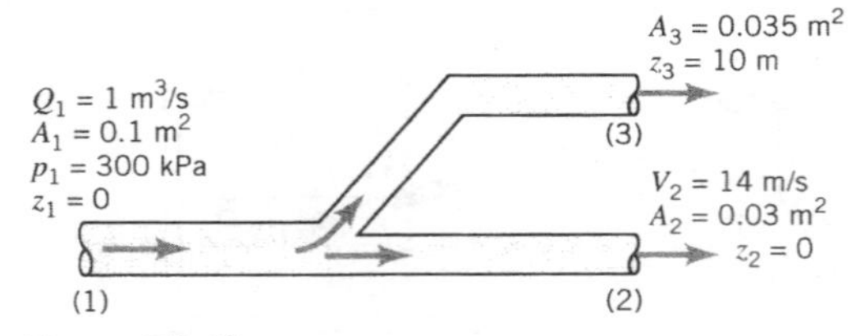

Figura P3.49

3.50 A Fig. P3.50 mostra o jato descarregado pelo tubo interagindo com um disco circular. Determine a vazão em volume do escoamento e a altura manométrica H. Note que a geometria do problema é axisimétrica.

3.51 Uma tampa cônica é utilizada para regular o escoamento de ar descarregado de uma tubulação (veja a Fig. P3.51). A espessura do filme de ar que deixa o cone é uniforme e igual a 0,02 m. Determine a pressão do ar no tubo sabendo que a vazão de ar descarregado é 0,50 m³/s. Admita que os efeitos viscosos são desprezíveis.

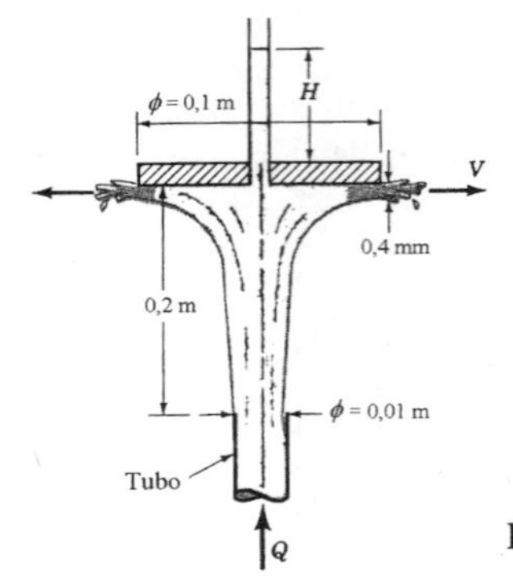

Figura P3.50

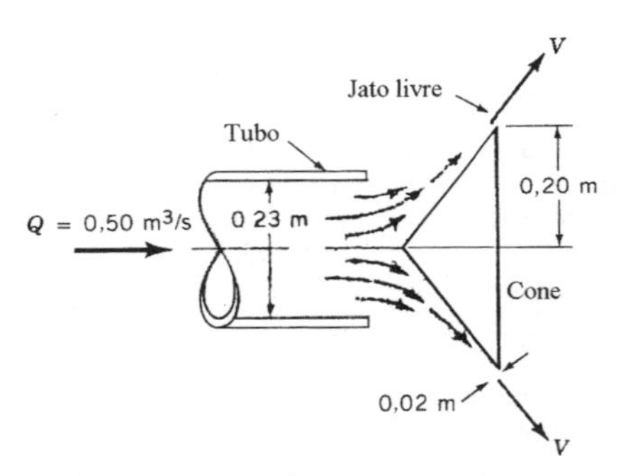

Figura P3.51

***3.52** A área da superfície livre, A, da represa mostrada na Fig. P3.52 varia com a profundidade, h, do modo mostrado na tabela.

h (m)	A (m²)
0	0
0,61	$1{,}21 \times 10^3$
1,22	$2{,}02 \times 10^3$
1,83	$3{,}23 \times 10^3$
2,44	$3{,}64 \times 10^3$
3,05	$4{,}45 \times 10^3$
3,66	$6{,}07 \times 10^3$
4,30	$7{,}28 \times 10^3$
4,91	$9{,}71 \times 10^3$
5,52	$1{,}13 \times 10^4$

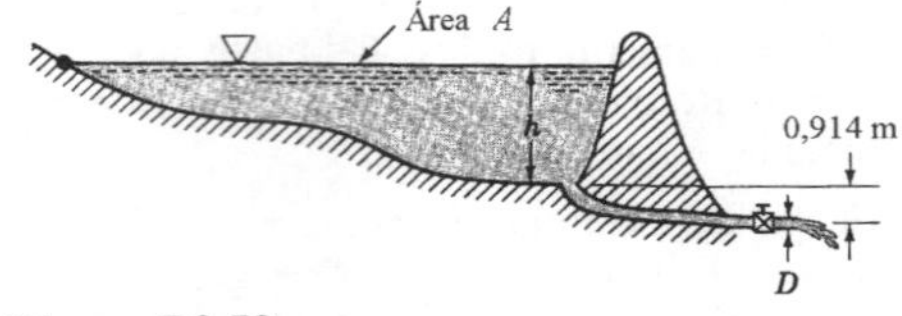

Figura P3.52

No instante $t = 0$ a válvula é aberta e a drenagem da represa ocorre pela tubulação que apresenta diâmetro D. Construa um gráfico de h em função do tempo considerando que D = 0,15; 0,30; 0,45; 0,60; 0,75 e 0,90 m. Admita que os efeitos viscosos são desprezíveis e que h = 5,52 m em $t = 0$.

3.53 Água escoa sobre o vertedouro mostrado na Fig. P3.53. Determine a vazão em volume por unidade de comprimento do vertedouro sabendo que a velocidade é uniforme nas seções (1) e (2) e que os efeitos viscosos são desprezíveis.

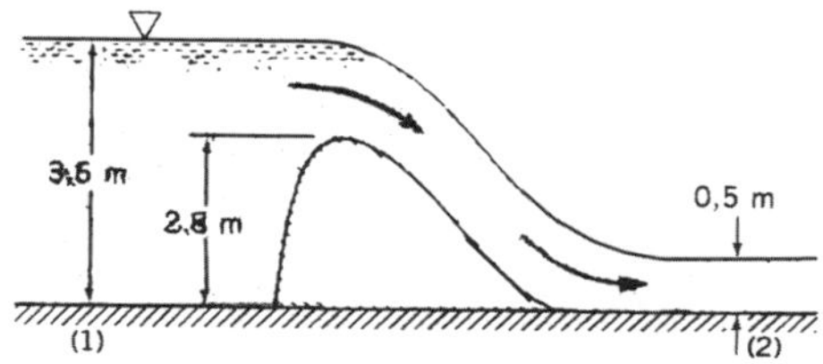

Figura P3.53

3.54 Água escoa na rampa inclinada mostrada na Fig. P3.54. O escoamento é uniforme nas seções (1) e (2) e os efeitos viscosos são desprezíveis. Para as condições fornecidas na figura, mostre que é possível obter três soluções para a espessura h_2 a partir das equações de Bernoulli e da continuidade. Mostre que apenas duas destas soluções são possíveis. Determine estes valores.

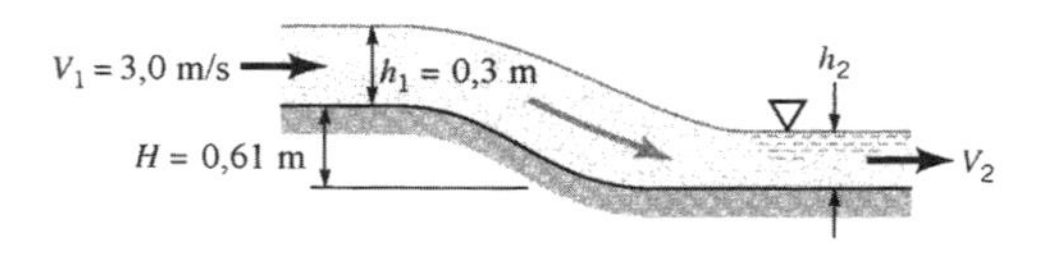

Figura P3.54

3.55 Água escoa sob a comporta inclinada mostrada na Fig. P3.55. Determine a vazão em volume do escoamento sabendo que a largura da comporta é igual a 2,44 m.

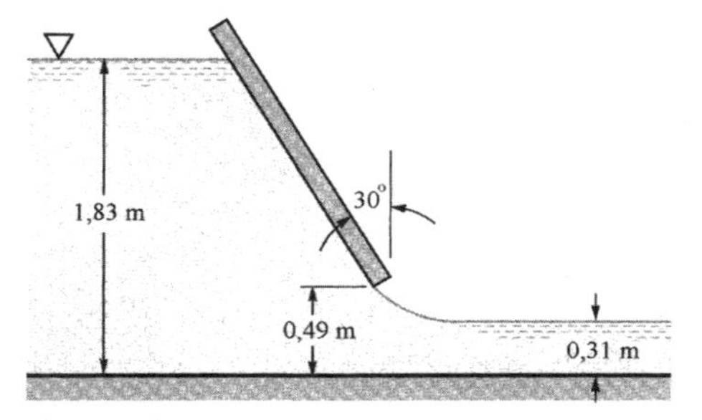

Figura P3.55

3.56 Água escoa num tubo vertical que apresenta diâmetro interno igual a 0,15 m. A vazão de água é 0,2 m³/s e a pressão é 2 bar numa seção transversal que apresenta elevação igual a 25 m. Determine as cargas de velocidade e pressão nas seções transversais que apresentam elevações iguais a 20 e 55 m.

3.57 Desenhe a linha de energia e a piezométrica para o escoamento descrito no Prob. 3.38.

3.58 Desenhe a linha de energia e a piezométrica para o escoamento descrito no Prob. 3.41.

3.59 Desenhe a linha de energia e a piezométrica para o escoamento descrito no Prob. 3.42.

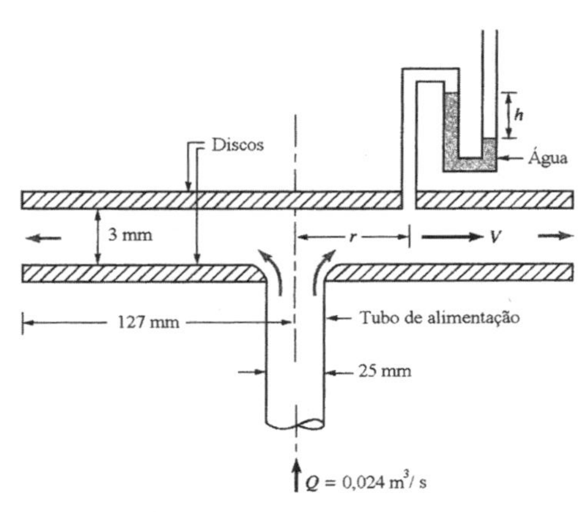

Figura P.3.60

3.60 O dispositivo mostrado na Fig. P3.60 é utilizado para investigar o escoamento radial entre dois discos paralelos. Ar a temperatura de 28 °C e a pressão absoluta de 739 mm de mercúrio escoa pelo tubo de alimentação (Q = 2,4 litros/s) e é injetado no espaço formado por dois discos paralelos. O escoamento nesta região é radial. A pressão estática, p, em função de r é determinada com um manômetro (que fornece uma altura manométrica h). A equação de Bernoulli mostra que a pressão aumenta na direção radial porque a velocidade V diminui com o aumento do raio. Note que a pressão relativa é zero na borda do disco (seção de descarga do escoamento).

h (mm)	r (mm)
–70,87	0,00
–44,45	7,92
12,70	10,97
229,87	18,59
152,91	25,30
51,30	38,10
24,38	50,90
12,19	63,40
6,10	76,20
3,30	89,00
0,76	101,50
0,25	114,30
0,00	127,00

A tabela anterior apresenta um conjunto de valores experimentais das leituras manométricas em função da distância radial. Utilize estes resultados para construir um gráfico da carga de pressão (em m de coluna de ar) em função da posição radial. Construa, no mesmo gráfico, a curva teórica obtida com a equação de Bernoulli e os dados fornecidos.

Compare os valores obtidos pelas vias experimental e teórica e discuta as razões para os desvios que podem existir entre estes valores.

Cinemática dos Fluidos 4

Neste capítulo nós analisaremos vários aspectos do movimento dos fluidos sem considerarmos as forças necessárias para produzir o escoamento. Ou seja, nós consideraremos a cinemática do movimento – a análise da velocidade e da aceleração no fluido – e também a descrição e a visualização do movimento.

4.1 O Campo de Velocidade

As partículas infinitesimais de fluido são compactas (é uma decorrência da hipótese de meio contínuo). Assim, num dado instante, a descrição de qualquer propriedade do fluido (i.e. massa específica, pressão, velocidade e aceleração) pode ser formulada em função da posição da partícula. A apresentação dos parâmetros do fluido em função das coordenadas espaciais é denominada representação do campo de escoamento. É claro que a representação do campo de escoamento pode ser diferente a cada instante e, deste modo, nós precisamos determinar os vários parâmetros em função das coordenadas espaciais e do tempo para descrever totalmente o escoamento.

Uma das variáveis mais importantes dos escoamentos é o campo de velocidades,

$$\mathbf{V} = u(x, y, z, t)\,\hat{\mathbf{i}} + v(x, y, z, t)\,\hat{\mathbf{j}} + w(x, y, z, t)\,\hat{\mathbf{k}}$$

onde u, v e w são os componentes do vetor velocidade nas direções x, y e z. Por definição, a velocidade da partícula é igual a taxa de variação temporal do vetor posição desta partícula. A Fig. 4.1 mostra que a posição da partícula A, em relação ao sistema de coordenadas, é dada pelo seu vetor posição, $\mathbf{r}_A$, e que este vetor é uma função do tempo se a partícula está se movimentando. A derivada temporal do vetor posição fornece a velocidade da partícula, ou seja, $d\mathbf{r}_A / dt = \mathbf{V}_A$. Nós podemos descrever o campo vetorial de velocidade especificando a velocidade de todas as partículas fluidas, ou seja, $\mathbf{V} = \mathbf{V}\,(x, y, z, t)$.

A velocidade é um vetor, logo ela apresenta módulo, direção e sentido. O módulo de $\mathbf{V}$ é representado por $V = |\mathbf{V}| = (u^2 + v^2 + w^2)^{1/2}$. Nós mostraremos na próxima seção que uma mudança na velocidade provoca numa aceleração e que esta aceleração pode ser devida a uma mudança de velocidade e/ou direção (⦿ 4.1 – Campo de velocidade).

Exemplo 4.1

O campo de velocidade de um escoamento é dado por $\mathbf{V} = (V_0 / l)\,(x\,\hat{\mathbf{i}} - y\,\hat{\mathbf{j}})$, onde V_0 e l são constantes. Determine o local no campo de escoamento onde a velocidade é igual a V_0 e construa um esboço do campo de velocidade no primeiro quadrante ($x \geq 0$, $y \geq 0$).

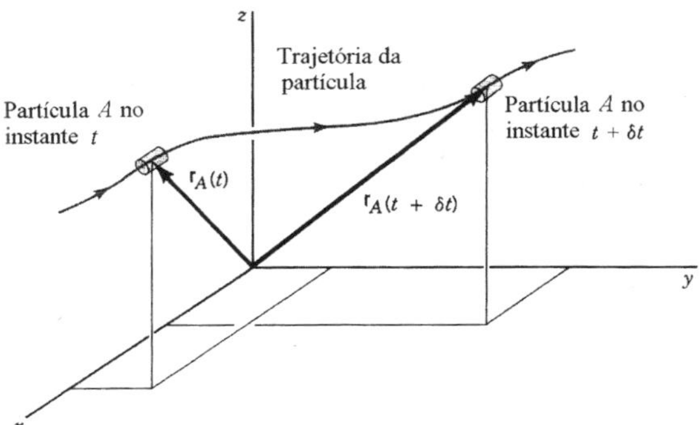

Figura 4.1 Localização da partícula com o vetor posição.

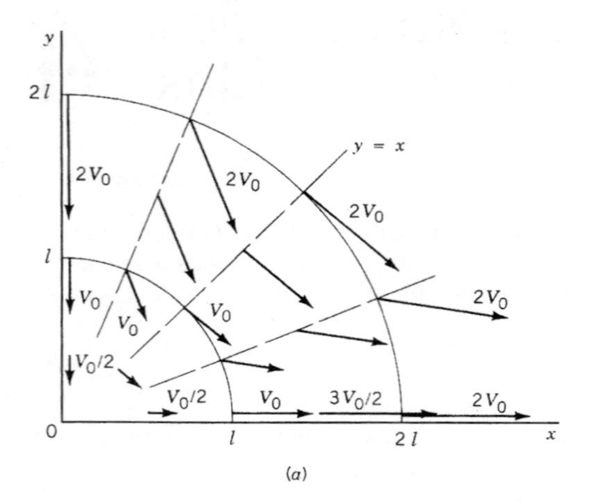

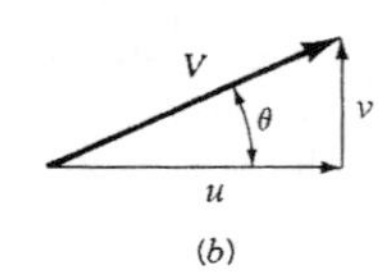

Figura E4.1

Solução Os componentes do vetor velocidade nas direções x, y e z são $u = V_0\, x/l$, $v = -V_0\, y/l$ e $w = 0$. Assim, o módulo do vetor velocidade é

$$V = \left(u^2 + v^2 + w^2\right)^{1/2} = \frac{V_0}{l}\left(x^2 + y^2\right)^{1/2} \qquad \textbf{(1)}$$

Note que o local onde a velocidade é igual a V_0 é o círculo com raio l e com centro na origem do sistema de coordenadas (veja a Fig. E4.1*a*). A direção do vetor velocidade em relação ao eixo x é fornecida pelo ângulo θ, definido por $\theta = \arctan(v/u)$. Para este escoamento (veja a Fig. E4.1*b*),

$$\tan\theta = \frac{v}{u} = \frac{-V_0 y/l}{V_0 x/l} = \frac{-y}{x}$$

Ao longo do eixo x ($y = 0$) nós temos que $\tan\theta = 0$ de modo que $\theta = 0°$ ou $\theta = 180°$. De modo análogo, ao longo do eixo y ($x = 0$) nós temos que $\tan\theta = \pm\infty$ de modo que $\theta = 90°$ ou $\theta = 270°$. Note, também, que para $y = 0$ nós encontramos $\mathbf{V} = (V_0 x/l)\,\hat{\mathbf{i}}$ enquanto que para $x = 0$ nós encontramos $\mathbf{V} = (-V_0\, y/l)\,\hat{\mathbf{j}}$. Isto indica (se $V_0 > 0$) que o escoamento é dirigido para a origem no eixo y e para fora da origem ao longo do eixo x (veja novamente a Fig. E4.1*a*).

A determinação de $\mathbf{V}$ e θ em outros pontos do plano $x - y$ nos permite esboçar o campo de velocidade (veja a Fig. E4.1*a*). Por exemplo, a velocidade está inclinada de – 45° em relação ao eixo x na reta $y = x$ ($\tan\,\theta = v/u = -\,y/x = -\,1$). Nós também encontramos que $\mathbf{V} = 0$ na origem ($x = y = 0$) e, por este motivo, a origem é um ponto de estagnação. A Eq. 1 mostra que quanto mais distante da origem estiver o ponto que está sendo analisado maior é a velocidade do escoamento. É sempre possível obter informações sobre o escoamento analisando cuidadosamente o campo de velocidade.

4.1.1 Descrições Euleriana e Lagrangeana dos Escoamentos

Existem dois modos para analisar os problemas da mecânica dos fluidos. O primeiro método, denominado Euleriano, utiliza o conceito de campo apresentado na seção anterior. Neste caso, o movimento do fluido é descrito pela especificação completa dos parâmetros necessários (por exemplo, pressão, massa específica e velocidade) em função das coordenadas espaciais e do tempo. Neste método nós obtemos informações do escoamento em função do que acontece em pontos fixos do espaço enquanto o fluido escoa por estes pontos.

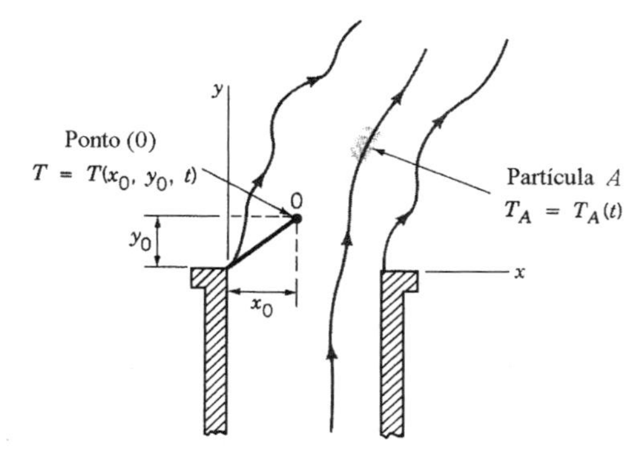

Figura 4.2 Descrição Euleriana e Lagrangeana da temperatura num escoamento.

O segundo método, denominado Lagrangeano, envolve seguir as partículas fluidas e determinar como as propriedades da partícula variam em função do tempo. Ou seja, as partículas são "rotuladas" (identificadas) e suas propriedades são determinadas durante o movimento.

A diferença entre os dois métodos de descrever os escoamentos pode ser vista na análise da fumaça descarregada de uma chaminé (veja a Fig. 4.2). No método Euleriano, uma pessoa pode instalar um dispositivo para a medir a temperatura no topo da chaminé (ponto 0) e registrar a temperatura neste ponto em função do tempo. Note que o termômetro indicará a temperatura de partículas diversas em instantes diferentes. Assim, podemos obter a temperatura, T, neste ponto ($x = x_0$; $y = y_0$ e $z = z_0$) em função do tempo. A utilização de vários termômetros fixos em diversos pontos nos fornecerá o campo de temperatura do escoamento, $T(x, y, z, t)$.

No método Lagrangeano, nós instalaríamos um dispositivo para medir a temperatura numa partícula fluida (partícula A) e registraríamos a sua temperatura durante o movimento. Assim, nós obteríamos a história da temperatura da partícula, $T_A = T_A\ (t)$. A utilização de um conjunto de dispositivos para medir a temperatura em várias partículas forneceria a história das temperaturas destas partículas. Nós não poderíamos determinar a temperatura em função da posição a menos que a localização de cada partícula fosse conhecida em função do tempo. É importante ressaltar que se dispusermos das informações suficientes para a descrição Euleriana é possível determinar todas as informações Lagrangeanas do escoamento em questão e vice versa.

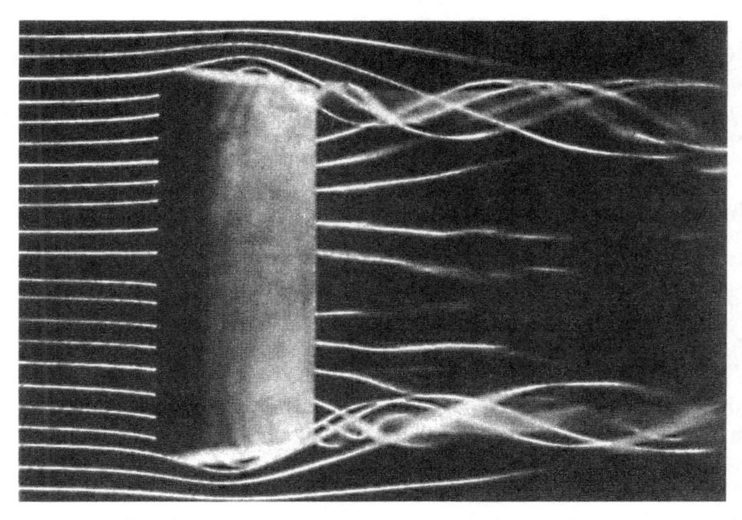

Figura 4.3 Visualização do escoamento ao longo de um modelo de aerofólio (Fotografado por M. R. Head).

4.1.2 Escoamentos Unidimensionais, Bidimensionais e Tridimensionais

O campo de velocidade, na maioria dos casos, apresenta três componentes (por exemplo: u, v e w) e, em muitas situações, os efeitos do caráter tridimensional do escoamento são importantes. Nestes casos é necessário analisar o escoamento tridimensionalmente pois se desprezarmos um dos componentes do vetor velocidade na análise do escoamento obteremos resultados que apresentam desvios significativos em relação aqueles encontrados no escoamento real.

O escoamento de ar em torno de uma asa de avião é um exemplo de escoamento tridimensional complexo. A Fig. 4.3 mostra o aspecto da estrutura tridimensional deste escoamento. Note que foi utilizada uma técnica de visualização de escoamentos para enfatizar as estruturas do escoamento ao longo de um modelo de asa de avião (⦿ 4.2 – Escoamento em torno de uma asa).

Existem muitas situações onde um dos componentes do vetor velocidade é pequeno em relação aos outros dois componentes. Nestas situações, pode ser razoável desprezar este componente do vetor velocidade e admitir que o escoamento é bidimensional, ou seja, $\mathbf{V} = u\,\hat{\mathbf{i}} + v\,\hat{\mathbf{j}}$ onde u e v são funções de x, y e, possivelmente, do tempo.

As vezes também é possível simplificar ainda mais a análise do escoamento admitindo que dois componentes do vetor velocidade são muito pequenos e aproximar o escoamento como unidimensional, ou seja, $\mathbf{V} = u\,\hat{\mathbf{i}}$. Como nós veremos ao longo deste livro, o número de escoamentos verdadeiramente unidimensionais é mínimo (talvez eles nem existam) mas nós encontramos muitos escoamentos que podem ser modelados como unidimensionais (os resultados obtidos com o modelo são próximos daqueles encontrados por via experimental). É interessante ressaltar que esta hipótese não é adequada para um número muito grande de escoamentos.

4.1.3 Escoamentos em Regime Permanente e Transitórios

Se o regime de escoamento é o permanente, a velocidade num dado ponto não varia com o tempo, $\partial V / \partial t = 0$. Na realidade, quase todos os escoamentos são transitórios, ou seja, o campo de velocidade varia com o tempo. Um exemplo de escoamento em regime transitório não periódico é aquele produzido no fechamento de uma torneira. Os efeitos transitórios também podem ser periódicos (ocorrendo de tempos em tempos) em outros escoamentos. A injeção periódica de mistura ar - gasolina nos cilindros de um motor automotivo é um bom exemplo deste tipo de transitoriedade.

Em muitos casos, o caráter transitório do escoamento é aleatório, ou seja, não existe uma seqüência regular da transitoriedade. Este comportamento ocorre nos escoamentos turbulentos e não está presente nos escoamentos laminares. O escoamento de mel nas panquecas normalmente é laminar e determinístico. Entretanto, este escoamento de mel é muito diferente daquele de água observado nas torneiras (que, normalmente, é turbulento). As rajadas irregulares de vento representam outro tipo de escoamento aleatório (⦿ 4.3 – Tipos de escoamentos e ⦿ 4.4 – Vórtice de Júpiter).

4.1.4 Linhas de Corrente, Linha de Emissão e Trajetória

Os escoamentos podem ser bastante complicados mas existem vários conceitos que podem ser utilizados para ajudar a visualização e a análise de seus campos. Tendo isto em vista, nós discutiremos a utilização das linhas de corrente, das linhas de emissão e das trajetórias. A linha de corrente é bastante utilizada no trabalho analítico enquanto que a linha de emissão e a trajetória são mais utilizadas no trabalho experimental. (⦿ 4.5 – Linhas de corrente).

A linha de corrente é a linha contínua que é sempre tangente ao campo de velocidade. Se o regime do escoamento é o permanente – nada muda com o tempo num ponto fixo (inclusive a direção do vetor velocidade) – as linhas de corrente são linhas fixas no espaço. Já nos escoamentos em regime transitório, os formatos das linhas de corrente podem variar com o tempo. As linhas de corrente são obtidas, analiticamente, integrando as equações que definem as linhas tangentes ao campo de velocidade. Para os escoamentos bidimensionais, a inclinação da linha de corrente, dy/dx, precisa ser igual a tangente do ângulo que o vetor velocidade faz com o eixo x, ou seja,

$$\frac{dy}{dx} = \frac{v}{u} \tag{4.1}$$

Esta equação pode ser integrada para fornecer as equações das linhas de corrente se o campo de velocidade for dado como uma função de x e y (e t se o escoamento for transitório).

Exemplo 4.2

Determine as linhas de corrente para o escoamento bidimensional em regime permanente apresentado no Exemplo 4.1, $\mathbf{V} = (V_0 / l)(x\hat{\mathbf{i}} - y\hat{\mathbf{j}})$.

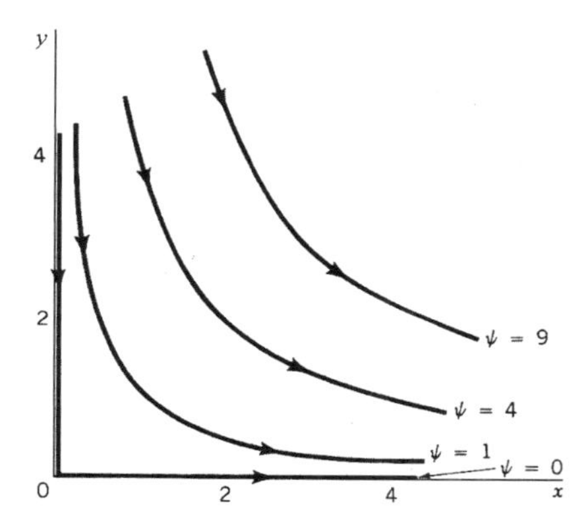

Figura E4.2

Solução Como $u = (V_0 / l)\, x$ e $v = -\,(V_0 / l)\, y$, temos que as linhas de corrente são dadas pela solução da equação

$$\frac{dy}{dx} = \frac{v}{u} = \frac{-(V_0 / l)y}{(V_0 / l)x} = -\frac{y}{x}$$

Note que as variáveis podem ser separadas e a equação resultante integrada, ou seja,

$$\int \frac{dy}{y} = -\int \frac{dx}{x}$$

ou

$$\ln y = -\ln x + \text{constante}$$

Assim, nós encontramos que ao longo de uma linha de corrente

$$xy = C \qquad \text{onde } C \text{ é uma constante}$$

Nós podemos construir várias linhas de corrente no plano $x - y$ utilizando valores diferentes de C. A notação usual para a linhas de corrente é ψ = constante na linha de corrente. Assim, a equação para as linhas de corrente deste escoamento é

$$\psi = xy$$

Como será discutido mais cuidadosamente no Cap. 6, a função $\psi = \psi(x, y)$ é denominada função corrente. A Fig. E4.2 mostra as linhas de corrente do primeiro quadrante. Uma comparação desta figura com a Fig. E4.1 mostra que as linhas são paralelas ao campo de velocidade.

Uma linha de emissão consiste de todas as partículas do escoamento que passaram por um determinado ponto. As linhas de emissão são mais utilizadas nos trabalhos experimentais do que nos teóricos. Elas podem ser obtidas tomando fotografias instantâneas de partículas marcadas que passaram por um determinado ponto em algum instante anterior ao da fotografia. Tal linha pode ser produzida pela injeção contínua de um traçador fluido numa dada posição (fumaça em ar, ou tintas em água - o traçador deve apresentar massa específica próxima da do fluido que escoa para que os efeitos de empuxo não sejam importantes – Ref. [1]). Se o regime de escoamento é o permanente, cada partícula injetada no escoamento segue precisamente o mesmo caminho e forma uma linha de emissão que é exatamente igual a linha de corrente que passa pelo ponto de injeção (◉ 4.5 – Linhas de corrente).

Uma trajetória é a linha traçada por uma dada partícula que escoa de um ponto para outro. A trajetória é um conceito Lagrangeano e que pode ser produzido no laboratório marcando-se uma partícula fluida ("pintando um pequeno elemento fluido") e tirando uma fotografia de longa exposição do seu movimento (◉ 4.6 – Trajetórias).

Se o regime do escoamento é o permanente, a trajetória seguida por uma partícula marcada será a mesma que a linha formada por todas as partículas que passaram no ponto de injeção (a linha de emissão). Em tais casos estas linhas também são tangentes ao campo de velocidade. Assim, a trajetória, a linha de corrente e a linha de emissão são coincidentes nos escoamentos em regime permanente. Já nos escoamentos em regime transitório, nenhuma destes três tipos de linha necessariamente são coincidentes (Ref. [2]). É comum encontrarmos fotografias que mostram as linhas de corrente que foram identificadas pela injeção de tinta ou de fumaça no escoamento (veja a Fig. 4.3) mas tais fotografias mostram as linhas de emissão e não as de corrente. Entretanto, para escoamentos em regime permanente estas duas linhas são idênticas e apenas a nomenclatura utilizada está incorreta.

Exemplo 4.3

Água escoa no nebulizador oscilante mostrado na Fig. E4.3*a* e produz um campo de velocidade dado por $\mathbf{V} = u_0 \,\text{sen}[\omega(t - y / v_0)]\ \hat{\mathbf{i}} + v_0\ \hat{\mathbf{j}}$ onde u_0, v_0 e ω são constantes. Note que o componente y do vetor velocidade permanece constante ($v = v_0$) e que o componente x em $y = 0$ coincide com a velocidade do nebulizador oscilante ($u = u_0$ sen(ωt) em $y = 0$).

(**a**) Determine a linha de corrente que passa pela origem em $t = 0$ e em $t = \pi / 2\omega$. (**b**) Determine a trajetória da partícula que estava na origem em $t = 0$ e em $t = \pi / 2\omega$. (**c**) Discuta o formato das linhas de emissão que passam pela origem.

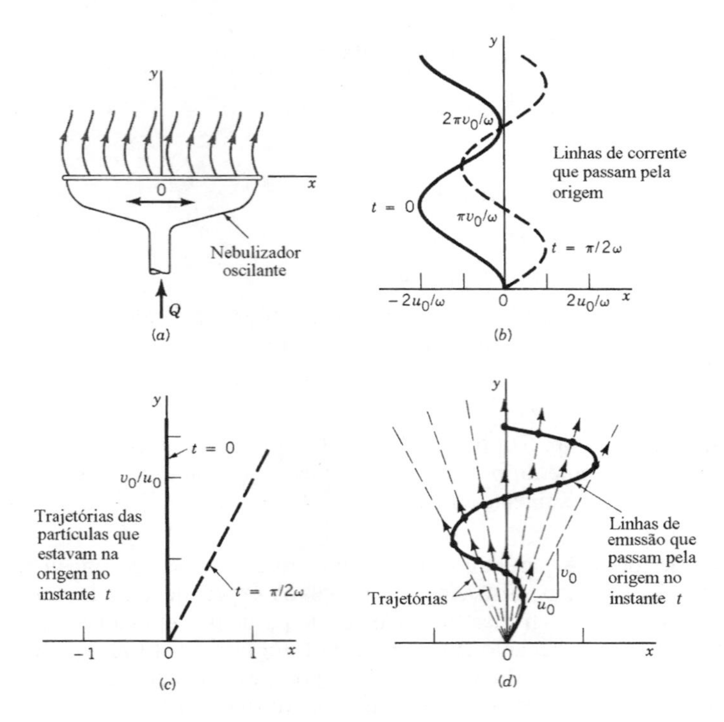

Figura E4.3

Solução (**a**) Como $u = u_0 \operatorname{sen}[\omega(t - y / v_0)]$ e $v = v_0$ segue que as linhas de corrente são dadas pela solução de (veja a Eq. 4.1)

$$\frac{dy}{dx} = \frac{v}{u} = \frac{v_0}{u_0 \operatorname{sen}[\omega(t - y/v_0)]}$$

Note que as variáveis podem ser separadas e a equação resultante integrada (em qualquer instante do tempo), ou seja,

$$u_0 \int \operatorname{sen}\left[w\left(t - \frac{y}{v_0}\right)\right] dy = v_0 \int dx$$

ou

$$u_0 \left(v_0 / \omega\right) \cos\left[\omega\left(t - \frac{y}{v_0}\right)\right] = v_0 x + C \qquad \textbf{(1)}$$

onde C é uma constante. O valor de C para a linha de corrente que passa através da origem ($x = y = 0$) em $t = 0$ é $u_0 v_0 / \omega$. Assim, a equação desta linha de corrente é

$$x = \frac{u_0}{\omega}\left[\cos\left(\frac{\omega y}{v_0}\right) - 1\right] \qquad \textbf{(2)}$$

De modo análogo, a Eq. 1 mostra que $C = 0$ para a linha de corrente que passa pela origem no instante $t = \pi / 2\omega$. Assim, a equação desta linha de corrente é

$$x = \frac{u_0}{\omega}\cos\left[\omega\left(\frac{\pi}{2\omega} - \frac{y}{v_0}\right)\right] = \frac{u_0}{\omega}\cos\left(\frac{\pi}{2} - \frac{\omega y}{v_0}\right) = \frac{u_0}{\omega}\operatorname{sen}\left(\frac{wy}{v_0}\right) \qquad \textbf{(3)}$$

A Fig. E4.3*b* mostra estas duas linhas de corrente. As duas linhas não são coincidentes porque o escoamento é transitório. Por exemplo, na origem ($x = y = 0$) a velocidade é $\mathbf{V} = v_0\,\hat{\mathbf{j}}$ em $t = 0$ e $\mathbf{V} = u_0\,\hat{\mathbf{i}} + v_0\,\hat{\mathbf{j}}$ em $t = \pi / 2\omega$. Assim, o ângulo da linha de corrente que passa pela origem varia ao longo do tempo. De modo análogo, as formas das linhas de corrente são função do tempo.

(**b**) A trajetória da partícula (os locais ocupados pela partícula em função do tempo) pode ser obtida a partir do campo de velocidade e da definição de velocidade. Como $u = dx/dt$ e $v = dy/dt$,

$$\frac{dx}{dt} = u_0 \operatorname{sen}\left[\omega\left(t - \frac{y}{v_0}\right)\right] \quad \text{e} \quad \frac{dy}{dt} = v_0$$

A segunda equação pode ser integrada (porque v_0 é constante) e fornecer a coordenada y da trajetória, ou seja,

$$y = v_0\, t + C_1 \qquad \textbf{(4)}$$

onde C_1 é uma constante. Utilizando esta relação entre y e t nós podemos reescrever a equação de dx/dt do seguinte modo

$$\frac{dx}{dt} = u_0 \operatorname{sen}\left[\omega\left(t - \frac{v_0 t + C_1}{v_0}\right)\right] = -u_0 \operatorname{sen}\left(\frac{C_1 \omega}{v_0}\right)$$

Esta equação pode ser integrada e fornecer o componente x da trajetória, ou seja,

$$x = -\left[u_0 \operatorname{sen}\left(\frac{C_1 \omega}{v_0}\right)\right] t + C_2 \qquad \textbf{(5)}$$

onde C_2 é uma constante. Para cada partícula que estava na origem ($x = y = 0$) no instante $t = 0$, as Eqs (4) e (5) fornecem $C_1 = C_2 = 0$. Assim, as trajetórias são definidas por

$$x = 0 \quad \text{e} \quad y = v_0 t \tag{6}$$

De modo análogo, para a partícula que estava na origem em $t = \pi / 2\omega$, as Eqs 4 e 5 fornecem $C_1 = -\pi v_0 / 2\omega$ e $C_2 = -\pi u_0 / 2\omega$. Assim, a trajetória para esta partícula é

$$x = u_0\left(t - \frac{\pi}{2\omega}\right) \quad \text{e} \quad y = v_0\left(t - \frac{\pi}{2\omega}\right) \tag{7}$$

As trajetórias podem ser construídas a partir de $x(t)$, $y(t)$ para $t \geq 0$ ou pela eliminação do tempo na Eq. 7. Procedendo deste modo,

$$y = \frac{v_0}{u_0} x$$

Observe que as trajetórias e as linhas de corrente não são coincidentes porque o regime do escoamento é o transitório.

(**c**) A linha de emissão que passa pela origem em $t = 0$ é o lugar geométrico em $t = 0$ das partículas que passaram previamente pela origem ($t < 0$). A forma geral das linhas de emissão podem ser determinadas do seguinte modo. Cada partícula que escoou pela origem se desloca numa linha reta (as trajetórias são radiais a partir da origem) e a inclinação de cada uma destas retas está contida no intervalo $\pm\, v_0 / u_0$ (veja a Fig. E4.3*d*). As partículas que passam pela origem em instantes diferentes estão localizadas em raios diferentes da origem. Se injetássemos continuamente um filete de tinta no nebulizador nós obteríamos uma linha de emissão com formato igual a linha mostrada na Fig. E4.3*d*. Como o escoamento é transitório, as linhas de emissão variarão com o tempo mas sempre apresentarão o caráter oscilante e sinuoso mostrado na figura.

As linhas de corrente, as trajetórias e as linhas de emissão não são coincidentes neste exemplo mas todas estas linhas seriam idênticas se o escoamento ocorresse em regime permanente.

4.2 O Campo de Aceleração

Para aplicar a segunda lei de Newton ($\mathbf{F} = m\,\mathbf{a}$), tanto na abordagem Lagrangeana quanto na Euleriana, é necessário especificar apropriadamente a aceleração da partícula. Para o método de Lagrange (cuja utilização não é freqüente) nós especificamos a aceleração do fluido do mesmo modo utilizado na mecânica dos corpos rígidos. Já para a descrição Euleriana, nós vamos especificar o campo de aceleração (função da posição e do tempo) e não vamos analisar o movimento de uma partícula isolada. Isto é análogo a descrever o escoamento com o campo de velocidade, $\mathbf{V} = \mathbf{V}(x, y, z, t)$, e não com o conjunto de velocidades das partículas.

4.2.1 A Derivada Material

Considere a partícula fluida que se move ao longo da trajetória mostrada na Fig. 4.4. Normalmente, a velocidade da partícula A, $\mathbf{V}_A$, é uma função de sua posição e do tempo, ou seja,

$$\mathbf{V}_A = \mathbf{V}_A(\mathbf{r}_A, t) = \mathbf{V}_A\left[\, x_A(t), y_A(t), z_A(t), t\right]$$

onde $x_A = x_A(t)$, $y_A = y_A(t)$ e $z_A = z_A(t)$ definem a posição da partícula fluida. Por definição, a aceleração da partícula é igual a taxa de variação de sua velocidade. Como a velocidade pode ser uma função da posição e do tempo, seu valor pode ser alterado em função de variações temporais bem como devido a mudanças de posição. Assim, se utilizarmos a regra da cadeia da diferenciação para obter a aceleração da partícula A, obteremos

$$\mathbf{a}_A(t) = \frac{d\mathbf{V}_A}{dt} = \frac{\partial \mathbf{V}_A}{\partial t} + \frac{\partial \mathbf{V}_A}{\partial x}\frac{dx_A}{dt} + \frac{\partial \mathbf{V}_A}{\partial y}\frac{dy_A}{dt} + \frac{\partial \mathbf{V}_A}{\partial z}\frac{dz_A}{dt} \tag{4.2}$$

Lembrando que $u_A = dx_A/dt$, $v_A = dy_A/dt$ e $w_A = dz_A/dt$, nós podemos reescrever a equação anterior do seguinte modo:

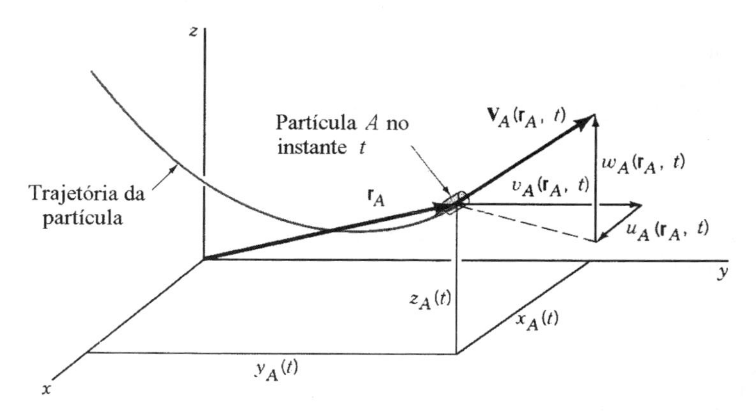

Figura 4.4 Velocidade e posição de uma partícula A no instante t.

$$\mathbf{a}_A(t) = \frac{\partial \mathbf{V}_A}{\partial t} + u_A \frac{\partial \mathbf{V}_A}{\partial x} + v_A \frac{\partial \mathbf{V}_A}{\partial y} + w_A \frac{\partial \mathbf{V}_A}{\partial z}$$

Nós podemos generalizar esta equação (remover a referência a partícula A) porque ela é válida para qualquer partícula fluida, ou seja

$$\mathbf{a}(t) = \frac{\partial \mathbf{V}}{\partial t} + u \frac{\partial \mathbf{V}}{\partial x} + v \frac{\partial \mathbf{V}}{\partial y} + w \frac{\partial \mathbf{V}}{\partial z} \tag{4.3}$$

Os componentes escalares desta equação vetorial são:

$$\begin{aligned} a_x &= \frac{\partial u}{\partial t} + u \frac{\partial u}{\partial x} + v \frac{\partial u}{\partial y} + w \frac{\partial u}{\partial z} \\ a_y &= \frac{\partial v}{\partial t} + u \frac{\partial v}{\partial x} + v \frac{\partial v}{\partial y} + w \frac{\partial v}{\partial z} \\ a_z &= \frac{\partial w}{\partial t} + u \frac{\partial w}{\partial x} + v \frac{\partial w}{\partial y} + w \frac{\partial w}{\partial z} \end{aligned} \tag{4.4}$$

onde a_x, a_y e a_z são os componentes do vetor aceleração nas direções x, y e z.

O resultado anterior muitas vezes é escrito como

$$\mathbf{a} = \frac{D\mathbf{V}}{Dt}$$

onde o operador

$$\frac{D(\ )}{Dt} = \frac{\partial(\ )}{\partial t} + u \frac{\partial(\ )}{\partial x} + v \frac{\partial(\ )}{\partial y} + w \frac{\partial(\ )}{\partial z} \tag{4.5}$$

é denominado derivada material ou derivada substantiva. Uma outra notação utilizada para o operador derivada material é

$$\frac{D(\ )}{Dt} = \frac{\partial(\ )}{\partial t} + (\mathbf{V} \cdot \nabla)(\ ) \tag{4.6}$$

O produto escalar do vetor velocidade, $\mathbf{V}$, com o operador gradiente, $\nabla(\ ) = \partial(\ )/\partial x\ \hat{\mathbf{i}} + \partial(\ )/\partial y\ \hat{\mathbf{j}} + \partial(\ )/\partial z\ \hat{\mathbf{k}}$ (é um operador vetorial), fornece uma notação conveniente para as derivadas espaciais que aparecem na representação cartesiana da derivada material. Observe que a notação $\mathbf{V} \cdot \nabla$ representa o operador $\mathbf{V} \cdot \nabla() = u\partial(\ )/\partial x + v\partial(\ )/\partial y + w\partial(\ )/\partial z$.

Exemplo 4.4

A Fig. E4.4a mostra o escoamento incompressível, invíscido e em regime permanente de um fluido ao redor de uma esfera de raio a. De acordo com uma análise mais avançada deste escoamento, a velocidade do fluido ao longo da linha de corrente $A - B$ é dada por

$$\mathbf{V} = u(x)\,\hat{\mathbf{i}} = V_0\left(1+\frac{a^3}{x^3}\right)\hat{\mathbf{i}}$$

onde V_0 é a velocidade ao longe da esfera. Determine a aceleração imposta numa partícula fluida enquanto ela escoa ao longo desta linha de corrente.

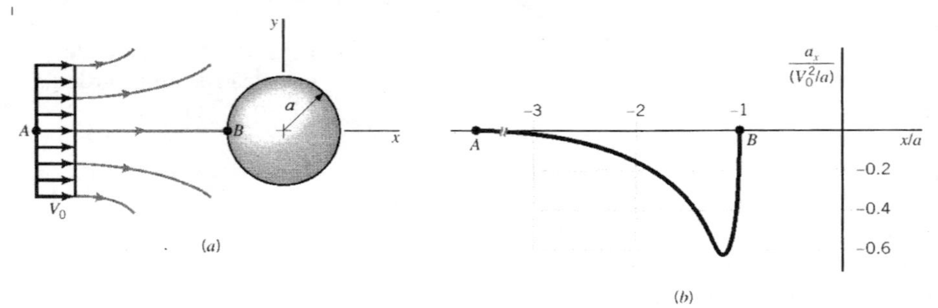

Figura E4.4

Solução Ao longo da linha de corrente $A - B$ só existe um componente do vetor velocidade pois $v = w = 0$. Assim, a Eq. 4.3 fica resumida a

$$\mathbf{a} = \frac{\partial \mathbf{V}}{\partial t} + u\frac{\partial \mathbf{V}}{\partial x} = \left(\frac{\partial u}{\partial t} + u\frac{\partial u}{\partial x}\right)\hat{\mathbf{i}}$$

ou

$$a_x = \frac{\partial u}{\partial t} + u\frac{\partial u}{\partial x} \qquad a_y = 0 \qquad a_z = 0$$

Como o regime do escoamento é o permanente, a velocidade num dado ponto não varia ao longo do tempo e, deste modo, $\partial u / \partial t = 0$. Utilizando a distribuição de velocidade fornecida,

$$a_x = u\frac{\partial u}{\partial x} = V_0\left(1+\frac{a^3}{x^3}\right)V_0\left[a^3\left(-3x^{-4}\right)\right] = -3\left(V_0^2/a\right)\frac{1+(a/x)^3}{(x/a)^4}$$

Note que, ao longo da linha de corrente $A - B$ ($-\infty \leq x \leq -a$ e $y = 0$), o vetor aceleração apresenta apenas o componente x e que o valor deste componente é negativo. Assim, o fluido desacelera da velocidade ao longe, $\mathbf{V} = V_0\,\hat{\mathbf{i}}$ em $x = -\infty$, até a velocidade nula, $V = 0$ em $x = -a$ (ponto de estagnação). O comportamento de a_x ao longo da linha de corrente $A - B$ está mostrado na Fig. E4.4b. Este resultado é igual aquele obtido no Exemplo 3.1 e que foi calculado a partir da aceleração na direção da linha de corrente, $a_x = V\,\partial V / \partial s$. A desaceleração máxima ocorre em $x = -1{,}205a$ e, neste local, a aceleração apresenta módulo igual a $-0{,}61V_0^2/a$.

É importante ressaltar que, de modo geral, as partículas que escoam em outras linhas de corrente apresentam os três componentes do vetor aceleração (a_x, a_y e a_z) não nulos.

4.22 Efeitos Transitórios

A derivada material contém dois tipos de termos – aqueles que envolvem derivadas temporais $[\partial(\,)/\partial t]$ e aqueles que envolvem derivadas espaciais $[\partial(\,)/\partial x$, $\partial(\,)/\partial y$ e $\partial(\,)/\partial z]$ (veja a Eq. 4.5). O conjunto de derivadas temporais é denominado derivada local. Eles representam os efeitos da transitoriedade do escoamento. Assim, a aceleração local é dada por

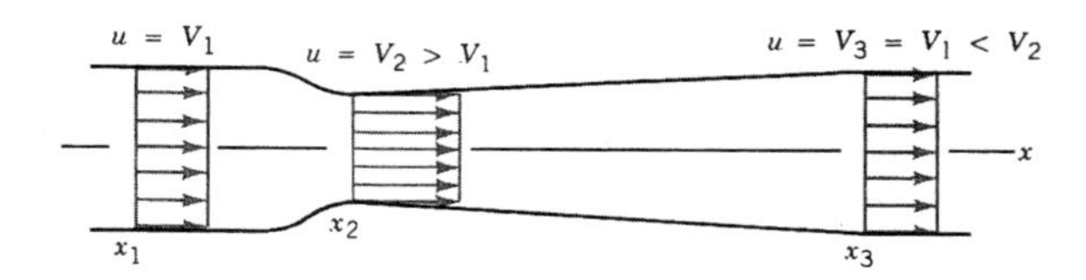

Figura 4.5 Escoamento unidimensional e em regime permanente numa tubulação com diâmetro variável.

$\partial \mathbf{V} / \partial t$. Se o regime do escoamento é o permanente, as derivadas locais são nulas em todo o campo do escoamento, ou seja, não existe variação pontual dos parâmetros do escoamento (mas nós podemos encontrar variações nestes parâmetros se analisarmos o escoamento de uma partícula fluida).

4.2.3 Efeitos Convectivos

A porção da derivada material (Eq. 4.5) que apresenta derivadas espaciais é denominada derivada convectiva. Ela representa o seguinte fato: a propriedade associada à partícula fluida pode variar pelo movimento da partícula de um ponto para outro do campo de escoamento. Esta contribuição à taxa de variação temporal do parâmetro da partícula pode ocorrer tanto nos escoamentos em regime permanente quanto nos transitórios. Isto é, nós detectamos uma variação do parâmetro em questão devido a convecção, ou movimento, da partícula no campo de escoamento onde existe um gradiente [$\nabla(\;) = \partial(\;)/\partial x \;\; \hat{\mathbf{i}} + \partial(\;)/\partial y \;\; \hat{\mathbf{j}} + \partial(\;)/\partial z \; \hat{\mathbf{k}}$] deste parâmetro. A porção da aceleração dada pelo termo $(\mathbf{V} \cdot \nabla)\mathbf{V}$ é denominada aceleração convectiva.

Considere o escoamento na tubulação com diâmetro variável mostrada na Fig. 4.5. Nós vamos admitir que o escoamento ocorre em regime permanente e é unidimensional. Note que a velocidade varia de acordo com o mostrado na figura. Quando o fluido escoa da seção (1) para a seção (2), a velocidade aumenta de V_1 para V_2. Assim, mesmo que $\partial \mathbf{V} / \partial t = 0$, as partículas são aceleradas com $a_x = u \; \partial u / \partial x$. Nós podemos concluir que $a_x > 0$ na região $x_1 < x < x_2$, ou seja a velocidade do escoamento passa de V_1 para V_2. Note que $a_x < 0$ na outra região ($x_2 < x < x_3$), ou seja, o escoamento é desacelerado nesta região.

Exemplo 4.5

Reconsidere o campo de escoamento bidimensional, e em regime permanente, apresentado no Exemplo 4.2. Determine o campo de aceleração deste escoamento.

Solução A aceleração num escoamento é dada por

$$\mathbf{a} = \frac{D\mathbf{V}}{Dt} = \frac{\partial \mathbf{V}}{\partial t} + (\mathbf{V} \cdot \nabla)(\mathbf{V}) = \frac{\partial \mathbf{V}}{\partial t} + u\frac{\partial \mathbf{V}}{\partial x} + v\frac{\partial \mathbf{V}}{\partial y} + w\frac{\partial \mathbf{V}}{\partial z} \quad \textbf{(1)}$$

O vetor velocidade é dado por $V = (V_0/l)(x\hat{\mathbf{i}} - y\hat{\mathbf{j}})$ de modo que $u = (V_0/l)x$ e $v = -(V_0/l)y$. Como o escoamento é bidimensional e o regime é o permanente, temos que $\partial(\;)/\partial t = 0$, $w = 0$ e $\partial(\;)/\partial z = 0$. Aplicando estas considerações na Eq. (1),

$$\mathbf{a} = u\frac{\partial \mathbf{V}}{\partial x} + v\frac{\partial \mathbf{V}}{\partial y} = \left(u\frac{\partial u}{\partial x} + v\frac{\partial u}{\partial y}\right)\hat{\mathbf{i}} + \left(u\frac{\partial v}{\partial x} + v\frac{\partial v}{\partial y}\right)\hat{\mathbf{j}}$$

Assim, o campo de aceleração para este escoamento é dado por

$$\mathbf{a} = \left[\left(\frac{V_0}{l}\right)(x)\left(\frac{V_0}{l}\right) + \left(\frac{V_0}{l}\right)(y)(0)\right]\hat{\mathbf{i}} + \left[\left(\frac{V_0}{l}\right)(x)(0) + \left(-\frac{V_0}{l}\right)(y)\left(-\frac{V_0}{l}\right)\right]\hat{\mathbf{j}}$$

Assim, temos que

$$a_x = \frac{V_0^2 \, x}{l^2} \qquad \text{e} \qquad a_y = \frac{V_0^2 \, y}{l^2}$$

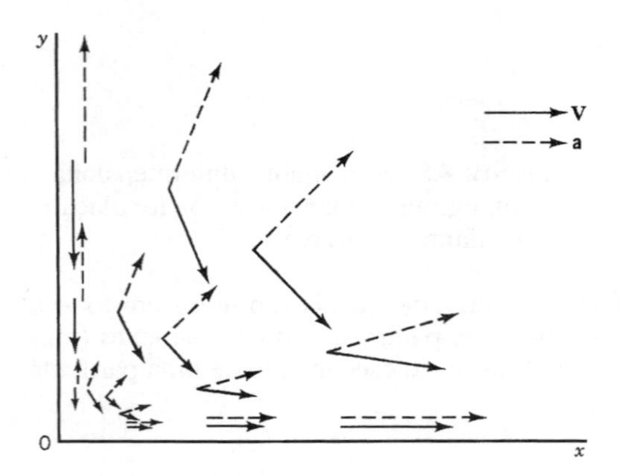

Figura E4.5

O fluido é submetido a acelerações nas direções x e y. Como o regime de escoamento é o permanente, não existe aceleração local - a velocidade do fluido em qualquer ponto do campo de escoamento é constante. Entretanto, existe uma aceleração convectiva devida a variação de velocidade de um ponto para outro da linha de corrente da partícula. Lembre que a velocidade é um vetor pois ela apresenta direção, módulo e sentido. Neste escoamento tanto o módulo da velocidade quanto sua direção variam de ponto para ponto (veja a Fig. E4.1*a*).

O módulo da aceleração neste escoamento é constante nos círculos com centros na origem pois

$$|\mathbf{a}| = \left(a_x^2 + a_y^2 + a_z^2\right)^{1/2} = \left(\frac{V_0}{l}\right)^2 \left(x^2 + y^2\right)^{1/2} \tag{2}$$

O ângulo que o vetor aceleração forma com o eixo x é dado por

$$\tan\theta = \frac{a_y}{a_x} = \frac{y}{x}$$

Este resultado mostra que a direção da aceleração é radial e que o módulo da aceleração é proporcional a distância do ponto considerado até a origem. A Fig. E4.5 mostra alguns vetores aceleração típicos (calculados com a Eq. 2) e alguns vetores velocidade (calculados no Exemplo 4.1) no primeiro quadrante. Note que **a** e **V** não são paralelos exceto ao longo dos eixos x e y (isto é responsável pelas trajetórias curvas do escoamento) e que a velocidade e a aceleração são nulas na origem ($x = y = 0$). Uma partícula infinitesimal de fluido colocada na origem permanecerá sempre neste local mas se for colocada a uma distância muito próxima da origem ela será removida.

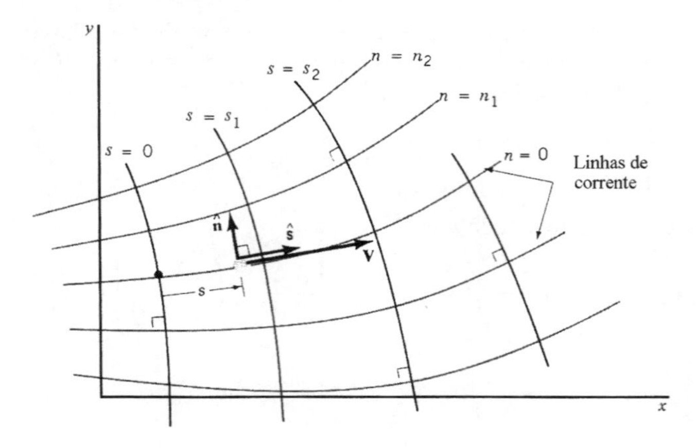

Figura 4.6 Sistema de coordenadas da linha de corrente para escoamentos bidimensionais.

4.2.4 Coordenadas da Linha de Corrente

Muitas vezes é conveniente utilizar um sistema de coordenadas definido em função das linhas de corrente do escoamento. A Fig. 4.6 mostra um exemplo de escoamento bidimensional em regime permanente. Tais escoamentos podem ser descritos em função de apenas duas coordenadas, por exemplo: x, y de um sistema cartesiano; r e θ num sistema de coordenadas polar e as duas coordenadas do sistema de coordenadas da linha de corrente. Neste último sistema, o escoamento é descrito em função da coordenada ao longo da linha de corrente, s, e da coordenada normal à linha de corrente, n. Os versores nestas duas direções são representados por $\hat{\mathbf{s}}$ e $\hat{\mathbf{n}}$ (veja a figura).

Uma das maiores vantagens da utilização do sistema de coordenadas da linha de corrente é que a velocidade é sempre tangente a direção s, ou seja,

$$\mathbf{V} = V\,\hat{\mathbf{s}}$$

A aceleração de um escoamento bidimensional e que ocorre em regime permanente pode ser escrita em função dos componentes na direção ao longo da linha de corrente e normal à linha de corrente do seguinte modo (veja a Eq. 3.1):

$$\mathbf{a} = V\frac{\partial V}{\partial s}\hat{\mathbf{s}} + \frac{V^2}{\mathcal{R}}\hat{\mathbf{n}} \qquad \text{ou} \qquad a_s = V\frac{\partial V}{\partial s} \quad \text{e} \quad a_n = \frac{V^2}{\mathcal{R}} \qquad \textbf{(4.7)}$$

O primeiro termo, a_s, representa a aceleração convectiva ao longo da linha de corrente e o segundo termo, a_n, representa a aceleração centrífuga normal ao movimento do fluido (também é um tipo de aceleração convectiva). Note que o sentido do versor $\hat{\mathbf{n}}$ aponta o centro de curvatura da linha de corrente e que estas formas para o vetor aceleração são parecidas com as encontradas nos cursos de dinâmica.

4.3 Sistemas e Volumes de Controle

Como nós discutimos no Cap. 1, os fluidos são materiais fáceis de deformar e que interagem facilmente com o meio. Como qualquer material, o comportamento dos fluidos é modelado através de um conjunto de leis físicas fundamentais que são aproximadas por um conjunto de equações apropriado. A aplicação de tais leis – como a de conservação da massa, as leis de Newton do movimento e as leis da termodinâmica – forma a base da análise da mecânica dos fluidos. Existem vários modos de aplicar estas leis aos fluidos incluindo a abordagem dos sistemas e a dos volumes de controle. Por definição, um sistema é uma certa quantidade de material com identidade fixa (composto sempre pelas mesmas partículas de fluido) que pode se mover, escoar e interagir com o meio. De outro lado, um volume de controle é um volume no espaço (uma entidade geométrica e independente da massa) através do qual o fluido pode escoar.

Nós podemos estar mais interessados em determinar as forças que atuam num ventilador, avião ou automóvel (exercida pelo fluido que escoa sobre o objeto) do que as informações que podem ser obtidas pelo acompanhamento de uma dada quantidade de fluido (um sistema) enquanto esta escoa sobre o objeto. Nestas situações nós sempre utilizamos a abordagem do volume de controle. Assim, é necessário identificar um volume no espaço (por exemplo: um volume associado com o ventilador, avião ou automóvel) e analisar o escoamento no volume de controle ou em torno dele.

A Fig. 4.7 mostra alguns exemplos de volumes de controle e de superfícies de controle (as superfícies dos volumes de controle). O caso (*a*) apresenta o escoamento de um fluido num tubo. A superfície de controle fixa é formada pela superfície interna do tubo e pelas seções de alimentação (1) e descarga (2). Uma porção da superfície de controle é uma superfície física (o tubo) enquanto que as outras são simplesmente superfícies espaciais. Note que o fluido escoa através de algumas superfícies deste volume de controle (o fluido não escoa através do tubo).

Um outro volume de controle é aquele que engloba a turbina de um avião (veja a Fig. 4.7*b*). Ar escoa através da turbina quando o avião está parado e se preparando para a decolagem na cabeceira da pista. O ar que preenche a turbina no instante $t = t_1$ (um sistema) escoa pela turbina e é descarregado num instante posterior, $t = t_2$. Neste instante posterior uma outra quantidade de ar

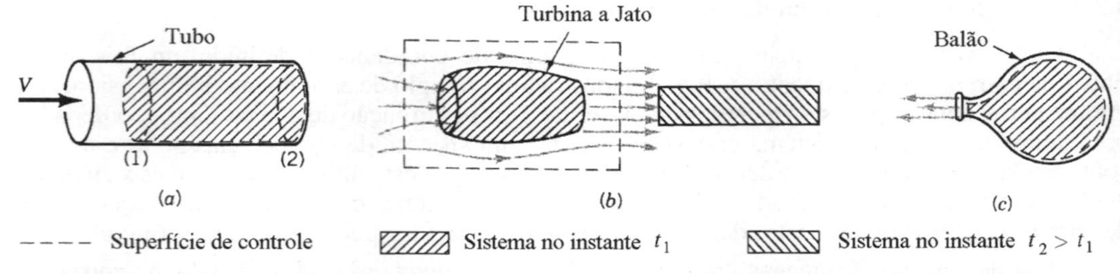

Figura 4.7 Volumes de controle típicos: (*a*) volume de controle fixo, (*b*) volume de controle fixo ou móvel, (*c*) volume de controle deformável.

(um outro sistema) preenche a turbina. Se o avião está se movimentando, o volume de controle é fixo em relação a um observador solidário ao avião mas é um volume de controle móvel para um observador localizado no solo. Nos dois casos o ar escoa pela turbina e em torno dela.

O balão que está esvaziando mostrado na Fig. 4.7*c* é um exemplo de volume de controle deformável. Note que, neste caso, o volume de controle (cuja superfície é a superfície interna do balão) diminui com o tempo.

Todas as leis que modelam o movimento dos fluidos são formuladas, basicamente, para a abordagem dos sistemas. Por exemplo, "a massa de um sistema permanece constante" ou "a taxa de variação da quantidade de movimento de um sistema é igual a soma de todas as forças que atuam no sistema". Note que só a palavra sistema aparece nestas definições (e não volume de controle). Assim, nós precisamos transformar as equações adequadas a sistemas para que estas possam ser utilizadas na abordagem dos volumes de controle. Tendo em vista esta transformação, nós apresentaremos o teorema de transporte de Reynolds na próxima seção.

4.4 Teorema de Transporte de Reynolds

Nós precisamos descrever as leis que modelam os movimentos dos fluidos utilizando tanto a abordagem dos sistemas (considerando uma massa fixa de fluido) quanto a dos volumes de controle (considerando um dado volume). Observe que é interessante contarmos com uma ferramenta analítica que transforme uma representação na outra. O teorema de transporte de Reynolds é a ferramenta adequada para este fim.

Todas as leis da física são formuladas em função de vários parâmetros físicos. Por exemplo, a velocidade, aceleração, massa, temperatura e quantidade de movimento são alguns destes parâmetros. Seja B um parâmetro físico e b a quantidade deste parâmetro por unidade de massa, ou seja,

$$B = mb$$

onde m é a massa da porção de fluido que estamos analisando. Por exemplo, se $B = m$, a massa, segue que $b = 1$. Se $B = mV^2/2$, a energia cinética da massa, segue que $b = V^2/2$ (a energia cinética por unidade de massa). Os parâmetros B e b podem ser escalares ou vetoriais. Assim, se $\mathbf{B} = m\mathbf{V}$, a quantidade de movimento da massa considerada, segue que $\mathbf{b} = \mathbf{V}$ (a quantidade de movimento por unidade de massa). O parâmetro B é denominado propriedade extensiva e o parâmetro b é denominado propriedade intensiva.

A quantidade de uma propriedade extensiva que um sistema apresenta num dado instante, B_{sis}, pode ser determinada pela somatória da quantidade associada a cada partícula fluida que compõem o sistema. Para uma partícula fluida infinitesimal com tamanho $\delta \mathcal{V}$ e massa $\rho\,\delta \mathcal{V}$ esta somatória (no limite em que $\delta \mathcal{V} \to 0$) toma a forma de uma integração sobre todas as partículas no sistema e pode ser escrita como

$$B_{\text{sis}} = \lim_{\delta \mathcal{V} \to 0} \sum_i b_i \left(\rho_i\, \delta \mathcal{V}_i\right) = \int_{\text{sis}} \rho\, b\, d\mathcal{V}$$

Os limites de integração cobrem todo o sistema - usualmente um volume móvel.

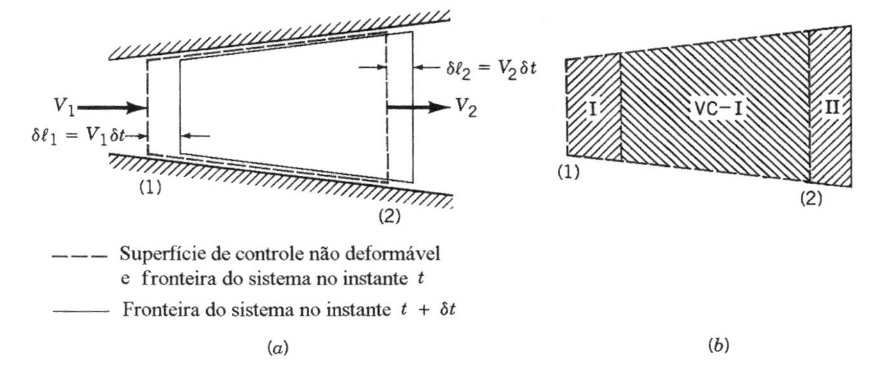

Figura 4.8 Volume de controle e sistema para o escoamento numa tubulação com seção transversal variável.

4.4.1 Derivação do Teorema de Transporte de Reynolds

Uma versão simples do teorema de transporte de Reynolds, que relaciona os conceitos de sistema com os de volume de controle, pode ser obtida facilmente se analisarmos o escoamento unidimensional através de um volume de controle fixo (veja a Fig. 4.8*a*). Nós consideraremos que o volume de controle é estacionário e coincidente com a tubulação entre as seções (1) e (2) da figura. O sistema que nós consideraremos é o fluido que ocupa o volume de controle no instante t. Um instante mais tarde, $t + \delta t$, o sistema se deslocou um pouco para a direita. As partículas fluidas que coincidiam com a seção (2) da superfície de controle no instante t se moveram de $\delta l_2 = V_2\ \delta t$ para a direita onde V_2 é a velocidade do fluido que passa pela seção (2). De modo análogo, o fluido que inicialmente estava na seção (1) se deslocou de $\delta l_1 = V_1\ \delta t$ onde V_1 é a velocidade do fluido na seção (1). Nós vamos admitir que as direções dos escoamentos nas seções (1) e (2) são normais a estas superfícies e que os valores de V_1 e V_2 são constantes nas seções (1) e (2).

Como está mostrado na Fig. 4.8*b*, o escoamento para fora do volume de controle, entre os instantes t e $t + \delta t$, é denominado volume II, o escoamento para o volume de controle como volume I e o volume de controle como VC. Assim, o sistema no instante t consiste do fluido na seção VC ("SIS = VC" no instante t) enquanto que no instante $t + \delta t$ o sistema (constituído pelas mesmas partículas fluidas) ocupa as seções (VC – I) + II. Ou seja, , "SIS = VC – I + II" no instante $t + \delta t$. O volume de controle permanece como VC todo o tempo.

Se B é um parâmetro extensivo do sistema, o valor associado a este parâmetro para o sistema no instante t é

$$B_{\text{sis}}(t) = B_{\text{vc}}(t)$$

porque o sistema e o fluido contido no volume de controle são coincidentes neste instante. Seu valor no instante $t + \delta t$ é

$$B_{\text{sis}}(t+\delta t) = B_{\text{vc}}(t+\delta t) - B_{\text{I}}(t+\delta t) + B_{\text{II}}(t+\delta t)$$

Assim, a variação da quantidade de B no sistema no intervalo de tempo δt dividido por este intervalo é dada por

$$\frac{\delta B_{\text{sis}}}{\delta t} = \frac{B_{\text{sis}}(t+\delta t) - B_{\text{sis}}(t)}{\delta t} = \frac{B_{\text{vc}}(t+\delta t) - B_{\text{I}}(t+\delta t) + B_{\text{II}}(t+\delta t) - B_{\text{sis}}(t)}{\delta t}$$

Lembrando que no instante inicial, t, nós temos $B_{\text{sis}}(t) = B_{\text{vc}}(t)$, esta expressão pode ser rescrita do seguinte modo:

$$\frac{\delta B_{\text{sis}}}{\delta t} = \frac{B_{\text{vc}}(t+\delta t) - B_{\text{vc}}(t)}{\delta t} - \frac{B_{\text{I}}(t+\delta t)}{\delta t} + \frac{B_{\text{II}}(t+\delta t)}{\delta t} \qquad \textbf{(4.8))}$$

No limite em que $\delta t \to 0$, o lado esquerdo da Eq. 4.8 é igual a taxa de variação temporal de B para o sistema e é escrita como DB_{sis}/Dt.

No limite em que $\delta t \to 0$, o primeiro termo do lado direito da Eq. 4.8 representa a taxa de variação temporal da quantidade de B no volume de controle,

$$\lim_{\delta t \to 0} \frac{B_{vc}(t+\delta t) - B_{vc}(t)}{\delta t} = \frac{\partial B_{vc}}{\partial t} = \frac{\partial \left(\int_{vc} \rho b \, d\mathcal{V} \right)}{\partial t} \quad \textbf{(4.9)}$$

O terceiro termo do lado direito da Eq. 4.8 representa a taxa com que o parâmetro extensivo B escoa do volume de controle através da superfície de controle. Isto pode ser visto do fato que a quantidade de B na região II, a região de descarga, é a quantidade por unidade de volume, ρb, multiplicada pelo volume $\delta \mathcal{V}_{II} = A_2 \, \delta l_2 = A_2 (V_2 \, \delta t)$. Assim,

$$B_{II}(t+\delta t) = (\rho_2 b_2)(\delta \mathcal{V}_{II}) = \rho_2 b_2 A_2 V_2 \delta t$$

onde b_2 e ρ_2 são os valores (constantes) de b e ρ na seção (2). Assim, a taxa com que esta propriedade escoa do volume de controle, $\dot{B}_s$, é dada por

$$\dot{B}_s = \lim_{\delta t \to 0} \frac{B_{II}(t+\delta t)}{\delta t} = \rho_2 A_2 V_2 b_2 \quad \textbf{(4.10)}$$

De modo análogo, a alimentação de B no volume de controle através da seção (1), durante o intervalo de tempo δt, corresponde a região I e é dada pela quantidade por unidade de volume multiplicada pelo volume $\delta \mathcal{V}_I = A_1 \, \delta l_1 = A_1 (V_1 \, \delta t)$. Assim,

$$B_I(t+\delta t) = (\rho_1 b_1)(\delta \mathcal{V}_I) = \rho_1 b_1 A_1 V_1 \delta t$$

onde b_1 e ρ_1 são os valores (constantes) de b e ρ na seção (1). Assim, a taxa de alimentação da propriedade B no volume de controle, $\dot{B}_e$, é dada por

$$\dot{B}_e = \lim_{\delta t \to 0} \frac{B_I(t+\delta t)}{\delta t} = \rho_1 A_1 V_1 b_1 \quad \textbf{(4.11)}$$

Se combinarmos as Eqs. 4.8, 4.9, 4.10 e 4.11 nós veremos que a relação entre a taxa de variação temporal de B para o sistema e àquela do volume de controle é

$$\frac{DB_{sis}}{Dt} = \frac{\partial B_{vc}}{\partial t} + \dot{B}_s - \dot{B}_e \quad \textbf{(4.12)}$$

ou

$$\frac{DB_{sis}}{Dt} = \frac{\partial B_{vc}}{\partial t} + \rho_2 A_2 V_2 b_2 - \rho_1 A_1 V_1 b_1 \quad \textbf{(4.13)}$$

Esta é a versão do teorema de transporte de Reynolds válida sob as hipóteses associadas com o escoamento mostrado na Fig. 4.8 - volume de controle fixo com uma seção de entrada (alimentação) e uma seção de saída (descarga) e com escoamentos uniformes nestas seções (massa específica, velocidade normal ao plano da seção e parâmetro b constantes nas seções de alimentação e descarga). Note que a taxa de variação temporal de B para o sistema (o lado esquerdo da Eq. 4.13) não é necessariamente igual a taxa de variação de B no volume de controle (o primeiro termo do lado direito da Eq. 4.13). Isto é verdade porque a taxa de alimentação ($b_1 \rho_1 V_1 A_1$) e a de descarga ($b_2 \rho_2 V_2 A_2$) da propriedade B no volume de controle não precisam ser iguais.

Exemplo 4.6

Considere o escoamento descarregado do extintor de incêndio mostrado na Fig. E4.6. Admita que a propriedade extensiva de interesse é a massa do sistema ($B = m$, a massa do sistema, ou $b = 1$). Escreva a forma apropriada do teorema de transporte de Reynolds para este escoamento.

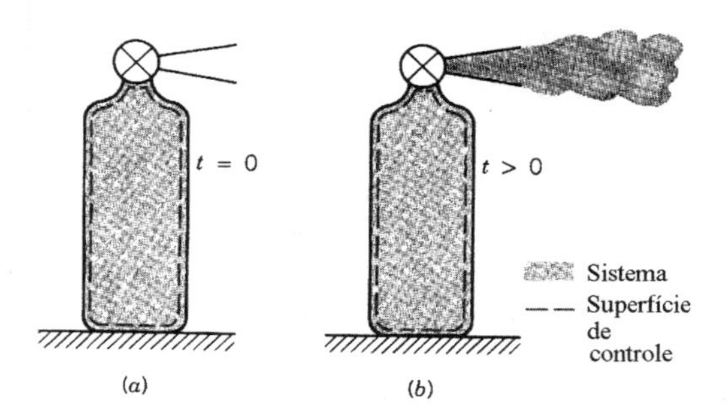

Figura E.4.6

Solução Nós vamos considerar o extintor de incêndio como volume de controle e o fluido contido no extintor, em $t = 0$, como sistema. Neste caso não existe seção de alimentação (1) e somente uma seção de descarga (2). Assim, o teorema de transporte de Reynolds, Eq. 4.13, pode ser escrito como

$$\frac{Dm_{\text{sis}}}{Dt} = \frac{\partial}{\partial t}\left(\int_{\text{vc}} \rho \, d\mathcal{V} \right) + \rho_2 A_2 V_2 \qquad \textbf{(1)}$$

Se nós procedermos mais um passo, e utilizarmos a lei básica de conservação da massa, nós podemos igualar o lado esquerdo desta equação a zero (a quantidade de massa de um sistema é constante) e rescrever a Eq. 1 do seguinte modo:

$$\frac{\partial}{\partial t}\left(\int_{\text{vc}} \rho \, d\mathcal{V} \right) = -\rho_2 A_2 V_2 \qquad \textbf{(2)}$$

A interpretação física deste resultado é: a taxa de variação temporal da massa no tanque é igual a vazão em massa na seção de descarga do tanque com sinal negativo. Note que a unidade dos dois termos da Eq. 2 é kg/s. Se existisse tanto uma seção de alimentação quanto uma de descarga no volume de controle mostrado na Fig. E4.6, a aplicação correta da Eq. 4.13 resultaria em

$$\frac{\partial}{\partial t}\left(\int_{\text{vc}} \rho \, d\mathcal{V} \right) = \rho_1 A_1 V_1 - \rho_2 A_2 V_2 \qquad \textbf{(3)}$$

Adicionalmente, se o escoamento fosse em regime permanente, o lado esquerdo da Eq. 3 seria nulo (a quantidade de massa no volume de controle permaneceria constante ao longo do tempo) e a Eq. 3 se transforma em

$$\rho_1 A_1 V_1 = \rho_2 A_2 V_2$$

Esta é uma das formas do princípio da conservação da massa - a somatória das vazões em massa de alimentação é igual a somatória das vazões em massa de descarga quando o regime de escoamento é o permanente. Outras formas mais gerais desta equação serão apresentadas no Cap. 5.

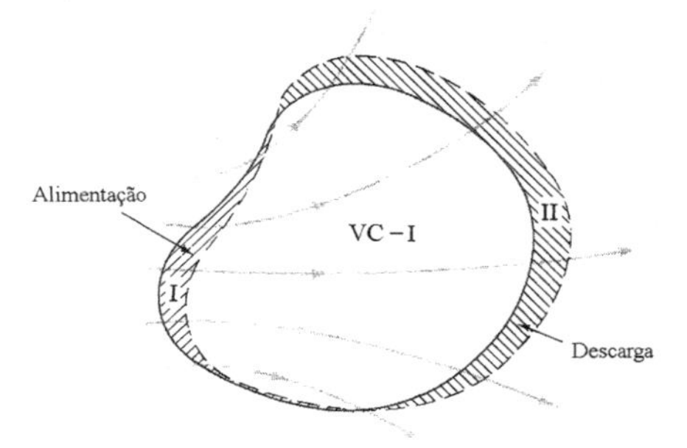

Figura 4.9 Volume de controle e sistema num escoamento através de um volume de controle fixo e arbitrário.

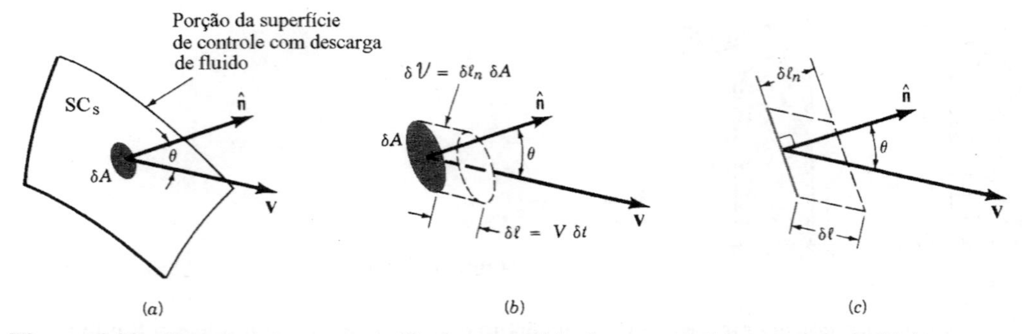

Figura 4.10 Escoamento numa região da superfície de controle (descarga de fluido).

A Eq. 4.13 é uma versão simplificada do teorema de transporte de Reynolds. Nós agora vamos derivar uma versão mais abrangente deste teorema. Considere o volume de controle fixo mostrado na Fig. 4.9. Observe que fluido escoa através do volume de controle. O campo de escoamento pode ser bastante simples (como no caso unidimensional analisado anteriormente) ou ou complexo (como um tridimensional e transitório). Em qualquer caso nós consideraremos o sistema como sendo o fluido contido no volume de controle no instante inicial, t. Um instante depois, uma porção do fluido (região II) saiu do volume de controle e uma quantidade adicional de fluido (região I, que não fazia parte do sistema original) entrou no volume de controle.

Nós consideraremos uma propriedade extensiva do fluido B e procuraremos determinar como a taxa de variação de B associada ao sistema está relacionada, em qualquer instante, com a taxa de variação de B no volume de controle. Repetindo os mesmos passos que nós fizemos na análise simplificada do escoamento mostrado na Fig. 4.8, nós notamos que a Eq. 4.12 também é válida para o caso geral desde que nós interpretemos corretamente os termos $\dot{B}_s$ e $\dot{B}_e$.

O termo $\dot{B}_s$ representa a vazão líquida da propriedade B do volume de controle. Seu valor pode ser interpretado como o resultado da adição (integração) das contribuições de cada elemento com área infinitesimal δA na porção da superfície de controle que separa a região II do volume de controle. Esta superfície é indicada por SC_s. Como está indicado na Fig. 4.10, o volume de fluido que passa pela por cada elemento de área no intervalo δt é dado por $\delta V = \delta l_n \, \delta A$ onde $\delta l_n = \delta l \cos\theta$ é a altura (normal a base δA) do pequeno elemento fluido e θ é o ângulo entre o vetor velocidade e a normal que aponta para fora da superfície, $\hat{\mathbf{n}}$. Como $\delta l = V\,\delta t$, a quantidade da propriedade B transportada através do elemento de área δA no intervalo de tempo δt é dada por

$$\delta B = b\rho\delta V = b\rho\left(V\cos\theta\,\delta t\right)\delta A$$

A taxa com que B é transportado para fora do volume de controle através do elemento de área δA, $\delta\dot{B}_s$, é dada por

$$\delta\dot{B}_s = \lim_{\delta t\to 0}\frac{\rho b\delta V}{\delta t} = \lim_{\delta t\to 0}\frac{\left(\rho bV\cos\theta\delta t\right)\delta A}{\delta t} = \rho bV\cos\theta\delta A$$

Integrando esta equação em toda porção da superfície de controle que apresenta descarga de fluido, SC_s, obtemos

$$\dot{B}_s = \int_{SC_s} d\dot{B}_s = \int_{SC_s} \rho bV\cos\theta\, dA$$

A quantidade $V\cos\theta$ é a componente da velocidade na direção normal a área δA. Utilizando a definição de produto escalar nós podemos escrever que $V\cos\theta = \mathbf{V}\cdot\hat{\mathbf{n}}$. Assim, uma forma alternativa para escrever a equação anterior é

$$\dot{B}_s = \int_{SC_s} \rho b\,\mathbf{V}\cdot\hat{\mathbf{n}}\, dA \qquad \textbf{(4.14)}$$

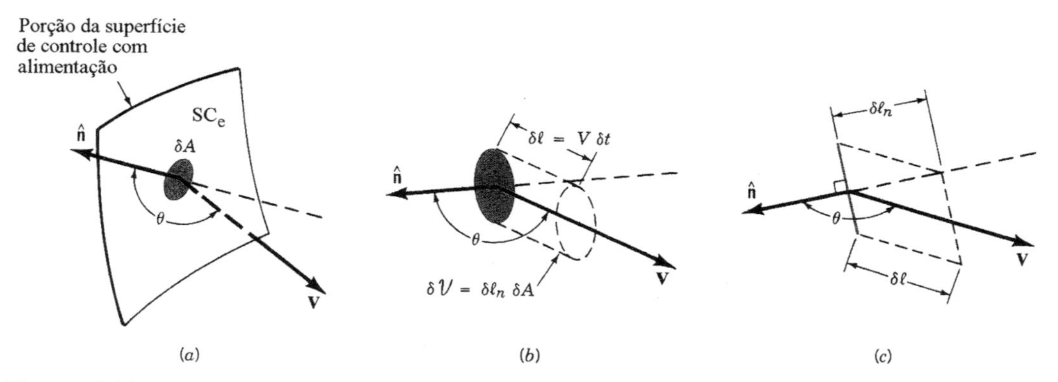

Figura 4.11 Escoamento numa região da superfície de controle (alimentação).

De modo análogo, considerando a porção da superfície de controle que apresenta alimentação (entrada) – veja a Fig. 4.11, nós encontramos que a taxa de alimentação de B para o volume de controle considerado é dada por

$$\dot{B}_e = -\int_{SC_e} \rho b V \cos\theta \, dA = -\int_{SC_e} \rho b \, \mathbf{V} \cdot \hat{\mathbf{n}} \, dA \tag{4.15}$$

Note que o valor de $\cos\theta$ é positivo nas porções da superfície de controle que apresentam descarga, SC_s, e negativo nas regiões que apresentam alimentação de fluido, CS_e. Nas regiões da superfície de controle que não apresentam alimentação, ou descarga, nós temos que $\mathbf{V} \cdot \hat{\mathbf{n}} = V \cos\theta = 0$. Em tais situações nós temos que $V = 0$ (o fluido está preso na superfície) ou $\cos\theta = 0$ (o fluido escoa ao longo da superfície do volume de controle). Assim, o fluxo líquido do parâmetro B através da superfície de controle é dado por

$$\begin{aligned} \dot{B}_s - \dot{B}_e &= \int_{SC_s} \rho b \mathbf{V} \cdot \hat{\mathbf{n}} \, dA - \left(-\int_{SC_e} \rho b \mathbf{V} \cdot \hat{\mathbf{n}} \, dA \right) \\ &= \int_{SC} \rho b \mathbf{V} \cdot \hat{\mathbf{n}} \, dA \end{aligned} \tag{4.16}$$

onde a integração deve cobrir toda a superfície de controle.

Combinando as Eqs. 4.12 e 4.16, obtemos

$$\frac{DB_{sis}}{Dt} = \frac{\partial B_{vc}}{\partial t} + \int_{sc} \rho b \mathbf{V} \cdot \hat{\mathbf{n}} \, dA$$

Lembrando que $B_{vc} = \int_{vc} \rho \, b \, dV$ nós podemos rescrever esta equação do seguinte modo

$$\frac{DB_{sis}}{Dt} = \frac{\partial}{\partial t} \int_{vc} \rho b \, d\mathcal{V} + \int_{sc} \rho b \mathbf{V} \cdot \hat{\mathbf{n}} \, dA \tag{4.17}$$

A Eq. 4.17 é a forma geral do teorema de transporte de Reynolds para volumes de controle fixos e não deformáveis. A interpretação e a utilização deste teorema serão apresentadas nas próximas seções.

4.4.2 Interpretação Física

O lado esquerdo da Eq. 4.17 representa a taxa de variação temporal de um parâmetro extensivo num sistema. Ele pode representar a taxa de variação de massa, da quantidade de movimento, ou do momento da quantidade de movimento do sistema e isto depende da escolha do parâmetro B.

Como o sistema está se movendo e o volume de controle é estacionário, a taxa de variação da quantidade de B no volume de controle não é necessariamente igual àquela do sistema. O primeiro

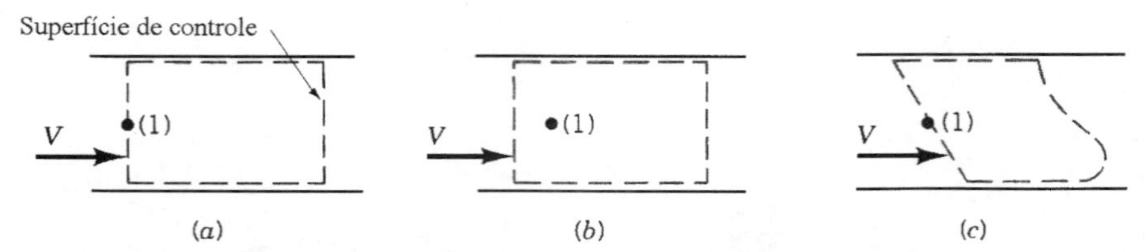

Figura 4.12 Vários volumes de controle para a análise do escoamento num tubo.

termo do lado direito da Eq. 4.17 representa a taxa de variação de B no volume de controle. Lembre que b é a quantidade de B por unidade de massa de modo que $\rho b \, d\mathcal{V}$ é a quantidade de B no volume elementar $d\mathcal{V}$. Assim, a derivada temporal da integral de ρb no volume de controle é a taxa de variação de B no volume de controle num dado instante.

O último termo da Eq. 4.17 (uma integral sobre a superfície de controle) representa a vazão líquida do parâmetro B através de toda a superfície de controle. Note que a propriedade é transportada para fora do volume de controle se $\mathbf{V} \cdot \hat{\mathbf{n}} > 0$ e que a propriedade é transportada para o volume de controle se $\mathbf{V} \cdot \hat{\mathbf{n}} < 0$. Sobre o resto da superfície de controle (onde não ocorre transporte de B através da superfície de controle) $\mathbf{V} \cdot \hat{\mathbf{n}} = 0$ tanto porque $b = 0$ ou $\mathbf{V}$ é nulo ou paralelo a superfície de controle.

4.4.3 Escolha do Volume de Controle

Qualquer volume pode ser considerado como um volume de controle. O volume de controle pode ser de finito ou infinitesimal e a escolha do tamanho e formato depende do tipo de análise que pretendemos realizar. A facilidade de resolver um problema de mecânica dos fluidos depende da escolha do volume de controle. A escolha do melhor volume de controle decorre da experiência pessoal. Nenhum volume de controle está errado, mas alguns deles são mais adequados que outros.

A Fig. 4.12 ilustra três possíveis volumes de controle associados ao escoamento num tubo. Se o problema é determinar a pressão no ponto (1), a escolha do volume (a) é melhor do que a do volume (b) porque o ponto (1) pertence a superfície de controle do volume (a). De modo análogo, o volume de controle (a) é melhor do que o (c) porque o escoamento é normal as seções de alimentação e descarga do volume de controle (a). Nenhum dos volumes de controle está errado – o (a) é o mais fácil de utilizar. A escolha adequada do volume de controle ficará mais clara no Cap. 5 onde o teorema de transporte de Reynolds será utilizado para transformar as leis adequadas à sistemas em leis adequadas à formulação baseada em volume de controle.

Referências

1. Goldstein, R. J., *Fluid Mechanics Measurements*, Hemisphere, New York, 1983.

2. Homsy, G. M., *Multimedia Fluid Mechanics* CD - ROM, Cambride University Press, New York, 2000.

Problemas

Nota: Se o valor de uma propriedade não for especificado no problema, utilize o valor fornecido na Tab. 1.4 ou 1.5 do Cap. 1. Os problemas com a indicação (∗) devem ser resolvidos com uma calculadora programável ou computador. Os problemas com a indicação (+) são do tipo aberto (requerem uma análise crítica, a formulação de hipóteses e a adoção de dados). Não existe uma solução única para este tipo de problema.

4.1 O campo de velocidade de um escoamento é dado por $\mathbf{V} = (3y + 2)\,\hat{\mathbf{i}} + (x - 8)\,\hat{\mathbf{j}} + 5z\,\hat{\mathbf{k}}$ m/s, onde x, y e z são medidos em metros. Determine a velocidade do fluido na origem ($x = y = z = 0$) e no eixo y ($x = z = 0$).

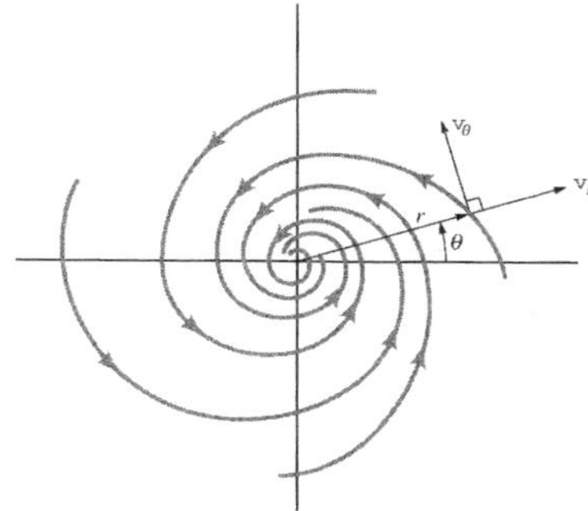

Figura P4.2

4.2 Os vetores velocidade, desenhados em posições convenientes, podem ser utilizados na visualização dos escoamentos (veja a Fig. E4.1 e o ⦿ 4.1) Considere o campo de velocidades definido por $v_r = -10/r$ e $v_\theta = 10/r$. Este campo descreve o escoamento de um fluido na região próxima de um ralo e está representado na Fig. P4.2. Faça um desenho que apresente os vetores velocidade nos pontos definidos por r = 1, 2 e 3 e θ = 0, 30, 60 e 90°.

4.3 Os componentes do vetor velocidade de um escoamento nas direções x e y são, respectivamente, dados por u = 1,2 m/s e $v = 6{,}0x$ m/s, onde x é medido em metros. Determine a equação das linhas de corrente e as represente no meio plano superior.

4.4 O campo de velocidade de um escoamento é dado por $\mathbf{V} = x\,\hat{\mathbf{i}} + x(x-1)(y+1)\,\hat{\mathbf{j}}$ m/s, onde x e y são medidos em metros. Represente a linha de corrente que passa por $x = 0$ e $y = 0$. Compare esta linha de corrente com a linha de emissão originada neste ponto.

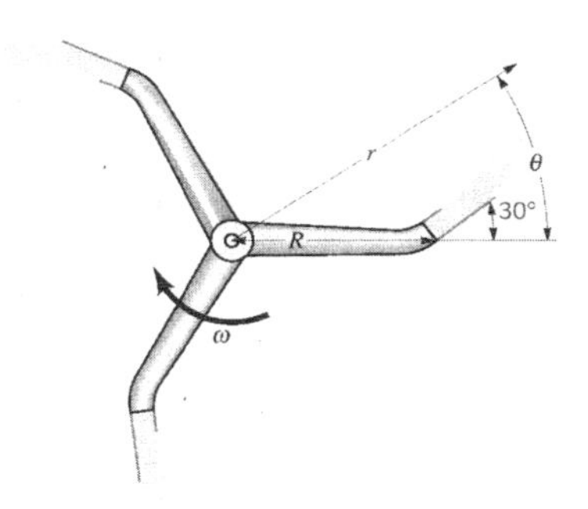

Figura P4.5

4.5 A Fig. P4.5 e o ⦿ 4.6 mostram o escoamento de água num irrigador. A velocidade angular, ω, e o raio do braço do irrigador, R, são iguais a 10 rd/s e 0,15 m. A água deixa o bocal do irrigador com velocidade relativa igual a 3,1 m/s (em relação ao bocal instalado no braço móvel do irrigador). Os efeitos gravitacionais e a interação entre o escoamento de água e o ar podem ser desprezados. **(a)** Mostre que as trajetórias deste escoamento são linhas radiais. Dica: Analise o escoamento utilizando um referencial solidário ao solo. **(b)** Mostre que, em qualquer instante, a coordenada r do jato é dada por $r = R + (V_a/\omega)\theta$, onde θ é o ângulo mostrado na figura e V_a é a velocidade absoluta da água.

4.6 A atmosfera sempre apresenta um movimento horizontal ("vento") e outro vertical ("térmica") que é criado pelo aquecimento não uniforme do ar (veja a Fig. P4.6). Admita que o campo de velocidade do ar pode ser aproximado por $u = u_0$, $v = v_0(1 - y/h)$ para $0 < y < h$ e $u = u_0$, $v = 0$ para $y > h$. Desenhe a linha de corrente que passa pela origem para os seguintes valores de u_0/v_0: 0,5; 1 e 2.

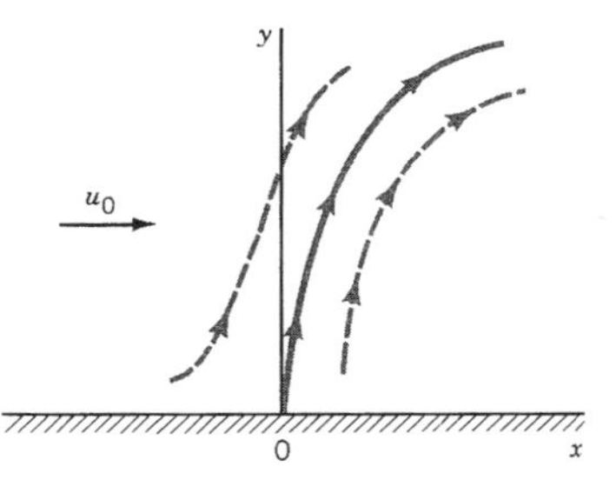

Figura P4.6

*** 4.7** Resolva novamente o Prob. 4.6 admitindo que $u = u_0\,y/h$ para $0 \leq y \leq h$ em vez de $u = u_0$. Utilize os seguintes valores para u_0/v_0: 0; 0,1; 0,2; 0,4; 0,6; 0,8 e 1,0.

4.8 Um campo de velocidade é dado por $u = cx^2$ e $v = cy^2$, onde c é uma constante. Determine os componentes do vetor aceleração nas direções x e y. Em que locais a aceleração é nula?

+ 4.9 Estime a aceleração média no escoamento de água num bocal de mangueira de jardim. Faça uma lista com todas as hipóteses utilizadas na solução do problema.

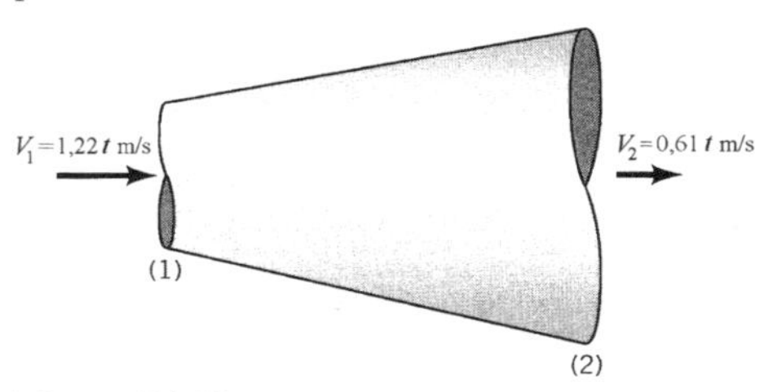

Figura P4.10

4.10 Ar escoa no bocal divergente mostrado na Fig. P4.10. A velocidade na seção de alimentação do bocal é dada por $V_1 = 1{,}22t$ m/s e aquela na seção de descarga é dada por $V_2 = 0{,}61t$ m/s, onde t é especificado em segundos. **(a)** Determine a aceleração local nas seções de alimentação e descarga do bocal. **(b)** A aceleração convectiva média do escoamento no bocal é negativa, positiva, ou nula? Justifique sua resposta.

4.11 As partículas de fluido que escoam nas linhas de corrente de estagnação desaceleram até que suas velocidades se tornem nulas (veja a Fig. P4.11 e o ⦿ 4.5). As imagens desse vídeo indicam que a posição da partícula que estava a 0,18 m a montante do ponto de estagnação em $t = 0$ é dada por $s = 0{,}18e^{(-0{,}5t)}$, onde t e s são especificados em s e m. **(a)** Determine a velocidade da partícula fluida que escoa ao longo da linha de corrente de estagnação em função do tempo, $V_{\text{partícula}}(t)$. **(b)** Determine a velocidade da partícula fluida que escoa ao longo da linha de corrente de estagnação em função da posição, $V = V(s)$. **(c)** Determine a aceleração da partícula fluida que escoa a longo da linha de corrente de estagnação em função da posição, $a_s = a_s(s)$.

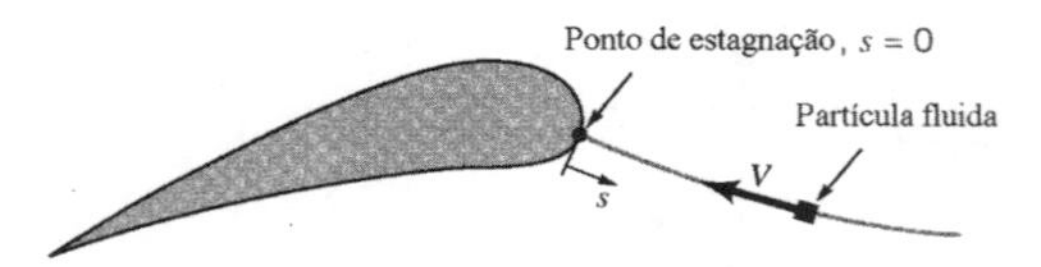

Figura P4.11

4.12 A velocidade do fluido ao longo do eixo x mostrado na Fig. P4.12 muda linearmente de 6 m/s, no ponto A, para 18 m/s, no ponto B. Determine as acelerações nos pontos A, B e C. Admita que o regime do escoamento é o permanente.

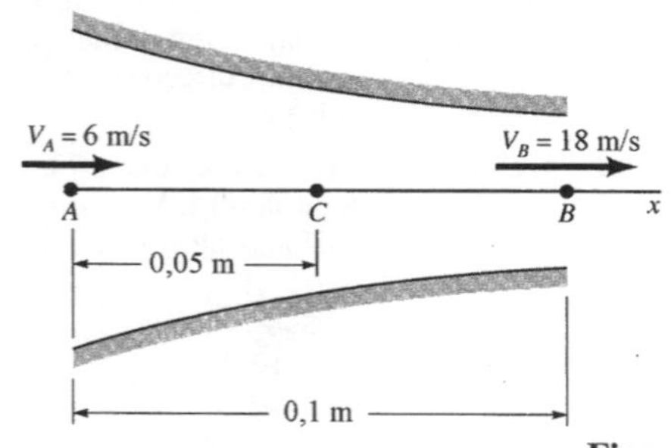

Figura P4.12

4.13 Nós sempre observamos a formação de escoamentos circulares (vórtices) nas pontas das asas dos aviões quando estes estão voando (veja o ⦿ 4.2 e a Fig. P4.13). Sob certas condições, os escoamentos circulares podem ser aproximados pelos campos de velocidade $u = -Ky/(x^2 + y^2)$ e $v = Kx/(x^2 + y^2)$, onde K é uma constante definida pelas características do avião considerado (i.e., seu peso, velocidade etc.). Observe que tanto x como y são medidos a partir do centro dos escoamentos circulares. **(a)** Mostre que a velocidade nesses escoamentos é inversamente proporcional a distância

Figura P4.13

da origem, $V = K/(x^2 + y^2)^{1/2}$. **(b)** Prove que as linhas de corrente desses escoamentos são circulares.

4.14 Um fluido escoa ao longo do eixo x com velocidade $V = (x/t)\,\hat{i}$, onde x é medido em metros e t em segundos. **(a)** Faça um gráfico da velocidade para $0 \leq x \leq 3{,}0$ m e $t = 3$ s. **(b)** Faça um gráfico da velocidade para $x = 2{,}1$ m e $2 \leq t \leq 4$ s. **(c)** Determine os valores das acelerações local e convectiva. **(d)** Mostre que a aceleração de qualquer partícula fluida do escoamento é nula. **(e)** Explique porque as velocidades das partículas deste escoamento transitório permanecem constantes durante o movimento.

4.15 A Fig. P4.15 mostra o esboço de um ressalto hidráulico num canal aberto. Note que a largura do ressalto (l) é pequena e que a profundidade do liquido varia de z_1 para z_2 (com a correspondente variação de velocidade de V_1 para V_2). Admitindo que $V_1 = 5{,}0$ m/s, $V_2 = 1{,}0$ m/s e $l = 0{,}2$ m, estime a desaceleração média do liquido durante o escoamento através do ressalto hidráulico.

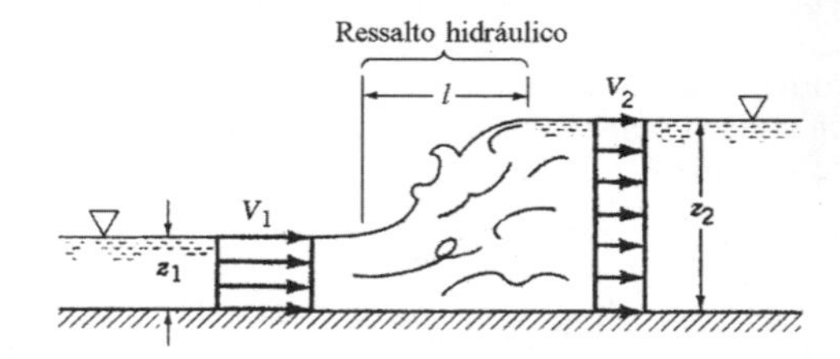

Figura P4.15

4.16 Um bocal foi projetado para acelerar um escoamento da velocidade V_1 para a velocidade V_2 de modo linear, ou seja, $V = ax + b$, onde a e b são constantes. Se o escoamento apresenta $V_1 = 10$ m/s em $x_1 = 0$ e $V_2 = 25$ m/s em $x_2 = 1$ m, determine as acelerações local, convectiva e total nos pontos (1) e (2).

4.17 Admita que a temperatura de exaustão numa chaminé pode ser aproximada por

$$T = T_0(1 + ae^{-bx})[1 + c\cos(wt)]$$

onde $T_0 = 100$ °C, $a = 3$, $b = 0{,}03$ m^{-1}, $c = 0{,}05$ e $w = 100$ rad/s. Se a velocidade de exaustão é constante e igual a 3 m/s, determine a taxa de variação da temperatura das partículas fluidas localizadas em $x = 0$ e $x = 4$ m quando $t = 0$.

4.18 A distribuição de temperatura num fluido é dada por $T = 10x + 5y$, onde x e y são, respectivamente, as coordenadas horizontal e vertical medidas em metros e T é medido em °C. Determine a taxa de variação da temperatura de uma partícula fluida que se desloca (**a**) horizontalmente com $u = 20$ m/s e (**b**) verticalmente com $v = 20$ m/s.

4.19 A Fig. P4.19 mostra o escoamento de um fluido em torno de uma esfera. A velocidade ao longe, V_0, é igual a 40 m/s e a velocidade do escoamento pode ser aproximada por $V = 3/2\ V_0 \operatorname{sen} \theta$. Determine as componentes do vetor aceleração nas direções da linha de corrente e normal à linha de corrente no ponto A sabendo que o raio da esfera, a, é igual a 0,20 m.

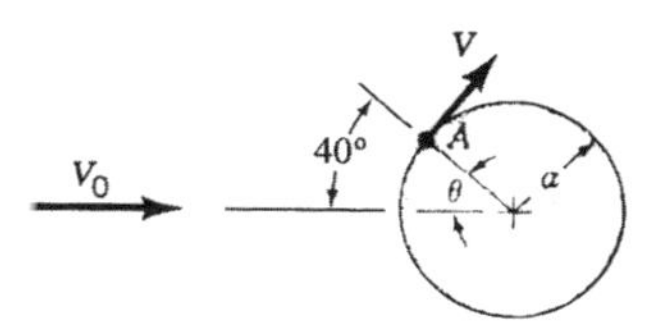

Figura P4.19

4.20 Água escoa na tubulação curva mostrada na Fig. 4.20. A velocidade do escoamento é dada por $V = 3{,}05t$ m/s, onde t é medido em s. Admitindo que $t = 2$ s, determine (**a**) o componente do vetor aceleração na direção da linha de corrente, (**b**) o componente do vetor aceleração na direção normal à linha de corrente, e (**c**) o módulo, direção e sentido do vetor aceleração deste escoamento.

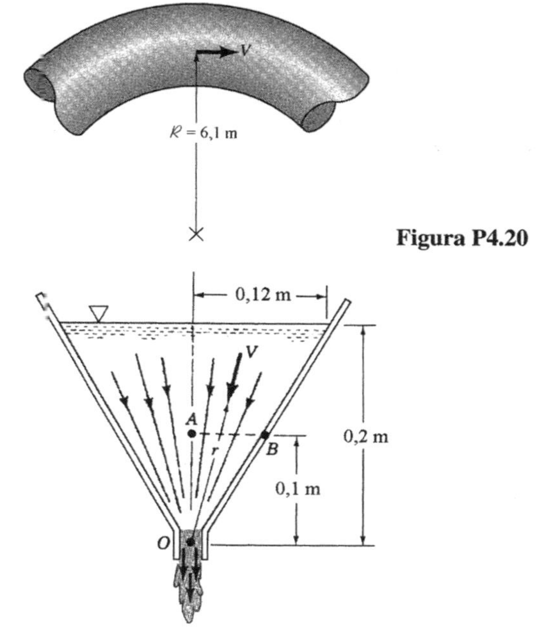

Figura P4.20

Figura P4.21

4.21 Água escoa em regime permanente no funil mostrado na Fig. P4.21. O escoamento no funil pode ser considerado radial, com centro em O, na maior parte do campo de escoamento. Nesta condição é possível admitir que $V = c/r^2$, onde r é a coordenada radial e c uma constante. Determine a aceleração nos pontos A e B sabendo que a velocidade é igual a 0,4 m/s quando $r = 0{,}1$ m.

4.22 Ar escoa no canal formado por dois discos paralelos (veja a Fig. P4.22). A velocidade do fluido no canal é dada por $V = V_0 R/r$, onde R é o raio dos discos, r é a coordenada radial e V_0 é a velocidade do fluido na borda do canal. Determine a aceleração em r = 0,30; 0,61 e 0,91 m, sabendo que V_0 = 1,5 m/s e R = 0,91 m.

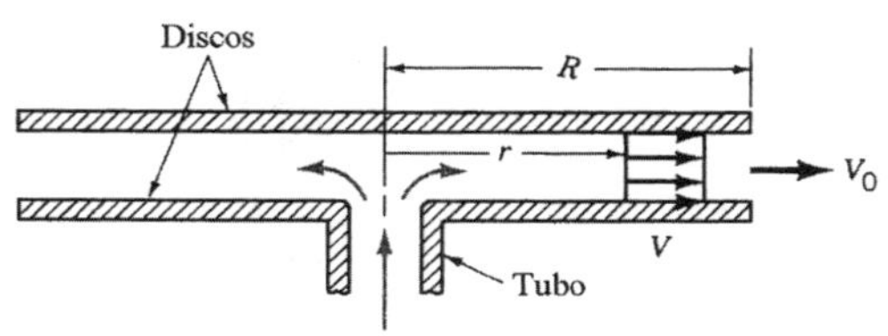

Figura P4.22

4.23 Água escoa no duto mostrado na Fig. P4.23 (seção transversal quadrada) com velocidade uniforme e igual a 20 m/s. Considere as partículas que estão sobre a linha $A - B$ no instante $t = 0$. Determine a posição destas partículas, a linha $A' - B'$, quando $t = 0{,}2$ s. Utilize o volume de fluido na região compreendida pelas linhas $A - B$ e $A' - B'$ para determinar a vazão em volume no duto. Repita o problema considerando que as partículas estavam originalmente nas linhas $C - D$ e $E - F$. Compare os três resultados.

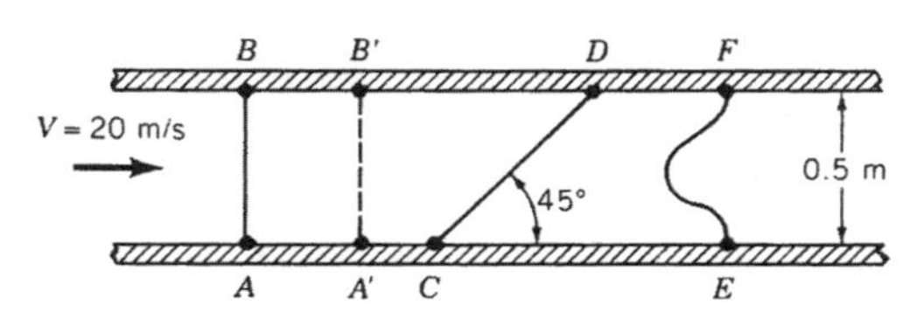

Figura P4.23

4.24 A válvula de alimentação de um tanque vazio (vácuo perfeito, $\rho = 0$) é aberta no instante $t = 0$ e o ar começa a escoar para o tanque. Determine a taxa de variação temporal da massa contida no tanque sabendo que o volume do tanque é $\mathcal{V}_0$ e a massa específica do ar no tanque aumenta de acordo com $\rho = \rho_\infty(1 - e^{-bt})$, onde b é uma constante.

4.25 A Fig. P4.25 mostra o trecho curvo de uma tubulação que é alimentada com ar. A velocidade do escoamento na seção de alimentação do trecho é uniforme e igual a 10 m/s. Observe que a distribuição de velocidade na seção de descarga do trecho não é uniforme. De fato, existe uma região do escoamento onde se detecta uma recirculação. Considere que o volume de controle fixo $ABCD$ coincide com o sistema no instante $t = 0$. Faça um desenho indicando: (**a**) o sistema no instante t =

0,01 s, (**b**) o fluido que entrou no volume de controle neste intervalo de tempo e (**c**) o fluido que saiu do volume de controle neste mesmo intervalo de tempo.

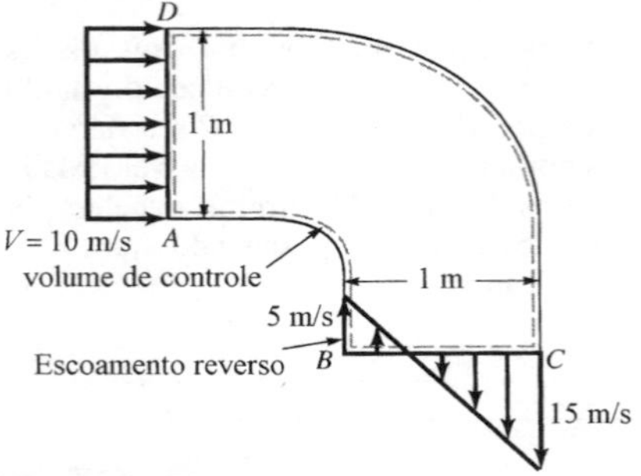

Figura P4.25

4.26 A Fig. P4.26 mostra um derivação onde escoa água. Observe que os perfis de velocidade nas seções de alimentação e descarga são uniformes. O volume de controle fixo indicado na figura coincide com o sistema no instante t = 20 s. Faça um esquema que indique (**a**) a fronteira do sistema no instante t = 20,2 s; (**b**) o fluido que deixou o volume de controle durante o intervalo de 0,2 s e (**c**) o fluido que entrou no volume de controle neste intervalo.

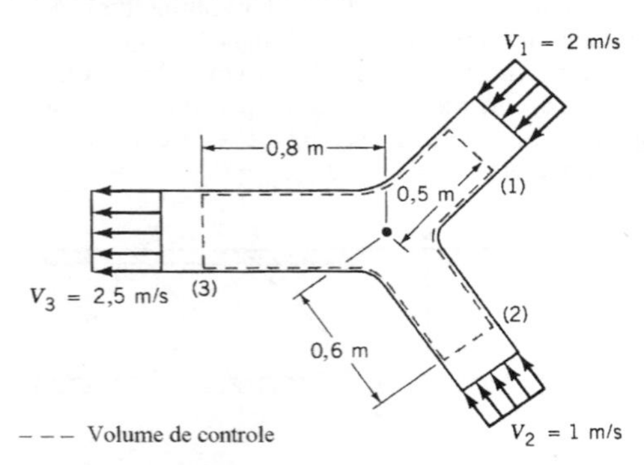

Figura P4.26

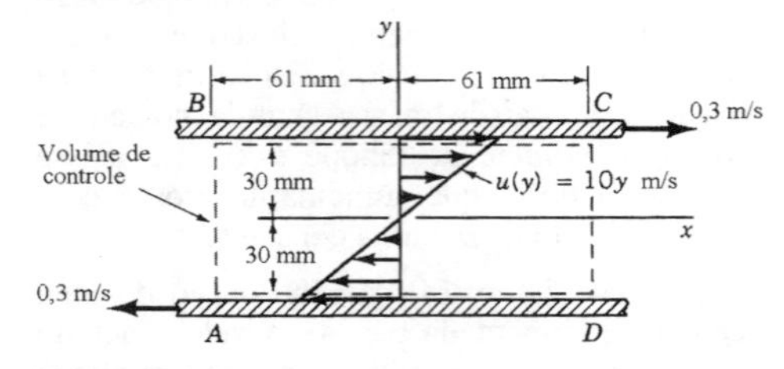

Figura P4.27

4.27 A Fig. P4.27 mostra duas placas que são movidas, em sentidos opostos, com velocidades iguais a 0,30 m/s. O óleo entre as placas se movimenta com velocidade dada por $\mathbf{V} = 10y\ \hat{\imath}$ m/s, onde y é medido em metros. O volume de controle fixo $ABCD$ coincide com o sistema no instante t = 0. Faça um esquema que indique (**a**) o sistema no instante t = 0,2 s e (**b**) o fluido que entrou e saiu do volume de controle neste intervalo de tempo.

4.28 A Fig. P4.28 mostra o perfil de velocidade do vento numa campina. Utilize a Eq. 4.14 para determinar o fluxo da quantidade de movimento através da superfície vertical A - B que apresenta comprimento na direção perpendicular ao plano da figura igual a 1 m.

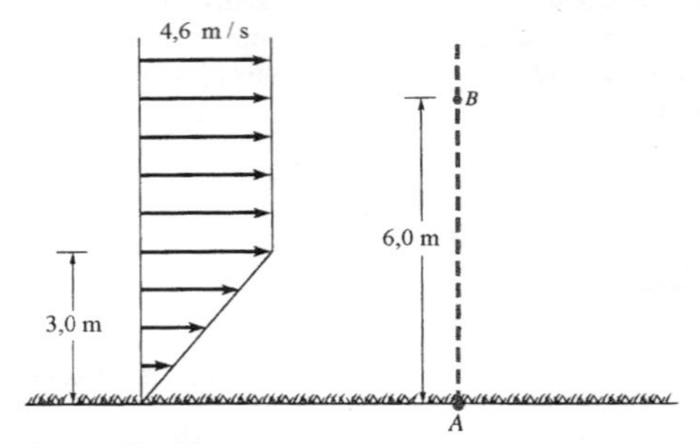

Figura P4.28

4.29 A Fig. P4.29 mostra a vista superior de um canal com seção de escoamento retangular. Observe que o perfil de velocidade na seção de alimentação do canal é uniforme. (**a**) Determine a vazão em massa do escoamento, através da seção CD do canal, integrando a Eq. 4.14 com b = 1. (**b**) Refaça o item a considerando $b = 1/\rho$, onde ρ é a massa específica do fluido que escoa no canal. (**c**) Qual é o significado físico da resposta do item b.

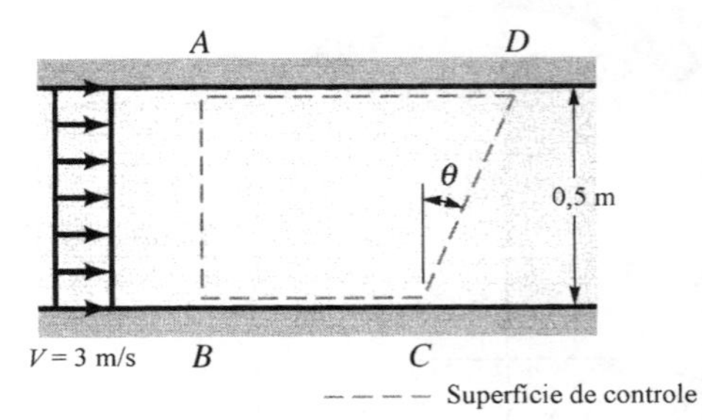

Figura P4.29

Análise com Volumes de Controle Finitos 5

Muitos problemas da mecânica dos fluidos podem ser resolvidos a partir da análise do comportamento do material contido numa região finita do espaço (um volume de controle). Por exemplo, nós podemos estar interessados em calcular a força necessária para ancorar uma turbina a jato numa bancada de teste ou em determinar o tempo necessário para encher um grande tanque de armazenamento de líquido. Uma das tarefas usuais dos engenheiros é estimar a potência necessária para transferir uma certa quantidade de água por unidade de tempo de um recipiente para outro (normalmente os tanques apresentam elevações diferentes). O material deste capítulo mostrará que estes, e outros problemas importantes, podem ser facilmente resolvidos utilizando volumes de controle finitos. A base deste método de solução é formada por alguns princípios básicos da física como a conservação da massa, a segunda lei de Newton e as leis da termodinâmica. O método de solução que será apresentado é poderoso e aplicável a um grande número de problemas da mecânica dos fluidos e, ainda mais, as equações obtidas são muito fáceis de interpretar e de serem utilizadas na solução de muitos problemas reais.

5.1 Conservação da Massa – A Equação da Continuidade

5.1.1 Derivação da Equação da Continuidade

Um sistema é definido como uma quantidade fixa e identificável de material. Assim, o princípio de conservação da massa para um sistema pode ser estabelecido por

taxa de variação temporal da massa do sistema = 0

ou

$$\frac{DM_{\text{sis}}}{Dt} = 0 \qquad \textbf{(5.1)}$$

onde a massa do sistema, M_{sis}, pode ser representada por

$$M_{\text{sis}} = \int_{\text{sis}} \rho \, d\forall \qquad \textbf{(5.2)}$$

Note que esta integração cobre todo o volume do sistema.

A Fig. 5.1 mostra um sistema e um volume de controle fixo e não deformável coincidentes num dado instante. A aplicação do teorema de transporte de Reynolds (Eq. 4.17) ao caso ilustrado resulta em

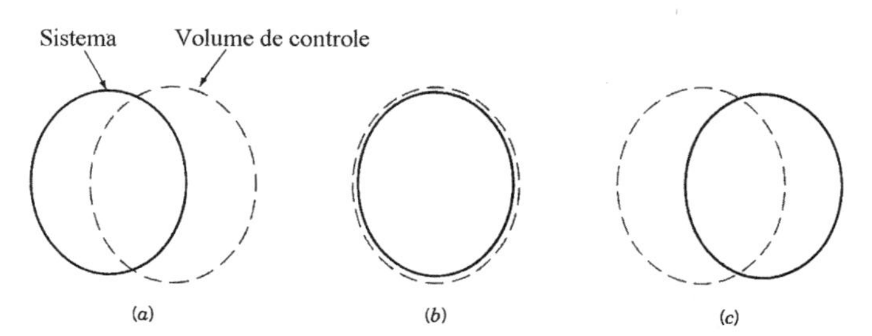

Figura 5.1 Sistema e volume de controle em três instantes diferentes. (*a*) Sistema e volume de controle no instante $t - \delta t$. (*b*) Sistema e volume de controle no instante t – condição coincidente. (*c*) Sistema e volume de controle no instante $t + \delta t$.

$$\frac{D}{Dt}\int_{\text{sis}} \rho d\mathcal{V} = \frac{\partial}{\partial t}\int_{\text{vc}} \rho d\mathcal{V} + \int_{\text{sc}} \rho \, \mathbf{V} \cdot \hat{\mathbf{n}} \, dA \tag{5.3}$$

ou

taxa de variação temporal da massa do sistema coincidente	=	taxa de variação temporal da massa contida no volume de controle coincidente	+	vazão líquida de massa através da superfície de controle

Quando o regime do escoamento é o permanente, todas as propriedades no campo de escoamento (i.e., as propriedades em qualquer ponto – por exemplo, a massa específica) permanecem constantes ao longo do tempo e, assim, a taxa de variação temporal da massa contida no volume de controle é nula, ou seja,

$$\frac{\partial}{\partial t}\int_{\text{vc}} \rho d\mathcal{V} = 0$$

O termo $\mathbf{V} \cdot \hat{\mathbf{n}} \, dA$ na integral da vazão em massa representa o produto do componente do vetor velocidade perpendicular a uma pequena porção da superfície de controle e a área diferencial dA. Assim, $\mathbf{V} \cdot \hat{\mathbf{n}} \, dA$ é a vazão em volume através da área dA e $\rho \mathbf{V} \cdot \hat{\mathbf{n}} \, dA$ é a vazão em massa através de dA. Ainda mais, o sinal do produto escalar $\mathbf{V} \cdot \hat{\mathbf{n}}$ é positivo quando o escoamento é para fora do volume de controle e negativo para os escoamentos que alimentam o volume de controle porque $\hat{\mathbf{n}}$ é considerado positivo quando aponta para fora do volume de controle. Nós obtemos a vazão líquida de massa no volume de controle somando todas as contribuições diferenciais $\rho \mathbf{V} \cdot \hat{\mathbf{n}} \, dA$ que existem na superfície de controle, ou seja,

$$\int_{\text{sc}} \rho \mathbf{V} \cdot \hat{\mathbf{n}} \, dA = \sum \dot{m}_s - \sum \dot{m}_e \tag{5.4}$$

onde $\dot{m}$ é a vazão em massa (kg/s).

A expressão para a conservação da massa num volume de controle também é conhecida como a equação da continuidade. Combinando as Eqs. 5.1, 5.2 e 5.3, nós podemos obter uma equação de conservação da massa adequada a volumes de controle fixos e não deformáveis. Assim,

$$\frac{\partial}{\partial t}\int_{\text{vc}} \rho d\mathcal{V} + \int_{\text{sc}} \rho \mathbf{V} \cdot \hat{\mathbf{n}} \, dA = 0 \tag{5.5}$$

A Eq. 5.5 mostra que a soma da taxa de variação temporal da massa no volume de controle com a vazão líquida de massa na superfície de controle tem que ser nula para que a massa seja conservada.

Uma expressão muito utilizada para a avaliação da vazão em massa, $\dot{m}$, numa seção da superfície de controle que apresenta área A é

$$\dot{m} = \rho Q = \rho A V \tag{5.6}$$

onde ρ é a massa específica do fluido, Q é a vazão em volume (m^3 /s) e V é o componente do vetor velocidade perpendicular a área A. Como

$$\dot{m} = \int_{A} \rho \mathbf{V} \cdot \hat{\mathbf{n}} \, dA$$

a aplicação da Eq. 5.6 envolve a utilização de valores representativos das médias da massa específica do fluido, ρ, e da velocidade do escoamento na seção que estamos considerando. Nós normalmente consideraremos uma distribuição uniforme da massa específica do fluido em cada seção de escoamento dos escoamentos compressíveis e permitiremos que as variações de massa específica ocorram apenas de uma seção para outra. O valor da velocidade que deve ser utilizado na Eq. 5.6 é o médio do componente do vetor velocidade normal a área que estamos analisando. O valor médio, $\overline{V}$, é definido por

$$\overline{V} = \frac{\int_A \rho \mathbf{V} \cdot \hat{\mathbf{n}}\, dA}{\rho A} \tag{5.7}$$

Se o perfil de velocidade do escoamento é uniforme na seção transversal que apresenta área A (escoamento unidimensional), temos

$$\overline{V} = \frac{\int_A \rho \mathbf{V} \cdot \hat{\mathbf{n}}\, dA}{\rho A} = V$$

5.1.2 Volume de Controle Fixo e Indeformável

Existem muitos problemas da mecânica dos fluidos que podem ser adequadamente analisados com um volume de controle fixo e indeformável. Nós apresentaremos a seguir um conjunto de problemas que podem ser resolvidos com este tipo de volume de controle (◉ 5.1 – Escoamento numa pia).

Exemplo 5.1

Água do mar escoa em regime permanente no bocal cônico mostrado na Fig. E5.1. O bocal está instalado numa mangueira e esta é alimentada por uma bomba hidráulica. Qual deve ser a vazão em volume da bomba para que a velocidade da seção de descarga do bocal seja igual a 20 m/s?

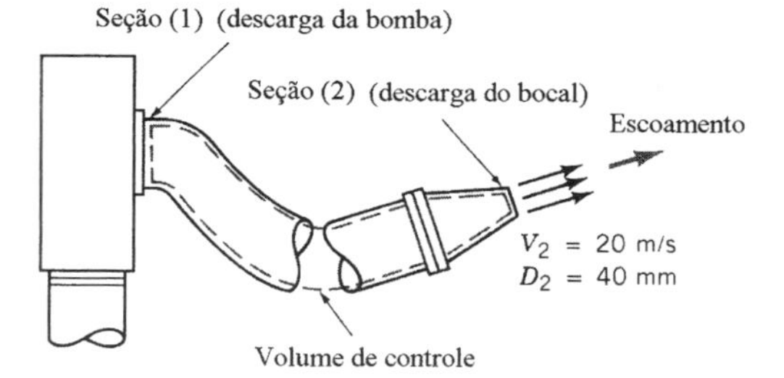

Figura E5.1

Solução Nós desejamos determinar a vazão em volume da bomba que alimenta a mangueira, que por sua vez, alimenta o bocal. Nós temos informações do escoamento na seção de descarga do bocal e com elas nós podemos determinar a vazão em massa na seção de descarga do bocal. Deste modo, nós podemos determinar as vazões no volume de controle tracejado apresentado na Fig. E5.1. Este volume de controle contém, em qualquer instante, a água do mar que está contida na mangueira e no bocal.

Aplicando a Eq. 5.5 neste volume de controle,

$$\underbrace{\frac{\partial}{\partial t} \int_{\text{vc}} \rho\, d\mathcal{V}}_{\text{é nulo (o regime é permanente)}} + \int_{\text{sc}} \rho \mathbf{V} \cdot \hat{\mathbf{n}}\, dA = 0 \tag{1}$$

Note que o termo referente à taxa de variação temporal da massa no volume de controle é nulo porque o regime do escoamento é o permanente. A integral de superfície da Eq. 1 envolve as vazões em massa na seção de descarga da bomba, seção (1) e a vazão em massa na descarga do bocal, seção (2), ou seja

$$\int_{\text{sc}} \rho \mathbf{V} \cdot \hat{\mathbf{n}}\, dA = \dot{m}_2 - \dot{m}_1 = 0$$

de modo que

$$\dot{m}_2 = \dot{m}_1 \tag{2}$$

Como a vazão em massa é igual ao produto da massa específica do fluido pela vazão em volume (veja a Eq. 5.6), temos

$$\rho_2 Q_2 = \rho_1 Q_1 \quad \textbf{(3)}$$

Nós vamos admitir que o escoamento é incompressível (pois o escoamento é de líquido a baixa velocidade). Assim,

$$\rho_2 = \rho_1 \quad \textbf{(4)}$$

Combinando as Es. 3 e 4,

$$Q_2 = Q_1 \quad \textbf{(5)}$$

Assim, a vazão em volume da bomba (também conhecida como capacidade da bomba) é igual a vazão em volume na seção de descarga do bocal. Se, por simplicidade, nós admitirmos que o escoamento é unidimensional na seção de descarga do bocal, a combinação das Eqs. 5 e 5.6 fornece

$$Q_1 = Q_2 = V_2 A_2 = V_2 \frac{\pi}{4} D_2^2$$

$$= 20 \times \frac{\pi}{4} \times (0{,}040)^2 = 0{,}0251 \text{ m}^3/\text{s}$$

Exemplo 5.2

A Fig. E5.2 mostra o desenvolvimento de um escoamento laminar de água num tubo reto (raio R). O perfil de velocidade na seção (1) é uniforme com velocidade U paralela ao eixo do tubo. O perfil de velocidade na seção (2) é axissimétrico, parabólico, com velocidade nula na parede do tubo e velocidade máxima, u_{max}, na linha de centro do tubo. Qual é a relação que existe entre U e u_{max}? Qual é a relação que existe entre a velocidade média na seção (2), $\overline{V}_2$, e u_{max}?

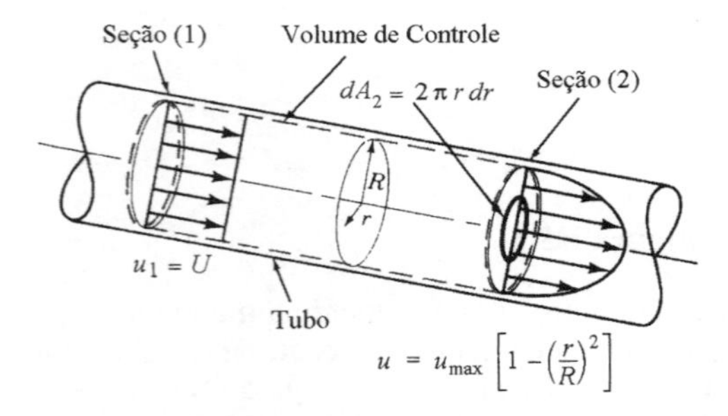

Figura E5.2

Solução A aplicação da Eq. 5.5 no volume de controle mostrado na figura resulta em

$$\int_{sc} \rho \mathbf{V} \cdot \hat{\mathbf{n}}\, dA = 0$$

Avaliando as integrais de superfície nas seções (1) e (2), temos

$$-\rho_1 A_1 U + \int_{A_2} \rho \mathbf{V} \cdot \hat{\mathbf{n}}\, dA_2 = 0 \quad \textbf{(1)}$$

Os componentes dos vetores velocidade na seção (2), $\mathbf{V}$, são perpendiculares a seção e serão denotados por u_2. Já o elemento diferencial de área, dA_2, é igual a $2\pi r dr$ (veja a figura). Aplicando estes resultados na Eq. 1,

$$-\rho_1 A_1 U + \rho_2 \int_0^R u_2\, 2\pi r\, dr = 0 \quad \textbf{(2)}$$

Nós vamos admitir que o escoamento é incompressível, ou seja, $\rho_1 = \rho_2$. Aplicando o perfil parabólico de velocidade da seção (2) na integral da Eq. 2,

$$-\pi R^2 U + 2\pi u_{max} \int_0^R \left[1 - \left(\frac{r}{R}\right)^2\right] r\, dr = 0 \quad \textbf{(3)}$$

Integrando,

$$-\pi R^2 U + 2\pi u_{\max}\left(\frac{r^2}{2} - \frac{r^4}{4R^2}\right)_0^R = 0$$

ou

$$u_{\max} = 2U$$

Como o escoamento é incompressível, a Eq. 5.7 mostra que U é a velocidade média em todas as seções transversais do tubo. Assim, a velocidade média na seção (2), $\overline{V}_2$, é igual a metade da velocidade máxima, ou seja,

$$\overline{V}_2 = \frac{u_{\max}}{2}$$

Exemplo 5.3

A banheira retangular mostrada na Fig. E5.3 está sendo enchida com água fornecida por uma torneira. A vazão em volume na torneira é constante e igual a 2,0 m³/h. Determine a taxa de variação temporal da profundidade da água na banheira, $\partial h / \partial t$, em m/min.

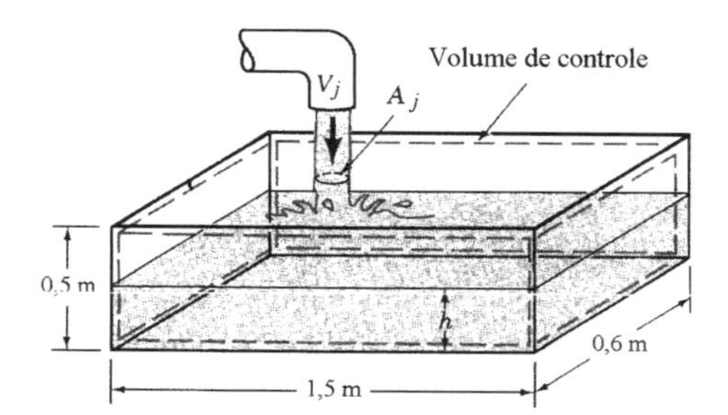

Figura E5.3

Solução Considere o volume de controle indeformável indicado na Fig. E5.3. Este volume de controle contém, em qualquer instante, a água acumulada na banheira, a água do jato descarregado pela torneira e ar. A aplicação das Eqs. 5.4 e 5.5 a este volume de controle resulta em

$$\frac{\partial}{\partial t}\int_{\text{volume de ar}} \rho_{ar}\, d\mathcal{V}_{\text{ar}} + \frac{\partial}{\partial t}\int_{\text{volume de água}} \rho_{\text{água}}\, d\mathcal{V}_{\text{água}} - \dot{m}_{\text{água}} + \dot{m}_{\text{ar}} = 0$$

Note que, isoladamente, a taxa de variação temporal da massa de ar e a de água não são nulas. Entretanto, a massa de ar precisa ser conservada, ou seja, a taxa de variação temporal da massa de ar no volume de controle precisa ser igual ao fluxo de massa que sai do volume de controle. Para simplificar o exemplo nós vamos admitir que não ocorre vaporização de água no volume de controle. Aplicando as Eqs. 5.4 e 5.5 para o ar contido no volume de controle, temos

$$\frac{\partial}{\partial t}\int_{\text{volume de ar}} \rho_{ar}\, d\mathcal{V}_{\text{ar}} + \dot{m}_{\text{ar}} = 0$$

Aplicando as mesmas equações a água contida no volume de controle,

$$\frac{\partial}{\partial t}\int_{\text{volume de água}} \rho_{\text{água}}\, d\mathcal{V}_{\text{água}} = \dot{m}_{\text{água}} \qquad \textbf{(1)}$$

A taxa de variação temporal da água no volume de controle pode ser calculada do seguinte modo:

$$\frac{\partial}{\partial t}\int_{\text{volume de água}} \rho_{\text{água}}\, d\mathcal{V}_{\text{água}} = \frac{\partial}{\partial t}\left(\rho_{\text{água}}\left[h \times 0{,}6 \times 1{,}5 + (0{,}5 - h)A_j\right]\right) \qquad \textbf{(2)}$$

onde A_j é a área da seção transversal do jato d'água. Combinando as Eqs. 1 e 2,

$$\rho_{\text{água}}\left(0,9 - A_j\right)\frac{\partial h}{\partial t} = \dot{m}_{\text{água}}$$

Assim,

$$\frac{\partial h}{\partial t} = \frac{Q_{\text{água}}}{\left(0,9 - A_j\right)}$$

Se $A_j << 0,9$ m^2 nós podemos concluir que

$$\frac{\partial h}{\partial t} = \frac{Q_{\text{água}}}{(0,9)} = \frac{2,0}{3600 \times 0,9} = 6,2 \times 10^{-4} \text{ m/s} = 37 \text{ mm/minuto}$$

O exemplo anterior ilustra alguns resultados importantes da aplicação do princípio de conservação da massa em volumes de controle fixos e indeformáveis. Quando o regime do escoamento é o permanente, a taxa de variação temporal da massa contida no volume de controle,

$$\frac{\partial}{\partial t}\int_{\text{vc}} \rho \, d\mathcal{V}$$

é nula. Nestes casos, a somatória das vazões em massa na superfície de controle também é nula, ou seja,

$$\sum \dot{m}_s - \sum \dot{m}_e = 0 \quad \textbf{(5.8)}$$

A somatória da vazão em volume na superfície de controle também será nula se o escoamento for incompressível e em regime permanente,

$$\sum Q_s - \sum Q_e = 0 \quad \textbf{(5.9)}$$

Quando o escoamento é transitório, a taxa de variação instantânea da massa contida no volume de controle não é necessariamente nula e pode ser uma variável importante (⦿ 5.2 – Aspirador industrial).

Considere um volume de controle que só apresenta uma seção de alimentação (1) e outra de descarga (2). Se o regime de operação é o permanente,

$$\dot{m} = \rho_1 A_1 \overline{V}_1 = \rho_2 A_2 \overline{V}_2 \quad \textbf{(5.10)}$$

Além disso, se o escoamento for incompressível, temos

$$Q = A_1 \overline{V}_1 = A_2 \overline{V}_2 \quad \textbf{(5.11)}$$

5.1.3 Volume de Controle Indeformável e Móvel

Muitas vezes é necessário analisar um problema utilizando um volume de controle indeformável solidário a um referencial móvel. Entre estes casos nós podemos ressaltar as análises dos escoamentos em turbinas de avião, em chaminés de navios e em tanques de combustível de automóveis em movimento.

A velocidade do fluido em relação ao volume de controle móvel (velocidade relativa) é uma variável importante na análise de escoamentos em volumes de controle móveis. A velocidade relativa, **W**, é a velocidade do fluido vista por um observador solidário ao volume de controle. A velocidade do volume de controle, $\mathbf{V}_{\text{vc}}$, é a velocidade do volume de controle detectada por um observador solidário a um sistema de coordenadas fixo. A velocidade absoluta do fluido, **V**, é a velocidade detectada por um observador imóvel solidário ao sistema de coordenadas fixo. Estas velocidades estão relacionadas pela seguinte equação vetorial:

$$\mathbf{V} = \mathbf{W} + \mathbf{V}_{\text{vc}} \quad \textbf{(5.12)}$$

A aplicação do teorema de transporte de Reynolds (Eq. 4.23) a um volume de controle móvel e indeformável resulta em

$$\frac{DM_{\text{sis}}}{Dt} = \frac{\partial}{\partial t}\int_{\text{vc}} \rho\, d\mathcal{V} + \int_{\text{sc}} \rho\, \mathbf{W}\cdot\hat{\mathbf{n}}\, dA$$

Como a massa do sistema não varia,

$$\frac{\partial}{\partial t}\int_{\text{vc}} \rho\, d\mathcal{V} + \int_{\text{sc}} \rho\, \mathbf{W}\cdot\hat{\mathbf{n}}\, dA = 0 \qquad \textbf{(5.13)}$$

Exemplo 5.4

A vazão de água no irrigador rotativo de jardim mostrado na Fig. E5.4 é 1000 ml/s. Se a área da seção de descarga de cada um dos bocais do irrigador é igual a 30 mm², determine a velocidade da água que deixa o irrigador em relação ao bocal se (**a**) a cabeça do irrigador está imóvel, (**b**) a cabeça do irrigador apresenta rotação de 600 rpm, (**c**) a cabeça do irrigador acelera de 0 a 600 rpm.

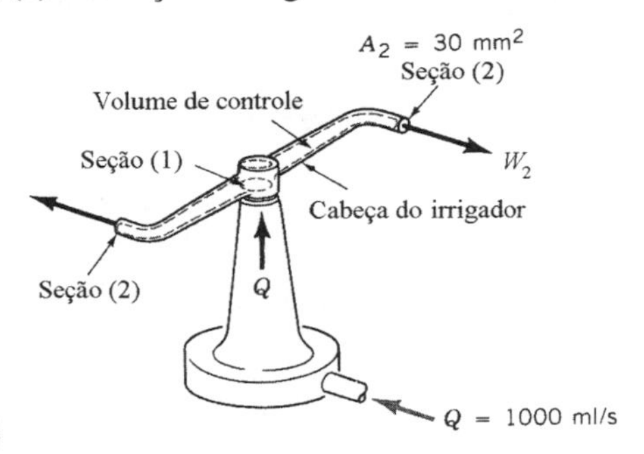

Figura E5.4

Solução Nós vamos utilizar o volume de controle indicado na figura (ele contém toda a água localizada na cabeça do dispositivo). Este volume de controle é indeformável e é solidário a cabeça do irrigador. A aplicação da Eq. 5.13 neste volume de controle - válida para os três casos descritos na formulação do problema - resulta em

$$\frac{\partial}{\partial t}\int_{\text{vc}} \rho\, d\mathcal{V} + \int_{\text{sc}} \rho\, \mathbf{W}\cdot\hat{\mathbf{n}}\, dA = 0$$

O primeiro termo da equação é nulo porque o regime de escoamento é o permanente - tanto para o caso (**a**) quanto para os casos (**b**) e (**c**) - para um observador solidário à cabeça do dispositivo. De outro lado, a cabeça do irrigador está sempre cheia de água e, deste modo, a taxa de variação da massa de água contida na cabeça do irrigador é nula. Assim,

$$\int_{\text{sc}} \rho\, \mathbf{W}\cdot\hat{\mathbf{n}}\, dA = -\dot{m}_{\text{e}} + \dot{m}_{\text{s}} = 0$$

ou

$$\dot{m}_{\text{e}} = \dot{m}_{\text{s}}$$

Como

$$\dot{m}_{\text{s}} = 2\rho A_2 W_2 \qquad \text{e} \qquad \dot{m}_{\text{e}} = \rho Q$$

segue que

$$W_2 = \frac{Q}{2A_2} = \frac{1000\times10^{-6}}{2\times30\times10^{-6}} = 16{,}7 \text{ m/s}$$

O valor de W_2 independe da velocidade angular da cabeça do irrigador e representa a velocidade média da água descarregada nos bocais em relação ao bocal [esta conclusão é valida para os casos (**a**), (**b**) e (**c**)]. A velocidade da água descarregada em relação a um observador estacionário (i.e., V_2) variará com a velocidade angular da cabeça do irrigador porque (veja a Eq. 5.12)

$$V_2 = W_2 - U$$

onde U é a velocidade do bocal em relação ao observador estacionário (igual ao produto da velocidade angular da cabeça do irrigador pelo raio da cabeça do dispositivo).

5.2 Segunda Lei de Newton – As Equações da Quantidade de Movimento Linear e do Momento da Quantidade de Movimento

5.2.1 Derivação da Equação da Quantidade de Movimento Linear

A segunda lei de Newton , para sistemas, estabelece que

taxa de variação temporal da quantidade de movimento do sistema	=	soma das forças externas que atuam no sistema

A quantidade de movimento de um sistema é igual ao produto de sua massa por sua velocidade (◉ 5.3 – Escoamento dos gases descarregados de uma chaminé). Assim, uma pequena partícula com massa $\rho\, d\mathcal{V}$ apresenta quantidade de movimento igual a $\mathbf{V}\rho\, d\mathcal{V}$ e um sistema apresenta quantidade de movimento $\int_{\text{sis}} \mathbf{V}\rho\, d\mathcal{V}$. Aplicando este resultado na segunda lei de Newton,

$$\frac{D}{Dt}\int_{\text{sis}} \mathbf{V}\,\rho\, d\mathcal{V} = \sum \mathbf{F}_{\text{sis}} \tag{5.14}$$

Nós apresentaremos a seguir o desenvolvimento da equação da quantidade de movimento linear adequada a volumes de controle. Quando o volume de controle é coincidente com o sistema, as forças que atuam no sistema e as forças que atuam no conteúdo do volume de controle coincidente (veja a Fig. 5.2) são instantaneamente idênticas, ou seja,

$$\sum \mathbf{F}_{\text{sis}} = \sum \mathbf{F}_{\substack{\text{conteúdo do volume de}\\ \text{controle coincidente}}} \tag{5.15}$$

A aplicação do teorema de transporte de Reynolds no sistema e no conteúdo do volume de controle coincidente, que é fixo e indeformável, fornece (Eq. 4.17 com b e B_{sis} respectivamente iguais a velocidade e a quantidade de movimento do sistema),

$$\frac{D}{Dt}\int_{\text{sis}} \mathbf{V}\,\rho\, d\mathcal{V} = \frac{\partial}{\partial t}\int_{\text{vc}} \mathbf{V}\,\rho\, d\mathcal{V} + \int_{\text{sc}} \mathbf{V}\,\rho\,\mathbf{V}\cdot\hat{\mathbf{n}}\, dA \tag{5.16}$$

ou

taxa de variação temporal da quantidade de movimento linear do sistema	=	taxa de variação temporal da quantidade de movimento linear do conteúdo do volume de controle	+	fluxo líquido de quantidade de movimento linear através da superfície de controle

A Eq. 5.16 estabelece que a taxa de variação temporal da quantidade de movimento linear é dada pela soma de duas quantidades relacionadas ao volume de controle: a taxa de variação temporal da quantidade de movimento linear do conteúdo do volume de controle e o fluxo líquido de quantidade de movimento linear através da superfície de controle. As partículas de fluido que

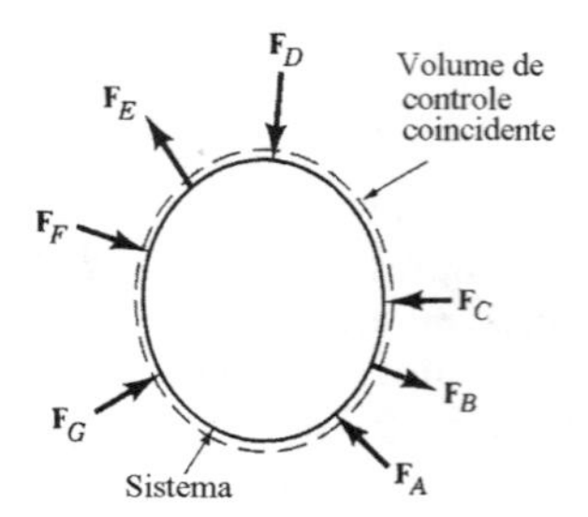

Figura 5.2 Forças externas que atuam no sistema e no volume de controle coincidente.

cruzam a superfície de controle transportam quantidade de movimento e, assim, nós detectamos um fluxo líquido de quantidade de movimento linear na superfície do volume de controle.

Combinando as Eqs. 5.14, 5.15 e 5.16 nós podemos obter uma formulação matemática da segunda lei de Newton para volumes de controle fixos (inerciais) e indeformáveis,

$$\frac{\partial}{\partial t}\int_{\text{vc}} \mathbf{V}\,\rho\, d\mathcal{V} + \int_{\text{sc}} \mathbf{V}\,\rho\,\mathbf{V}\cdot\hat{\mathbf{n}}\,dA = \sum \mathbf{F}_{\substack{\text{conteúdo do volume}\\ \text{de controle}}} \qquad \textbf{(5.17)}$$

A Eq. 5.17 é conhecida como a equação da quantidade de movimento linear.

As forças que compõem a somatória

$$\sum \mathbf{F}_{\substack{\text{conteúdo do volume}\\ \text{de controle coincidente}}}$$

são as de campo e as superficiais que atuam no conteúdo do volume de controle. A única força de campo que nós consideraremos neste capítulo é a associada a aceleração da gravidade. As forças de superfície são exercidas no conteúdo do volume de controle pelo material localizado na vizinhança imediata e externa ao volume de controle. Por exemplo, uma parede em contato com o fluido pode exercer uma força superficial de reação no fluido que ela confina. De modo análogo, o fluido na vizinhança externa do volume de controle pode empurrar o fluido localizado na vizinhança interna da interface comum (normalmente isto ocorre em regiões da superfície de controle onde se detecta escoamento de fluido). Um objeto imerso também pode atuar sobre o escoamento de um fluido com forças superficiais (◉ 5.4 – Força detectada num jato d' água).

5.2.2 Aplicação da Equação da Quantidade de Movimento Linear

A equação da quantidade de movimento linear para um volume de controle inercial é uma equação vetorial (veja a Eq. 5.17). Normalmente, nos problemas de engenharia, é necessário analisar todos os componentes desta equação vetorial em relação a um sistema de coordenadas ortogonal [por exemplo: o sistema de coordenadas cartesiano (x, y, z) ou o sistema de coordenadas cilíndrico (r, θ, z)]. Inicialmente, nós apresentaremos a análise de um problema simples que envolve um escoamento unidimensional, incompressível e que ocorre em regime permanente.

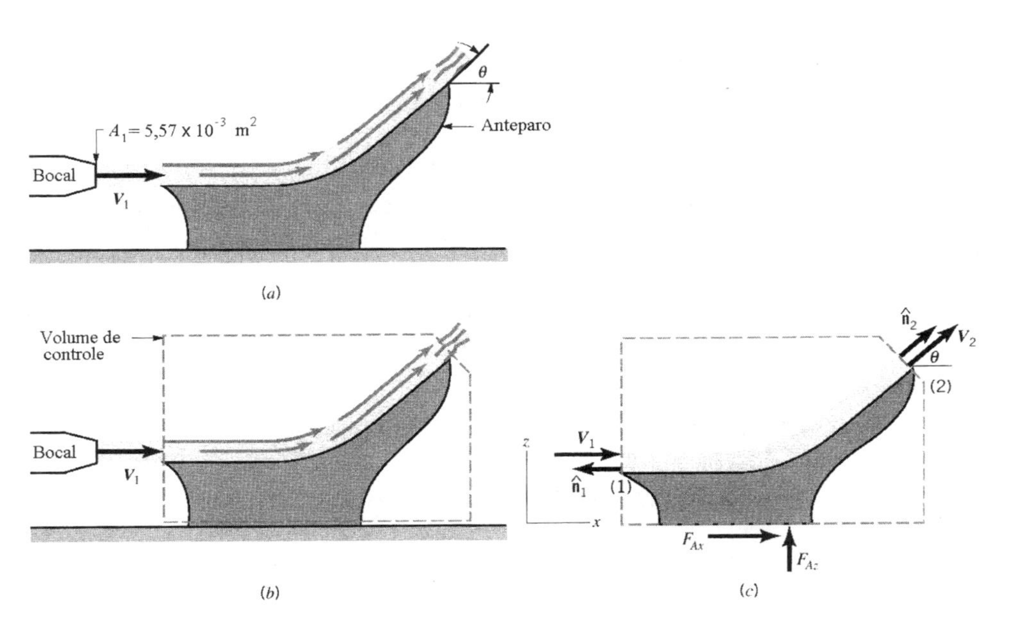

Figura E5.5

Exemplo 5.5

A Fig. E5.5*a* mostra um jato d'água horizontal incidindo num anteparo estacionário. O jato é descarregado do bocal com velocidade uniforme e igual a 3,0 m/s. O ângulo entre o escoamento de água, na seção de descarga do anteparo, e a horizontal é θ. Admitindo que os efeitos gravitacionais e viscosos são desprezíveis, determine a força necessária para manter o anteparo imóvel.

Solução Considere o volume de controle que inclui o anteparo e a água que está escoando sobre o anteparo (veja as Figs. E5.5*b* e *c*). Aplicando a equação da quantidade de movimento linear, Eq. 5.17, nas direções *x* e *z*, temos

$$\frac{\partial}{\partial t}\int_{\text{vc}} u\,\rho\, d\mathcal{V} + \int_{\text{sc}} u\,\rho\,\mathbf{V}\cdot\hat{\mathbf{n}}\,dA = \sum \mathbf{F}_x \qquad (1)$$

e

$$\frac{\partial}{\partial t}\int_{\text{vc}} w\,\rho\, d\mathcal{V} + \int_{\text{sc}} w\,\rho\,\mathbf{V}\cdot\hat{\mathbf{n}}\,dA = \sum \mathbf{F}_z \qquad (2)$$

onde $\Sigma\mathbf{F}_x$ e $\Sigma\mathbf{F}_z$ representam as componentes da força resultante que atua no conteúdo do volume de controle e $\mathbf{V} = u\,\hat{\mathbf{i}} + w\,\hat{\mathbf{k}}$ é a velocidade do escoamento. Observe que as derivadas temporais são nulas quando o regime de operação é o permanente.

A água entra e sai do volume de controle como um jato livre a pressão atmosférica. Nesta condição, a pressão que atua na superfície do volume de controle é uniforme e igual a atmosférica e a força líquida, devida à pressão, que atua nesta superfície é nula. Se nós desprezarmos o peso da água e do anteparo, as únicas forças que atuam no conteúdo do volume de controle são os componentes horizontal e vertical da força que imobiliza o anteparo (F_{Ax} e F_{Az}, veja a Fig. E5.5*c*).

Nós só detectamos escoamentos nas seções (1) e (2) da superfície do volume de controle considerado. Observe que $\mathbf{V}\cdot\hat{\mathbf{n}} = -V_1$ na seção de alimentação (1) e que $\mathbf{V}\cdot\hat{\mathbf{n}} = V_2$ na seção de descarga do volume de controle (2). Relembre que o versor normal associado a uma superfície sempre aponta para fora do volume de controle. A velocidade do escoamento na seção (2) é igual àquela na seção (1) porque nós vamos desprezar os efeitos viscosos e gravitacionais e já vimos que as pressões nas seções de alimentação e descarga do anteparo são iguais (veja a equação de Bernoulli, Eq. 3.6). Assim, $u = V_1$, $w = 0$ na seção (1) e $u = V_1 \cos\theta$, $w = V_1 \operatorname{sen}\theta$ na seção (2). Utilizando estas informações, as equações 1 e 2 podem ser reescritas do seguinte modo

$$V_1\,\rho(-V_1)\,A_1 + V_1\cos\theta\,\rho(V_1)\,A_2 = F_{Ax} \qquad (3)$$

e

$$(0)\,\rho(-V_1)\,A_1 + V_1\operatorname{sen}\theta\,\rho(V_1)\,A_2 = F_{Az} \qquad (4)$$

As Eqs. 3 e 4 podem ser simplificadas se nós utilizarmos a equação da continuidade restrita aos escoamentos incompressíveis, ou seja, $A_1V_1 = A_2V_2$. Como $V_1 = V_2$, temos que $A_1 = A_2$ e

$$F_{Ax} = -\rho\,A_1\,V_1^2 + \rho\,A_1\,V_1^2\cos\theta = -\rho\,A_1\,V_1^2\,(1-\cos\theta) \qquad (5)$$

e

$$F_{Az} = \rho\,A_1\,V_1^2\operatorname{sen}\theta \qquad (6)$$

Utilizando os dados fornecidos,

$$F_{Ax} = -(999)(5{,}57\times10^{-3})(3)^2(1-\cos\theta) = -50{,}1\,(1-\cos\theta)\ \text{N}$$

e

$$F_{Az} = (999)(5{,}57\times10^{-3})(3)^2\operatorname{sen}\theta = 50{,}1\operatorname{sen}\theta\ \text{N}$$

Observe que, quando $\theta = 0$, a força necessária para imobilizar o anteparo é nula. Isto ocorre porque nós modelamos o escoamento como invíscido. Se $\theta = 90^\circ$, nós encontramos $F_{Ax} = -50{,}1$ N e $F_{Az} = 50{,}1$ N. Nesta condição, o jato tenta empurrar o anteparo para a direita. Se $\theta = 180^\circ$, nós encontramos $F_{Ax} = -100{,}2$ N e $F_{Az} = 0$ N, ou seja, a componente vertical da força que atua no jato é nula e o módulo do componente horizontal dessa força é o dobro daquele verificado quando $\theta = 90°$

Os componentes horizontal e vertical da força necessária para imobilizar o anteparo também podem ser escritas em função da vazão em massa do jato. Lembrando que $\dot{m} = \rho A_1 V_1$,

$$F_{Ax} = -\dot{m} V_1 \ (1 - \cos\theta)$$

e

$$F_{Az} = \dot{m} V_1 \ \text{sen}\,\theta$$

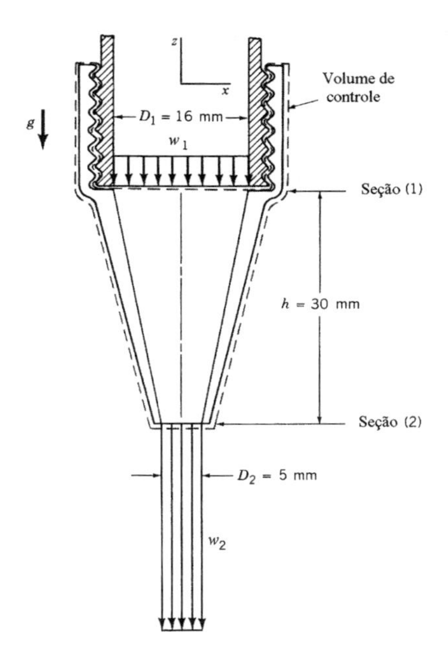

Figura E5.6*a*

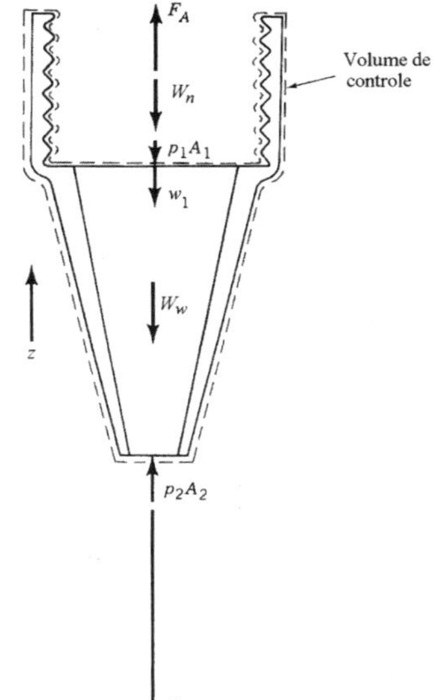

F_A = Força que atua no bocal
W_n = Peso do bocal
W_w = Peso da água contida no bocal
A_1 = Área da seção de alimentação
A_2 = Área da seção de descarga

Figura E5.6*b*

Exemplo 5.6

Determine a força necessária para imobilizar um bocal cônico instalado na seção de descarga de uma torneira de laboratório (veja a Fig. E5.6*a*) sabendo que a vazão de água na torneira é igual a 0,6 litros/s. A massa do bocal é 0,1 kg e os diâmetros das seções de alimentação e descarga do bocal são, respectivamente, iguais a 16 mm e 5 mm. O eixo do bocal está na vertical e a distância axial entre as seções (1) e (2) é 30 mm. A pressão na seção (1) é 464 kPa.

Solução A força procurada é a força de reação da torneira sobre a rosca do bocal. Para avaliar esta força nós escolhemos o volume de controle que inclui o bocal e a água contida no bocal (veja as Figs. E5.6*a* e E5.6*b*). Todas as forças verticais que atuam no conteúdo deste volume de controle estão identificadas na Fig. E5.6*b*. A ação da pressão atmosférica é nula em todas as direções e, por este motivo, não está indicada na figura. As forças devidas a pressão relativa na direção vertical não se cancelam e estão mostradas na figura. A aplicação da Eq. 5.17 (na direção vertical, z) ao conteúdo do volume de controle resulta em

$$\frac{\partial}{\partial t}\int_{\text{vc}} w\rho \, d\mathcal{V} + \int_{\text{sc}} w\rho \mathbf{V}\cdot\hat{\mathbf{n}}\, dA = F_A - W_n - p_1 A_1 - W_w + p_2 A_2 \quad \textbf{(1)}$$

onde w é o componente do vetor velocidade na direção z e os outros parâmetros podem ser identificados na figura. Observe que o primeiro termo da equação é nulo porque o regime de operação é o permanente.

Note que nós consideramos que as forças são positivas quando apontam "para cima". Nós também vamos utilizar esta convenção de sinais para a velocidade do fluido, w. O produto escalar $\mathbf{V}\cdot\hat{\mathbf{n}}$ da Eq. 1 será positivo quando o escoamento "sair" do volume de controle e negativo quando o escoamento "entrar" no volume de controle. Para este exemplo,

$$\mathbf{V}\cdot\hat{\mathbf{n}}\, dA = \pm |w|\, dA \quad \textbf{(2)}$$

onde o sinal + é utilizado no escoamento para fora do volume de controle e o sinal − no escoamento para o volume de controle. Nós precisamos conhecer os perfis de velocidade nas seções de alimentação e descarga do volume de controle e também como varia o valor da massa específica do fluido, ρ, no volume de controle. Por simplicidade nós vamos admitir que os perfis de velocidade são uniformes e com valores w_1 e w_2 nas seções de escoamento (1) e (2). Nós também vamos admitir que o escoamento é incompressível de modo que a massa específica do fluido é constante. Utilizando estas hipóteses nós podemos rescrever a Eq. 1 do seguinte modo

$$(-\dot{m}_1)(-w_1) + \dot{m}_2(-w_2) = F_A - W_n - p_1 A_1 - W_w + p_2 A_2 \quad \textbf{(3)}$$

onde $\dot{m} = \rho A V$ é a vazão em massa.

Observe que nós utilizamos $-w_1$ e $-w_2$, porque estas velocidades apontam para baixo, $-\dot{m}_1$, porque o escoamento na seção (1) é para dentro do volume de controle e $+\dot{m}_2$ porque o escoamento na seção (2) é para fora do volume de controle. Nós podemos encontrar a força de imobilização, F_A, resolvendo a Eq. 3. Assim,

$$F_A = \dot{m}_1 w_1 - \dot{m}_2 w_2 + W_n + p_1 A_1 + W_w - p_2 A_2 \quad \textbf{(4)}$$

A aplicação da equação da conservação da massa, Eq. 5.10, a este volume de controle fornece

$$\dot{m}_1 = \dot{m}_2 = \dot{m} \quad \textbf{(5)}$$

que combinada com a Eq. 4 resulta em

$$F_A = \dot{m}(w_1 - w_2) + W_n + p_1 A_1 + W_w - p_2 A_2 \quad \textbf{(6)}$$

Note que a força necessária para imobilizar o bocal é proporcional ao peso do bocal, W_n, ao peso da água contida no bocal, W_w, a pressão relativa na seção (1), p_1, e inversamente proporcional a pressão na seção (2), p_2. A Eq. 6 também mostra que a variação do fluxo de quantidade de movimento na direção vertical, $\dot{m}(w_1 - w_2)$, provoca uma diminuição da força necessária para imobilizar o bocal porque $w_2 > w_1$.

Para completar este exemplo nós vamos avaliar numericamente a força necessária para imobilizar o bocal. Da Eq. 5.6,

$$\dot{m} = \rho w_1 A_1 = \rho Q = 999 \times \left(0{,}6 \times 10^{-3}\right) = 0{,}6 \text{ kg/s} \qquad \textbf{(7)}$$

e

$$w_1 = \frac{Q}{A_1} = \frac{Q}{\pi\left(D_1^2/4\right)} = \frac{\left(0{,}6 \times 10^{-3}\right)}{\pi\left((16 \times 10^{-3})^2/4\right)} = 3{,}0 \text{ m/s} \qquad \textbf{(8)}$$

Aplicando novamente a Eq. 5.6,

$$w_2 = \frac{Q}{A_2} = \frac{Q}{\pi\left(D_2^2/4\right)} = \frac{\left(0{,}6 \times 10^{-3}\right)}{\pi\left((5 \times 10^{-3})^2/4\right)} = 30{,}6 \text{ m/s} \qquad \textbf{(9)}$$

O peso do bocal, W_n, pode ser obtido a partir da massa do bocal, m_n. Deste modo,

$$W_n = m_n g = 0{,}1 \times 9{,}8 = 0{,}98 \text{ N} \qquad \textbf{(10)}$$

O peso da água contida no volume de controle, W_w, pode ser calculado com a massa específica da água, ρ, e o volume interno do bocal.

$$W_w = \rho \mathcal{V} g = \rho \frac{1}{12} \pi h \left(D_1^2 + D_2^2 + D_1 D_2\right) g$$

$$W_w = \frac{999}{12} \pi \left(30 \times 10^{-3}\right)\left[\, (16)^2 + (5)^2 + (16 \times 5)\,\right] \times 10^{-6} \times 9{,}8 = 0{,}028 \text{ N} \qquad \textbf{(11)}$$

Aplicando estes resultados na Eq. 6, temos

$$\begin{aligned} F_A &= 0{,}6\,(3{,}0 - 30{,}6) + 0{,}98 + 464 \times 10^3 \times \frac{\pi\left(16 \times 10^{-3}\right)^2}{4} + 0{,}028 - 0 \\ &= -16{,}5 + 0{,}98 + 93{,}3 + 0{,}028 \\ &= 77{,}8\text{N} \end{aligned}$$

O sentido da força F_A é para cima porque seu valor é positivo. Note que o bocal seria arrancado da torneira se ele não estivesse fixado à torneira.

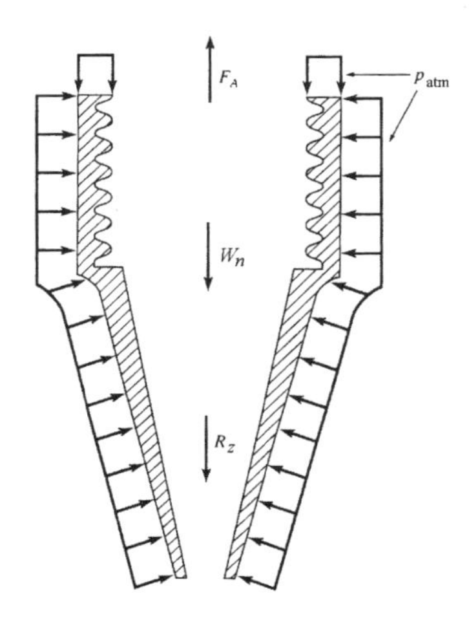

Figura E5.6*c*

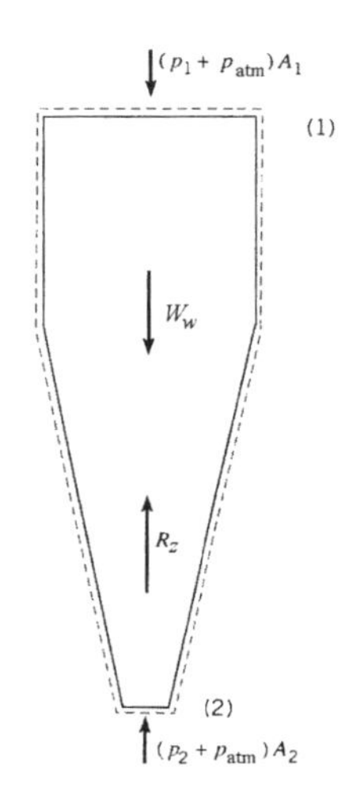

Figura E5.6*d*

O volume de controle utilizado neste exemplo não é o único que pode ser utilizado na solução do problema. Nós vamos apresentar dois volumes de controle alternativos para a solução do mesmo problema - um que inclui apenas o bocal e outro que inclui apenas a água contida no bocal. Estes volumes de controle, e as forças que devem ser consideradas, estão mostrados nas Figs. E5.6*c* e E5.6*d*. A nova força R_z representa a interação entre a água e a superfície cônica interna do bocal (esta força é composta pelo efeito da pressão líquida que atua no bocal e pelo efeito das forças viscosas na superfície interna do bocal).

A aplicação da Eq. 5.17 ao conteúdo do volume de controle da Fig. E5.6*c* resulta em

$$F_A = W_n + R_z - p_{\text{atm}} \left(A_1 - A_2 \right) \qquad \textbf{(12)}$$

O termo $p_{\text{atm}} (A_1 - A_2)$ é a força resultante da pressão atmosférica que atua na superfície externa do bocal (i.e., na porção da superfície do bocal que não está em contato com a água). Lembre que a força de pressão numa superfície curva é igual a pressão multiplicada pela projeção da área da superfície num plano perpendicular ao eixo do bocal. A projeção desta área num plano perpendicular a direção z é $A_1 - A_2$. O efeito da pressão atmosférica na área interna (entre o bocal e a água) também está incluído em R_z que representa a força líquida nesta área.

Já a aplicação da Eq. 5.17 ao conteúdo do volume de controle da Fig. E5.6*d* resulta em

$$R_z = \dot{m}(w_1 - w_2) + W_w + (p_1 + p_{\text{atm}})A_1 - (p_2 + p_{\text{atm}})A_2 \qquad \textbf{(13)}$$

onde p_1 e p_2 são pressões relativas. É claro que o valor de R_z na Eq. 13 depende do valor da pressão atmosférica , p_{atm}, porque $A_1 \neq A_2$ e isto nos obriga a utilizar pressões absolutas, e não pressões relativas, na avaliação de R_z.

Combinando as Eqs. 12 e 13 nós obtemos, novamente, a Eq. 6, ou seja,

$$F_A = \dot{m} \left(w_1 - w_2 \right) + W_n + p_1 A_1 + W_w - p_2 A_2$$

Note que apesar da força que atua na interface fluido – parede do bocal, R_z, ser função da pressão atmosférica, a força para imobilizar o bocal, F_A, independe do valor de p_{atm}. Este resultado corrobora o método utilizado para calcular F_A com o volume de controle mostrado na Fig. E5.6*b*.

Muitas aspectos importantes sobre a aplicação da equação da quantidade de movimento linear (Eq. 5.17) ficaram aparentes no exemplo que acabamos de apresentar.

1. As integrais de superfície se tornam mais simples quando nós modelamos os escoamentos na fronteira do volume de controle como unidimensionais. Assim, é muito mais fácil operar com escoamentos unidimensionais do que com escoamentos que apresentam distribuições de velocidade não uniforme.

2. A quantidade de movimento linear é uma entidade vetorial e, assim, ela pode apresentar três componentes ortogonais. A quantidade de movimento linear de uma partícula fluida pode ser positiva ou negativa. No Exemplo 5.6 apenas a quantidade de movimento na direção z foi considerada e todos os fluxos de quantidade de movimento apresentavam sentido negativo no eixo z. Por este motivo estes fluxos foram tratadas como negativos.

3. O sinal do fluxo de quantidade de movimento linear numa região da superfície de controle que apresenta escoamento depende do sinal do produto escalar $\mathbf{V}\cdot\hat{\mathbf{n}}$ e também do sinal do componente do vetor velocidade em que estamos interessados. O fluxo de quantidade de movimento linear na seção (1) do Exemplo 5.6 é positivo enquanto que na seção (2) é negativo.

4. A taxa de variação da quantidade de movimento linear do conteúdo de um volume de controle (i.e. $\partial / \partial t \int_{\text{vc}} \mathbf{V} \rho \, d\mathcal{V}$) é nula quando o regime é permanente. Os problemas sobre quantidade de movimento linear considerados neste livro só envolvem escoamentos em regime permanente.

5. A força superficial exercida pelo fluido que está localizado fora do volume de controle no fluido que está dentro do volume de controle, nas regiões da superfície de controle onde se detecta escoamento, é a provocada pela pressão se nós colocarmos a superfície de controle perpendicularmente ao escoamento. Note que a pressão numa seção de descarga do volume de controle é igual a atmosférica se o escoamento for descarregado na atmosfera e se este for subsônico. O escoamento na seção (2) do Exemplo 5.6 é subsônico de modo que nós admitimos que a pressão na seção de descarga do bocal é igual a pressão atmosférica. A equação da continuidade (Eq. 5.10) nos permitiu avaliar as velocidades do fluido nas seções (1) e (2).

6. As forças devidas a pressão atmosférica e que atuam na superfície de controle podem ser necessárias no cálculo da força de reação entre o bocal e a torneira (veja a Eq. 13). Note que nós não levamos em consideração as forças devidas a pressão atmosférica no cálculo da força necessária para imobilizar o bocal, F_A, porque estas se cancelavam (veja que esta força desaparece se combinarmos a Eq. 12 com a 13). É importante ressaltar que nós podemos utilizar as pressões relativas na determinação de F_A.

7. As forças externas são positivas se apresentam mesmo sentido que o positivo do sistema de coordenadas.

8. Apenas as forças externas que atuam no conteúdo do volume de controle devem ser consideradas na equação de quantidade de movimento linear (Eq. 5.17). Assim, é necessário considerar as forças de reação entre o fluido e a superfície, ou superfícies, em contato com o fluido na aplicação da Eq. 5.17 se o volume de controle só contém um fluido. Já as forças que atuam no seio do fluido e nas superfícies localizadas dentro do volume de controle não aparecem na equação de quantidade de movimento linear porque elas são internas. A força necessária para imobilizar uma superfície em contato com o fluido é uma força externa e precisa ser levada em consideração na Eq. 5.17.

9. A força necessária para imobilizar um objeto é uma resposta as forças de pressão e viscosas (atrito) que atuam na superfície de controle, a mudança da quantidade de movimento linear do escoamento no volume de controle e aos pesos do objeto e do fluido contido no volume de controle. A força necessária para imobilizar o bocal do Exemplo 5.6 é fortemente influenciada pelas forças de pressão e parcialmente pela variação de quantidade de movimento do escoamento no bocal (o escoamento apresenta uma aceleração). A influência dos pesos da água e do bocal é muito pequena no cálculo da força necessária para imobilizar o bocal.

Exemplo 5.7

Água escoa na curva mostrada na Fig. E5.7*a*. A área da seção transversal da curva é constante e igual a $9{,}3 \times 10^{-3}$ m². A velocidade é uniforme em todo o campo do escoamento e é igual a 15,2 m/s. A pressão absoluta nas seções de alimentação e descarga da curva são, respectivamente, iguais a 207 kPa e 165 kPa. Determine os componentes da força necessária para ancorar a curva nas direções x e y.

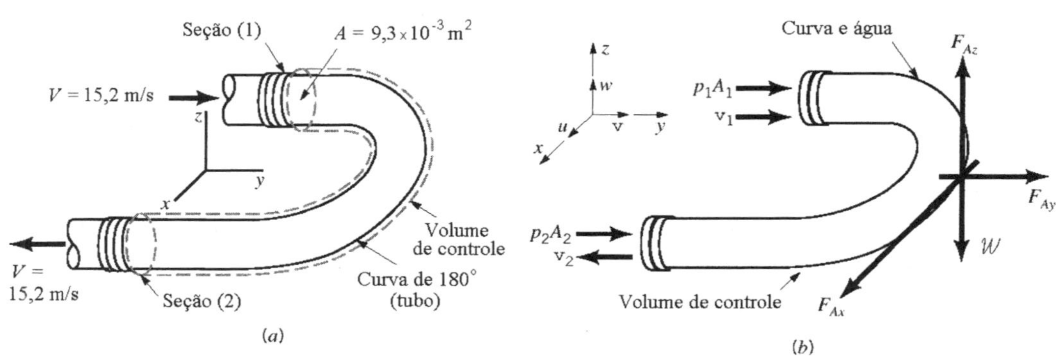

Figura E5.7

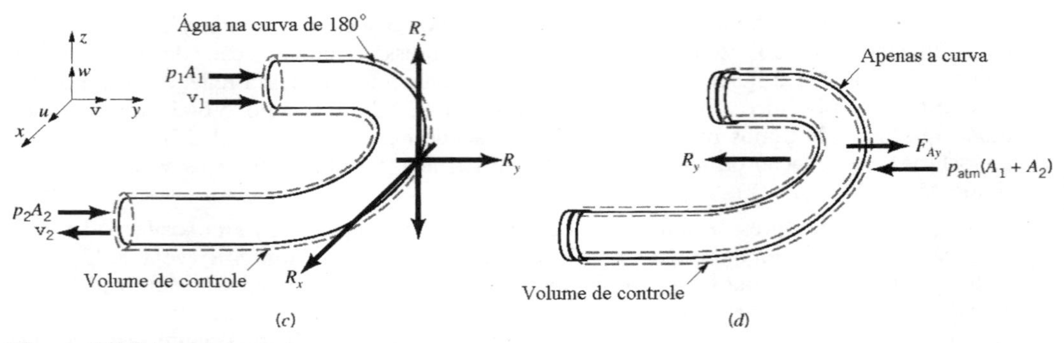

Figura E5.7 (continuação)

Solução Nós vamos utilizar o volume de controle mostrado na Fig. E5.7*a* (inclui a curva e a água contida na curva) para avaliar as componentes da força necessária para imobilizar a tubulação. As forças horizontais que atuam no conteúdo deste volume de controle estão indicadas na Fig. E5.7*b*. Note que o peso da água atua na vertical (no sentido negativo do eixo z) e, por isto, não contribui para a componente horizontal da força de imobilização. Nós vamos combinar todas as forças normais e tangenciais exercidas sobre o fluido e o tubo em duas componentes resultantes F_{Ax} e F_{Ay}. A aplicação da componente na direção x da Eq. 5.17 no conteúdo do volume de controle resulta em

$$\int_{sc} u \rho \mathbf{V} \cdot \hat{\mathbf{n}} \, dA = F_{Ax} \quad (1)$$

As direções dos escoamentos nas seções (1) e (2) coincidem com a do eixo y e por este motivo temos que $u = 0$ nesta seções. Note que não existe fluxo de quantidade de movimento na direção x para dentro ou para fora deste volume de controle e, então, nós podemos concluir que $F_{Ax} = 0$ (veja a Eq. 1).

A aplicação da componente na direção y da Eq. 5.17 no conteúdo do volume de controle resulta em

$$\int_{sc} v \rho \mathbf{V} \cdot \hat{\mathbf{n}} \, dA = F_{Ay} + p_1 A_1 + p_2 A_2 \quad (2)$$

Como o escoamento é unidimensional, a integral de superfície da Eq. 2 pode ser facilmente calculada, ou seja,

$$(+v_1)(-\dot{m}_1) + (-v_2)(+\dot{m}_2) = F_{Ay} + p_1 A_1 + p_2 A_2 \quad (3)$$

Note que o componente do vetor velocidade na direção y é positivo na seção (1) e que é negativo na seção (2). O termo de vazão em massa é negativo na seção (1) (escoamento para dentro do volume de controle) e é positivo na seção (2) (escoamento para fora do volume de controle). Aplicando a equação da continuidade (Eq. 5.10) no volume de controle indicado na Fig. E5.7, temos

$$\dot{m} = \dot{m}_1 = \dot{m}_2 \quad (4)$$

Combinando este resultado com a Eq. 3,

$$-\dot{m}\,(v_1 + v_2) = F_{Ay} + p_1 A_1 + p_2 A_2 \quad (5)$$

Isolando o termo F_{Ay},

$$F_{Ay} = -\dot{m}\,(v_1 + v_2) - p_1 A_1 - p_2 A_2 \quad (6)$$

Nós podemos calcular a vazão em massa na curva com a Eq. 5.6. Deste modo,

$$\dot{m} = \rho_1 A_1 v_1 = (999)(9{,}3 \times 10^{-3})(15{,}2) = 141{,}2 \text{ kg/s}$$

Nós podemos trabalhar com pressões relativas para determinar a força necessária para imobilizar a curva, F_A, porque os efeitos da pressão atmosférica se cancelam. Aplicando valores numéricos na Eq. 6, temos

$$F_{Ay} = -141{,}2\,(15{,}2+15{,}2) - \left(207\times10^3 - 100\times10^3\right)9{,}3\times10^{-3} - \left(165\times10^3 - 100\times10^3\right)9{,}3\times10^{-3}$$
$$= -4292{,}5 - 995{,}1 - 604{,}5 = -5892{,}1 \text{ N}$$

Note que F_{Ay} é negativa e, assim, esta força atua no sentido negativo do sistema de coordenadas mostrado na Fig. E5.7*b*.

A força necessária para imobilizar a curva é independente da pressão atmosférica (como no Exemplo 5.6). Entretanto, a força com que a curva atua no fluido contido no volume de controle, R_y, é função da pressão atmosférica. Nós podemos mostrar este fato utilizando o volume de controle mostrado na Fig. E5.7*c* (contém apenas o fluido contido na curva). A aplicação da equação da quantidade de movimento linear a este volume de controle resulta em

$$R_y = -\dot{m}\,(v_1 + v_2) - p_1 A_1 - p_2 A_2$$

onde p_1 e p_2 são as pressões absolutas nas seções (1) e (2). Aplicando os valores numéricos nesta equação,

$$R_y = -141{,}2\,(15{,}2+15{,}2) - \left(207\times10^3\right)9{,}3\times10^{-3} - \left(165\times10^3\right)9{,}3\times10^{-3}$$
$$= -4292{,}5 - 1925{,}1 - 1534{,}5 = -7752{,}1 \text{ N} \quad \textbf{(7)}$$

Nós podemos utilizar o volume de controle que inclui apenas a curva (sem o fluido contido na tubulação veja a Fig. E5.7*d*) para determinar F_{Ay}. Aplicando a equação de quantidade de movimento linear, referente a direção y, a este novo volume de controle,

$$F_{Ay} = R_y + p_{atm}(A_1 + A_2) \quad \textbf{(8)}$$

onde a força R_y é dada pela Eq. 7. O termo $p_{atm}\,(A_1 + A_2)$ representa a força de pressão líquida na porção externa do volume de controle. Lembre que a força de pressão líquida na superfície interna da curva é levada em consideração em R_y. Combinando as Eqs. 7 e 8, temos

$$F_{Ay} = -7752{,}1 + 100\times10^3\left(9{,}3\times10^{-3} + 9{,}3\times10^{-3}\right) = -5892{,}1 \text{ N}$$

Note que este resultado está de acordo com o obtido utilizando o volume de controle da Fig. E5.7*b*.

Os Exemplos 5.5, 5.6 e 5.7 mostram que as variações de velocidade e sentido dos escoamentos sempre estão acompanhadas por forças de reação. Os próximos exemplos vão mostrar como outros problemas da mecânica dos fluidos podem ser resolvidos com a equação de quantidade de movimento linear (Eq. 5.17).

Exemplo 5.8

Desenvolva uma expressão para a queda de pressão que ocorre entre as seções (1) e (2) do escoamento indicado no Exemplo 5.2. Admita que o escoamento é vertical e ascendente.

Solução O volume de controle inclui apenas o fluido delimitado pelas seções (1) e (2) do tubo (veja a Fig. E5.2). As forças que atuam no fluido contido no volume de controle estão indicadas na Fig. E5.8. A aplicação da equação da quantidade de movimento linear neste volume de controle (direção z) resulta em

$$\int_{sc} w\,\rho\,\mathbf{V}\cdot\hat{\mathbf{n}}\,dA = p_1 A_1 - R_z - W - p_2 A_2 \quad \textbf{(1)}$$

onde R_z é a força que o tubo exerce no fluido. Lembrando que o escoamento é uniforme na seção (1) e que o escoamento é para fora do volume de controle na seção (2), temos

$$(+w_1)(-\dot{m}_1) + \int_{A_2}(+w_2)\,\rho\,(+w_2)\,dA_2 = p_1 A_1 - R_z - W - p_2 A_2 \quad \textbf{(2)}$$

O sentido positivo de eixo z é para cima. A integral de superfície na seção (2), que apresenta área da seção transversal A_2, pode ser avaliada se utilizarmos o perfil parabólico de velocidade obtido no Exemplo 5.2 (veja a parte superior esquerda da Fig. E5.8). Deste modo,

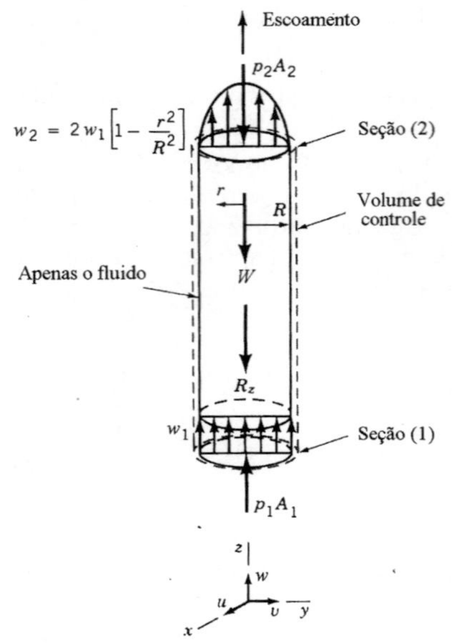

Figura E5.8

$$\int_{A_2}(w_2)\rho(w_2)dA_2 = \rho\int_0^R w_2^2\, 2\pi r\, dr = 2\pi\rho\int_0^R (2w_1)^2\left[1-\left(\frac{r}{R}\right)^2\right]^2 r\, dr$$

Assim,

$$\int_{A_2}(w_2)\rho(w_2)dA_2 = 4\pi\rho w_1^2\frac{R^2}{3} \tag{3}$$

Combinando as Eqs. 2 e 3,

$$-w_1^2\rho\pi R^2 + \frac{4}{3}w_1^2\rho\pi R^2 = p_1A_1 - R_z - W - p_2A_2 \tag{4}$$

Isolando o termo $p_1 - p_2$,

$$p_1 - p_2 = \frac{\rho w_1^2}{3} + \frac{R_z}{A_1} + \frac{W}{A_1}$$

Esta equação mostra que a variação entre as pressões nas seções (1) e (2) é provocada pelos seguintes fenômenos:

1. Variação da quantidade de movimento linear do escoamento (associada a alteração do perfil de velocidade - de uniforme, na seção de entrada do volume de controle, para parabólico, na seção de saída do volume de controle).
2. Atrito na parede do tubo.
3. Peso da coluna de água (efeito hidrostático).

Se os perfis de velocidade nas seções (1) e (2) fossem parabólicos – escoamento plenamente desenvolvido – os fluxos de quantidade de movimento linear nestas seções seriam iguais. Neste caso, a queda de pressão $p_1 - p_2$ seria devida apenas ao atrito na parede e ao peso da coluna de água. Se além disso os efeitos gravitacionais forem desprezíveis (como nos escoamentos horizontais de líquidos e escoamentos de gases em qualquer direção), a queda de pressão $p_1 - p_2$ será provocada apenas pelo atrito na parede.

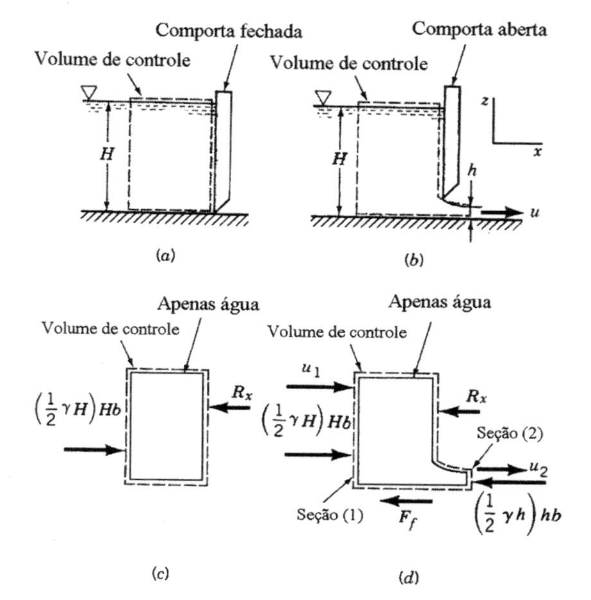

Figura E5.9

Exemplo 5.9

A comporta deslizante esquematizada na Figs. E5.9*a* e E5.9*b* está instalada num canal que apresenta largura b. A força necessária para imobilizar a comporta é maior quando a comporta está fechada ou quando a comporta está aberta?

Solução Nós responderemos a esta pergunta comparando as expressões para a força horizontal com que a água atua sobre a comporta, R_x. Os volumes de controle que nós utilizaremos para a determinação destas forças estão indicados nas Figs. E5.9*a* e E5.9*b*.

As forças horizontais que atuam no conteúdo do volume de controle mostrado na Fig. E5.9*a* (referente a situação onde a comporta está fechada) estão mostradas na Fig. E5.9*c*. A aplicação da Eq. 5.17 ao conteúdo deste volume de controle fornece

$$\int_{\text{sc}} u\,\rho\,\mathbf{V}\cdot\hat{\mathbf{n}}\,dA = \frac{1}{2}\gamma H^2 b - R_x \qquad \textbf{(1)}$$

O primeiro termo da equação é nulo porque não existe escoamento. Nesta condição, a força com que a comporta atua na água (que, em módulo, é igual a força necessária para imobilizar a comporta) é igual a

$$R_x = \frac{1}{2}\,\gamma H^2 b \qquad \textbf{(2)}$$

, ou seja, o módulo de R_x é igual a força hidrostática exercida na comporta pela água.

As forças horizontais que atuam no conteúdo do volume de controle mostrado na Fig. E5.9*b* (referente a situação onde a comporta está aberta) estão mostradas na Fig. E5.9*d*. A aplicação da Eq. 5.17 ao conteúdo deste volume de controle fornece

$$\int_{\text{sc}} u\,\rho\,\mathbf{V}\cdot\hat{\mathbf{n}}\,dA = \frac{1}{2}\gamma H^2 b - R_x - \frac{1}{2}\gamma h^2 b - F_f \qquad \textbf{(3)}$$

Nós admitimos que as distribuições de pressão são hidrostáticas nas seções (1) e (2) e que a força de atrito entre o fundo do canal e a água foi representada por F_f. A integral de superfície da Eq. 3 é não nula somente se existir escoamento através da superfície de controle. Se admitirmos que os perfis de velocidade são uniformes nas seções (1) e (2), temos

$$\int_{sc} u\,\rho\,\mathbf{V}\cdot\hat{\mathbf{n}}\,dA = (u_1)\rho(-u_1)Hb + (u_2)\rho(u_2)hb \qquad \textbf{(4)}$$

Se $H >> h$, a velocidade ao longe u_1 é muito menor do que a velocidade u_2. Nesta condição, a contribuição da quantidade de movimento do escoamento que entra no volume de controle pode ser desprezada. A combinação da Eq. 3 com a Eq. 4 fornece

$$-\rho u_1^2 Hb + \rho u_2^2 hb = \frac{1}{2}\gamma H^2 b - R_x - \frac{1}{2}\gamma h^2 b - F_f \qquad \textbf{(5)}$$

Isolando o termo R_x e admitindo que $H >> h$,

$$R_x = \frac{1}{2}\gamma H^2 b - \frac{1}{2}\gamma h^2 b - F_f - \rho u_2^2 hb \qquad \textbf{(6)}$$

Comparando as expressões para R_x (Eqs. 2 e 6) é possível concluir a força com que água atua na comporta é menor quando a comporta está aberta.

Os exemplos anteriores mostraram que a variação do vetor quantidade de movimento linear dos escoamentos, as forças de pressão, as forças de atrito e o peso do fluido podem gerar uma força de reação. Lembre sempre que a escolha do volume de controle é importante na análise de um problema porque a escolha adequada pode facilitar muito o procedimento de solução do problema.

5.2.3 Derivação da Equação do Momento da Quantidade de Movimento

O momento de uma força em relação a um eixo (torque) é importante em muitos problemas da engenharia. Nós já mostramos que a segunda lei do movimento de Newton fornece uma relação muito útil entre as forças que atuam no conteúdo de um volume de controle e a variação da quantidade de movimento linear deste volume de controle. A equação da quantidade de movimento linear também pode ser utilizada para resolver problemas que envolvem torques. Entretanto, nós consideraremos o momento da quantidade de movimento e a força resultante associada com cada partícula fluida em relação a um ponto localizado num sistema de coordenadas inercial para desenvolver a equação do momento da quantidade de movimento (relaciona os torques com a quantidade de movimento angular do escoamento contido no volume de controle).

A aplicação da segunda lei do movimento de Newton a uma partícula fluida fornece

$$\frac{D}{Dt}(\mathbf{V}\rho\,\delta V) = \delta\mathbf{F}_{\text{partícula}}$$

onde $\mathbf{V}$ é a velocidade da partícula medida em relação a um referencial inercial, ρ é a massa específica do fluido, δV é o volume da partícula fluida (infinitesimal) e $\delta\mathbf{F}_{\text{partícula}}$ é a resultante das forças externas que atuam na partícula. Se nós tomarmos o momento de cada um dos termos da equação anterior em relação a origem de um sistema de coordenadas inercial, temos

$$\mathbf{r}\times\frac{D}{Dt}(\mathbf{V}\rho\,\delta V) = \mathbf{r}\times\delta\mathbf{F}_{\text{partícula}}$$

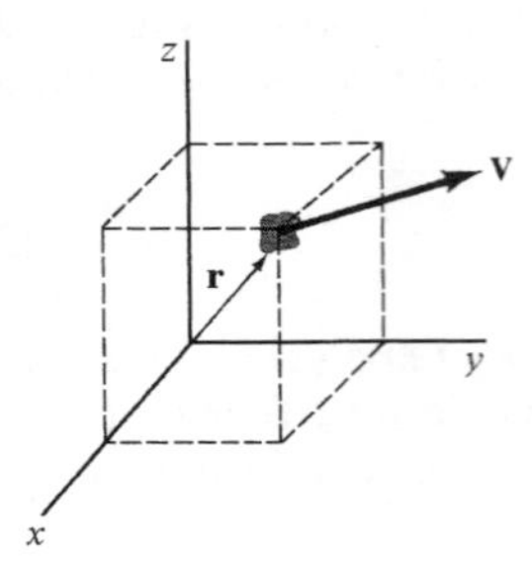

Figura 5.3 Sistema de coordenadas inercial.

onde **r** é o vetor posição da partícula fluida (medido a partir da origem do sistema de coordenadas – veja a Fig. 5.3). Lembrando que

$$\frac{D}{Dt}\left[(\mathbf{r}\times\mathbf{V})\rho\,\delta\mathcal{V}\right]=\frac{D\mathbf{r}}{Dt}\times\mathbf{V}\rho\,\delta\mathcal{V}+\mathbf{r}\times\frac{D}{Dt}(\mathbf{V}\rho\,\delta\mathcal{V})$$

e

$$\frac{D\mathbf{r}}{Dt}=\mathbf{V}$$

é possível obter

$$\frac{D}{Dt}\int_{\text{sis}}(\mathbf{r}\times\mathbf{V})\rho\,d\mathcal{V}=\sum(\mathbf{r}\times\mathbf{F})_{\text{sis}} \qquad \textbf{(5.18)}$$

ou

taxa de variação temporal do momento da quantidade de movimento do sistema = soma dos torques externos que atuam no sistema

Os torques que atuam no sistema e no conteúdo de um volume de controle que coincide instantaneamente com o sistema são idênticos, ou seja

$$\sum(\mathbf{r}\times\mathbf{F})_{\text{sis}}=\sum(\mathbf{r}\times\mathbf{F})_{\text{vc}} \qquad \textbf{(5.19)}$$

Se aplicarmos o teorema de transporte de Reynolds (Eq. 4.17) para o sistema e o conteúdo do volume de controle coincidente (vamos admitir que este é fixo e indeformável), obteremos

$$\frac{D}{Dt}\int_{\text{sis}}(\mathbf{r}\times\mathbf{V})\rho\,d\mathcal{V}=\frac{\partial}{\partial t}\int_{\text{vc}}(\mathbf{r}\times\mathbf{V})\rho\,d\mathcal{V}+\int_{\text{sc}}(\mathbf{r}\times\mathbf{V})\rho\,\mathbf{V}\cdot\hat{\mathbf{n}}\,dA \qquad \textbf{(5.20)}$$

ou

taxa de variação temporal do momento da quantidade de movimento do sistema = taxa de variação temporal do momento da quantidade de movimento no vc + fluxo líquido de momento da quantidade de movimento na sc

Nós podemos obter a equação do momento de quantidade de movimento adequada para volumes de controle fixos (e portanto inerciais) e não deformáveis se combinarmos as Eqs. 5.18, 5.19 e 5.20. Deste modo,

$$\frac{\partial}{\partial t}\int_{\text{vc}}(\mathbf{r}\times\mathbf{V})\rho\,d\mathcal{V}+\int_{\text{sc}}(\mathbf{r}\times\mathbf{V})\rho\,\mathbf{V}\cdot\hat{\mathbf{n}}\,dA=\sum(\mathbf{r}\times\mathbf{F})_{\substack{\text{conteúdo do}\\\text{volume de controle}}} \qquad \textbf{(5.21)}$$

5.2.4 Aplicação da Equação do Momento da Quantidade de Movimento

Nós só vamos aplicar a Eq. 5.21 sob as seguintes hipóteses:

1. Nós vamos admitir que o escoamento é unidimensional (distribuição uniforme de velocidade em qualquer seção).
2. Nós só analisaremos escoamentos em regime permanente ou permanentes em média (escoamentos cíclicos). Nestes casos,

$$\frac{\partial}{\partial t}\int_{\text{vc}}(\mathbf{r}\times\mathbf{V})\rho\,d\mathcal{V}=0$$

3. Nós só trabalharemos com a componente axial da Eq. 5.21. A direção considerada é a mesma do eixo de rotação do escoamento.

Considere o irrigador de jardim esboçado na Fig. 5.4. O escoamento de água cria um torque no braço do irrigador e o faz girar. Note que existe uma modificação na direção e na velocidade do escoamento no braço do irrigador pois o escoamento na seção de alimentação do braço – seção (1) – é vertical e os escoamentos nas seções de descarga – seção (2) – são tangenciais. Nós vamos

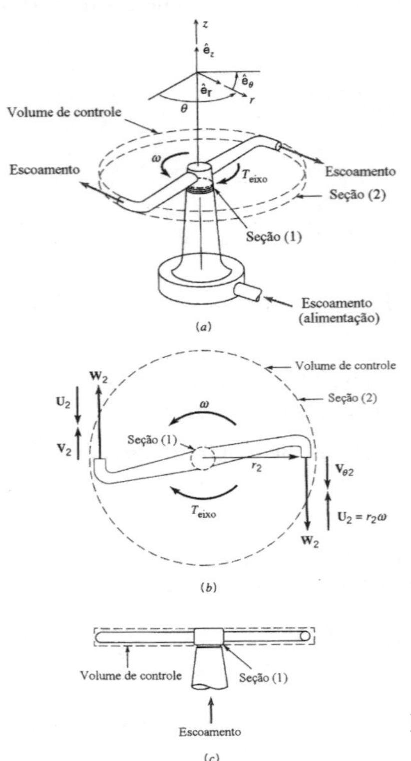

Figura 5.4 (*a*) Irrigador de jardim. (*b*) Vista em planta do irrigador. (*c*) Vista lateral do irrigador.

utilizar o volume de controle fixo e indeformável mostrado na Fig. 5.4 para analisar este escoamento. O volume de controle, com a forma de um disco, contém a cabeça do irrigador (girando ou estacionária) e a água que está escoando no irrigador. A superfície de controle corta a base da cabeça do irrigador de modo que o torque que resiste ao movimento pode ser facilmente identificado. Quando a cabeça do irrigador está girando, o campo de escoamento no volume de controle estacionário é cíclico e transitório mas note que o escoamento é permanente em média. Nós só vamos analisar a componente axial da equação de momento da quantidade de movimento deste escoamento (◉ 5.5 – Irrigador rotativo).

O integrando do termo referente ao escoamento na superfície de controle da Eq. 5.21

$$\int_{\text{sc}} (\mathbf{r}\times\mathbf{V})\rho\, \mathbf{V}\cdot\hat{\mathbf{n}}\, dA$$

só pode ser não nulo nas regiões onde existe escoamento cruzando a superfície de controle. Em qualquer outra região da superfície de controle este termo será nulo porque $\mathbf{V}\cdot\hat{\mathbf{n}} = 0$. A água entra axialmente no braço do irrigador pela seção (1). Nesta região da superfície de controle a componente de $\mathbf{r} \times \mathbf{V}$ na direção do eixo de rotação é nula porque $\mathbf{r} \times \mathbf{V}$ é perpendicular ao eixo de rotação. Assim, não existe fluxo de momento da quantidade de movimento na seção (1). Água é descarregada do volume de controle pelos dois bocais (seção (2)). Nesta seção, o módulo da componente axial de $\mathbf{r} \times \mathbf{V}$ é $r_2 V_{\theta 2}$, onde r_2 é o raio da seção 2, medido em relação ao eixo de rotação, e $V_{\theta 2}$ é a componente tangencial do vetor velocidade do escoamento nos bocais de descarga do braço medido em relação ao sistema de coordenadas solidário a superfície de controle (que é fixa). A velocidade do escoamento em relação a superfície de controle fixa é $\mathbf{V}$. A velocidade do escoamento vista por um observador solidário ao bocal é denominada velocidade relativa, $\mathbf{W}$. As velocidades absoluta e relativa, $\mathbf{V}$ e $\mathbf{W}$, estão relacionadas pela seguinte equação vetorial

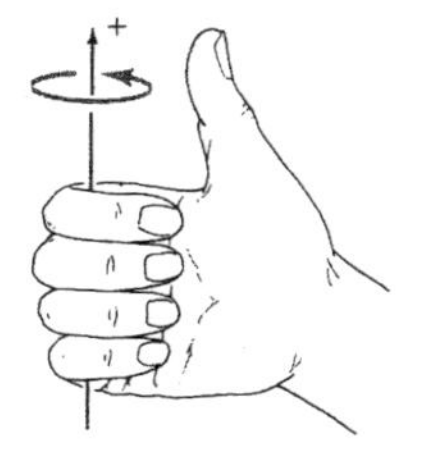

Figura 5.5 Regra da mão direita.

$$\mathbf{V} = \mathbf{W} + \mathbf{U} \tag{5.22}$$

onde **U** é a velocidade do bocal medida em relação a superfície de controle fixa. O produto vetorial e o produto escalar do termo referente ao escoamento na superfície de controle da Eq. 5.21

$$\int_{sc} (\mathbf{r} \times \mathbf{V})\rho\, \mathbf{V} \cdot \hat{\mathbf{n}}\, dA$$

podem ser positivos ou negativos. O produto escalar $\mathbf{V} \cdot \hat{\mathbf{n}}$ é negativo para os escoamentos que entram no volume de controle e é positivo para os escoamentos descarregados do volume de controle. O sinal da componente axial de $\mathbf{r} \times \mathbf{V}$ pode ser determinado com a regra da mão direita (o sentido positivo no eixo de rotação está mostrado na Fig. 5.5). A direção do componente axial de $\mathbf{r} \times \mathbf{V}$ também pode ser verificada lembrando que o raio é dado por $r\hat{\mathbf{e}}_r$ e que a componente tangencial da velocidade absoluta é dada por $V_\theta \hat{\mathbf{e}}_\theta$. Assim, para o irrigador esboçado na Fig. 5.4,

$$\left[\int_{sc} (\mathbf{r} \times \mathbf{V})\rho\, \mathbf{V} \cdot \hat{\mathbf{n}}\, dA \right]_{\text{axial}} = (-r_2 V_{\theta 2})(+\dot{m}) \tag{5.23}$$

onde $\dot{m}$ é a vazão em massa (total) no irrigador. Nós mostramos no Exemplo 5.4 que a vazão em massa no irrigador é a mesma se o dispositivo estiver girando ou parado. O sinal correto do componente axial de $\mathbf{r} \times \mathbf{V}$ pode ser facilmente determinado pela seguinte regra: o produto vetorial é positivo se os sentidos V_θ e U forem iguais.

O termo de torque na equação do momento da quantidade de movimento (Eq. 5.21) será analisado a seguir. Nós só estamos interessados nos torques que atuam em relação ao eixo de rotação. O torque líquido, em relação ao eixo de rotação, associado com as forças normais que atuam no conteúdo do volume de controle é muito pequeno (se não for nulo). O torque líquido devido as forças tangenciais também é desprezível para o volume de controle considerado. Assim, para o irrigador da Fig. 5.4,

$$\sum \left[(\mathbf{r} \times \mathbf{F})_{\substack{\text{conteúdo do} \\ \text{volume de controle}}} \right]_{\text{axial}} = T_{\text{eixo}} \tag{5.24}$$

Note que nós admitimos que T_{eixo} é positivo na Eq. 5.24. Isto é equivalente a admitir que T_{eixo} atua no mesmo sentido da rotação.

O componente axial do vetor momento da quantidade de movimento é (combinando as Eqs. 5.21, 5.23 e 5.24)

$$-r_2 V_{\theta 2} \dot{m} = T_{\text{eixo}} \tag{5.25}$$

Note que T_{eixo} é negativo e isto indica que o torque no eixo é oposto a rotação do braço do irrigador (veja a Fig. 5.4). O torque de eixo, T_{eixo}, é oposto a rotação em todas as turbinas.

Nós podemos avaliar a potência no eixo, $\dot{W}_{\text{eixo}}$, associado ao torque no eixo, T_{eixo}, pelo produto de T_{eixo} com a velocidade angular do eixo, ω. Assim, da Eq. 5.25,

$$\dot{W}_{\text{eixo}} = T_{\text{eixo}}\, \omega = -r_2 V_{\theta 2} \dot{m}\, \omega \tag{5.26}$$

Como $r_2 \omega$ é a velocidade dos bocais, U, nós podemos reescrever a equação anterior do seguinte modo:

$$\dot{W}_{\text{eixo}} = -U_2 V_{\theta 2} \dot{m} \tag{5.27}$$

O trabalho realizado por unidade de massa é definido por $\dot{W}_{\text{eixo}} / \dot{m}$. Dividindo a Eq. 5.27 pela vazão em massa,

$$w_{\text{eixo}} = -U_2 V_{\theta 2} \tag{5.28}$$

O volume de controle realiza trabalho quando este é negativo, ou seja, trabalho é realizado pelo fluido no rotor e, portanto, no seu eixo (⦿ 5.6 – Irrigador de jardim do tipo impulso).

Exemplo 5.10

A vazão de água na seção de alimentação do braço do irrigador mostrado na Fig. E5.10 é igual a 1000 ml/s. As áreas das seções transversais dos bocais de descarga de água são iguais a 30 mm^2 e o escoamento deixa estes bocais tangencialmente. A distância entre o eixo de rotação até a linha de centro dos bocais, r_2, é 200 mm.

(**a**) Determine o torque necessário para imobilizar o braço do irrigador.

(**b**) Determine o torque resistivo necessário para que o irrigador gire a 500 rpm.

(**c**) Determine a velocidade do irrigador se não existir qualquer resistência ao movimento do braço.

Solução Nós utilizaremos o volume de controle mostrado na Fig. 5.4 para resolver as partes (**a**), (**b**) e (**c**) deste exemplo. A Fig. E.5.10a mostra que o único torque axial é aquele que resiste ao movimento, T_{eixo}.

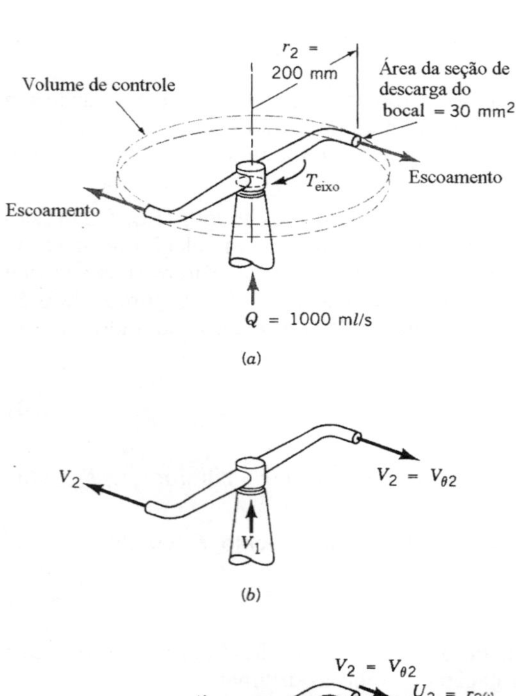

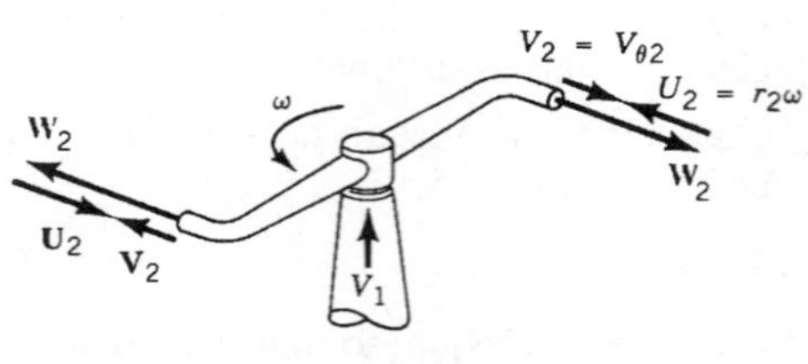

Figura E5.10

A Fig. E5.10*b* mostra as velocidades nas seções de alimentação e descarga do volume de controle quando a cabeça do irrigador está imóvel [caso (**a**)]. Aplicando a Eq. 5.25 ao conteúdo deste volume de controle,

$$T_{\text{eixo}} = -r_2 V_{\theta 2} \dot{m} \qquad \textbf{(1)}$$

Como o volume de controle é fixo e indeformável e o escoamento é descarregado tangencialmente em cada um dos bocais,

$$V_{\theta 2} = V_2 \qquad \textbf{(2)}$$

Combinando as Eqs. 1 e 2,

$$T_{\text{eixo}} = -r_2 V_2 \dot{m} \qquad \textbf{(3)}$$

Nós concluímos no Exemplo 5.4 que $V_2 = 16{,}7$ m/s. Aplicando este resultado na Eq. 3,

$$T_{\text{eixo}} = -(0{,}2)(16{,}7)(999)(0{,}001) = -3{,}34\ \text{N}\cdot\text{m}$$

Quando a cabeça do borrifador está girando a 500 rpm, o campo de escoamento no volume de controle é transitório e cíclico mas pode ser modelado como permanente em média. As velocidades dos escoamentos nas seções de alimentação e descarga do volume de controle estão indicadas na Fig. E.5.10*c*. A velocidade absoluta do fluido que é descarregado num dos bocais, V_2, pode ser calculada com a Eq. 5.22, ou seja

$$V_2 = W_2 - U_2 \qquad \textbf{(4)}$$

onde (veja o Exemplo 5.4)

$$W_2 = 16{,}7 \ \text{m/s}$$

A velocidade dos bocais, U_2, pode ser obtida com

$$U_2 = r_2 \omega \qquad \textbf{(5)}$$

Combinando as Eqs. 4 e 5,

$$V_2 = 16{,}7 - r_2 \omega = 16{,}7 - \frac{(0{,}2)(500)(2\pi)}{(60)} = 6{,}2 \text{ m/s}$$

Aplicando os valores calculados na versão simplificada da equação do momento da quantidade de movimento, Eq. 3, obtemos,

$$T_{\text{eixo}} = -(0{,}2)(6{,}2)(999)(0{,}001) = -1{,}24\ \text{N}\cdot\text{m}$$

Note que o torque resistente associado ao escoamento na cabeça do irrigador é bem menor do que o torque resistente necessário para imobilizar a cabeça do irrigador.

Nós mostraremos a seguir que a cabeça do irrigador apresenta rotação máxima quando o torque resistente é nulo. A aplicação das Eqs. 3, 4 e 5 ao conteúdo do volume de controle resulta em

$$T_{\text{eixo}} = -r_2 (W_2 - r_2 \omega) \dot{m} \qquad \textbf{(6)}$$

Como o torque resistente é nulo,

$$0 = -r_2 (W_2 - r_2 \omega) \dot{m}$$

e

$$\omega = \frac{W_2}{r_2} \qquad \textbf{(7)}$$

Nós vimos no Exemplo 5.4 que a velocidade relativa do fluido descarregado pelos bocais, W_2, independe da velocidade angular da cabeça do irrigador, ω, desde que a vazão em massa no dispositivo seja constante. Assim,

$$\omega = \frac{W_2}{r_2} = \frac{16{,}7}{0{,}2} = 83{,}5 \text{ rad/s}$$

ou

$$\omega = \frac{(83,5)(60)}{(2\pi)} = 797 \text{ rpm}$$

Nesta condição ($T_{eixo} = 0$) os momentos angulares dos escoamentos nas seções de alimentação e descarga do braço do irrigador são nulas.

Observe que o torque resistente nos casos onde o braço do irrigador apresenta rotação são menores do que o torque necessário para imobilizar o braço e que a rotação do braço é finita mesmo na ausência de torque resistente.

O resultado da aplicação da equação do momento da quantidade de movimento (Eq. 5.21) a um escoamento unidimensional numa máquina rotativa é

$$T_{eixo} = (-\dot{m}_e)(\pm r_e V_{\theta e}) + (\dot{m}_s)(\pm r_s V_{\theta s}) \quad \textbf{(5.29)}$$

Lembre que o sinal negativo associado com a vazão em massa na seção de alimentação da máquina, $\dot{m}_e$, resulta do produto escalar $\mathbf{V} \cdot \hat{\mathbf{n}}$. Já o sinal associado ao produto rV_θ depende do sentido do produto vetorial $(\mathbf{r} \times \mathbf{V})_{axial}$. Um modo simples de determinar o sinal do produto rV_θ é comparando o sentido de V_θ com o da velocidade da palheta ou bocal, U. O produto rV_θ é positivo se V_θ e U apresentam o mesmo sentido. O sinal do torque no eixo é positivo se T_{eixo} apresenta o mesmo sentido daquele da velocidade angular, ω.

A potência no eixo, $\dot{W}_{eixo}$, está relacionada com o torque no eixo, T_{eixo}, por

$$\dot{W}_{eixo} = T_{eixo}\,\omega \quad \textbf{(5.30)}$$

Se admitirmos que T_{eixo} é positivo, a combinação das Eqs. 5.29 e 5.30 fornece

$$\dot{W}_{eixo} = (-\dot{m}_e)(\pm r_e \omega V_{\theta e}) + (\dot{m}_s)(\pm r_s \omega V_{\theta s}) \quad \textbf{(5.31)}$$

Lembrando que $r\omega = U$,

$$\dot{W}_{eixo} = (-\dot{m}_e)(\pm U_e V_{\theta e}) + (\dot{m}_s)(\pm U_s V_{\theta s}) \quad \textbf{(5.32)}$$

O produto UV_θ é positivo se U e V_θ apresentam o mesmo sentido. Note também que nós admitimos que o torque no eixo é positivo para obter a Eq. 5.32. Deste modo, $\dot{W}_{eixo}$ é positivo quando a potência é consumida no volume de controle (por exemplo, nas bombas) e é negativa quando a potência é produzida no volume de controle (por exemplo, nas turbinas).

O trabalho de eixo por unidade de massa , w_{eixo}, pode ser calculado a partir da potência de eixo, $\dot{W}_{eixo}$, pois basta dividir a Eq. 5.32 pela vazão em massa, $\dot{m}$. A conservação da massa impõe que

$$\dot{m} = \dot{m}_e = \dot{m}_s$$

e se aplicarmos este resultado na Eq. 5.32 obteremos

$$w_{eixo} = -(\pm U_e V_{\theta e}) + (\pm U_s V_{\theta s}) \quad \textbf{(5.33)}$$

Exemplo 5.11

A Fig. E5.11*a* mostra o esboço de um rotor de ventilador que apresenta diâmetros externo e interno iguais a 305 mm e 254 mm. A altura das palhetas do rotor é 25 mm. O regime do escoamento no rotor é permanente em média e a vazão em volume média é igual a 0,110 m^3/s. Note que a velocidade absoluta do ar na seção de alimentação do rotor, V_1, é radial e que o ângulo entre a direção do escoamento descarregado do rotor e a direção tangencial é igual a 30°. Estime a potência necessária para operar o ventilador sabendo que a rotação do rotor é 1725 rpm.

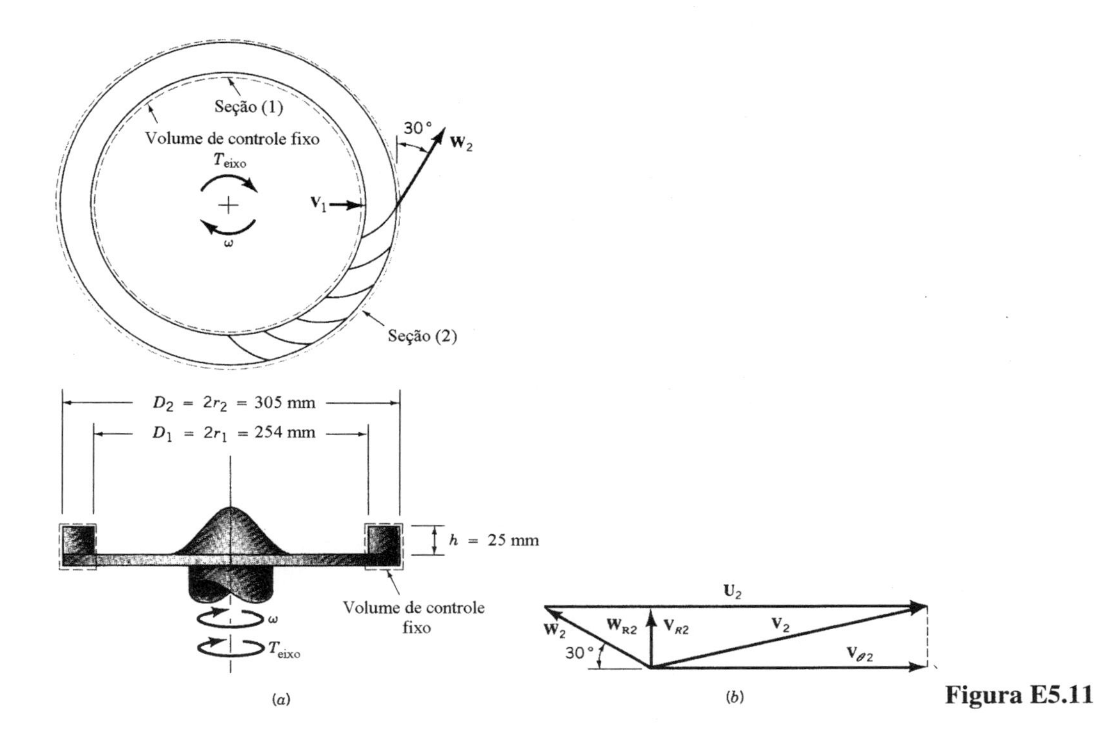

Figura E5.11

Solução Nós vamos utilizar o volume de controle indicado na Fig. E5.11*a* na solução deste problema. Este volume de controle é fixo, indeformável e inclui as palhetas do ventilador e o fluido contido no rotor. O escoamento neste volume de controle é cíclico mas pode ser considerado como permanente em média. O único torque que nós consideraremos é o torque no eixo motor, T_{eixo}. Note que este torque é produzido pelo motor acoplado ao ventilador. Nós vamos admitir que os escoamentos nas seções de alimentação e descarga do rotor apresentam perfis uniformes de velocidade e propriedades. A aplicação da Eq. 5.32 ao conteúdo deste volume de controle fornece

$$\dot{W}_{eixo} = (-\dot{m}_1)\underbrace{(\pm U_1 V_{\theta 1})}_{=0 \ (\mathbf{V}_1 \text{ é radial})} + (\dot{m}_2)(\pm U_2 V_{\theta 2}) \tag{1}$$

Esta equação mostra que é necessário conhecer a vazão em massa, $\dot{m}$, a velocidade tangencial do escoamento descarregado do rotor, $V_{\theta 2}$, e a velocidade periférica do rotor, U_2, para que seja possível calcular a potência consumida no acionamento do ventilador. A vazão em massa de ar pode ser calculada com a Eq. 5.6, ou seja,

$$\dot{m} = \rho Q = 1{,}23 \times 0{,}110 = 0{,}135 \text{ kg/s} \tag{2}$$

A velocidade periférica do rotor, U_2, é dada por

$$U_2 = r_2\,\omega = \frac{(0{,}305)}{2}\frac{(1725)(2\pi)}{(60)} = 27{,}5 \text{ m/s} \tag{3}$$

Nós vamos utilizar a Eq. 5.22 para determinar a velocidade tangencial do escoamento descarregado do rotor, $V_{\theta 2}$. Deste modo,

$$\mathbf{V}_2 = \mathbf{W}_2 + \mathbf{U}_2 \tag{4}$$

A Fig. E5.11*b* mostra esta adição vetorial na forma de um "triângulo de velocidades". Analisando esta figura nós concluímos que

$$V_{\theta 2} = U_2 - W_2 \cos 30^\circ \tag{5}$$

Note que é necessário conhecer o valor de W_2 para resolver a Eq. 5. A Fig. E5.11*b* mostra que

$$V_{R2} = W_2 \operatorname{sen} 30^\circ \tag{6}$$

onde V_{R2} é o componente radial dos vetores W_2 e V_2. A Eq. 5.6 fornece

$$\dot{m} = \rho A_2 V_{R2} \tag{7}$$

e a área A_2 é definida por

$$A_2 = 2\pi r_2 h \tag{8}$$

onde h é a altura das palhetas do ventilador. Combinando as Eqs. 7 e 8,

$$\dot{m} = \rho 2\pi r_2 h V_{R2} \tag{9}$$

Combinando o resultado apresentado na Eq. 6 com a última equação nós obtemos uma expressão para W_2,

$$W_2 = \frac{\dot{m}}{\rho 2\pi r_2 h \operatorname{sen} 30^\circ} \tag{10}$$

Aplicando os valores numéricos nesta equação,

$$W_2 = \frac{(0{,}135)}{(1{,}23) 2\pi (0{,}1525)(0{,}025) \operatorname{sen} 30^\circ} = 9{,}16 \text{ m/s}$$

Com o valor de W_2 nós podemos calcular $V_{\theta 2}$ com a Eq. 5. Assim,

$$V_{\theta 2} = U_2 - W_2 \cos 30^\circ = 27{,}5 - 9{,}16 \cos 30^\circ = 19{,}6 \text{ m/s}$$

Voltando a Eq. 1,

$$\dot{W}_{\text{eixo}} = (\dot{m}_2)(U_2 V_{\theta 2}) = (0{,}135)(27{,}5 \times 19{,}6) = 72{,}8 \text{ W} = 0{,}0976 \text{ hp}$$

Note que nós consideramos o produto $U_2\ V_{\theta 2}$ positivo. Isto foi feito porque os dois vetores apresentam o mesmo sentido. A potência calculada, 72,8 W, é a necessária para acionar o eixo do rotor nas condições estabelecidas no exemplo. Toda a potência no eixo só será transferida ao escoamento se todos os processos de transferência de energia no ventilador forem ideais. Entretanto, o atrito no escoamento impede que isto seja realizado e apenas uma parte desta potência irá produzir um efeito útil (i.e., um aumento de pressão). A quantidade de energia transferida ao escoamento depende da eficiência da transferência de energia das palhetas do ventilador para o fluido.

5.3 A Primeira Lei da Termodinâmica – A Equação da Energia

5.3.1 Derivação da Equação da Energia

A primeira lei da termodinâmica estabelece que

Taxa de variação temporal da energia total do sistema	=	Taxa líquida de transferência de calor para o sistema	+	Taxa de realização de trabalho (potência transferida ao sistema)

Esta lei, na forma simbólica, equivale a

$$\frac{D}{Dt} \int_{\text{sis}} e \rho \, d\mathcal{V} = \left(\sum \dot{Q}_e - \sum \dot{Q}_s \right)_{\text{sis}} + \left(\sum \dot{W}_e - \sum \dot{W}_s \right)_{\text{sis}}$$

ou

$$\frac{D}{Dt}\int_{sis} e\rho\, d\mathcal{V} = \left(\dot{Q}_{\text{liq, e}} + \dot{W}_{\text{liq, e}}\right)_{\text{sis}} \quad (5.34)$$

A energia total por unidade de massa (energia total específica), e, está relacionada com a energia interna específica, $\breve{u}$, com a energia cinética por unidade de massa, $V^2/2$ e com a energia potencial por unidade de massa, gz, pela equação

$$e = \breve{u} + \frac{V^2}{2} + gz \quad (5.35)$$

A taxa líquida de transferência de calor para o sistema é representada por $\dot{Q}_{\text{liq, e}}$ e a taxa de transferência de trabalho para o sistema é representada por $\dot{W}_{\text{liq, e}}$. As transferências de calor e de trabalho são consideradas positivas quando são transferidas para o sistema e negativas quando transferidas para fora do sistema.

Considere um volume de controle coincidente com o sistema num dado instante. Nesta condição,

$$\left(\dot{Q}_{\text{liq, e}} + \dot{W}_{\text{liq, e}}\right)_{\text{sis}} = \left(\dot{Q}_{\text{liq, e}} + \dot{W}_{\text{liq, e}}\right)_{\substack{\text{volume de controle}\\ \text{coincidente}}} \quad (5.36)$$

A aplicação do teorema de transporte de Reynolds (Eq. 4.17 com o parâmetro b igual a e) pode fornecer uma relação entre a energia total do sistema e a do conteúdo do volume de controle coincidente (nós vamos considerar que este volume de controle é fixo e indeformável). Assim,

$$\frac{D}{Dt}\int_{sis} e\rho\, d\mathcal{V} = \frac{\partial}{\partial t}\int_{vc} e\rho\, d\mathcal{V} + \int_{sc} e\rho\,\mathbf{V}\cdot\hat{\mathbf{n}}\, dA \quad (5.37)$$

ou

Taxa de variação temporal da energia total do sistema	=	Taxa de variação temporal da energia total do conteúdo do volume de controle	+	Fluxo líquido de energia total na superfície de controle

A primeira lei da termodinâmica adequada a volumes de controle pode ser obtida pela combinação das Eqs. 5.34, 5.36 e 5.37. Procedendo deste modo,

$$\frac{\partial}{\partial t}\int_{vc} e\rho\, d\mathcal{V} + \int_{sc} e\rho\,\mathbf{V}\cdot\hat{\mathbf{n}}\, dA = \left(\dot{Q}_{\text{liq, e}} + \dot{W}_{\text{liq, e}}\right)_{\text{vc}} \quad (5.38)$$

A taxa de transferência de calor, $\dot{Q}$, representa todas as interações do conteúdo do volume de controle com o meio devidas a diferenças de temperatura. Assim, radiação, condução e convecção são mecanismos de transferência de calor. A transferência de calor para o volume de controle é considerada positiva e a transferência de calor do volume de controle para o meio é considerada negativa. Vários processos encontrados nas atividades do engenheiro podem ser considerados adiabáticos. Nestes casos, a taxa de transferência de calor é nula. A taxa líquida de transferência de calor também pode ser nula se $\sum\dot{Q}_e - \sum\dot{Q}_s = 0$.

A taxa de transferência de trabalho (potência) é positiva quando o trabalho é realizado pelo meio sobre o conteúdo do volume de controle e é negativa quando o trabalho é realizado pelo conteúdo do volume de controle.

Em muitas situações o trabalho é transferido para o conteúdo do volume de controle (através da superfície de controle) por um eixo móvel. Note que ocorre transferência de trabalho, através da região da superfície de controle cortada pelo eixo, nas turbinas, ventiladores e hélices. Mesmo nas máquinas recíprocas, como os motores de combustão interna e compressores que utilizam arranjo cilindro – pistão, é utilizado um virabrequim. Como o trabalho é igual ao produto escalar da força pelo deslocamento, a taxa de trabalho (a potência) é o produto escalar da força pela velocidade de deslocamento. Assim, a potência transferida num eixo, $\dot{W}_{\text{eixo}}$, está relacionada ao torque que provoca a rotação, T_{eixo}, e a velocidade angular do eixo, ω, pela relação

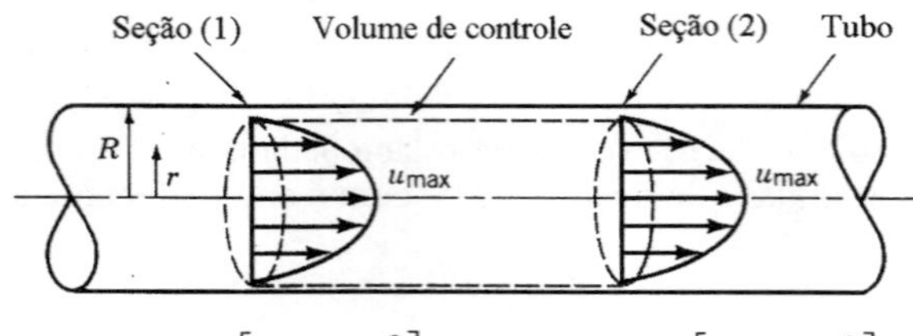

Figura 5.6 Escoamento simples plenamente desenvolvido.

$$\dot{W}_{\text{eixo}} = T_{\text{eixo}}\ \omega$$

Quando a superfície de controle corta o material do eixo, o torque exercido pelo material do eixo atua na superfície de controle. Se generalizarmos esta conclusão a uma superfície de controle que apresenta vários eixos,

$$\dot{W}_{\text{eixo, líquido}} = \sum \dot{W}_{\text{eixo, e}} - \sum \dot{W}_{\text{eixo, s}} \tag{5.39}$$

A transferência de trabalho também pode ocorrer quando uma força associada com a tensão normal no fluido é deslocada. Considere o escoamento simples e o volume de controle mostrados na Fig. 5.6. Para esta situação, as tensões normais no fluido, σ, são iguais a pressão com sinal negativo, ou seja,

$$\sigma = -p$$

A potência associada com as tensões normais que atuam numa partícula fluida, $\delta \dot{W}_{\text{tensão normal}}$, pode ser avaliada como o produto escalar da força normal associada a esta tensão, , $\delta \mathbf{F}_{\text{tensão normal}}$, e a velocidade da partícula, $\mathbf{V}$. Deste modo,

$$\delta \dot{W}_{\text{tensão normal}} = \delta \mathbf{F}_{\text{tensão normal}} \cdot \mathbf{V}$$

Se a força devida a tensão normal for expressa como o produto da pressão local, pois $\sigma = -p$, pela área da partícula fluida, $\delta A\, \hat{\mathbf{n}}$,

$$\delta \dot{W}_{\text{tensão normal}} = \sigma \hat{\mathbf{n}}\, \delta A \cdot \mathbf{V} = -p\, \hat{\mathbf{n}}\, \delta A \cdot \mathbf{V} = -p\, \mathbf{V} \cdot \hat{\mathbf{n}}\, \delta A$$

Assim, o valor de $\delta \dot{W}_{\text{tensão normal}}$ referente a todas as partículas que estão situadas na superfície de controle da Fig. 5.6, num dado instante, é dado por

$$\delta \dot{W}_{\text{tensão normal}} = \int_{\text{sc}} \sigma \hat{\mathbf{n}} \cdot \mathbf{V}\, dA = \int_{\text{sc}} -p\, \mathbf{V} \cdot \hat{\mathbf{n}}\, dA \tag{5.40}$$

Note que $\delta \dot{W}_{\text{tensão normal}}$ é nulo para as partículas que estão na vizinhança imediata da superfície interna do tubo porque $\mathbf{V} \cdot \hat{\mathbf{n}}$ é igual a zero neste local. Assim, $\delta \dot{W}_{\text{tensão normal}}$ só pode ser não nulo nas regiões da superfície de controle que apresentam escoamento.

As forças associadas as tensões tangenciais também podem transferir trabalho numa superfície de controle. O trabalho de rotação de um eixo é transferido pelas tensões de cisalhamento no material do eixo. Para uma partícula fluida, a potência associada a força tangencial, $\delta \dot{W}_{\text{tensão tangencial}}$, pode ser calculada pelo produto escalar da força tangencial, $\delta \mathbf{F}_{\text{tensão tangencial}}$, e a velocidade da partícula fluida, ou seja,

$$\delta \dot{W}_{\text{tensão tangencial}} = \delta \mathbf{F}_{\text{tensão tangencial}} \cdot \mathbf{V}$$

A velocidade da partícula fluida é nula na vizinhança imediata da superfície interna do tubo mostrado na Fig. 5.6. Assim, não existe transferência de trabalho associado as tensões tangenciais nesta porção da superfície de controle. Além disso, a força devida a tensão tangencial é perpendicular a velocidade da partícula fluida onde o fluido atravessa a superfície de controle, e assim, a transferência de trabalho devido as tensões tangenciais também é nula nestas regiões da superfície de controle. De modo geral, nós escolhemos os volumes de controle do modo como foi escolhido o da Fig. 5.6 e consideramos que a potência transferida, devida a tensão tangencial, é muito pequena.

Nós podemos expressar a primeira lei da termodinâmica para o conteúdo do volume de controle combinando a nossa discussão sobre potência e as Eqs. 5.38, 5.39 e 5.40. Deste modo,

$$\frac{\partial}{\partial t}\int_{vc} e\rho\, d\mathcal{V} + \int_{sc} e\rho\mathbf{V}\cdot\hat{\mathbf{n}}\, dA = \dot{Q}_{\text{liq, e}} + \dot{W}_{\text{liq, e}} - \int_{sc} p\mathbf{V}\cdot\hat{\mathbf{n}}\, dA \tag{5.41}$$

Se nós aplicarmos a definição da energia total (Eq. 5.35) na equação anterior, obtemos

$$\frac{\partial}{\partial t}\int_{vc} e\rho\, d\mathcal{V} + \int_{sc}\left(\tilde{u} + \frac{p}{\rho} + \frac{V^2}{2} + gz\right)\rho\mathbf{V}\cdot\hat{\mathbf{n}}\, dA = \dot{Q}_{\text{liq, e}} + \dot{W}_{\text{liq, e}} \tag{5.42}$$

5.3.2 Aplicação da Equação da Energia

O termo $\partial / \partial t \int_{vc} e\rho\, d\mathcal{V}$ da Eq. 5.42 representa a taxa de variação temporal da energia total do volume de controle. Este termo é nulo quando o regime do escoamento é o permanente e também é nulo se o escoamento for permanente em média (cíclico).

O termo

$$\int_{sc}\left(\tilde{u} + \frac{p}{\rho} + \frac{V^2}{2} + gz\right)\rho\mathbf{V}\cdot\hat{\mathbf{n}}\, dA$$

da Eq. 5.42 só pode ser não nulo nas regiões da superfície de controle onde se detecta escoamento ($\mathbf{V}\cdot\hat{\mathbf{n}} \neq 0$). A integração desta equação é trivial se os valores de $\breve{u}$, p/ρ, $V^2/2$ e gz forem uniformes nas seções de alimentação e descarga do volume de controle. Admitindo ainda que o volume de controle só apresenta uma seção de alimentação e uma de descarga (os escoamentos nestas seções são uniformes), temos,

$$\int_{sc}\left(\breve{u} + \frac{p}{\rho} + \frac{V^2}{2} + gz\right)\rho\mathbf{V}\cdot\hat{\mathbf{n}}\, dA = \left(\breve{u} + \frac{p}{\rho} + \frac{V^2}{2} + gz\right)_s \dot{m}_s - \left(\breve{u} + \frac{p}{\rho} + \frac{V^2}{2} + gz\right)_e \dot{m}_e \tag{5.43}$$

O escoamento num tubo de corrente com diâmetro infinitamente pequeno é uniforme (veja a Fig. 5.7). Este tipo de escoamento está associado ao movimento, em regime permanente, de uma partícula fluida ao longo de sua trajetória.

A Eq. 5.42 pode ser simplificada com os resultados mostrados nas Eqs. 5.8 e 5.43 para os casos onde o escoamento é unidimensional, permanente em média e num volume de controle que apresenta apenas uma seção de alimentação e uma seção de descarga, ou seja,

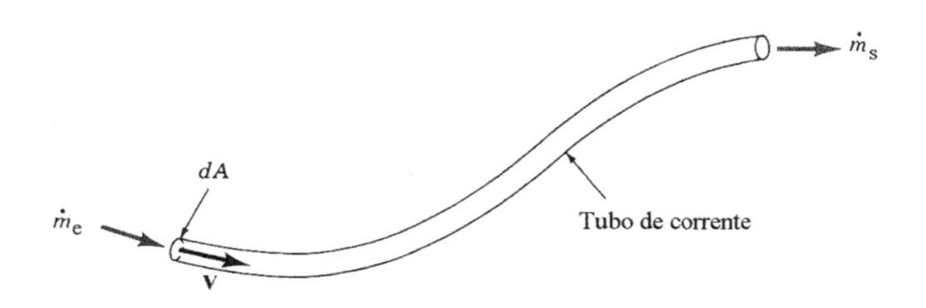

Figura 5.7 Escoamento num tubo de corrente.

$$\dot{m}\left[\breve{u}_s - \breve{u}_e + \left(\frac{p}{\rho}\right)_s - \left(\frac{p}{\rho}\right)_e + \frac{V_s^2 - V_e^2}{2} + g(z_s - z_e)\right] = \dot{Q}_{\text{liq, e}} + \dot{W}_{\text{liq, e}} \quad (5.44)$$

A Eq. 5.44 é denominada equação da energia unidimensional para escoamentos em regime permanente em média. Note que a Eq. 5.44 é válida tanto para escoamentos incompressíveis quanto para escoamentos compressíveis. A propriedade entalpia específica é definida por

$$\breve{h} = \breve{u} + \frac{p}{\rho} \quad (5.45)$$

Assim, nós podemos reescrever a Eq. 5.44, em função desta propriedade, do seguinte modo

$$\dot{m}\left[\breve{h}_s - \breve{h}_e + \frac{V_s^2 - V_e^2}{2} + g(z_s - z_e)\right] = \dot{Q}_{\text{liq, e}} + \dot{W}_{\text{liq, e}} \quad (5.46)$$

A Eq. 5.46 pode ser utilizada para resolver problemas que envolvem escoamentos compressíveis.

Exemplo 5.12

A Fig. E5.12 mostra o esquema de uma bomba d'água que apresenta vazão, em regime permanente, igual a 0,019 m³/s. A pressão na seção (1) da bomba – seção de alimentação da bomba – é 1,24 bar e o diâmetro do tubo de alimentação é igual a 89 mm. A seção de descarga apresenta diâmetro igual a 25 mm e a pressão neste local é 4,14 bar. A variação de elevação entre os centros das seções (1) e (2) é nula e o aumento de energia interna específica da água associado com o aumento de temperatura do fluido, $\breve{u}_2 - \breve{u}_1$, é igual a 279 J/kg. Determine a potência necessária para operar a bomba admitindo que esta opere de modo adiabático.

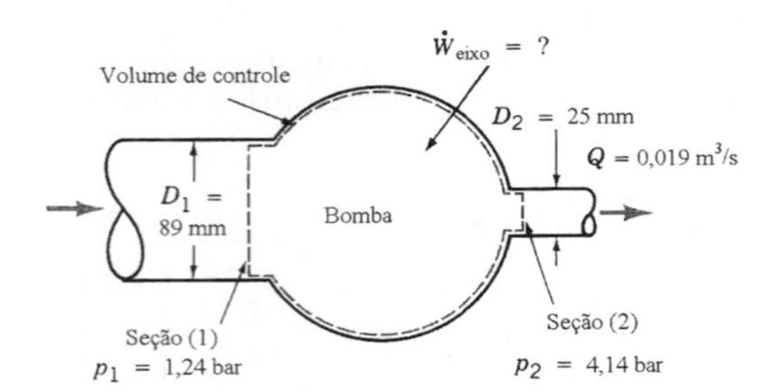

Figura E5.12

Solução Nós utilizaremos o volume de controle indicado na Fig. E5.12 para resolver este exemplo. A aplicação da Eq. 5.44 ao conteúdo deste volume de controle resulta em

$$\dot{m}\left[\breve{u}_2 - \breve{u}_1 + \left(\frac{p}{\rho}\right)_2 - \left(\frac{p}{\rho}\right)_1 + \frac{V_2^2 - V_1^2}{2} + g(z_2 - z_1)\right] = \dot{Q}_{\text{liq, e}} + \dot{W}_{\text{liq, eixo}} \quad (1)$$

Observe que o termos referentes a variação de energia potencial e a taxa de transferência de calor são nulos. Nós precisamos determinar os valores da vazão em massa na bomba, $\dot{m}$, e das velocidades nas seções (1) e (2) do volume de controle para que seja possível calcular a potência necessária para operar a bomba com a Eq. 1. A vazão em massa na bomba pode ser calculada com a Eq. 5.6,

$$\dot{m} = \rho Q = (1000)(0,019) = 19,0 \text{ kg/s} \quad (2)$$

A velocidade numa seção de escoamento também pode ser calculada com a Eq. 5.6, ou seja,

$$V = \frac{Q}{A} = \frac{Q}{\pi D^2 / 4}$$

Assim,

$$V_1 = \frac{Q}{A_1} = \frac{0,019}{\pi\left(89\times10^{-3}\right)^2/4} = 3,1 \text{ m/s} \qquad (3)$$

e

$$V_2 = \frac{Q}{A_2} = \frac{0,019}{\pi\left(25\times10^{-3}\right)^2/4} = 38,7 \text{ m/s} \qquad (4)$$

Aplicando estes valores na Eq. 1,

$$\dot{W}_{\text{liq, eixo}} = (19,0)\left[(279)+\left(\frac{4,14\times10^5}{1000}\right)-\left(\frac{1,24\times10^5}{1000}\right)+\frac{(38,7)^2-(3,1)^2}{2}\right] = 2,49\times10^4 \text{ W}$$

Note que são utilizados 5,30 kW para aumentar a energia interna da água, 5,5 kW para aumentar a pressão do fluido e 14,1 kW para aumentar a energia cinética do escoamento.

Exemplo 5.13

A Fig. E5.13 mostra o esquema de uma turbina a vapor. A velocidade e a entalpia específica do vapor na seção de alimentação da turbina são iguais a 30 m/s e 3348 kJ/kg. O vapor deixa a turbina como uma mistura de líquido e vapor, com entalpia específica igual a 2550 J/kg, e a velocidade do escoamento na seção de descarga da turbina é 60 m/s. Determine o trabalho no eixo da turbina por unidade de massa de fluido que escoa no equipamento sabendo que o escoamento pode ser modelado como adiabático e que as variações de cota no escoamento são desprezíveis.

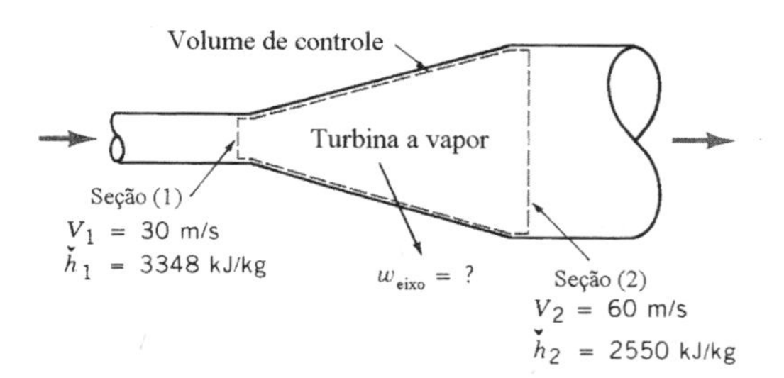

Figura E5.13

Solução Nós vamos utilizar o volume de controle indicado na Fig. E5.13 para resolver este problema. A aplicação da Eq. 5.46 ao conteúdo deste volume de controle resulta em

$$\dot{m}\left[\check{h}_2 - \check{h}_1 + \frac{V_2^2 - V_1^2}{2} + g(z_2 - z_1)\right] = \dot{Q}_{\text{liq, e}} + \dot{W}_{\text{liq, eixo}} \qquad (1)$$

Observe que o termos referentes a variação de energia potencial e a taxa de transferência de calor são nulos. O trabalho no eixo da turbina por unidade de massa de fluido que escoa no equipamento, $w_{\text{liq, eixo}}$, pode ser obtido dividindo a Eq. (1) pela vazão em massa de fluido na turbina, $\dot{m}$. Deste modo,

$$w_{\text{liq, eixo}} = \frac{\dot{W}_{\text{liq, eixo}}}{\dot{m}} = \check{h}_2 - \check{h}_1 + \frac{V_2^2 - V_1^2}{2} \qquad (2)$$

ou

$$w_{\text{liq, eixo}} = 2550 - 3348 + \frac{(30)^2 - (60)^2}{2\times1000} = -797 \text{ kJ/kg}$$

O trabalho por unidade de massa de fluido que escoa na turbina é negativo porque o trabalho está sendo realizado pelo fluido que escoa no equipamento. Note que a variação de energia cinética é pequena em relação a variação de entalpia do fluido que escoa na turbina (isto ocorre na maioria das turbinas a vapor). Para determinar a potência fornecida pela turbina é necessário conhecer a vazão em massa no equipamento, $\dot{m}$.

5.3.3 Comparação da Equação da Energia com a de Bernoulli

Considere um escoamento incompressível e que ocorre em regime permanente. Se a potência de eixo é nula, a Eq. 5.44 fica reduzida a

$$\dot{m}\left[\breve{u}_s - \breve{u}_e + \frac{p_s}{\rho} - \frac{p_e}{\rho} + \frac{V_s^2 - V_e^2}{2} + g\left(z_s - z_e\right)\right] = \dot{Q}_{\text{liq,e}} \tag{5.47}$$

Dividindo a Eq. 5.47 pela vazão em massa, $\dot{m}$, e rearranjando os termos,

$$\frac{p_s}{\rho} + \frac{V_s^2}{2} + g z_s = \frac{p_e}{\rho} + \frac{V_e^2}{2} + g z_e - \left(\breve{u}_s - \breve{u}_e - q_{\text{liq,e}}\right) \tag{5.48}$$

onde

$$q_{\text{liq,e}} = \frac{\dot{Q}_{\text{liq,e}}}{\dot{m}}$$

é a taxa de transferência de calor por unidade de massa que escoa no volume de controle. Note que a Eq. 5.48 envolve energia por unidade de massa e é aplicável a escoamentos unidimensionais em volumes de controle com uma seção de alimentação e outra de descarga ou em escoamentos entre duas seções de uma linha de corrente.

Se os efeitos viscosos no escoamento que estamos analisando forem desprezíveis (escoamento sem atrito), a equação de Bernoulli , Eq. 3.6, pode ser utilizada para descrever o que acontece entre duas seções do escoamento, ou seja,

$$p_s + \frac{\rho V_s^2}{2} + \gamma z_s = p_e + \frac{\rho V_e^2}{2} + \gamma z_e \tag{5.49}$$

onde $\gamma = \rho g$ é o peso específico do fluido. Para que seja possível comparar a Eq. 5.48 com a Eq. 5.49 é necessário transformar a Eq. 5.49 de modo que seus termos apresentem dimensão energia por unidade de massa. Para isto, nós vamos dividir a Eq. 5.49 pela massa específica do fluido, ρ, ou seja,

$$\frac{p_s}{\rho} + \frac{V_s^2}{2} + g z_s = \frac{p_e}{\rho} + \frac{V_e^2}{2} + g z_e \tag{5.50}$$

A comparação da Eq. 5.48 com a Eq. 5.50 indica que

$$\breve{u}_s - \breve{u}_e - q_{\text{liq,e}} = 0 \tag{5.51}$$

quando o escoamento é permanente, incompressível e sem atrito. A experiência mostra que

$$\breve{u}_s - \breve{u}_e - q_{\text{liq,e}} > 0 \tag{5.52}$$

nos escoamentos permanentes, incompressíveis e com atrito.

Nós vamos considerar que o termo (veja as Eqs. 5.48 e 5.50)

$$\frac{p}{\rho} + \frac{V^2}{2} + g z$$

é a energia por unidade de massa disponível no escoamento. Logo, o termo $\breve{u}_s - \breve{u}_e - q_{\text{liq,e}}$ representa uma perda de energia disponível, devida ao atrito, no escoamento incompressível. Assim,

$$\breve{u}_s - \breve{u}_e - q_{\text{liq,e}} = \text{perda} \tag{5.53}$$

As Eqs. 5.48 e 5.50 nos mostram que esta perda é nula quando o escoamento não apresenta atrito.

É sempre conveniente expressar a Eq. 5.48 em função da perda, ou seja,

$$\frac{p_s}{\rho}+\frac{V_s^2}{2}+g\,z_s=\frac{p_e}{\rho}+\frac{V_e^2}{2}+g\,z_e-\text{perda} \tag{5.54}$$

O próximo exemplo mostra uma aplicação da Eq. 5.54 (◉ 5.7 – Transferência de energia).

Exemplo 5.14

A Fig. E5.14 mostra dois orifícios localizados numa parede com espessura igual a 120 mm. Os orifícios são cilíndricos e um deles apresenta entrada arredondada. O ambiente (lado esquerdo da figura) apresenta pressão constante e igual a 1,0 kPa acima do valor atmosférico e a descarga dos dois orifícios ocorre na atmosfera. Como nós discutiremos na Sec. 8.4.2, a perda de energia disponível no escoamento em orifícios com entrada brusca (orifício superior da figura) é igual a $0,5V_2^2/2$ onde V_2 é a velocidade uniforme na seção de descarga do orifício. Já a perda de energia disponível no escoamento no orifício com entrada arredondada é igual a $0,05V_2^2/2$ onde V_2 é a velocidade uniforme na seção de descarga do orifício. Nestas condições, determine as vazões nos orifícios mostrados na Fig. E5.14.

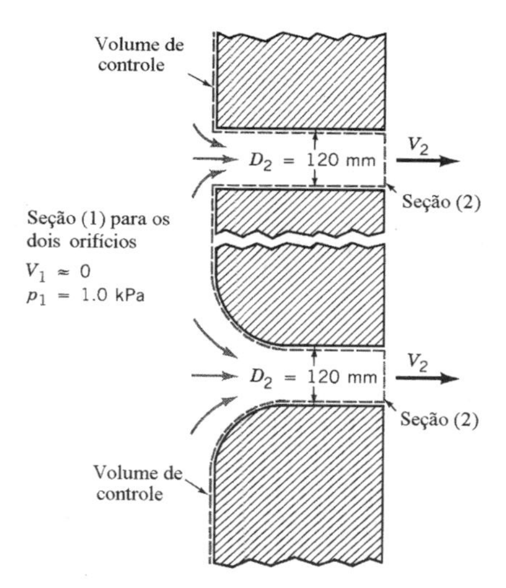

Figura E5.14

Solução Nós vamos utilizar o volume de controle indicado na figura para resolver este problema. A vazão em volume num orifício, Q, pode ser calculada por $Q = A_2V_2$ onde A_2 é a área da seção transversal da seção (2) e V_2 é a velocidade uniforme na mesma seção. A aplicação da Eq. 5.54, válida para os escoamentos nos dois orifícios, leva a

$$\frac{p_2}{\rho}+\frac{V_2^2}{2}=\frac{p_1}{\rho}-{}_1\text{perda}_2 \tag{1}$$

pois V_1 foi considerada nula e não existe variação de energia potencial neste escoamento. Isolando o termo V_2,

$$V_2=\left[2\left(\frac{p_1-p_2}{\rho}-{}_1\text{perda}_2\right)\right]^{1/2} \tag{2}$$

onde

$${}_1\text{perda}_2=K_L\frac{V_2^2}{2} \tag{3}$$

e K_L é o coeficiente de perda (K_L = 0,5 e 0,05 para os dois orifícios mostrados na figura). Combinando as Eqs. 2 e 3,

$$V_2 = \left[2\left(\frac{p_1 - p_2}{\rho} - K_L \frac{V_2^2}{2} \right) \right]^{1/2} \tag{4}$$

ou

$$V_2 = \left[\frac{p_1 - p_2}{\rho(\,(1+K_L)/2)} \right]^{1/2} \tag{5}$$

Assim, a vazão em volume num orifício é dada por

$$Q = A_2 V_2 = \frac{\pi D_2^2}{4} \left[\frac{p_1 - p_2}{\rho(\,(1+K_L)/2)} \right]^{1/2} \tag{6}$$

Para o orifício com borda arredondada mostrado na parte inferior da figura,

$$Q = \frac{\pi(0,12)^2}{4} \left[\frac{1,0\times10^3}{1,23(\,(1+0,05)/2)} \right]^{1/2} = 0,445 \text{ m}^3/\text{s}$$

Para o orifício com borda reta mostrado na parte superior da figura,

$$Q = \frac{\pi(0,12)^2}{4} \left[\frac{1,0\times10^3}{1,23(\,(1+0,5)/2)} \right]^{1/2} = 0,372 \text{ m}^3/\text{s}$$

Note que a vazão no orifício com borda arredondada é maior do que aquela no outro orifício. Isto ocorre porque a perda associada ao escoamento no orifício com borda arredondada é menor do que a perda associada ao escoamento no orifício com borda reta.

Os escoamentos unidimensionais, incompressíveis, permanentes em média, com atrito e trabalho de eixo são importantes na mecânica dos fluidos. Note que os escoamentos com massa específica constante em bombas, sopradores, ventiladores e turbinas estão incluídos nesta categoria. Para este tipo de escoamento, a Eq. 5.44 fica reduzida a

$$\dot{m}\left[\breve{u}_s - \breve{u}_e + \frac{p_s}{\rho} - \frac{p_e}{\rho} + \frac{V_s^2 - V_e^2}{2} + g(z_s - z_e) \right] = \dot{Q}_{\text{liq, e}} + \dot{W}_{\text{liq, e}} \tag{5.55}$$

Dividindo esta equação pela vazão em massa, obtemos

$$\frac{p_s}{\rho} + \frac{V_s^2}{2} + g z_s = \frac{p_e}{\rho} + \frac{V_e^2}{2} + g z_e + w_{\text{liq, eixo}} - (\breve{u}_s - \breve{u}_e - q_{\text{liq, e}})$$

onde $w_{\text{liq, eixo}}$ é o trabalho por unidade de massa ($\dot{W}_{\text{liq, eixo}}/\dot{m}$). O termo $\breve{u}_s - \breve{u}_e - q_{\text{liq, e}}$ continua a representar a perda de energia disponível do escoamento. Assim nós concluímos que a equação anterior pode ser rescrita do seguinte modo

$$\frac{p_s}{\rho} + \frac{V_s^2}{2} + g z_s = \frac{p_e}{\rho} + \frac{V_e^2}{2} + g z_e + w_{\text{liq, eixo}} - \text{perda} \tag{5.56}$$

Esta é a forma da equação da energia adequada para escoamentos incompressíveis onde o regime é permanente em média. Esta equação também é conhecida com a equação da energia mecânica ou a equação de Bernoulli estendida. Note que a dimensão dos termos da Eq. 5.56 é energia por unidade de massa (J/kg).

Se dividirmos a Eq. 5.56 pela aceleração da gravidade, g,

$$\frac{p_s}{\gamma} + \frac{V_s^2}{2g} + z_s = \frac{p_e}{\gamma} + \frac{V_e^2}{2g} + z_e + h_{\text{eixo}} - h_L \tag{5.57}$$

onde

$$h_{eixo} = \frac{w_{liq,\,eixo}}{g} = \frac{\dot{W}_{liq,\,eixo}}{\dot{m}g} = \frac{\dot{W}_{liq,\,eixo}}{\gamma Q} \qquad \textbf{(5.58)}$$

e h_L = perda/g. A dimensão dos termos da Eq. 5.57 é comprimento (ou energia por unidade de peso). Nós introduzimos na Sec. 3.7 a noção de carga (cuja dimensão é comprimento). Na hidráulica é normal utilizarmos a notação $h_{eixo} = -h_T$ (com $h_T > 0$) para as turbinas e $h_{eixo} = h_b$ para as bombas. A quantidade h_T é denominada carga da turbina e h_b é denominada carga da bomba. O termo de perda, h_L, também é conhecido como perda de carga (⦿ 5.8 – Aerador).

Exemplo 5.15

A Fig. E5.15 mostra o esquema de um ventilador axial que é acionado por um motor que transfere 0,4 kW para as pás do ventilador. O escoamento a jusante do ventilador pode ser modelado como cilíndrico (diâmetro igual a 0,6 m) e o ar nesta região apresenta velocidade igual a 12 m/s. O escoamento a montante do ventilador apresenta velocidade desprezível. Determine o trabalho transferido ao ar, ou seja, o trabalho que é convertido num aumento na energia disponível e estime a eficiência mecânica deste ventilador.

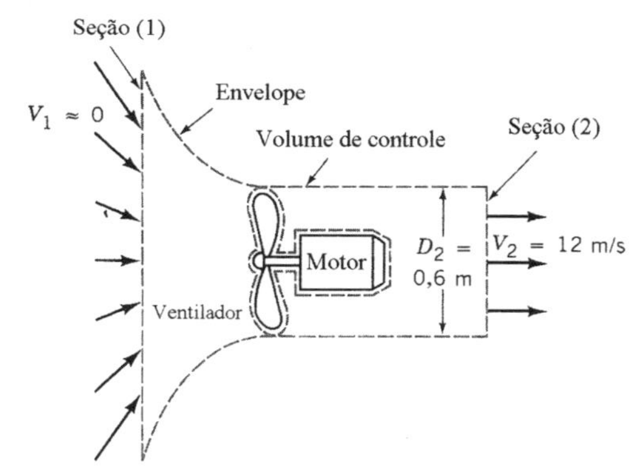

Figura E5.15

Solução Nós vamos utilizar o volume de controle fixo e indeformável indicado na Fig. E5.15. A aplicação da Eq. 5.56 ao conteúdo deste volume de controle leva a

$$w_{liq,eixo} - \text{perda} = \left(\frac{V_2^2}{2}\right) \qquad \textbf{(1)}$$

Note que os termos de pressão foram anulados porque a pressão nas duas seções é a atmosférica, que nós admitimos nula a velocidade na seção (1) e que não ocorre variação de energia potencial no escoamento. Assim, o aumento na energia disponível neste escoamento é igual a

$$w_{liq,eixo} - \text{perda} = \frac{12^2}{2} = 72{,}0 \text{ J/kg} \qquad \textbf{(2)}$$

Nós podemos estimar a eficiência deste ventilador pela relação entre a quantidade de trabalho que produz um efeito útil (aumento da energia disponível no escoamento) e a quantidade de trabalho fornecida as pás do ventilador, ou seja,

$$\eta = \frac{w_{liq,eixo} - \text{perda}}{w_{liq,eixo}} \qquad \textbf{(3)}$$

O trabalho fornecido as pás do ventilador, por unidade de massa que escoa no equipamento, pode ser calculado com a relação

$$w_{liq,eixo} = \frac{\dot{W}_{liq,eixo}}{\dot{m}} \qquad \textbf{(4)}$$

onde $\dot{m}$ é a vazão em massa de ar no volume de controle. Se admitirmos que o escoamento é uniforme na seção (2),

$$\dot{m} = \rho A V = \rho \frac{\pi D_2^2}{4} V_2 \qquad (5)$$

Combinando as Eqs. 4 e 5 e considerando que a massa específica do ar é igual a 1,23 kg/m³ (ar na condição padrão), temos

$$w_{\text{liq,eixo}} = \frac{4\dot{W}_{\text{liq,eixo}}}{\rho \pi D_2^2 V_2} = \frac{4(400)}{(1,23)\pi(0,6)^2(12)} = 95,8 \text{ J/kg} \qquad (6)$$

Aplicando os resultados numéricos na Eq. 3,

$$\eta = \frac{72,0}{95,8} = 0,75$$

Note que apenas 75% da potência fornecida ao ar resulta num efeito útil, ou seja, no aumento da energia disponível no escoamento (o resto é perdido por atrito e convertido em energia interna).

Exemplo 5.16

A vazão da bomba d'água indicada na Fig. E.5.16 é igual a 0,056 m³/s e o equipamento transfere 7,46 kW para a água que escoa na bomba. Sabendo que a diferença entre as cotas das superfícies dos reservatórios indicados na figura é 9,1 m, determine as perdas de carga e de potência no escoamento de água.

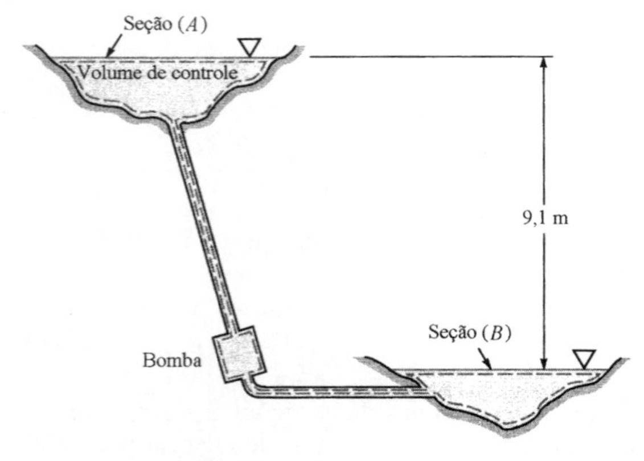

Figura E5.16

Solução A forma da equação da energia que nós vamos utilizar é (Eq. 5.57)

$$\frac{p_A}{\gamma} + \frac{V_A^2}{2g} + z_A = \frac{p_B}{\gamma} + \frac{V_B^2}{2g} + z_B + h_{\text{eixo}} - h_L \qquad (1)$$

onde A e B representam as superfícies livres dos reservatórios. Observe que $p_A = p_B = 0$, $V_A = V_B = 0$, $z_B = 0$ e $z_A = 9,1$ m. Nestas condições, a Eq. 1 pode ser reescrita do seguinte modo

$$h_L = h_{\text{eixo}} - z_A \qquad (2)$$

A carga da bomba pode ser calculada com a Eq. 5.58,

$$h_{\text{eixo}} = \frac{\dot{W}_{\text{eixo, e}}}{\gamma Q} = \frac{7460}{(9,8)(999)(0,056)} = 13,6 \text{ m}$$

e a perda de carga no escoamento é

$$h_L = 13,6 - 9,1 = 4,5 \text{ m}$$

É interessante notar que, neste exemplo, a função da bomba é "levantar" a água (9;1 m) e vencer a perda de carga do sistema (4,5 m) porque nós não detectamos variações de pressão e velocidade nas superfícies livres dos reservatórios.

A perda de potência no escoamento também pode ser calculada com a Eq. 5.58. Assim,

$$\dot{W}_{\text{perdida}} = \gamma Q h_L = (9,8)(999)(0,056)(4,5) = 2467 \text{ W} = 2,47 \text{ kW}$$

5.3.4 Aplicação da Equação da Energia a Escoamentos Não Uniformes

As formas da equação da energia apresentadas nas Secs. 5.3.2 e 5.3.3 são aplicáveis a escoamentos unidimensionais.

A análise da equação da energia para volumes de controles, Eq. 5.42, em situações onde o perfil de velocidade não é uniforme em qualquer região onde o escoamento cruza a superfície de controle sugere que a integral

$$\int_{\text{sc}} \frac{V^2}{2} \rho \mathbf{V} \cdot \hat{\mathbf{n}}\, dA$$

requer uma atenção especial. Nós podemos calcular a integral acima com a relação

$$\int_{\text{sc}} \frac{V^2}{2} \rho\, \mathbf{V} \cdot \hat{\mathbf{n}}\, dA = \dot{m} \left(\frac{\alpha_s \overline{V}_s^2}{2} - \frac{\alpha_e \overline{V}_e^2}{2} \right)$$

onde α é o coeficiente de energia cinética e $\overline{V}$ é a velocidade média definida na Eq. 5.7. A partir destes resultados nós podemos concluir que

$$\frac{\dot{m}\alpha \overline{V}^2}{2} = \int_A \frac{V^2}{2} \rho\, \mathbf{V} \cdot \hat{\mathbf{n}}\, dA$$

para o escoamento que cruza a região da superfície de controle que apresenta área A. Assim,

$$\alpha = \frac{\int_A (V^2/2) \rho\, \mathbf{V} \cdot \hat{\mathbf{n}}\, dA}{\dot{m}\overline{V}^2/2}$$

É possível mostrar que $\alpha \geq 1$ para qualquer perfil de velocidade e que α só é igual a 1 se o escoamento for uniforme. A equação da energia, baseada na dimensão energia por unidade de massa, para um escoamento incompressível e válida para um volume de controle com uma seção de entrada e outra de saída apresenta a seguinte forma

$$\frac{p_s}{\rho} + \frac{\alpha_s \overline{V}_s^2}{2} + g z_s = \frac{p_e}{\rho} + \frac{\alpha_e \overline{V}_e^2}{2} + g z_e + w_{\text{liq, eixo}} - \text{perda} \qquad \textbf{(5.59)}$$

Exemplo 5.17

A vazão em massa de ar no pequeno ventilador esboçado na Fig. E5.17 é 0,1 kg/min. O escoamento no tubo de alimentação do ventilador é laminar (perfil parabólico) e o coeficiente de energia cinética, neste escoamento, é 2,0. O escoamento no tubo de descarga do ventilador é turbulento (o perfil de velocidade é muito próximo do uniforme) e o coeficiente de energia cinética é 1,08. O aumento de pressão estática no ventilador é igual a 0,1 kPa e a potência consumida na operação do equipamento é 0,14 W. Compare os valores da perda de energia disponível calculadas nas seguintes condições: (**a**) admitindo que todos os perfis de velocidade são uniformes e (**b**) considerando os perfis de velocidade reais nas seções de alimentação e descarga do ventilador.

Solução A aplicação da Eq. 5.59 ao conteúdo do volume de controle indicado na Fig. E5.17 resulta em

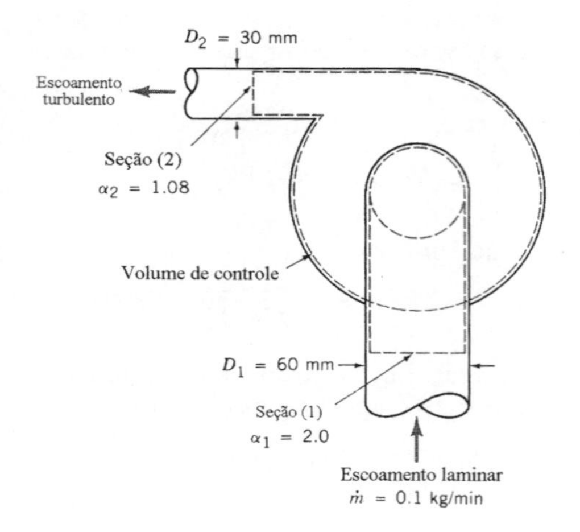

Figura E5.17

$$\frac{p_2}{\rho}+\frac{\alpha_2\overline{V}_2^{\,2}}{2}=\frac{p_1}{\rho}+\frac{\alpha_1\overline{V}_1^{\,2}}{2}+w_{\text{liq, eixo}}-\text{perda} \tag{1}$$

Note que nós desprezamos a variação de energia potencial do escoamento. Isolando a perda,

$$\text{perda}=w_{\text{liq, eixo}}-\left(\frac{p_2-p_1}{\rho}\right)+\frac{\alpha_1\overline{V}_1^{\,2}}{2}-\frac{\alpha_2\overline{V}_2^{\,2}}{2} \tag{2}$$

Assim, é necessário conhecer os valores de $w_{\text{liq, eixo}}$, $\overline{V}_1$ e $\overline{V}_2$ para que seja possível calcular a perda.

O trabalho no eixo, por unidade de massa de fluido que escoa no ventilador, pode ser calculado com

$$w_{\text{liq, eixo}}=\frac{\text{potência fornecida ao ventilador}}{\dot{m}}$$

Substituindo os valores numéricos,

$$w_{\text{liq, eixo}}=\frac{0{,}14}{(0{,}1)/60}=84{,}0\ \text{J/kg} \tag{3}$$

A velocidade média na seção (1) do volume de controle pode ser determinada com a Eq. 5.10. Assim,

$$\overline{V}_1=\frac{\dot{m}}{\rho A_1}=\frac{\dot{m}}{\rho\left(\pi D_1^2/4\right)}=\frac{(0{,}1/60)}{(1{,}23)\left(\pi\,0{,}06^2/4\right)}=0{,}48\ \text{m/s} \tag{4}$$

A velocidade média na seção (2) também pode ser calculada com a Eq. 5.10.

$$\overline{V}_2=\frac{\dot{m}}{\rho\left(\pi D_2^2/4\right)}=\frac{(0{,}1/60)}{(1{,}23)\left(\pi\,0{,}03^2/4\right)}=1{,}92\ \text{m/s} \tag{5}$$

(**a**) Se admitirmos que os perfis de velocidade são uniformes, temos que α_1 e α_2 são iguais a 1. Utilizando a Eq. 2,

$$\text{perda}=w_{\text{liq, eixo}}-\left(\frac{p_2-p_1}{\rho}\right)+\frac{\overline{V}_1^{\,2}}{2}-\frac{\overline{V}_2^{\,2}}{2} \tag{6}$$

Aplicando os resultados obtidos nas Eqs. 3, 4 e 5 e o valor do aumento de pressão fornecido na formulação do problema,

$$\text{perda} = 84{,}0 - \frac{(0{,}1\times10^3)}{1{,}23} + \frac{(0{,}48)^2}{2} - \frac{(1{,}92)^2}{2}$$
$$= 84{,}0 - 81{,}3 + 0{,}12 - 1{,}84 = 0{,}98 \text{ J/kg}$$

(**b**) Nós temos que utilizar os coeficientes de energia cinética ($\alpha_1 = 2$ e $\alpha_2 = 1{,}08$) na Eq. 1 se vamos levar em consideração os perfis de velocidade fornecidos no problema. Deste modo,

$$\text{perda} = w_{\text{liq, eixo}} - \left(\frac{p_2 - p_1}{\rho}\right) + \frac{\alpha_1 \overline{V}_1^2}{2} - \frac{\alpha_2 \overline{V}_2^2}{2} \quad (7)$$

Aplicando os valores numéricos,

$$\text{perda} = 84{,}0 - \frac{(0{,}1\times10^3)}{1{,}23} + \frac{2(0{,}48)^2}{2} - \frac{1{,}08(1{,}92)^2}{2}$$
$$= 84{,}0 - 81{,}3 + 0{,}24 - 1{,}99 = 0{,}95 \text{ J/kg}$$

Note que a diferença entre a perda calculada com os perfis de velocidade uniformes e a perda calculada com os perfis de velocidade não uniformes é pequena em relação ao trabalho por unidade de massa transferido ao conteúdo do volume de controle, $w_{\text{liq, eixo}}$.

Problemas

Nota: Se o valor de uma propriedade não for especificado no problema, utilize o valor fornecido na Tab. 1.4 ou 1.5 do Cap. 1. Os problemas com a indicação (*) devem ser resolvidos com uma calculadora programável ou computador. Os problemas com a indicação (+) são do tipo aberto (requerem uma análise crítica, a formulação de hipóteses e a adoção de dados). Não existe uma solução única para este tipo de problema.

5.1 Um escoamento de água é descrito pelo campo de velocidades

$$\mathbf{V} = (3x+2)\,\hat{\mathbf{i}} + (2y-4)\,\hat{\mathbf{j}} - 5z\,\hat{\mathbf{k}} \quad \text{m/s}$$

onde x, y e z são medidos em metros. (**a**) Determine a vazão em massa no retângulo mostrado na Fig. P5.1a. (**b**) Mostre que a massa é conservada no paralelepípedo mostrado na Fig. P5.1b.

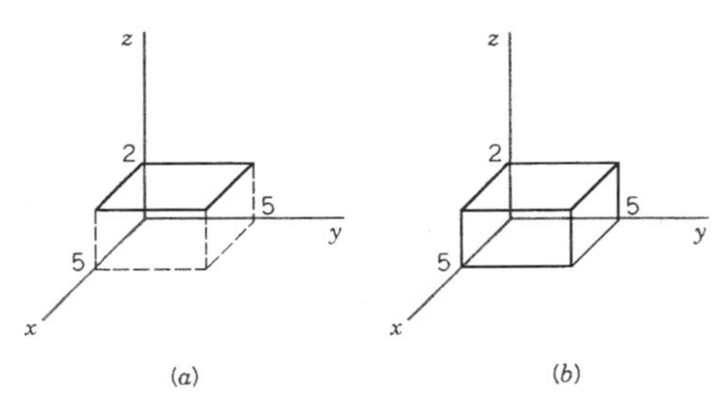

Figura P5.1

5.2 A vazão de água na turbina de uma hidroelétrica é igual a 126,2 m³/s. Determine o diâmetro mínimo da tubulação de alimentação desta turbina sabendo que a velocidade máxima permissível nesta tubulação é 9,2 m/s.

5.3 Ar escoa em regime permanente no tubo longo mostrado na Fig. P5.3. Levando em consideração as pressões estáticas e temperaturas estáticas indicadas na figura, determine a velocidade média na seção (1) sabendo que a velocidade média do escoamento na seção (2) é igual a 320 m/s.

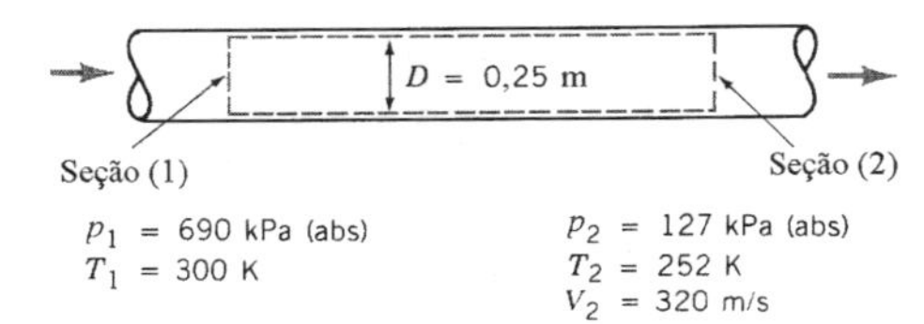

Figura P5.3

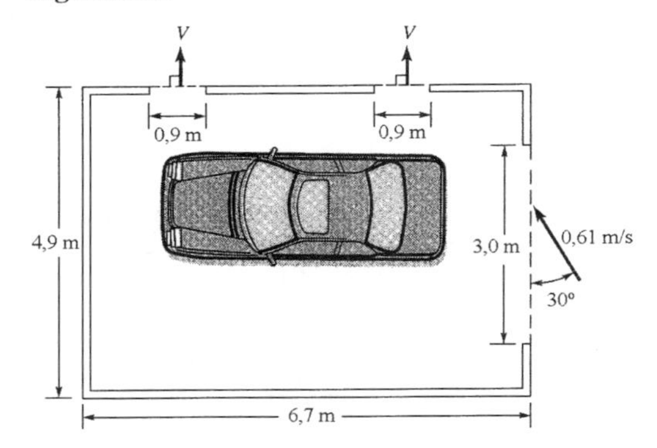

Figura P5.4

5.4 Ar escoa com velocidade de 0,61 m/s na porta da garagem esboçada na Fig. P5.4 (a altura da porta é igual a 2,1 m). Determine a velocidade média dos escoamentos nas duas janelas indicadas na figura, V, sabendo que as alturas das janelas são iguais a 1,2 m.

5.5 Determine a velocidade média do escoamento de água na seção de descarga do arranjo mostrado na Fig. P5.5. Note que os discos são paralelos e que o espaçamento entre eles é igual a 10 mm.

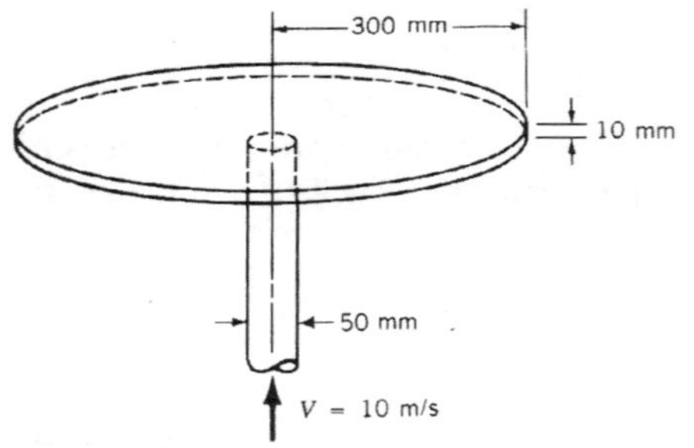

Figura P5.5

5.6 Água escoa numa pia do modo indicado na Fig. P5.6 (veja o ⦿ 5.1). Sabendo que a vazão de água na torneira é 7,8 litros por minuto, determine a velocidade média do escoamento de água nos três drenos de segurança da pia. Admita que o diâmetro dos drenos são iguais a 10 mm, que o ralo está tampado e que o nível da água na pia é constante.

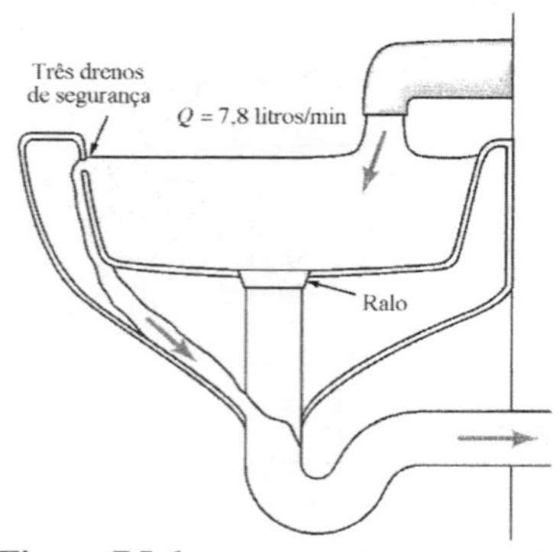

Figura P5.6

5.7 Os aspiradores de pó normalmente são vendidos com vários acessórios (veja o ⦿ 5.2). A Fig. P5.7 mostra dois deles: um bocal e uma escova. Considere que a vazão de ar nos acessórios é sempre igual a 0,028 m^3/s. **(a)** Determine a velocidade média na seção de alimentação do bocal, V_n . **(b)** Admita que o ar entra radialmente na escova e que o perfil de velocidade é linear (variando de 0 a V_b do modo indicado na figura). Nestas condições, determine o valor de V_b .

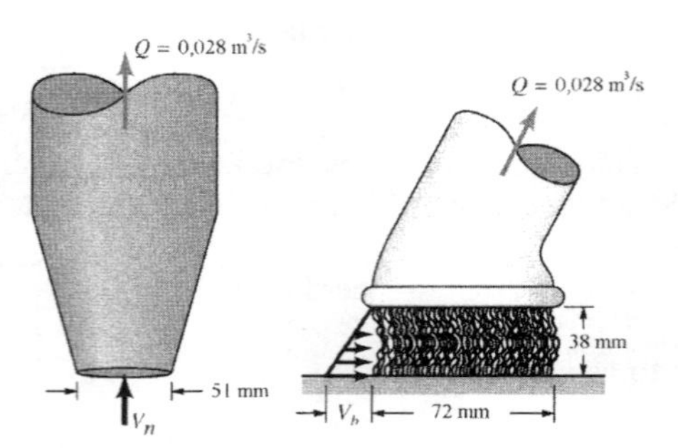

Figura P5.7

5.8 O compressor indicado na Fig. P5.8 é alimentado com 0,283 m^3/s de ar na condição padrão. O ar é descarregado do tanque através de uma tubulação que apresenta diâmetro igual a 30,5 mm. A velocidade e a massa específica do ar que escoa no tubo de descarga são iguais a 213 m/s e 1,80 kg/m^3. **(a)** Determine a taxa de variação da massa de ar contido no tanque em kg/s. **(b)** Determine a taxa média de variação da massa específica do ar contido no tanque.

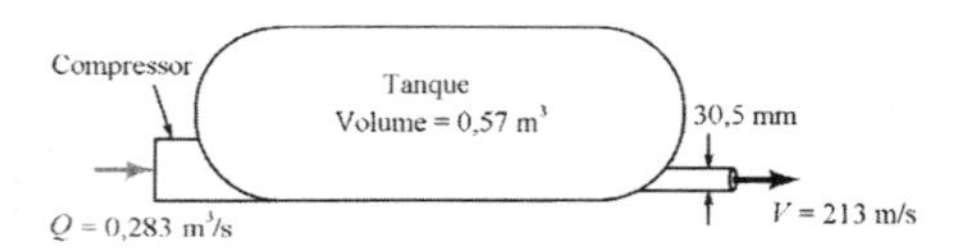

Figura P5.8

5.9 A Fig. P5.9 mostra a vista lateral da região de entrada de um canal que apresenta largura igual a 0,91 m. Observe que o perfil de velocidade na seção de entrada do canal é uniforme e que, ao longe, o perfil de velocidade é dado por $u = 4y - 2y^2$, onde u está especificado em m/s e y em m. Nestas condições, determine o valor de V.

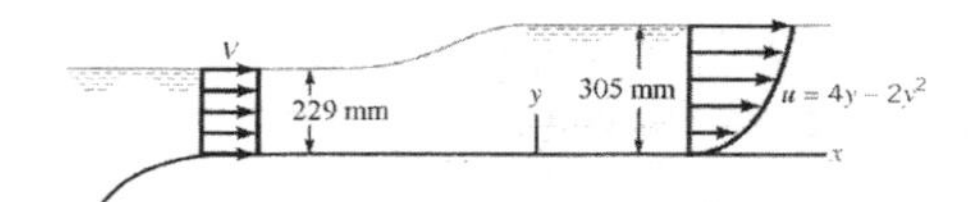

Fig. P5.9

5.10 O escoamento num canal aberto apresenta a seguinte distribuição de velocidade:

$$\mathbf{V} = U(y/h)^{1/7}\ \hat{\mathbf{i}} \quad \text{m/s}$$

onde U é a velocidade na superfície livre, y é a coordenada perpendicular ao fundo do canal (medida em metros) e h é a profundidade do canal em metros. Determine a velocidade média do escoamento no canal em função de U.

5.11 O comprimento médio e a área aproximada da superfície livre da água contida numa represa são iguais a 185 km e 583 km^2. O rio que alimenta a represa apresenta vazão constante e igual a 1274 m^3/s e o vertedouro da barragem descarrega 227 m^3/s. Determine, nestas condições, o aumento da cota da superfície livre da água em 24 horas.

5.12 A velocidade da superfície livre da água infiltrada no porão de um edifício é igual a 25,4 mm por hora. A área do chão do porão é 139,4 m^2. Qual deve ser a capacidade da bomba para que (**a**) o nível da água no porão se mantenha constante e (**b**) reduzir o nível da água no porão com uma velocidade de 76,2 mm por hora (admita que a vazão de água infiltrada é a mesma do item anterior).

+ 5.13 Estime a máxima vazão em volume de água da chuva (durante uma chuva de verão) que você pode encontrar na tubulação de descarga das calhas de sua casa. Faça um lista com todas as hipóteses utilizadas na solução deste problema.

5.14 A Fig. P5.14 mostra a confluência de dois rios. Observe que os perfis de velocidade nos dois rios a montante da confluência são uniformes e que o perfil de velocidade na seção a jusante da confluência não é uniforme. Sabendo que a profundidade do rio formado é uniforme e igual a 1,83 m, determine o valor de V.

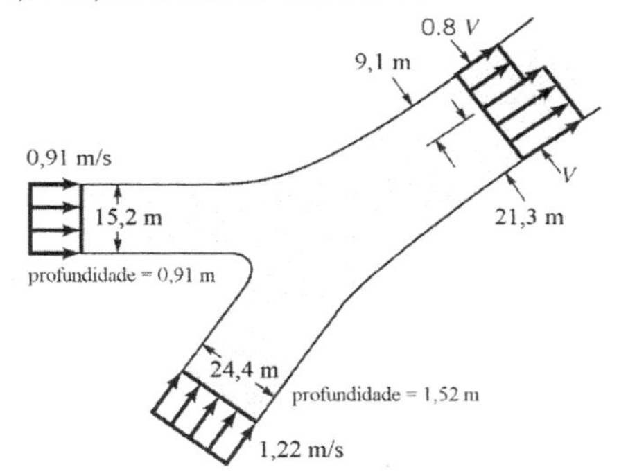

Figura P5.14

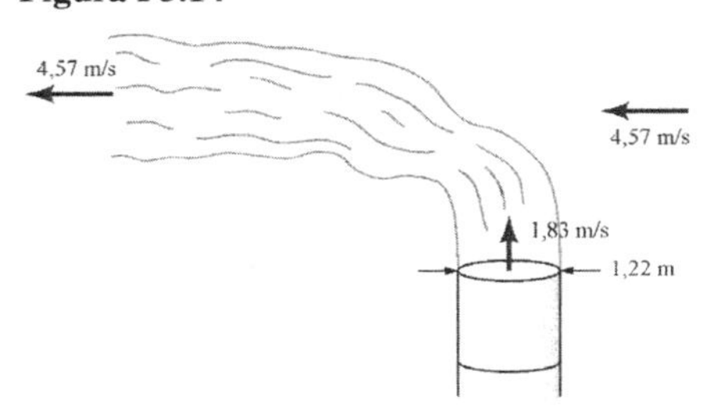

Figura 5.15

5.15 O diâmetro da chaminé mostrada na Fig. P5.15 é 1,22 m e a velocidade dos gases de combustão na seção de descarga da chaminé é igual a 1,83 m/s (veja o ⦿ 5.3). O vento deflete o jato descarregado da chaminé e o escoamento de gases de combustão se torna horizontal com velocidade média igual a àquela do vento (4,57 m/s). Determine o módulo da componente horizontal da força que atua sobre os gases de combustão neste escoamento. Admita que as propriedades dos gases de combustão são iguais àquelas do ar na condição padrão.

5.16 Água escoa na contração com seções transversais circulares esboçada na Fig. P5.16. A velocidade na seção (1) é uniforme e igual a 7,6 m/s e a pressão, nesta seção, é 5,17 bar. A água é descarregada da contração pela seção (2) com velocidade de 30,5 m/s. (**a**) Determine a componente axial da força de reação exercida pela contração sobre o escoamento. (**b**) Determine a componente axial da força necessária para imobilizar a contração.

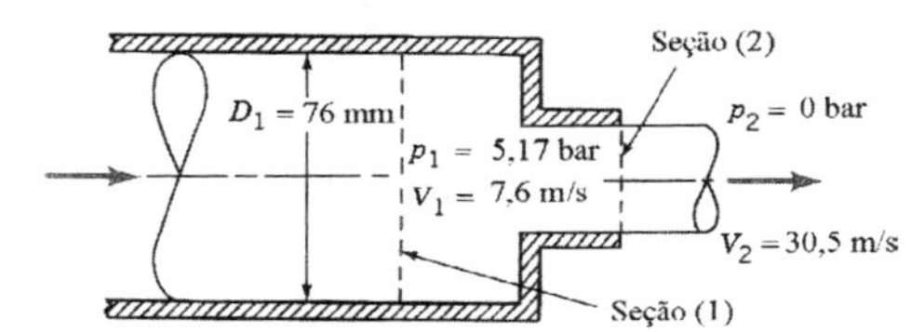

Figura P5.16

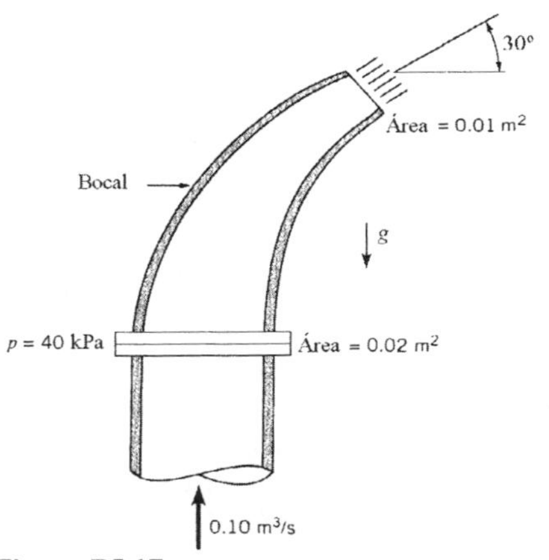

Figura P5.17

5.17 O bocal curvo mostrado na Fig. P5.17 está instalado num tubo vertical e descarrega água na atmosfera. Quando a vazão é igual a 0,1 m^3/s, a pressão relativa na flange é 40 kPa. Determine a componente vertical da força necessária para imobilizar o bocal. O peso do bocal é 200 N e o volume interno do bocal é 0,012 m^3. O sentido da força vertical é para cima ou para baixo?

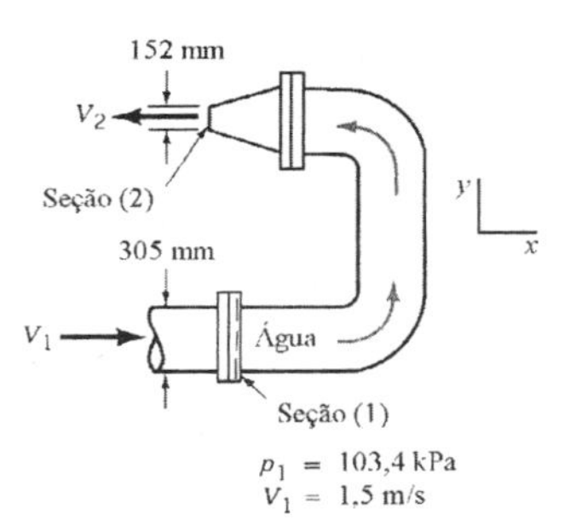

Figura P5.18

5.18 Determine os módulos e os sentidos das componentes nas direções x e y da força necessária para imobilizar o conjunto cotovelo - bocal esboçado na Fig. P5.18. O conjunto está montado na horizontal. Determine também os módulos e sentidos das componentes das forças exercidas pelo cotovelo e pelo bocal sobre o escoamento de água.

5.19 A Fig. P5.19 mostra um cotovelo convergente que está montado na vertical. O volume interno do cotovelo, delimitado pelas seções (1) e (2), é 0,2 m³ e a vazão em volume no cotovelo é 0,4 m³/s quando as pressões nas seções (1) e (2) são respectivamente iguais a 150 kPa e 90 kPa. A massa do cotovelo é igual a 12 kg. Calcule as componentes nas direções x e y da força necessária para imobilizar este cotovelo.

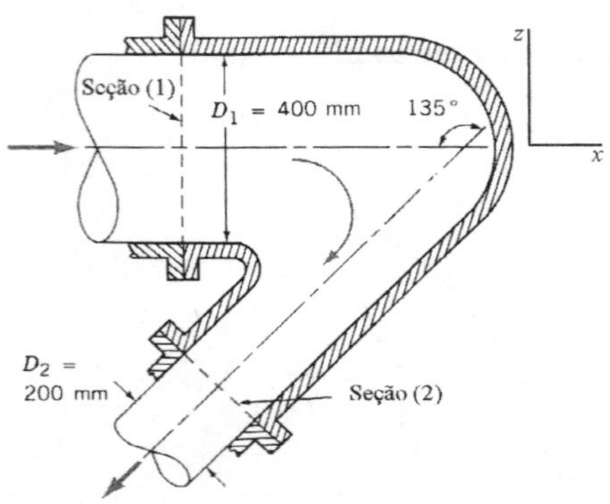

Figura P5.19

5.20 A Fig. P5.20 mostra um borrifador de água. O jato descarregado do dispositivo é horizontal e apresenta velocidade igual a 9,1 m/s. Determine o módulo e o sentido da força horizontal necessária para imobilizar este borrifador.

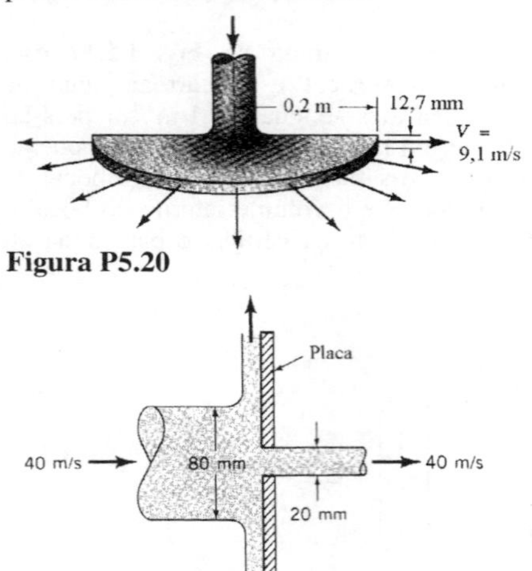

Figura P5.20

Figura P5.21

5.21 Uma placa circular com diâmetro de 0,3 m é mantida perpendicular à um jato horizontal axissimétrico de ar que apresenta velocidade e diâmetro iguais a 40 m/s e 80 mm (veja a Fig. P5.21). Um furo no centro da placa cria um outro jato de ar que também apresenta velocidade igual a 40 m/s mas 20 mm de diâmetro. Determine a componente horizontal da força necessária para imobilizar a placa circular.

5.22 Um jato plano com espessura h = 0,01 m é descarregado do dispositivo mostrado na Fig. P5.22. A água entra no dispositivo pelo tubo vertical e sai dele na horizontal com o perfil de velocidade mostrado na figura. Determine a componente na direção y da força necessária para imobilizar este dispositivo.

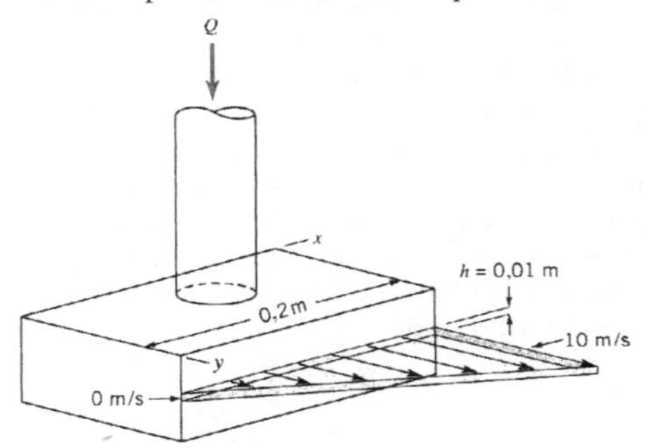

Figura P5.22

5.23 O perfil de velocidade a jusante do corpo mostrado na Fig. P5.23, seção 2, é dado por

$$u = 30,5 - 9,15\left(1 - \frac{|y|}{0,91}\right) \qquad |y| \leq 0,91\,\text{m}$$

$$u = 30,5 \qquad |y| > 0,91\,\text{m}$$

onde u é a velocidade em m/s e y é a distância em relação a linha de centro em metros (veja a Fig. P5.23). Este resultado foi obtido num túnel de vento e pode ser utilizado para determinar o arrasto no corpo mostrado na figura. Note que a velocidade a montante do corpo é uniforme e igual a 30,5 m/s e que as pressões estáticas nas seções 1 e 2 são iguais a 100 kPa. Admita que o formato da seção transversal do corpo não varia na direção normal ao plano do papel. Calcule a força de arrasto (força de reação na direção x) exercida sobre o ar pelo corpo por unidade de comprimento normal ao plano do desenho.

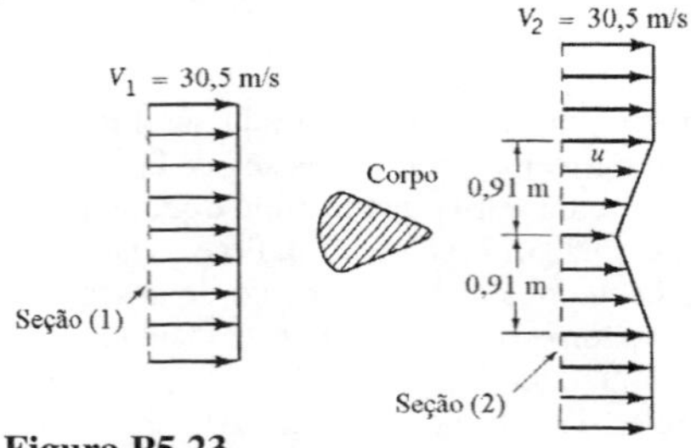

Figura P5.23

5.24 O controle vetorial de propulsão é uma técnica que pode melhorar substancialmente a manobrabilidade dos aviões de caça. Esta técnica é baseada no controle dos jatos descarregados das turbinas dos aviões através de pás defletoras instaladas nas seções de descarga dos jatos. **(a)** Considere as condições operacionais indicadas na Fig. P5.24. Determine o momento de "pitch" (o momento que faz o nariz do avião subir) em relação ao centro de massa do avião (*cg*). **(b)** Compare o empuxo associado às condições operacionais indicadas na figura e aquele associado à situação onde o jato é descarregado paralelamente à linha de centro do avião.

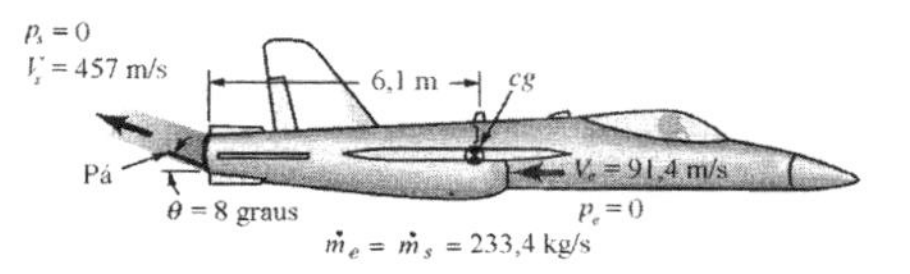

Figura P5.24

5.25 A propulsão do "jet ski" é realizada por um jato d'água descarregado a alta velocidade (veja o ⦿ 9.7). Considere as condições operacionais indicadas na Fig. P5.25 e admita que os escoamentos nas seções de alimentação e descarga do "jet ski" se comportem como jatos livres. Nestas condições, determine a vazão de água bombeada para que o empuxo no "jet ski" seja igual a 1335 N.

Figura P5.25

5.26 O perfil de velocidade num escoamento laminar e bem desenvolvido é parabólico (veja a Fig. P5.26), ou seja,

$$u = u_c\left[1 - \left(\frac{r}{R}\right)^2\right]$$

Compare o fluxo de quantidade de movimento axial calculado com a velocidade média do escoamento com o fluxo de quantidade de movimento calculado com a distribuição de velocidade fornecida acima.

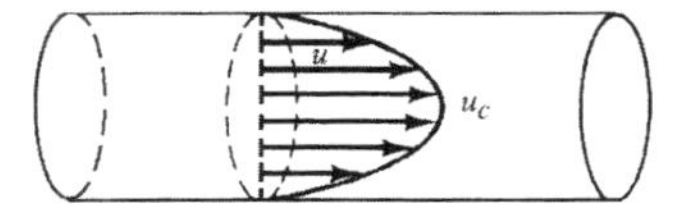

Figura P5.26

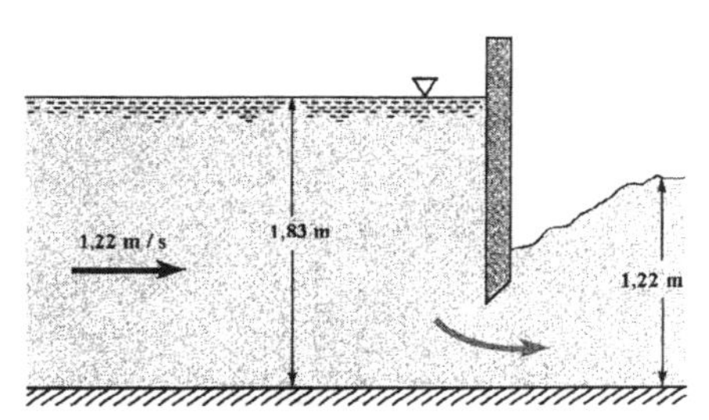

Figura P5.27

5.27 Determine o módulo da componente horizontal da força necessária para imobilizar a comporta deslizante mostrada na Fig. P5.27. Compare este resultado com aquele obtido considerando que a comporta está fechada. Admita que, neste caso, o nível do reservatório também é igual a 1,83 m.

5.28 A Fig. P5.28 mostra o escoamento de água num canal aberto e bidimensional que é defletido por uma placa inclinada. Qual é a força necessária para imobilizar a placa se a velocidade na seção (1) for igual a 3,0 m/s? A distribuição de pressão na seção (1) é a hidrostática e o fluido se comporta como um jato livre na seção (2). Despreze o atrito.

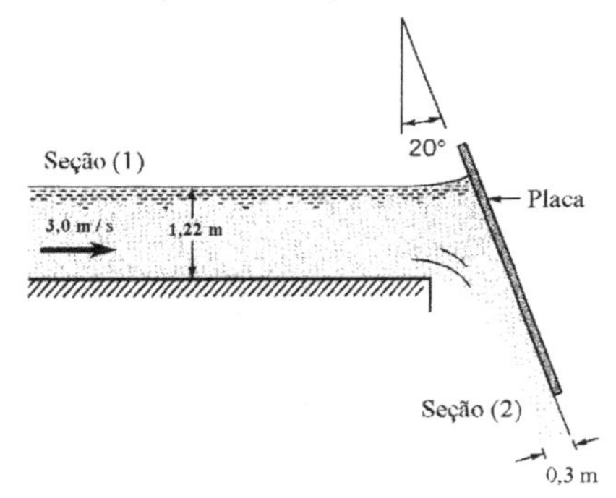

Figura P5.28

5.29 A Fig. P5.29 mostra um jato circular de ar atingindo um defletor cônico. Note que é necessária uma força de 22,2 N para imobilizar o cone. Nestas condições, estime a vazão de ar no tubo. Admita que o módulo do vetor velocidade é constante em todo o escoamento.

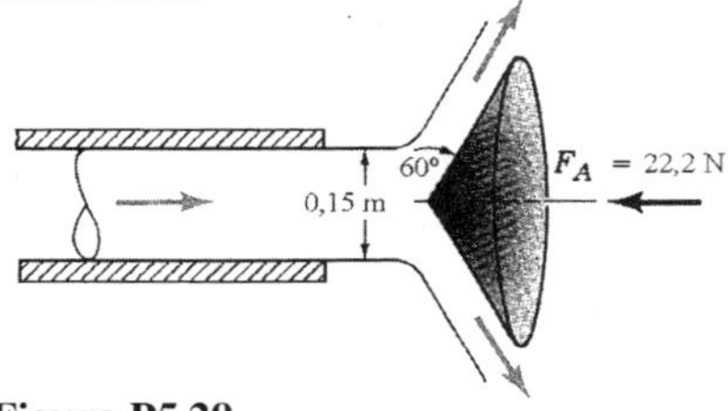

Figura P5.29

5.30 Um jato d'água, com diâmetro igual a 10 mm, incide num bloco que pesa 6 N do modo indicado na Fig. P5.30 (veja também o ⦿ 5.4). A espessura, largura e altura do bloco são, respectivamente, iguais a

15, 200 e 100 mm. Determine a vazão de água do jato necessária para tombar o bloco.

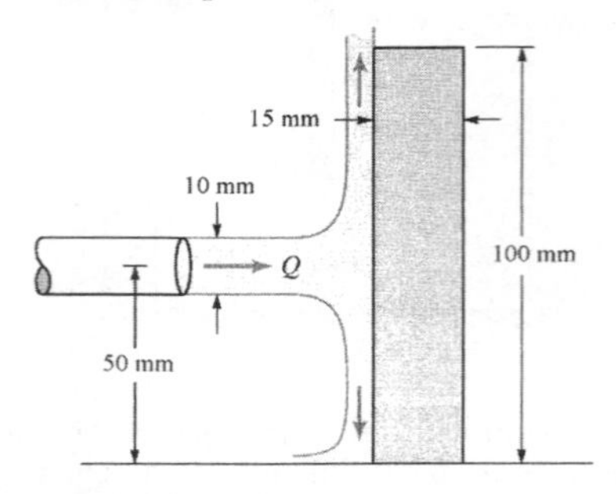

Figura P5.30

5.31 A Fig. P5.31 mostra um jato de ar horizontal incidindo numa placa vertical. O módulo da força necessária para imobilizar a placa é igual a 12 N. Qual é a leitura do manômetro instalado na tubulação de ar? Admita que o escoamento é incompressível e sem atrito.

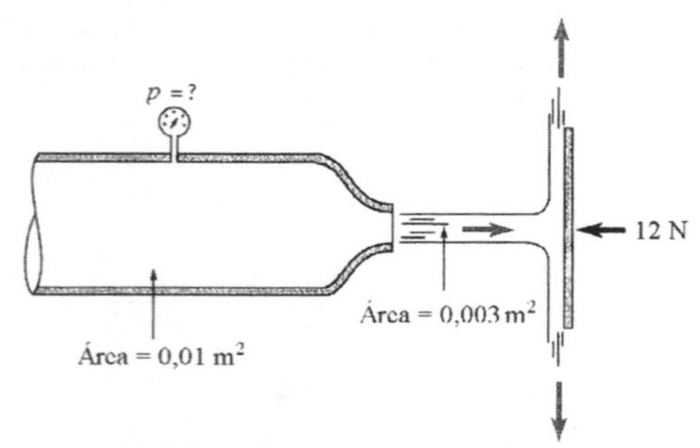

Figura P5.31

5.32 A Fig. P5.32 mostra dois jatos incidentes. Os jatos apresentam diâmetros e velocidades iguais. Determine a velocidade V e o ângulo θ do jato formado pelos outros dois. Admita que os efeitos da gravidade são nulos.

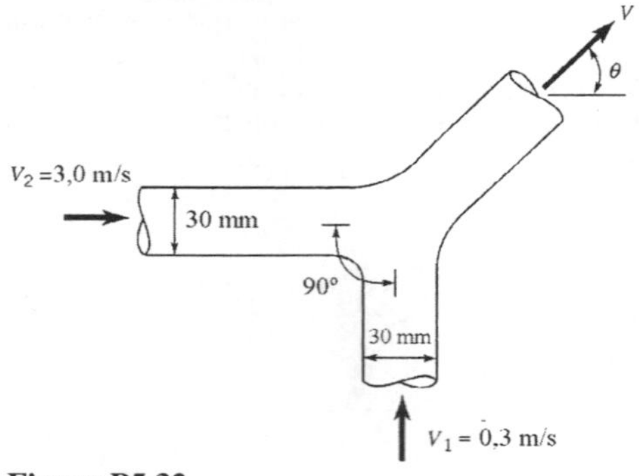

Figura P5.32

5.33 A Fig. P5.33 mostra um tanque sendo carregado com um escoamento vertical. O nível do líquido no tanque é constante e o tanque está apoiado num plano horizontal e que não propicia atrito. Determine o módulo da força horizontal necessária para manter o tanque imóvel. Despreze todas as perdas.

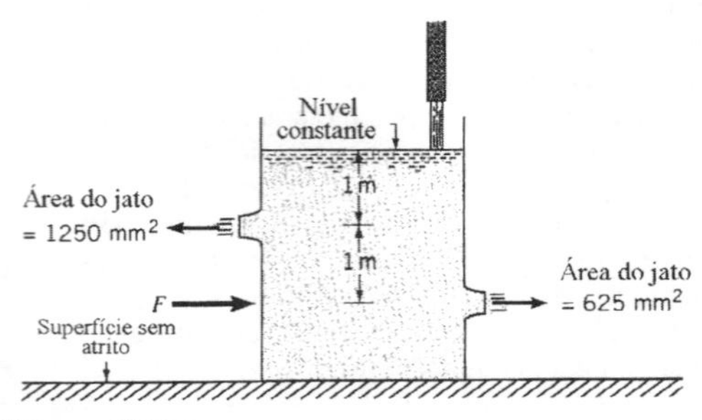

Figura P5.33

5.34 O irrigador rotativo mostrado na Fig. P5.34 é alimentado pela base com uma vazão de 1 litro/s. As áreas das seções transversais dos bocais de descarga do irrigador são iguais a 25,8 mm² e os escoamentos descarregados destes bocais são tangenciais. (**a**) Determine o torque necessário para manter o irrigador imóvel. (**b**) Determine o torque resistente no irrigador sabendo que a parte móvel apresenta rotação igual a 500 rpm. (**c**) Determine a velocidade angular do irrigador se o torque resistente na parte móvel for nulo.

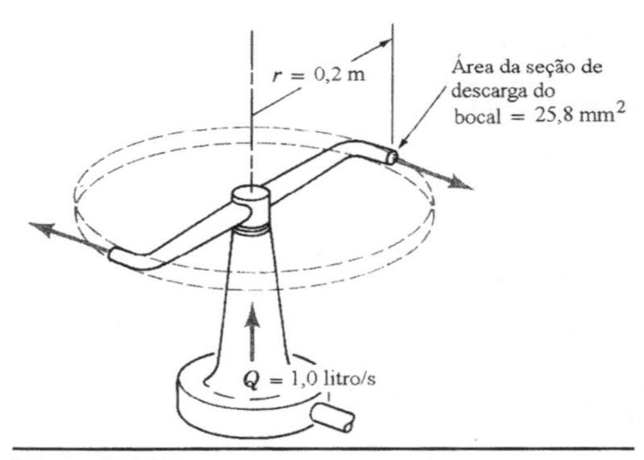

Figura P5.34

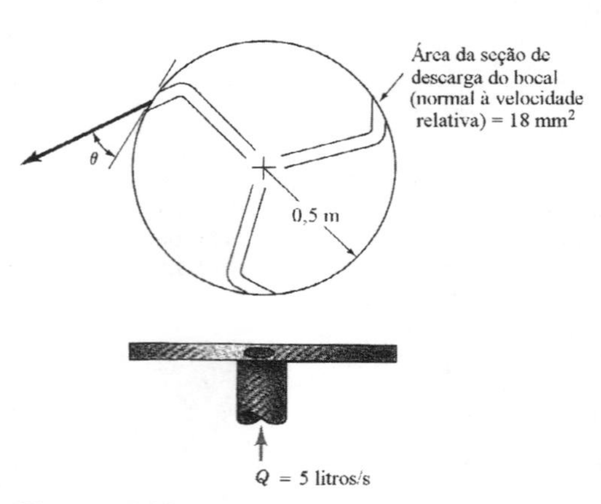

Figura P5.35

5.35 O rotor mostrado na Fig. P5.35 (veja também o ⦿ 5.5) é alimentado com 5,0 litros/s de água. A área da seção de descarga de cada um dos três bocais do rotor (a área da seção transversal normal à velocidade relativa do jato descarregado pelo bocal) é igual a 18 mm². Qual é o torque necessário para manter o rotor imóvel? Qual é a rotação do rotor se o torque resistente for nulo e (**a**) $\theta = 0°$, (**b**) $\theta = 30°$, e (**c**) $\theta = 60°$?

5.36 A Fig. P5.36 mostra o esboço de uma turbina radial com escoamento "para dentro". O ângulo do bocal, α_1, é igual a 60° e a velocidade da periferia externa do rotor, U_1, é 6,0 m/s. A razão entre os raios r_1 e r_2 é igual a 2,0. A velocidade absoluta do fluido que deixa o rotor pela seção (2) é igual a 12 m/s. Determine a transferência de energia para o fluido, por unidade de massa de fluido que escoa pela turbina, se o fluido é (**a**) ar e (**b**) água.

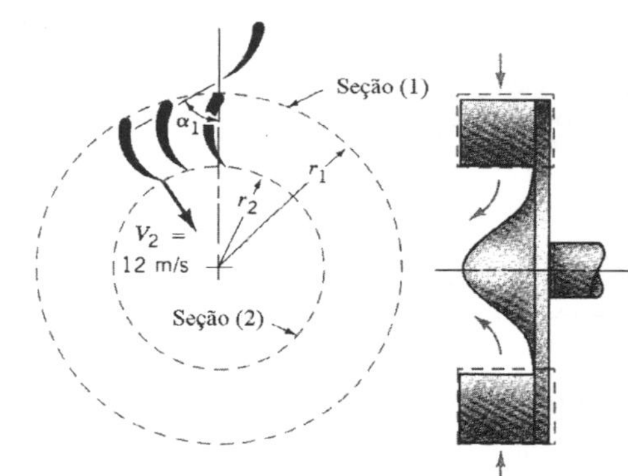

Figura P5.36

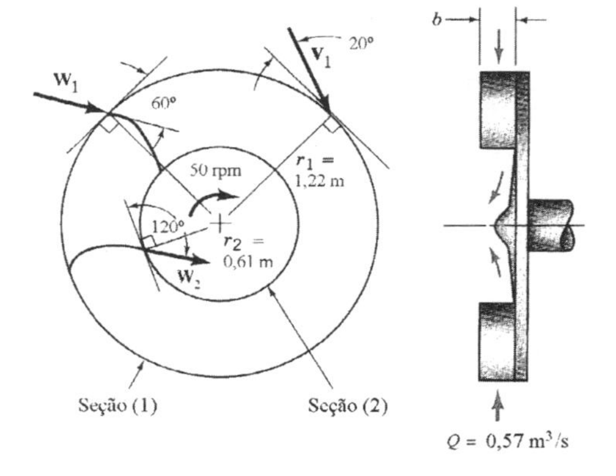

Figura P5.37

5.37 A Fig. P5.37 mostra o esboço do rotor de uma turbina hidráulica. Os raios interno e externo da fileira de pás são respectivamente iguais a 0,61 m e 1,32 m. O ângulo entre o vetor velocidade absoluta na seção de entrada do rotor com a direção tangencial é 20° (veja a figura). O ângulo da pá na seção de entrada do rotor em relação à direção tangencial é igual a 60° e o ângulo na seção de descarga das pás em relação a direção tangencial é 120°. A vazão em massa no rotor é 0,57 m³/s. Determine a altura das pás e a potência disponível no eixo da turbina sabendo que os escoamentos são tangentes as pás nas seções de alimentação e descarga da fileira de pás

5.38 A Fig. P5.38 mostra o esboço de um rotor de uma bomba d'água centrífuga e suas condições normais de operação. Note que o fluido entra no rotor radialmente. Determine qual é o trabalho de eixo por unidade de massa de fluido que escoa nesta bomba.

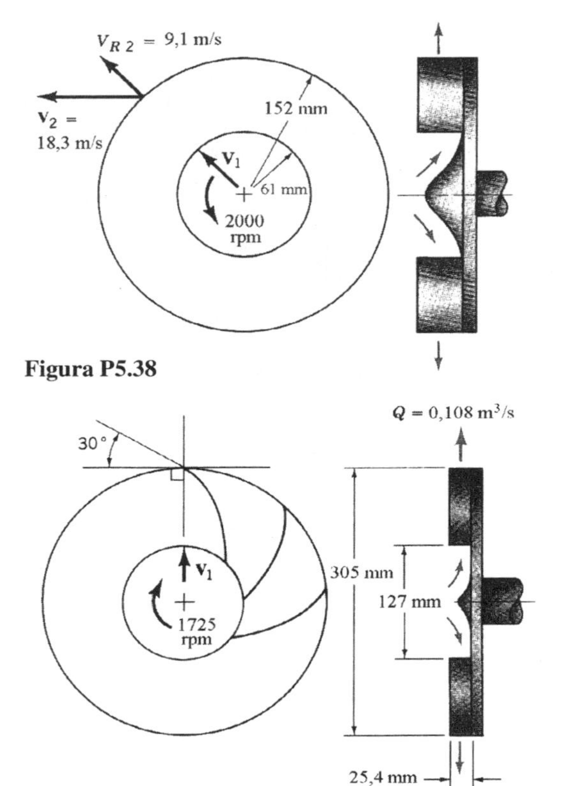

Figura P5.38

Figura P5.39

5.39 A Fig. P5.39 mostra o esboço e as condições normais de operação do rotor de um ventilador. O diâmetro externo do rotor é 305 mm, o diâmetro interno da fileira de palhetas é 127 mm, o rotor gira a 1725 rpm e a altura das palhetas é constante e igual a 25,4 mm. A vazão em volume, no regime permanente, é 0,108 m³/s e a velocidade absoluta do ar na entrada das palhetas, V_1, é radial. O ângulo de descarga das palhetas, medido em relação à direção tangencial a periferia externa do rotor (veja a figura), é 30°. (**a**) Determine qual é o ângulo de entrada da palheta adequado (ângulo da palheta na seção de alimentação das palhetas e medido em relação a direção tangencial à periferia interna da fileira de palhetas). (**b**)

Determine qual é a potência necessária para operar o ventilador que utiliza este rotor.

5.40 A Fig. P5.40 mostra o esboço de uma bomba axial de gasolina. Note que a bomba é constituída por uma fileira de palhetas rotativas (rotor) seguida por uma fileira de palhetas estacionárias (estator). A gasolina entra no rotor axialmente (sem apresentar quantidade de movimento angular) com velocidade igual a 3 m/s. Os ângulos de entrada e saída das palhetas do rotor são respectivamente iguais a 60° e 45°. A área da seção transversal de escoamento na bomba é constante. Admita que o escoamento é sempre tangencial às palhetas da bomba. Construa os triângulos de velocidade para o escoamento imediatamente a montante e imediatamente a jusante do rotor. Determine os triângulos de velocidade nas mesmas posições do estator (onde o escoamento é axial). Qual é a energia transferida por quilograma de gasolina que escoa na bomba?

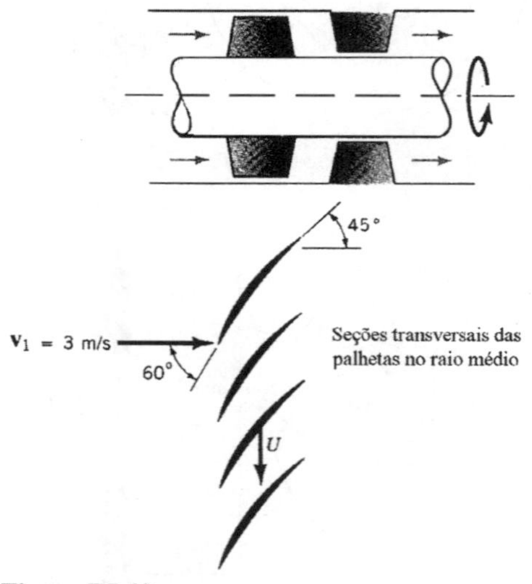

Figura P5.40

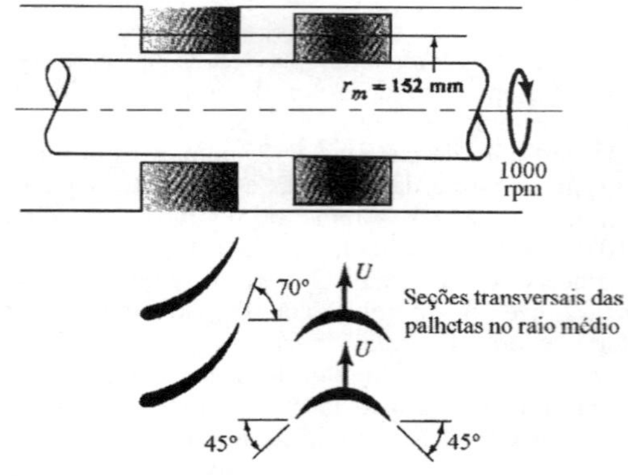

Figura P5.41

5.41 A Fig. P5.41 apresenta o esquema do estágio de uma turbina hidráulica. A rotação do rotor é igual a 1000 rpm. (**a**) Construa o triângulo de velocidades para os escoamentos nas seções de entrada e saída da fileira de pás do rotor. Utilize **V** para indicar velocidades absolutas, **W** para as velocidades relativas e **U** para indicar a velocidade das pás. Admita que o escoamento entra e sai de cada fileira de pás com os ângulos mostrados na figura. (**b**) Calcule o trabalho de eixo por unidade de massa que escoa na turbina.

5.42 Água entra no rotor de uma bomba radialmente e ela o deixa com velocidade absoluta tangencial igual a 10 m/s. O diâmetro externo do rotor é 60 mm e o rotor gira a 1800 rpm. Determine a perda de energia disponível no escoamento através do rotor e a eficiência hidráulica da bomba sabendo que o aumento de pressão de estagnação no rotor é igual a 45 kPa.

5.43 A Fig. P5.43 mostra os triângulos de velocidade a jusante (2) e a montante (1) do rotor de uma máquina hidráulica axial rotativa. Esta máquina é uma bomba ou turbina? Faça o esboço das pás deste rotor e determine a energia transferida por unidade de massa de fluido que escoa no rotor.

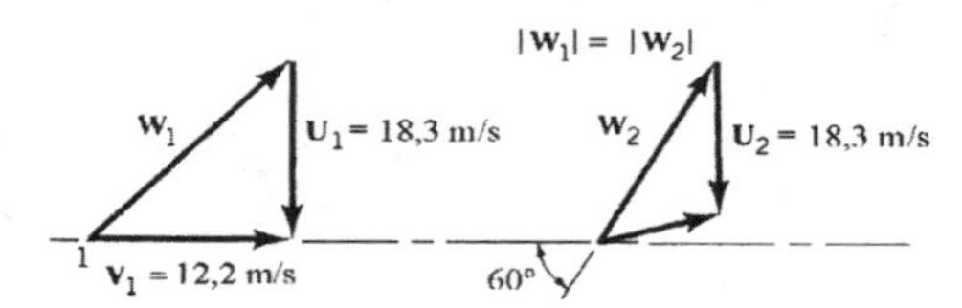

Figura P5.43

5.44 Água entra no rotor de uma turbina axial com velocidade absoluta tangencial, V , igual a 4,6 m/s. A velocidade das pás, U, é 15,2 m/s. A água deixa a fileira de pás sem apresentar momento de quantidade de movimento. Determine a eficiência hidráulica da turbina sabendo que a variação de pressão de estagnação na turbina é igual a 82,7 kPa.

5.45 Prove que

$$\check{h} + \frac{W^2}{2} \quad \frac{U^2}{2}$$

permanece constante no escoamento adiabático através de um rotor. O termo $\check{h}$ simboliza a entalpia específica do fluido, W a velocidade relativa do fluido e U a velocidade das pás do rotor.

5.46 Dois grandes lagos são conectados por uma queda d'água com 200 m de altura. Admitindo que o regime de escoamento na queda seja o permanente, determine o aumento da temperatura da água neste escoamento.

5.47 Ar escoa em torno de um objeto do modo indicado na Fig. P5.47. O diâmetro do tubo que envolve o objeto é 2 m e o ar é descarregado do tubo como um jato livre. A velocidade e a pressão a montante do objeto são iguais a 10 m/s e 50 N/m^2. Observe que o perfil de velocidade a jusante do objeto não é uniforme. (**a**) Determine a perda de carga para uma partícula fluida que escoa de montante e é descarregada dentro na esteira provocada pela presença do objeto. (**b**) Determine o módulo da força que atua no objeto. Admita que a tensão de cisalhamento na parede do tubo é nula e que a seção transversal do escoamento na esteira é circular.

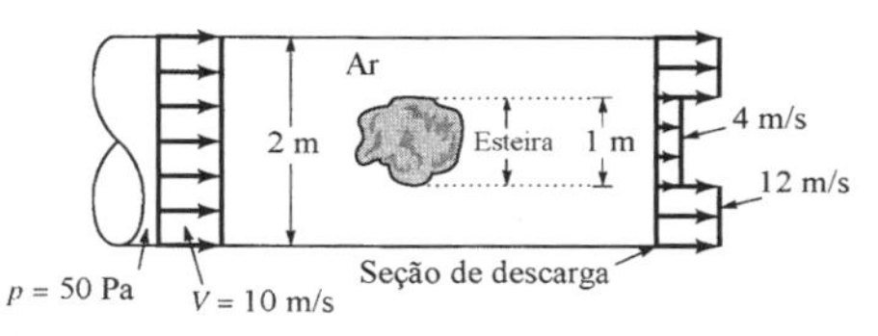

Figura P5.47

5.48 Óleo (densidade = SG = 0,9) escoa para baixo na contração axissimétrica mostrada na Fig. P5.48. Se o manômetro de mercúrio indica uma leitura, h, igual a 120 mm, determine a vazão em volume na contração. Admita que os efeitos do atrito são desprezíveis. A vazão real é maior ou menor do que a calculada com esta hipótese? Explique.

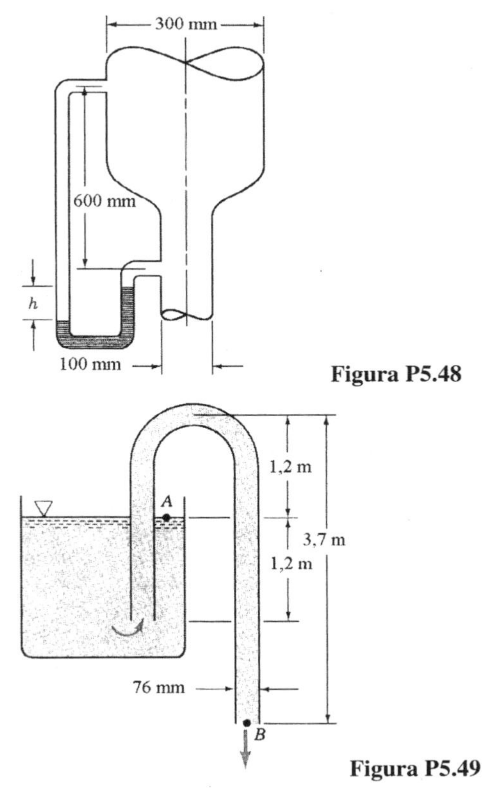

Figura P5.48

Figura P5.49

5.49 A Fig. P5.49 mostra o esquema de um sifão que opera com água. Se a perda por atrito entre os pontos A e B do escoamento é $0{,}6V^2/2$, onde V é a velocidade do escoamento na mangueira, determine a vazão na mangueira que transporta água.

5.50 A vazão de água na válvula esquematizada na Fig. P5.50 é 454 kg/s. A pressão na seção de alimentação da válvula é 6,21 bar e a variação de pressão do escoamento na válvula é 35 kPa. Se o escoamento na válvula ocorre num plano horizontal, determine a perda de energia disponível deste escoamento.

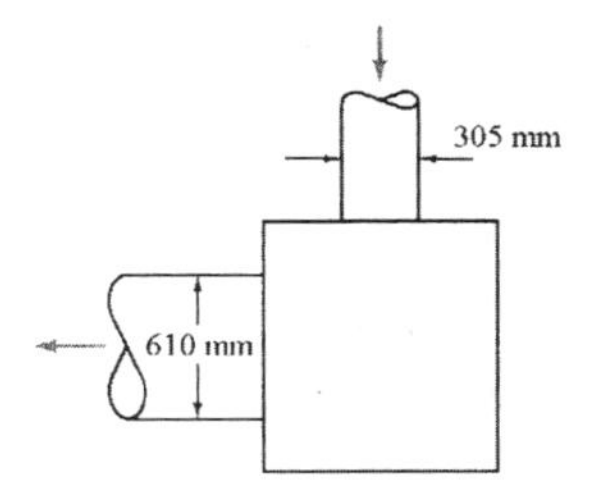

Figura P5.50

5.51 Um líquido incompressível escoa no tubo mostrado na Fig. P5.51. Admitindo que o regime de escoamento é o permanente, determine o sentido do escoamento e a perda de carga no escoamento entre as seções onde estão instalados os manômetros.

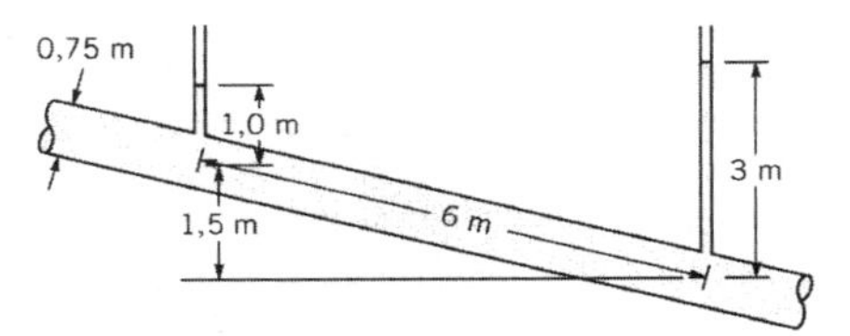

Figura P5.51

5.52 Um bocal para mangueiras de incêndio é projetado para lançar um jato vertical com altura de 30 m. Calcule a pressão de estagnação necessária na seção de alimentação do bocal admitindo que (**a**) a perda no escoamento é nula e (**b**) a perda no escoamento é igual a 30 N·m/kg.

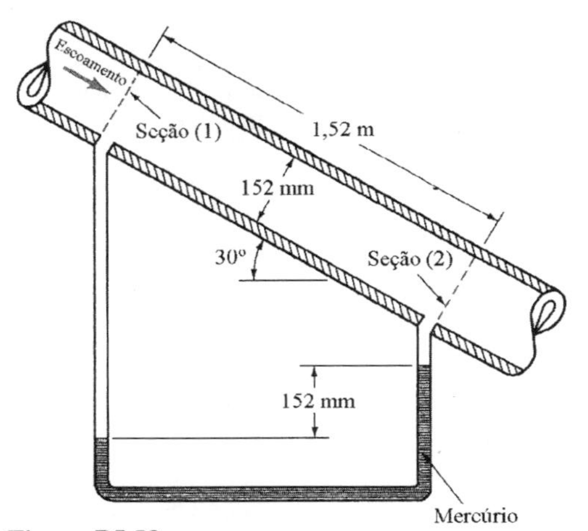

Figura P5.53

5.53 Água escoa no tubo inclinado mostrado na Fig. P5.53. Determine: (**a**) A diferença entre as pressões p_1 e p_2. (**b**) A perda no escoamento entre as seções (1) e

(2). (c) A força líquida axial exercida pelo tubo sobre a água entre as seções (1) e (2).

5.54 Qual é a máxima potência que pode ser obtida com a turbina hidroelétrica mostrada na Fig. P5.54?

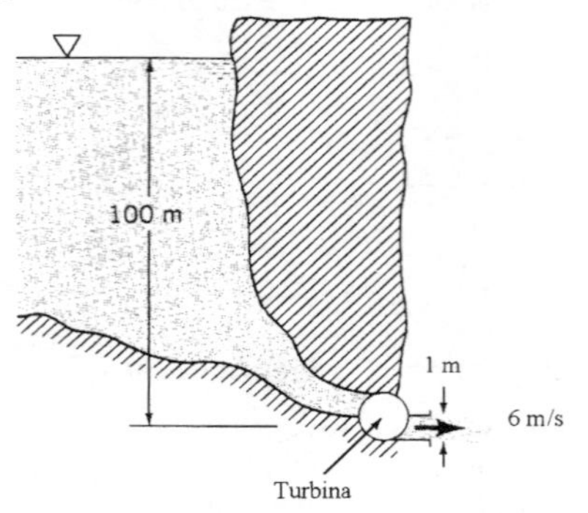

Figura P5.54

5.55 A vazão de água na turbina de uma central hidroelétrica é 252,4 m³/s e a carga na seção de alimentação da turbina é igual a 30,5 m. Qual é a máxima potência que esta turbina pode gerar? Porque o valor realmente gerado na turbina tem que ser menor do que o valor máximo calculado?

5.56 Uma turbina é alimentada com 4,25 m³/s de água a 415 kPa. Um vacuômetro instalado na tubulação de descarga da turbina (localizada a 3m abaixo da linha de centro da tubulação de alimentação) indica que a pressão é igual a 250 mm de Hg. Calcule a perda de potência na turbina sabendo que a potência fornecida no eixo da turbina é 1100 kW. Os diâmetros internos das tubulações de alimentação e descarga da turbina são iguais a 800 mm.

5.57 Determine a perda de energia disponível por unidade de tempo no escoamento entre as seções (1) e (2) indicadas na Fig. P5.57 sabendo que a potência gerada na turbina hidráulica é igual a 1,86 MW.

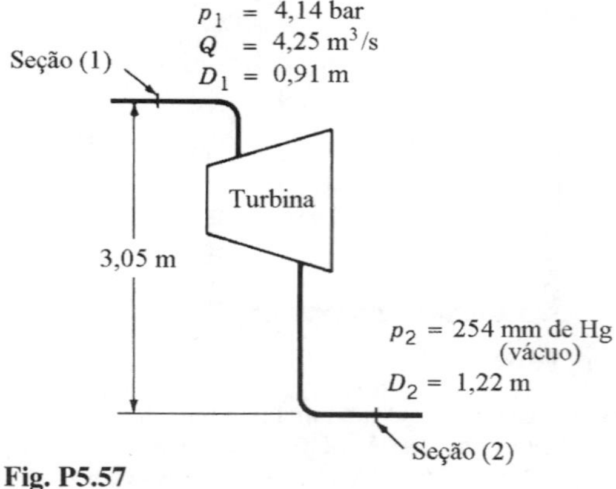

Fig. P5.57

5.58 A Fig. P5.58 e o ⦿ 5.8 mostram um aerador. Sabendo que a vazão de água na coluna do aerador é igual a 0,085 m³/s, determine a potência que a bomba transfere ao fluido. Admita que $V_2 = 0$ e que a perda de carga no escoamento de (1) para (2) é igual a 1,22 m de coluna d'água. Determine a perda de carga no escoamento entre (2) e (3) sabendo que a velocidade média em (3) vale 0,61 m/s.

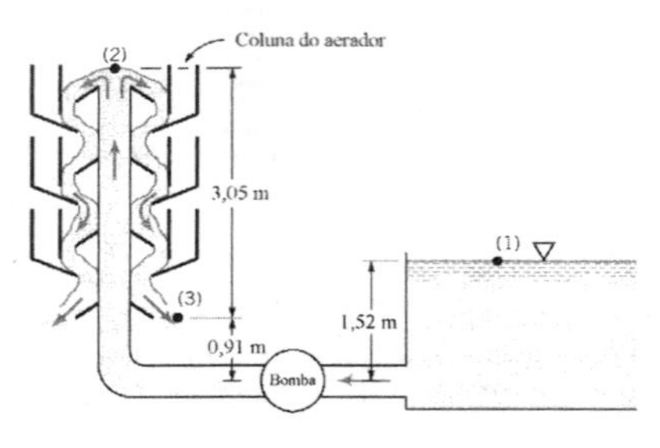

Figura P5.58

5.59 A Fig. P5.59*a* mostra água sendo bombeada de um tanque. A perda de carga no escoamento é dada por $1{,}2V^2/2g$, onde V é a velocidade média do escoamento no tubo. A Fig. P5.59*b* mostra a curva característica da bomba que está sendo utilizada para retirar água do tanque. Observe que a carga da bomba, h_b, está especificada em m de coluna de água. Determine, para as condições operacionais especificadas, a vazão na tubulação montada a jusante da bomba.

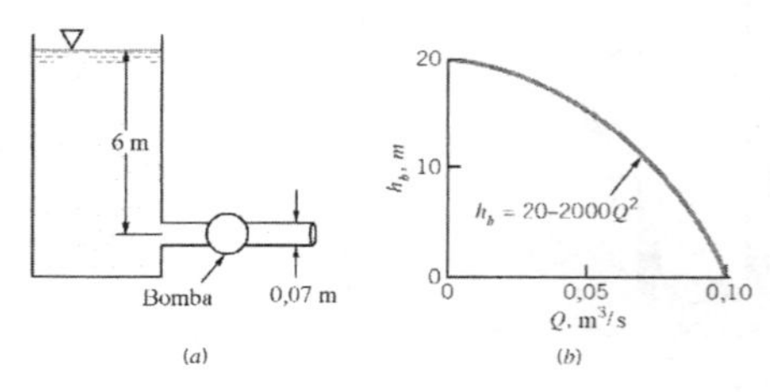

Figura P5.59

5.60 Uma bomba transfere água de um grande reservatório para outro do modo mostrado na Fig. P5.60*a*. A diferença entre as alturas das superfícies livres dos reservatórios é 30,5 m. A perda de carga por atrito na tubulação é dada por $K_L\overline{V}^2/2g$, onde $\overline{V}$ é a velocidade média do escoamento na tubulação e K_L é o coeficiente de perda (que nós admitiremos constante). A relação entre o aumento total de carga na bomba, H, e a vazão através da bomba, Q, está apresentada na Fig. P5.60*b*. Determine a vazão na tubulação sabendo que $K_L = 20$ e que o diâmetro interno da tubulação é 102 mm.

5.61 A Fig. P5.61 mostra água escoando de um lago para outro pela ação da gravidade. A vazão de água no conduto é 0,38 m³/min. Qual é a perda de energia detectada neste escoamento? Estime a potência necessária para acionar uma bomba que reverta o escoamento de água. Admita que a vazão na bomba também é igual a 0,38 m^3/min e que a perda de energia é igual àquela calculada no primeiro item do problema.

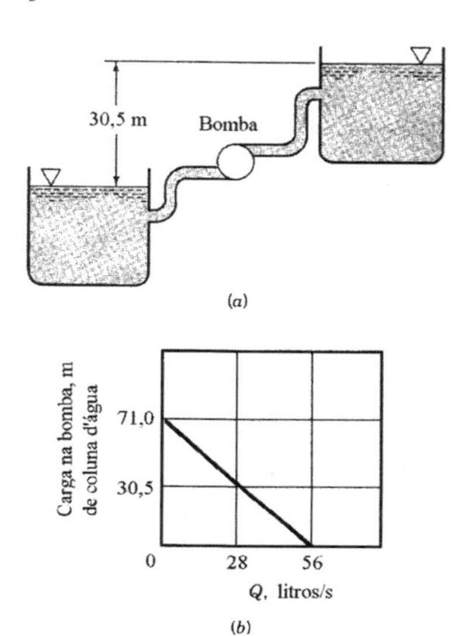

Figura P5.60

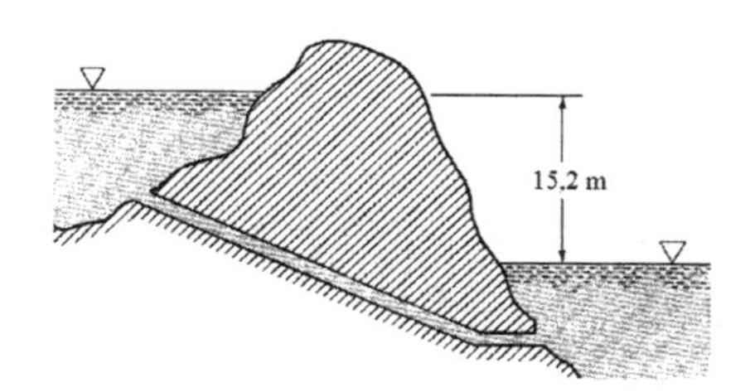

Figura P5.61

5.62 A turbina esboçada na Fig. P5.62 apresenta potência igual a 74,6 kW quando a vazão de água que escoa pela turbina vale 0,57 m^3/s. Admitindo que todas as perdas são nulas, determine: **(a)** a cota da superfície livre da água, h; **(b)** a diferença entre a pressão na seção de alimentação e àquela na seção de descarga da turbina e **(c)** a vazão na tubulação horizontal se nós retirarmos a turbina do sistema.

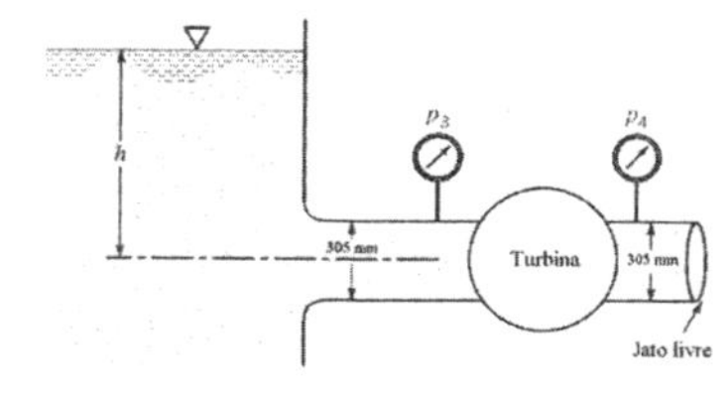

Figura P5.62

5.63 Uma bomba movimenta 0,02 m^3/s de água numa tubulação horizontal. O diâmetro do tubo localizado a montante da bomba é 90 mm e a pressão na seção de alimentação da bomba é 120 kPa. O diâmetro do tubo localizado a jusante da bomba é 30 mm e a pressão na seção de descarga da bomba é 400 kPa. Determine a eficiência da bomba sabendo que a perda de energia no equipamento (devida aos efeitos do atrito no escoamento) é 170 N·m/kg.

5.64 A vazão de óleo no tubo inclinado mostrado na Fig. P5.64 é 0,142 m^3/s. Sabendo que a densidade do óleo (SG) é igual a 0,88 e que o manômetro de mercúrio indica uma diferença entre as alturas das superfícies livres do mercúrio igual a 914 mm, determine a potência que a bomba transfere ao óleo. Admita que as perdas de carga são desprezíveis.

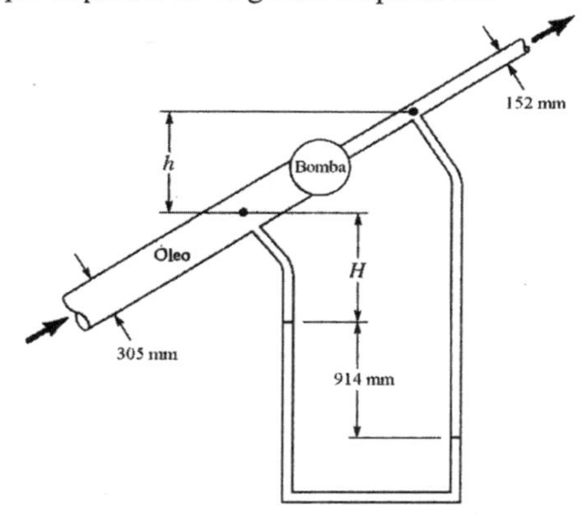

Figura P5.64

5.65 A vazão de água transportada do reservatório inferior para o superior da Fig. P5.65, pela ação da bomba, é igual a 0,071 m^3/s. A perda de energia disponível no escoamento da seção (1) para a seção (2) é dada por 657 $\overline{V}^2/2$ m^2/s^2, onde $\overline{V}$ é a velocidade média do escoamento na tubulação. Determine a potência no eixo da bomba.

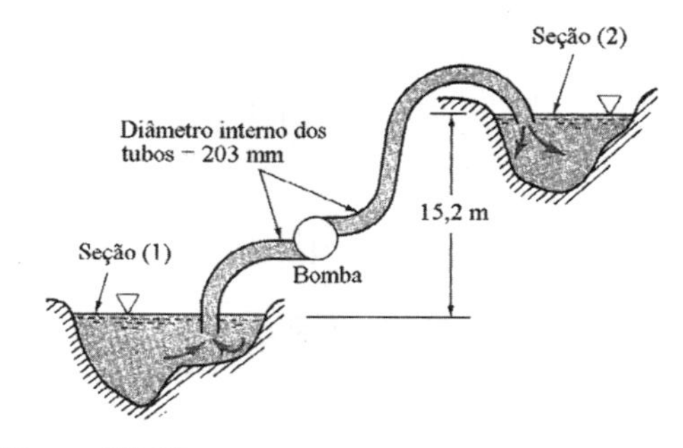

Figura P5.65

5.66 O reservatório mostrado na Fig. P5.66 descarrega água na atmosfera através de um tubo curvo. O tanque é grande e está apoiado num plano liso. Observe que é necessário ancorar o reservatório para inibir seu movimento na direção horizontal e que é possível utilizar tanto o lado esquerdo quanto o direito do tanque para a ancoragem. Em que lado devemos ancorar o tanque sabendo que o cabo só suporta tração? Qual a força de tração que atua no cabo? Admita que os efeitos do atrito no escoamento são desprezíveis.

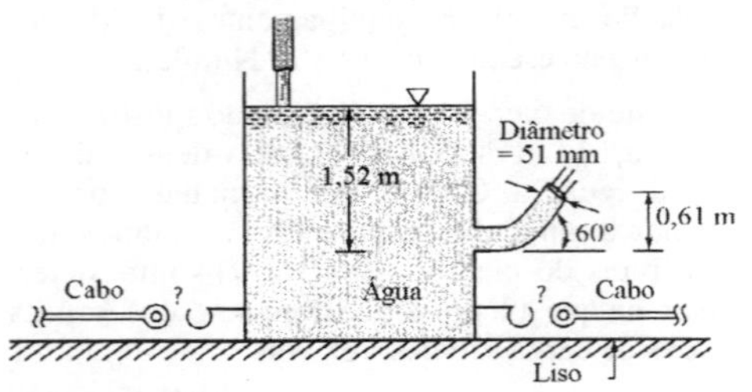

Figura P5.66

5.67 O escoamento de água no trecho de tubulação mostrado na Fig. P5.67 pode ser modelado como incompressível e unidimensional. Os diâmetros internos dos tubos que compõe a tubulação são iguais a 1 m. Determine, para as condições indicadas na figura, as componentes nas direções x e y da força que é exercida no trecho de tubulação. Admita que os efeitos viscosos são desprezíveis.

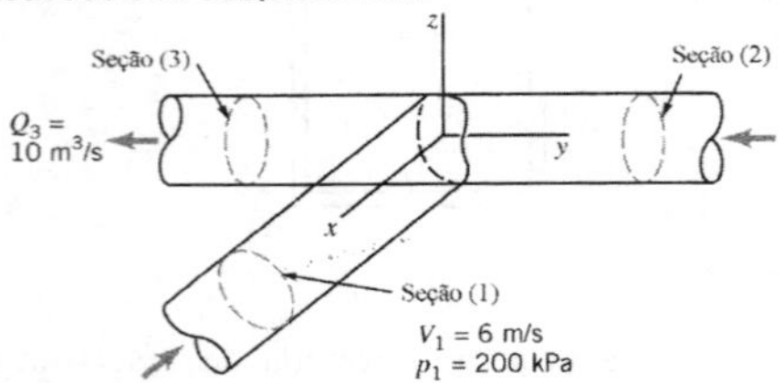

Figura P5.67

5.68 A vazão de água no trecho de tubulação horizontal mostrado na Fig. P5.68 é 1,42 m³/s. O diâmetro dos elementos da tubulação é 0,61 m e a água é descarregada da tubulação na atmosfera (p = 1,013 bar (abs)). A perda de pressão, devida ao atrito no escoamento, entre as seções (1) e (2) é igual a 1,72 bar. Determine os componentes nas direções x e y da força exercida pela água sobre a trecho de tubulação limitado pelas seções (1) e (2).

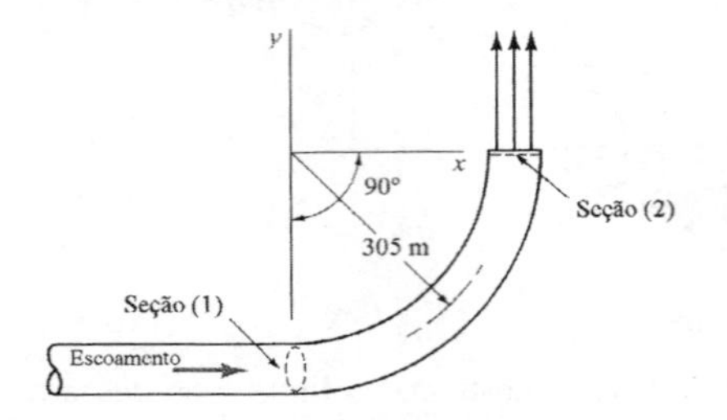

Figura P5.68

5.69 A perda de energia disponível no escoamento numa expansão axissimétrica (veja a Fig. P5.69), perda_{ex}, pode ser calculada com

$$\text{perda}_{ex} = \left(1 - \frac{A_1}{A_2}\right)^2 \frac{V_1^2}{2}$$

onde A_1 é a área da seção transversal a montante da expansão, A_2 é a área da seção transversal a jusante da expansão e V_1 é a velocidade do escoamento a montante da expansão. Derive esta relação.

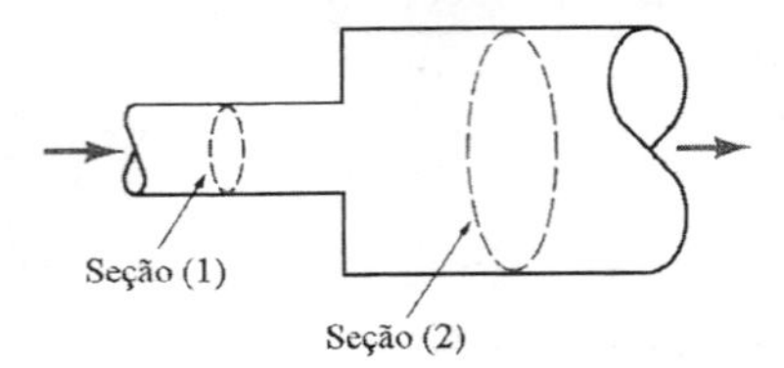

Figura P5.69

5.70 A Fig. P5.70 mostra um jato d'água incidindo numa placa que apresenta massa igual a 1,5 kg. O bocal descarrega a água a 10 m/s e o diâmetro do jato na seção de descarga do bocal é 20 mm. Nestas condições, determine a distância vertical h.

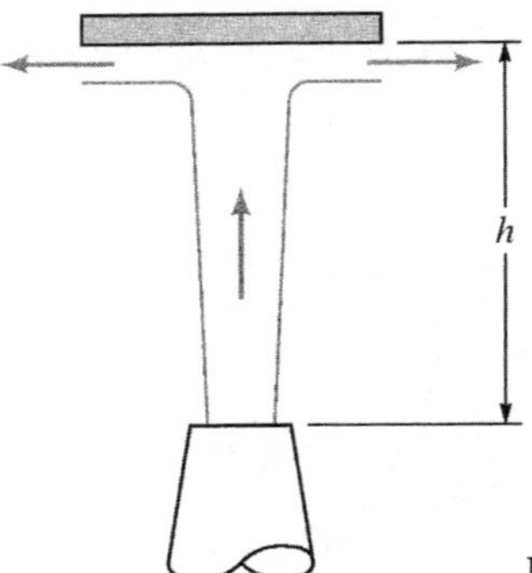

Figura P5.70

5.71 A Fig. P5.71 mostra um hemisfério oco sendo sustentado por um jato vertical de água. O jato d'água deixa o bocal com velocidade de 3,0 m/s e o diâmetro do jato na seção de descarga do bocal é igual a 25,4 mm. Nestas condições, determine a massa do hemisfério.

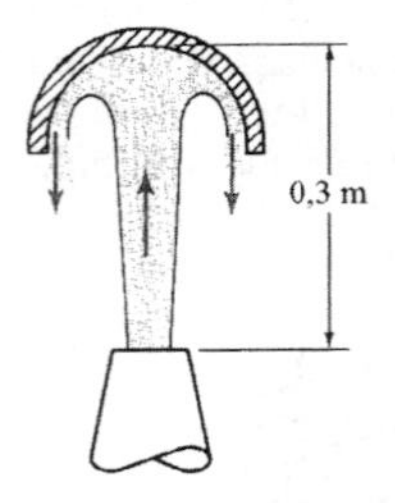

Figura P5.71

5.72 A Fig. P5.72 mostra a colisão de dois jatos d'água. (**a**) Determine a velocidade V e a direção θ do jato resultante. (**b**) Determine a perda para uma partícula fluida que escoa de (1) para (3) e para outra partícula que escoa de (2) para (3). Admita que os efeitos da gravidade são desprezíveis.

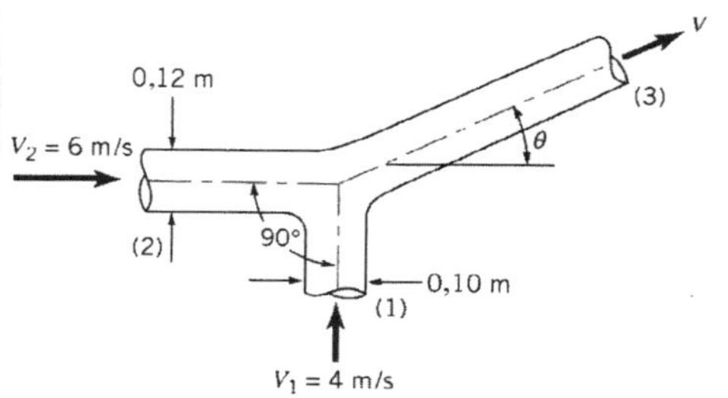

Figura P5.72

5.73 A Fig. P5.73 mostra um bocal com 50 mm de diâmetro descarregando um jato de ar que incide num defletor montado num plano vertical. Note que um tubo de estagnação, conectado a um manômetro com tubo em U, está medindo a pressão de estagnação no jato livre. Determine a componente horizontal da força exercida pelo jato de ar sobre o defletor. Admita que os efeitos da gravidade e do atrito no escoamento são desprezíveis.

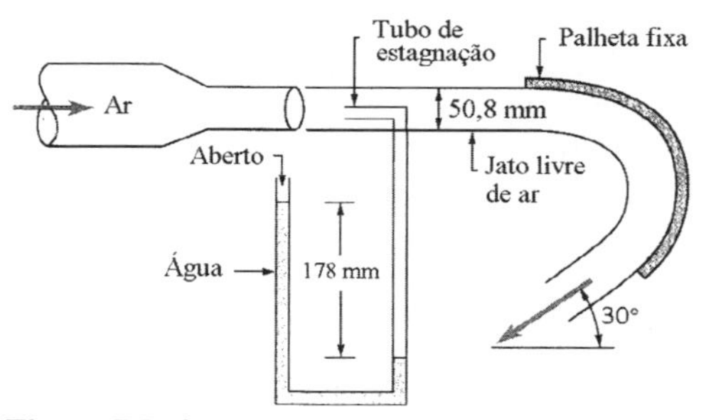

Figura P5.73

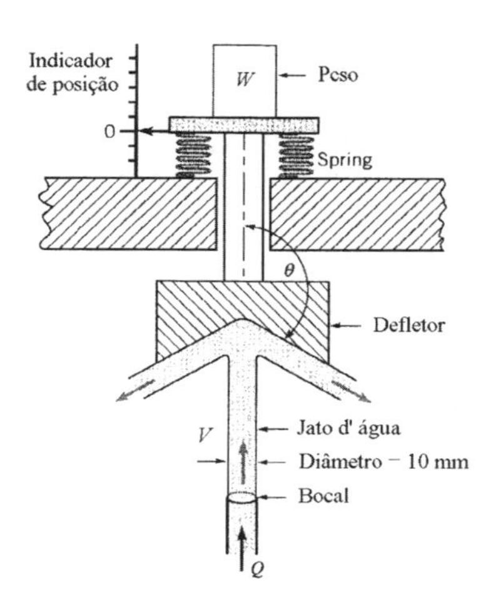

Figura P5.74

5.74 O dispositivo mostrado na Fig. P5.74 é utilizado para investigar a força necessária para defletir um jato de água. O jato d'água, com vazão Q e velocidade V, é defletido pelo anteparo (defletor) e o ângulo entre a linha de centro do anteparo e os jatos defletidos é θ. O defletor não pode se movimentar na horizontal. A tensão na mola é ajustada para que a leitura no indicador seja nula quando a vazão de água e o peso W são nulos. O experimento consiste em colocar um peso conhecido no suporte e ajustar a vazão até que a leitura nula seja obtida. A vazão d'água é determinada pelo peso da água consumida no experimento durante o intervalo de tempo t. Assim, $Q = W_a/(\gamma t)$ onde γ é o peso específico da água. As próximas tabelas apresentam conjuntos de valores experimentais de W, W_a e t para $\theta = 90°$ e $\theta = 180°$.

Utilize estes dados para construir um gráfico da força que atua no anteparo, em função da velocidade da água no bocal, referente a $\theta = 90°$ e outro (no mesmo papel) referente a $\theta = 180°$. Construa, no mesmo gráfico, as curvas teóricas correspondentes aos dois casos.

Compare os resultados experimentais com os teóricos e discuta as possíveis razões para as diferenças que podem existir entre estes valores.

Resultados referentes a $\theta = 90°$

W (N)	W_a (N)	t (s)
0,196	34,3	26,8
0,685	38,5	18,2
1,174	39,7	12,6
1,664	39,1	10,0
2,157	44,3	10,6

Resultados referentes a $\theta = 180°$

W (N)	W_a (N)	t (s)
0,490	30,3	24,5
0,979	40,0	20,8
2,451	35,1	10,9
3,249	35,5	9,5
3,914	28,3	7,6

6 Análise Diferencial dos Escoamentos

Nós mostramos no capítulo anterior a utilização dos volumes de controle finitos na solução de vários problemas importantes da mecânica dos fluidos. Esta abordagem é muito prática porque, normalmente, não é necessário levar em consideração as variações dos campos de pressão e velocidade existentes no interior do volume de controle na solução do problema (apenas as condições na superfície de controle são importantes para a solução do problema). Nestas condições, os problemas podem ser resolvidos sem o conhecimento detalhado do campo de escoamento. Infelizmente existem muitas situações aonde os detalhes do escoamento são importantes e a abordagem dos volumes de controle finitos não pode fornecer as informações desejadas. Por exemplo, muitas vezes é necessário conhecer como varia a velocidade do escoamento na seção transversal de um tubo ou como a pressão e a tensão de cisalhamento variam ao longo da superfície da asa de um avião. Nestes casos é necessário contar com relações que se aplicam localmente (pontualmente) ou que são válidas, pelo menos, numa região muito pequena (volume infinitesimal). Esta abordagem envolve volumes de controle infinitesimais e é denominada análise diferencial do escoamento (porque as equações que descrevem os escoamentos são equações diferenciais).

Nós iniciaremos este capítulo com uma revisão de algumas idéias associadas a cinemática dos fluidos. Estas idéias foram introduzidas no Cap. 4 e formam a base para o desenvolvimento do material que será apresentado, ou seja, a derivação das equações básicas da mecânica dos fluidos (elas são baseadas no princípio de conservação da massa e na segunda lei do movimento de Newton) e a aplicação destas equações em alguns escoamentos.

6.1 Cinemática dos Elementos Fluidos

Nesta seção nós reapresentaremos o modo de descrever matematicamente o movimento das partículas fluidas num campo de escoamento. A Fig. 6.1 mostra uma partícula fluida cúbica que inicialmente ocupa uma determinada posição e que depois de um pequeno intervalo de tempo, δt, ocupa uma outra posição. Normalmente os campos de escoamento são complexos. Assim, é normal que a partícula apresente movimentos adicionais a translação, ou seja, a partícula pode apresentar variação de volume durante o movimento (deformação linear), pode rotacionar e também apresentar uma variação de forma (deformação angular). Apesar destes movimentos e deformações ocorrerem simultaneamente, nós podemos analisá-los separadamente (veja a Fig. 6.1). O motivo para apresentarmos uma revisão dos procedimentos utilizados para descrever os campos de velocidade e aceleração é a forte inter-relação que existe entre o movimento da partícula, a deformação da partícula, o campo de velocidade e as variações de velocidade no campo de escoamento.

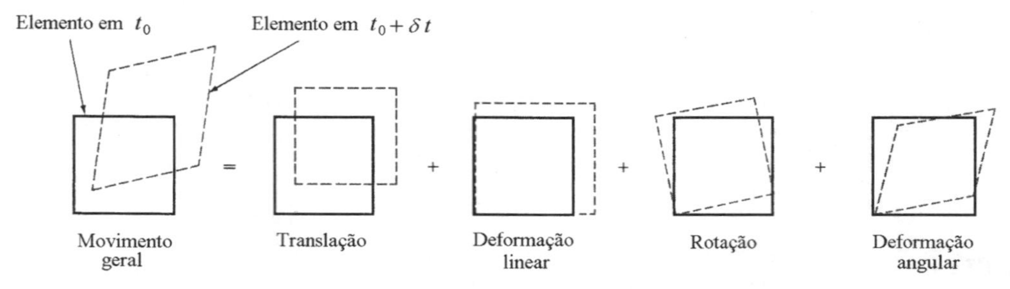

Figura 6.1 Tipos de movimentos e deformações de um elemento fluido.

6.1.1 Campos de Velocidade e Aceleração

O campo de velocidade de um escoamento pode ser descrito especificando-se o vetor velocidade $\mathbf{V}$, ao longo do tempo, em todos os seus pontos (nós já discutimos este fato na Sec. 4.1). Assim, $V(x, y, z, t)$ se estivermos utilizando um sistema de coordenadas retangulares para descrever o escoamento. Isto significa que a velocidade de uma partícula fluida depende de sua posição no campo de escoamento (as coordenadas x, y e z) e do momento em que ela ocupa esta posição (o instante t). Nós vimos na seção 4.1.1 que este método de descrever o movimento do fluidos é denominado método de Euler. É conveniente expressar o vetor velocidade do seguinte modo:

$$\mathbf{V} = u\,\hat{\mathbf{i}} + v\,\hat{\mathbf{j}} + w\,\hat{\mathbf{k}} \tag{6.1}$$

onde u, v e w são os componentes do vetor velocidade nas direções x, y e z. Note que $\hat{\mathbf{i}}$, $\hat{\mathbf{j}}$, $\hat{\mathbf{k}}$ são os versores nas direções x, y e z. De fato, cada um dos componentes do vetor pode ser uma função de x, y e z e do tempo, t. Um das finalidades da análise diferencial é determinar como variam os componentes do vetor velocidade em função de x, y, z e t.

Nós mostramos na Sec. 4.2.1 que o vetor aceleração de uma partícula fluida é dado por

$$\mathbf{a} = \frac{\partial \mathbf{V}}{\partial t} + u\frac{\partial \mathbf{V}}{\partial x} + v\frac{\partial \mathbf{V}}{\partial y} + w\frac{\partial \mathbf{V}}{\partial z} \tag{6.2}$$

Já os componentes do vetor aceleração são descritos por

$$a_x = \frac{\partial u}{\partial t} + u\frac{\partial u}{\partial x} + v\frac{\partial u}{\partial y} + w\frac{\partial u}{\partial z} \tag{6.3a}$$

$$a_y = \frac{\partial v}{\partial t} + u\frac{\partial v}{\partial x} + v\frac{\partial v}{\partial y} + w\frac{\partial v}{\partial z} \tag{6.3b}$$

$$a_z = \frac{\partial w}{\partial t} + u\frac{\partial w}{\partial x} + v\frac{\partial w}{\partial y} + w\frac{\partial w}{\partial z} \tag{6.3c}$$

O vetor aceleração também pode ser descrito como

$$\mathbf{a} = \frac{D\mathbf{V}}{Dt} \tag{6.4}$$

onde o operador

$$\frac{D(\;)}{Dt} = \frac{\partial(\;)}{\partial t} + u\frac{\partial(\;)}{\partial x} + v\frac{\partial(\;)}{\partial y} + w\frac{\partial(\;)}{\partial z} \tag{6.5}$$

é denominado derivada material ou derivada substantiva. Se utilizarmos a notação vetorial,

$$\frac{D(\;)}{Dt} = \frac{\partial(\;)}{\partial t} + (\mathbf{V}\cdot\nabla)(\;) \tag{6.6}$$

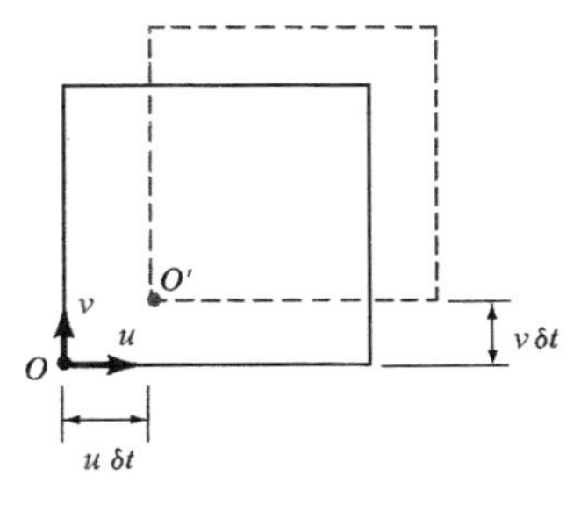

Figura 6.2 Translação de um elemento fluido.

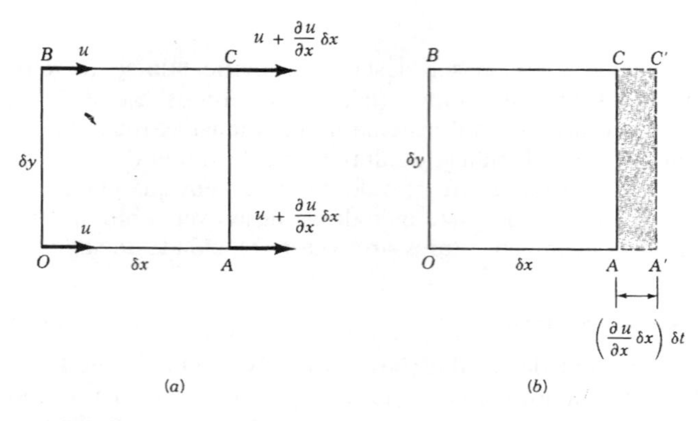

Figura 6.3 Deformação linear de um elemento fluido.

onde o operador gradiente, $\nabla()$, é dado por

$$\nabla(\ ) = \frac{\partial(\ )}{\partial x}\hat{\mathbf{i}} + \frac{\partial(\ )}{\partial y}\hat{\mathbf{j}} + \frac{\partial(\ )}{\partial z}\hat{\mathbf{k}} \tag{6.7}$$

Nós veremos nas próximas seções que o movimento e a deformação do partícula fluida são funções do campo de velocidade. A relação entre o movimento e as forças que promovem o movimento depende do campo de aceleração.

6.1.2 Movimento Linear e Deformação

O tipo mais simples de movimento duma partícula fluida é a translação pura (veja a Fig. 6.2). A partícula localizada inicialmente no ponto O se deslocará para o ponto O' da figura num intervalo de tempo δt. Se todos os pontos da partícula apresentarem a mesma velocidade (o que é verdade se os gradientes de velocidade forem nulos), a partícula transladará de uma posição para outra. Entretanto, se existirem gradientes de velocidade, a partícula normalmente deformará e rotacionará durante o movimento. Por exemplo, considere o efeito do gradiente de velocidade $\partial u / \partial x$ num pequeno cubo com lados δx, δy e δz. A Fig. 6.3*a* mostra que o componente do vetor velocidade na direção x nos pontos A e C pode ser expresso por $u + (\partial u / \partial x)\ \delta x$ se o componente na direção x da velocidade nos pontos próximos O e B é igual a u. Esta diferença de velocidades provoca o "esticamento" da partícula fluida. Note que o aumento de volume provocado por este "esticamento", durante o intervalo de tempo δt, é proporcional a $(\partial u / \partial x)\ (\delta x)(\delta t)$ porque a linha OA deforma para OA' e a linha BC deforma para BC' (veja a Fig. 6.3*b*). A variação de volume da partícula em relação ao volume original, $\delta V\!\!\!/ = \delta x\, \delta y\, \delta z$, é dada por

$$\text{Variação em } \delta V\!\!\!/ = \left(\frac{\partial u}{\partial x}\delta x\right)(\delta y\, \delta z)(\delta t)$$

e a taxa de variação de volume por unidade de volume devida ao gradiente de velocidade $\partial u/\partial x$ é

$$\frac{1}{\delta V\!\!\!/}\frac{d(\delta V\!\!\!/)}{dt} = \lim_{\delta t \to 0}\left[\frac{(\partial u/\partial x)\,\delta t}{\delta t}\right] = \frac{\partial u}{\partial x} \tag{6.8}$$

É fácil mostrar que a expressão geral para a taxa de variação de volume por unidade de volume é expressa por (note que os gradientes de velocidade $\partial v / \partial y$ e $\partial w / \partial z$ também estão representados na equação)

$$\frac{1}{\delta V\!\!\!/}\frac{d(\delta V\!\!\!/)}{dt} = \frac{\partial u}{\partial x} + \frac{\partial v}{\partial y} + \frac{\partial w}{\partial z} = \nabla \cdot \mathbf{V} \tag{6.9}$$

A taxa de variação do volume por unidade de volume é denominada taxa de dilatação volumétrica. Nós mostramos que o volume da partícula fluida pode mudar enquanto ela se desloca de uma posição para outra do campo de escoamento. Entretanto, a taxa de dilatação volumétrica é nula para os fluidos incompressíveis porque o volume da partícula não pode variar sem uma alteração da massa específica do fluido (a massa da partícula fluida precisa ser conservada). As variações de velocidade na direção da velocidade, representadas pelos termos $\partial u/\partial x$, $\partial v/\partial y$ e $\partial w/\partial z$, provocam deformações lineares no elemento fluido pois o formato do elemento não muda durante o seu movimento. As derivadas cruzadas, tais como $\partial u/\partial y$ e $\partial v/\partial x$, provocam a rotação do elemento e, normalmente, induzem uma deformação angular que altera a forma do elemento.

6.1.3 Movimento Angular e Deformação

Para simplificar a análise nós consideraremos que o escoamento ocorre no plano x - y mas os resultados podem ser estendidos para o caso geral. A variação de velocidade que provoca a rotação e a deformação angular está apresentada na Fig. 6.4*a* (⦿ 6.1 – Deformação por cisalhamento). A Fig. 6.4*b* mostra que os segmentos *OA* e *OB* rotacionaram com ângulos $\delta\alpha$ e $\delta\beta$ para as novas posições *OA'* e *OB'* no pequeno intervalo de tempo δt. A velocidade angular da linha *OA*, ω_{OA}, é

$$\omega_{OA} = \lim_{\delta t \to 0} \frac{\delta\alpha}{\delta t}$$

Se o ângulo $\delta\alpha$ é pequeno,

$$\tan\delta\alpha \approx \delta\alpha = \frac{(\partial v/\partial x)\,\delta x\,\delta t}{\delta x} = \frac{\partial v}{\partial x}\delta t \tag{6.10}$$

e

$$\omega_{OA} = \lim_{\delta t \to 0}\left[\frac{(\partial v/\partial x)\delta t}{\delta t}\right] = \frac{\partial v}{\partial x}$$

Note que o sentido de ω_{OA} será anti-horário se $\partial v/\partial x$ for positivo. De modo análogo, a velocidade angular da linha *OB* é

$$\omega_{OB} = \lim_{\delta t \to 0} \frac{\delta\beta}{\delta t}$$

e

$$\tan\delta\beta \approx \delta\beta = \frac{(\partial u/\partial y)\,\delta y\,\delta t}{\delta y} = \frac{\partial u}{\partial y}\delta t \tag{6.11}$$

de modo que

$$\omega_{OB} = \lim_{\delta t \to 0}\left[\frac{(\partial u/\partial y)\,\delta t}{\delta t}\right] = \frac{\partial u}{\partial y}$$

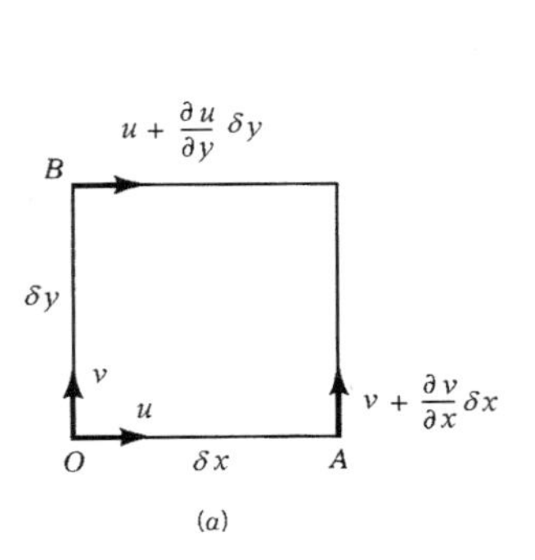

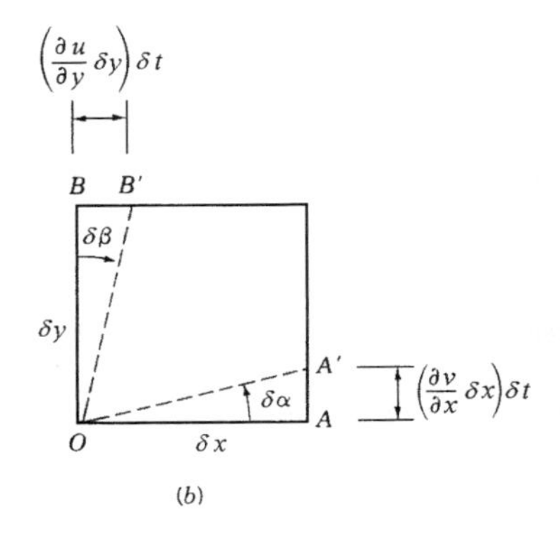

Figura 6.4 Movimento angular e deformação de um elemento fluido.

Note que o sentido de ω_{OB} será horário se $\partial u / \partial y$ for positivo. A velocidade angular do elemento em torno do eixo z, ω_z, é definida como a média das velocidades angulares das duas linhas perpendiculares *OA* e *OB*, ou seja, igual a média de ω_{OA} com ω_{OB} (ω_z também pode ser interpretado como a velocidade angular do bissetor do ângulo formado pelas linhas *OA* e *OB*). Se considerarmos a rotação anti-horária como positiva, temos

$$\omega_z = \frac{1}{2}\left(\frac{\partial v}{\partial x} - \frac{\partial u}{\partial y}\right) \quad \textbf{(6.12)}$$

As rotações da partícula fluida em torno dos dois outros eixos do sistema de coordenadas podem ser analisadas com o mesmo procedimento. Assim, a velocidade angular do elemento em torno do eixo x é

$$\omega_x = \frac{1}{2}\left(\frac{\partial w}{\partial y} - \frac{\partial v}{\partial z}\right) \quad \textbf{(6.13)}$$

e a velocidade angular do elemento em torno do eixo y é dada por

$$\omega_y = \frac{1}{2}\left(\frac{\partial u}{\partial z} - \frac{\partial w}{\partial x}\right) \quad \textbf{(6.14)}$$

Nós podemos agrupar estes três componentes no vetor velocidade angular, ou seja,

$$\boldsymbol{\omega} = \omega_x\,\hat{\mathbf{i}} + \omega_y\,\hat{\mathbf{j}} + \omega_z\,\hat{\mathbf{k}} \quad \textbf{(6.15)}$$

Note que $\boldsymbol{\omega}$ é igual a metade do rotacional do vetor velocidade,

$$\boldsymbol{\omega} = \frac{1}{2}\,\text{rot}\,\mathbf{V} = \frac{1}{2}\nabla\times\mathbf{V} \quad \textbf{(6.16)}$$

porque o resultado da operação $\nabla \times \mathbf{V}$ é

$$\frac{1}{2}\nabla\times\mathbf{V} = \frac{1}{2}\begin{vmatrix} \hat{\mathbf{i}} & \hat{\mathbf{j}} & \hat{\mathbf{k}} \\ \dfrac{\partial}{\partial x} & \dfrac{\partial}{\partial y} & \dfrac{\partial}{\partial z} \\ u & v & w \end{vmatrix}$$

$$= \frac{1}{2}\left(\frac{\partial w}{\partial y} - \frac{\partial v}{\partial z}\right)\hat{\mathbf{i}} + \frac{1}{2}\left(\frac{\partial u}{\partial z} - \frac{\partial w}{\partial x}\right)\hat{\mathbf{j}} + \frac{1}{2}\left(\frac{\partial v}{\partial x} - \frac{\partial u}{\partial y}\right)\hat{\mathbf{k}}$$

O vetor vorticidade , $\boldsymbol{\xi}$, é definido por

$$\boldsymbol{\xi} = 2\boldsymbol{\omega} = \text{rot}\ \mathbf{V} = \nabla\times\mathbf{V} \quad \textbf{(6.17)}$$

A utilização da vorticidade para descrever as características rotacionais do fluido elimina o fator (1/2) associado com o vetor velocidade angular.

A Eq. 6.12 mostra que o elemento fluido rotacionará em torno do eixo z como um bloco indeformável (rotação de corpo rígido, i.e., $\omega_{OA} = -\omega_{OB}$) somente se $\partial u / \partial y = -\partial v / \partial x$. Se isto não ocorrer, a rotação estará associada com uma deformação angular. A Eq. 6.12 também mostra que a rotação em torno do eixo z é nula quando $\partial u / \partial y = \partial v / \partial x$. De modo geral, a rotação (e a vorticidade) é nula quando o rot $\mathbf{V}$ = 0. Nós denominamos de escoamento irrotacional todos os escoamentos que apresentam rotacional da velocidade nulo em todos os seus pontos. Nós veremos na Sec. 6.4 que a análise de um escoamento é mais simples se ele for irrotacional. Por enquanto não está claro porque um escoamento apresenta rotacional nulo e nós só apresentaremos uma análise cuidadosa deste assunto na Sec. 6.4.

Exemplo 6.1

O campo de velocidade de um escoamento bidimensional é descrito por

$$\mathbf{V} = 4xy\,\hat{\mathbf{i}} + 2\left(x^2 - y^2\right)\hat{\mathbf{j}}$$

Este escoamento é irrotacional?

Solução Um escoamento é irrotacional quando o vetor velocidade angular é nulo. Os componentes deste vetor estão especificados nas Eqs. 6.12, 6.13 e 6.14. Os componentes do campo de velocidade fornecido são

$$u = 4xy \qquad v = 2\left(x^2 - y^2\right) \qquad w = 0$$

Assim,

$$\omega_x = \frac{1}{2}\left(\frac{\partial w}{\partial y} - \frac{\partial v}{\partial z}\right) = 0$$

$$\omega_y = \frac{1}{2}\left(\frac{\partial u}{\partial z} - \frac{\partial w}{\partial x}\right) = 0$$

$$\omega_z = \frac{1}{2}\left(\frac{\partial v}{\partial x} - \frac{\partial u}{\partial y}\right) = \frac{1}{2}(4x - 4x) = 0$$

Este resultado mostra que o escoamento é irrotacional.

É importante ressaltar que ω_x e ω_y são nulos nos campos de velocidade bidimensionais que ocorrem no plano $x - y$. Isto ocorre porque u e v não dependem de z e também porque w é nulo. Nestes casos, a condição de irrotacionalidade fica restrita a $\omega_z = 0$ ou $\partial u / \partial y = \partial v / \partial x$ (as linhas *OA* e *OB* rotacionam com mesma velocidade mas em direções opostas de modo que a rotação do elemento fica nula).

A Fig. 6.4*b* mostra que as derivadas $\partial u / \partial y$ e $\partial v / \partial x$, além de provocar a rotação do elemento, podem induzir deformações angulares no elemento. Um resultado destas deformações é a alteração da forma do elemento. A variação do ângulo formado pelas linhas *OA* e *OB*, que originalmente era reto, é denominada deformação por cisalhamento, $\delta\gamma$ (veja a Fig. 6.4*b*). Assim,

$$\delta\gamma = \delta\alpha + \delta\beta$$

A deformação por cisalhamento é positiva se ocorrer diminuição do ângulo formado pelas linhas *OA* e *OB*. A taxa de variação de $\delta\gamma$ é denominada taxa de deformação por cisalhamento ou taxa de deformação angular e é normalmente representada por $\dot{\gamma}$. Os ângulos $\delta\alpha$ e $\delta\beta$ estão relacionados com os gradientes de velocidade através das Eqs. 6.10 e 6.11. Deste modo,

$$\dot{\gamma} = \lim_{\delta t \to 0} \frac{\delta\gamma}{\delta t} = \lim_{\delta t \to 0}\left[\frac{(\partial v / \partial x)\,\delta t + (\partial u / \partial y)\,\delta t}{\delta t}\right]$$

ou

$$\dot{\gamma} = \frac{\partial v}{\partial x} + \frac{\partial u}{\partial y} \tag{6.18}$$

Nós veremos na Sec. 6.7 que a taxa de deformação angular está relacionada com a tensão de cisalhamento que provoca a mudança de forma do elemento fluido. A Eq. 6.18 mostra a taxa de deformação angular é nula se $\partial u / \partial y = -\partial v / \partial x$. Esta condição corresponde ao caso em que o elemento rotaciona como um bloco rígido (veja a Eq. 6.12). No restante deste capítulo nós veremos como as várias relações cinemáticas desenvolvidas nesta seção são importantes para o desenvolvimento das equações diferenciais que descrevem os movimentos dos fluidos.

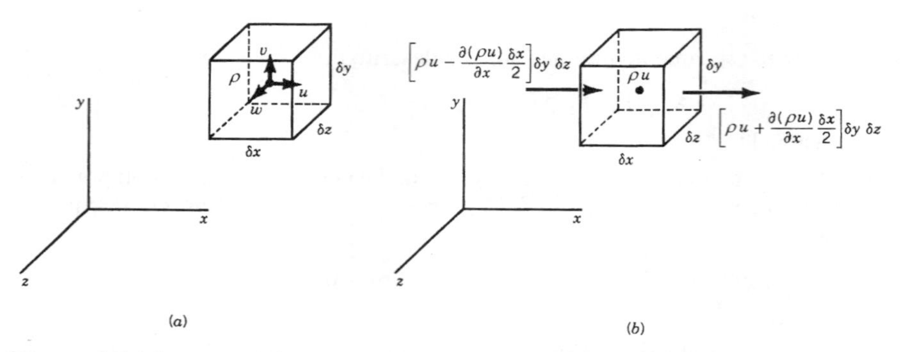

Figura 6.5 Elemento diferencial utilizado para o desenvolvimento da equação da continuidade.

6.2 Conservação da Massa

Nós mostramos na Sec. 5.2 que a massa de um sistema, M, permanece constante enquanto o sistema se desloca num campo de escoamento. A formulação matemática deste princípio é

$$\frac{D\,M_{\text{sis}}}{Dt} = 0$$

O material apresentado no Cap. 5 mostrou que é mais conveniente utilizar a abordagem de volume de controle na resolução dos problemas da mecânica dos fluidos. O princípio da conservação da massa adequado a esta abordagem pode ser formulado do seguinte modo:

$$\frac{\partial}{\partial t}\int_{\text{vc}} \rho\, d\mathcal{V} + \int_{\text{sc}} \rho\, \mathbf{V}\cdot\hat{\mathbf{n}}\, dA = 0 \tag{6.19}$$

Esta equação (também conhecida como a equação da continuidade) pode ser aplicada a qualquer volume de controle finito (vc) delimitado por uma superfície de controle (sc). A primeira integral do lado esquerdo da Eq. 6.19 representa a taxa de variação temporal da massa contida no volume de controle e a segunda integral representa o fluxo líquido de massa identificado na superfície de controle. Um dos modos utilizados para obter a forma diferencial da equação da continuidade é baseado na aplicação da Eq. 6.19 a um volume de controle infinitesimal.

6.2.1 Equação da Continuidade na Forma Diferencial

Nós vamos aplicar a Eq. 6.19 ao pequeno volume de controle estacionário indicado na Fig. 6.5*a* para obter a equação da continuidade na forma diferencial. A massa específica do fluido no centro do volume de controle é ρ e os componentes do vetor velocidade do escoamento, no mesmo ponto, são u, v e w. A taxa de variação da massa contida no volume de controle pode ser expressa do seguinte modo:

$$\frac{\partial}{\partial t}\int_{\text{vc}} \rho\, d\mathcal{V} \approx \frac{\partial \rho}{\partial t}\,\delta x\,\delta y\,\delta x \tag{6.20}$$

As vazões em massa nas superfícies do elemento vão ser avaliadas separadamente, ou seja, nós vamos tratar individualmente os escoamentos nas direções x, y e z. Por exemplo, o escoamento na direção x está mostrado na Fig. 6.5*b*. Seja ρu a vazão em massa por unidade de área na direção x no centro do elemento. As vazões em massa por unidade de área nas faces direita e esquerda são

$$\rho u\big|_{x+(\delta x/2)} = \rho u + \frac{\partial(\rho u)}{\partial x}\frac{\delta x}{2} \tag{6.21}$$

$$\rho u\big|_{x-(\delta x/2)} = \rho u - \frac{\partial(\rho u)}{\partial x}\frac{\delta x}{2} \tag{6.22}$$

Note que nós estamos utilizando apenas o termo de ordem 1 da série de Taylor para a avaliação das vazões em massa nas superfícies laterais do elemento (os termos $(\delta x)^2$, $(\delta x)^3$ e os posteriores foram desprezados). Quando nós multiplicamos os lados direitos das Eqs. 6.21 e 6.22 pela área $\delta y\ \delta z$ nós obtemos as vazões em massa de fluido nas superfícies direita e esquerda do elemento que estamos analisando (veja a Fig. 6.5*b*). Nós podemos obter a vazão líquida de massa na direção x neste elemento se combinarmos estas duas equações, ou seja,

$$\begin{array}{l}\text{Vazão em massa} = \\ \text{líquida na direção } x\end{array} \quad \left[\rho u + \frac{\partial(\rho u)}{\partial x}\frac{\delta x}{2}\right]\delta y\,\delta z - \left[\rho u - \frac{\partial(\rho u)}{\partial x}\frac{\delta x}{2}\right]\delta y\,\delta z = \frac{\partial(\rho u)}{\partial x}\delta x\,\delta y\,\delta z \qquad \textbf{(6.23)}$$

Até este ponto nós só consideramos o escoamento na direção x para simplificar a análise mas, normalmente, também detectamos escoamentos nas direções y e z do elemento. Uma análise similar a realizada para o escoamento na direção x mostra que

$$\begin{array}{l}\text{Vazão em massa} \\ \text{líquida na direção } y\end{array} = \frac{\partial(\rho v)}{\partial y}\delta x\,\delta y\,\delta z \qquad \textbf{(6.24)}$$

e

$$\begin{array}{l}\text{Vazão em massa} \\ \text{líquida na direção } z\end{array} = \frac{\partial(\rho w)}{\partial z}\delta x\,\delta y\,\delta z \qquad \textbf{(6.25)}$$

Assim,

$$\begin{array}{l}\text{Vazão em massa} \\ \text{líquida no elemento}\end{array} = \left[\frac{\partial(\rho u)}{\partial x} + \frac{\partial(\rho v)}{\partial y} + \frac{\partial(\rho w)}{\partial z}\right]\delta x\,\delta y\,\delta z \qquad \textbf{(6.26)}$$

A forma final da equação diferencial da conservação da massa (também conhecida como a equação da continuidade) pode ser obtida com a combinação das Eqs. 6.19, 6.20 e 6.26, ou seja,

$$\frac{\partial \rho}{\partial t} + \frac{\partial(\rho u)}{\partial x} + \frac{\partial(\rho v)}{\partial y} + \frac{\partial(\rho w)}{\partial z} = 0 \qquad \textbf{(6.27)}$$

A equação da continuidade é uma das equações fundamentais da mecânica dos fluidos. Note que a Eq. 6.27 é válida tanto para os escoamentos incompressíveis quanto para os compressíveis. Nós também podemos utilizar a notação vetorial para expressar a Eq. 6.27. Deste modo,

$$\frac{\partial \rho}{\partial t} + \nabla \cdot \rho \mathbf{V} = 0 \qquad \textbf{(6.28)}$$

Se o escoamento é compressível e o regime for o permanente, a Eq. 6.28 fica reduzida a

$$\nabla \cdot \rho \mathbf{V} = 0$$

ou

$$\frac{\partial(\rho u)}{\partial x} + \frac{\partial(\rho v)}{\partial y} + \frac{\partial(\rho w)}{\partial z} = 0 \qquad \textbf{(6.29)}$$

Note que a variação temporal da massa específica não é considerada nesta equação porque o regime do escoamento é o permanente. Agora, se o escoamento for incompressível, a massa específica é constante em todo o campo de escoamento e a Eq. 6.28 fica reduzida a

$$\nabla \cdot \mathbf{V} = 0 \qquad \textbf{(6.30)}$$

ou

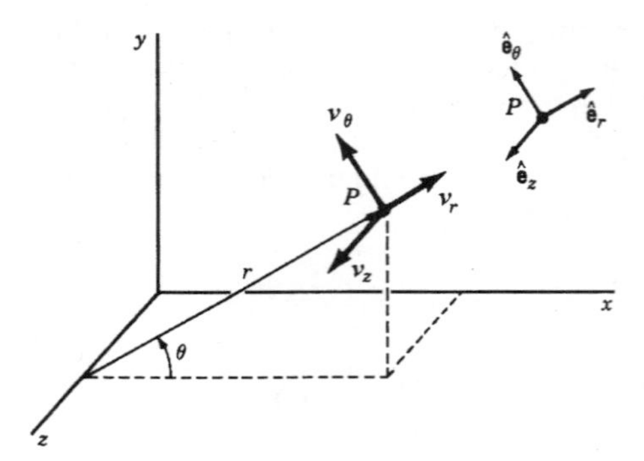

Figura 6.6 Componentes do vetor velocidade no sistema de coordenadas cilíndrico polar.

$$\frac{\partial u}{\partial x}+\frac{\partial v}{\partial y}+\frac{\partial w}{\partial z}=0 \tag{6.31}$$

A Eq. 6.31 é aplicável tanto a escoamentos incompressíveis em regime permanente quanto a escoamentos incompressíveis em regime transitório. Note que a Eq. 6.31 é igual a Eq. 6.9 (que foi obtida igualando-se a taxa de dilatação volumétrica a zero). Este resultado não é surpreendente porque estas duas relações são baseadas na conservação da massa para fluidos incompressíveis.

6.2.2 Sistema de Coordenadas Cilíndrico Polar

Em muitas situações é mais conveniente utilizar um sistema de coordenadas cilíndrico polar do que um cartesiano. A Fig. 6.6 mostra que o ponto P é localizado por r, θ e z num sistema de coordenadas cilíndrico polar. A coordenada r é a distância radial medida a partir do eixo z, θ é o ângulo medido a partir de uma linha paralela ao eixo x (θ é positivo quando o deslocamento é no sentido anti-horário) e z é a coordenada ao longo do eixo z. Os componentes do vetor velocidade, como mostrado na Fig. 6.6, são a velocidade radial v_r, a velocidade tangencial v_θ, e a velocidade axial, v_z. Assim, a velocidade em qualquer ponto arbitrário P pode ser expressa por

$$\mathbf{V}=v_r\,\hat{\mathbf{e}}_r+v_\theta\,\hat{\mathbf{e}}_\theta+v_z\,\hat{\mathbf{e}}_z \tag{6.32}$$

onde $\hat{\mathbf{e}}_r$, $\hat{\mathbf{e}}_\theta$ e $\hat{\mathbf{e}}_z$ são os versores nas direções r, θ e z. A utilização do sistema de coordenadas cilíndrico polar é conveniente quando a fronteira do escoamento é cilíndrica.

A forma diferencial da equação da continuidade em coordenadas cilíndricas é

$$\frac{\partial \rho}{\partial t}+\frac{1}{r}\frac{\partial(r\rho v_r)}{\partial r}+\frac{1}{r}\frac{\partial(\rho v_\theta)}{\partial \theta}+\frac{\partial(\rho v_z)}{\partial z}=0 \tag{6.33}$$

Esta equação também pode ser obtida com o procedimento utilizado na seção anterior. A forma da equação da continuidade adequada para os escoamentos compressíveis e que ocorrem em regime permanente é

$$\frac{1}{r}\frac{\partial(r\rho v_r)}{\partial r}+\frac{1}{r}\frac{\partial(\rho v_\theta)}{\partial \theta}+\frac{\partial(\rho v_z)}{\partial z}=0 \tag{6.34}$$

Já a forma adequada da equação da continuidade para os escoamentos incompressíveis é (a equação é válida tanto para o regime permanente quanto para o transitório)

$$\frac{1}{r}\frac{\partial(r v_r)}{\partial r}+\frac{1}{r}\frac{\partial(v_\theta)}{\partial \theta}+\frac{\partial(v_z)}{\partial z}=0 \tag{6.35}$$

6.2.3 A Função Corrente

Muitos escoamentos encontrados nas aplicações da engenharia podem ser modelados como bidimensionais planos e incompressíveis. Um escoamento é bidimensional plano quando apenas dois componentes do vetor velocidade são importantes na análise do problema (tal como u e v se o escoamento ocorrer no plano $x - y$). A aplicação da equação da continuidade (Eq. 6.31) a este tipo de escoamento resulta em

$$\frac{\partial u}{\partial x}+\frac{\partial v}{\partial y}=0 \tag{6.36}$$

Esta equação sugere que existe uma relação especial entre as velocidades u e v. Se nós definirmos uma função $\psi(x, y)$, denominada função corrente, pelas equações

$$u=\frac{\partial \psi}{\partial y} \qquad v=-\frac{\partial \psi}{\partial x} \tag{6.37}$$

a equação da continuidade estará sempre satisfeita. Esta conclusão pode ser verificada substituindo as expressões de u e v na Eq. 6.36. Deste modo,

$$\frac{\partial}{\partial x}\left(\frac{\partial \psi}{\partial y}\right)+\frac{\partial}{\partial y}\left(-\frac{\partial \psi}{\partial x}\right)=\frac{\partial^2 \psi}{\partial x\,\partial y}-\frac{\partial^2 \psi}{\partial y\,\partial x}=0$$

Assim, a conservação da massa estará satisfeita se os componentes do vetor velocidade estiverem especificados em função da linha de corrente. De fato, nós ainda não sabemos como determinar a função corrente para um determinado problema mas pelo menos nós simplificamos bastante a análise do escoamento [porque nós devemos determinar apenas a função $\psi(x, y)$ e não as velocidades $u(x, y)$ e $v(x, y)$].

Uma outra vantagem de utilizar a função corrente para descrever os escoamentos está relacionada ao seguinte fato: as linhas onde ψ é constante também são linhas de corrente. Nós vimos na Sec. 4.1.4 que as linhas de corrente são as linhas do escoamento que sempre são tangentes a velocidade (veja a Fig. 6.7). A definição da linha de corrente impõe que a inclinação da linha de corrente em qualquer ponto é dada por

$$\frac{dy}{dx}=\frac{v}{u}$$

A variação no valor de ψ enquanto nós nos movemos de um ponto (x, y) para um ponto próximo $(x + dx, y + dy)$ é dada pela relação

$$d\psi=\frac{\partial \psi}{\partial x}\,dx+\frac{\partial \psi}{\partial y}\,dy=-v\,dx+u\,dy$$

Ao longo de uma linha com ψ constante nós temos que $d\,\psi = 0$. Deste modo,

$$-v\,dx+u\,dy=0$$

Assim, nós mostramos que, ao longo de uma linha com ψ constante,

$$\frac{dy}{dx}=\frac{v}{u}$$

Esta equação define as linhas de corrente. Assim, se conhecermos a função $\psi(x, y)$, nós podemos construir as linhas de ψ constante para fornecer uma família de linhas de corrente que são úteis na

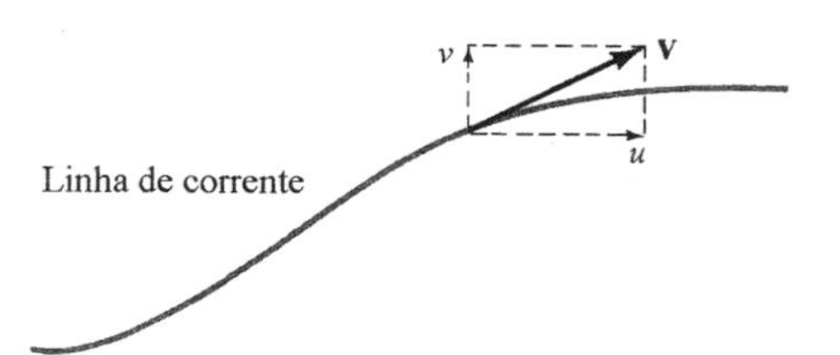

Figura 6.7 Vetor velocidade e suas componentes na linha de corrente.

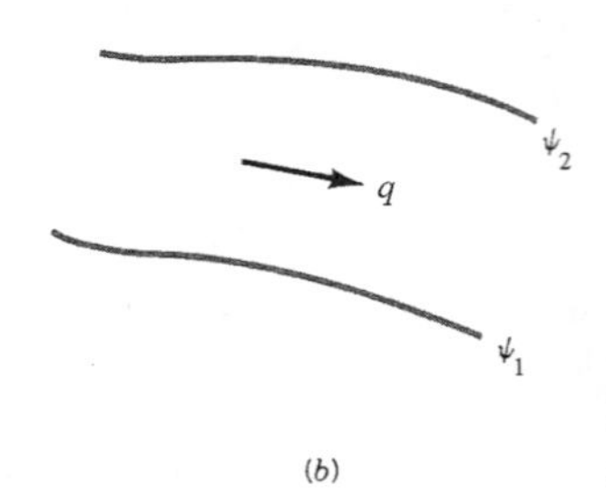

Figura 6.8 O escoamento entre duas linhas de corrente.

visualização do escoamento. Existe um número infinito de linhas de corrente para um determinado campo de escoamento porque é possível construir uma linha de corrente para cada valor de ψ.

O valor numérico associado a uma linha de corrente não tem significado particular mas a variação no valor de ψ está relacionada com a vazão em volume do escoamento. Considere as duas linhas de corrente próximas mostradas na Fig. 6.8*a*. A linha de corrente inferior é designada por ψ e a superior por $\psi + d\psi$. Seja dq a vazão em volume do escoamento entre as duas linhas de corrente (por unidade de comprimento na direção perpendicular ao plano $x - y$). Lembre que o escoamento nunca atravessa as linhas de corrente (por definição, a velocidade do escoamento é paralela à linha de corrente). A conservação da massa impõe que a vazão dq que entra pela superfície arbitrária AC da Fig. 6.8*a* precisa ser igual a vazão que sai pelas superfícies AB e BC. Assim,

$$dq = u\,dy - v\,dx$$

ou, em termos da função corrente,

$$dq = \frac{\partial \psi}{\partial y}dy + \frac{\partial \psi}{\partial x}dx \tag{6.38}$$

O lado direito da Eq. 6.38 é igual a $d\psi$, ou seja,

$$dq = d\psi \tag{6.39}$$

Assim, a vazão em volume, q, entre duas linhas de corrente ψ_1 e ψ_2 da Fig. 6.8*b* pode ser determinada integrando-se a Eq. 6.39. Assim,

$$q = \int_{\psi_1}^{\psi_2} d\psi = \psi_2 - \psi_1 \tag{6.40}$$

A vazão em volume q é positiva se a linha de corrente superior, ψ_2, apresenta valor maior do que o da linha de corrente inferior, ψ_1, e isto indica que o escoamento ocorre da esquerda para a direita. Se $\psi_1 > \psi_2$, o escoamento ocorre da direita para a esquerda.

A aplicação da equação da continuidade em coordenadas cilíndricas (Eq. 6.35) a um escoamento bidimensional plano e incompressível resulta em

$$\frac{1}{r}\frac{\partial (r v_r)}{\partial r} + \frac{1}{r}\frac{\partial (v_\theta)}{\partial \theta} = 0 \tag{6.41}$$

Os componentes do vetor velocidade v_r e v_θ podem ser relacionados com a função corrente, $\psi(r, \theta)$, através das equações

$$v_r = \frac{1}{r}\frac{\partial \psi}{\partial \theta} \qquad v_\theta = -\frac{\partial \psi}{\partial r} \tag{6.42}$$

Note que a equação da continuidade, Eq. 6.41, fica automaticamente satisfeita se adotarmos as velocidades indicadas na equação anterior. O conceito de função corrente pode ser estendido a escoamentos axissimétricos, tal como aquele em tubos ou em torno de corpos de revolução, e a escoamentos compressíveis bidimensionais. Entretanto, o conceito não é aplicável a um escoamento tridimensional geral.

Exemplo 6.2

Os componentes do vetor velocidade num campo de escoamento bidimensional e que ocorre em regime permanente são dados por

$$u = 2y$$
$$v = 4x$$

Determine a função de corrente deste escoamento e faça um esquema que apresente algumas linhas de corrente do escoamento. Indique o sentido do escoamento ao longo das linhas de corrente.

Solução Se utilizarmos a definição da função corrente (Eq. 6.37), temos

$$u = \frac{\partial \psi}{\partial y} = 2y \qquad \text{e} \qquad v = -\frac{\partial \psi}{\partial x} = 4x$$

A primeira equação pode ser integrada. Assim,

$$\psi = y^2 + f_1(x)$$

onde $f_1(x)$ é uma função arbitrária de x. A integração da segunda equação fornece

$$\psi = -2x^2 + f_2(y)$$

onde $f_2(y)$ é uma função arbitrária de y. Nós devemos agora procurar uma expressão que satisfaça as duas expressões para a função corrente. A função

$$\psi = -2x^2 + y^2 + C$$

satisfaz as duas expressões (C é uma constante arbitrária).

Note que nós podemos utilizar uma constante arbitrária na função corrente porque os componentes do vetor velocidade estão relacionados com as derivadas da função corrente (o valor da constante é realmente arbitrário). Normalmente nós adotamos $C = 0$. Deste modo, a forma mais simples da linha de corrente deste exemplo é

$$\psi = -2x^2 + y^2 \qquad \textbf{(1)}$$

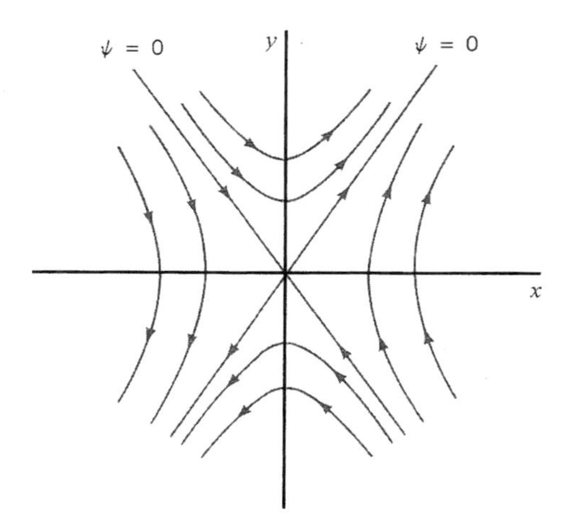

Figura E6.2

As linhas de corrente podem ser construídas adotando um valor para ψ e desenhando a curva correspondente. O valor de ψ na origem é zero (porque nós adotamos $C = 0$) de modo que a equação da linha de corrente que passa pela origem (a linha $\psi = 0$) é

$$0 = -2x^2 + y^2$$

ou

$$y = \pm\sqrt{2}\, x$$

As outras linhas de corrente podem ser obtidas adotando outros valores para ψ. Rearranjando a Eq. 1 é possível mostrar que as equações das linhas de corrente deste exemplo (para $\psi \neq 0$) podem ser expressas por

$$\frac{y^2}{\psi} - \frac{x^2}{\psi/2} = 1$$

Note que o gráfico desta equação é uma hipérbole. Assim, as linhas de corrente são uma família de hipérboles e as linhas de corrente correspondes a $\psi = 0$ são assíntotas a esta família. A Fig. E6.2 mostra um esquema das linhas de corrente deste exemplo. O sentido do escoamento ao longo das linhas de corrente pode ser facilmente deduzido porque as velocidades podem ser calculadas em qualquer ponto. Por exemplo, $v = -\partial\psi / \partial x = 4x$. Assim, $v > 0$ para $x > 0$ e $v < 0$ para $x < 0$. Os sentidos dos escoamentos nas linhas de corrente também está indicado na Fig. E6.2.

6.3 Conservação da Quantidade de Movimento Linear

Nós podemos utilizar a equação de conservação da quantidade de movimento linear adequada a abordagem de sistema para desenvolver a equação diferencial da quantidade de movimento linear, ou seja,

$$\mathbf{F} = \left.\frac{D\mathbf{P}}{Dt}\right|_{\text{sis}} \tag{6.43}$$

onde $\mathbf{F}$ é a força resultante que atua na massa fluida, $\mathbf{P}$ é a quantidade de movimento linear definida por

$$\mathbf{P} = \int_{\text{sis}} \mathbf{V}\, dm$$

e o operador $D(\ )/Dt$ é a derivada material (veja a Sec. 4.2.1). No capítulo anterior nós mostramos que a equação de conservação da quantidade de movimento adequada a abordagem de volume de controle finito é

$$\sum \mathbf{F}_{\substack{\text{conteúdo do volume}\\ \text{de controle}}} = \frac{\partial}{\partial t}\int_{\text{vc}} \mathbf{V}\rho\, d\mathcal{V} + \int_{\text{sc}} \mathbf{V}\,\rho\mathbf{V}\cdot\hat{\mathbf{n}}\, dA \tag{6.44}$$

Nós podemos aplicar a Eq. 6.43 a um sistema diferencial ou aplicar a Eq. 6.44 a um volume de controle infinitesimal, que inicialmente contém uma massa δm, para obter a forma diferencial da equação de quantidade de movimento linear. Provavelmente é mais fácil utilizar a abordagem de sistema porque a aplicação da Eq. 6.43 a massa diferencial resulta em

$$\delta\mathbf{F} = \frac{D(\mathbf{V}\,\delta m)}{Dt}$$

onde $\delta\mathbf{F}$ é a força resultante que atua em δm. Como a massa do sistema é constante,

$$\delta\mathbf{F} = \delta m \frac{D\mathbf{V}}{Dt}$$

onde $D\mathbf{V}/Dt$ é a aceleração , $\mathbf{a}$, do elemento. Assim,

$$\delta\mathbf{F} = \delta m\, \mathbf{a} \tag{6.45}$$

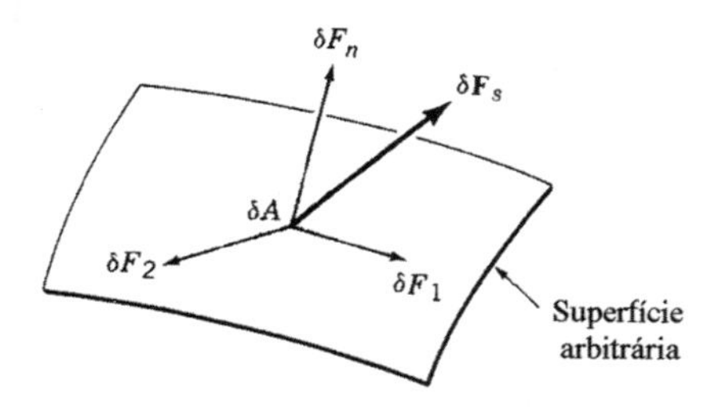

Figura 6.9 Componentes da força que atua numa superfície diferencial arbitrária.

que é simplesmente a segunda lei de Newton aplicada a massa δm. Este resultado também pode ser obtido aplicando a Eq. 6.44 a um volume de controle infinitesimal (veja a Ref. [1]). O nosso próximo passo será analisar qual é o melhor modo de expressar a força $\delta \mathbf{F}$.

6.3.1 Descrição das Forças que Atuam no Elemento Diferencial

Nós devemos considerar dois tipos de forças que atuam no elemento fluido: as forças de superfície (que atuam na superfície do elemento) e as forças de campo (que são forças distribuídas que atuam no meio fluido). Nós vamos analisar primeiramente as forças de campo. Neste livro nós só vamos considerar a força de campo devida a aceleração da gravidade, ou seja,

$$\delta \mathbf{F}_b = \delta m\, \mathbf{g} \tag{6.46}$$

onde $\mathbf{g}$ é o vetor aceleração da gravidade. Os componentes da equação anterior são

$$\delta F_{bx} = \delta m\, g_x \tag{6.47a}$$

$$\delta F_{by} = \delta m\, g_y \tag{6.47b}$$

$$\delta F_{bz} = \delta m\, g_z \tag{6.47c}$$

onde g_x, g_y e g_z são os componentes do vetor aceleração da gravidade nas direções x, y e z.

As forças superficiais que atuam no elemento são o resultado da interação do elemento com o meio. Nós podemos modelar esta interação como uma força $\delta \mathbf{F}_s$ que atua numa pequena área δA localizada numa superfície arbitrária situada na massa de fluido (veja a Fig. 6.9). Normalmente $\delta \mathbf{F}_s$ está inclinada em relação a superfície. Assim, nós devemos decompor a força $\delta \mathbf{F}_s$ nas componentes δF_n, δF_1 e δF_2. Note que δF_n é normal à área δA e que δF_1 e δF_2 são paralelos ao plano considerado e mutuamente ortogonais. A tensão normal, σ_n, é definida por

$$\sigma_n = \lim_{\delta A \to 0} \frac{\delta F_n}{\delta A}$$

e as tensões de cisalhamento são definidas por

$$\tau_1 = \lim_{\delta A \to 0} \frac{\delta F_1}{\delta A}$$

e

$$\tau_2 = \lim_{\delta A \to 0} \frac{\delta F_2}{\delta A}$$

Nós vamos utilizar o símbolo σ para representar as tensões normais e o símbolo τ para representar as tensões de cisalhamento. A intensidade da força por unidade de área que atua num ponto do corpo pode ser caracterizada pela tensão normal e por duas tensões de cisalhamento se a orientação da área estiver especificada. Normalmente nós utilizamos um sistema de coordenadas para especificar a posição de uma superfície.

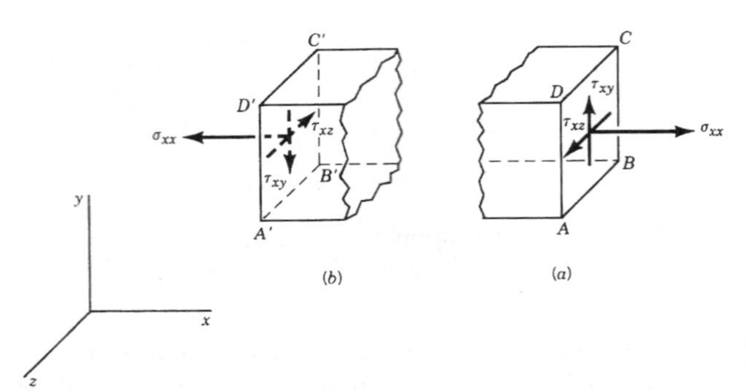

Figura6.10 Notação para as tensões.

Por exemplo, a Fig. 6.10 mostra que nós vamos considerar as tensões que atuam nos planos paralelos aos planos coordenados do sistema de coordenadas cartesiano. A tensão normal é escrita como σ_{xx} e as tensões de cisalhamento são escritas como τ_{xy} e τ_{xz} no plano *ABCD* da Fig. 6.10*a* (que é paralelo ao plano y - z). Nós estamos utilizando dois subíndices para identificar uma tensão que atua na superfície. O primeiro subíndice indica a direção da normal ao plano em que a tensão atua e o segundo subíndice indica a direção em que atua a tensão. Assim, a tensão normal apresenta índices repetidos enquanto que os índices das tensões de cisalhamento são sempre diferentes.

Neste ponto torna-se necessário estabelecer uma convenção de sinais para as tensões. Nós vamos adotar que uma tensão é positiva quando aponta para o sentido positivo do sistema de coordenadas e quando a área, onde atua a tensão, apresenta normal positiva. Todas as tensões mostradas na Fig. 6.10*a* são positivas porque a normal a superfície *ABCD* é positiva e as tensões apontam nos sentidos positivos do sistema de coordenadas. Agora, se a normal da superfície é negativa, as tensões serão positivas se apontarem para o sentido negativo do sistema de coordenadas. Todas as tensões indicadas na Fig. 6.10*b* também são positivas porque a normal da *A'B'C'D'* é negativa e as tensões apontam para os sentidos negativos dos eixos do sistema de coordenadas. Note que as tensões normais positivas são tensões de tração, ou seja, elas tendem a "esticar" o material.

É importante lembrar que o estado de tensão num ponto do material não está completamente definido se especificarmos apenas os três componentes do "vetor tensão" porque qualquer "vetor tensão" é função da orientação do plano que passa pelo ponto. Entretanto, nós podemos mostrar que as tensões normal e de cisalhamento que atuam em qualquer plano que passa pelo ponto podem ser expressas em função das tensões que atuam em três planos ortogonais que passam pelo ponto (veja a Ref. [2]).

Nós podemos exprimir as forças superficiais que atuam num pequeno elemento cúbico de fluido em função das tensões que atuam nas faces do elemento (veja a Fig. 6.11). Normalmente, as tensões que atuam no fluido variam de ponto para ponto do campo de escoamento. Assim, nós vamos expressar as forças que atuam nas várias faces do elemento em função das tensões que atuam no seu centro e dos gradientes das tensões nas direções do sistema de coordenadas (veja a Fig. 6.11). Nós indicamos na figura apenas as tensões que atuam na direção x e isto foi feito para simplificar a apresentação. Lembre que todas as tensões precisam ser multiplicadas por uma área para que se obtenha uma força. A somatória de todas as forças na direção x fornece

$$\delta F_{sx} = \left(\frac{\partial \sigma_{xx}}{\partial x} + \frac{\partial \tau_{yx}}{\partial y} + \frac{\partial \tau_{zx}}{\partial z} \right) \delta x \, \delta y \, \delta z \qquad \textbf{(6.48a)}$$

onde δF_{sx} é a força superficial resultante na direção x. De modo análogo, as forças superficiais resultantes nas direções y e z são dadas por

$$\delta F_{sy} = \left(\frac{\partial \tau_{xy}}{\partial x} + \frac{\partial \sigma_{yy}}{\partial y} + \frac{\partial \tau_{zy}}{\partial z} \right) \delta x \, \delta y \, \delta z \qquad \textbf{(6.48b)}$$

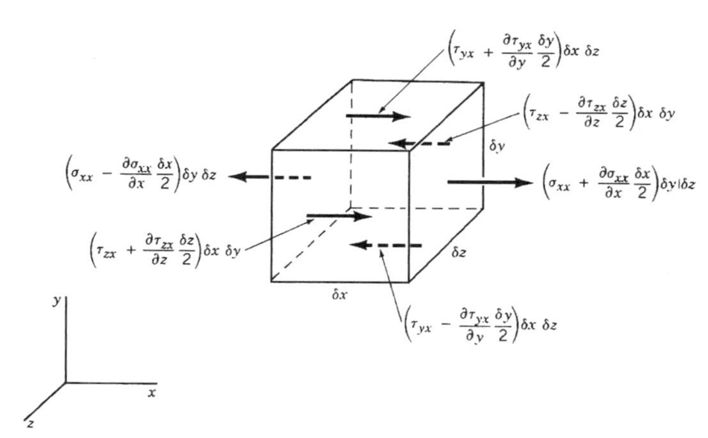

Figura 6.11 Componentes na direção x das forças superficiais que atuam num elemento fluido.

e

$$\delta F_{sz} = \left(\frac{\partial \tau_{xz}}{\partial x} + \frac{\partial \tau_{yz}}{\partial y} + \frac{\partial \sigma_{zz}}{\partial z} \right) \delta x \delta y \delta z \tag{6.48c}$$

A força superficial resultante pode ser expressa por

$$\delta \mathbf{F}_s = \delta F_{sx}\ \hat{\mathbf{i}} + \delta F_{sy}\ \hat{\mathbf{j}} + \delta F_{sz}\ \hat{\mathbf{k}} \tag{6.49}$$

e esta força pode ser combinada com a força de campo, $\delta \mathbf{F}_b$, para fornecer a força total, $\delta \mathbf{F}$, que atua na massa diferencial δm (i.e., $\delta \mathbf{F} = \delta \mathbf{F}_s + \delta \mathbf{F}_b$).

6.3.2 Equações do Movimento

As equações do movimento podem ser obtidas aplicando as expressões para as forças de campo e de superfície na Eq. 6.45. Deste modo, os três componentes da Eq. 6.45 são

$$\delta F_x = \delta m\, a_x$$
$$\delta F_y = \delta m\, a_y$$
$$\delta F_z = \delta m\, a_z$$

onde $\delta m = \rho \delta x\, \delta y \delta z$. Se combinarmos estas equações com as Eqs. 6.47, 6.48 e lembrando que os componentes do vetor aceleração estão descritos na Eq. 6.3, temos

$$\rho g_x + \frac{\partial \sigma_{xx}}{\partial x} + \frac{\partial \tau_{yx}}{\partial y} + \frac{\partial \tau_{zx}}{\partial z} = \rho \left(\frac{\partial u}{\partial t} + u\frac{\partial u}{\partial x} + v\frac{\partial u}{\partial y} + w\frac{\partial u}{\partial z} \right) \tag{6.50a}$$

$$\rho g_y + \frac{\partial \tau_{xy}}{\partial x} + \frac{\partial \sigma_{yy}}{\partial y} + \frac{\partial \tau_{zy}}{\partial z} = \rho \left(\frac{\partial v}{\partial t} + u\frac{\partial v}{\partial x} + v\frac{\partial v}{\partial y} + w\frac{\partial v}{\partial z} \right) \tag{6.50b}$$

$$\rho g_z + \frac{\partial \tau_{xz}}{\partial x} + \frac{\partial \tau_{yz}}{\partial y} + \frac{\partial \sigma_{zz}}{\partial z} = \rho \left(\frac{\partial w}{\partial t} + u\frac{\partial w}{\partial x} + v\frac{\partial w}{\partial y} + w\frac{\partial w}{\partial z} \right) \tag{6.50c}$$

Note que o volume do elemento fluido, $\delta x\ \delta y\ \delta z$, não aparece nestas equações.

As equações que compõem a Eq. 6.50 são as equações diferenciais gerais do movimento para um fluido. De fato, elas são aplicáveis a qualquer meio contínuo (sólido ou fluido) em movimento ou em repouso. Entretanto, antes de utilizarmos estas equações para resolver problemas específicos, nós devemos estudar melhor as tensões que atuam no meio. Note que, por enquanto, nós temos mais incógnitas (todas as tensões, a velocidade e a massa específica) do que equações.

6.4 Escoamento Invíscido

Nós enfatizamos na Sec. 1.6 que as tensões de cisalhamento presentes nos escoamentos são devidas a viscosidade do fluido. Nós também sabemos que a viscosidade de alguns fluidos comuns, como a água e o ar, é muito pequena. Assim, parece razoável admitir que podemos desprezar os efeitos da viscosidade (i.e., considerar nulas as tensões de cisalhamento) em alguns escoamentos. Os campos de escoamento que apresentam tensões de cisalhamento desprezíveis são denominados escoamentos invíscidos, não viscosos ou sem atrito. Nós discutimos na Sec. 2.1 que as tensões normais que atuam num ponto do fluido independem da direção (i.e., $\sigma_{xx} = \sigma_{yy} = \sigma_{zz}$) se não existirem tensões de cisalhamento atuando no fluido. Neste caso, nós vamos definir a pressão, p, como a tensão normal com sinal negativo, ou seja

$$-p = \sigma_{xx} = \sigma_{yy} = \sigma_{zz}$$

O sinal negativo é utilizado para que a tensão normal de compressão (é a tensão normal que nós esperamos encontrar nos fluidos) forneça um valor positivo para p.

O conceito de escoamento invíscido foi utilizado para o desenvolvimento da equação de Bernoulli no Cap. 3 e nós também apresentamos várias aplicações importantes desta equação. Nesta seção nós vamos considerar novamente a equação de Bernoulli e também mostraremos como ela pode ser derivada a partir da equação geral do movimento para escoamentos invíscidos.

6.4.1 As Equações do Movimento de Euler

As equações gerais do movimento, Eqs. 6.50, quando aplicadas aos escoamentos invíscidos (onde as tensões de cisalhamento são nulas e as tensões normais podem ser substituída por $-p$), ficam reduzidas a

$$\rho g_x - \frac{\partial p}{\partial x} = \rho\left(\frac{\partial u}{\partial t} + u\frac{\partial u}{\partial x} + v\frac{\partial u}{\partial y} + w\frac{\partial u}{\partial z}\right) \quad \textbf{(6.51a)}$$

$$\rho g_y - \frac{\partial p}{\partial y} = \rho\left(\frac{\partial v}{\partial t} + u\frac{\partial v}{\partial x} + v\frac{\partial v}{\partial y} + w\frac{\partial v}{\partial z}\right) \quad \textbf{(6.51b)}$$

$$\rho g_z - \frac{\partial p}{\partial z} = \rho\left(\frac{\partial w}{\partial t} + u\frac{\partial w}{\partial x} + v\frac{\partial w}{\partial y} + w\frac{\partial w}{\partial z}\right) \quad \textbf{(6.51c)}$$

Estas relações são conhecidas como as equações de Euler para homenagear o matemático suíço Leonhard Euler (1707 - 1783). Euler apresentou os primeiros trabalhos sobre a relação que existe entre a pressão e o escoamento. As equações de Euler na forma vetorial apresenta a seguinte forma:

$$\rho \mathbf{g} - \nabla p = \rho\left[\frac{\partial \mathbf{V}}{\partial t} + (\mathbf{V} \cdot \nabla)\mathbf{V}\right] \quad \textbf{(6.52)}$$

As Eqs. 6.51 são menos complexas do que as equações gerais do movimento. Apesar disso, ainda não é possível formular um método geral que nos permita determinar como varia a pressão e a velocidade em todos os pontos do campo de escoamento. É importante lembrar que a grande dificuldade para resolver estas equações é devida aos termos não lineares que aparecem na aceleração convectiva (tais como $u\,\partial u/\partial x$, $v\,\partial u/\partial y$ etc). Estes termos dão o caracter não linear às equações de Euler e inibem que nós tenhamos um método geral para resolve-las. Entretanto, sob algumas circunstâncias, nós podemos usá-las para obter informações úteis sobre os campos de escoamentos invíscidos. Por exemplo, nós mostraremos na próxima seção que a equação de Bernoulli (uma relação, válida numa linha de corrente, entre a elevação, pressão e velocidade) pode ser obtida a partir da integração, ao longo da linha de corrente, da Eq. 6.52.

6.4.2 A Equação de Bernoulli

Nós derivamos a equação de Bernoulli na Sec. 3.2 aplicando a segunda lei de Newton numa partícula fluida que se desloca ao longo da linha de corrente. Nesta seção nós vamos derivar nova-

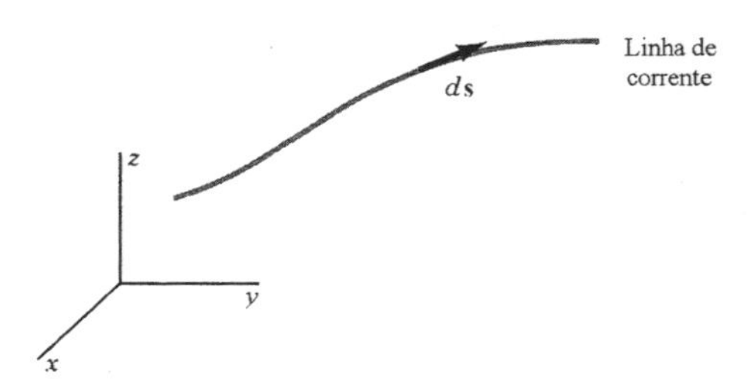

Figura 6.12 Notação para o comprimento diferencial tomado ao longo da linha de corrente.

mente a equação de Bernoulli mas desta vez nós vamos partir da equação de Euler. De fato, nós temos que obter o mesmo resultado porque a equação de Euler nada mais é do que uma forma da segunda lei de Newton adequada para a resolução de escoamentos. Nós vamos restringir nossa atenção aos escoamentos em regime permanente. Deste modo, a equação de Euler fica reduzida a

$$\rho \mathbf{g} - \nabla p = \rho \left(\mathbf{V} \cdot \nabla \right) \mathbf{V} \qquad \textbf{(6.53)}$$

Nós desejamos integrar esta equação diferencial ao longo de uma linha de corrente arbitrária (veja a Fig. 6.12). Note que nós escolhemos um sistema de coordenadas com um eixo vertical (o sentido positivo do eixo z é "para cima") e, deste modo, nós podemos exprimir o vetor aceleração da gravidade do seguinte modo:

$$\mathbf{g} = -g \, \nabla z$$

onde g é o módulo do vetor aceleração da gravidade. Se utilizarmos a identidade vetorial

$$(\mathbf{V} \cdot \nabla)\mathbf{V} = \frac{1}{2}\nabla(\mathbf{V} \cdot \mathbf{V}) - \mathbf{V} \times (\nabla \times \mathbf{V})$$

nós podemos transformar a Eq. 6.53 em

$$-\rho g \, \nabla z - \nabla p = \frac{\rho}{2}\nabla(\mathbf{V} \cdot \mathbf{V}) - \rho(\mathbf{V} \times \nabla \times \mathbf{V})$$

Reescrevendo esta equação, temos

$$\frac{\nabla p}{\rho} + \frac{1}{2}\nabla(V^2) + g\nabla z = \mathbf{V} \times (\nabla \times \mathbf{V})$$

O próximo passo consiste em realizar o produto escalar de cada um dos termos da equação pelo comprimento diferencial ds tomado ao longo da linha de corrente (veja a Fig. 6.12). Assim,

$$\frac{\nabla p}{\rho} \cdot ds + \frac{1}{2}\nabla(V^2) \cdot ds + g\nabla z \cdot ds = [\mathbf{V} \times (\nabla \times \mathbf{V})] \cdot ds \qquad \textbf{(6.54)}$$

Os vetores ds e V são paralelos porque ds apresenta a direção da linha de corrente. Entretanto, o vetor $\mathbf{V} \times (\nabla \times \mathbf{V})$ é perpendicular a $\mathbf{V}$ (por que?), ou seja,

$$[\mathbf{V} \times (\nabla \times \mathbf{V})] \cdot ds = 0$$

Lembre que o produto escalar do gradiente de um escalar por um comprimento diferencial fornece a variação diferencial do escalar na direção do comprimento diferencial. Deste modo, se $ds = dx\,\hat{\mathbf{i}} + dy\,\hat{\mathbf{j}} + dz\,\hat{\mathbf{k}}$, nós podemos escrever que $\nabla p \cdot ds = (\partial p / \partial x)dx + (\partial p / \partial y)dy + (\partial p / \partial z)dz = dp$. Combinando este resultado com a Eq. 6.54, temos

$$\frac{dp}{\rho} + \frac{1}{2}d\left(V^2\right) + g\,dz = 0 \qquad \textbf{(6.55)}$$

Note que as variações na pressão, velocidade e altura devem ser avaliadas ao longo da linha de corrente. A Eq. 6.55 pode ser integrada e fornecer

$$\int \frac{dp}{\rho} + \frac{V^2}{2} + g\,z = \text{constante} \tag{6.56}$$

Esta equação indica que a soma dos três termos da equação precisa permanecer constante ao longo da linha de corrente. A Eq. 6.56 é válida para escoamentos incompressíveis e também para os escoamentos compressíveis (mas é necessário conhecer como ρ varia com p para que seja possível integrar o primeiro termo da equação nos escoamentos compressíveis).

A Eq. 6.56 pode ser reescrita do seguinte modo se o escoamento for invíscido e incompressível (escoamento ideal):

$$\frac{p}{\rho} + \frac{V^2}{2} + g z = \text{constante} \tag{6.57}$$

e esta é a equação de Bernoulli utilizada extensivamente no Cap. 3. É sempre conveniente escrever a Eq. 6.57 entre dois pontos da linha de corrente, (1) e (2), e expressar os termos da equação em termos de carga (basta dividir cada termo da equação por g). Assim,

$$\frac{p_1}{\gamma} + \frac{V_1^2}{2g} + z_1 = \frac{p_2}{\gamma} + \frac{V_2^2}{2g} + z_2 \tag{6.58}$$

Nós devemos enfatizar que a equação de Bernoulli, como expressa pelas Eqs. 6.57 e 6.58, está restrita aos escoamentos ao longo de uma linha de corrente, invíscidos, incompressíveis e que ocorrem em regime permanente. Talvez seja interessante, neste ponto, rever os exemplos sobre a aplicação da equação de Bernoulli apresentados no Cap. 3.

6.4.3 Escoamento Irrotacional

A análise dos escoamentos invíscidos fica mais simples se nós admitirmos que o escoamento é irrotacional. Nós mostramos na Sec. 6.1.3 que a velocidade angular de um elemento fluido é igual a 1/2 rot **V** e que um campo de escoamento é irrotacional se rot V = 0. Como a vorticidade, ξ, é definida como rot **V**, segue que a vorticidade num escoamento irrotacional é nula. O conceito de irrotacionalidade pode parecer um tanto estranho. Porque um campo de velocidade é irrotacional? Nós temos que analisar vários aspectos do escoamento para responder a esta pergunta. Primeiramente, note que cada um dos componente do vetor rot **V** deve ser nulo para que o vetor rot **V** seja nulo (veja as Eqs. 6.12, 6.13 e 6.14). Como estes componentes incluem vários gradientes de velocidade do campo de escoamento, a condição de irrotacionalidade impõe relações específicas entre os gradientes de velocidade. Por exemplo, se a rotação em torno do eixo z é nula, segue da Eq. 6.12 que

$$\omega_z = \frac{1}{2}\left(\frac{\partial v}{\partial x} - \frac{\partial u}{\partial y}\right) = 0$$

e, assim,

$$\frac{\partial v}{\partial x} = \frac{\partial u}{\partial y} \tag{6.59}$$

De modo análogo, as Eqs. 6.13 e 6.14 fornecem

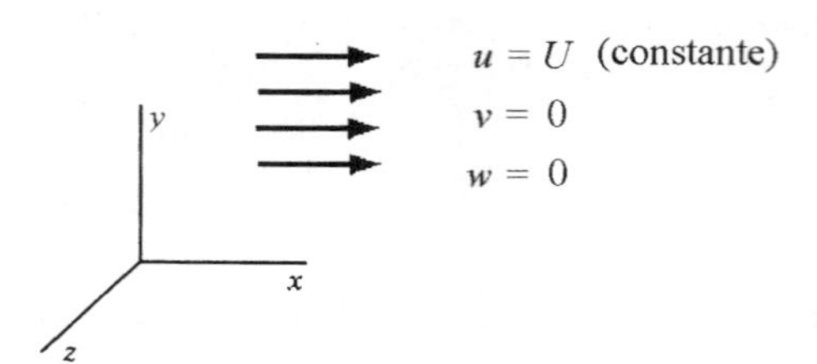

Figura 6.13 Escoamento uniforme na direção x.

$$\frac{\partial w}{\partial y} = \frac{\partial v}{\partial z} \tag{6.60}$$

e

$$\frac{\partial u}{\partial z} = \frac{\partial w}{\partial x} \tag{6.61}$$

Um campo de escoamento geral não satisfaz estas três equações. Entretanto, um escoamento uniforme, como o ilustrado na Fig. 6.13, satisfaz estas condições. Como $u = U$ (constante), $v = 0$ e $w = 0$, segue que as Eqs. 6.59, 6.60 e 6.61 estão satisfeitas. Assim, um campo de escoamento uniforme (aonde não existem gradientes de velocidade) é um exemplo de escoamento irrotacional.

As tensões de cisalhamento são nulas nos escoamentos invíscidos – as únicas forças que atuam nos elementos fluidos são o peso e as forças de pressão. Note que estas forças não podem provocar a rotação do elemento porque o peso atua no centro de gravidade e as forças de pressão atuam nas direções normais às superfícies do elemento. Por exemplo, considere um escoamento invíscido e que apresenta uma região onde o movimento é irrotacional. Nestas circunstâncias, os elementos fluidos emanados da região irrotacional não apresentarão rotação enquanto escoam pelo resto do campo de escoamento.

6.4.4 A Equação de Bernoulli para Escoamento Irrotacional

Nós integramos a Eq. 6.54 ao longo da linha de corrente para obter a equação de Bernoulli na Sec. 6.4.2. Nós realizamos esta operação ao longo da linha de corrente porque o lado direito da Eq. 6.54 fica nulo nesta condição (ds é paralelo a $\mathbf{V}$ ao longo da linha de corrente), ou seja,

$$[\mathbf{V} \times (\nabla \times \mathbf{V})] \cdot ds = 0$$

Agora, se o escoamento é irrotacional, $\nabla \times \mathbf{V} = 0$, o lado direito da Eq. 6.54 é sempre nulo e independe da direção de ds. Nós vamos seguir o mesmo procedimento utilizado para obter a Eq. 6.55 mas, desta vez, as variações diferenciais de dp, $d(V^2)$ e dz podem ser tomadas em qualquer direção. Deste modo, a integração da Eq. 6.55 fornece

$$\int \frac{dp}{\rho} + \frac{V^2}{2} + g\,z = \text{constante} \tag{6.62}$$

Note que a constante da equação acima é válida para todo o campo de escoamento. Agora, se o escoamento é incompressível e irrotacional, a equação de Bernoulli pode ser escrita como

$$\frac{p_1}{\gamma} + \frac{V_1^2}{2g} + z_1 = \frac{p_2}{\gamma} + \frac{V_2^2}{2g} + z_2 \tag{6.63}$$

Esta equação pode ser aplicada entre dois pontos quaisquer do campo de escoamento. A forma da Eq. 6.63 é exatamente igual a da Eq. 6.58 mas a última equação só pode ser aplicada entre dois pontos de uma linha de corrente. É importante ressaltar que a aplicação da Eq. 6.63 está limitada a escoamentos invíscidos, incompressíveis, irrotacionais e que ocorrem em regime permanente.

6.4.5 Potencial de Velocidade

Os gradientes de velocidade nos escoamentos irrotacionais estão relacionados pelas Eqs. 6.59, 6.60 e 6.61. Isto implica que os componentes do vetor velocidade destes escoamentos podem ser expressos a partir de uma função escalar $\phi(x, y, z, t)$, ou seja,

$$u = \frac{\partial \phi}{\partial x} \qquad v = \frac{\partial \phi}{\partial y} \qquad w = \frac{\partial \phi}{\partial z} \tag{6.64}$$

onde ϕ é denominado potencial de velocidade. A aplicação direta destas expressões para os componentes do vetor velocidade nas Eqs. 6.59, 6.60 e 6.61 comprova que o campo de velocidade definido pela Eq. 6.64 é, de fato, irrotacional. A forma vetorial das Eqs. 6.64 é

$$\mathbf{V} = \nabla\phi \tag{6.65}$$

de modo que a velocidade num escoamento irrotacional pode ser expressa como o gradiente da função escalar ϕ (potencial de velocidade).

O potencial de velocidade é uma conseqüência da irrotacionalidade do campo de escoamento enquanto que a função corrente é uma conseqüência da conservação da massa. É interessante ressaltar que o potencial de velocidade pode ser definido para um escoamento tridimensional geral enquanto que a função corrente está restrita a escoamentos bidimensionais.

A equação de conservação da massa para um escoamento incompressível é

$$\nabla \cdot \mathbf{V} = 0$$

e lembrando que num escoamento irrotacional, V é igual a $\nabla \phi$, temos

$$\nabla^2\phi = 0 \tag{6.66}$$

onde $\nabla^2(\ ) = \nabla \cdot \nabla(\ )$ é o operador Laplaciano. Este operador, em coordenadas cartesianas apresenta a seguinte forma:

$$\frac{\partial^2\phi}{\partial x^2} + \frac{\partial^2\phi}{\partial y^2} + \frac{\partial^2\phi}{\partial z^2} = 0$$

Esta equação diferencial aparece em muitas áreas da engenharia e da física e é conhecida como a equação de Laplace. Os escoamentos invíscidos, incompressíveis e irrotacionais são descritos pela equação de Laplace e este tipo de escoamento normalmente é denominado escoamento potencial. Para tornar completa a formulação matemática de um dado problema é necessário especificar as condições de contorno do problema. Normalmente nós vamos especificar as velocidades do escoamento na fronteira do campo de escoamento que estamos analisando. Assim, se pudermos determinar a função potencial do escoamento, a velocidade em todos os pontos do campo de escoamento pode ser calculada com a Eq. 6.64 e o campo de pressão pode ser determinado com a equação de Bernoulli (Eq. 6.63). O conceito do potencial de velocidade é aplicável em escoamentos transitórios mas nós vamos restringir nossa atenção aos escoamentos em regime permanente.

Em muitos casos é conveniente trabalhar com um sistema de coordenadas cilíndrico (r, θ e z). O operador gradiente neste sistema de coordenadas é

$$\nabla(\ ) = \frac{\partial(\ )}{\partial r}\hat{\mathbf{e}}_r + \frac{1}{r}\frac{\partial(\ )}{\partial \theta}\hat{\mathbf{e}}_\theta + \frac{\partial(\ )}{\partial z}\hat{\mathbf{e}}_z \tag{6.67}$$

de modo que

$$\nabla\phi = \frac{\partial\phi}{\partial r}\hat{\mathbf{e}}_r + \frac{1}{r}\frac{\partial\phi}{\partial \theta}\hat{\mathbf{e}}_\theta + \frac{\partial\phi}{\partial z}\hat{\mathbf{e}}_z \tag{6.68}$$

onde $\phi = \phi(r, \theta, z)$. Como

$$\mathbf{V} = v_r\,\hat{\mathbf{e}}_r + v_\theta\,\hat{\mathbf{e}}_\theta + v_z\,\hat{\mathbf{e}}_z \tag{6.69}$$

segue que para um escoamento irrotacional ($\mathbf{V} = \nabla\phi$)

$$v_r = \frac{\partial\phi}{\partial r} \qquad v_\theta = \frac{1}{r}\frac{\partial\phi}{\partial\theta} \qquad v_z = \frac{\partial\phi}{\partial z} \tag{6.70}$$

A equação de Laplace em coordenadas cilíndricas é

$$\frac{1}{r}\frac{\partial}{\partial r}\left(r\frac{\partial\phi}{\partial r}\right) + \frac{1}{r^2}\frac{\partial^2\phi}{\partial\theta^2} + \frac{\partial^2\phi}{\partial z^2} = 0 \tag{6.71}$$

Exemplo 6.3

O escoamento bidimensional, invíscido e incompressível de um fluido na vizinhança do canto com 90° mostrado na Fig. E6.3*a* é descrito pela função corrente

$$\psi = 2r^2 \operatorname{sen} 2\theta$$

A dimensão de ψ é m²/s e r é medido em metros. (**a**) Determine, se possível, o potencial de velocidade correspondente. (**b**) Calcule a pressão no ponto (2) sabendo que a pressão no ponto (1) – localizado na parede – é 30 kPa. Admita que a massa específica do fluido é 1000 kg/m³ e que o plano $x - y$ é horizontal, ou seja, as elevações dos pontos (1) e (2) são iguais.

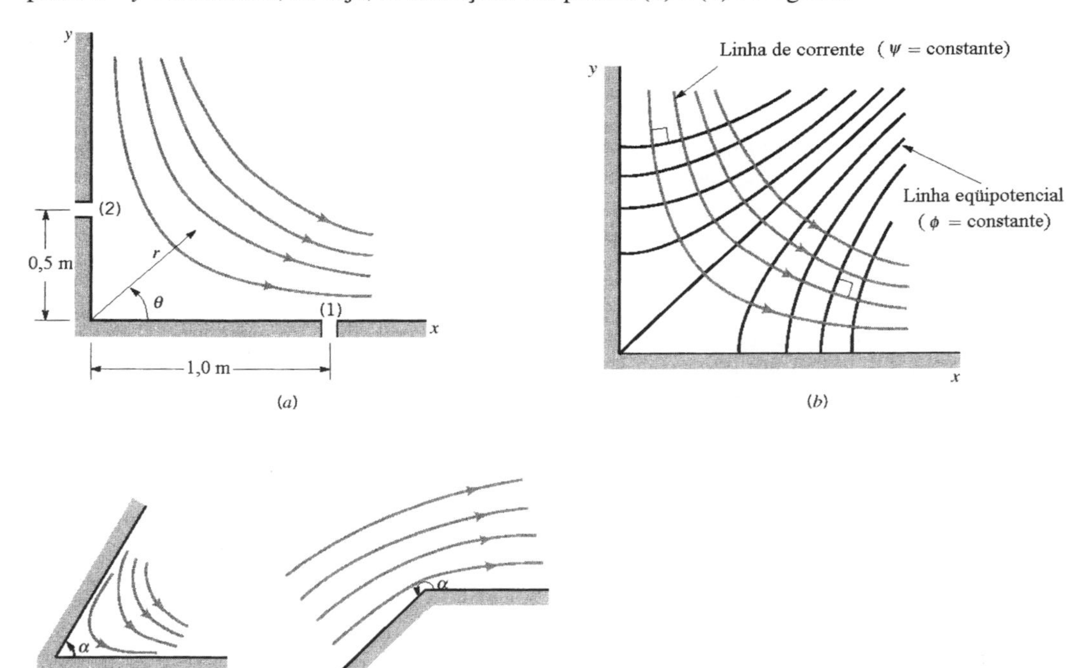

Figura E.6.3

Solução (**a**) Os componentes radial e tangencial do vetor velocidade podem ser obtidos a partir da função corrente (veja a Eq. 6.42). Deste modo,

$$v_r = \frac{1}{r}\frac{\partial \psi}{\partial \theta} = 4r\cos 2\theta$$

e

$$v_\theta = -\frac{\partial \psi}{\partial r} = -4r \operatorname{sen} 2\theta$$

Como

$$v_r = \frac{\partial \phi}{\partial r}$$

segue que

$$\frac{\partial \phi}{\partial r} = 4r\cos 2\theta$$

Integrando,

$$\phi = 2r^2 \cos 2\theta + f_1(\theta) \qquad \textbf{(1)}$$

onde $f_1(\theta)$ é uma função arbitrária de θ. De modo análogo,

$$v_\theta = \frac{1}{r}\frac{\partial \phi}{\partial \theta} = -4\, r \,\mathrm{sen} 2\theta$$

Integrando,

$$\phi = 2r^2 \cos 2\theta + f_2(r) \qquad \textbf{(2)}$$

onde $f_2(r)$ é uma função arbitrária de r. O potencial de velocidade precisa apresentar a forma abaixo para que sejam satisfeitas as Eqs. 1 e 2,

$$\phi = 2r^2 \cos 2\theta + C$$

onde C é uma constante arbitrária. O valor específico da constante C não é importante (como no caso da função corrente) e é usual adotarmos $C = 0$. Deste modo, o potencial de velocidade para o escoamento no canto é

$$\phi = 2r^2 \cos 2\theta$$

Nós citamos "se possível " na formulação do problema porque não é sempre possível determinar o potencial de velocidade. A razão para isto é que nós podemos sempre definir uma função linha de corrente para um escoamento bidimensional mas o escoamento deve ser irrotacional para que exista um potencial de velocidade correspondente. Assim, o fato de sermos capazes de determinar o potencial de velocidade é uma conseqüência da irrotacionalidade do escoamento. A Fig. E6.3*b* mostra algumas linhas de corrente e outras linhas que apresentam ϕ constante. Note que estes dois conjuntos de linhas são ortogonais. A razão para que isto sempre aconteça será apresentada na Sec. 6.5.

(**b**) O escoamento deste problema é invíscido e irrotacional. Isto implica que é permitido aplicar a equação de Bernoulli entre dois pontos quaisquer do campo de escoamento. Assim,

$$\frac{p_1}{\gamma} + \frac{V_1^2}{2g} = \frac{p_2}{\gamma} + \frac{V_2^2}{2g}$$

ou

$$p_2 = p_1 + \frac{\rho}{2}\left(V_1^2 - V_2^2\right) \qquad \textbf{(3)}$$

Lembre que as elevações dos pontos (1) e (2) são iguais. Como

$$V^2 = v_r^2 + v_\theta^2$$

segue que o quadrado do módulo do vetor velocidade no campo de escoamento é dado por

$$V^2 = (4r\cos 2\theta)^2 + (-4r\,\mathrm{sen} 2\theta)^2$$
$$= 16r^2\left(\cos^2 2\theta + \mathrm{sen}^2 2\theta\right) = 16r^2$$

Este resultado indica que o quadrado da velocidade é apenas função da distância radial, r. Assim,

$$V_1^2 = 16 \times 1^2 = 16\ \mathrm{m^2/s^2}$$

e

$$V_2^2 = 16 \times 0{,}5^2 = 4\ \mathrm{m^2/s^2}$$

Aplicando estes valores na Eq. 3,

$$p_2 = 30 \times 10^3 + \frac{1000}{2}(16 - 4) = 36\ \mathrm{kPa}$$

A função corrente utilizada neste exemplo também pode ser expressa em coordenadas cartesianas. Assim,

$$\psi = 2r^2 \operatorname{sen}2\theta = 4r^2 \operatorname{sen}\theta \cos\theta$$

ou

$$\psi = 4xy$$

porque $x = r \cos\theta$ e $y = r$ sen θ. Entretanto é mais interessante trabalhar com as coordenadas cilíndricas porque os resultados obtidos podem ser generalizados para descrever o escoamento na vizinhança de um canto com ângulo α (veja a Fig. E6.3*c*). Esta generalização resulta em

$$\psi = Ar^{\pi/\alpha} \operatorname{sen}\frac{\pi\theta}{\alpha}$$

e

$$\phi = Ar^{\pi/\alpha} \cos\frac{\pi\theta}{\alpha}$$

onde A é uma constante.

6.5 Escoamentos Potenciais Planos

O maior atrativo da equação de Laplace é sua linearidade. Observe que, devido a natureza linear da equação, nós podemos somar várias soluções para obter uma outra solução, ou seja, se $\phi_1(x, y, z)$ e $\phi_2(x, y, z)$ são duas soluções da equação de Laplace então $\phi_3 = \phi_1 + \phi_2$ também é solução da equação de Laplace (este procedimento é conhecido como o princípio da superposição). Assim, se nós conhecermos certas soluções básicas, nós podemos combiná-las para obter outras soluções de problemas mais complicados e interessantes. Nesta seção nós apresentaremos alguns potenciais de velocidade básicos (que descrevem escoamentos relativamente simples) e na próxima seção nós obteremos a solução de problemas mais complexos a partir da superposição das soluções básicas.

Para simplificar a apresentação nós só consideraremos os escoamentos planos (bidimensionais). Nestes casos, as relações entre as velocidades e o potencial de velocidade, em coordenadas cartesianas, são

$$u = \frac{\partial\phi}{\partial x} \qquad v = \frac{\partial\phi}{\partial y} \tag{6.72}$$

Agora, se o problema for melhor expresso em coordenadas cilíndricas, temos

$$v_r = \frac{\partial\phi}{\partial r} \qquad v_\theta = \frac{1}{r}\frac{\partial\phi}{\partial\theta} \tag{6.73}$$

Nós sempre podemos definir uma função corrente para escoamentos bidimensionais, ou seja,

$$u = \frac{\partial\psi}{\partial y} \qquad v = -\frac{\partial\psi}{\partial x} \tag{6.74}$$

e

$$v_r = \frac{1}{r}\frac{\partial\psi}{\partial\theta} \qquad v_\theta = -\frac{\partial\psi}{\partial r} \tag{6.75}$$

onde a função corrente foi definida pelas Eqs. 6.37 e 6.42. Nós sabemos que o princípio de conservação da massa está automaticamente satisfeito se nós definirmos as velocidades em termos da função corrente. Adicionalmente, se impusermos a condição de irrotacionalidade, segue da Eq. 6.59 que

$$\frac{\partial u}{\partial y} = \frac{\partial v}{\partial x}$$

Se utilizarmos a função corrente,

$$\frac{\partial}{\partial y}\left(\frac{\partial \psi}{\partial y}\right) = \frac{\partial}{\partial x}\left(-\frac{\partial \psi}{\partial x}\right)$$

ou

$$\frac{\partial^2 \psi}{\partial x^2} + \frac{\partial^2 \psi}{\partial y^2} = 0$$

Este resultado mostra que nós podemos tanto usar a função corrente quanto o potencial de velocidade se o escoamento for irrotacional porque estas duas funções satisfazem a equação de Laplace bidimensional. Estes resultado também mostra que o potencial de velocidade e a função corrente são relacionadas. Nós já mostramos que as linhas de ψ constante são linhas de corrente, ou seja,

$$\left.\frac{dy}{dx}\right|_{\psi=\text{constante}} = \frac{v}{u} \quad \textbf{(6.76)}$$

A variação de ϕ relativa ao deslocamento do ponto (x, y) para um ponto próximo $(x + dx, y + dy)$ é dada pela relação:

$$d\phi = \frac{\partial \phi}{\partial x}dx + \frac{\partial \phi}{\partial y}dy = u\,dx + v\,dy$$

Ao longo de uma linha com ψ constante nós temos que d ψ = 0. Este resultado implica em

$$\left.\frac{dy}{dx}\right|_{\phi=\text{constante}} = -\frac{u}{v} \quad \textbf{(6.77)}$$

As Eqs. 6.76 e 6.77 mostram que as linhas de ϕ constante (denominadas linhas equipotenciais) são ortogonais as linhas de ψ constante (linhas de corrente) em todos os pontos onde as linhas se interceptam (lembre que duas linhas são ortogonais se o produto de suas inclinações é igual a -1). Nós podemos construir uma "rede de escoamento", baseada nas linhas de corrente e equipotenciais, para qualquer escoamento potencial plano. Esta rede é muito útil na visualização do escoamento e também pode ser usada para obter uma solução gráfica aproximada dos escoamentos. O procedimento gráfico consiste em esboçar as linhas de corrente e as equipotenciais e ajustar todas as linhas até que elas se tornem aproximadamente ortogonais em todos os pontos onde elas se interceptam. A Fig. 6.14 mostra um exemplo desta rede. As velocidades podem ser estimadas a partir da "rede de escoamento" porque a velocidade é inversamente proporcional ao espaçamento das linhas de corrente. Assim, analisando o exemplo da Fig. 6.14, nós podemos concluir que a velocidade ao longo da parte interna da curva será maior do que a velocidade ao longo da parte externa da curva.

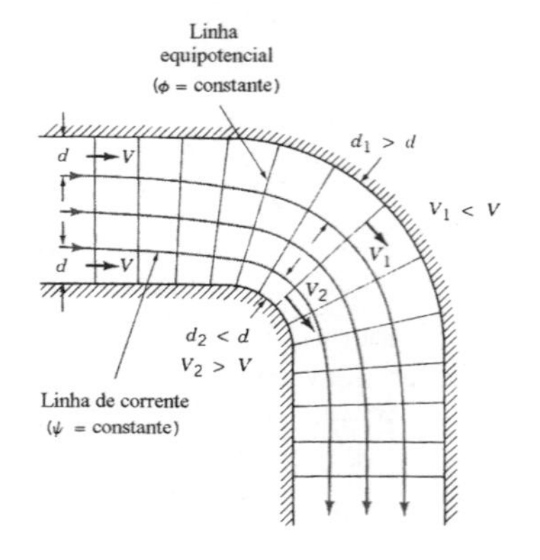

Figura 6.14 Rede de escoamento numa curva de 90° (reprodução autorizada, Ref. [3]).

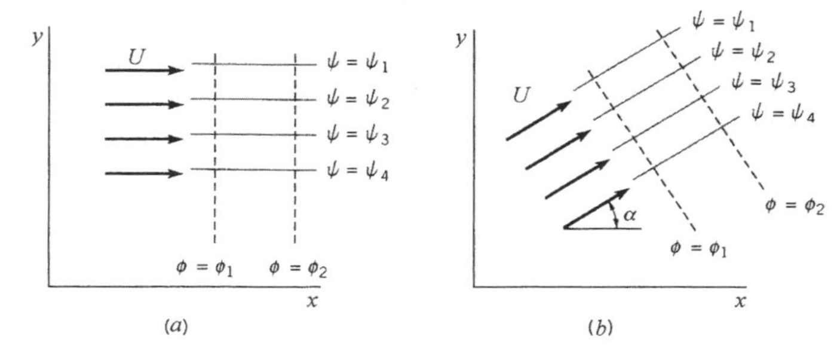

Figura 6.15 Escoamento uniforme: (*a*) na direção *x* e (*b*) numa direção arbitrária.

6.5.1 Escoamento Uniforme

O escoamento plano mais simples é aquele onde as linhas de corrente são retas paralelas e o módulo da velocidade do escoamento é constante. Este tipo de escoamento é denominado escoamento uniforme. Por exemplo, considere o escoamento uniforme no sentido positivo do eixo x mostrado na Fig. 6.15*a*. Neste caso, $u = U$, $v = 0$ e o potencial de velocidade é dado por

$$\frac{\partial \phi}{\partial x} = U \qquad \frac{\partial \phi}{\partial y} = 0$$

Integrando estas equações,

$$\phi = U x + C$$

onde C é uma constante arbitrária que pode ser igualada a zero. Assim, para um escoamento uniforme no sentido positivo do eixo x,

$$\phi = U x \tag{6.78}$$

A função corrente correspondente a este potencial pode ser obtida de modo análogo,

$$\frac{\partial \psi}{\partial y} = U \qquad \frac{\partial \psi}{\partial x} = 0$$

e

$$\psi = U y \tag{6.79}$$

Estes resultados podem ser generalizados para fornecer o potencial de velocidade e a função corrente para um escoamento uniforme que apresenta um ângulo α em relação ao eixo x (veja a Fig. 6.15*b*). Para este caso,

$$\phi = U(x\cos\alpha + y\,\mathrm{sen}\alpha) \tag{6.80}$$

e

$$\psi = U(y\cos\alpha - x\,\mathrm{sen}\alpha) \tag{6.81}$$

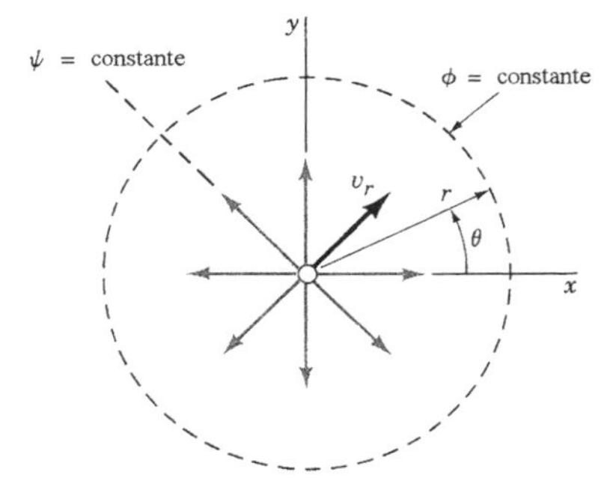

Figura 6.16 Formato das linhas de corrente de uma fonte.

6.5.2 Fonte e Sorvedouro

A Fig. 6.16 mostra um escoamento radial emanado de uma linha perpendicular ao plano $x - y$ e que passa pela origem do sistema de coordenadas. Seja m a vazão em volume de fluido emanado da fonte por unidade de comprimento da linha. Para satisfazer a conservação da massa, temos

$$(2\pi r)\, v_r = m$$

ou

$$v_r = \frac{m}{2\pi r}$$

A velocidade tangencial é nula porque o escoamento é radial. O potencial de velocidade deste escoamento pode ser obtido integrando-se as equações

$$\frac{\partial \phi}{\partial r} = \frac{m}{2\pi r} \qquad \frac{1}{r}\frac{\partial \phi}{\partial \theta} = 0$$

Assim,

$$\phi = \frac{m}{2\pi} \ln r \tag{6.82}$$

O escoamento radial é dirigido "para fora" da linha se m é positivo e este escoamento é denominado fonte. Se m é negativo, o escoamento radial é dirigido para a linha e o escoamento é denominado sorvedouro. A vazão em volume por unidade de comprimento, m, é a intensidade da fonte ou do sorvedouro.

Note que a velocidade do escoamento se torna infinita na origem, $r = 0$, e que isto é fisicamente impossível. Assim, as fontes e sorvedouros não existem e as linhas que representam as fontes e os sorvedouros são uma singularidade matemática no campo de escoamento. Entretanto, algumas regiões dos escoamentos reais podem ser aproximadas utilizando as fontes e sorvedouros mas estas regiões devem estar afastadas das singularidades. O potencial de velocidade que representa este escoamento hipotético também pode ser combinado com outros potenciais básicos para descrever aproximadamente alguns escoamentos reais. Este procedimento será apresentado na Sec. 6.6.

A função corrente para a fonte pode ser obtida integrando-se as relações

$$\frac{1}{r}\frac{\partial \psi}{\partial \theta} = \frac{m}{2\pi r} \qquad \frac{\partial \psi}{\partial r} = 0$$

Assim,

$$\psi = \frac{m}{2\pi}\theta \tag{6.83}$$

Esta equação mostra que as linhas de corrente (linhas com ψ constante) são radiais e a Eq. 6.82 mostra que as linhas equipotenciais (linhas com ϕ constante) são círculos concêntricos centrados na origem.

Exemplo 6.4

A Fig. E6.4 mostra um escoamento invíscido e incompressível num canal com forma de cunha. O potencial de velocidade (em m^2/s) que descreve aproximadamente este escoamento é

$$\phi = -2 \ln r$$

Determine a vazão em volume deste escoamento por unidade de comprimento na direção perpendicular ao plano da figura.

Solução Os componentes do vetor velocidade são dados por

$$v_r = \frac{\partial \phi}{\partial r} = -\frac{2}{r} \qquad v_\theta = \frac{1}{r}\frac{\partial \phi}{\partial \theta} = 0$$

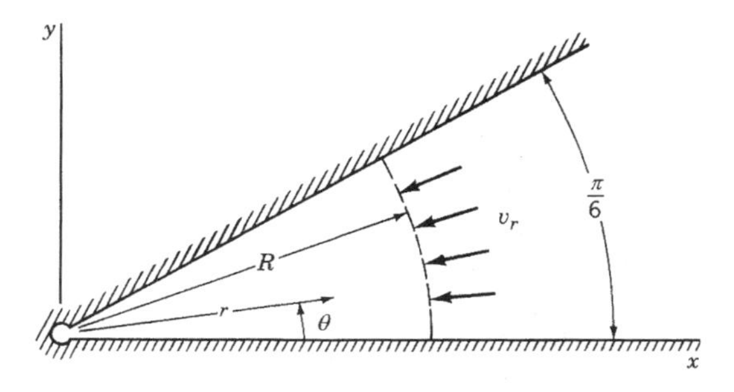

Figura E6.4

o que indica que nós estamos lidando com um escoamento radial puro. A vazão em volume, por unidade de comprimento, que cruza o arco com comprimento $R\pi/6$, q, pode ser obtida pela integração da expressão

$$q = \int_0^{\pi/6} v_r \, R \, d\theta = -\int_0^{\pi/6} \left(\frac{2}{R}\right) R \, d\theta = -\frac{\pi}{3} = -1{,}05 \text{ m}^2/\text{s}$$

Note que o raio R é arbitrário porque a vazão em volume que cruza qualquer curva entre as duas paredes é constante. O sinal negativo indica que o escoamento é dirigido para a abertura localizada na origem do sistema de coordenadas, ou seja, a origem se comporta como um sorvedouro.

6.5.3 Vórtice

Nós agora vamos considerar o campo de escoamento onde as linhas de corrente são circulares e concêntricas, ou seja, nós vamos permutar o potencial de velocidade e a função corrente que utilizamos para o caso fonte. Deste modo

$$\phi = K\,\theta \tag{6.84}$$

e

$$\psi = -K \ln r \tag{6.85}$$

onde K é uma constante. Neste caso, as linhas de corrente são círculos concêntricos (veja a Fig. 6.17), $v_r = 0$ e

$$v_\theta = \frac{1}{r}\frac{\partial \phi}{\partial \theta} = -\frac{\partial \psi}{\partial r} = \frac{K}{r} \tag{6.86}$$

O resultado anterior indica que a velocidade tangencial varia inversamente com a distância até a origem e também que existe uma singularidade em $r = 0$ (onde a velocidade se torna infinita).

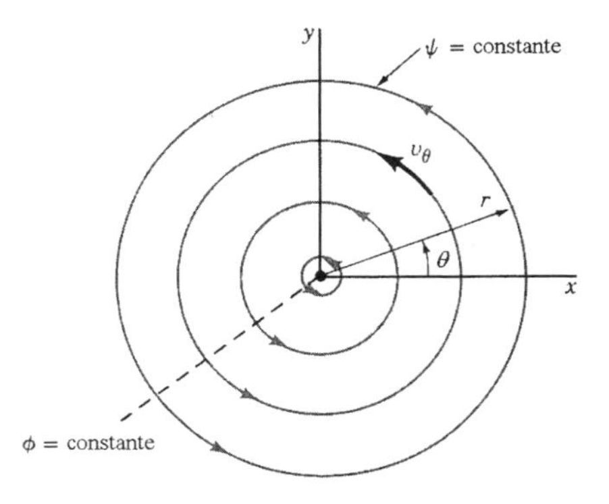

Figura 6.17 Formato das linhas de corrente para um vórtice.

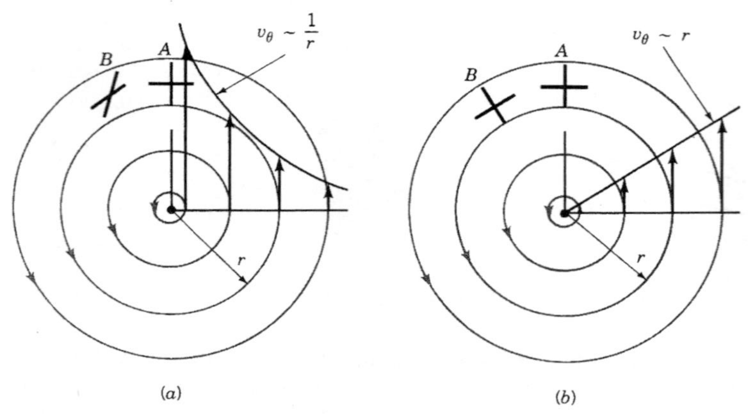

Figura 6.18 Movimento de um elemento fluido de *A* para *B*: (*a*) vórtice livre (irrotacional) e (*b*) vórtice forçado (rotacional).

Pode parecer estranho que o escoamento num vórtice possa ser irrotacional (lembre que a irrotacionalidade é um pré-requisito para que o escoamento tenha um potencial de velocidade). Entretanto, é necessário lembrar que a rotacionalidade se refere a rotação do elemento fluido e não a trajetória seguida pelo elemento. Assim, se instalarmos um par de pequenos indicadores no ponto *A* de um vórtice irrotacional (veja a Fig. 6.18*a*) nós detectaríamos uma rotação dos indicadores enquanto eles se deslocam para a posição *B*. Um dos indicadores, aquele que está alinhado com a linha de corrente, seguirá um caminho circular com rotação no sentido anti-horário. O outro indicador vai rodar no sentido horário devido a natureza do campo de escoamento, ou seja, a parte do indicador mais próxima da origem se move mais rapidamente que a outra extremidade. Apesar do movimento de rotação dos dois indicadores, a velocidade angular média dos dois indicadores é nula porque o escoamento é irrotacional.

Se o fluido apresenta rotação de corpo rígido, $v_\theta = K_1 r$, onde K_1 é uma constante, os adesivos colocados no campo de escoamento rotacionariam do modo mostrado na Fig. 6.18*b*. Este tipo de movimento vortical é rotacional e não pode ser descrito em função de um potencial de velocidade. O vórtice rotacional também é conhecido por vórtice forçado enquanto que o vórtice irrotacional também é conhecido por vórtice livre. O escoamento da água nas proximidades de um ralo de banheira é similar a um vórtice livre enquanto que o movimento do líquido contido num tanque que gira em torno do seu eixo com velocidade angular constante ω corresponde ao vórtice forçado.

Um vórtice combinado é aquele formado por um vórtice central do tipo forçado e uma distribuição de velocidade correspondente a um vórtice livre fora da região central. Assim, para um vórtice combinado,

$$v_\theta = \omega r \qquad r \le r_0 \tag{6.87}$$

e

$$v_\theta = \frac{K}{r} \qquad r > r_0 \tag{6.88}$$

onde K e ω são constantes e r_0 corresponde ao raio da região central do vórtice combinado. A distribuição de pressão no vórtice livre e no forçado foram analisadas no Exemplo 3.3.

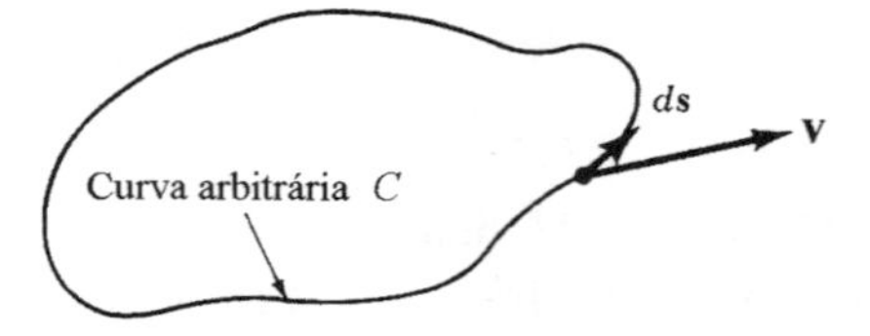

Figura 6.19 Notação para a determinação da circulação numa curva fechada *C*.

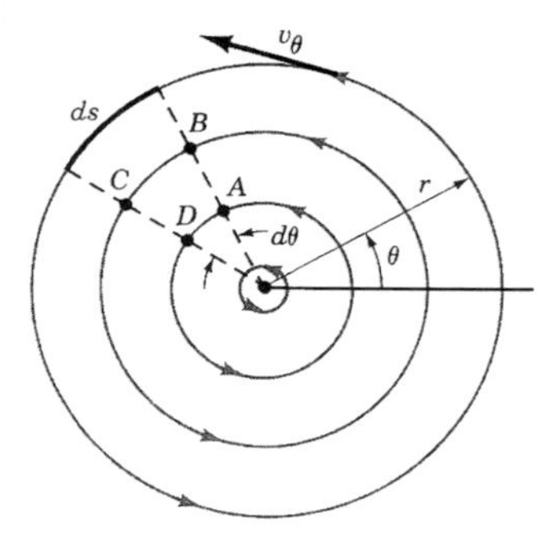

Figura 6.20 Circulação em várias trajetórias de um vórtice livre

A circulação é um conceito matemático normalmente associado ao movimento vortical. A circulação, Γ, é definida como a integral de linha do componente tangencial do vetor velocidade tomada em torno de uma curva fechada C no campo de escoamento. Deste modo,

$$\Gamma = \oint_C \mathbf{V} \cdot d\mathbf{s} \quad \textbf{(6.89)}$$

Note que a integração deve ser realizada no sentido antihorário e que $d\mathbf{s}$ é o comprimento diferencial tomado ao longo da curva (veja a Fig. 6.19). Nós temos que $\mathbf{V} = \nabla\phi$ se o escoamento é irrotacional. Neste caso, $\mathbf{V} \cdot d\mathbf{s} = \nabla\phi \cdot d\mathbf{s} = d\phi$ e

$$\Gamma = \oint_C d\phi = 0$$

Este resultado indica que a circulação é nula nos escoamentos irrotacionais. Entretanto, a circulação não é nula se existirem singularidades dentro da curva de integração. Por exemplo, nós encontramos que $v_\theta = K/r$ num vórtice livre como o mostrado na Fig. 6.20. A circulação em torno de uma trajetória circular de raio r da Fig. 6.20 é

$$\Gamma = \int_0^{2\pi} \frac{K}{r}(r\,d\theta) = 2\pi K$$

o que mostra que a circulação, neste caso, não é nula e que a constante K é igual a $\Gamma / 2\pi$. Entretanto, a circulação em torno de qualquer curva fechada que não inclua a origem será nula. Isto pode ser facilmente confirmado avaliando a circulação na curva fechada $ABCD$ da Fig. 6.20.

O potencial de velocidade e a função corrente para o vórtice livre normalmente são escritos em função da circulação, ou seja,

$$\phi = \frac{\Gamma}{2\pi}\theta \quad \textbf{(6.90)}$$

e

$$\psi = -\frac{\Gamma}{2\pi}\ln r \quad \textbf{(6.91)}$$

O conceito de circulação é muito utilizado na avaliação das forças desenvolvidas nos corpos imersos em escoamentos. Esta aplicação será considerada na Sec. 6.6.2.

Exemplo 6.5

A Fig. E6.5 mostra um líquido sendo drenado de um grande tanque através de um pequeno orifício (veja também o ⦿ 6.2 – Vórtice num bequer). A distribuição de velocidade do escoamento, fora da vizinhança imediata do orifício, pode ser aproximada como a de um vórtice livre que apresenta potencial de velocidade

$$\phi = \frac{\Gamma}{2\pi}\theta$$

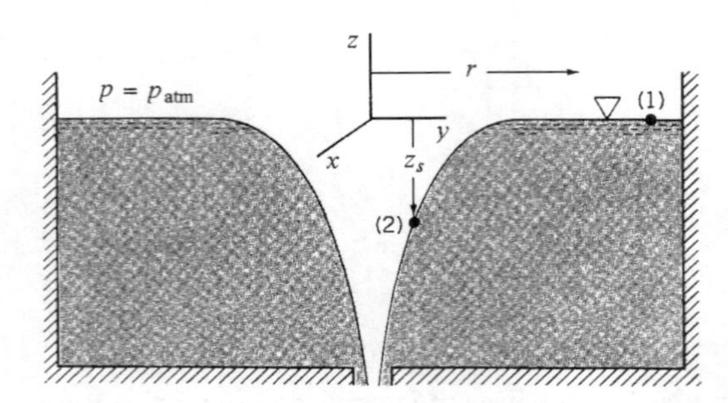

Figura E6.5

Determine uma expressão que relacione o formato da superfície livre do líquido com a circulação do vórtice, Γ.

Solução O escoamento num vórtice livre é irrotacional. Nesta condição nós podemos aplicar a equação de Bernoulli entre dois pontos quaisquer do campo de escoamento. Assim,

$$\frac{p_1}{\gamma} + \frac{V_1^2}{2g} + z_1 = \frac{p_2}{\gamma} + \frac{V_2^2}{2g} + z_2$$

Nós temos que $p_1 = p_2 = 0$ se os pontos (1) e (2) estiverem na superfície livre do escoamento. Assim,

$$\frac{V_1^2}{2g} = z_s + \frac{V_2^2}{2g} \qquad \textbf{(1)}$$

onde z_s é a elevação da superfície livre em relação ao plano horizontal que passa pelo ponto (1).

A velocidade é dada pela equação

$$v_\theta = \frac{1}{r}\frac{\partial \phi}{\partial \theta} = \frac{\Gamma}{2\pi r}$$

Note que $V_1 = v_\theta \approx 0$ quando estamos afastados da origem. Nesta situação a Eq. 1 fornece

$$z_s = -\frac{\Gamma^2}{8\pi^2 r^2 g}$$

que é a equação da superfície livre (o sinal negativo está compatível com a situação mostrada na Fig. E6.5). Lembre que esta solução não é válida na região próxima ao orifício porque a velocidade teórica fica muito grande nesta região.

6.5.4 Dipolo

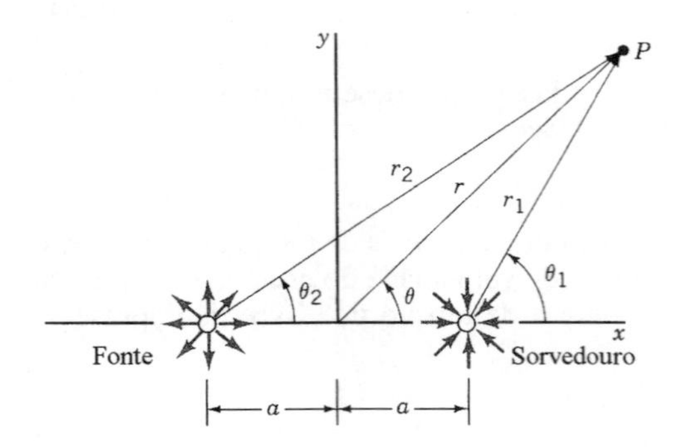

Figura 6.21 A combinação de uma fonte com um sorvedouro que apresentam intensidades iguais.

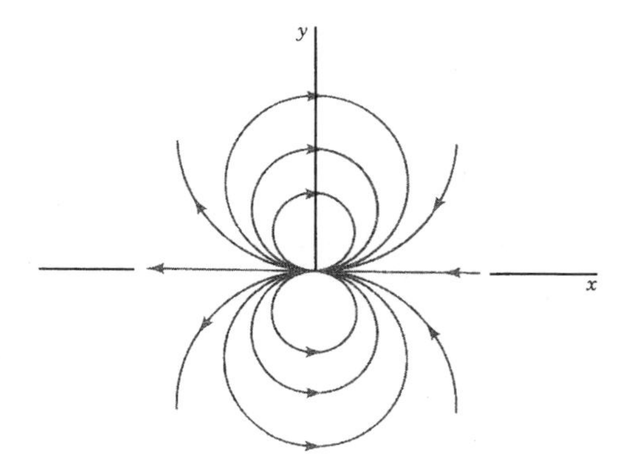

Figura 6.22 Linhas de corrente de um dipolo.

O último escoamento potencial bidimensional simples que nós analisaremos é aquele obtido pela combinação de uma fonte e um sorvedouro. Considere o par fonte - sumidouro, que apresentam intensidades iguais, mostrado na Fig. 6.21. A função corrente para esta situação é dada por

$$\psi = -\frac{m}{2\pi}(\theta_1 - \theta_2)$$

Esta equação pode ser rescrita do seguinte modo

$$\tan\left(-\frac{2\pi\psi}{m}\right) = \tan(\theta_1 - \theta_2) = \frac{\tan\theta_1 - \tan\theta_2}{1 + \tan\theta_1 \tan\theta_2} \qquad \textbf{(6.92)}$$

Analisando a Fig. 6.21 é possível concluir que

$$\tan\theta_1 = \frac{r \operatorname{sen}\theta}{r\cos\theta - a}$$

e

$$\tan\theta_2 = \frac{r \operatorname{sen}\theta}{r\cos\theta + a}$$

Aplicando estas relações na Eq. 6.92, temos

$$\tan\left(-\frac{2\pi\psi}{m}\right) = \frac{2ar\operatorname{sen}\theta}{r^2 - a^2}$$

de modo que

$$\psi = -\frac{m}{2\pi}\tan^{-1}\left(\frac{2ar\operatorname{sen}\theta}{r^2 - a^2}\right) \qquad \textbf{(6.93)}$$

Se o valor de a for pequeno,

$$\psi = -\frac{m}{2\pi}\frac{2ar\operatorname{sen}\theta}{r^2 - a^2} = \frac{mar\operatorname{sen}\theta}{\pi(r^2 - a^2)} \qquad \textbf{(6.94)}$$

porque, nesta situação, a tangente do ângulo se aproxima do valor do ângulo.

O dipolo é obtido quando a distância entre a fonte e o sorvedouro tende a zero ($a \to 0$) e a intensidade deles tende a infinito ($m \to \infty$) de modo que o produto ma/π permanece constante. Neste caso, como $r/(r^2 - a^2) \to 1/r$, a Eq. 6.94 fica reduzida a

$$\psi = -\frac{K\operatorname{sen}\theta}{r} \qquad \textbf{(6.95)}$$

onde K, uma constante igual a ma/π, é denominada intensidade do dipolo. O potencial de velocidade do dipolo é

$$\phi = \frac{K\cos\theta}{r} \tag{6.96}$$

O desenho das linhas com ψ constante revela que as linhas de corrente do dipolo são círculos tangentes a origem do sistema de coordenadas (veja a Fig. 6.22). As fontes e os sorvedouros são entes matemáticos e, então, os dipolos não são realizáveis (do ponto de vista físico). Entretanto, as combinações do dipolo com outros escoamentos potenciais podem representar alguns escoamentos interessantes. Por exemplo, nós determinaremos na Sec. 6.6.2 que a combinação do escoamento uniforme com o dipolo pode ser utilizada para representar o escoamento em torno de um cilindro. A Tab. 6.1 apresenta um resumo das equações relativas aos escoamentos potenciais planos que apresentamos nas seções anteriores.

Tabela 6.1

Resumo das Características dos Escoamentos Planos Potenciais.

Descrição do Campo de Escoamento	Potencial de Velocidade	Função Corrente	Componentes do Vetor Velocidade[a]
Escoamento uniforme com um ângulo α em relação ao eixo x (Fig. 6.15*b*)	$\phi = U(x\cos\alpha + y\,\text{sen}\alpha)$	$\psi = U(y\cos\alpha - x\,\text{sen}\alpha)$	$u = U\cos\alpha$ $v = U\text{sen}\alpha$
Fonte ou sorvedouro (Fig. 6.16) $m > 0$ fonte $m < 0$ sorvedouro	$\phi = \frac{m}{2\pi}\ln r$	$\psi = \frac{m}{2\pi}\theta$	$v_r = \frac{m}{2\pi r}$ $v_\theta = 0$
Vórtice livre (Fig. 6.17) $\Gamma > 0$ rotação anti-horária $\Gamma < 0$ rotação horária	$\phi = \frac{\Gamma}{2\pi}\theta$	$\psi = -\frac{\Gamma}{2\pi}\ln r$	$v_r = 0$ $v_\theta = \frac{\Gamma}{2\pi r}$
Dipolo (Fig. 6.22)	$\phi = \frac{K\cos\theta}{r}$	$\psi = -\frac{K\,\text{sen}\theta}{r}$	$v_r = -\frac{K\cos\theta}{r^2}$ $v_\theta = -\frac{K\,\text{sen}\theta}{r^2}$

[a] Os componentes do vetor velocidade estão relacionados com o potencial de velocidade e a função corrente através das relações $u = \frac{\partial\phi}{\partial x} = \frac{\partial\psi}{\partial y}$, $v = \frac{\partial\phi}{\partial y} = -\frac{\partial\psi}{\partial x}$, $v_r = \frac{\partial\phi}{\partial r} = \frac{1}{r}\frac{\partial\psi}{\partial\theta}$ e $v_\theta = \frac{1}{r}\frac{\partial\phi}{\partial\theta} = -\frac{\partial\psi}{\partial r}$.

6.6 Superposição de Escoamentos Potenciais Básicos

Nós mostramos na seção anterior que os escoamentos potenciais são descritos pela equação de Laplace. Esta equação é linear e, assim, nós podemos combinar os vários potenciais de velocidade e funções corrente para obter novos potenciais e funções corrente. Nós só saberemos se o resultado da combinação é significativo através da análise do escoamento que resulta deste procedimento. Lembre que qualquer linha de corrente num escoamento invíscido pode ser considerada como um fronteira sólida (porque a condição ao longo da fronteira sólida e numa linha de corrente são as mesmas, ou seja, não existe escoamento através da fronteira sólida ou da linha de corrente). Assim, se a combinação de alguns potenciais de velocidade básicos, ou funções corrente, fornecer uma linha de corrente que corresponda ao formato de um corpo de interesse, a combinação proposta pode ser utilizada para descrever o escoamento em torno do corpo. O método baseado neste fato pode resolver alguns problemas significativos e é conhecido como o método da superposição. O assunto das próximas três seções será a aplicação do método da superposição.

6.6.1 Fonte num Escoamento Uniforme

Considere a superposição de uma fonte num escoamento uniforme do modo mostrado na Fig. 6.23*a*. A função corrente resultante é

$$\psi = \psi_{\text{escoamento uniforme}} + \psi_{\text{fonte}}$$

$$= U\, r\, \text{sen}\theta + \frac{m}{2\pi}\,\theta \tag{6.97}$$

e o potencial de velocidade correspondente é

$$\phi = U\, r \cos\theta + \frac{m}{2\pi}\ln r \tag{6.98}$$

É claro que a velocidade devida a fonte deve cancelar a velocidade do escoamento uniforme em algum ponto da parte negativa do eixo x. Como este ponto apresenta velocidade nula ele é um ponto de estagnação. Analisando a fonte,

$$v_r = \frac{m}{2\pi r}$$

de modo que o ponto de estagnação está localizado em $x = -b$ onde

$$U = \frac{m}{2\pi b}$$

ou

$$b = \frac{m}{2\pi U} \tag{6.99}$$

O valor da função corrente no ponto de estagnação pode ser calculado com a Eq. 6.97 com $r = b$ e $\theta = \pi$. Deste modo,

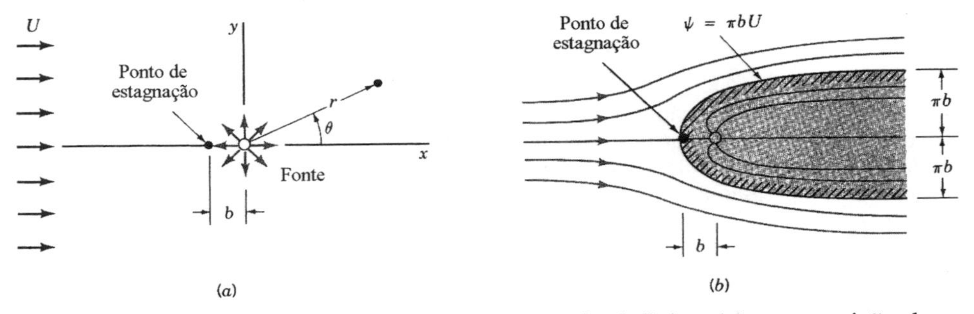

Figura 6.23 Escoamento em torno de um corpo semi - infinito: (*a*) superposição de uma fonte num um escoamento uniforme e (*b*) substituição da linha de corrente $\psi = \pi b U$ por uma fronteira sólida para a obtenção do corpo semi - infinito.

$$\psi_{\text{estagnação}} = \frac{m}{2}$$

A Eq. 6.99 fornece $m/2 = \pi bU$ e, assim, a equação da linha de corrente que passa pelo ponto de estagnação é

$$\pi bU = U\, r \operatorname{sen}\theta + bU\theta$$

ou

$$r = \frac{b(\pi - \theta)}{\operatorname{sen}\theta} \qquad \textbf{(6.100)}$$

onde θ pode variar entre 0 e 2π. A Fig. 6.23*b* mostra um gráfico desta linha de corrente. Se nós trocarmos esta linha de corrente por uma fronteira sólida, do modo indicado na figura, torna-se claro que esta combinação de escoamento uniforme com uma fonte pode ser utilizada para descrever o escoamento em torno de um corpo esbelto imerso num escoamento uniforme ao longe. Note que a outra extremidade do corpo é aberta e por este motivo o corpo é denominado semi – infinito (◉ 6.3 – Corpo semi-infinito). Nós podemos construir outras linhas de corrente com a Eq. 6.97 bastando variar o valor de ψ. A Fig. 6.23*b* mostra várias linhas de corrente e cada uma é referente a um valor de ψ. Observe que as linhas de corrente localizadas no interior do corpo estão presentes na figura. Entretanto, elas não são necessárias porque nós só estamos interessados no escoamento externo ao corpo. É interessante ressaltar que existe uma singularidade no campo de escoamento (a fonte) e que ela está localizada dentro do corpo e que não existem singularidades no campo de escoamento (externo ao corpo).

A espessura do corpo tende assintoticamente a $2\pi b$. Isto é uma conseqüência da Eq. 6.100 que pode ser escrita como

$$y = b(\pi - \theta)$$

Assim, quando $\theta \to 0$ ou $\theta \to 2\pi$ a meia espessura se aproxima de $\pm b\pi$. Conhecendo a função corrente, ou o potencial de velocidade, os componentes do vetor velocidade em qualquer ponto do campo de escoamento podem ser determinados. Se utilizarmos a Eq. 6.97, temos

$$v_r = \frac{1}{r}\frac{\partial \psi}{\partial \theta} = U\cos\theta + \frac{m}{2\pi r}$$

e

$$v_\theta = -\frac{\partial \psi}{\partial r} = -U\operatorname{sen}\theta$$

Assim, o quadrado do módulo da velocidade, V, em qualquer ponto do escoamento é dado por

$$V^2 = v_r^2 + v_\theta^2 = U^2 + \frac{Um\cos\theta}{\pi r} + \left(\frac{m}{2\pi r}\right)^2$$

Lembrando que $b = m/2\pi U$,

$$V^2 = U^2\left(1 + 2\frac{b}{r}\cos\theta + \frac{b^2}{r^2}\right) \qquad \textbf{(6.101)}$$

Conhecendo a velocidade, a pressão em qualquer ponto do escoamento pode ser calculada com a equação de Bernoulli (ela pode ser aplicada entre quaisquer dois pontos do escoamento porque este é irrotacional). Assim, se aplicarmos a equação de Bernoulli entre um ponto localizado ao longe do corpo, onde a pressão é p_0 e a velocidade é U, e outro ponto arbitrário, onde a pressão é p e a velocidade é V, temos

$$p_0 + \frac{1}{2}\rho U^2 = p + \frac{1}{2}\rho V^2 \qquad \textbf{(6.102)}$$

Note que nós desprezamos a variação de elevação no escoamento. Agora, basta aplicar o resultado da Eq. 6.101 na Eq. 6.102 para obter a pressão no ponto em função do valor da pressão de referência p_0 e da velocidade U.

Este escoamento potencial relativamente simples nos fornece algumas informações úteis sobre o escoamento na parte frontal do corpo esbelto (tal como o pilar de uma ponte ou uma longarina colocada num escoamento uniforme). Um ponto importante a ser notado é que a velocidade tangente a superfície do corpo não é nula, ou seja, o fluido escorrega pela fronteira. Este resultado é uma conseqüência de termos desprezado a viscosidade do fluido – a propriedade que provoca a aderência do fluido à parede. Todos os escoamentos potenciais diferem dos escoamentos reais neste respeito e por isso não representam bem o perfil de velocidade real nas regiões próximas às fronteiras sólidas. Entretanto, a teoria do escoamento potencial fornece bons resultados na região externa a camada limite (se não ocorrer separação do escoamento). A distribuição de pressão ao longo da superfície será muito próxima da prevista pela teoria do escoamento potencial desde que a camada limite seja fina (porque a variação de pressão na camada fina é desprezível). De fato, como nós discutiremos no Cap. 9, a distribuição de pressão obtida com a teoria do escoamento potencial é utilizada em conjunto com a teoria do escoamento viscoso para determinar as características do escoamento na camada limite.

Exemplo 6.6

O formato de uma colina localizada numa planície pode ser aproximado como a seção superior de um corpo semi-infinito (veja a Fig. E6.6). Note que a altura da colina se aproxima de 61,0 m. (**a**) Determine a velocidade do ar no ponto localizado acima da origem do sistema de coordenadas, ponto (2), quando o vento sopra com uma velocidade de 18,0 m/s contra a colina. (**b**) Calcule a altura do ponto (2) e a diferença entre as pressões nos pontos (1), localizado na superfície da planície, e (2). Admita que a massa específica do ar é igual a 1,22 kg/m³.

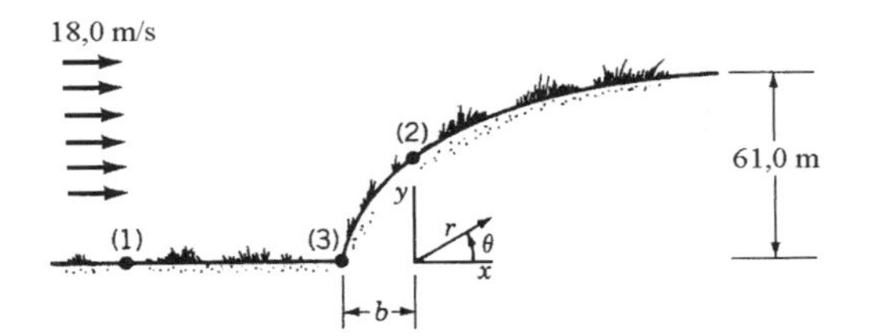

Figura E6.6

Solução (**a**) A Eq. 6.101 fornece o campo de velocidade do escoamento, ou seja,

$$V^2 = U^2\left(1 + 2\frac{b}{r}\cos\theta + \frac{b^2}{r^2}\right)$$

Nós temos que $\theta = \pi/2$ no ponto (2). Este ponto é superficial e a Eq. 6.100 indica que

$$r = \frac{b\,(\pi - \theta)}{\text{sen}\theta} = \frac{\pi b}{2} \tag{1}$$

Assim,

$$V_2^2 = U^2\left[1 + \frac{b^2}{(\pi b/2)^2}\right] = U^2\left(1 + \frac{4}{\pi^2}\right)$$

A velocidade no ponto (2) referente a velocidade ao longe igual a 18,0 m/s é

$$V_2 = \left(1 + \frac{4}{\pi^2}\right)^{1/2}(18{,}0) = 21{,}3 \text{ m/s}$$

(**b**) A elevação no ponto (2), em relação à planície, é dada pela Eq. 1,

$$y_2 = \frac{\pi b}{2}$$

Como a elevação da colina tende a 61,0 m e esta altura é igual a πb, segue

$$y_2 = \frac{61,0}{2} = 30,5 \text{ m}$$

O eixo y é vertical e, assim, a equação de Bernoulli pode ser escrita como

$$\frac{p_1}{\gamma} + \frac{V_1^2}{2g} + y_1 = \frac{p_2}{\gamma} + \frac{V_2^2}{2g} + y_2$$

Rearranjando,

$$\begin{aligned} p_1 - p_2 &= \frac{\rho}{2}\left(V_2^2 - V_1^2\right) + \gamma(y_2 - y_1) \\ &= \frac{1,22}{2}\left(21,3^2 - 18,0^2\right) + (1,22)(9,8)(30,5 - 0) \\ &= 79,1 + 364,7 = 443,8 \text{ Pa} \end{aligned}$$

Este resultado indica que a pressão no ponto (2) é um pouco menor do que a pressão na planície. Note que a variação de velocidade provoca uma diferença de pressão igual a 79,1 Pa e que a variação de altura provoca uma diferença de pressão igual a 364,7 Pa.

A velocidade máxima do escoamento sobre a colina não ocorre no ponto (2) mas na posição onde $\theta = 63°$. A velocidade superficial neste ponto é igual a $1,26U$ (Prob. 6.32). A velocidade mínima do escoamento e a máxima pressão ocorrem no ponto (3) porque este é um ponto de estagnação.

6.6.2 Escoamento em Torno de um Cilindro

A combinação de um escoamento uniforme no sentido positivo do eixo x combinado com o escoamento de um dipolo pode ser utilizada para representar o escoamento em torno de um cilindro. Esta combinação fornece a função corrente

$$\psi = U\, r \operatorname{sen}\theta - \frac{K \operatorname{sen}\theta}{r} \quad \textbf{(6.103)}$$

e o potencial de velocidade

$$\phi = U\, r \cos\theta - \frac{K \cos\theta}{r} \quad \textbf{(6.104)}$$

Para que a função corrente represente o escoamento em torno de um cilindro é necessário que ψ seja constante para $r = a$, onde a é o raio do cilindro. A Eq. 6.103 pode ser rescrita como

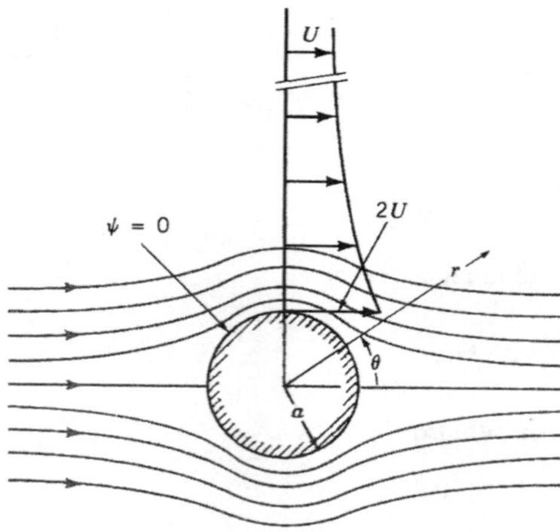

Figura 6.24 Escoamento em torno de um cilindro.

$$\psi = \left(U - \frac{K}{r^2}\right) r \operatorname{sen}\theta$$

Assim, $\psi = 0$ para $r = a$ se

$$U - \frac{K}{a^2} = 0$$

Este resultado indica que a intensidade do dipolo, K, precisa ser igual a Ua^2. Nesta condição, a função corrente para o escoamento em torno do cilindro pode ser expressa como

$$\psi = U r \left(1 - \frac{a^2}{r^2}\right) \operatorname{sen}\theta \qquad \textbf{(6.105)}$$

e o potencial de velocidade como

$$\phi = U r \left(1 + \frac{a^2}{r^2}\right) \cos\theta \qquad \textbf{(6.106)}$$

A Fig. 6.24 mostra um esboço das linhas de corrente deste escoamento.

Os componentes do vetor velocidade do escoamento podem ser obtidos com a Eq. 6.105 ou com a Eq. 6.106. Deste modo,

$$v_r = \frac{\partial \phi}{\partial r} = \frac{1}{r}\frac{\partial \psi}{\partial \theta} = U\left(1 - \frac{a^2}{r^2}\right)\cos\theta \qquad \textbf{(6.107)}$$

e

$$v_\theta = \frac{1}{r}\frac{\partial \phi}{\partial \theta} = -\frac{\partial \psi}{\partial r} = -U\left(1 + \frac{a^2}{r^2}\right)\operatorname{sen}\theta \qquad \textbf{(6.108)}$$

As Eqs. 6.107 e 6.108 mostram que a velocidade radial do escoamento é nula na superfície do cilindro ($v_r = 0$ em $r = a$) e que, neste local, a velocidade tangencial vale

$$v_{\theta s} = -2U \operatorname{sen}\theta$$

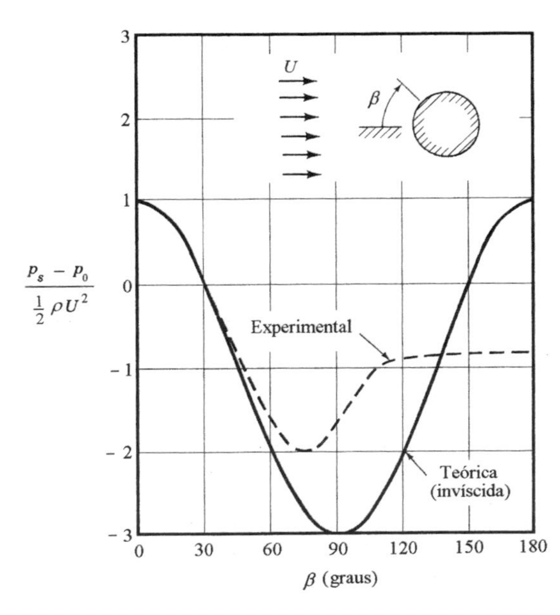

Figura 6.25 Comparação entre a distribuição teórica de pressão na superfície de um cilindro e uma distribuição experimental típica.

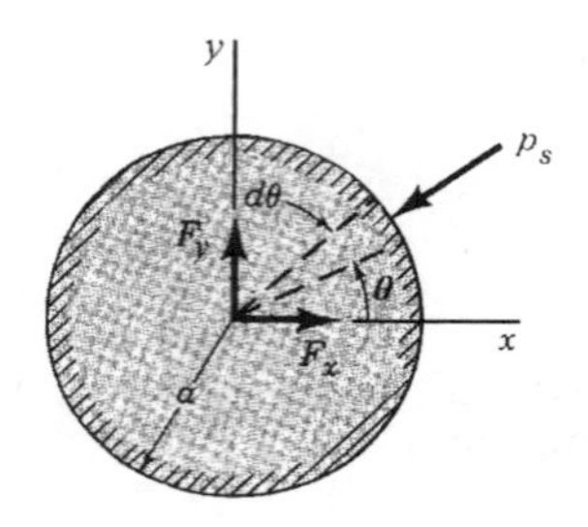

Figura 6.26 Notação para a determinação do arrasto e sustentação num cilindro.

Este resultado mostra que a velocidade máxima ocorrem em $\theta = \pm\pi/2$ e que o módulo da velocidade nestes locais é igual a $2U$.

A distribuição de pressão na superfície do cilindro pode ser obtida com a equação de Bernoulli. Nós vamos utilizar um ponto afastado do cilindro, onde a pressão é p_0 e a velocidade é U, como ponto inicial para a aplicação desta equação. Assim,

$$p_0 + \frac{1}{2}\rho U^2 = p_s + \frac{1}{2}\rho v_{\theta s}^2$$

onde p_s é a pressão na superfície do cilindro. Note que nós desprezamos as variações de elevação na equação de Bernoulli. Como $v_{\theta s} = -2U \text{ sen } \theta$, a pressão na superfície pode ser expressa como

$$p_s = p_0 + \frac{1}{2}\rho U^2\left(1 - 4\,\text{sen}^2\theta\right) \quad \mathbf{(6.109)}$$

A Fig. 6.25 mostra uma comparação entre esta distribuição teórica de pressão (note que ela é simétrica) com uma distribuição típica obtida por via experimental. A figura mostra claramente que só existe aderência entre as distribuições na região frontal do cilindro. A camada limite que se desenvolve sobre o cilindro provoca a separação do escoamento principal do cilindro e este fenômeno é responsável pela grande diferença que existe entre a solução invíscida e os resultados experimentais na parte traseira do cilindro (veja o Cap. 9).

A força resultante que atua no cilindro, por unidade de comprimento, pode ser determinada a partir da integração da distribuição de pressão na superfície do cilindro. Utilizando as informações da Fig. 6.26, temos

$$F_x = -\int_0^{2\pi} p_s \cos\theta \, a \, d\theta \quad \mathbf{(6.110)}$$

e

$$F_y = -\int_0^{2\pi} p_s \,\text{sen}\theta \, a \, d\theta \quad \mathbf{(6.111)}$$

onde F_x é o arrasto (força paralela à direção do escoamento uniforme) e F_y é a sustentação (força perpendicular à direção do escoamento uniforme). Nós concluiremos que $F_x = 0$ e $F_y = 0$ se aplicarmos a equação para p_s (Eq. 6.109) nestas duas equações e as integrarmos. Estes resultados indicam que tanto o arrasto quanto a sustentação de um cilindro colocado num escoamento uniforme são nulos se calculados com a teoria potencial. Este não é um resultado surpreendente porque a distribuição de pressão no cilindro é simétrica. Entretanto, a experiência indica que existe um arrasto significativo quando colocamos um cilindro num escoamento uniforme. Esta discrepância é conhecida como o paradoxo de d'Alembert.

Exemplo 6.7

A Fig. E6.7*a* mostra o escoamento bidimensional em torno de um cilindro e o ponto de estagnação na região frontal do cilindro. Observe que o escoamento ao longe do cilindro é uniforme. Se nós usinarmos um pequeno orifício na região frontal do cilindro, a pressão de estagnação, p_{estag}, pode ser medida e utilizada para determinar a velocidade ao longe, U. (**a**) Determine a relação funcional entre p_{estag} e U. (**b**) Se existir um ângulo de desalinhamento igual a α, mas a medida de pressão ainda é interpretada como a pressão de estagnação, determine uma expressão para a razão entre a velocidade ao longe real U e a velocidade inferida com a pressão de estagnação errônea, U'. Construa um gráfico para esta razão em função de α para a faixa $-20° \leq \alpha \leq 20°$.

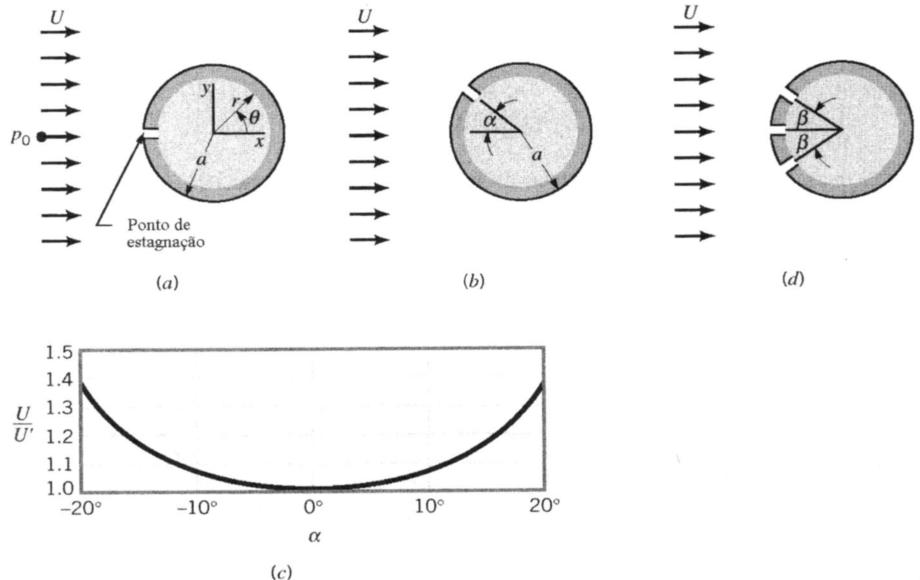

Figura E6.7

Solução (**a**) A velocidade no ponto de estagnação é nula. Assim, nós podemos aplicar a equação de Bernoulli na linha de corrente de estagnação, entre um ponto localizado ao longe do cilindro e o ponto de estagnação, ou seja

$$\frac{p_0}{\gamma} + \frac{U^2}{2g} = \frac{p_{estag}}{\gamma}$$

Assim,

$$U = \left[\frac{2}{\rho}\left(p_{estag} - p_0\right)\right]^{1/2}$$

A medida da diferença entre a pressão de estagnação e a pressão ao longe pode ser utilizada para determinar a velocidade de aproximação do escoamento. Note que este resultado é igual aquele obtido na análise do tubo de Pitot estático (veja a Sec. 3.5).

(**b**) É possível que a normal do orifício usinado no cilindro esteja desalinhada (ângulo de desalinhamento, α) em relação à direção do escoamento principal se nós não conhecermos "a priori" a direção do escoamento (veja a Fig. E6.7*b*). Nestes casos, a pressão real medida é p_α e o valor desta pressão será diferente da pressão de estagnação real. Agora, se o desalinhamento não for detectado, a velocidade do escoamento prevista, U', pode ser calculada com

$$U' = \left[\frac{2}{\rho}\left(p_\alpha - p_0\right)\right]^{1/2}$$

Assim,

$$\frac{U\,(\text{verdadeiro})}{U'\,(\text{previsto})} = \left(\frac{p_{estag} - p_0}{p_\alpha - p_0}\right)^{1/2} \qquad \textbf{(1)}$$

A velocidade na superfície do cilindro, v_θ, pode ser obtida com a Eq. 6.108 (com $r = a$), ou seja,

$$v_\theta = -2U \operatorname{sen}\theta$$

Se nós aplicarmos a equação de Bernoulli entre um ponto a montante do cilindro e o ponto na superfície do cilindro com $\theta = \alpha$, temos

$$p_0 + \frac{1}{2}\rho U^2 = p_\alpha + \frac{1}{2}\rho\left(-2U \operatorname{sen}\alpha\right)^2$$

e, deste modo,

$$p_\alpha - p_0 = \frac{1}{2}\rho U^2\left(1 - 4\operatorname{sen}^2\alpha\right) \qquad \textbf{(2)}$$

Lembrando que $p_{estag} - p_0 = 1/2\ \rho U^2$, a combinação da Eq. 1 com a Eq. 2 fornece

$$\frac{U\,(\text{verdadeiro})}{U'\,(\text{previsto})} = \left(1 - 4\operatorname{sen}^2\alpha\right)^{-1/2}$$

A Fig. E6.7*c* mostra um gráfico desta relação em função do ângulo de desalinhamento. Este resultado indica que nós podemos cometer erros significativos se o orifício utilizado para medir a pressão de estagnação não estiver alinhado com a linha de corrente de estagnação. Observe que é possível determinar a orientação correta do orifício central em relação ao escoamento principal se nós adicionarmos mais dois orifícios para a medida de pressão (simétricos em relação ao orifício de medida de pressão de estagnação – veja a Fig. E6.7*d*). O procedimento utilizado para o posicionamento do orifício central consiste em rotacionar o cilindro até que a pressão nos dois orifícios laterais se tornem iguais. Isto indica que o orifício central está alinhado com o escoamento principal. Agora, se $\beta = 30°$ as pressões teóricas nos dois orifícios são iguais a pressão a montante do cilindro, p_0. Neste caso, a medida da diferença entre a pressão no orifício central e a pressão nos orifícios laterais pode ser utilizada para determinar diretamente a velocidade ao longe, U.

Um outro escoamento potencial interessante é aquele que resulta da combinação de um vórtice livre com a função corrente (ou potencial de velocidade) do escoamento em torno de um cilindro. O resultado desta combinação é

$$\psi = U r\left(1 - \frac{a^2}{r^2}\right)\operatorname{sen}\theta - \frac{\Gamma}{2\pi}\ln r \qquad \textbf{(6.112)}$$

e

$$\phi = U r\left(1 + \frac{a^2}{r^2}\right)\cos\theta + \frac{\Gamma}{2\pi}\theta \qquad \textbf{(6.113)}$$

onde Γ é a circulação. Note que a circunferência com $r = a$ ainda é uma linha de corrente (e portanto ainda pode representar um cilindro sólido) porque as linhas de corrente do vórtice livre são circulares. Entretanto, a velocidade tangencial, v_θ, na superfície do cilindro se transforma em

$$v_{\theta s} = -\left.\frac{\partial \psi}{\partial r}\right|_{r=a} = -2U\operatorname{sen}\theta + \frac{\Gamma}{2\pi a} \qquad \textbf{(6.114)}$$

Este tipo de escoamento poderia ser criado colocando-se um cilindro rotativo num escoamento uniforme. A viscosidade de um fluido real obrigaria o fluido em contato com o cilindro a escoar com velocidade igual a periférica do cilindro e o escoamento pareceria com aquele obtido pela combinação do escoamento uniforme sobre o cilindro com o vórtice livre.

Nós podemos obter uma variedade enorme de linhas de corrente variando a intensidade do vórtice. É possível determinar a posição dos pontos de estagnação na superfície do cilindro com a Eq. 6.114 já que $v_\theta = 0$ em $\theta = \theta_{estag}$. Procedendo deste modo,

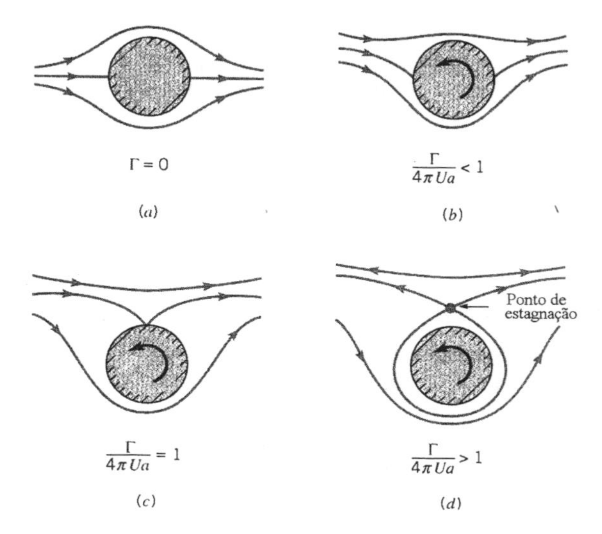

Figura 6.27 Localização dos pontos de estagnação num cilindro: (*a*) sem circulação; (*b*, *c*, *d*) com circulação.

$$\operatorname{sen}\theta_{\text{estag}} = \frac{\Gamma}{4\pi U a} \tag{6.115}$$

Se $\Gamma = 0$, nós encontramos que $\theta_{\text{estag}} = 0$ ou $\pi/2$, ou seja, os pontos de estagnação ocorrem nos pontos indicados na Fig. 6.27*a*. Entretanto, os pontos de estagnação ocorrem em posições como as indicadas na Fig. 6.27*b* e 6.27*c* se $-1 \leq \Gamma/4\pi Ua \leq 1$. Agora, se o valor absoluto do parâmetro $\Gamma/4\pi Ua$ é maior do que 1, a Eq. 6.115 não pode ser satisfeita e os pontos de estagnação estão localizados fora da superfície do cilindro (veja a Fig. 6.27*d*).

A força por unidade de comprimento desenvolvida no cilindro pode ser novamente obtida a partir da integração das forças de pressão que atuam na superfície do cilindro (como fizemos para obter as Eqs. 6.110 e 6.111). A pressão na superfície do cilindro com circulação, p_s, pode ser calculada com a equação de Bernoulli e a Eq. 6.114 (que fornece a velocidade na superfície do cilindro). Deste modo,

$$p_0 + \frac{1}{2}\rho U^2 = p_s + \frac{1}{2}\rho\left(-2U\operatorname{sen}\theta + \frac{\Gamma}{2\pi a}\right)^2$$

ou

$$p_s = p_0 + \frac{1}{2}\rho U^2\left(1 - 4\operatorname{sen}^2\theta + \frac{2\Gamma\operatorname{sen}\theta}{\pi a U} - \frac{\Gamma^2}{4\pi^2 a^2 U^2}\right) \tag{6.116}$$

Aplicando este resultado na Eq. 6.110 nós descobrimos que o arrasto no cilindro é nulo,

$$F_x = 0$$

ou seja, nós não detectaríamos uma força na direção do escoamento uniforme mesmo que o cilindro apresente rotação. Entretanto se nós aplicarmos o resultado apresentado na Eq. 6.116 na Eq. 6.111 (para calcular a sustentação, F_y) nós encontramos

$$F_y = -\rho U \Gamma \tag{6.117}$$

Note que a sustentação não é nula quando o cilindro apresenta rotação. O sinal negativo indica que a força F_y atua para baixo quando a velocidade U é positiva e a intensidade do vórtice, Γ, é positiva (um vórtice livre que gira no sentido anti-horário). De fato, a força F_y atua para cima se o cilindro gira no sentido horário ($\Gamma < 0$). Esta força que atua na direção perpendicular a direção do escoamento uniforme também provoca a curvatura das trajetórias das bolas de golfe e tênis quando estas apresentam rotação durante o movimento. O desenvolvimento desta sustentação em corpos que apresentam rotação é denominado efeito Magnus (veja os comentários adicionais na Sec. 9.4). Apesar da Eq. 6.117 ter sido desenvolvida para um cilindro com circulação, ela também fornece a sustentação por unidade de comprimento para barras com qualquer seção transversal colocadas num escoamento uniforme e invíscido. A equação geral que relaciona a sustentação, a massa específica do fluido, a velocidade e a circulação é conhecida como a lei de Kuttta – Joukowski e é normalmente utilizada para determinar a sustentação em aerofólios (veja a Sec. 9.4.2 e as Refs [2 - 6]).

6.7 Outros Aspectos da Análise de Escoamentos Potenciais

Nós utilizamos, nas seções anteriores, o método da superposição para obter informações detalhadas de alguns escoamentos irrotacionais em torno de corpos imersos num escoamento uniforme. É possível estender a idéia da superposição considerando uma distribuição de fontes e sorvedouros (ou dipolos) combinadas com um escoamento uniforme. Este procedimento pode fornecer a descrição do escoamento em torno de corpos com formatos arbitrários. Existem algumas técnicas para determinar a distribuição necessária para fornecer o escoamento em torno do corpo escolhido. É interessante ressaltar que a teoria das variáveis complexas (que utiliza tanto os números reais quanto os imaginários) pode ser efetivamente utilizada para fornecer soluções para um grande número de escoamentos potenciais planos importantes. Existem também as técnicas numéricas que podem ser utilizadas para resolver os problemas tridimensionais além dos bidimensionais planos. Como os escoamentos potenciais são descritos pela equação de Laplace, qualquer procedimento disponível para resolver esta equação pode ser aplicado na avaliação dos escoamentos invíscidos e irrotacionais. O leitor pode encontrar mais informações sobre este tópico nas Refs. [2, 3, 4, 5 e 6].

É muito importante lembrar que qualquer solução obtida com a teoria potencial é uma solução aproximada do problema real. Isto ocorre porque a hipótese de escoamento invíscido é inerente a teoria potencial (◉ 6.4 – Escoamento potencial). Assim, as "soluções exatas" baseadas na teoria do escoamento potencial representam apenas uma aproximação para os casos reais. A equação diferencial geral que descreve o comportamento dos escoamentos viscosos, e algumas soluções simples destas equações, será o assunto das próximas seções deste capítulo.

6.8 Escoamento Viscoso

É importante que nós reanalisemos a equação geral do movimento, Eq. 6.50, antes de incorporar os efeitos viscosos nas análises diferenciais dos escoamentos. Note que esta equação envolve tensões e velocidades e que o número de incógnitas é maior do que o número de equações. Assim, antes de prosseguirmos com a nossa apresentação, é necessário estabelecer uma relação entre as tensões e as velocidades.

6.8.1 Relações entre Tensões e Deformações

Nós sabemos que as relações entre as tensões e as taxas de deformação são lineares nos fluidos Newtonianos e incompressíveis. Se utilizarmos um sistema de coordenadas cartesiano para exprimir as tensões normais, temos

$$\sigma_{xx} = -p + 2\mu \frac{\partial u}{\partial x} \quad \textbf{(6.118a)}$$

$$\sigma_{yy} = -p + 2\mu \frac{\partial v}{\partial y} \quad \textbf{(6.118b)}$$

$$\sigma_{zz} = -p + 2\mu \frac{\partial w}{\partial z} \quad \textbf{(6.118c)}$$

No mesmo sistema de coordenadas, as tensões de cisalhamento são expressas por

$$\tau_{xy} = \tau_{yx} = \mu\left(\frac{\partial u}{\partial y} + \frac{\partial v}{\partial x}\right) \tag{6.118d}$$

$$\tau_{yz} = \tau_{zy} = \mu\left(\frac{\partial v}{\partial z} + \frac{\partial w}{\partial y}\right) \tag{6.118e}$$

$$\tau_{zx} = \tau_{xz} = \mu\left(\frac{\partial w}{\partial x} + \frac{\partial u}{\partial z}\right) \tag{6.118f}$$

onde p é a pressão definida como o negativo da média das três tensões normais, ou seja $-p = 1/3(\sigma_{xx} + \sigma_{yy} + \sigma_{zz})$. As três tensões normais não são necessariamente iguais para os fluidos viscosos em movimento e assim nós somos obrigados a definir a pressão deste modo. Quando o fluido está em repouso, ou em situações onde os efeitos viscosos são desprezíveis, as três tensões normais são iguais (nós utilizamos este fato no capítulo sobre estática dos fluidos e no desenvolvimento das equações para os escoamentos invíscidos). Várias discussões detalhadas do desenvolvimento das relações entre as tensões e os gradientes de velocidade do escoamento podem ser encontradas nas Refs. [3, 7 e 8]. Um ponto importante a ser notado é que as tensões estão linearmente relacionadas as deformações nos corpos elásticos e que as tensões estão linearmente relacionadas as taxas de deformação nos fluidos Newtonianos.

Se utilizarmos um sistema de coordenadas cilíndrico polar para exprimir as tensões normais, temos

$$\sigma_{rr} = -p + 2\mu\frac{\partial v_r}{\partial r} \tag{6.119a}$$

$$\sigma_{\theta\theta} = -p + 2\mu\left(\frac{1}{r}\frac{\partial v_\theta}{\partial \theta} + \frac{v_r}{r}\right) \tag{6.119b}$$

$$\sigma_{zz} = -p + 2\mu\frac{\partial v_z}{\partial z} \tag{6.119c}$$

No mesmo sistema de coordenadas, as tensões de cisalhamento são expressas por

$$\tau_{r\theta} = \tau_{\theta r} = \mu\left[r\frac{\partial}{\partial r}\left(\frac{v_\theta}{r}\right) + \frac{1}{r}\frac{\partial v_r}{\partial \theta}\right] \tag{6.119d}$$

$$\tau_{\theta z} = \tau_{z\theta} = \mu\left(\frac{\partial v_\theta}{\partial z} + \frac{1}{r}\frac{\partial v_z}{\partial \theta}\right) \tag{6.119e}$$

$$\tau_{zr} = \tau_{rz} = \mu\left(\frac{\partial v_r}{\partial z} + \frac{\partial v_z}{\partial r}\right) \tag{6.119f}$$

O duplo índice tem o mesmo significado daquele utilizado no sistema de coordenadas cartesiano, ou seja, o primeiro índice indica o plano aonde atua a tensão e o segundo índice indica a direção. Por exemplo, σ_{rr} é a tensão que atua num plano perpendicular a direção radial e na direção radial (é uma tensão normal). De modo análogo, $\tau_{r\theta}$ é a tensão que atua num plano perpendicular a direção radial mas na direção tangencial (direção θ), ou seja, é uma tensão de cisalhamento.

6.8.2 As Equações de Navier – Stokes

Nós podemos aplicar as tensões apresentadas na seção anterior na equação geral do movimento, Eqs. 6.50, e simplificar as equações resultantes com a equação da continuidade (Eq. 6.31). Procedendo deste modo nós obtemos: (na direção x)

$$\rho\left(\frac{\partial u}{\partial t}+u\frac{\partial u}{\partial x}+v\frac{\partial u}{\partial y}+w\frac{\partial u}{\partial z}\right)=-\frac{\partial p}{\partial x}+\rho g_x+\mu\left(\frac{\partial^2 u}{\partial x^2}+\frac{\partial^2 u}{\partial y^2}+\frac{\partial^2 u}{\partial z^2}\right) \quad \textbf{(6.120a)}$$

(na direção y)

$$\rho\left(\frac{\partial v}{\partial t}+u\frac{\partial v}{\partial x}+v\frac{\partial v}{\partial y}+w\frac{\partial v}{\partial z}\right)=-\frac{\partial p}{\partial y}+\rho g_y+\mu\left(\frac{\partial^2 v}{\partial x^2}+\frac{\partial^2 v}{\partial y^2}+\frac{\partial^2 v}{\partial z^2}\right) \quad \textbf{(6.120b)}$$

(na direção z)

$$\rho\left(\frac{\partial w}{\partial t}+u\frac{\partial w}{\partial x}+v\frac{\partial w}{\partial y}+w\frac{\partial w}{\partial z}\right)=-\frac{\partial p}{\partial z}+\rho g_z+\mu\left(\frac{\partial^2 w}{\partial x^2}+\frac{\partial^2 w}{\partial y^2}+\frac{\partial^2 w}{\partial z^2}\right) \quad \textbf{(6.120c)}$$

Nós rearranjamos as equações para que os termos de aceleração fiquem no lado esquerdo e os termos de força fiquem no lado direito do sinal de igualdade. Estas equações são conhecidas como as equações de Navier – Stokes em honra ao matemático francês L. M. H. Navier (1758 – 1836) e ao físico inglês Sir G. G. Stokes (1819 - 1903) que foram os responsáveis pela formulação destas equações do movimento. Estas três equações combinadas com a equação da conservação da massa (Eq. 6.31) fornecem uma descrição matemática completa do escoamento incompressível de um fluido Newtoniano porque nós agora temos quatro equações com quatro incógnitas (u, v, w e p). Assim o problema está bem posto em termos matemáticos. Infelizmente, a complexidade das equações de Navier - Stokes (as equações são diferenciais parciais de segunda ordem e não lineares) impede a existência de muitas soluções analíticas. É importante ressaltar que apenas os escoamentos simples apresentam soluções analíticas. Entretanto, nestes casos, onde é possível obter soluções analíticas, a aderência entre as soluções e os dados experimentais é muito boa. Assim, as equações de Navier – Stokes são consideradas as equações diferenciais que descrevem o movimento de um fluido incompressível e Newtonianos.

As equações de Navier – Stokes num sistema de coordenadas cilíndrico polar (veja a Fig. 6.6) podem ser escritas do seguinte modo: (direção r)

$$\rho\left(\frac{\partial v_r}{\partial t}+v_r\frac{\partial v_r}{\partial r}+\frac{v_\theta}{r}\frac{\partial v_r}{\partial \theta}-\frac{v_\theta^2}{r}+v_z\frac{\partial v_r}{\partial z}\right)=$$

$$=-\frac{\partial p}{\partial r}+\rho g_r+\mu\left[\frac{1}{r}\frac{\partial}{\partial r}\left(r\frac{\partial v_r}{\partial r}\right)-\frac{v_r}{r^2}+\frac{1}{r^2}\frac{\partial^2 v_r}{\partial \theta^2}-\frac{2}{r^2}\frac{\partial v_\theta}{\partial \theta}+\frac{\partial^2 v_r}{\partial z^2}\right] \quad \textbf{(6.121a)}$$

(direção θ)

$$\rho\left(\frac{\partial v_\theta}{\partial t}+v_r\frac{\partial v_\theta}{\partial r}+\frac{v_\theta}{r}\frac{\partial v_\theta}{\partial \theta}+\frac{v_r v_\theta}{r}+v_z\frac{\partial v_\theta}{\partial z}\right)=$$

$$=-\frac{1}{r}\frac{\partial p}{\partial \theta}+\rho g_\theta+\mu\left[\frac{1}{r}\frac{\partial}{\partial r}\left(r\frac{\partial v_\theta}{\partial r}\right)-\frac{v_\theta}{r^2}+\frac{1}{r^2}\frac{\partial^2 v_\theta}{\partial \theta^2}+\frac{2}{r^2}\frac{\partial v_r}{\partial \theta}+\frac{\partial^2 v_\theta}{\partial z^2}\right] \quad \textbf{(6.121b)}$$

(direção z)

$$\rho\left(\frac{\partial v_z}{\partial t}+v_r\frac{\partial v_z}{\partial r}+\frac{v_\theta}{r}\frac{\partial v_z}{\partial \theta}+v_z\frac{\partial v_z}{\partial z}\right)=$$

$$=-\frac{\partial p}{\partial z}+\rho g_z+\mu\left[\frac{1}{r}\frac{\partial}{\partial r}\left(r\frac{\partial v_z}{\partial r}\right)+\frac{1}{r^2}\frac{\partial^2 v_z}{\partial \theta^2}+\frac{\partial^2 v_z}{\partial z^2}\right] \quad \textbf{(6.122c)}$$

Nós apresentaremos, na próxima seção, o desenvolvimento de algumas soluções exatas das equações de Navier – Stokes e isto deve ser encarado como uma introdução ao estudo da aplicação destas equações. As soluções que iremos apresentar são relativamente simples mas isto não é o caso geral. De fato, o número de soluções analíticas que foram obtidas até hoje é muito pequeno.

6.9 Soluções Simples para Escoamentos Incompressíveis e Viscosos

A principal dificuldade para resolver as equações de Navier – Stokes é provocada pela não linearidade dos termos que representam as acelerações convectivas (i.e., $u \partial u / \partial x$, $w \partial v / \partial z$ etc). Não existe um procedimento analítico geral para resolver equações diferenciais parciais não lineares (por exemplo, o método das superposições não pode ser utilizado) e cada problema precisa ser considerado individualmente. As partículas fluidas, na maioria dos escoamentos, apresentam movimento acelerado quando escoam de um ponto para outro do campo de escoamento. Assim, os termos de aceleração convectiva são normalmente importantes. Entretanto, existem alguns casos especiais onde a aceleração convectiva é nula devido a geometria das fronteiras do escoamento. Nestes casos, é quase sempre possível encontrar uma solução do escoamento. As equações de Navier – Stokes são aplicáveis a escoamentos laminares e turbulentos. Os escoamentos turbulentos apresentam flutuações aleatórias ao longo do tempo e isto adiciona uma complicação tal que torna impossível obter uma solução analítica destes escoamentos. Assim, nós só analisaremos escoamentos laminares com campo de velocidade independe do tempo (escoamento em regime permanente) ou dependente do tempo numa maneira muito bem definida (escoamento transitório).

6.9.1 Escoamento Laminar e em Regime Permanente entre Duas Placas Paralelas

Primeiramente nós vamos considerar o escoamento em regime permanente entre duas placas infinitas, paralelas e horizontais (veja a Fig. 6.28*a*). Note que, neste escoamento, as partículas fluidas se deslocam na direção x, que é paralela as placas, e que não existem outros componentes do vetor velocidade, ou seja, $v = 0$ e $w = 0$. Nestas circunstâncias, a equação da continuidade (Eq. 6.31) fornece $\partial u / \partial x = 0$. Como o regime de escoamento é o permanente, $\partial u / \partial t = 0$, de modo que $u = u(y)$. Se aplicarmos estas condições nas equações de Navier – Stokes (Eqs. 6.120), temos

$$0 = -\frac{\partial p}{\partial x} + \mu\left(\frac{\partial^2 u}{\partial y^2}\right) \qquad \textbf{(6.122)}$$

$$0 = -\frac{\partial p}{\partial y} - \rho g \qquad \textbf{(6.123)}$$

$$0 = -\frac{\partial p}{\partial z} \qquad \textbf{(6.124)}$$

Note que $g_x = 0$, $g_y = -g$ e $g_z = 0$, ou seja, o eixo y aponta para cima. Estas equações são muito mais simples do que as equações de Navier – Stokes. As Eqs. 6.123 e 6.124 podem ser integradas facilmente. Assim,

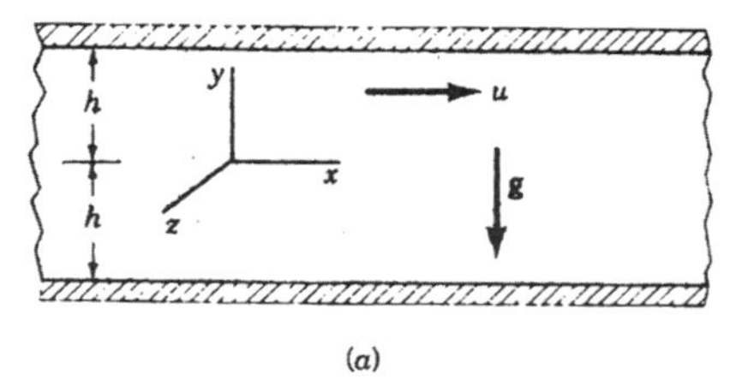

(a)

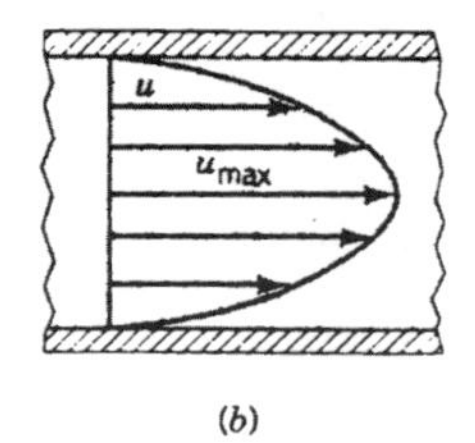

(b)

Figura 6.28 Escoamento viscoso entre duas placas paralelas: (*a*) sistema de coordenadas utilizado na análise do escoamento e (*b*) perfil de velocidade parabólico para o escoamento entre placas paralelas e imóveis.

$$p = -\rho g y + f_1(x) \tag{6.125}$$

Este resultado mostra que a pressão varia hidrostaticamente na direção y. A Eq. 6.122 pode ser rescrita do seguinte modo:

$$\frac{d^2 u}{d y^2} = \frac{1}{\mu} \frac{\partial p}{\partial x}$$

Se integrarmos a primeira vez, obtemos

$$\frac{du}{dy} = \frac{1}{\mu}\left(\frac{\partial p}{\partial x}\right) y + c_1$$

e o resultado da segunda integração é

$$u = \frac{1}{2\mu}\left(\frac{\partial p}{\partial x}\right) y^2 + c_1\, y + c_2 \tag{6.126}$$

Note que nós tratamos o gradiente de pressão, $\partial p / \partial x$, como uma constante no processo de integração porque (como mostra a Eq. 6.125) este gradiente não é função de y. As duas constantes c_1 e c_2 precisam ser determinadas com as condições de contorno do escoamento. Por exemplo, se as duas placas são estacionárias, $u = 0$ para $y = \pm\, h$ (condição de aderência completa para escoamentos viscosos, veja o ⦿ 6.5 – Condição de não escorregamento). Para satisfazer esta condição c_1 precisa ser igual a zero e

$$c_2 = -\frac{1}{2\mu}\left(\frac{\partial p}{\partial x}\right) h^2$$

Nestas condições, o perfil de velocidade do escoamento é

$$u = \frac{1}{2\mu}\left(\frac{\partial p}{\partial x}\right)\left(y^2 - h^2\right) \tag{6.127}$$

Esta equação mostra que o perfil de velocidade do escoamento entre as duas placas imóveis é parabólico (veja a Fig. 6.28*b*).

A vazão em volume do escoamento entre as placas por unidade de comprimento na direção z, q, pode ser obtida com a relação

$$q = \int_{-h}^{h} u\, dy = \int_{-h}^{h} \frac{1}{2\mu}\left(\frac{\partial p}{\partial x}\right)\left(y^2 - h^2 \right) dy$$

ou

$$q = -\frac{2h^3}{3\mu}\left(\frac{\partial p}{\partial x}\right) \tag{6.128}$$

O gradiente de pressão $\partial p / \partial x$ é negativo porque a pressão diminui no sentido do escoamento. Se nós representarmos a queda de pressão na distância l por Δp, temos

$$\frac{\Delta p}{l} = -\left(\frac{\partial p}{\partial x}\right)$$

e a Eq. 6.128 pode ser rescrita como

$$q = \frac{2h^3\, \Delta p}{3\mu l} \tag{6.129}$$

A vazão deste escoamento é proporcional ao gradiente de pressão, inversamente proporcional a viscosidade e fortemente influenciada pela espessura do canal ($\sim h^3$). A velocidade média do escoamento, V, pode ser calculada com $V = q/2h$. Utilizando a Eq. 6.129,

$$V = \frac{h^2 \Delta p}{3\mu l} \quad \textbf{(6.130)}$$

As Eqs. 6.129 e 6.130 fornecem relações convenientes que relacionam a queda de pressão ao longo do canal formado pelas placas paralelas com a vazão em volume e com a velocidade média do escoamento. A velocidade máxima do escoamento, u_{max}, ocorre no plano médio do canal (y = 0). Utilizando a Eq. 6.127, temos

$$u_{max} = -\frac{h^2}{2\mu}\left(\frac{\partial p}{\partial x}\right)$$

ou

$$u_{max} = \frac{3V}{2} \quad \textbf{(6.131)}$$

Os detalhes do escoamento laminar e que ocorre em regime permanente no canal formado pelas placas infinitas e paralelas foi completamente determinado pela solução das equações de Navier – Stokes. Por exemplo, se conhecermos o gradiente de pressão, a viscosidade do fluido e o espaçamento entre as placas, as Eqs. 6.127, 6.129 e 6.130 nos permitem calcular o perfil de velocidade do escoamento, a vazão em volume e a velocidade média do escoamento. Adicionalmente, se utilizarmos a Eq. 6.125, temos

$$f_1(x) = \left(\frac{\partial p}{\partial x}\right)x + p_0$$

onde p_0 é a pressão em $x = y = 0$ (pressão de referência). Assim, a pressão no fluido pode ser calculada com

$$p = -\rho g y + \left(\frac{\partial p}{\partial x}\right)x + p_0 \quad \textbf{(6.132)}$$

Deste modo, para uma dada pressão de referência, a pressão em qualquer ponto do campo de escoamento pode ser determinada. Este exemplo relativamente simples de solução analítica das equações de Navier – Stokes ilustra como é possível obter informações detalhadas de um escoamento viscoso. O escoamento no canal será laminar se o número de Reynolds baseado na distância entre as placas, Re = $\rho V(2h)\,/\,\mu$, for menor do que 1400. Se o número de Reynolds for maior do que este valor, o escoamento será turbulento e a análise apresentada nesta seção não será mais válida (porque o escoamento turbulento é tridimensional e transitório).

6.9.2 Escoamento de Couette

Nós podemos obter um outro escoamento paralelo simples fixando uma das placas da seção anterior e impondo um movimento com velocidade constante U na outra placa (veja a Fig. 6.29*a*). As equações de Navier – Stokes ficam reduzidas as mesmas equações apresentadas na seção anterior, ou seja, o perfil de velocidade continua sendo fornecido pela Eq. 6.126 e o campo de pressão pela Eq. 6.125. Entretanto, as condições de contorno do novo problema são diferentes. Neste caso, nós vamos localizar o origem do sistema de coordenadas na placa inferior e b será a distância entre as placas (veja a Fig. 6.29*a*). As constantes c_1 e c_2 da Eq. 6.126 podem ser determinadas com as condições de contorno $u = 0$ em $y = 0$ e $u = U$ em $y = b$. Deste modo,

$$u = U\frac{y}{b} + \frac{1}{2\mu}\left(\frac{\partial p}{\partial x}\right)\left(y^2 - by\right) \quad \textbf{(6.133)}$$

Se adimensionalizarmos a equação anterior,

$$\frac{u}{U} = \frac{y}{b} - \frac{b^2}{2\mu U}\left(\frac{\partial p}{\partial x}\right)\left(\frac{y}{b}\right)\left(1 - \frac{y}{b}\right) \quad \textbf{(6.134)}$$

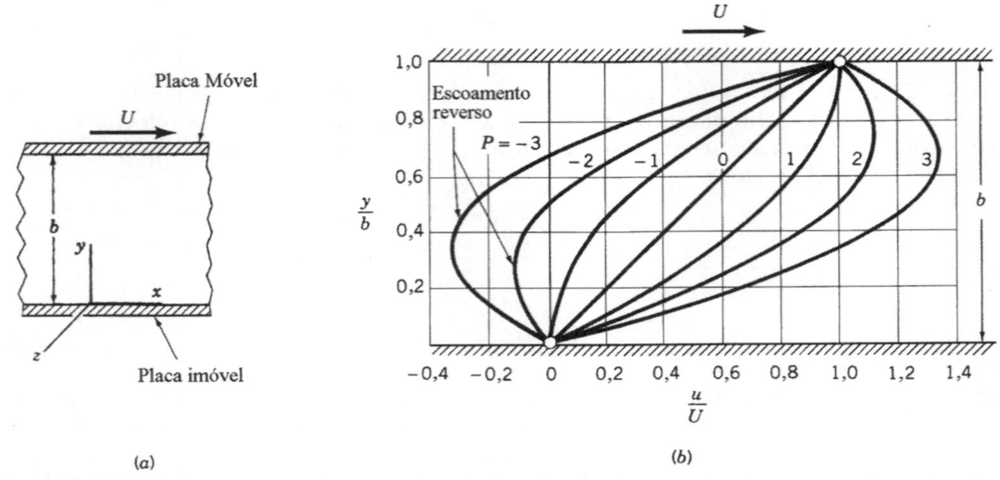

Figura 6.29 Escoamento viscoso entre duas placas paralelas – a placa inferior é imóvel e a superior é móvel (escoamento de Couette): (*a*) sistema de coordenadas utilizado na análise do escoamento e (*b*) perfis de velocidade em função do parâmetro *P*, onde $P = -(b^2 / 2\mu U)\partial p / \partial x$ (Ref. [8], reprodução autorizada).

O perfil de velocidade real do escoamento é função do parâmetro adimensional

$$P = -\frac{b^2}{2\mu U}\left(\frac{\partial p}{\partial x}\right)$$

A Fig. 6.29*b* mostra vários perfis de velocidade deste escoamento que é conhecido como o escoamento de Couette.

O escoamento de Couette mais simples é aquele onde o gradiente de pressão é nulo, ou seja, o escoamento é provocado pelo fluido arrastado pela fronteira móvel. Assim, $\partial p / \partial x = 0$ e a Eq. 6.133 fica reduzida a

$$u = U\frac{y}{b} \qquad \textbf{(6.135)}$$

Este resultado indica que a velocidade varia linearmente entre as duas placas mostradas na Fig. 6.29*b* para $P = 0$.

Exemplo 6.8

Uma correia larga se movimenta num tanque que contém um líquido viscoso do modo indicado na Fig. E6.8. O movimento da correia é vertical e ascendente e a velocidade da correia é V_0. As forças viscosas provocam o arrastamento de um filme de líquido que apresenta espessura *h*. Note que a aceleração da gravidade força o líquido a escoar, para baixo, no filme. Obtenha uma equação para a velocidade média do filme de líquido a partir das equações de Navier – Stokes. Admita que o escoamento é laminar, unidimensional e que o regime de escoamento é o permanente.

Solução Nós só consideraremos o componente na direção *y* do vetor velocidade porque a formulação do problema sugere que o escoamento é unidimensional (assim, $u = w = 0$). A equação da continuidade indica que $\partial v / \partial y = 0$. O regime do escoamento é o permanente e então $\partial v / \partial t = 0$. Nestas condições nós encontramos que $v = v(x)$ e as equações de Navier – Stokes na direção *x* (Eq. 6.120*a*) e na direção *z* (Eq. 6.120*c*) ficam reduzidas a

$$\frac{\partial p}{\partial x} = 0 \qquad \frac{\partial p}{\partial z} = 0$$

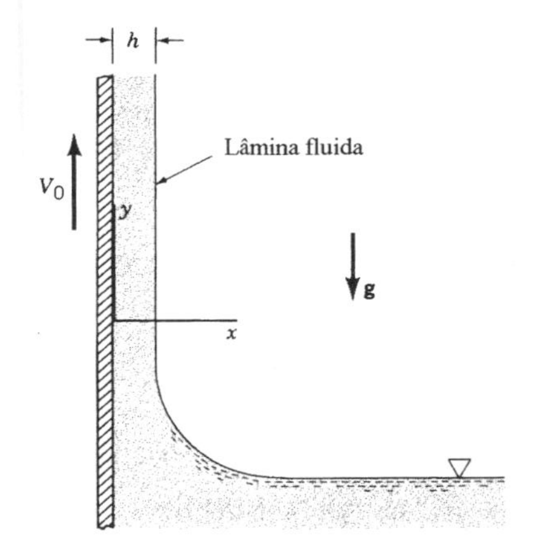

Figura E6.8

Este resultado indica que a pressão não varia em qualquer plano horizontal. Ainda é possível concluir que a pressão no filme é constante e igual a pressão atmosférica porque a pressão na superfície do filme ($x = h$) é a atmosférica. Nestas condições, a equação do movimento na direção y (Eq. 6.120*b*) se torna igual a

$$0 = -\rho g + \mu \frac{d^2 v}{d x^2}$$

ou

$$\frac{d^2 v}{d x^2} = \frac{\gamma}{\mu} \tag{1}$$

A integração da Eq. 1 fornece

$$\frac{dv}{dx} = \frac{\gamma}{\mu} x + c_1 \tag{2}$$

Nós vamos admitir que a tensão de cisalhamento é nula na superfície do filme ($x = h$), ou seja, o arraste de ar pelo filme é desprezível. A tensão de cisalhamento na superfície livre (ou em qualquer plano vertical no filme) é designada por τ_{xy}. A Eq. 6.118*d* indica que esta tensão é dada por

$$\tau_{xy} = \mu \left(\frac{dv}{dx} \right)$$

Como $\tau_{xy} = 0$ em $x = h$, segue da Eq. 2 que

$$c_1 = -\frac{\gamma h}{\mu}$$

A segunda integração da Eq. 2 fornece o perfil de velocidade no filme, ou seja,

$$v = \frac{\gamma}{2\mu} x^2 - \frac{\gamma h}{\mu} x + c_2$$

A velocidade do fluido em $x = 0$ é igual a velocidade da correia, V_0. Assim, c_2 é igual a V_0 e o perfil de velocidade no filme é representado por

$$v = \frac{\gamma}{2\mu} x^2 - \frac{\gamma h}{\mu} x + V_0$$

A vazão em volume na correia por unidade de comprimento na direção normal ao plano da figura, q, pode ser calculada com este perfil de velocidade,

$$q = \int_0^h v\,dx = \int_0^h \left(\frac{\gamma}{2\mu} x^2 - \frac{\gamma h}{\mu} x + V_0 \right) dx$$

e, assim,

$$q = V_0 h - \frac{\gamma h^3}{3\mu}$$

A velocidade média no filme, V, é definida por $V = q/h$. Deste modo,

$$V = V_0 - \frac{\gamma h^2}{3\mu}$$

Este resultado mostra que só existirá um escoamento ascendente de líquido se $V_0 > \gamma h^2 / 3\mu$. Assim, é necessário que a velocidade da correia seja relativamente alta para "levantar" um líquido que apresenta baixa viscosidade.

6.9.3 Escoamento Laminar e em Regime Permanente em Tubos

Provavelmente, a solução exata das equações de Navier – Stokes mais conhecida é a do escoamento laminar e que ocorre em regime permanente num tubo reto. Este tipo de escoamento é conhecido com o escoamento de Hagen – Poiseuille em honra ao médico francês J. L. Poiseuille e ao engenheiro hidráulico alemão G. H. L. Hagen. Poiseuille estava interessado no escoamento de sangue nos vasos capilares e deduziu experimentalmente a lei de resistência para o escoamento laminar em tubos. As investigações de Hagen, sobre o escoamento em tubos, também foram experimentais. O material que será apresentado nesta seção foi desenvolvido posteriormente aos trabalhos de Hagen e Poiseuille mas estes nomes estão normalmente associados com a solução deste problema.

Considere o escoamento num tubo com raio R como o mostrado na Fig. 6.30*a*. Note que é conveniente utilizar o sistema de coordenadas cilíndrico porque a geometria do problema é cilíndrica. Nós vamos admitir que o escoamento é paralelo a parede de modo que $v_r = 0$ e $v_\theta = 0$. Nestas circunstâncias, a equação da continuidade, Eq. 6.34, indica que $\partial v_z / \partial z = 0$. A velocidade v_z não é função do tempo (porque nós estamos preocupados com a solução do regime permanente) e de θ (o escoamento é axissimétrico). Assim, é possível concluir que $v_z = v_z(r)$. Nestas condições, as equações de Navier – Stokes ficam reduzidas a

$$0 = -\rho g \,\text{sen}\,\theta - \frac{\partial p}{\partial r} \qquad \textbf{(6.136)}$$

$$0 = -\rho g \cos\theta - \frac{1}{r}\frac{\partial p}{\partial \theta} \qquad \textbf{(6.137)}$$

$$0 = -\frac{\partial p}{\partial z} + \mu \left[\frac{1}{r}\frac{\partial}{\partial r}\left(r \frac{\partial v_z}{\partial r} \right) \right] \qquad \textbf{(6.138)}$$

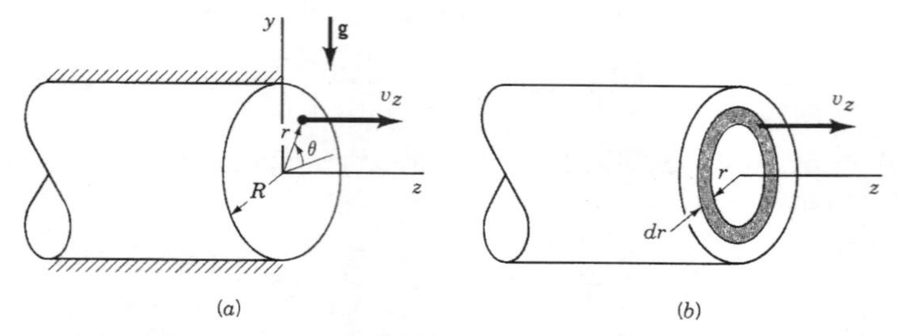

Figura 6.30 Escoamento viscoso num tubo horizontal; (*a*) sistema de coordenadas utilizado na análise do escoamento e (*b*) escoamento num anel diferencial.

onde nós utilizamos as relações $g_r = - g$ sen θ e $g_\theta = - g \cos \theta$ (com θ medido a partir do plano horizontal. As Eqs. 6.136 e 6.137 podem ser integradas facilmente. Deste modo,

$$p = -\rho g(r \operatorname{sen}\theta) + f_1(z)$$

ou

$$p = -\rho g y + f_1(z) \quad \textbf{(6.139)}$$

Esta equação mostra que a pressão varia hidrostaticamente em qualquer seção transversal do tubo e que o componente na direção z do gradiente de pressão, $\partial p / \partial z$, não é função de r ou de θ.

A equação do movimento na direção z (Eq. 6.138) pode ser reescrita na forma

$$\frac{1}{r}\frac{\partial}{\partial r}\left(r\frac{\partial v_z}{\partial r}\right) = \frac{1}{\mu}\frac{\partial p}{\partial z}$$

e integrada (lembrando que $\partial p / \partial z$ = constante) para fornecer

$$r\frac{\partial v_z}{\partial r} = \frac{1}{2\mu}\left(\frac{\partial p}{\partial z}\right)r^2 + c_1$$

Integrando novamente,

$$v_z = \frac{1}{4\mu}\left(\frac{\partial p}{\partial z}\right)r^2 + c_1 \ln r + c_2 \quad \textbf{(6.140)}$$

A velocidade na linha de centro do tubo deve ser finita e, por isso, $c_1 = 0$. A velocidade do escoamento na parede do tubo ($r = R$) é nula. Para que isto aconteça,

$$c_2 = -\frac{1}{4\mu}\left(\frac{\partial p}{\partial z}\right)R^2$$

Assim, o perfil de velocidade do escoamento laminar e que ocorre em regime permanente num tubo reto é dado por

$$v_z = \frac{1}{4\mu}\left(\frac{\partial p}{\partial z}\right)\left(r^2 - R^2\right) \quad \textbf{(6.141)}$$

Note que o perfil de velocidade em qualquer seção transversal do tubo é parabólico (⦿ 6.6 – Escoamento laminar).

Nós utilizaremos o volume de controle semi - infinitesimal indicado na Fig. 6.30*b* para obter a relação entre a vazão em volume no tubo e o gradiente de pressão no escoamento. A área da seção transversal do "anel" com espessura diferencial é $dA = (2\pi r)dr$ e a velocidade do escoamento nesta seção é constante e igual a v_z. Assim,

$$dQ = v_z(2\pi r)dr$$

e

$$Q = 2\pi \int_0^R v_z r\, dr \quad \textbf{(6.142)}$$

Substituindo v_z pelo perfil de velocidade do escoamento (Eq. 6.141) e integrando,

$$Q = -\frac{\pi R^4}{8\mu}\left(\frac{\partial p}{\partial z}\right) \quad \textbf{(6.143)}$$

Esta relação pode ser expressa em função da queda de pressão, Δp, que ocorre num comprimento de tubo igual a l porque

$$\frac{\Delta p}{l} = -\frac{\partial p}{\partial z}$$

Utilizando estes resultados,

$$Q = \frac{\pi R^4 \Delta p}{8\mu l} \tag{6.144}$$

Para uma dada queda de pressão por unidade de comprimento, a vazão em volume do escoamento é inversamente proporcional a viscosidade do fluido e proporcional ao raio do tubo elevado a quarta potência. Note que se dobrarmos o diâmetro do tubo, e mantivermos todas as outras condições inalteradas, nós vamos obter uma vazão em volume dezesseis vezes maior que a original! A Eq. 6.144 é conhecida como a lei de Poiseuille.

A velocidade média deste escoamento, definida por $V = Q/\pi R^2$, é dada por (veja a Eq. 6.144)

$$V = \frac{R^2 \Delta p}{8\mu l} \tag{6.145}$$

A velocidade máxima do escoamento, v_{max}, ocorre no centro do tubo. Utilizando a Eq. 6.141,

$$v_{max} = -\frac{R^2}{4\mu}\left(\frac{\partial p}{\partial z}\right) = \frac{R^2 \Delta p}{4\mu l} \tag{6.146}$$

de modo que

$$v_{max} = 2V$$

A distribuição de velocidade pode ser escrita em função de v_{max}, ou seja,

$$\frac{v_z}{v_{max}} = 1 - \left(\frac{r}{R}\right)^2 \tag{6.147}$$

A solução das equações de Navier – Stokes forneceu uma descrição detalhada das distribuições de velocidade e pressão para o escoamento laminar e que ocorre em regime permanente no trecho reto de um tubo (do mesmo modo que forneceu uma descrição detalhada destas distribuições para o escoamento entre as placas da seção anterior). A aderência entre os resultados experimentais disponíveis para escoamentos laminares em tubo e aqueles obtidos a partir das equações de Navier – Stokes é muito boa. Note que o escoamento no tubo permanece laminar até que o número de Reynolds baseado no diâmetro, Re = $\rho V(2R) / \mu$, atinja 2100. O escoamento turbulento em tubos será considerado no Cap. 8.

6.10 Outros Aspectos da Análise Diferencial

Nós apresentamos neste capítulo o desenvolvimento das equações diferenciais básicas que descrevem os escoamentos dos fluidos. As equações de Navier – Stokes, que na notação vetorial são representadas por,

$$\rho\left(\frac{\partial \mathbf{V}}{\partial t} + \mathbf{V} \cdot \nabla \mathbf{V}\right) = -\nabla p + \rho \mathbf{g} + \mu \nabla^2 \mathbf{V} \tag{6.148}$$

e a equação da continuidade,

$$\nabla \cdot \mathbf{V} = 0 \tag{6.149}$$

são as equações que descrevem os escoamentos incompressíveis de fluidos Newtonianos. Apesar de nós termos restringido nossa atenção aos escoamentos incompressíveis, estas equações podem ser facilmente estendidas para incluir os efeitos da compressibilidade. Está fora do escopo deste texto introdutório considerar minuciosamente as técnicas analíticas e numéricas que são utilizadas para obter tanto as soluções exatas quanto as aproximadas das equações de Navier – Stokes.

Atualmente os métodos numéricos são muito utilizados na resolução de uma quantidade significativa de escoamentos. Como nós discutimos anteriormente, o número de soluções analíticas das equações que descrevem o movimento de fluidos Newtonianos (as equações de Navier Stokes,

Eqs. 6.148) é muito pequeno apesar destas equações terem sido derivadas há muito tempo. O advento dos computadores digitais de alta velocidade permitiu a obtenção de soluções numéricas aproximadas destas equações (e de outras da mecânica dos fluidos) e se tornou possível a simulação numérica dos escoamentos. A simulação dos escoamentos turbulentos é mais complicada do que a dos laminares porque nós precisamos modelar a turbulência. Atualmente, os modelos de turbulência são rudimentares e aplicáveis a certas classes de escoamento.

O campo da dinâmica dos fluidos computacional (CFD) é recente, importante e está sendo desenvolvido com vigor (◉ 6.7 – Uma aplicação da mecânica dos fluidos computacional). As Refs. [9 a 12] deste capítulo apresentam um panorama da evolução ocorrida neste campo do conhecimento.

Referências

1. White, F. M., *Fluid Mechanics*, Segunda Edição, McGraw – Hill, New York, 1986.
2. Streeter, V. L., *Fluid Dynamics*, McGraw – Hill, New York, 1948.
3. Rouse, H., *Advanced Mechanics of Fluids*, Wiley, New York, 1959.
4. Milne – Thomson, L. M., *Theoretical Hydrodynamics*, Quarta Edição, Macmillan, New York, 1960.
5. Robertson, J. M., *Hydrodynamics in Theory and Application*, Prentice – Hall, Englewood Cliffs, N. J., 1965.
6. Panton, R. L., *Incompressible Flow*, Wiley, New York, 1984.
7. Li, W. H., e Lam, S. H., *Principles of Fluid Mechanics*, Addison – Wesley, Reading, Mass., 1964.
8. Schlichting, H., *Boundary – Layer Theory*, Sétima Edição, McGraw – Hill, New York, 1979.
9. Baker, A. J., *Finite Element Computational Fluid Mechanics*, McGraw – Hill, New York, 1983.
10. Peyret, R., e Taylor, T. D., *Computational Methods for Fluid Flow*, Springer – Verlag, New York, 1983.
11. Anderson, D. A., Tannehill, J. C., e Pletcher, R. H., *Computational Fluid Mechanics and Heat Transfer*, Segunda Edição, Taylor and Francis, Washington, D.C., 1997.
12. Carey, G. F., e Oden, J. T., *Finite Elements: Fluid Mechanics*, Prentice – Hall, Englewood Cliffs, N. J., 1986.

Problemas

Nota: Se o valor de uma propriedade não for especificado no problema, utilize o valor fornecido na Tab. 1.4 ou 1.5 do Cap. 1. Os problemas com a indicação (*) devem ser resolvidos com uma calculadora programável ou computador. Os problemas com a indicação (+) são do tipo aberto (requerem uma análise crítica, a formulação de hipóteses e a adoção de dados). Não existe uma solução única para este tipo de problema.

6.1 Um escoamento bidimensional é descrito pela equação

$$\mathbf{V} = 2\,xt\,\hat{\mathbf{i}} - 2\,yt\,\hat{\mathbf{j}}$$

onde x e y são dados em metros e o tempo é medido em segundos. Determine as expressões para os componentes das acelerações local e convectiva deste escoamento. Quais são os módulos, direções e sentidos dos vetores velocidade e aceleração quando $x = y = 1$ m e $t = 0$?

6.2 Um escoamento tridimensional é descrito pela equação

$$\mathbf{V} = yz\,\hat{\mathbf{i}} + x^2 z\,\hat{\mathbf{j}} + x\,\hat{\mathbf{k}}$$

Determine as expressões para os componentes do vetor aceleração deste escoamento.

6.3 Os três componentes do vetor velocidade de um escoamento são:

$$u = x^2 + y^2 + z^2$$

$$v = xy + yz + z^2$$

$$w = -3xz - z^2 / 2 + 4$$

(**a**) Determine a taxa de dilatação volumétrica e interprete o resultado. (**b**) Determine a expressão do vetor rotação. Este escoamento é irrotacional?

6.4 A Fig. P6.4 mostra o escoamento viscoso e incompressível entre duas grandes placas paralelas. A placa inferior é imóvel e a velocidade da placa superior é U. Nestas condições, o perfil de velocidade do escoamento é dado por

$$u = U\frac{y}{b}$$

Determine: (**a**) a taxa de dilatação volumétrica, (**b**) o vetor rotação, (**c**) a vorticidade e (**d**) a taxa de deformação angular deste escoamento.

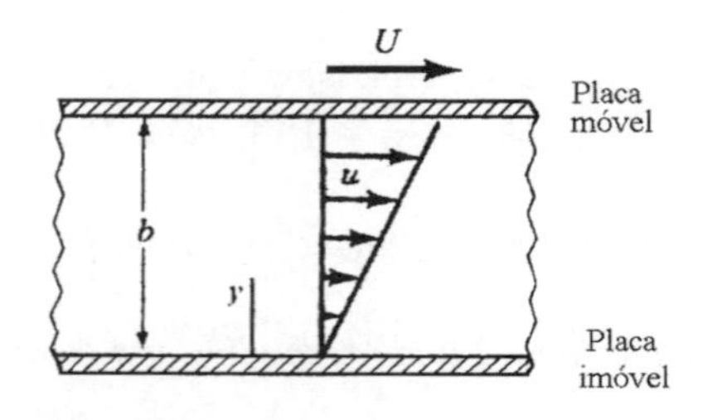

Figura P6.4

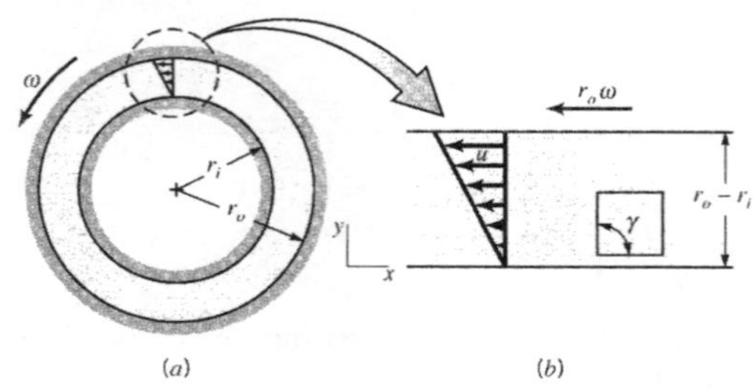

Figura P6.5

6.5 Um fluido viscoso ocupa o espaço formado pelos dois cilindros concêntricos mostrados na Fig. P6.5*a*. O cilindro interno é imóvel e o externo gira com velocidade angular ω (veja o ⦿ 6.1). Admita que a distribuição de velocidade no fluido é linear (Fig. 6.5*b*). Determine, para o pequeno elemento retangular indicado na Fig. 6.5*b*, a taxa de variação do ângulo γ com o tempo provocada pelo movimento do fluido. Expresse seus resultados em função de r_o, r_i e ω.

6.6 Uma série de experimentos realizados num escoamento tridimensional e incompressível indicou que $u = 6xy^2$ e $v = -4y^2z$. Entretanto, os dados relativos a velocidade na direção z apresentam conflitos. Um conjunto de dados experimentais indica que $w = 4yz^2$ e outro indica $w = 4yz^2 - 6y^2z$. Qual dos dois conjuntos é o correto? Justifique sua resposta.

6.7 Os escoamentos incompressíveis apresentam taxa de dilatação volumétrica nula, ou seja, $\nabla \cdot \mathbf{V} = 0$. Determine a combinação das constantes a, b, c e e de modo que

$$u = ax + by$$

$$v = cx + ey$$

$$w = 0$$

represente um campo de escoamento incompressível.

6.8 Um certo campo de escoamento bidimensional é descrito por

$$u = 0$$

$$v = V$$

(**a**) Quais são os componentes radial e tangencial do vetor velocidade deste escoamento? (**b**) Determine a função corrente deste escoamento utilizando um sistema de coordenadas cartesiano e outro cilíndrico polar.

6.9 A função corrente de um certo escoamento incompressível é dada por

$$\psi = 2x^2 y - \frac{2}{3}y^3$$

Mostre que o escoamento representado por esta função corrente satisfaz a equação da continuidade.

6.10 O componente na direção x do vetor velocidade de um escoamento bidimensional e incompressível é dado por $u = 2x$. (**a**) Determine a equação para o componente do vetor velocidade na direção y sabendo que $v = 0$ ao longo do eixo x. (**b**) Qual é o módulo da velocidade média do fluido que cruza a superfície OA da Fig. P6.10?. Admita que x e y são medidos em metros e que as velocidades são expressas em m/s.

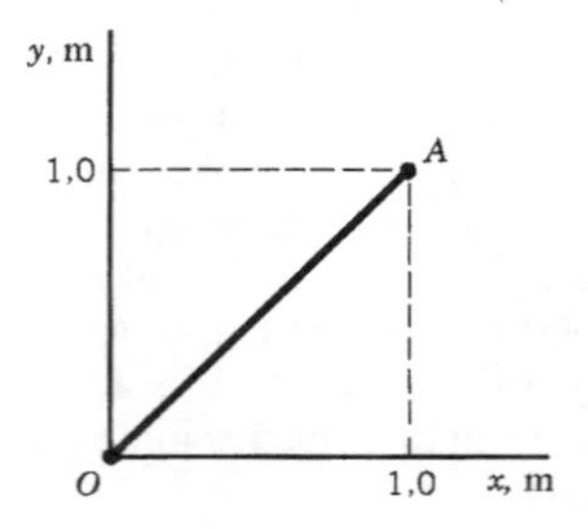

Figura P6.10

6.11 O componente radial do vetor velocidade de um escoamento incompressível e bidimensional ($v_z = 0$) é

$$v_r = 2r + 3r^2 \operatorname{sen}\theta$$

Determine a velocidade tangencial deste escoamento de modo que a equação da conservação da massa seja satisfeita.

6.12 A função corrente de um campo de escoamento incompressível é

$$\psi = 3x^2y - y^3$$

onde x e y são dados em metros e ψ em m^2/s. (**a**) Faça um esboço das linhas de corrente que passam pela origem. (**b**) Determine a vazão que atravessa a linha AB indicada na Fig. P6.12.

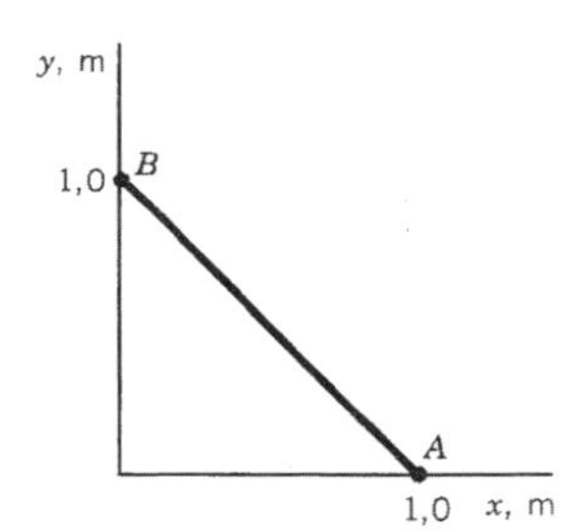

Figura P6.12

6.13 Os componentes do vetor velocidade de um campo de escoamento incompressível e invíscido são:

$$u = U_0 + 2y$$
$$v = 0$$

onde U_0 é uma constante. Se a pressão na origem (Fig. P6.13) é p_0, determine as expressões para as pressões nos pontos A e B. Explique claramente o procedimento utilizado para obter estas pressões. Admita que os efeitos das forças de campo são desprezíveis.

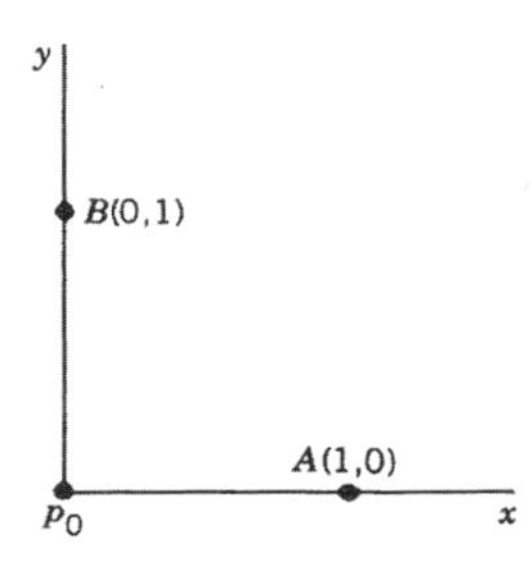

Figura P6.13

6.14 O potencial de velocidade de um escoamento bidimensional é dado por

$$\phi = \frac{5}{3}x^3 - 5xy^2$$

Mostre que este potencial satisfaz a equação da continuidade e determine a função corrente deste escoamento.

6.15 O potencial de velocidade de um certo escoamento é dado por

$$\phi = A \ln r + B r \cos\theta$$

onde A e B são constantes. Determine a função corrente deste escoamento e localize os possíveis pontos de estagnação do escoamento.

6.16 O perfil de velocidade do escoamento viscoso, bidimensional e em regime permanente num canal formado por duas grandes placas paralelas (veja a Fig. P6.16) é parabólico, ou seja,

$$u = U_c\left[1 - \left(\frac{y}{h}\right)^2\right]$$

e $v = 0$. Determine, se possível, a função corrente e o potencial de velocidade deste escoamento.

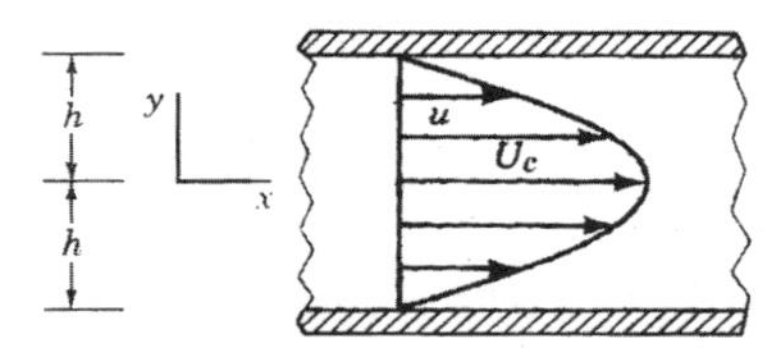

Figura P6.16

6.17 O potencial de velocidade de um campo de escoamento invíscido é

$$\phi = -(3x^2y - y^3)$$

onde x e y são dados em metros e ϕ é expresso em m^2/s. Determine a diferença entre as pressões nos pontos (x = 1 m, y = 2 m) e (x = 4 m, y = 4 m). Admita que o escoamento é de água e que os efeitos das forças de campo são desprezíveis.

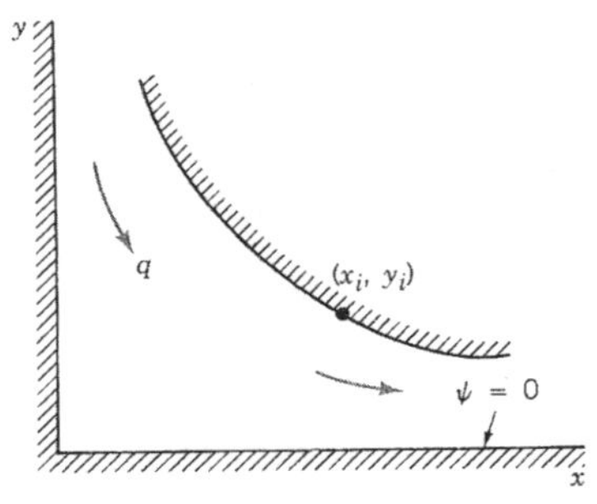

Figura P6.18

6.18 Considere o escoamento bidimensional, invíscido e incompressível no canal mostrado na Fig. P6.18. O potencial de velocidade deste campo de escoamento é dado por

$$\phi = x^2 - y^2$$

(**a**) Determine a função corrente deste escoamento. (**b**) Qual é a relação que existe entre a vazão q (vazão por unidade de comprimento do canal na direção perpendicular ao plano da figura) e os planos vertical e horizontal que contém os pontos x_i e y_i da parede curva do canal? Despreze os efeitos das forças de campo.

6.19 Os componentes do vetor velocidade de um escoamento bidimensional e invíscido são dados por

$$u = 3\left(x^2 - y^2\right) \quad \text{e} \quad v = -6\,x\,y$$

Admita que os efeitos das forças de campo neste escoamento são nulos. (**a**) Este escoamento satisfaz a equação da continuidade? (**b**) Determine a expressão do gradiente de pressão na direção y deste escoamento.

6.20 As linhas de corrente de um escoamento bidimensional, incompressível e invíscido são circulares e concêntricas. A velocidade deste escoamento é dada por

$$v_\theta = K\,r$$

onde K é uma constante. (**a**) Determine, se possível, a função corrente deste escoamento. (**b**) A equação de Bernoulli pode ser utilizada para calcular a diferença de pressão entre a origem e qualquer ponto do escoamento? Justifique sua resposta.

6.21 A função corrente de um escoamento incompressível e invíscido na vizinhança do canto mostrado na Fig. P6.21 é

$$\psi = 2r^{4/3}\text{sen}\left(4\theta/3\right)$$

Determine a expressão para o gradiente de pressão ao longo da fronteira com $\theta = 0$.

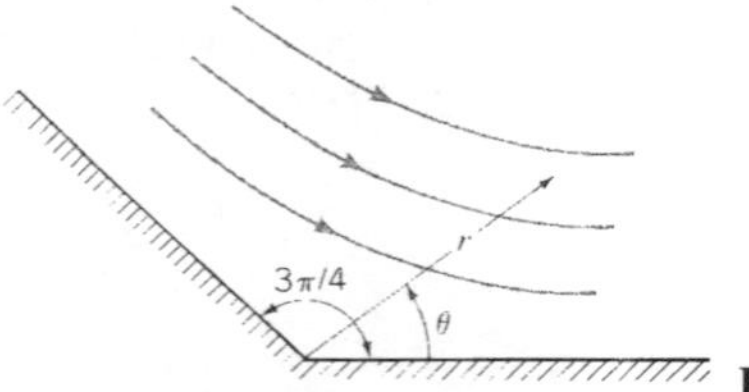

Figura P6.21

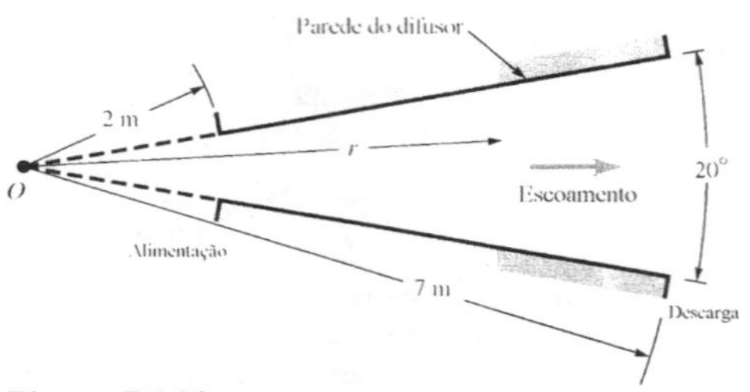

Figura P6.22

6.22 Água escoa, em regime permanente, no difusor mostrado na Fig. P6.22. Considere que o escoamento pode ser modelado como radial e criado por uma fonte localizada na origem O (**a**) Admitindo que a velocidade na seção de alimentação é 20 m/s, determine uma expressão para o gradiente de pressão ao longo da parede do difusor. (**b**) Qual é a diferença entre a pressão na seção de descarga e aquela na seção de alimentação do difusor?

6.23 O escoamento na região externa ao núcleo de um tornado, $r > R_c$ (R_c é o raio do núcleo, veja a Fig. P6.23), pode ser aproximado por um vórtice livre com intensidade Γ. A velocidade no ponto A é 38,1 m/s e a no ponto B é 22,9 m/s. Determine a distância do ponto A ao centro do tornado. Por que todo o tornado ($r \geq 0$) não pode ser modelado como um vórtice livre?

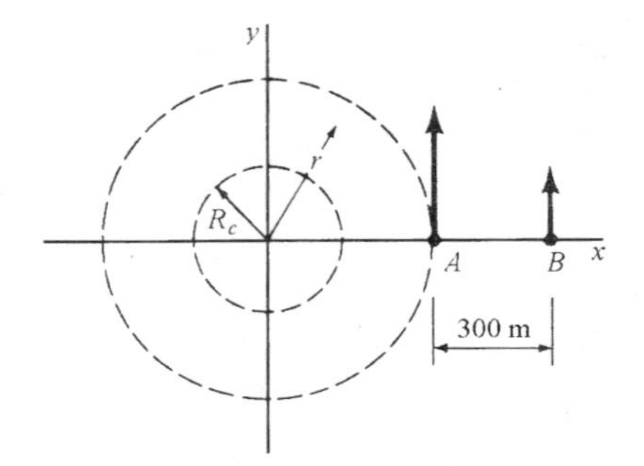

Figura P6.23

6.24 A Fig. P6.24 mostra que o escoamento bidimensional, incompressível e invíscido numa curva horizontal pode ser modelado como um vórtice livre. Mostre que a vazão do escoamento por unidade de comprimento na direção normal ao plano da figura, q, é dada por

$$q = C\left(\frac{\Delta p}{\rho}\right)^{1/2}$$

onde $\Delta p = p_B - p_A$. Determine o valor da constante C para a curva apresentada na figura.

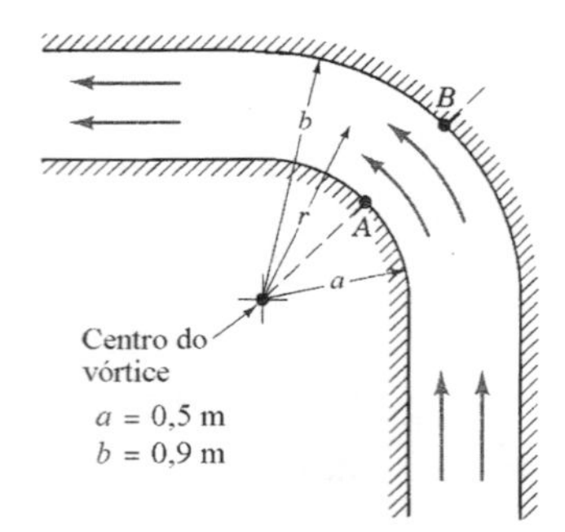

Figura P6.24

6.25 A Fig. P6.25 mostra o esvaziamento de um grande tanque de água através do escoamento pelo orifício A. Note que ocorre a formação de um vórtice acima do orifício e que este vórtice pode ser considerado como um vórtice livre. Ao mesmo tempo

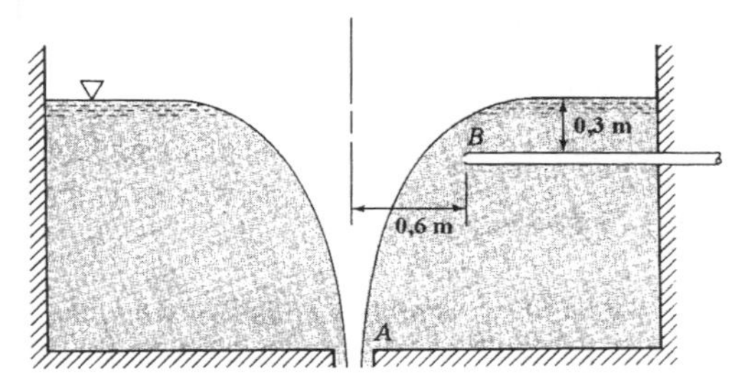

Figura P6.25

é necessário descarregar uma pequena quantidade de água pelo tubo B. A intensidade do vórtice, indicada pela circulação, cresce quando a descarga através do orifício é aumentada. Determine a máxima intensidade do vórtice para que não ocorra sucção de ar pelo tubo B. Expresse seu resultado em função da circulação. Admita que o nível do fluido adjacente ao tanque é constante, que a distância entre o orifício e a superfície livre do líquido é grande e que os efeitos viscosos são desprezíveis.

6.26 Água escoa sobre a superfície plana mostrada na Fig. P6.26 com velocidade igual a 1,5 m/s. Um bomba succiona água pela fenda mostrada na figura e a vazão por unidade de comprimento de fenda é igual a 2,8 litros/s. Admita que o escoamento é incompressível, invíscido e que pode ser representado pela combinação de um escoamento uniforme com um sorvedouro. Localize o ponto de estagnação deste escoamento (ponto A) e determine a equação da linha de corrente de estagnação. Qual é o valor da distância H mostrada na figura?

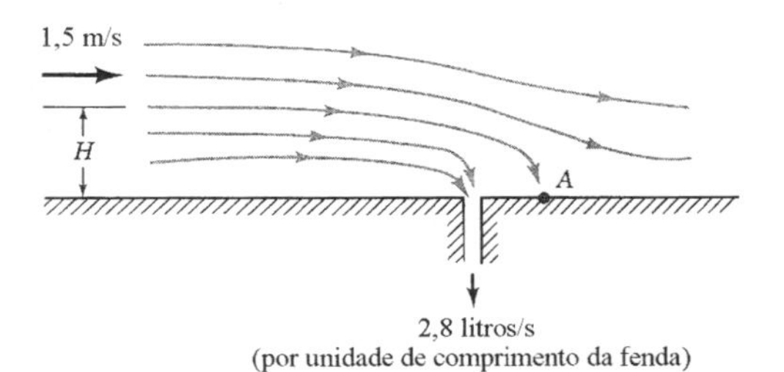

Figura P6.26

6.27 Considere o escoamento uniforme no sentido positivo da direção x combinado com um vórtice livre localizado na origem do sistema de coordenadas. A linha de corrente $\psi = 0$ passa pelo ponto ($x = 4$, $y = 0$). Determine a equação desta linha de corrente.

6.28 O escoamento potencial incidente numa placa plana (veja a Fig. P6.28a) pode ser descrito pela função corrente

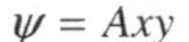

$$\psi = Axy$$

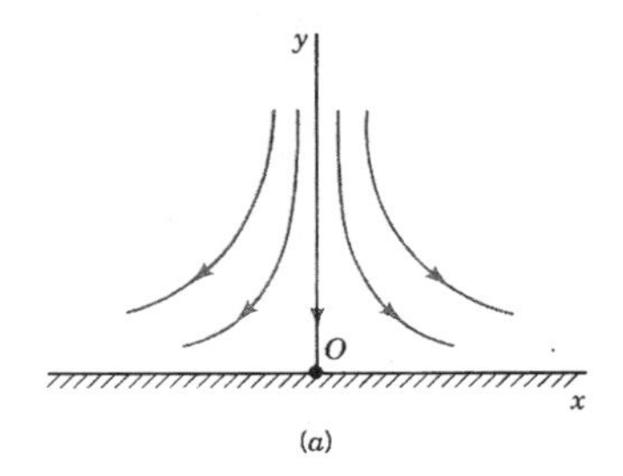

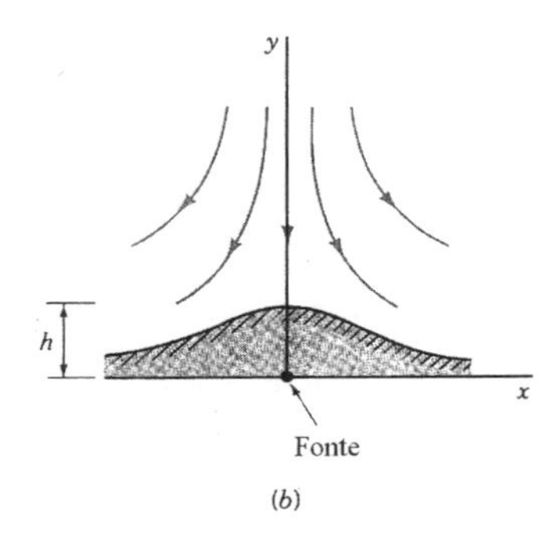

Figura P6.28

onde A é uma constante. O ponto de estagnação é transferido do ponto O para algum ponto localizado no eixo y se adicionarmos uma fonte, com intensidade m, no ponto O. Determine a relação que existe entre a altura h, a constante A e a intensidade da fonte, m.

6.29 A combinação de um escoamento uniforme e de uma fonte pode ser utilizada para descrever o escoamento em torno de um corpo semi-infinito e com aspecto "aerodinâmico" (veja o ⦿ 6.3). Admita que o corpo semi-infinito está imerso num escoamento que apresenta velocidade ao longe igual a 15 m/s. Determine a intensidade da fonte para que a espessura do corpo semi infinito se torne igual a 0,5 m.

6.30 O corpo semi-infinito mostrado na Fig. P6.30 é colocado num escoamento uniforme que apresenta velocidade ao longe igual a U. Mostre como a velocidade ao longe pode ser estimada a partir da medida da diferença de pressão que existe entre o ponto A e o ponto de estagnação. Expresse esta diferença de pressão em função de U e da massa específica do fluido. Despreze as forças de campo e admita que o escoamento é invíscido e incompressível.

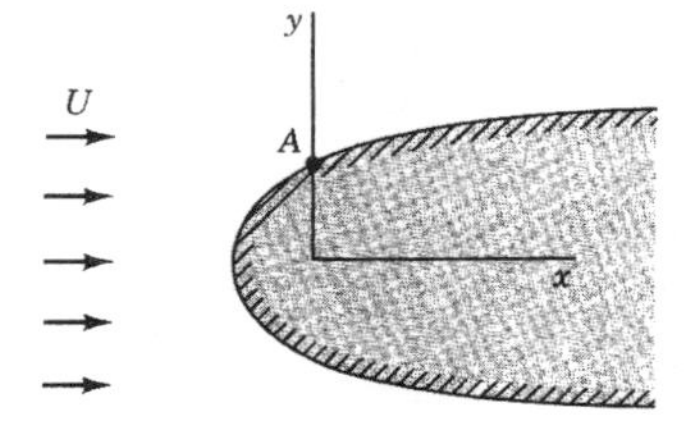

Figura P6.30

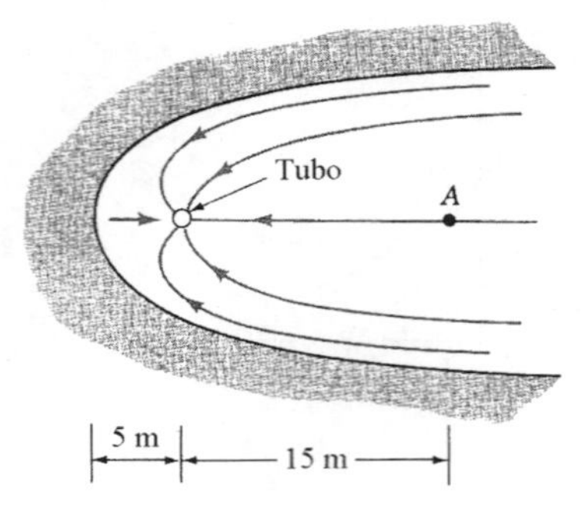

Figura P6.31

6.31 A extremidade de um lago apresenta formato parecido com o do corpo semi-infinito mostrado na Fig. P6.31. Um tubo vertical poroso está localizado perto da extremidade do lago de modo que água pode ser bombeada do lago. Determine a velocidade no ponto *A* quando o tubo poroso apresenta 3 m de comprimento e a vazão de água bombeada é igual a 0,08 m^3/s. Sugestão: Considere o escoamento dentro do corpo semi-infinito.

* **6.32** Mostre num gráfico como varia o módulo da velocidade na superfície do corpo semi-infinito descrito na Sec. 6.6.1, V_s, em função da distância medida a partir do ponto de estagnação (e ao longo da superfície). Utilize as variáveis adimensionais V_s/U e s/b (as definições de U e b podem ser encontradas na Fig. 6.23).

6.33 Admita que o escoamento em torno do cilindro longo mostrado na Fig. P6.33 é invíscido e incompressível. A figura também mostra que as pressões superficiais p_1 e p_2 podem ser medidas. Uma pessoa propõe que a velocidade ao longe, U, pode ser relacionada com a diferença de pressão, $\Delta p = p_1 - p_2$, através da relação

$$U = C\left(\frac{\Delta p}{\rho}\right)^{1/2}$$

onde ρ é a massa específica do fluido. Determine o valor da constante C. Despreze os efeitos das forças de campo.

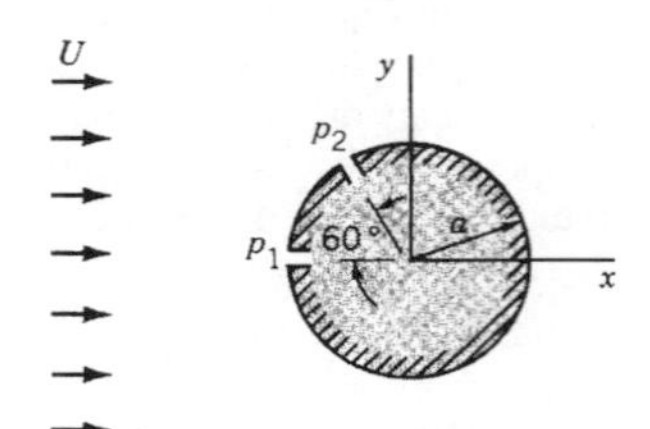

Figura P6.33

6.34 Um fluido ideal escoa em torno da protuberância semicircular e longa localizada numa fronteira plana (veja a Fig. P6.34). O perfil de velocidade ao longe da protuberância é uniforme e a pressão ao longe é igual a p_0. (**a**) Determine as expressões para os valores máximo e mínimo da pressão ao longo da protuberância e indique os locais onde encontramos estas pressões. Expresse seus resultados em função de ρ, U e p_0. (**b**) Se a superfície sólida for uma linha de corrente com $\psi = 0$, determine a equação da linha de corrente que passa pelo ponto ($\theta = \pi/2$, $r = 2a$).

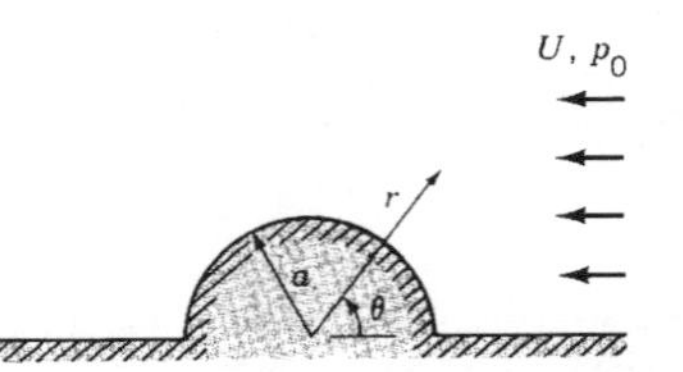

Figura P6.34

6.35 Água escoa em regime permanente em torno do pilar de uma ponte com velocidade de 3,7 m/s. Estime a força (por unidade de comprimento) com que a água atua sobre a metade frontal do pilar. Admita que este escoamento pode ser aproximado como um escoamento ideal em torno de um cilindro infinito com diâmetro igual a 1,8 m.

* **6.36** Considere o escoamento em regime permanente em torno do cilindro mostrado na Fig. 6.24. Construa um gráfico da velocidade adimensional do escoamento, V/U, em função da coordenada vertical y (considere apenas o trecho positivo do eixo). Qual é a distância adimensional ao longo do eixo vertical, y/a, necessária para que a diferença entre a velocidade ao longe e a local se torne menor do que 1%?

6.37 O potencial de velocidade para o escoamento em torno do cilindro com rotação mostrado na Fig. P6.37 é

$$\phi = Ur\left(1+\frac{a^2}{r^2}\right)\cos\theta + \frac{\Gamma}{2\pi}\theta$$

onde Γ é a circulação. Determine o valor da circulação para que o ponto de estagnação coincida (**a**) com o ponto *A* e (**b**) como ponto *B*.

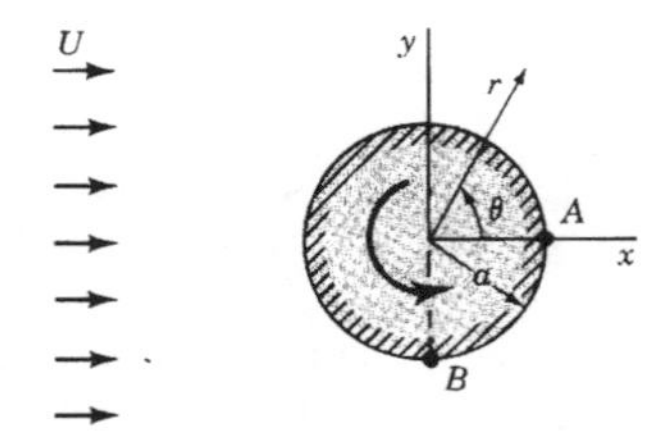

Figura P6.37

6.38 O campo de velocidade do escoamento bidimensional e incompressível de glicerina a 20° C (fluido Newtoniano) é descrito por

$$\mathbf{V} = \left(12xy^2 - 6x^3\right)\hat{\mathbf{i}} + \left(18x^2y - 4y^3\right)\hat{\mathbf{j}}$$

onde x e y são dados em metros e a velocidade em m/s. Determine as tensões σ_{xx}, σ_{yy} e τ_{xy} no ponto (x = 0,5 m, y = 1,0 m) se a pressão neste ponto é igual a 6 kPa. Faça um esboço para apresentar estas tensões.

6.39 A função corrente para um certo escoamento bidimensional e incompressível de água é

$$\psi = 3\,r^3 \text{sen } 2\theta + 2\theta$$

onde r é dado em metros, θ em radianos e ψ em m²/s. Determine a tensão de cisalhamento $\tau_{r\theta}$ no ponto (r = 0,61 m, $\theta = \pi/3$ rd).

6.40 As soluções invíscidas dos escoamentos em torno de corpos indicam que o fluido escoa suavemente ao longo do corpo mesmo que ele seja rombudo (veja o ⦿ 6.4). Entretanto, os experimentos mostram que os efeitos viscosos podem fazer com que o escoamento principal descole do corpo. Neste caso, nós detectamos a formação de uma esteira na parte traseira do corpo (veja a Sec. 9.2.6). A ocorrência da separação do escoamento depende do gradiente de pressão ao longo da superfície do corpo e o gradiente pode ser avaliado com a teoria do escoamento invíscido. A separação não ocorrerá se a pressão diminui no sentido do escoamento (gradiente de pressão favorável). Entretanto, a separação poderá ocorrer se a pressão aumenta no sentido do escoamento (gradiente de pressão adverso). A Fig. P6.40 mostra um cilindro colocado num escoamento que apresenta velocidade ao longe igual a U. Determine uma expressão para o gradiente de pressão na superfície do cilindro. Em que faixa de valores de θ nós detectaremos um gradiente de pressão adverso?

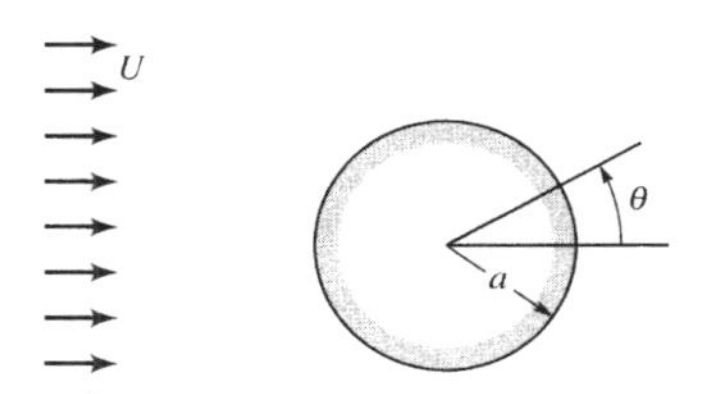

Figura P6.40

6.41 A distância entre duas placas horizontais, infinitas e paralelas é b. Um líquido viscoso ocupa o espaço delimitado pelas placas. Admita que a placa inferior é imóvel, que a placa superior apresenta velocidade U e que o gradiente de pressão é nulo (veja a descrição do escoamento simples de Couette na Sec. 6.9.2). **(a)** Determine a distribuição de velocidade do escoamento entre as placas utilizando as equações de Navier – Stokes. **(b)** Determine uma expressão para a vazão do escoamento entre as placas (por unidade de largura da placa). Expresse seu resultado em função de b e U.

6.42 A distância entre duas placas paralelas e horizontais é 5 mm. Um fluido viscoso (densidade = 0,9 e viscosidade dinâmica = 0,38 N·s/m²) escoa entre as placas com velocidade média de 0,27 m/s. Determine a queda de pressão deste escoamento por unidade de comprimento na direção do escoamento. Qual é a velocidade máxima deste escoamento?

6.43 Uma lâmina de fluido viscoso, com espessura constante, escoa em regime permanente num plano infinito e inclinado (a velocidade perpendicular a placa é nula). Utilize as equações de Navier – Stokes para obter uma equação que relacione a espessura da lâmina com a vazão no filme (por unidade de comprimento). O escoamento é laminar e a tensão de cisalhamento na superfície livre da lâmina é nula.

6.44 Reconsidere o Prob. 6.8. Determine a equação do perfil de velocidade do escoamento numa lâmina onde o escoamento líquido na direção vertical é nulo. Faça um gráfico deste perfil de velocidade.

6.45 A Fig. P6.45 mostra duas placas infinitas, paralelas e horizontais. O espaço entre as placas está preenchido com um fluido viscoso e incompressível. Os valores das velocidades e os sentidos dos movimentos das placas são os mostrados na figura. O gradiente de pressão na direção x é nulo e a única força de campo é a devida a ação da gravidade. Utilize as equações de Navier – Stokes para determinar o perfil de velocidade do escoamento entre as placas. Admita que o escoamento é laminar.

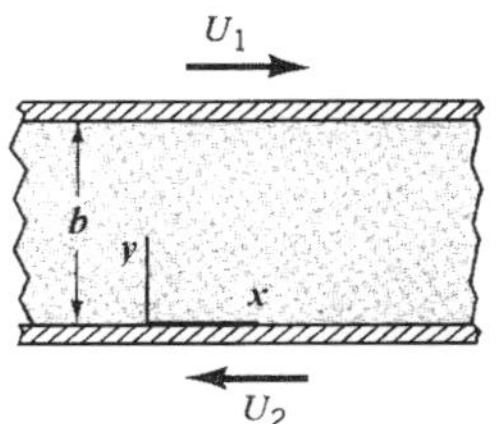

Figura P6.45

6.46 A Fig. P6.46 mostra um escoamento viscoso e incompressível entre duas placas paralelas. O escoamento é promovido pelo movimento da placa inferior e pela presença de um gradiente de pressão $\partial p / \partial x$. Determine a relação entre U e $\partial p / \partial x$ de modo que a tensão de cisalhamento na parede fixa seja nula.

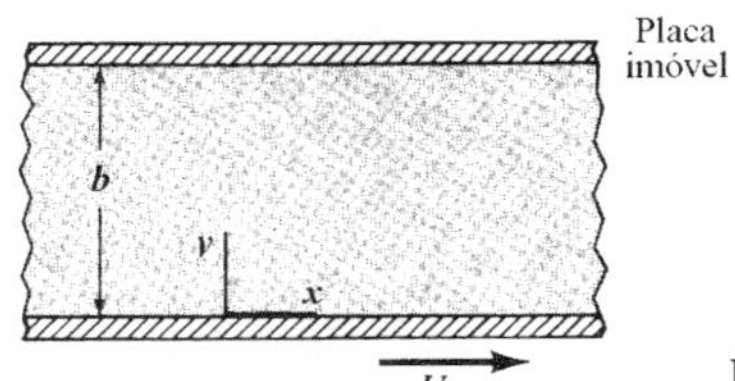

Figura P6.46

6.47 Um fluido viscoso (γ = 11940 N/m³; viscosidade dinâmica = 0,96 N·s/m²) está contido entre duas placas infinitas e paralelas mostradas na Fig. P6.47. O escoamento é promovido pelo movimento da placa superior e pela ação de um gradiente de pressão. Note que a placa inferior é imóvel. O manômetro em U indicado na figura fornece uma leitura diferencial de 2,54 mm quando a velocidade da placa superior, U, é igual a 6,1 mm/s. Nestas condições, determine a distância entre a placa inferior e o ponto onde a velocidade do escoamento é máxima. Admita que o escoamento é laminar.

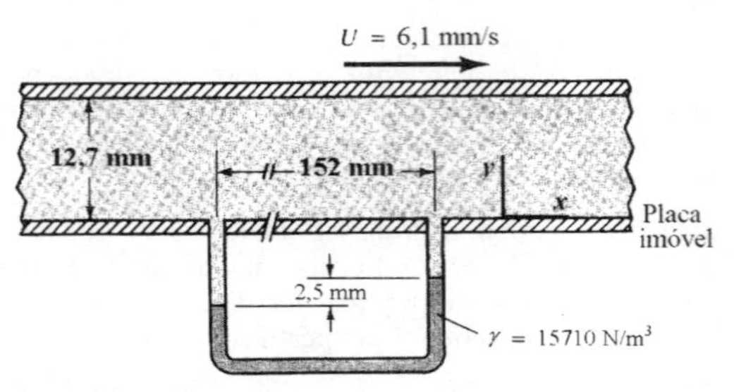

Figura P6.47

6.48 A Fig. P6.48 mostra um mancal de deslizamento vertical lubrificado com um óleo que apresenta viscosidade dinâmica igual a 0,2 N·s/m^2. Admita que o escoamento de óleo pode ser modelado como um escoamento laminar entre duas placas paralelas e com gradiente de pressão nulo na direção do escoamento. Estime o torque necessário para manter a rotação do eixo constante e igual a 80 rpm.

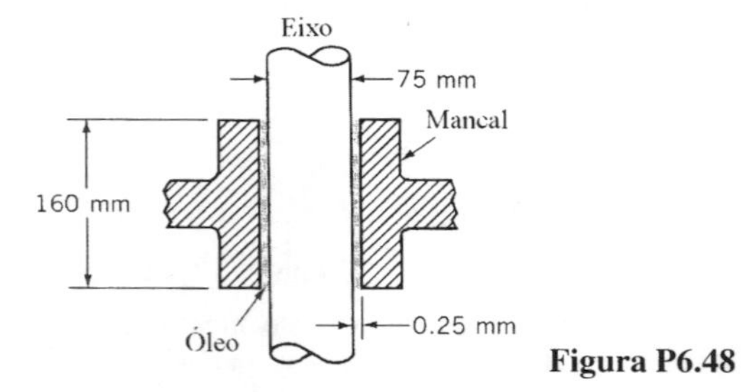

Figura P6.48

6.49 Um fluido viscoso está contido entre dois cilindros longos e concêntricos. A geometria do sistema é tal que o escoamento entre os cilindros pode ser aproximado como aquele que ocorre entre duas placas paralelas e infinitas. Determine a expressão que relaciona o torque que deve ser aplicado no cilindro externo para este apresente velocidade angular ω. O cilindro interno é imóvel. Expresse seu resultado em função da geometria do sistema, da viscosidade dinâmica do fluido e da velocidade angular.

* **6.50** Óleo SAE 30 escoa entre duas placas horizontais, paralelas e distanciadas de 5 mm. A placa inferior é imóvel enquanto a superior apresenta velocidade horizontal igual a 0,2 m/s no sentido positivo do eixo x. O gradiente de pressão no escoamento é igual a – 60 kPa/m (na direção x). Calcule a velocidade em vários pontos do canal formado pelas placas e construa um gráfico com os seus resultados. Admita que o escoamento de óleo é laminar.

6.51 Considere o escoamento laminar e que ocorre em regime permanente num duto reto e horizontal que apresenta seção transversal constante e elíptica. A equação da elipse é

$$\frac{x^2}{a^2}+\frac{y^2}{b^2}=1$$

As linhas de corrente do escoamento são retas e paralelas. Investigue a possibilidade de

$$w = A\left(1-\frac{x^2}{a^2}-\frac{y^2}{b^2}\right)$$

(w é a velocidade na direção da linha de centro do duto) ser uma solução exata deste problema. Utilize esta distribuição de velocidade para obter uma relação entre o gradiente de pressão ao longo do duto com a vazão em volume do escoamento.

6.52 A distribuição de velocidade do escoamento laminar e em regime permanente nos tubos é parabólica (veja o ⦿ 6.6). Considere que álcool etílico escoa num tubo horizontal, que apresenta 10 mm de diâmetro interno, com velocidade média igual a 0,15 m/s. **(a)** O perfil de velocidade do escoamento é parabólico? Justifique sua resposta. **(b)** Determine a queda de pressão por unidade de comprimento de tubo.

6.53 O arranjo experimental indicado na Fig. P6.53 pode ser utilizado para estudar escoamentos em regime permanente em tubos. O líquido contido no reservatório apresenta viscosidade dinâmica igual a 0,015 N·s/m^2 e massa específica igual a 1200 kg/m^3. A velocidade média do escoamento no tubo é 1,0 m/s e o escoamento é descarregado na atmosfera. **(a)** Qual é o regime do escoamento no tubo? **(b)** Qual é a leitura no manômetro sabendo que o escoamento é plenamente desenvolvido no trecho da tubulação localizado a jusante do manômetro. **(c)** Qual é módulo da tensão de cisalhamento na parede do tubo, τ_{rz}, na região com escoamento plenamente desenvolvido?

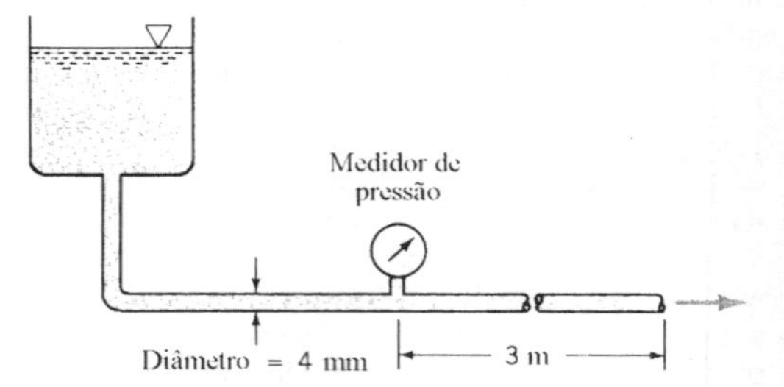

Figura P6.53

6.54 Um cilindro sólido, vertical e infinitamente longo está envolvido por uma massa infinita de um fluido incompressível. O raio do cilindro é R. Utilize a equação de Navier – Stokes referente a direção θ para obter uma expressão da distribuição de velocidade no fluido quando o cilindro rotaciona em torno de seu eixo com velocidade angular ω. Admita que as forças de campo são nulas, que o escoamento é axissimétrico e que o fluido permanece em repouso no infinito.

6.55 Um líquido (peso específico = 9800 N/m³, viscosidade dinâmica = 0,002 N·s/m²) escoa em regime permanente no tubo mostrado na Fig. P6.55. Determine a velocidade média do escoamento sabendo que a leitura do manômetro, Δh, é igual a 9 mm.

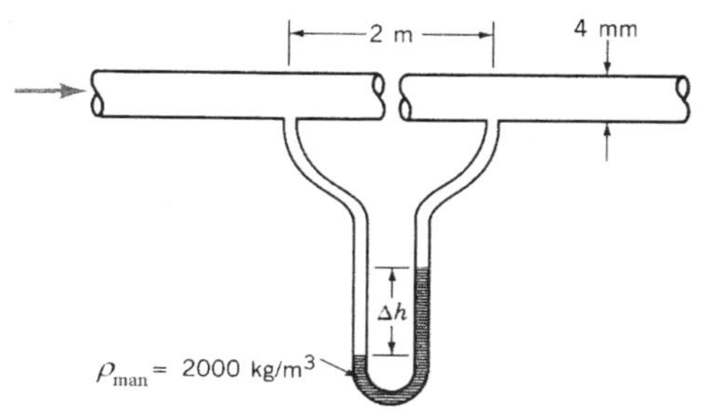

Figura P6.55

6.56 (**a**) Um fluido Newtoniano com viscosidade dinâmica μ escoa num tubo (escoamento de Poiseuille). Mostre que a tensão de cisalhamento na parede do tubo, τ_{rz}, é dada por

$$\left|(\tau_{rz})_{\text{parede}}\right| = \frac{4\mu Q}{\pi R^3}$$

A vazão do escoamento no tubo é Q. (**b**) Um fluido com viscosidade dinâmica igual a 0,003 N·s/m² escoa num tubo, diâmetro interno igual a 2 mm, com velocidade média de 0,1 m/s. Nestas condições, determine o módulo da tensão de cisalhamento na parede.

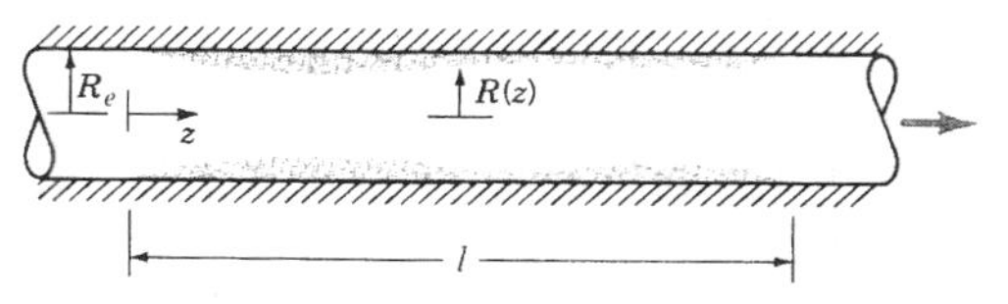

Figura P6.57

* **6.57** O gradiente de pressão num escoamento laminar num tubo (raio interno constante) é dado por (veja a Eq. 6.143)

$$\frac{\partial p}{\partial z} = \frac{8\mu Q}{\pi R^4}$$

A Fig. P6.57 mostra um tubo que apresenta uma variação gradual de raio interno. Nós esperamos que esta equação possa ser utilizada para estimar a variação de pressão ao longo do tubo desde que o tubo seja modelado como um conjunto de pequenos tubos com raios reais $R(z)$. A próxima tabela mostra um conjunto de dados experimentais obtidos num tubo real.

z/l	$R(z)/R_0$
0	1,00
0,1	0,73
0,2	0,67
0,3	0,65
0,4	0,67
0,5	0,80
0,6	0,80
0,7	0,71
0,8	0,73
0,9	0,77
1,0	1,00

Compare a queda de pressão ao longo do trecho de tubo com comprimento l deste tubo com a queda de pressão que ocorre num tubo de mesmo comprimento e com raio R_0. Sugestão: Para resolver este problema você terá que integrar numericamente a equação para a queda de pressão fornecida acima.

7 Semelhança, Análise Dimensional e Modelos

Muitos problemas da mecânica dos fluidos podem ser resolvidos com os procedimentos analíticos descritos no capítulo anterior. Entretanto, o número de problemas que só podem ser resolvidos com a utilização de resultados experimentais é enorme. Um objetivo óbvio de qualquer experimento é obter resultados amplamente aplicáveis. O conceito de semelhança é utilizado para alcançar este objetivo, ou seja, o conceito de semelhança garante que as medidas obtidas num sistema (por exemplo, no laboratório) podem ser utilizadas para descrever o comportamento de outro sistema similar (fora do laboratório). O sistema do laboratório usualmente é um modelo utilizado para estudar o fenômeno que estamos interessados sob condições experimentais cuidadosamente controladas. O estudo dos fenômenos no modelo pode resultar em formulações empíricas que são capazes de fornecer predições específicas de uma ou mais características de outro sistema similar. Para que isto seja possível é necessário estabelecer a relação que existe entre o modelo de laboratório e o "outro" sistema. Nas próximas seções nós mostraremos como isto pode ser feito de uma maneira sistemática.

7.1 Análise Dimensional

Considere o escoamento em regime permanente, incompressível de um fluido Newtoniano num tubo longo, horizontal e que apresenta parede lisa. Este escoamento é um exemplo de problema onde é necessária a utilização de resultados experimentais. Uma característica importante deste sistema, e que é fundamental para o engenheiro que está projetando uma tubulação, é a queda de pressão no escoamento por unidade de comprimento de tubo (a queda de pressão é um efeito do atrito no escoamento). Este escoamento parece ser relativamente simples mas ele não pode ser resolvido analiticamente (mesmo com a utilização de computadores de grande porte) sem a utilização de resultados experimentais.

O primeiro passo no planejamento de um estudo experimental deste problema é decidir quais os fatores, ou variáveis, que contribuem significativamente para a queda de pressão por unidade de comprimento de tubo, Δp_l. Nós esperamos que a lista de variáveis pertinentes inclua o diâmetro do tubo, D, a massa específica do fluido, ρ, a viscosidade dinâmica do fluido, μ, e a velocidade média do escoamento no tubo, V. Assim, nós podemos expressar esta relação do seguinte modo:

$$\Delta p_l = f(D, \rho, \mu, V) \qquad \textbf{(7.1)}$$

Esta equação indica que nós esperamos que a perda de pressão por unidade de comprimento de tubo é uma função dos fatores contidos entre os parênteses. Neste ponto, a expressão da função que relaciona as variáveis é desconhecida e o objetivo dos experimentos que devem ser realizados é a determinação da natureza desta função.

Para realizar os experimentos de uma forma adequada e sistemática é necessário alterar uma das variáveis, tal como a velocidade, enquanto todos os outros fatores permanecem constantes e medir como varia a queda de pressão. Este procedimento para a determinação da relação funcional entre a perda de pressão por metro de tubo e os fatores que a influenciam é, conceitualmente, lógico mas pode apresentar grandes problemas. Alguns dos experimentos seriam muito difíceis de realizar. Por exemplo: é necessário variar a massa específica do fluido, enquanto a viscosidade permanece constante. Como isto pode ser feito? Finalmente, uma vez obtidas todas as curvas do comportamento do escoamento, como nós poderíamos combinar estes resultados para obter a relação funcional entre Δp_l, D, ρ, μ e V válida para qualquer escoamento num tubo similar ao utilizado nas experiências?

Felizmente existe uma abordagem para este problema que elimina as dificuldades descritas anteriormente. Nós mostraremos, nas próximas seções, que em vez de trabalharmos com a relação original de variáveis, como na Eq. 7.1, nós podemos agrupar as variáveis em duas combinações adimensionais (denominados grupos adimensionais) de modo que

$$\frac{D\Delta p_l}{\rho V^2} = \phi\left(\frac{\rho V D}{\mu}\right) \tag{7.2}$$

Assim, nós podemos trabalhar com dois grupos adimensionais em vez de nos ocupar com cinco variáveis. O experimento necessário para estudar o escoamento no tubo liso consiste em variar o grupo adimensional $\rho VD/\mu$ e determinar o valor correspondente de $D\Delta p_l / \rho V^2$. Assim, os resultados dos experimentos podem ser apresentados numa única curva.

A base para esta simplificação reside na consideração das dimensões das variáveis envolvidas. Nós discutimos no Cap. 1 que é possível realizar uma descrição qualitativa das quantidades físicas em função das dimensões básicas como a massa, M, comprimento, L, e tempo, T[1]. Note que também é possível utilizar as dimensões básicas da força, F, do comprimento, L, e do tempo, T, para esta descrição porque a segunda lei de Newton estabelece que

$$F \doteq M L T^{-2}$$

(Lembre que nós já utilizamos a notação $\doteq$ para indicar a igualdade de dimensões). Por exemplo, as dimensões das variáveis do escoamento num tubo são: $\Delta p_l \doteq FL^{-3}$, $D \doteq L$, $\rho \doteq FL^{-4}T^2$, $\mu \doteq FL^{-2}T$ e $V \doteq LT^{-1}$. Uma verificação rápida das dimensões dos dois grupos que aparecem na Eq. 7.2 mostra que eles são, de fato, produtos adimensionais, ou seja,

$$\frac{D\Delta p_l}{\rho V^2} = \frac{L(F/L^3)}{(FL^{-4}T^2)(LT^{-1})^2} \doteq F^0 L^0 T^0$$

e

$$\frac{\rho V D}{\mu} = \frac{(FL^{-4}T^2)(LT^{-1})(L)}{(FL^{-2}T)} \doteq F^0 L^0 T^0$$

É interessante ressaltar que nós reduzimos o número de variáveis de cinco para dois e que os novos grupos são combinações adimensionais das cinco variáveis. Isto significa que os resultados serão independentes do sistema de unidades utilizado na realização dos experimentos. Este tipo de abordagem é denominada análise dimensional. A base para a aplicação desta abordagem a uma ampla variedade de problemas é o teorema de Buckingham pi e este é assunto da próxima seção.

7.2 Teorema de Buckingham Pi

Uma questão fundamental que nós precisamos responder é: Qual é o número de grupos adimensionais necessário para substituir a relação original de variáveis do problema. A resposta desta questão é fornecida pelo teorema básico da análise dimensional, ou seja,

> Uma equação dimensionalmente homogênea que envolve k variáveis pode ser reduzida a uma relação entre $k - r$ produtos adimensionais independentes onde r é o número mínimo de dimensões de referência necessário para descrever as variáveis.

Os produtos adimensionais são usualmente referidos como "termos pi" e o teorema é conhecido como o de Buckingham pi pois Buckingham utilizou o símbolo Π para representar os produtos adimensionais (esta notação ainda é bastante utilizada). Apesar do teorema ser bastante simples sua demonstração é complexa e não será apresentada neste texto. Muitos livros são dedicados a semelhança e a análise dimensional (por exemplo, Refs. [1 – 5]) e os leitores interessados nestes assuntos, e na demonstração do teorema de Buckingham, devem consultar esta bibliografia.

[1] Nós indicaremos a dimensão básica de tempo por T. Note que nós já utilizamos T para indicar a temperatura nas relações termodinâmicas (como na equação dos gases perfeitos).

O teorema pi está baseado no conceito de homogeneidade dimensional (este conceito foi introduzido no Cap. 1). Considere uma equação com significado físico e que apresenta k variáveis,

$$u_1 = f\left(u_2, u_3, \ldots, u_k\right)$$

Essencialmente, nós admitimos que a dimensão da variável do lado esquerdo da equação é igual a dimensão de qualquer termo isolado presente no lado direito da equação. Assim, nós podemos rearranjar a equação num conjunto de produtos adimensionais (termos pi) de modo que

$$\Pi_1 = \phi\left(\Pi_2, \Pi_3, \ldots, \Pi_{k-r}\right)$$

A diferença entre o número de variáveis na formulação original e o número necessário de termos pi é igual a r. Note que r é igual ao número mínimo de dimensões de referência utilizado para descrever todas as variáveis da equação original. Normalmente, as dimensões de referência necessárias para descrever as variáveis originais são as dimensões básicas M, L e T ou F, L e T. Entretanto, em alguns casos, apenas duas dimensões, tais como L e T, são necessárias e em outros casos é necessária apenas uma dimensão para descrever as variáveis originais. Em alguns casos excepcionais, as variáveis podem ser descritas por alguma combinação de dimensões básicas, tal como M/T^2 e L, e neste caso r é igual a dois (em vez de três). Nós apresentaremos na próxima seção um procedimento simples para a aplicação do teorema pi a um dado problema.

7.3 Determinação dos Termos Pi

Existem muitos métodos para a determinação dos grupos adimensionais (os termos pi) necessários para a realização da análise dimensional. Essencialmente, nós estamos procurando um método que nos permita obter, de forma sistemática, os termos pi necessários para descrever o problema (com certeza eles serão adimensionais e independentes). O método que nós descreveremos a seguir é conhecido como o método das variáveis repetidas.

É interessante particionar o método das variáveis repetidas numa série de passos que podem ser seguidos na análise de qualquer problema. Assim, com um pouco de prática, você será capaz de completar a análise dimensional de qualquer problema.

Passo 1. Faça uma lista com todas as variáveis que estão envolvidas no problema. Este passo é o mais difícil e, sem dúvida, é vital relacionar todas as variáveis importantes no problema. A análise dimensional estará incorreta se este passo não for realizado adequadamente! Nós estamos utilizando o termo "variável" para incluir qualquer quantidade (incluindo constantes dimensionais e adimensionais) importante no fenômeno que estamos investigando. Todas estas quantidades devem ser incluídas na relação de "variáveis" que será considerada na análise dimensional. A determinação das variáveis precisa ser realizada a partir do conhecimento experimental do problema e das leis físicas que descrevem o fenômeno que está sendo analisado. Tipicamente, a relação de variáveis conterá aquelas que são necessárias para descrever a geometria do sistema (tal como o diâmetro do tubo), aquelas utilizadas para definir qualquer propriedade do fluido (tal como a viscosidade dinâmica do fluido) e as variáveis que indicam os efeitos externos que influenciam o sistema (tal como a diferença de pressão que promove o escoamento). Esta classificação geral pode ser muito útil na identificação das variáveis. Note que ainda podem existir algumas variáveis de difícil classificação e é necessário analisar cuidadosamente cada problema.

É importante que todas as variáveis sejam independentes porque nós desejamos manter mínimo o número de variáveis. O resultado deste procedimento é a minimização do trabalho experimental. Por exemplo, se a área da seção transversal de um tubo é importante num certo problema, nós podemos utilizar tanto a área ou o diâmetro do tubo como variável (mas não os dois porque eles não são independentes). De modo análogo; se tanto a massa específica, ρ, e peso específico, γ, são variáveis importantes no problema que estamos analisando; nós podemos incluir na lista de variáveis ρ e g (aceleração da gravidade) ou γ e g. Entretanto, seria incorreto usar as três variáveis porque $\gamma = \rho g$. Normalmente g é constante nos experimentos mas este fato é irrelevante para a análise dimensional.

Passo 2. Expresse cada uma das variáveis em função das dimensões básicas. As dimensões básicas mais utilizadas nos problemas de mecânica dos fluidos são (M, L e T) e (F, L e T). Dimensionalmente, estes dois conjuntos estão relacionados pela segunda lei de Newton ($\mathbf{F} = m\mathbf{a}$) de modo que $F \doteq MLT^{-2}$. Por exemplo, $\rho \doteq ML^{-3}$ ou $\rho \doteq FL^{-4}T^{2}$. Assim, cada um dos conjuntos pode ser utilizado na análise dimensional. As dimensões básicas das variáveis típicas encontradas nos problemas de mecânica dos fluidos estão apresentadas na Tab. 1.1 do Cap. 1.

Passo 3. Determine o número necessário de termos pi. Isto pode ser realizado com o teorema de Buckingham pi pois ele indica que o número de termos pi é igual a $k - r$ onde k é o número de variáveis do problema e r é o número de dimensões de referência necessário para descrever estas variáveis (o número de dimensões básicas foi determinado no Passo 2). As dimensões de referência usualmente são iguais às dimensões básicas e podem ser determinadas pela análise das dimensões das variáveis (Passo 2). Existem alguns casos (raros) onde as dimensões básicas aparecem combinadas de modo que o número de dimensões de referência é menor do que o número de dimensões básicas.

Passo 4. Escolha das variáveis repetidas. O número de variáveis repetidas é igual ao número de dimensões de referência. A essência deste passo é a escolha das variáveis que podem ser combinadas com cada uma das variáveis restantes para formar um termo pi. Todas as dimensões de referência precisam estar incluídas no grupo de variáveis repetidas e cada variável repetida precisa ser dimensionalmente independente das outras (i.e., a dimensão de uma variável repetida não pode ser reproduzida por qualquer combinação de produtos das variáveis repetidas restantes elevadas a qualquer potência). Isto significa que as variáveis repetidas não podem ser combinadas para formar um produto adimensional.

Nós usualmente estamos interessados em determinar como uma certa variável do problema que estamos analisando é influenciada pelas outras variáveis. Assim, nós podemos considerar esta certa variável como dependente e introduzi-la num termo pi. Deste modo, não escolha a variável dependente com uma das variáveis repetidas porque as variáveis repetidas usualmente aparecem em mais de um termo pi.

Passo 5. Construa um termo pi pela multiplicação de uma variável não repetida pelo produto das variáveis repetidas elevadas a um expoente que torne a combinação adimensional. Essencialmente, cada termo pi terá a forma $u_i\, u_1^{a_i}\, u_2^{b_i}\, u_3^{c_i}$ onde u_i é uma das variáveis não repetidas; u_1, u_2 e u_3 são as variáveis repetidas; e os expoentes a_i, b_i e c_i devem ser determinados de modo que a combinação seja adimensional.

Passo 6. Repita o Passo 5 para cada uma das variáveis não repetidas restantes. O resultado deste passo é o conjunto de termos pi adequado para a análise do problema (o número de elementos do conjunto foi determinado no Passo 3). Se isto não acontecer, verifique seu trabalho - você cometeu algum engano!

Passo 7. Verifique se todos os termos pi são adimensionais. É fácil cometer um erro na obtenção dos termos pi. Entretanto, isto pode ser confirmado substituindo as variáveis dos termos pi pelas suas dimensões. Um bom modo de realizar esta operação é expressar todas as variáveis em função de M, L e T se as dimensões básicas utilizadas forem F, L e T e vice versa. Verifique sempre se os termos pi são adimensionais!

Passo 8. Expresse o resultado da análise como uma relação entre os termos pi e analise o significado da relação obtida. Tipicamente, a relação entre os termos pi apresenta a forma

$$\Pi_1 = \phi\left(\Pi_2, \Pi_3, \ldots, \Pi_{k-r}\right)$$

onde Π_1 deve conter a variável dependente no numerador. Nós devemos enfatizar que a relação entre os termos pi pode ser utilizada para descrever o seu problema se você iniciou com a lista correta de variáveis (e os outros passos foram realizados adequadamente). Assim, você precisará apenas trabalhar com os termos pi e não com as variáveis originais do problema. Entretanto, você deve notar que isto é o máximo que podemos alcançar com a análise dimensional, ou seja, a relação funcional real entre os termos pi deve ser determinada experimentalmente.

Considere novamente o escoamento em regime permanente de um fluido incompressível e Newtoniano num tubo horizontal que apresenta parede lisa para ilustrar a aplicação deste método de obtenção dos termos pi. Lembre que nós estamos interessados na queda de pressão por unidade de comprimento de tubo, Δp_l. De acordo com o Passo 1 do método, nós precisamos relacionar todas as variáveis importantes do problema. Observe que a escolha das variáveis deve ser baseada na nossa experiência anterior com o problema. Neste problema nós admitimos que

$$\Delta p_l = f(D, \rho, \mu, V)$$

onde D é o diâmetro do tubo, ρ é a massa específica do fluido, μ é a viscosidade dinâmica do fluido e V é a velocidade média do escoamento.

No próximo passo (Passo 2) nós devemos exprimir todas as variáveis em função das dimensões básicas. Se utilizarmos F, L e T como dimensões básicas, temos

$$\begin{aligned} \Delta p_l &\doteq F L^{-3} \\ D &\doteq L \\ \rho &\doteq F L^{-4} T^2 \\ \mu &\doteq F L^{-2} T \\ V &\doteq L T^{-1} \end{aligned}$$

Nós também poderíamos ter utilizado M, L e T como dimensões básicas e o resultado final seria o mesmo. Note que nós utilizamos a dimensão $FL^{-4}T^2$ para a massa específica e que esta dimensão é equivalente a ML^{-3} (i.e., massa por unidade de volume). Nós não devemos misturar as dimensões básicas, ou seja, ou utilizamos o conjunto F, L e T ou o conjunto M, L e T.

Nós podemos agora aplicar o teorema pi para determinar o número necessário de termos pi (Passo 3). A inspeção das dimensões das variáveis indicadas no Passo 2 revela que três dimensões básicas são necessárias para descrever as variáveis. Como o número de variáveis é cinco (k = 5) (não esqueça a variável dependente Δp_l) e o número de dimensões de referência é três (r = 3), o teorema pi indica que o número de termos pi necessário é dois (5 – 3).

As variáveis repetidas, que devem ser utilizadas para formar os termos pi (Passo 4), precisam ser escolhidas entre D, ρ, μ e V. É importante lembrar que nós não podemos utilizar a variável dependente como uma das variáveis repetidas. É necessário escolher três variáveis repetidas porque nós vamos utilizar três dimensões de referência. Normalmente, nós escolhemos as variáveis repetidas entre aquelas que são dimensionalmente mais simples. Por exemplo, se uma das variáveis apresenta dimensão de comprimento, escolha esta variável como uma das variáveis repetidas. Neste exemplo nós vamos utilizar D, V e ρ como as variáveis repetidas. Observe que estas variáveis são dimensionalmente independentes porque a dimensão de D é comprimento, a de V envolve comprimento e tempo e a massa específica envolve força, comprimento e tempo. Isto significa que nós não podemos formar um produto adimensional com este conjunto de variáveis.

Nós agora estamos prontos para obter os dois termos pi (Passo 5). Nós iniciaremos com a variável dependente, ou seja, vamos combiná-la com as variáveis repetidas para formar o primeiro termo pi. Deste modo,

$$\Pi_1 = \Delta p_l \, D^a V^b \rho^c$$

Como esta combinação deve ser adimensional, segue

$$\left(F L^{-3}\right)\left(L\right)^a \left(L T^{-1}\right)^b \left(F L^{-4} T^2\right)^c \doteq F^0 L^0 T^0$$

Os expoentes a, b e c precisam ser determinados de modo que o expoente resultante de cada uma das dimensões básicas – F, L e T – seja nulo (de modo que a combinação resultante seja adimensional). Assim, nós podemos escrever

$$\begin{aligned} 1 + c &= 0 && \text{(para } F\text{)} \\ -3 + a + b - 4c &= 0 && \text{(para } L\text{)} \\ -b + 2c &= 0 && \text{(para } T\text{)} \end{aligned}$$

A solução deste sistema de equações algébricas fornece os valores de a, b e c ($a = 1$, $b = -2$ e $c = -1$) e o primeiro termo pi é dado por

$$\Pi_1 = \frac{\Delta p_l\, D}{\rho V^2}$$

O processo é repetido para as variáveis não repetidas restantes (Passo 6). Neste exemplo só existe uma variável adicional (μ). Assim,

$$\Pi_2 = \mu\, D^a V^b \rho^c$$

ou

$$\left(F L^{-2} T\right)\left(L\right)^a \left(L T^{-1}\right)^b \left(F L^{-4} T^2\right)^c \doteq F^0 L^0 T^0$$

e o sistema linear de equações associado é

$$\begin{aligned} 1 + c &= 0 && \text{(para } F\text{)} \\ -2 + a + b - 4c &= 0 && \text{(para } L\text{)} \\ 1 - b + 2c &= 0 && \text{(para } T\text{)} \end{aligned}$$

Resolvendo este sistema obtemos $a = -1$, $b = -1$, $c = -1$. Observe que

$$\Pi_2 = \frac{\mu}{D V \rho}$$

Note que nós obtemos o número correto de termos pi como determina o Passo 3 do procedimento apresentado nesta seção.

Neste ponto é interessante verificar se os termos pi são adimensionais (Passo 7). Nós vamos utilizar os conjuntos (FLT) e (MLT) para a verificação. Assim,

$$\Pi_1 = \frac{\Delta p_l\, D}{\rho V^2} \doteq \frac{\left(F L^{-3}\right)\left(L\right)}{\left(F L^{-4} T^2\right)\left(L T^{-1}\right)} \doteq F^0 L^0 T^0$$

$$\Pi_2 = \frac{\mu}{D V \rho} \doteq \frac{\left(F L^{-2} T\right)}{\left(L\right)\left(L T^{-1}\right)\left(F L^{-4} T^2\right)} \doteq F^0 L^0 T^0$$

e, de modo análogo,

$$\Pi_1 = \frac{\Delta p_l\, D}{\rho V^2} \doteq \frac{\left(M L^{-2} T^{-2}\right)\left(L\right)}{\left(M L^{-3}\right)\left(L T^{-1}\right)} \doteq M^0 L^0 T^0$$

$$\Pi_2 = \frac{\mu}{D V \rho} \doteq \frac{\left(M L^{-1} T^{-1}\right)}{\left(L\right)\left(L T^{-1}\right)\left(M L^{-3}\right)} \doteq M^0 L^0 T^0$$

Finalmente (Passo 8), nós podemos exprimir o resultado da análise dimensional do seguinte modo:

$$\frac{\Delta p_l\, D}{\rho V^2} = \tilde{\phi}\left(\frac{\mu}{D V \rho}\right)$$

Este resultado indica que nós podemos estudar o problema com dois termos pi (em vez das cinco variáveis originais do problema). Entretanto, a análise dimensional não fornecerá a forma da função $\tilde{\phi}$. Esta função só pode ser determinada a partir de um conjunto adequado de experimentos. Note que nós podemos rearranjar os termos pi, ou seja, nós podemos reescrever a equação anterior com o recíproco de $\mu / D V \rho$ e a ordem com que nós escrevemos as variáveis também pode ser alterada. Por exemplo, nós podemos exprimir Π_2 como

$$\Pi_2 = \frac{\rho V D}{\mu}$$

e a relação entre Π_1 e Π_2 pode ser reescrita do seguinte modo:

$$\frac{D \Delta p_l}{\rho V^2} = \phi\left(\frac{\rho V D}{\mu}\right)$$

Nós utilizamos esta relação na discussão inicial deste problema (Eq. 7.2). O produto adimensional $\rho VD / \mu$ é o número de Reynolds (um adimensional muito famoso na mecânica dos fluidos) que foi apresentado nos Caps. 1 e 6 e será novamente discutido na Sec. 7.6

Exemplo 7.1

Uma placa fina e retangular está imersa num escoamento uniforme com velocidade ao longe igual a V. A placa apresenta largura e altura respectivamente iguais a w e h e está montada perpendicularmente ao escoamento principal. Admita que o arrasto na placa, D, é função de w, h, da massa específica do fluido (ρ), da viscosidade dinâmica do fluido (μ) e da velocidade do escoamento ao longe. Determine a conjunto de termos pi adequado para o estudo experimental deste problema.

Solução A formulação do problema indica que

$$D = f(w, h, \mu, \rho, V)$$

Esta equação expressa a relação geral entre o arrasto e as várias variáveis que são importantes no problema. As dimensões das variáveis (utilizando o sistema MLT) são

$$D \doteq M\,LT^{-2}$$
$$w \doteq L$$
$$h \doteq L$$
$$\mu \doteq M\,L^{-1}T^{-1}$$
$$\rho \doteq M\,L^{-3}$$
$$V \doteq LT^{-1}$$

Note que as três dimensões básicas são necessárias para definir as seis variáveis do problema. O teorema de Buckingham pi indica que serão necessários três termos pi para a análise do fenômeno (seis variáveis menos três dimensões de referência, $k - r = 6 - 3 = 3$).

Nós escolheremos como variáveis repetidas w, V e ρ. Uma inspeção rápida destas três variáveis mostra que elas são dimensionalmente independentes porque cada uma delas apresenta uma dimensão que não consta das variáveis restantes. É importante ressaltar que é incorreto utilizar w e h como variáveis repetidas porque estas variáveis apresentam a mesma dimensão.

Nós iniciaremos o procedimento de determinação dos termos pi com a variável dependente, D. Assim, o primeiro termo pi pode ser obtido pela combinação de D com as variáveis repetidas, ou seja,

$$\Pi_1 = D\,w^a V^b \rho^c$$

Substituindo as variáveis por suas dimensões,

$$\left(M\,LT^{-2}\right)\left(L\right)^a\left(LT^{-1}\right)^b\left(M\,L^{-3}\right)^c \doteq M^0 L^0 T^0$$

Para que Π_1 seja adimensional,

$$1 + c = 0 \qquad \text{(para } M\text{)}$$
$$1 + a + b - 3c = 0 \qquad \text{(para } L\text{)}$$
$$-2 - b = 0 \qquad \text{(para } T\text{)}$$

A solução deste sistema de equações algébricas é $a = -2$, $b = -2$ e $c = -1$. Assim, o primeiro termo pi é

$$\Pi_1 = \frac{D}{w^2 V^2 \rho}$$

Agora nós vamos repetir o procedimento com a segunda variável não repetida, h. Assim,

$$\Pi_2 = h\, w^a V^b \rho^c$$

Substituindo as variáveis por suas dimensões,

$$(L)(L)^a (LT^{-1})^b (M L^{-3})^c \doteq M^0 L^0 T^0$$

Para que Π_2 seja adimensional,

$$\begin{aligned} c &= 0 && \text{(para } M\text{)} \\ 1 + a + b - 3c &= 0 && \text{(para } L\text{)} \\ b &= 0 && \text{(para } T\text{)} \end{aligned}$$

A solução deste sistema de equações algébricas é $a = -1$, $b = 0$ e $c = 0$. Assim, o segundo termo pi é

$$\Pi_2 = \frac{h}{w}$$

A aplicação do procedimento a terceira variável não repetida, μ, resulta em

$$\Pi_3 = \mu\, w^a V^b \rho^c$$

Substituindo as variáveis por suas dimensões,

$$(M L^{-1} T^{-1})(L)^a (LT^{-1})^b (M L^{-3})^c \doteq M^0 L^0 T^0$$

Para que Π_3 seja adimensional,

$$\begin{aligned} 1 + c &= 0 && \text{(para } M\text{)} \\ -1 + a + b - 3c &= 0 && \text{(para } L\text{)} \\ -1 - b &= 0 && \text{(para } T\text{)} \end{aligned}$$

A solução deste sistema de equações algébricas é $a = -1$, $b = -1$ e $c = -1$. Assim, o terceiro termo pi é

$$\Pi_3 = \frac{\mu}{wV\rho}$$

Deste modo nós determinamos os três termos pi necessários para a análise do fenômeno. É muito interessante verificar se os termos são realmente adimensionais. Nós vamos utilizar o sistema (F, L, T) para realizar esta verificação. Assim,

$$\Pi_1 = \frac{D}{w^2 V^2 \rho} \doteq \frac{(F)}{(L)^2 (LT^{-1})^2 (F L^{-4} T^2)} \doteq F^0 L^0 T^0$$

$$\Pi_2 = \frac{h}{w} \doteq \frac{(L)}{(L)} \doteq F^0 L^0 T^0$$

$$\Pi_2 = \frac{\mu}{wV\rho} \doteq \frac{(F L^{-2} T)}{(L)(LT^{-1})(F L^{-4} T^2)} \doteq F^0 L^0 T^0$$

Note que é necessário voltar a relação original de variáveis, reanalisar a dimensão de cada variável e verificar todo o procedimento que você utilizou para determinar os expoentes a, b e c se o resultado da verificação não for satisfatório.

Finalmente, nós podemos expressar os resultados da análise dimensional na forma

$$\frac{D}{w^2 V^2 \rho} = \tilde{\phi}\left(\frac{h}{w}, \frac{\mu}{wV\rho}\right)$$

Neste estágio da análise dimensional a natureza da função $\tilde{\phi}$ é desconhecida e nós podemos rearranjar os termos pi. Por exemplo, nós podemos expressar o resultado final na forma

$$\frac{D}{w^2 \rho V^2} = \phi\left(\frac{w}{h}, \frac{\rho V w}{\mu}\right)$$

Esta forma é mais conveniente porque a razão entre a largura e a altura da placa, w/h, é denominada relação de aspecto e $\rho Vw/\mu$ é o número de Reynolds. Para prosseguir a análise deste problema é necessário realizar um conjunto de experimentos para determinar a natureza da função ϕ (veja a Sec. 7.7).

7.4 Alguns Comentários Adicionais Sobre a Análise Dimensional

Nós apresentamos na seção anterior um método para a determinação dos termos pi. Existem outros métodos para a determinação destes termos mas nós achamos que o método das variáveis repetidas é o mais adequado para uma apresentação inicial da matéria. Existem alguns aspectos desta ferramenta importante na engenharia que podem parecer, a primeira vista, um tanto misteriosos. Nesta seção nós esclareceremos alguns detalhes da análise dimensional que apresentam esta característica.

7.4.1 Escolha das Variáveis

Um dos passos mais importantes, e talvez o mais difícil, da aplicação do método das variáveis repetidas a qualquer problema é a escolha das variáveis envolvidas. Como apontamos anteriormente, nós utilizaremos, por conveniência, o termo variável para indicar qualquer quantidade relevante ao problema que estamos analisando (incluindo as constantes dimensionais e adimensionais). Não existe um procedimento simples para identificar facilmente estas variáveis. Geralmente, é necessário confiar na nossa interpretação física do fenômeno que está sendo analisado e de nossa habilidade em aplicar as leis físicas em situações parecidas com aquela que estamos lidando.

Nós podemos classificar as variáveis da maioria dos problemas de engenharia (incluído os problemas de mecânica dos fluidos) em três amplos grupos – geométricas, propriedades do material e efeitos externos.

Variáveis Geométricas. As características geométricas normalmente são descritas por uma série de comprimentos e ângulos. Na maioria dos problemas, a geometria do sistema é importante e torna-se necessário incluir todas as variáveis geométricas necessárias para descrever o sistema que desejamos analisar. Normalmente é fácil identificar as variáveis geométricas

Propriedades do Material. A resposta do sistema a um efeito externo aplicado (tal como uma força, diferença de pressão e variações de temperatura) depende da natureza do material contido no sistema. Assim, as propriedades do material que relacionam os efeitos externos e a resposta precisam ser incluídas como variáveis. Por exemplo, a viscosidade dinâmica de um fluido Newtoniano relaciona as forças aplicadas com as taxas de deformação no fluido.

Efeitos externos. Esta terminologia é utilizada para indicar qualquer variável que produz, ou tende a produzir, uma mudança no sistema. Por exemplo, na mecânica de estruturas, as forças (tanto concentradas quanto distribuídas) aplicadas no sistema tendem a produzir uma mudança geométrica e tais forças podem ser consideradas como variáveis pertinentes ao problema que está sendo analisado. Na mecânica dos fluidos, as variáveis desta classe estão relacionadas as pressões, velocidades ou a ação da gravidade.

7.4.2 Determinação das Dimensões de Referência

É desejável, na análise de qualquer problema, reduzir o número de termos pi ao mínimo. Assim, é necessário que o número de variáveis também seja mínimo. É muito importante conhecer quantas dimensões de referência são necessárias para descrever as variáveis do problema que estamos analisando. Como nós já vimos nos exemplos anteriores, o conjunto de dimensões básicas (F, L, T) parece ser conveniente para caracterizar as quantidades que aparecem nos problemas de mecânica dos fluidos. Entretanto não existe nada fundamental neste conjunto e nós também mostramos que o conjunto (M, L, T) também é adequado para descrever as quantidades. Realmente, qualquer conjunto de quantidades mensuráveis pode ser utilizado como conjunto de dimensões básicas desde que todas as quantidades secundárias possam ser descritas a partir deste conjunto de dimensões básicas.

7.4.3 Unicidade dos Termos Pi

Uma pequena análise do processo utilizado para a determinação dos termos pi pelo método das variáveis repetidas revela que os termos pi dependem da escolha arbitrária das variáveis repetidas. Por exemplo, nós escolhemos D, V e ρ como variáveis repetidas na análise dimensional do problema que estuda a queda de pressão do escoamento no tubo. Esta escolha levou a seguinte relação entre termos pi:

$$\frac{D\,\Delta p_l}{\rho V^2} = \phi\left(\frac{DV\rho}{\mu}\right) \tag{7.3}$$

O que teria acontecido se nós tivéssemos escolhido D, V e μ como variáveis repetidas neste problema? Uma verificação rápida revela que o termo pi que contém Δp_l apresenta a forma

$$\frac{\Delta p_l D^2}{V\mu}$$

e o segundo termo pi permanece igual ao da análise anterior. Assim, nós podemos expressar o resultado final do seguinte modo:

$$\frac{\Delta p_l D^2}{V\mu} = \phi_1\left(\frac{DV\rho}{\mu}\right) \tag{7.4}$$

Os dois resultados estão corretos e ambos levarão a mesma equação final para Δp_l. Entretanto, as funções ϕ e ϕ_1 das Eqs. 7.3 e 7.4 serão diferentes porque os termos pi dependentes nas duas relações são diferentes.

Este exemplo mostra que não existe apenas um conjunto de termos pi para um determinado problema. Entretanto, o número necessário de termos pi é fixo.

7.5 Determinação dos Termos Pi por Inspeção

Nós apresentamos um método para obter os termos pi na Sec. 7.3. Este método é baseado num procedimento seqüencial que, se executado corretamente, fornece o conjunto completo e correto de termos pi. Apesar do método ser simples, e direto, ele é trabalhoso (particularmente nos problemas onde o número de variáveis é grande). As únicas restrições colocadas nos termos pi são: (1) o número seja o correto (2) que eles sejam adimensionais e (3) e independentes. Assim, torna-se possível determinar os termos pi por inspeção sem que seja necessário utilizar um procedimento mais formal.

Nós consideraremos novamente a queda de pressão, por unidade de comprimento, do escoamento em regime permanente num tubo com parede lisa para ilustrar esta abordagem. Independentemente da técnica a ser utilizada, o ponto de partida é o mesmo, ou seja, a determinação das variáveis importantes no fenômeno. Como já vimos anteriormente,

$$\Delta p_l = f(D, \rho, \mu, V)$$

O próximo passo é relacionar as dimensões das variáveis. Deste modo,

$$\Delta p_l \doteq FL^{-3}$$
$$D \doteq L$$

$$\rho \doteq FL^{-4}T^2$$
$$\mu \doteq FL^{-2}T$$
$$V \doteq LT^{-1}$$

Após este passo é necessário determinar o número de dimensões de referência. A aplicação do teorema pi nos indica qual é o número necessário de termos pi. Neste problema existem cinco variáveis e três dimensões de referência. Assim, será necessário utilizar dois termos pi. Note que a determinação do número necessário de termos pi deve ser feita sempre na parte inicial da análise.

Uma vez que o número de termos pi é conhecido nós podemos formar os termos pi por inspeção. Nós apenas vamos utilizar o fato de que cada termo pi precisa ser adimensional e sempre colocamos a variável dependente no termo Π_1. Neste caso, a variável dependente é a queda de pressão por unidade de comprimento de tubo, Δp_l (esta variável apresenta dimensão FL^{-3}). Nós precisamos combinar a variável dependente com outras variáveis para obter um produto adimensional. Uma possibilidade é dividir Δp_l por ρ. Deste modo,

$$\frac{\Delta p_l}{\rho} \doteq \frac{\left(FL^{-3}\right)}{\left(FL^{-4}T^2\right)} \doteq \frac{L}{T^2}$$

Esta relação não depende de F mas ainda não é adimensional. Para eliminar a dependência em T, nós dividiremos a relação anterior por V^2. Assim,

$$\left(\frac{\Delta p_l}{\rho}\right)\frac{1}{V^2} \doteq \left(\frac{L}{T^2}\right)\frac{1}{\left(LT^{-1}\right)^2} \doteq \frac{1}{L}$$

Finalmente, para tornar esta combinação adimensional nós a multiplicaremos por D. Deste modo,

$$\left(\frac{\Delta p_l}{\rho V^2}\right)D \doteq \left(\frac{1}{L}\right)(L) \doteq L^0$$

Assim,

$$\Pi_1 = \frac{\Delta p_l D}{\rho V^2}$$

O próximo passo é construir o segundo termo pi com a variável que não foi utilizada no termo Π_1. Nós podemos combinar a variável μ com outras variáveis para construir uma combinação adimensional (não utilize Δp_l em Π_2 porque nós queremos que a variável dependente só apareça no termo Π_1). Por exemplo, divida μ por ρ (para eliminar F), divida o resultado anterior por V (para eliminar T) e finalmente divida por D (para eliminar L). Assim,

$$\Pi_2 = \frac{\mu}{\rho V D} \doteq \frac{\left(FL^{-2}T\right)}{\left(FL^{-4}T^2\right)\left(LT^{-1}\right)\left(L\right)} \doteq F^0L^0T^0$$

O resultado deste procedimento é

$$\frac{\Delta p_l D}{\rho V^2} = \phi\left(\frac{\mu}{DV\rho}\right)$$

que obviamente é o mesmo resultado que obtivemos com o método das variáveis repetidas.

Apesar do procedimento de obtenção dos termos pi por inspeção ser essencialmente equivalente ao método das variáveis repetidas ele é menos estruturado. Com um pouco de prática este procedimento passa a ser uma alternativa aos procedimentos mais formais.

7.6 Grupos Adimensionais Usuais na Mecânica dos Fluidos

A parte superior da Tab. 7.1 apresenta as variáveis que normalmente são utilizadas na análise dos problemas da mecânica dos fluidos. A lista não é completa mas indica as variáveis mais utili-

Tabela 7.1 Alguns Grupos Adimensionais e Variáveis Utilizadas na Mecânica dos Fluidos

Variáveis: Aceleração da gravidade, g; Módulo de elasticidade volumétrico, E_v ; Comprimento característico, l; Massa específica, ρ ; Frequência de oscilação do escoamento, ω; Pressão, p (ou Δp); Velocidade do som, c; Tensão superficial, σ; Velocidade, V; Viscosidade dinâmica, μ

Grupo Adimensional	Nome	Interpretação	Tipos de Aplicação
$\dfrac{\rho V l}{\mu}$	Número de Reynolds, Re	$\dfrac{\text{força de inércia}}{\text{força viscosa}}$	É importante na maioria dos problemas de mecânica dos fluidos
$\dfrac{V}{\sqrt{g l}}$	Número de Froude, Fr	$\dfrac{\text{força de inércia}}{\text{força gravitacional}}$	Escoamentos com superfície livre
$\dfrac{p}{\rho V^2}$	Número de Euler, Eu	$\dfrac{\text{força de pressão}}{\text{força de inércia}}$	Problemas onde a pressão, ou diferenças de pressão, são importantes
$\dfrac{\rho V^2}{E_v}$	Número de Cauchy[a], Ca	$\dfrac{\text{força de inércia}}{\text{força de compressibilidade}}$	Escoamentos onde a compressibilidade do fluido é importante
$\dfrac{V}{c}$	Número de Mach[a], Ma	$\dfrac{\text{força de inércia}}{\text{força de compressibilidade}}$	Escoamentos onde a compressibilidade do fluido é importante
$\dfrac{\omega l}{V}$	Número de Strouhal, St	$\dfrac{\text{força de inércia (local)}}{\text{força de inércia (convectiva)}}$	Escoamentos transitórios com uma freqüência de oscilação característica
$\dfrac{\rho V^2 l}{\sigma}$	Número de Weber, We	$\dfrac{\text{força de inércia}}{\text{força de tensão superficial}}$	Problemas onde os efeitos da tensão superficial são importantes

[a] Os números de Cauchy e de Mach são relacionados e podem ser utilizados como indicadores da relação entre os efeitos de inércia e da compressibilidade.

zadas em problemas típicos. Felizmente nós não encontramos todas estas variáveis em todos os problemas da mecânica dos fluidos. Entretanto, quando encontramos combinações destas variáveis é normal combiná-las nos grupos adimensionais (termos pi) indicados na Tab. 7.1 Estas combinações são utilizadas tão freqüentemente que receberam nomes especiais.

Sempre é possível fornecer uma interpretação física dos grupos adimensionais. Estas interpretações podem ser úteis na análise dos escoamentos. Por exemplo, o número de Froude é um indicativo da relação entre a força devida a aceleração de uma partícula fluida e a força devida a gravidade (peso). A última coluna da Tab. 7.1 indica os tipos de aplicação onde o adimensional em questão é relevante e a coluna anterior apresenta as interpretações dos grupos adimensionais. O número de Reynolds, sem dúvida, é o parâmetro adimensional mais famoso da mecânica dos fluidos (⦿ 7.1 – Número de Reynolds). Este adimensional leva o nome do engenheiro inglês Osborne Reynolds porque ele demonstrou, pela primeira vez, que a combinação de variáveis podia ser utilizada como um critério para a distinção entre escoamento laminar e turbulento. A maioria dos escoamentos apresenta um comprimento característico, l, uma velocidade característica, V, e, normalmente, as propriedades do fluido (como a massa específica e a viscosidade dinâmica) são variáveis relevantes do escoamento. Por estes motivos, o número de Reynolds,

$$\text{Re} = \frac{\rho V l}{\mu}$$

aparece naturalmente da análise dimensional. O número de Reynolds é uma medida da razão entre as forças de inércia de um elemento fluido e os efeitos viscosos no elemento. O número de

Reynolds será importante quando estes dois tipos de força forem relevantes no escoamento que está sendo analisado.

7.7 Correlação de Dados Experimentais

Uma das utilizações mais importantes da análise dimensional é o tratamento, interpretação e correlação de dados experimentais. Não é surpreendente que a análise dimensional tenha se tornado uma ferramenta importante na mecânica dos fluidos porque este campo é baseado em observações experimentais. Como já apontamos anteriormente, a análise dimensional não pode fornecer a resposta completa para qualquer problema porque esta ferramenta apenas indica os grupos adimensionais que descrevem o fenômeno e não as relações específicas entre os grupos adimensionais. Para determinar esta relação é necessário utilizar dados experimentais adequados do fenômeno. Este processo é bastante difícil e a dificuldade cresce com o número de termos pi necessários para descrever o fenômeno e da natureza dos experimentos (é muito difícil obter dados experimentais adequados em qualquer experimento). Obviamente, os problemas mais simples são aqueles que envolvem poucos termos pi e as próximas seções mostram como a complexidade da análise cresce com o aumento do número dos termos pi.

7.7.1 Problemas com Um Termo Pi

A aplicação do teorema pi indica que apenas um termo pi é necessário para descrever o fenômeno se o número de variáveis menos o número de dimensões de referência é igual a unidade. Assim, nestes casos, nós temos que

$$\Pi_1 = C$$

onde C é uma constante. Esta é uma situação onde a análise dimensional revela a forma específica da relação. Entretanto, o valor da constante precisa ser determinado experimentalmente. O próximo exemplo ilustra como as variáveis são relacionadas num problema deste tipo.

Exemplo 7.2

Uma partícula esférica cai lentamente num fluido viscoso. Admita que o arrasto, D, é função do diâmetro e da velocidade da partícula (d e V) e da viscosidade dinâmica do fluido, μ. Determine, com o auxílio da análise dimensional, qual é a relação entre o arrasto e a velocidade da partícula.

Solução A formulação do problema indica que o arrasto é função de

$$D = f(d, V, \mu)$$

As dimensões destas variáveis são:

$$D \doteq F$$
$$d \doteq L$$
$$V \doteq LT^{-1}$$
$$V \doteq FL^{-2}T$$

Nós temos quatro variáveis e três dimensões de referência (F, L e T). De acordo com o teorema pi, só é necessário um termo pi para descrever o fenômeno. Nós podemos obter este termo por inspeção, ou seja,

$$\Pi_1 = \frac{D}{\mu V d}$$

Como só existe um termo pi, segue que

$$\frac{D}{\mu V d} = C$$

ou

$$D = C\mu V d$$

Assim, para uma dada partícula e um dado fluido, o arrasto varia diretamente com a velocidade, ou seja,

$$D \propto V$$

A análise dimensional não só revela que o arrasto varia diretamente com a velocidade mas também que varia diretamente com o diâmetro da partícula e com a viscosidade do fluido. Entretanto, nós não podemos predizer o valor do arrasto porque o valor da constante C não é conhecido. É necessário realizar um experimento para medir o arrasto e a velocidade de uma dada partícula num certo fluido. Em princípio, só é necessário realizar um único teste para a determinação do valor de C mas nós gostaríamos de repetir o teste várias vezes para obter um valor mais confiável de C. É importante lembrar que: uma vez determinado o valor de C, não é mais necessário realizar testes similares utilizando partículas com diâmetros diferentes e fluidos diferentes, ou seja, C é uma constante "universal". Nestas condições, o arrasto é uma função apenas do diâmetro da partícula, da velocidade e da viscosidade do fluido.

Uma solução aproximada deste problema pode ser obtida teoricamente. Nesta solução, o valor de C é igual a 3π. Assim,

$$D = 3\pi \, \mu V d$$

Este equação é conhecida como a lei de Stokes e é utilizada no estudo da decantação de partículas. Os experimentos revelam que este resultado só é valido quando o número de Reynolds é baixo ($\rho Vd/\mu \ll 1$). O motivo para que isto ocorra é que nós não incluímos a massa específica do fluido na lista de variáveis originais do problema, ou seja, nós desprezamos os efeitos da inércia do fluido. A inclusão de uma variável adicional leva a um outro termo pi de modo que nós teríamos que trabalhar com dois termos pi em vez de um.

7.7.2 Problemas com Dois ou Mais Termos Pi

Existem muitos fenômenos que podem ser descritos com dois termos pi, ou seja,

$$\Pi_1 = \phi(\Pi_2)$$

A relação funcional entre as variáveis pode ser determinada variando-se Π_2 e medindo-se os valores correspondentes de Π_1. Neste caso, os resultados podem ser convenientemente apresentados na forma gráfica construindo-se uma curva de Π_1 em função de Π_2. É importante notar que a curva da figura é "universal" para o fenômeno que está sendo analisado, ou seja, só existe uma relação entre os termos pi se a escolha das variáveis e a análise dimensional resultante estão corretas. Entretanto, a relação é empírica e só é valida na faixa de Π_2 coberta pelos experimentos. Pode ser muito perigoso trabalhar com dados extrapolados (fora da faixa coberta pelos experimentos) porque a natureza do fenômeno pode variar de modo significativo fora da faixa analisada. Muitas vezes é interessante obter uma equação empírica que relacione os termos pi, além da representação gráfica, e isto normalmente é realizado com uma técnica de ajustes de curvas.

Exemplo 7.3

A relação entre a queda de pressão por unidade de comprimento (gradiente de pressão) do escoamento num tubo horizontal, que apresenta parede lisa, e as variáveis que afetam esta perda de pressão deve ser determinada experimentalmente. A queda de pressão foi medida, no laboratório, num tubo que apresenta parede lisa, diâmetro interno e comprimento iguais a 12,6 mm e 1,5 m. O fluido utilizado nos experimentos era água a 16°C (ρ = 999 kg/m^3 e μ = 1,12 $\times 10^{-3}$ N·s/m^2). Os testes foram realizados com várias velocidades médias e a pressão foi medida em cada teste. Os resultados destes testes estão apresentado na próxima tabela.

Velocidade (m/s)	0,36	0,59	0,89	1,78	3,39	5,16	7,11	8,76
Perda de pressão medida no tubo (N/m^2)	300	747	1480	5075	15753	32600	57450	82830

Utilize estes dados para obter uma relação geral entre a queda de pressão por unidade de comprimento e as outras variáveis.

Solução É importante realizar uma análise dimensional do problema durante o planejamento dos experimentos, ou seja, antes da realização dos testes. Novamente, nós vamos admitir que a queda de pressão por unidade de comprimento, Δp_l, é função do diâmetro do tubo, D, da massa específica do fluido, ρ, da viscosidade dinâmica do fluido, μ, e da velocidade média do escoamento, V. Assim,

$$\Delta p_l = f(D, \rho, \mu, V)$$

e a aplicação do teorema pi fornece

$$\frac{D\,\Delta p_l}{\rho V^2} = \phi\left(\frac{\rho V D}{\mu}\right)$$

Nós precisamos variar o número de Reynolds, $\rho VD/\mu$, e medir os valores correspondentes de $D\Delta p_l/\rho V^2$ para determinar a forma desta relação. O número de Reynolds pode ser alterado a partir da variação de qualquer uma das seguintes variáveis (ou de suas combinações): ρ, V, D e μ. Entretanto, o modo mais simples de alterar o número de Reynolds é a partir da variação da velocidade do escoamento porque isto nos permite utilizar o mesmo tubo e o mesmo fluido. Nós podemos construir a próxima tabela se utilizarmos os dados fornecidos na formulação do problema:

$D\,\Delta p_l\,/\,\rho V^2$	0,0195	0,0175	0,0155	0,0132
$\rho V D\,/\,\mu$	$4{,}01 \times 10^3$	$6{,}68 \times 10^3$	$9{,}97 \times 10^3$	$2{,}00 \times 10^4$

	0,0113	0,0101	0,00939	0,00893
	$3{,}81 \times 10^4$	$5{,}80 \times 10^4$	$8{,}00 \times 10^4$	$9{,}85 \times 10^4$

Estes grupos são adimensionais e, assim, seus valores são independentes do sistema de unidades utilizado (desde que ele seja consistente). Note que todos os números de Reynolds da tabela anterior são maiores do que 2100. Deste modo, o escoamento no tubo é sempre turbulento.

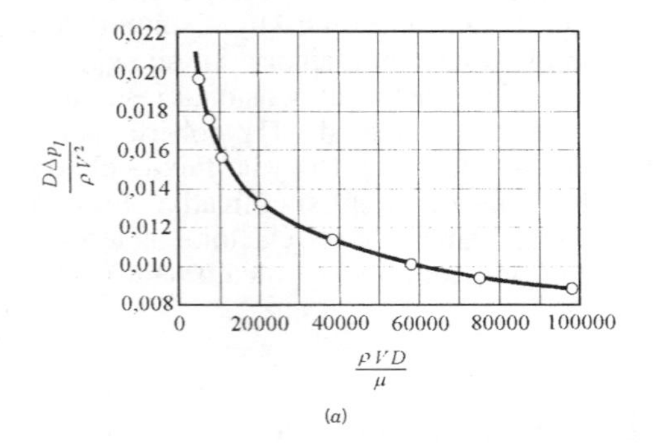

(a)

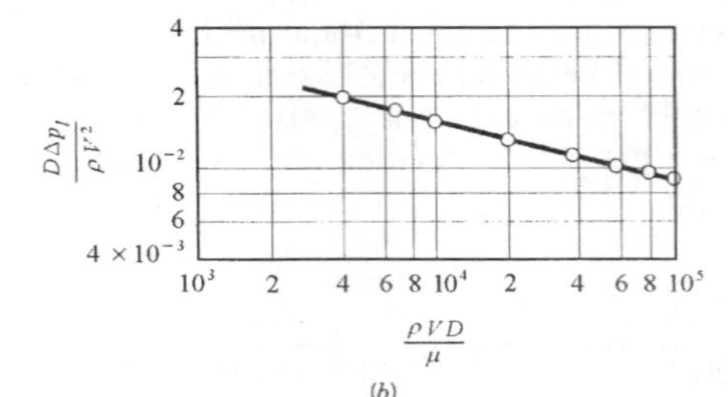

(b)

Figura E7.3

A Fig. E7.3*a* apresenta um gráfico construído a partir da tabela anterior. A correlação entre os dados parece ser boa. Um indício de que nós cometemos algum erro experimental ou um engano na escolha das variáveis originais do problema é a obtenção de uma curva com aspecto "desajeitado". A curva indicada na Fig. E7.3*a* representa uma relação geral entre a queda de pressão e os outros fatores válida para a faixa de números de Reynolds limitada por $4{,}01 \times 10^3$ e $9{,}85 \times 10^4$. Assim, não é necessário repetir os testes com tubos que apresentam diâmetros diferentes do utilizado no experimento realizado, ou com outros fluidos, nesta faixa de número de Reynolds.

Não é óbvio qual deve ser a forma da equação empírica que relaciona Π_1 e Π_2 porque a relação entre os termos pi não é linear. Entretanto, se os mesmos dados forem utilizados para construir um gráfico com escalas logarítmicas, como o mostrado na Fig. E7.3*b*, nós obteríamos uma linha reta. Isto sugere que uma equação adequada apresenta a forma $\Pi_1 = A\,\Pi_2^n$, onde A e n são constantes empíricas que devem ser determinadas com uma técnica de ajustes de curvas (por exemplo, um programa de regressão não linear). Uma curva que apresenta boa aderência aos dados experimentais deste exemplo é

$$\Pi_1 = 0{,}150\,\Pi_2^{-0{,}25}$$

H. Blasius (1883 – 1970), um dos expoentes da mecânica dos fluidos do século XX, propôs uma equação empírica que é muito utilizada para calcular a queda de pressão nos escoamentos em tubos lisos na faixa $4 \times 10^3 < \text{Re} < 1 \times 10^5$. Esta equação pode ser expressa da seguinte forma:

$$\frac{D\,\Delta p_l}{\rho V^2} = 0{,}1582\left(\frac{\rho V D}{\mu}\right)^{-1/4}$$

Esta relação, conhecida como a equação de Blasius, é baseada em vários resultados experimentais do mesmo tipo dos utilizados neste exemplo. Escoamentos em tubos serão discutidos mais detalhadamente no próximo capítulo onde será mostrado como a rugosidade da superfície interna do tubo (uma nova variável) pode afetar os resultados deste exemplo (que só são válidos para escoamentos em tubos lisos).

O aumento do número de termos pi torna mais difícil mostrar os resultados na forma gráfica e obter a equação empírica que correlacione os dados experimentais. Os problemas que envolvem três termos pi apresentam a seguinte relação funcional

$$\Pi_1 = \phi(\Pi_2, \Pi_3)$$

Ainda é possível mostrar os dados em gráficos simples utilizando a técnica para a construção de família de curvas. Este modo de apresentação é muito útil para a representação dos dados. Também é possível determinar uma equação empírica adequada que relacione os três termos pi. Entretanto, quando o número de termos pi aumenta mais, o que corresponde a um crescimento da complexidade do problema que estamos analisando, tanto a representação gráfica quanto a determinação da equação empírica ficam mais difíceis. Nestes casos, é mais fácil utilizar um modelo para obter as características do sistema do que tentar formular correlações gerais.

7.8 Modelos e Semelhança

Os modelos são muito utilizados na mecânica dos fluidos. A maior parte dos projetos de engenharia que envolvem estruturas, aviões, navios, rios, portos, barragens, poluição do ar e da água freqüentemente utilizam modelos. Apesar do termo "modelo" ser utilizado em diferentes contextos, o modelo de engenharia segue a seguinte definição: Um modelo é uma representação de um sistema físico que pode ser utilizado para predizer o comportamento de alguma característica do sistema. O sistema físico para o qual as predições são feitas é denominado protótipo. Apesar dos modelos matemáticos ou computacionais também estarem de acordo com esta definição, nosso interesse estará restrito aos modelos físicos, ou seja, modelos que parecem com o protótipo mas que geralmente apresentam tamanho diferente, podem estar envolvidos por fluidos diferentes e sempre operam sob condições diferentes (pressão, velocidade etc). Normalmente o modelo é menor do que o protótipo. Assim, é menos custoso construir e operar o modelo do que o protótipo. Com o desenvolvimento de um modelo adequado é possível predizer, sob certas condições, o comportamento do protótipo. Assim, é possível examinar, a priori, os efeitos gerados por alterações no projeto original do protótipo. Nas próximas seções nós desenvolveremos os procedimentos para o projeto de modelos de modo que o comportamento do modelo e do protótipo sejam similares.

7.8.1 Teoria dos Modelos

A teoria dos modelos pode ser desenvolvida a partir da análise dimensional. Nós mostramos que qualquer problema pode ser descrito em função de um conjunto de termos pi, ou seja,

$$\Pi_1 = \phi(\Pi_2, \Pi_3, \ldots, \Pi_n) \tag{7.5}$$

A formulação desta relação requer apenas o conhecimento da natureza geral do fenômeno físico e das variáveis relevantes do fenômeno. Os valores específicos das variáveis (tamanho dos componentes, propriedades do fluido etc) não são necessários para a realização da análise dimensional. Assim, a Eq. 7.5 é aplicável a qualquer sistema que seja descrito pelas mesmas variáveis. Se esta equação descreve o comportamento de um protótipo, uma relação similar pode ser escrita para o modelo deste protótipo, ou seja,

$$\Pi_{1m} = \phi(\Pi_{2m}, \Pi_{3m}, \ldots, \Pi_{nm}) \tag{7.6}$$

onde a forma da função será a mesma desde que os fenômenos envolvidos no protótipo e no modelo sejam os mesmos. Variáveis, ou termos pi, sem o subscrito se referem ao protótipo enquanto o subscrito m será utilizado para indicar que a variável é relativa ao modelo.

Os termos pi podem ser desenvolvidos de modo que Π_1 contenha a variável que deve ser prevista a partir das observações feitas no modelo. Assim, se o modelo é projetado e operado nas seguintes condições

$$\begin{aligned} \Pi_{2m} &= \Pi_2 \\ \Pi_{3m} &= \Pi_3 \\ \vdots \quad & \quad \vdots \\ \Pi_{nm} &= \Pi_n \end{aligned} \tag{7.7}$$

e lembrando que a forma de ϕ é a mesma para o modelo e para o protótipo, temos

$$\Pi_{1m} = \Pi_1 \tag{7.8}$$

A Eq. 7.8 indica que o valor medido no modelo, Π_{1m}, será igual ao valor de Π_1 do protótipo desde que os outros termos pi sejam iguais. As condições especificadas pela Eq. 7.7 fornecem as condições de projeto do modelo e são conhecidas como condições de semelhança ou leis do modelo.

Como um exemplo deste procedimento, considere o problema de determinar o arrasto, D, numa placa fina e retangular (largura w e altura h) colocada normalmente ao escoamento de um fluido que apresenta velocidade ao longe V. A análise dimensional deste problema foi realizada no Exemplo 7.1 onde nós admitimos que

$$D = f(w, h, \mu, \rho, V)$$

A aplicação do teorema pi fornece

$$\frac{D}{w^2 \rho V^2} = \phi\left(\frac{w}{h}, \frac{\rho V w}{\mu}\right) \tag{7.9}$$

Nós estamos interessados no projeto de um modelo que possa ser utilizado para predizer o arrasto num certo protótipo (que presumidamente apresenta tamanho diferente do modelo). Como a relação fornecida pela Eq. 7.9 se aplica tanto ao protótipo quanto ao modelo, temos

$$\frac{D_m}{w_m^2 \rho_m V_m^2} = \phi\left(\frac{w_m}{h_m}, \frac{\rho_m V_m w_m}{\mu_m}\right) \tag{7.10}$$

As condições de projeto do modelo, ou condições de semelhança, são

$$\frac{w_m}{h_m} = \frac{w}{h} \qquad \frac{\rho_m V_m w_m}{\mu_m} = \frac{\rho V w}{\mu}$$

O tamanho do modelo é obtido pela primeira expressão, ou seja,

$$w_m = \frac{h_m}{h} w \tag{7.11}$$

Nós estamos livres para escolher a relação de alturas h_m / h mas a largura da placa modelo, w_m, é estabelecida pela Eq. 7.11.

O segundo critério de semelhança indica que o modelo e o protótipo precisam operar com o mesmo número de Reynolds. Assim, a velocidade necessária no modelo é obtida com a relação

$$V_m = \frac{\mu_m}{\mu} \frac{\rho}{\rho_m} \frac{w}{w_m} V \tag{7.12}$$

Note que as condições de projeto do modelo requer uma escala geométrica, Eq. 7.11, e uma escala de velocidade, Eq. 7.12. Este resultado é típico da maioria dos projetos de modelo – é necessário utilizar outras escalas além da escala geométrica.

Se nós satisfizermos as condições de semelhança, a equação para o arrasto é

$$\frac{D}{w^2 \rho V^2} = \frac{D_m}{w_m^2 \rho_m V_m^2}$$

ou

$$D = \left(\frac{w}{w_m}\right)^2 \left(\frac{\rho}{\rho_m}\right) \left(\frac{V}{V_m}\right)^2 D_m$$

Esta equação fornece o arrasto no protótipo a partir do arrasto medido no modelo, D_m, das características geométricas das placas, das velocidades dos escoamentos sobre o modelo e sobre o protótipo e da razão entre a massa específica do fluido utilizado no protótipo e no modelo.

Este exemplo mostra que para alcançar a semelhança entre o comportamento do modelo e do protótipo é necessário que todos os termos pi do modelo e do protótipo precisam ser iguais. Normalmente, um ou mais termos pi envolvem razões entre comprimentos importantes (como w/h do exemplo), ou seja, eles são puramente geométricos. Assim, quando nós igualamos os termos pi que envolvem razões de comprimento nós estamos procurando a semelhança geométrica entre o modelo e o protótipo. Isto significa que o modelo precisa ser um versão em escala do protótipo. A escala geométrica precisa ser completa. Para isto, a rugosidade superficial também precisa estar em escala porque ela pode influenciar significativamente o escoamento. Qualquer desvio na semelhança geométrica precisa ser analisado cuidadosamente. Algumas vezes é difícil alcançar a semelhança geométrica completa particularmente nos casos onde a rugosidade superficial é importante (é sempre difícil caracterizar e controlar a rugosidade).

Alguns termos pi (tal como o número de Reynolds do exemplo anterior) envolvem razões entre forças (veja a Tab. 7.1). A igualdade dos termos pi requer que a relação entre estas forças no modelo e no protótipo sejam as mesmas. Assim, a razão entre as forças viscosas e as de inércia no modelo e no protótipo devem ser iguais se os números de Reynolds do modelo e do protótipo forem iguais. Se outros termos pi estiverem envolvidos, tal como o número de Froude ou o de Weber, nós podemos obter uma conclusão similar, ou seja, a igualdade deste tipo de termos pi obriga que as relações entre as forças pertinentes no modelo e no protótipo sejam iguais. Assim, nós temos a semelhança dinâmica entre o modelo e o protótipo quando este tipo de termos pi são iguais no modelo e no protótipo. Note que os formatos das linhas de corrente do escoamento no modelo e no protótipo serão os mesmos, que as razões entre as velocidade (V_m / V) e as razões de acelerações (a_m / a) serão constantes no campo de escoamento se nós respeitarmos as regras das semelhanças geométrica e dinâmica. Nestas condições nós obteremos também a semelhança cinemática entre modelo e protótipo. Para que a semelhança entre o modelo e o protótipo seja completa, nós devemos respeitar a semelhança geométrica, a cinemática e a dinâmica entre os dois sistemas. Isto será automaticamente obtido se todas as variáveis importantes estiverem incluídas na análise dimensional e se todas os requerimentos para a semelhança (baseados nos termos pi) estiverem satisfeitos (◉ 7.2 – Modelo de escoamento ambiental).

Exemplo 7.4

A Fig. E7.4 mostra a seção transversal de um componente estrutural longo de uma ponte. Nós sabemos que ocorre o desenvolvimento de vórtices na parte posterior do corpo e que estes são despreendidos numa forma regular e com frequência definida quando o vento escoa em torno deste corpo rombudo. Estes vórtices podem criar forças periódicas que atuam na estrutura e, assim, é importante determinar a frequência de emissão dos vórtices. Para a estrutura mostrada na figura, D = 0,1 m, H = 0,3 m e a velocidade do vento é igual a 50 km/h. Admita que as condições do ar são as normais. A frequência de emissão dos vórtices deve ser determinada com a utilização de um pequeno modelo (D_m = 20 mm) que deve ser testado num túnel de água. A temperatura da água no túnel é 20 °C. Determine a dimensão H_m do modelo e a velocidade do escoamento de água no teste do modelo. Se a frequência do desprendimento de vórtices no modelo for igual a 49,9 Hz, qual será a frequência de desprendimento de vórtices no protótipo?

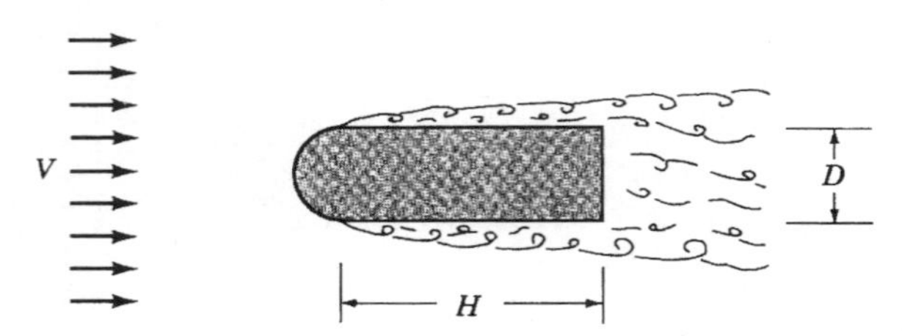

Figura E7.4

Solução Nós esperamos que a frequência de emissão de vórtices, ω, seja função dos comprimentos D e H, da velocidade ao longe V, da massa específica, ρ, e da viscosidade do fluido, μ. Assim,

$$\omega = f\ (D, H, V, \rho, \mu)$$

onde

$$\begin{aligned} \omega &\doteq T^{-1} \\ D &\doteq L \\ H &\doteq L \\ V &\doteq LT^{-1} \\ \rho &\doteq M\,L^{-3} \\ \mu &\doteq M\,L^{-1}T^{-1} \end{aligned}$$

São necessários três termos pi para descrever o fenômeno porque existem seis variáveis e três dimensões de referência (MLT). A aplicação do teorema pi fornece

$$\frac{\omega D}{V} = \phi\left(\frac{D}{H}, \frac{\rho V D}{\mu}\right)$$

Nós identificamos no lado esquerdo da equação o número de Strouhal. Assim, a análise dimensional indica que o número de Strouhal é uma função do parâmetro geométrico, D/H, e do número de Reynolds. Assim, para manter a semelhança entre o modelo e o protótipo

$$\frac{D_m}{H_m} = \frac{D}{H}$$

e

$$\frac{\rho_m V_m D_m}{\mu_m} = \frac{\rho V D}{\mu}$$

O primeiro critério de semelhança requer que

$$H_m = \frac{D_m}{D} H = \frac{\left(20 \times 10^{-3}\right)}{\left(0,1\right)}\left(0,3\right) = 60 \times 10^{-3} \text{ m} = 60 \text{ mm}$$

O segundo critério de semelhança requer que o número de Reynolds no modelo e no protótipo sejam iguais. Deste modo, a velocidade no modelo deve ser igual a

$$V_m = \frac{\mu_m}{\mu} \frac{\rho}{\rho_m} \frac{D}{D_m} V \quad \textbf{(1)}$$

As propriedades do ar na condição padrão são $\mu = 1,79 \times 10^{-5}$ kg/m·s e $\rho = 1,23$ kg/m^3 e as da água a 20ºC são $\mu = 1,00 \times 10^{-3}$ kg/m·s e $\rho = 998$ kg/m^3. A velocidade do escoamento no protótipo é

$$V = \frac{\left(50 \times 10^3\right)}{\left(3600\right)} = 13,9 \text{ m/s}$$

A velocidade no modelo pode ser calculada com a Eq. 1, ou seja,

$$V_m = \frac{\left(1,00 \times 10^{-3}\right)\left(1,23\right)}{\left(1,79 \times 10^{-5}\right)\left(998\right)} \frac{\left(0,1\right)}{\left(0,020\right)}\left(13,9\right) = 4,79 \text{ m/s}$$

O valor desta velocidade é razoável e pode ser facilmente obtida num túnel d'água.

Com os dois critérios de semelhança satisfeitos, nós podemos afirmar que os números de Strouhal do protótipo e do modelo são iguais, ou seja,

$$\frac{\omega D}{V} = \frac{\omega_m D_m}{V_m}$$

A freqüência de desprendimento de vórtices no protótipo será

$$\omega = \frac{V}{V_m} \frac{D_m}{D} \omega_m = \frac{\left(13,9\right)\left(0,020\right)}{\left(4,79\right)\left(0,1\right)}\left(49,9\right) = 29,0 \text{ Hz}$$

Este mesmo modelo também pode ser utilizado para predizer o arrasto por unidade de comprimento, $\mathcal{D}_l$, no protótipo porque o arrasto também é função das mesmas variáveis utilizadas para a avaliação da frequência de desprendimento de vórtices. Assim, os critérios de semelhança são os mesmos e o adimensional $\mathcal{D}_l / D \rho V^2$ no modelo deve ser igual aquele referente ao protótipo. O arrasto medido no modelo pode ser correlacionado com o arrasto no protótipo através da relação

$$\mathcal{D}_l = \left(\frac{D}{D_m}\right)\left(\frac{\rho}{\rho_m}\right)\left(\frac{V}{V_m}\right)^2 \mathcal{D}_{lm}$$

7.8.2 Escalas do Modelo

Nós mostramos na seção anterior que as razões entre quantidades semelhantes do modelo e do protótipo aparecem naturalmente das condições de semelhança. Por exemplo, se num dado problema existem dois comprimentos importantes, i.e. l_1 e l_2, os critérios de semelhança baseados nos termos pi obtido com estas duas variáveis é

$$\frac{l_1}{l_2} = \frac{l_{1m}}{l_{2m}}$$

de modo que

$$\frac{l_{1m}}{l_1} = \frac{l_{2m}}{l_2}$$

Nós definimos a razão l_{1m}/l_1, ou l_{2m}/l_2, como escala de comprimento. Para os modelos verdadeiros só existirá uma única escala de comprimento e todos os comprimentos estão fixados com esta escala. Entretanto existem outras escalas como as de velocidade, V_m/V, de massa específica, ρ_m/ρ, de viscosidade, μ_m/μ etc. De fato, nós podemos definir uma escala para cada uma das variáveis do problema. Assim, não tem sem sentido falar sobre a escala do modelo sem especificar qual é a escala.

Nós designaremos a escala de comprimento por λ_l e as outras escalas por λ_V, λ_ρ, λ_μ etc. onde o subscrito indica a escala. Também, nós indicaremos a razão entre o valor do modelo para o do protótipo como uma escala (em vez do inverso). As escalas de comprimento são sempre especificadas; por exemplo, como escala 1 : 10 ou como escala 1/10. O significado para esta especificação é que o modelo apresenta um décimo do tamanho do protótipo e nós sempre admitiremos que todos os comprimentos relevantes apresentam a mesma escala de modo que o modelo é geometricamente similar ao protótipo.

7.8.3 Modelos Destorcidos

Apesar da idéia geral que está por trás dos critérios de semelhança ser clara (nós simplesmente igualamos os termos pi), não é sempre possível satisfazer todos os critérios conhecidos. Se um ou mais critérios de semelhança não for satisfeito, por exemplo se $\Pi_{2m} \neq \Pi_2$, segue que a equação $\Pi_1 = \Pi_{1m}$ não será verdadeira. Modelos em que uma ou mais condições de similaridade não são satisfeitas são denominados modelos destorcidos.

Os modelos destorcidos são bastante utilizados e eles são criados por uma variedade de razões. Por exemplo, talvez um fluido adequado não seja encontrado para o modelo. O exemplo clássico de modelo destorcido ocorre no estudo do escoamento em canal aberto ou escoamento com superfície livre. Neste problema tanto o número de Reynolds, $\rho Vl/\mu$, quanto o de Froude, $V/(gl)^{1/2}$, são importantes. O critério de semelhança para o número de Froude requer que

$$\frac{V_m}{(g_m l_m)^{1/2}} = \frac{V}{(gl)^{1/2}}$$

Se o modelo e o protótipo são operados no mesmo campo gravitacional, a escala de velocidade necessária é

$$\frac{V_m}{V} = \left(\frac{l_m}{l}\right)^{1/2} = (\lambda_l)^{1/2}$$

O critério de semelhança para o número de Reynolds requer que

$$\frac{\rho_m V_m l_m}{\mu_m} = \frac{\rho V l}{\mu}$$

e a escala de velocidade é

$$\frac{V_m}{V} = \frac{\mu_m}{\mu}\frac{\rho}{\rho_m}\frac{l}{l_m}$$

A escala de velocidade deve ser igual a raiz quadrada da escala de comprimento. Assim,

$$\frac{\mu_m/\rho_m}{\mu/\rho} = \frac{\nu_m}{\nu} = (\lambda_l)^{3/2} \qquad \textbf{(7.13)}$$

onde ν é a viscosidade cinemática. É possível, em princípio, satisfazer as condições de projeto mas pode ser difícil, se não impossível, achar um fluido adequado para o teste do modelo (particularmente naqueles que apresentam pequenas escalas). Por exemplo, os modelos dos escoamentos em rios, vertedouros e portos (protótipos) também utilizam água como fluido de trabalho (os modelos são relativamente grandes de modo que o único fluido que pode ser utilizado é a água). Entretanto, neste caso (com a escala de viscosidade cinemática igual a um), a Eq. 7.13 não será satisfeita e nós teremos um modelo destorcido (⦿ 7.3 – Modelo de um tanque para piscicultura). Normalmente os modelos hidráulicos deste tipo são destorcidos e são projetados de modo que os números de Froude do modelo e do protótipo sejam iguais (assim, os números de Reynolds do modelo e do protótipo serão diferentes).

Os modelos destorcidos podem ser utilizados com sucesso mas a interpretação dos resultados obtidos com este tipo de modelo é mais difícil do que aquela referente a utilização de modelos verdadeiros (onde todos os critérios de semelhança são respeitados).

7.9 Estudo de Alguns Modelos Típicos

Os modelos são utilizados para investigar muitos tipos diferentes de escoamentos e é difícil caracterizar, de um modo geral, todos os critérios de semelhança (porque cada caso é único). Entretanto, nós podemos classificar grosseiramente os problemas a partir da natureza geral do escoamento e desenvolver, para cada classe de escoamentos, algumas características gerais para o projeto do modelo. Nas próximas seções nós consideraremos modelos para o estudo de escoamentos em (1) condutos fechados, (2) em torno de corpos imersos, e (3) com superfície livre. Os modelos de máquinas de fluxo serão considerados no Cap. 11.

7.9.1 Escoamentos em Condutos Fechados

Os escoamentos em tubos, válvulas, conexões e dispositivos para a medida de características dos escoamentos são muito comuns na engenharia. Apesar dos condutos normalmente apresentarem seção transversal circular (tubos) eles também podem apresentar outros formatos e ainda podem apresentar expansões e contrações. Como não existe uma interface fluido – fluido ou uma superfície livre, as forças dominantes são as de inércia e as viscosas. Nestes casos, o número de Reynolds é um parâmetro de semelhança importante. Os efeitos da compressibilidade são desprezíveis, nos escoamentos de gases e de líquidos se o número de Mach do escoamento for baixo (Ma < 0,3). Os parâmetros de semelhança geométrica entre o protótipo e o modelo precisam ser mantidos nesta classe de problemas. Geralmente as características podem ser descritas por uma série de termos de comprimento, l_1, l_2, l_3, l_i, e l onde l é alguma dimensão particular do sistema. Esta série de comprimentos leva a uma série de termos pi que apresentam a forma

$$\Pi_i = \frac{l_i}{l}$$

onde i = 1, 2 ... . A rugosidade das superfícies internas em contato com o fluido pode ser importante além da geometria básica do sistema. Se a altura média da rugosidade da superfície é definida como ε, o termo pi que representa a rugosidade pode ser ε / l. Este parâmetro indica que a rugosidade da superfície também precisa estar em escala para a obtenção da semelhança geométrica completa. Note que a superfície do modelo deve ser mais lisa do que àquela do protótipo se a escala de comprimento for menor do que 1 (porque $\varepsilon_m = \lambda_l \, \varepsilon$). Para complicar ainda mais, o formato dos elementos de rugosidade do modelo e do protótipo devem ser similares. Observe que é impossível satisfazer todas estas condições ao mesmo tempo. Felizmente, a rugosidade superficial não é muito importante em muitos problemas e, nestes casos, ela pode ser desprezada. Entretanto, em outros problemas (tal como o escoamento turbulento em tubos) a rugosidade pode ser muito importante.

Esta discussão sugere que qualquer termo pi dependente (aquele que contém a variável de interesse, por exemplo: a queda de pressão) referente ao escoamento em condutos fechados com baixos números de Mach pode ser expresso do seguinte modo:

$$\text{Termo pi dependente} = \phi\left(\frac{l_i}{l}, \frac{\varepsilon}{l}, \frac{\rho V l}{\mu}\right) \qquad \textbf{(7.14)}$$

Esta é a formulação geral para este tipo de problema.

O termo pi dependente será igual no modelo e no protótipo se os critérios de semelhança forem satisfeitos. Por exemplo, se a variável dependente de interesse é a variação de pressão entre dois pontos ao longo do conduto fechado, Δp, o termo pi dependente pode ser expresso por

$$\Pi_1 = \frac{\Delta p}{\rho V^2}$$

A queda de pressão no protótipo pode ser então calculada com a relação

$$\Delta p = \frac{\rho}{\rho_m}\left(\frac{V}{V_m}\right)^2 \Delta p_m$$

se conhecermos a variação de pressão no modelo, Δp_m. Note que, normalmente, $\Delta p \neq \Delta p_m$.

Exemplo 7.5

Um modelo é utilizado para estudar o escoamento de água numa válvula que apresenta seção de alimentação com diâmetro igual a 610 mm. A vazão na válvula é 0,85 m^3/s e o fluido utilizado no modelo também é água na mesma temperatura daquela que escoa no protótipo. A semelhança entre o modelo e o protótipo é completa e o diâmetro da seção de alimentação do modelo é igual a 76,2 mm. Determine a vazão de água no modelo.

Solução Para garantir a semelhança dinâmica, os testes devem ser realizados com

$$\text{Re}_m = \text{Re}$$

ou

$$\frac{V_m D_m}{\nu_m} = \frac{V D}{\nu}$$

onde V e D são, respectivamente, a velocidade na seção de alimentação da válvula e o diâmetro da seção de alimentação da válvula. Como o mesmo fluido é utilizado no modelo e no protótipo,

$$\frac{V_m}{V} = \frac{D}{D_m}$$

A vazão na válvula, Q, é igual a VA, onde A é área da seção de alimentação da válvula. Deste modo,

$$\frac{Q_m}{Q} = \frac{V_m A_m}{V A} = \left(\frac{D}{D_m}\right)\frac{\left[(\pi/4)D_m^2\right]}{\left[(\pi/4)D^2\right]} = \frac{D_m}{D}$$

Utilizando os dados fornecidos,

$$Q_m = \frac{76{,}2\times10^{-3}}{610\times10^{-3}}(0{,}85) = 0{,}11\ \text{m}^3/\text{s}$$

Apesar desta vazão ser alta para ser transportada numa tubulação com diâmetro de 76,2 mm (a velocidade média do escoamento é 23,3 m/s) ela ainda pode ser obtida num laboratório. Entretanto, nós devemos notar que a velocidade necessária no modelo deveria ser igual a 70,0 m/s se o diâmetro da seção de alimentação da válvula fosse igual a 25,4 mm. A obtenção de um escoamento com tal velocidade num laboratório é bem mais difícil. Estes resultados mostram uma das dificuldades para a obtenção de número de Reynolds que garanta a semelhança – em alguns casos não é possível, com os meios disponíveis, obter uma velocidade no modelo necessária para semelhança completa entre o modelo e o protótipo.

Figura 7.1 Modelo do Edifício National Bank of Commerce, San Antonio, Texas. O modelo foi utilizado para o estudo das distribuições de pressões média e de pico no Edifício. A fotografia mostra o modelo na seção de teste de um túnel de vento metereológico (Cortesia da Cermak Peterka Petersen, Inc.).

7.9.2 Escoamentos em Torno de Corpos Imersos

Os modelos são amplamente utilizados no estudo das características dos escoamentos associados aos corpos totalmente imersos. Alguns exemplos destes escoamentos são aqueles em torno de aviões, automóveis, bolas de golfe e construções (estes tipos de modelos são usualmente testados em túneis de vento – veja a Fig. 7.1 e o ⦿ 7.4 – Modelos utilizados em túneis de vento). As leis de semelhança nestes problemas são similares àquelas descritas na seção anterior; ou seja, é necessário manter a semelhança geométrica e o números de Reynolds no modelo e no protótipo devem ser iguais. A tensão superficial (número de Weber) não é importante neste tipo de problema porque estes não apresentam uma interface entre dois fluidos. Normalmente, a aceleração da gravidade não afeta o escoamento de modo que o número de Froude não precisa ser considerado. O número de Mach será importante em escoamentos com alta velocidade (aonde a compressibilidade se torna um fator importante) mas para escoamentos incompressíveis (tais como o de líquidos e gases a baixa velocidade) o número de Mach pode ser omitido. Nestas condições, a formulação geral do problema é

$$\text{Termo pi dependente} = \phi\left(\frac{l_i}{l}, \frac{\varepsilon}{l}, \frac{\rho V l}{\mu}\right) \qquad \textbf{(7.15)}$$

onde l é um comprimento característico do sistema e l_i representa as outras dimensões pertinentes, ε / l é a rugosidade relativa da superfície (ou superfícies) e $\rho Vl/\mu$ é o número de Reynolds.

Freqüentemente, a variável de interesse neste tipo de problema é o arrasto desenvolvido no corpo, D. Nesta situação, o termo pi é normalmente expresso na forma do coeficiente de arrasto, C_D, que é definido por

$$C_D = \frac{D}{\frac{1}{2}\rho V^2 l^2}$$

O fator 1/2 é arbitrário mas normalmente está incluído na definição de C_D e l^2 é usualmente tomado como alguma área representativa do objeto. Assim, os estudos de arrasto podem utilizar a seguinte formulação:

$$\frac{D}{\frac{1}{2}\rho V^2 l^2} = C_D = \phi\left(\frac{l_i}{l}, \frac{\varepsilon}{l}, \frac{\rho V l}{\mu}\right) \qquad \textbf{(7.16)}$$

Exemplo 7.6

Um modelo escala 1:10 de um avião deve ser ensaiado num túnel de vento pressurizado para determinar o arrasto no protótipo que deve voar a 107 m/s na atmosfera padrão. Para minimizar os efeitos da compressibilidade, a velocidade do ar na seção de teste do túnel de vento é igual a 107 m/s. Determine a pressão do ar na seção de teste do túnel. Qual é o arrasto no protótipo que corresponde a uma força de 4,45 N medida no modelo? Admita que a temperatura do ar na seção de teste é a padrão.

Solução A Eq. 7.16 mostra que o arrasto no protótipo pode ser obtido a partir do arrasto medido num modelo geometricamente semelhante se o número de Reynolds no modelo e no protótipo forem iguais. Assim,

$$\frac{\rho_m V_m l_m}{\mu_m} = \frac{\rho V l}{\mu}$$

Nós temos que, neste exemplo, $V_m = V$ e $l_m/l = 0{,}1$. Aplicando estas condições na equação anterior,

$$\frac{\rho_m}{\rho} = \frac{\mu_m}{\mu}\frac{V}{V_m}\frac{l}{l_m} = \frac{\mu_m}{\mu}(1)(10)$$

Assim,

$$\frac{\rho_m}{\rho} = 10\frac{\mu_m}{\mu}$$

Este resultado mostra que se utilizarmos o mesmo fluido com $\rho_m = \rho$ e $\mu_m = \mu$ nós não conseguiremos obter a semelhança dinâmica. Uma possibilidade é pressurizar a seção de teste do túnel para aumentar a massa específica do ar. Nós vamos admitir que o aumento de pressão não altera de modo significativo o valor da viscosidade dinâmica do ar. Deste modo,

$$\frac{\rho_m}{\rho} = 10$$

Para um gás perfeito, $p = \rho RT$. Assim,

$$\frac{p_m}{p} = \frac{\rho_m}{\rho}$$

se a temperatura for constante ($T = T_m$). Estes resultados mostram que o túnel de vento precisa ser pressurizado e que as pressões no protótipo e no modelo estão relacionadas por

$$\frac{p_m}{p} = 10$$

Como o protótipo opera na pressão atmosférica padrão, a pressão na seção de teste do túnel de vento deve ser igual a

$$p_m = 10(101) = 1010 \text{ kPa(abs)}$$

Assim, nós vimos que a pressão necessária é relativamente alta e isto pode ser muito dispendioso. Entretanto, sob estas condições, a igualdade dos números de Reynolds será atingida e o arrasto poderá ser calculado com a Eq. 7.16, ou seja,

$$\frac{D}{\frac{1}{2}\rho V^2 l^2} = \frac{D_m}{\frac{1}{2}\rho_m V_m^2 l_m^2}$$

Rearranjando esta equação, temos

$$D = \frac{\rho}{\rho_m}\left(\frac{V}{V_m}\right)^2\left(\frac{l}{l_m}\right)^2 D_m$$

$$= \left(\frac{1}{10}\right)(1)^2(10)^2 D_m = 10\, D_m$$

Assim, o arrasto de 4,45 N no modelo corresponde a um arrasto no protótipo igual a 44,5 N.

A compressibilidade tem papel importante nos problemas que apresentam velocidades altas (número de Mach maior do que aproximadamente 0,3). Nestes casos a semelhança completa requer não apenas as semelhanças geométrica e de número de Reynolds mas também a igualdade do número de Mach. Deste modo,

$$\frac{V_m}{c_m} = \frac{V}{c} \tag{7.17}$$

Este critério de semelhança quando combinado com o critério de semelhança do número de Reynolds, fornece

$$\frac{c}{c_m} \doteq \frac{\nu}{\nu_m}\frac{l_m}{l} \tag{7.18}$$

É claro que o mesmo fluido ($c_m = c$ e $\nu_m = \nu$) não pode ser utilizado no modelo e no protótipo a menos que a escala de comprimento seja igual a um (isto significa que os testes devem ser realizados com o protótipo). O fluido do protótipo é usualmente ar na aerodinâmica de alta velocidade e torna-se difícil satisfazer a condição especificada pela Eq. 7.18 para escalas de comprimento razoáveis. Assim, os modelos que envolvem escoamentos com alta velocidade são normalmente destorcidos em relação ao critério de semelhança do número de Reynolds mas a semelhança do número de Mach é mantida (◉ 7.5 – Teste do modelo de um trem num túnel de vento).

7.9.3 Escoamentos com Superfície Livre

Os escoamentos em canais, rios, vertedouros e aqueles em torno de cascos de navios são bons exemplos de escoamentos que apresentam uma superfície livre. As forças gravitacional e de inércia são importantes nesta classe de problemas. Assim, o número de Froude se torna um parâmetro importante de semelhança. As forças devidas a tensão superficial também podem ser importantes nesta classe de escoamento (porque existe uma superfície livre). Assim, o número de Weber pode ser relevante e precisa ser considerado juntamente com o número de Reynolds. É obvio que as variáveis geométricas também são importantes (◉ 7.6 – Modelo do escoamento num rio). Assim, a formulação geral dos problemas que envolvem uma superfície livre pode ser expressa por

$$\text{Termo pi dependente} = \phi\left(\frac{l_i}{l}, \frac{\varepsilon}{l}, \frac{\rho V l}{\mu}, \frac{V}{(g l)^{1/2}}, \frac{\rho V^2 l}{\sigma}\right) \tag{7.19}$$

onde l é um comprimento característico do sistema, l_i representam outros comprimentos pertinentes e ε / l é a rugosidade relativa das superfícies. A aceleração da gravidade é importante neste tipo de problema. Assim, os números de Froude do modelo e do protótipo tem que ser iguais,

$$\frac{V_m}{(g_m\; l_m)^{1/2}} = \frac{V}{(g\;\; l)^{1/2}}$$

Normalmente o modelo e o protótipo operam no mesmo campo gravitacional ($g_m = g$) e por este motivo a equação anterior pode ser rescrita do seguinte modo:

$$\frac{V_m}{V} = \left(\frac{l_m}{l}\right)^{1/2} = \sqrt{\lambda_l} \tag{7.20}$$

Note que a escala de velocidade é determinada pela raiz quadrada da escala de comprimento se nós projetamos o modelo utilizando o critério do número de Froude. Nós mostramos na Sec. 7.8.3 que a escala de viscosidade cinemática está relacionada com a escala de comprimento quando existe semelhança simultânea do número de Reynolds e do número de Froude. Deste modo,

$$\frac{\nu_m}{\nu} = (\lambda_l\;)^{3/2} \tag{7.21}$$

Normalmente o fluido utilizado no protótipo é água doce ou salgada e a escala de comprimento é pequena. Nestas circunstâncias é virtualmente impossível satisfazer a Eq. 7.21 de modo que a grande

Figura 7.2 Modelo em escala 1 : 197 da Barragem de Guri (Venezuela). O modelo foi utilizado para simular o escoamento a jusante da barragem e a erosão no vertedouro (Cortesia do Laboratório de Hidráulica St. Anthony Falls).

maioria dos modelos de problemas que apresentam superfície livre são destorcidos. O problema fica mais complicado se nós fizermos uma tentativa de modelar os feitos superficiais porque esta condição requer a igualdade dos números de Weber. Esta última condição leva a

$$\frac{\sigma_m / \rho_m}{\sigma / \rho} = (\lambda_l)^2$$

É novamente evidente que o mesmo fluido não pode ser utilizado no modelo (com $\lambda_l \neq 1$) e no protótipo se nós desejarmos a semelhança em relação aos efeitos da tensão superficial. Felizmente, tanto os efeitos da tensão superficial quanto os viscosos são pequenos em muitos escoamentos que apresentam superfície livre e, nestes casos, não é necessário que os números de Weber e Reynolds do modelo e do protótipo sejam iguais (⦿ 7.7 – Teste do modelo de uma barcaça).

Os números de Reynolds dos escoamentos nas estruturas hidráulicas (por exemplo, nos vertedouros) são grandes e, deste modo, as forças viscosas são pequenas em relação as forças devidas a aceleração da gravidade e de inércia. Nestes casos, a igualdade dos números de Reynolds não é mantida e o projeto do modelo é baseado na igualdade do número de Froude. É necessário tomar cuidado para garantir que o número de Reynolds no modelo seja alto mas não é necessário que ele seja igual ao do escoamento no protótipo. Usualmente, o tamanho deste tipo de modelo hidráulico é bastante grande para que o número de Reynolds no modelo seja alto. A Fig. 7.2 mostra o modelo de um vertedouro.

Exemplo 7.7

A vazão de água num vertedouro de uma barragem, que apresenta largura igual a 20 m, é igual a 125 m³/s. Um modelo escala 1:15 deve ser construído para estudar as características do escoamento no vertedouro. Determine a largura do modelo do vertedouro e também a vazão de água no modelo. Qual é o intervalo de tempo no modelo que corresponde a um período de 24 horas no protótipo? Despreze os efeitos da tensão superficial e da viscosidade.

Solução A largura do modelo do vertedouro, w_m, pode ser obtida a partir da escala de comprimento, ou seja,

$$\frac{w_m}{w} = \lambda_l = \frac{1}{15}$$

e

$$w_m = \frac{20}{15} = 1{,}33 \text{ m}$$

É claro que todas as outras características do modelo (incluído a rugosidade superficial) devem apresentar a mesma escala, ou seja, a escala 1 : 15. A Eq. 7.19 indica que, se desprezarmos os efeitos da tensão superficial e da viscosidade, a semelhança dinâmica será alcançada quando os números de Froude do protótipo e do modelo forem iguais. Assim,

$$\frac{V_m}{(g_m l_m)^{1/2}} = \frac{V}{(g\ l)^{1/2}}$$

Se $g_m = g$, temos

$$\frac{V_m}{V} = \left(\frac{l_m}{l}\right)^{1/2}$$

A vazão em volume é dada por $Q = VA$, onde A é a área da seção transversal do escoamento. Utilizando este resultado, obtemos

$$\frac{Q_m}{Q} = \frac{V_m A_m}{V A} = \left(\frac{l_m}{l}\right)^{1/2} \left(\frac{l_m}{l}\right)^2 = (\lambda_l)^{5/2}$$

Note que nós utilizamos a relação $A_m/A = (l_m/l)^2$. Para $\lambda_l = 1/15$ e $Q = 125$ m³/s,

$$Q_m = (1/15)^{5/2}(125) = 0{,}143 \text{ m}^3/\text{s}$$

A escala de tempo pode ser obtida a partir da escala de velocidade porque $V = l/t$. Assim.

$$\frac{V}{V_m} = \frac{l}{t}\frac{t_m}{l_m}$$

ou

$$\frac{t_m}{t} = \frac{V}{V_m}\frac{l_m}{l} = \left(\frac{l_m}{l}\right)^{1/2} = (\lambda_l)^{1/2}$$

Este resultado indica que o intervalo de tempo no protótipo será maior do que o intervalo de tempo correspondente no modelo se $\lambda_l < 1$. Para a escala de comprimento deste problema, o intervalo de tempo de 24 horas no protótipo equivale a

$$t_m = \left(\frac{1}{15}\right)^{1/2}(24) = 6{,}20 \text{ horas}$$

A escala de tempo menor do que a unidade pode ser interessante porque torna possível "acelerar" os acontecimentos no modelo.

Referências

1. Bridgman, P. W., *Dimensional Analysis*, Yale Universtity Press, New Haven, Conn., 1922.
2. Murphy, G., *Similitude in Engineering*, Ronald Press, New York, 1950.
3. Langhaar, H. L., *Dimensional Analysis and Theory of Models*, Wiley, New York, 1951.
4. Ipsen, D. C., *Units, Dimensions and Dimensionless Numbers*, McGraw – Hill, New York, 1960.
5. Isaacson, E. de St. Q., e Isaacson, M. de St. Q., *Dimensional Methods in Engineering and Physics*, Wiley, New York, 1975.

Problemas

Nota: Se o valor de uma propriedade não for especificado no problema, utilize o valor fornecido na Tab. 1.4 ou 1.5 do Cap. 1. Os problemas com a indicação (∗) devem ser resolvidos com uma calculadora programável ou computador. Os problemas com a indicação (+) são do tipo aberto (requerem uma análise crítica, a formulação de hipóteses e a adoção de dados). Não existe uma solução única para este tipo de problema.

7.1 O número de Reynolds, $\rho V D / \mu$, é um parâmetro importante na mecânica dos fluidos. Verifique se este número é adimensional utilizando tanto o sistema (FLT) quanto o (MLT). Determine o número de Reynolds referente a um escoamento de água a 70°C num tubo que apresenta diâmetro interno igual a 25,4 mm. Admita que a velocidade média do escoamento é igual a 2 m/s.

7.2 A vazão em volume, Q, a aceleração da gravidade, g, a viscosidade dinâmica, μ, a massa específica, ρ e um comprimento, l, são variáveis importantes em muitos problemas da mecânica dos fluidos. Determine se as expressões (**a**) Q^2/gl^2, (**b**) $\rho Q/\mu l$, (**c**) gl^2/Q e (**d**) $\rho Ql/\mu$ são adimensionais.

7.3 Os números de Froude, $V/(gh)^{1/2}$, e de Weber, $\rho V^2 h/\sigma$, são importantes no escoamento em filmes finos de líquido com espessura h e superfície livre. Determine o valor destes parâmetros para um filme de glicerina a 20 °C que apresenta espessura e velocidade média iguais a 2 mm a 0,5 m/s.

7.4 Uma contração axissimétrica brusca apresenta diâmetros D_1 e D_2. A queda de pressão, Δp, no escoamento na contração depende dos valores de D_1 e D_2 bem como do valor da velocidade do escoamento no tubo de alimentação da contração (D_1), da massa específica, ρ, e da viscosidade dinâmica do fluido, μ. Determine os grupos adimensionais importantes do escoamento utilizando D_1, V e μ como variáveis repetidas. Porque é incorreto incluir a velocidade no tubo com diâmetro D_2 no conjunto de variáveis repetidas descrito acima?

7.5 Admita que a potência necessária para acionar um ventilador, P, é função do diâmetro do ventilador, D, da massa específica do fluido, ρ, da velocidade angular, ω, e da vazão em volume no ventilador, Q. Determine o conjunto adequado de termos pi deste problema utilizando D, ω e ρ como variáveis repetidas.

7.6 A Fig. P7.6 mostra um esquema do processo de geração de ondas num lago pela ação do vento. É razoável admitir que a altura da onda, H, é função da velocidade do vento, V, da massa específica da água, ρ, da massa especifica do ar, ρ_a, da profundidade do lago, d, da distância da margem do lago, l, e da aceleração da gravidade, g. Determine o conjunto adequado dos termos pi que pode ser utilizado para descrever o problema utilizando d, V e ρ como variáveis repetidas.

Figura P7.6

7.7 O aumento de pressão no escoamento provocado por uma bomba pode ser expresso por

$$\Delta p = f(D, \rho, \omega, Q)$$

onde D é o diâmetro do rotor da bomba, ρ é a massa específica do fluido, ω é a velocidade angular do rotor e Q é a vazão do escoamento. Determine o conjunto adequado de parâmetros adimensionais que descreve este problema.

7.8 O arrasto, D, numa placa com o formato de uma arruela que está colocada normalmente a um escoamento de fluido pode ser expresso por

$$D = f(d_1, d_2, V, \mu, \rho)$$

onde d_1 é o diâmetro externo, d_2 é o diâmetro interno, V é a velocidade do fluido, ρ é a massa específica e μ é a viscosidade dinâmica do fluido. Nós devemos realizar alguns testes num túnel de vento para determinar o arrasto na placa. Quais os parâmetros adimensionais devem ser utilizados na organização dos dados experimentais?

7.9 A velocidade, V, de uma partícula esférica que cai lentamente num fluido viscosos pode ser expressa por

$$V = f(d, \mu, \gamma, \gamma_s)$$

onde d é o diâmetro da partícula, μ é a viscosidade do fluido, γ é o peso específico do fluido e γ_s é o peso específico do material da partícula. Determine o conjunto adequado de parâmetros adimensionais que descreve este problema.

7.10 A velocidade, c, com que os pulsos de pressão viajam nas artérias (velocidade do pulso de pressão) é função do diâmetro da artéria, D, da espessura da parede arterial, h, da massa específica do sangue, ρ, e do módulo de elasticidade do material que constitui a parede arterial, E. Determine o conjunto adequado de parâmetros adimensionais que pode ser utilizado para estudar experimentalmente a relação entre a velocidade do pulso de pressão e as variáveis citadas anteriormente. Obtenha os termos pi por inspeção.

7.11 Admita que o arrasto, D, num avião que voa numa velocidade supersônica é função da velocidade, V, da massa específica do fluido, ρ, da velocidade do som no fluido, c, e de uma série de comprimentos; $l_1, \ldots, l_i$; que descrevem a geometria do avião. Determine o conjunto adequado de parâmetros adimensionais que pode ser utilizado para estudar experimentalmente a relação entre o arrasto no avião e as variáveis citadas anteriormente. Obtenha os termos pi por inspeção.

7.12 A Fig. P7.12 mostra um escoamento de ar incidindo numa placa vertical que apresenta largura e altura iguais a b e h. Admita que a pressão no ponto central da placa exposto ao escoamento principal, p, é função de b, de h, da velocidade do escoamento de ar ao longe, V, e da viscosidade dinâmica do ar, μ. Como p varia se dobrarmos a velocidade do escoamento ao longe? Utilize a análise dimensional para responder a pergunta.

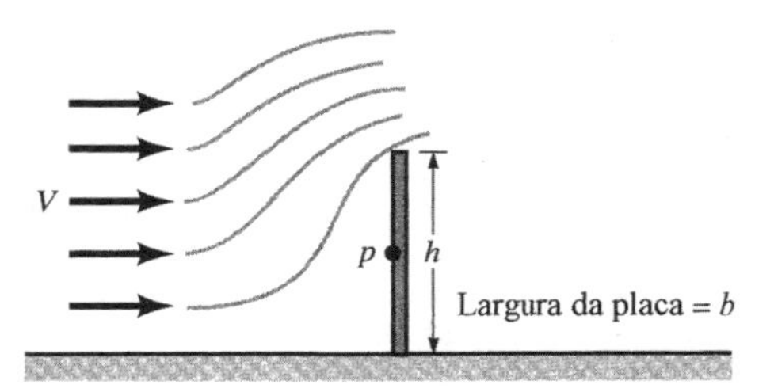

Figura P7.12

7.13 A força de empuxo, F_E, que atua num corpo submerso num fluido é função do peso específico do fluido, γ, e do volume do corpo, $V\!\!\!/$. Mostre, utilizando a análise dimensional, que a força de empuxo precisa ser diretamente proporcional ao peso específico.

7.14 A Fig. P7.14 mostra um cilindro que apresenta diâmetro D e que contém um líquido. A viscosidade deste líquido pode ser avaliada a partir do tempo necessário, t, para a esfera percorrer lentamente uma distância vertical, l. Admita que

$$t = f(l, d, D, \mu, \Delta\gamma)$$

onde $\Delta\gamma$ é a diferença entre os pesos específicos do material da esfera e do líquido. Mostre como t está relacionado com a viscosidade dinâmica utilizando a análise dimensional. Descreva como o aparato indicado pode ser utilizado para medir a viscosidade dinâmica de líquidos.

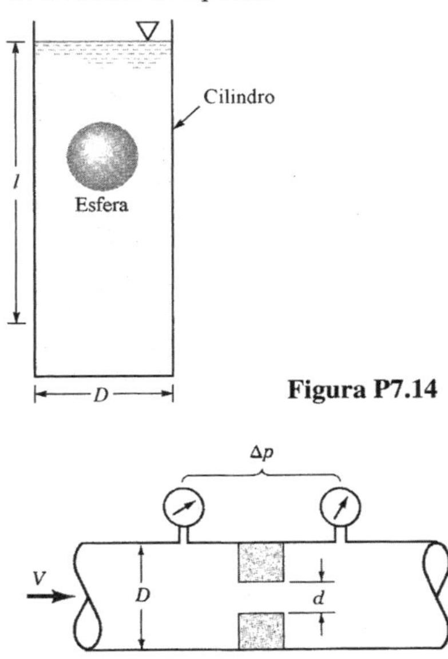

Figura P7.14

Figura P7.15

***7.15** A queda de pressão no escoamento através de uma obstrução curta localizada num tubo (veja a Fig. P7.15) é expressa por

$$\Delta p = f(\rho, V, D, d)$$

onde ρ é a massa específica do fluido e V é a velocidade média do escoamento no tubo. A próxima tabela apresenta alguns dados experimentais obtidos com D = 61 mm, ρ = 1031 kg/m^3 e V = 0,61 m/s.

d (mm)	18,3	24,4	30,5	45,7
Δp (kN/m^2)	23,6	7,5	3,1	0,6

Construa um gráfico com escalas log – log dos resultados deste teste. Utilize os parâmetros adimensionais adequados nesta construção. Determine a equação geral para Δp com um procedimento padrão de ajustes de curvas. Quais são os limites de aplicação desta equação?

7.16 Um líquido escoa com velocidade V através de um furo localizado na lateral de um grande tanque. Admita que

$$V = f(h, g, \rho, \sigma)$$

onde h é a distância entre o furo e a superfície livre do líquido no tanque, g é a aceleração da gravidade, ρ é a massa específica do fluido e σ é a tensão superficial do fluido. A próxima tabela foi construída com valores experimentais obtidos com a variação de h. O fluido utilizado nos testes apresenta massa específica e tensão superficial respectivamente iguais a 10^3 kg/m^3 e 0,074 N/m.

V (m/s)	3,13	4,43	5,42	6,25	7,00
h (m)	0,50	1,00	1,50	2,00	2,50

Utilize estes dados para construir um gráfico que mostre a relação entre as variáveis adimensionais relevantes do problema. Nós podemos omitir alguma variável original do problema?

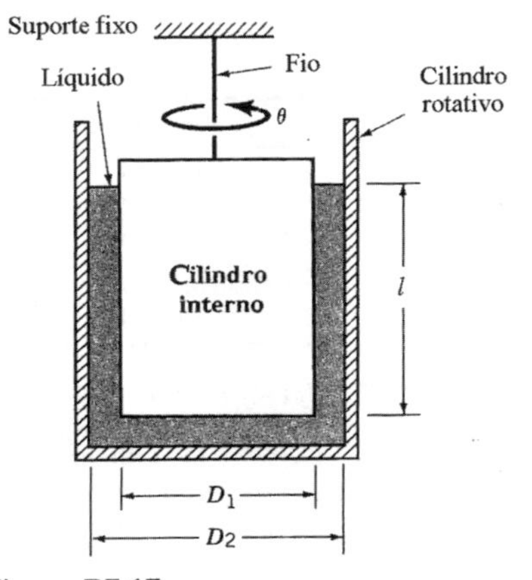

Figura P7.17

***7.17** O dispositivo esboçado na Fig. P7.17 é utilizado para medir a viscosidade dinâmica de líquidos a partir do ângulo de torção do cilindro interno, θ, provocado pela rotação do cilindro externo, ω. Admita que

$$\theta = f\left(\omega, \mu, K, D_1, D_2, l\right)$$

onde K (que apresenta dimensão FL) é função das características do fio que suporta o cilindro interno. A próxima tabela foi obtida numa série de testes num mesmo dispositivo (D_1 e D_2 são fixos) onde μ = 0,48 N·s/m², K = 13,3 N·m, l = 0,30 m. Determine, utilizando a análise dimensional, a relação entre θ, ω e μ referente a este dispositivo. Sugestão: Construa um gráfico dos dados experimentais utilizando os parâmetros adimensionais relevantes do problema. Determine a equação que relaciona os adimensionais com uma técnica de ajustes de curva. Note que esta equação deve satisfazer a condição $\theta = 0$ para $\omega = 0$.

θ (rad)	ω (rad/s)
0,89	0,30
1,50	0,50
2,51	0,82
3,05	1,05
4,28	1,43
5,52	1,86
6,40	2,14

7.18 A queda de pressão por unidade de comprimento no escoamento de sangue num tubo que apresenta pequeno diâmetro é função da vazão em volume de sangue, Q, do diâmetro do tubo, D, e a viscosidade do sangue, μ. A próxima tabela apresenta um conjunto de dados experimentais obtidos com D = 2 mm, μ = 0,004 N·s/m² e comprimento de tubo, l, igual a 300 mm. Faça a análise dimensional deste problema e utilize os dados da tabela para determinar a relação geral entre Δp_l e Q.

Q (m³/s)	Δp (N/m²)
$3{,}6 \times 10^{-6}$	$1{,}1 \times 10^{4}$
$4{,}9 \times 10^{-6}$	$1{,}5 \times 10^{4}$
$6{,}3 \times 10^{-6}$	$1{,}9 \times 10^{4}$
$7{,}9 \times 10^{-6}$	$2{,}4 \times 10^{4}$
$9{,}8 \times 10^{-6}$	$3{,}0 \times 10^{4}$

7.19 O tempo necessário, t, para derramar um certo volume de líquido de um recipiente cilíndrico é função de vários fatores. A viscosidade dinâmica do líquido é um fator importante neste processo (veja o ◉ 1.1). Considere um recipiente cilíndrico que contém um líquido muito viscoso. Inicialmente, a altura da superfície livre do líquido é l. Admita que o tempo necessário para vazar 2/3 do volume inicial no recipiente é função de l, do diâmetro do recipiente, D, da viscosidade dinâmica do líquido, μ, e do peso específico do líquido, γ. A próxima tabela foi construída com dados experimentais obtidos nas seguintes condições: l = 45 mm, D = 67 mm e γ= 9600 N/m³. **(a)** Realize uma análise dimensional do problema. Utilize os dados apresentados na tabela para verificar se as variáveis utilizadas na descrição do problema estão corretas. Justifique sua resposta. **(b)** Formule, se possível, uma equação que relacione o tempo de vazamento com a viscosidade dinâmica do líquido. Esta equação deve ser válida para o recipiente e os líquidos utilizados no teste considerado. Se esta formulação for impossível, indique quais são as informações adicionais necessárias para a formulação completa do problema.

μ (N·s/m²)	11	17	39	61	107
t (s)	15	23	53	83	145

7.20 A vazão em volume de óleo SAE 30 a 15,6 °C num oleoduto (diâmetro igual a 914 mm) é igual a 0,36 m³/s. O diâmetro dos tubos de um modelo deste oleoduto é 76,2 mm e os experimentos devem ser realizados com água a 15,6 °C. Qual deve ser a velocidade média no escoamento de água no modelo para que o número de Reynolds no modelo seja igual aquele no protótipo?

7.21 A vazão em volume, Q, num canal aberto pode ser medida inserindo-se uma placa no canal (veja a Fig. P7.21). Este tipo de dispositivo é conhecido como vertedouro. A altura H da superfície livre do líquido pode ser utilizada para determinar a vazão em volume no canal. Admita que a vazão Q é função de H e da aceleração da gravidade. Quais são os parâmetros adimensionais importantes neste problema?

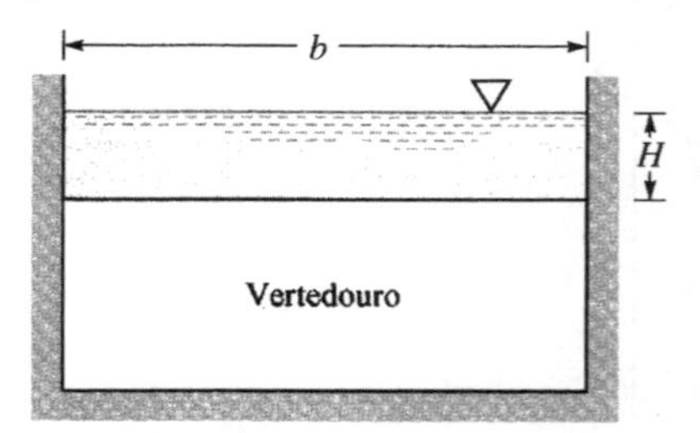

Figura P7.21

7.22 O projeto de um modelo de rio foi baseado na igualdade do número de Froude. A profundidade do rio é igual a 3 m e o modelo apresenta profundidade igual a 0,1 m. Nestas condições, qual é a velocidade no protótipo que corresponde a uma velocidade no modelo igual a 2 m/s?

7.23 As características aerodinâmicas de um avião voando a 107 m/s e numa altura de 3050 m devem ser investigadas com um modelo escala 1:20. Qual deve ser a velocidade no túnel de vento se os testes do modelo forem realizados num túnel de vento que opera com ar na condição padrão? Esta velocidade é razoável?

7.24 Um avião voa a 1120 km/h numa altitude de 15 km. Qual deve ser a velocidade do avião numa altitude de 7 km para que o número de Mach destes dois escoamentos sejam iguais? Admita que as propriedades do ar são iguais àquelas da atmosfera padrão americana.

7.25 A vazão em volume no vertedouro de uma represa é 12,74 m³/s. Determine a vazão correspondente num modelo escala 1:30 e que opera com mesmo número de Froude do protótipo.

7.26 Nós devemos determinar a sustentação e o arrasto de um hidrofólio em testes num túnel de vento que opera com ar na condição padrão. Qual deve ser a velocidade na seção de testes do túnel sabendo que a escala do modelo é 1:1 e que a velocidade operacional do hidrofólio na água salgada é igual a 32,2 km/h. Admita que os números de Reynolds no modelo e no protótipo são iguais.

7.27 O arrasto num disco com 2 m de diâmetro provocado por um vento de 80 km/h deve ser determinado a partir dos testes de um modelo similar, com diâmetro igual a 0,4 m, num túnel de vento. Admita que o ar está na condição padrão tanto no modelo quanto no protótipo. (**a**) Qual é o valor da velocidade do escoamento nos testes do modelo? (**b**) O arrasto medido no modelo foi igual a 170 N (com todas as condições de semelhança satisfeitas). Qual é o valor do arrasto do protótipo?

7.28 Os modelos são muito utilizados para estudar a dispersão de poluentes gasosos na atmosfera (veja o ◉ 7.2). Admita que as seguintes variáveis independentes são importantes para a geração dos critérios de semelhança da fonte de poluição: a velocidade do gás poluente na seção de descarga da chaminé, V, a velocidade do vento, U, a massa específica do ar na atmosfera, ρ, a diferença entre a massa específica do ar e a do poluente, $\rho - \rho_s$, a aceleração da gravidade, g, a viscosidade cinemática do poluente, ν_s, e o diâmetro da chaminé, D. (**a**) Determine um conjunto de critérios de semelhança adequado para a simulação da fonte de poluição. (**b**) A escala típica de comprimento utilizada neste tipo de estudo é 1:200. Os critérios de similaridade serão válidos se utilizarmos os mesmos fluidos no ensaio do modelo e no protótipo? Justifique sua resposta.

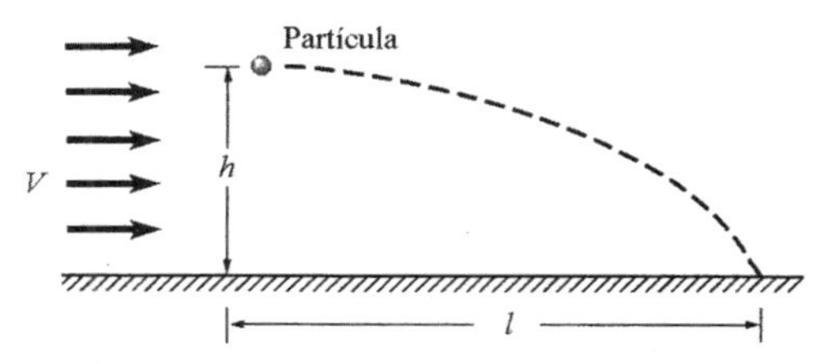

Figura P7.29

7.29 A Fig. P7.29 mostra a trajetória de uma pequena partícula, diâmetro d, durante o movimento de decantação num escoamento que apresenta velocidade V. Note que a altura de lançamento é h e que o alcance da partícula é l. Nós devemos estudar como l varia em função dos parâmetros do problema e com um modelo que apresenta escala 1:10. Admita que

$$l = f(h, d, V, \gamma, \mu)$$

onde γ é o peso específico do material da partícula e μ é a viscosidade dinâmica do fluido. Nós devemos utilizar o mesmo fluido no modelo e no protótipo mas γ(modelo) = 9 × γ(protótipo). (**a**) Qual deve ser a velocidade nos testes do modelo se V = 22,4 m/s no protótipo? (**b**) O alcance foi medido num teste e determinou-se que l(modelo) = 0,24 m. Qual é o alcance correspondente no protótipo?

7.30 Considere um tanque aberto e utilizado para criar trutas. A seção transversal do tanque é quase quadrada (pois os cantos são arredondados) e a superfície interna do tanque é lisa. O movimento da água no tanque é garantido pela injeção de água num canto do tanque e a água é drenada do tanque através de um tubo posicionado no centro do tanque (veja o ◉ 7.3). Um modelo, com escala 1:13 deve ser utilizado para avaliar a velocidade da água, V, em vários pontos do escoamento. Admita que $V = f(l, l_i, \rho, \mu, g, Q)$, onde l é alguma dimensão característica do tanque (como a largura do tanque), l_i representa uma série de outras dimensões pertinentes (tais como o diâmetro do tubo de alimentação, a profundidade da água no tanque etc.), ρ é a massa específica da água, μ é a viscosidade dinâmica da água, g é a aceleração da gravidade e Q é a vazão em volume na seção de descarga do tanque. (**a**) Determine um conjunto de parâmetros adimensionais que descreva adequadamente o problema. Especifique como a distribuição de velocidade no protótipo pode ser avaliada a partir daquela referente ao modelo. É possível utilizar água no ensaio do modelo e garantir a validade de todos os critérios de similaridade? Justifique sua resposta. (**b**) Sabendo que a vazão em volume no protótipo é 15 litros de água por segundo e admitindo que o critério de similaridade de Froude esteja satisfeito, determine a vazão em volume no modelo. Qual deve ser a profundidade no modelo sabendo que a profundidade no protótipo é igual a 0,81 m?

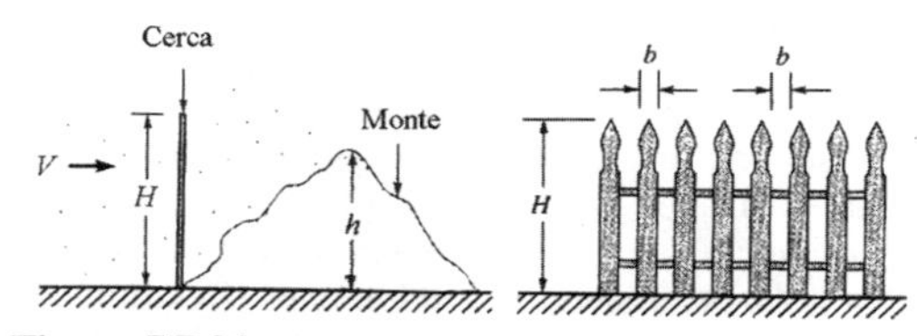

Figura P7.31

7.31 A Fig. P7.31 mostra um monte de neve formado durante uma tempestade de inverno. Admita que a altura do monte de neve, h, é função da altura de neve depositada pela tormenta, d, da altura da cerca, H, da largura dos componentes da cerca, b, da velocidade do vento, V, da aceleração da gravidade, g, da massa específica do ar, ρ, e do peso específico da neve, γ_s. (**a**) Nós devemos analisar este problema com o auxílio de um modelo. Determine quais são as condições de semelhança entre o modelo e o protótipo e também qual é a relação entre a altura do monte de neve no modelo e no protótipo. (**b**) Considere uma tempestade com ventos de 13,4 m/s e que deposita 406 mm de neve com peso específico igual a 785 N/m³. Nós devemos utilizar um modelo com escala 1/2 para investigar a eficiência de um novo arranjo de cerca. Nestas condições, determine o peso específico do "modelo" de neve e a velocidade do escoamento de ar que devem ser utilizados nos testes do modelo. Admita que a massa específica do ar utilizado nos testes do modelo é a mesma do ar na tempestade.

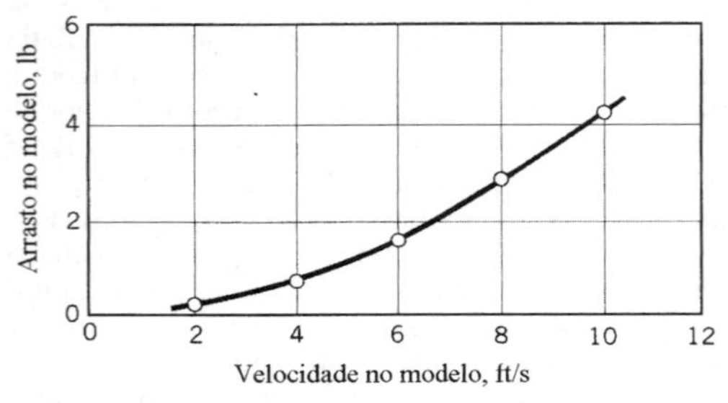

Figura P7.32

7.32 O arrasto numa esfera que se desloca num fluido é função do diâmetro da esfera, da velocidade, da massa específica e da viscosidade do fluido. A Fig. P5.32 mostra os resultados de testes realizados com uma esfera (diâmetro = 102 mm) num tanque de provas. A viscosidade dinâmica e a massa específica da água do tanque são respectivamente iguais a $1,1 \times 10^{-3}$ N·s/m² e 1000 kg/m³. Estime o arrasto num balão (diâmetro = 2,4 m) que se desloca no ar com velocidade de 0,91 m/s. Admita que a viscosidade dinâmica e a massa específica do ar são respectivamente iguais a $1,77 \times 10^{-5}$ N·s/m² e 1,22 kg/m³.

7.33 É necessário determinar o arrasto num novo automóvel que apresenta comprimento característico máximo de 6,1 m. Nós estamos interessados no arrasto em velocidades baixas (em torno de 9,0 m/s) e também em velocidades altas (40,2 m/s). É proposta a utilização de um túnel de vento despressurizado, que acomoda um modelo com comprimento característico máximo de 1,22 m, para o teste de um modelo do automóvel. Determine a faixa de velocidades que deve ser utilizada no túnel de vento sabendo que o números de Reynolds do modelo e do protótipo devem ser iguais. Estas velocidades são razoáveis? Justifique sua resposta.

7.34 Vários escoamentos secundários e complexos são gerados quando o vento sopra através de edificações e de conjuntos de edificações (veja o ⦿ 7.4). Admita que a pressão relativa local, p, num certo ponto da superfície de uma edificação é função da velocidade do vento ao longe, V, da massa específica do ar, ρ, de uma dimensão característica da edificação, l, e de todos os outros comprimentos pertinentes necessários para caracterizar a geometria da edificação e de sua vizinhança imediata, l_i. (**a**) Determine um conjunto de parâmetros adimensionais adequado para estudar a distribuição de pressão na edificação. (**b**) Nós devemos construir um modelo de uma edificação que apresenta altura igual a 30,5 m e este modelo será ensaiado num túnel de vento. Sabendo que a escala de comprimento que vai ser utilizada na construção do modelo é 1:300, determine a altura do modelo da edificação. (**c**) Como a pressão medida no modelo está relacionada com a pressão detectada no edificação? Admita que as massas específicas do ar no modelo e no protótipo são iguais. Considere apenas as variáveis independentes indicadas na formulação do problema. A velocidade do escoamento no túnel de vento precisa ser igual a velocidade do vento que sopra na edificação? Justifique sua resposta.

7.35 Considere o movimento oscilatório de uma bandeira exposta ao vento. É razoável admitir que a freqüência deste movimento, ω, é função da velocidade do vento, V, da massa específica do ar, ρ, da aceleração da gravidade, g, do comprimento da bandeira, l, e da massa do pano utilizado na confecção da bandeira por unidade de área, ρ_A (dimensão ML^{-2}). É necessário conhecer a freqüência do movimento de uma bandeira que apresenta comprimento igual a 12,2 m quando exposta a um vento com velocidade 9,1 m/s. Para resolver a questão, uma bandeira, com comprimento igual a 1,22 m, foi ensaiada num túnel de vento. (**a**) Determine o valor de ρ_A utilizado no modelo sabendo que a bandeira protótipo foi confeccionada com um pano que apresenta $\rho_A = 0,94$ kg/m². (**b**) Qual é o valor da velocidade ao longe do escoamento de ar utilizado no ensaio do modelo? (**c**) Determine a freqüência do movimento no protótipo sabendo que a freqüência medida no modelo é 6 Hz.

7.36 Os modelos de rios são utilizados para estudar vários fenômenos fluviais (veja o ⦿ 7.6). Um rio, que transporta 19,8 m³/s de água, apresenta largura e profundidade médias iguais a 18,3 e 1,22 m. Projete um modelo do rio, baseado no critério de similaridade de Froude, sabendo que a escala de descarga deve ser igual a 1/250. Mostre quais serão os valores da profundidade e da vazão de fluido no modelo.

+ 7.37 Admita a ocorrência de um grande vazamento de óleo num navio tanque que navega perto da costa. Neste caso, o tempo que o óleo demora para atingir a costa é muito importante.

Projete um modelo deste sistema que possa a ser utilizado para investigar este tipo de problema num laboratório. Indique todas as hipóteses utilizadas no projeto e discuta as dificuldades que podem surgir no projeto e na operação do modelo.

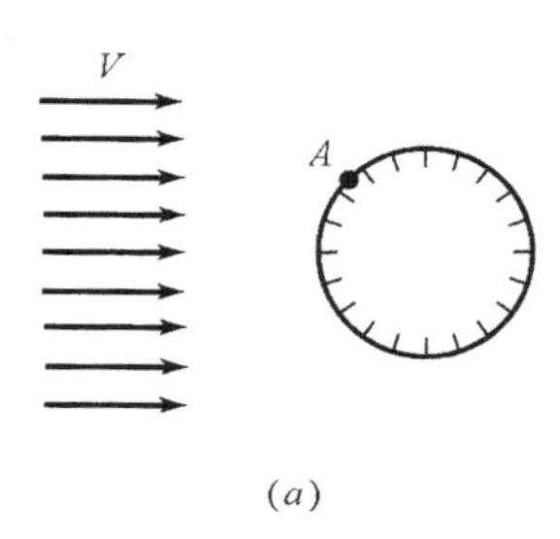

(a)

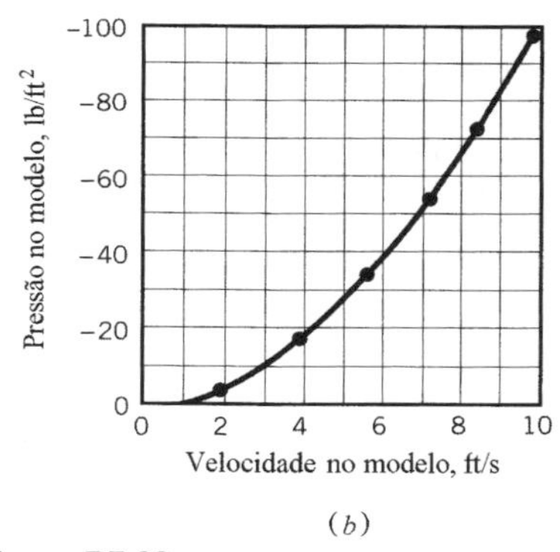

(b)

Figura P7.38

7.38 A Fig. P7.38*a* mostra um cilindro com diâmetro d imerso num escoamento uniforme que apresenta velocidade ao longe V. A pressão no escoamento é muito próxima da pressão atmosférica. A pressão relativa, p, no ponto A localizado na superfície do cilindro deve ser determinada para um protótipo com d = 457 mm e que está imerso num escoamento de ar que apresenta velocidade igual a 2,4 m/s. Um modelo com escala 1:12 foi imerso num escoamento de água e alguns dados experimentais obtidos com o modelo estão mostrados na Fig. P7.38*b*. Obtenha a pressão no protótipo.

7.39 O aumento de pressão, Δp, produzido por uma certa bomba centrífuga (veja a Fig. P7.39*a*) pode ser expresso por

$$\Delta p = f(D, \omega, \rho, Q)$$

onde D é o diâmetro do rotor, ω é a velocidade angular do rotor, ρ é a massa específica do fluido e Q é a vazão em volume do escoamento através da bomba. Um modelo desta bomba com diâmetro de rotor igual a 8" (203 mm) é testada num laboratório utilizando água como fluido de trabalho. A Fig. P7.39*b* mostra como varia o aumento de pressão no modelo quando este opera com $\omega = 40\pi$ rd/s. Utilize esta curva para determinar o aumento de pressão numa bomba geometricamente semelhante (protótipo) que opera com uma vazão de 6 ft³/s. O protótipo apresenta rotor com diâmetro igual a 12" (305 mm) e opera com velocidade angular igual a 60π rd/s. O fluido no protótipo também é água.

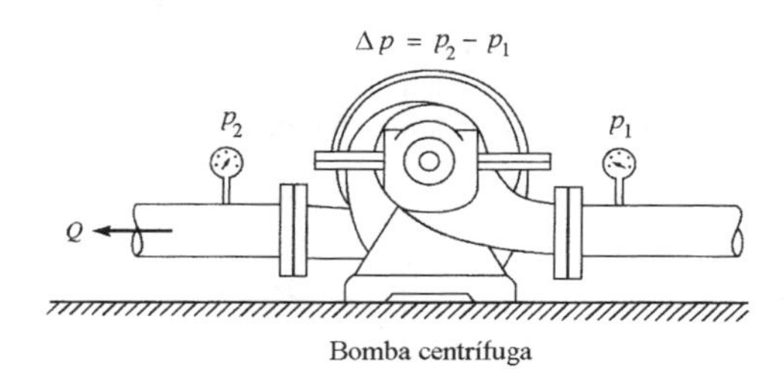

(a)

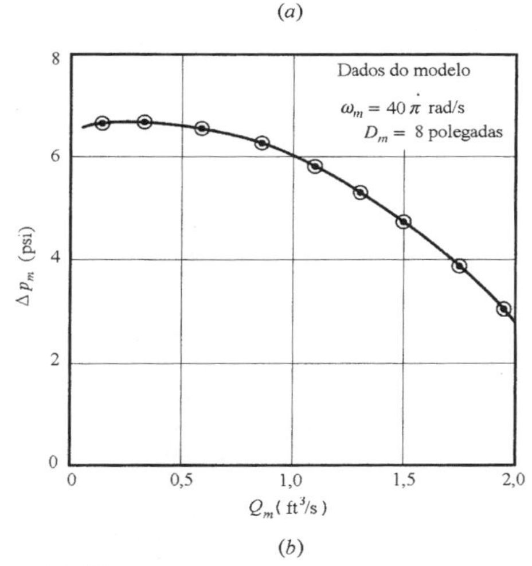

(b)

Figura P7.39

7.40 O modelo de uma barcaça, com escala 1/50, vai ser ensaiado num tanque de provas para que seja possível analisar o escoamento de água induzido na região próxima ao fundo do canal (veja o ⊙ 7.7). Este aspecto pode ser importante quando o canal não é profundo. Admita que o modelo opera de acordo com o critério de Froude para a semelhança dinâmica. A velocidade típica do protótipo da barcaça é 7,7 m/s. **(a)** Determine a velocidade que deve ser utilizada no teste do modelo. **(b)** Uma partícula pequena e posicionada num plano próximo ao fundo do tanque de prova apresenta velocidade igual a 0,046 m/s. Determine a velocidade do ponto correspondente no canal onde o protótipo vai ser utilizado.

7.41 Um fluido muito viscoso escoa em torno da placa retangular submersa mostrada na Fig. P7.41. O arrasto, D, é função da altura da placa, h, da largura da placa, b, da velocidade do fluido, V, e da viscosidade dinâmica do fluido, μ. Nós devemos utilizar um modelo (h_m = 25 mm e b_m = 75 mm) imerso num escoamento de glicerina (viscosidade dinâmica = 1,44 N·s/m^2) para estudar o arrasto na placa. Durante um certo teste determinou-se que o arrasto no modelo é igual a 0,89 N quando a velocidade do escoamento era igual a 0,15 m/s. Determine, se possível, o valor do arrasto numa placa geometricamente semelhante que apresenta h = 100 mm e b = 300 mm e que está imersa num escoamento de glicerina com velocidade ao longe igual a 0,61 m/s. Justifique claramente sua resposta.

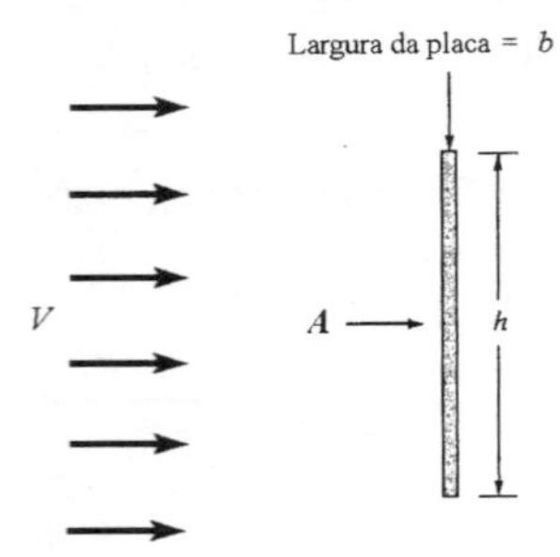

Figura P7.41

7.42 Um cubo sólido está apoiado no fundo de um canal (veja a Fig. P7.42). A força de arrasto, D, que atua no cubo é função da profundidade do canal, d, da aresta do cubo, h, da velocidade da água no canal ao longe, V, da massa específica da água, ρ, e da aceleração da gravidade, g. **(a)** Realize uma análise dimensional deste problema. **(b)** A força de arrasto deve ser determinada com um modelo construído com escala de comprimento igual a 1/5. Sabendo que o fluido que será utilizado no ensaio do modelo é água e que a velocidade do escoamento no canal é igual a 2,7 m/s, determine a velocidade que deve ser utilizada no ensaio do modelo. Como você estimaria a força de arrasto no protótipo em função daquela que atua no modelo.

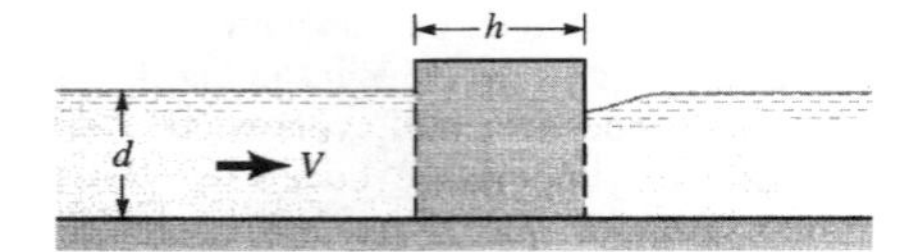

Figura P7.42

7.43 Um líquido é drenado de um tanque cilíndrico e aberto através de um pequeno orifício localizado no fundo do tanque (veja a Fig. P7.43). A altura da superfície livre do líquido, h, diminui com o passar do tempo. Nós devemos estudar como varia o nível da superfície livre do líquido em função do tempo com um modelo com escala 1:2. O líquido no tanque protótipo apresenta altura inicial da superfície livre, H, igual a 406 mm, o diâmetro do tanque, D, é 102 mm e o diâmetro do orifício é 6,4 mm. O fluido contido no tanque protótipo é água a 20ºC. Desenvolva o conjunto de parâmetros adimensionais que descreva o problema admitindo que

$$h = f\left(H, D, d, \gamma, \rho, t\right)$$

onde ρ e γ são, respectivamente, a massa específica e o peso específico do fluido. Estabeleça os critérios de semelhança deste problema e determine a equação que relaciona a altura no modelo com aquela do protótipo.

A próxima tabela apresenta alguns dados experimentais obtidos com um modelo geometricamente similar (D_m = 51 mm, d_m = 3,2 mm e H_m = 203 mm) que opera com água a 20 ºC. Construa um gráfico da altura da superfície livre no modelo em função do tempo, t_m. Construa, em outro papel, um gráfico destes dados na forma adimensional.

Alguns dados do protótipo também podem ser encontrados na tabela. Utilize os mesmo gráficos relativos ao modelo e superponha a curva construída com os dados do protótipo. Compare os dados do modelo com os do protótipo. O projeto do modelo parece correto? Explique. O efeito da viscosidade foi desprezado até este ponto da análise do problema. Esta hipótese é razoável? Como o projeto do modelo é afetado com a inclusão da viscosidade dinâmica na análise do problema? Justifique sua resposta.

Dados do Modelo		Dados do Protótipo	
h_m (mm)	t_m (s)	h (mm)	t (s)
203	0,0	406	0,0
178	3,1	356	4,5
152	6,2	304	8,9
127	9,9	254	14,0
102	13,5	204	20,2
76	18,1	152	25,9
51	24,0	102	32,8
25	32,5	50	45,7
0	43,0	0	59,8

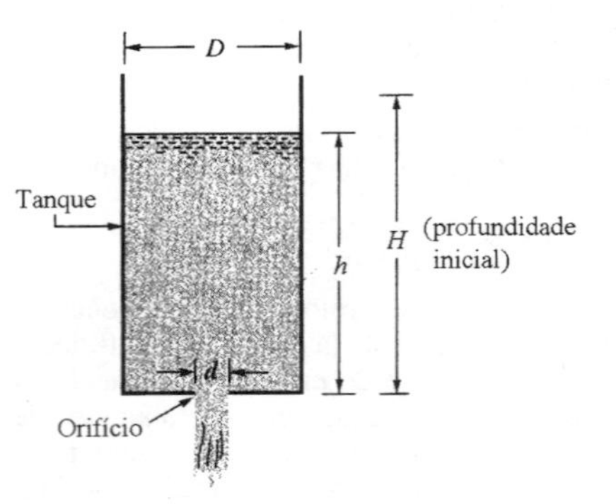

Figura P7.43

Escoamento Viscoso em Condutos 8

Nós consideramos, nos capítulos anteriores, vários tópicos relacionados com o movimento dos fluidos. Os princípios básicos que descrevem a conservação da massa, da quantidade de movimento e da energia foram desenvolvidos e aplicados, em conjunto com uma série de hipóteses, a vários tipos de escoamento. Neste capítulo nós iremos aplicar estes princípios básicos aos escoamentos viscosos e incompressíveis em tubos e dutos. A Fig. 8.1 mostra alguns componentes básicos de uma tubulação típica. Alguns componentes importantes das tubulações são: os tubos (que podem apresentar vários diâmetros), as várias conexões utilizadas para conectar os tubos e, assim, formar o sistema desejado, os dispositivos de controle de vazão (válvulas) e as bombas ou turbinas (que adicionam ou retiram energia do fluido).

8.1 Características Gerais dos Escoamentos em Condutos

A grande maioria dos condutos utilizados para transportar fluidos apresentam seção transversal circular. Normalmente, as tubulações de água, mangueiras hidráulicas e outros condutos apresentam seção transversal circular e são projetados para suportar uma diferença de pressão considerável (diferença entre a pressão no fluido e aquela no ambiente onde está localizada a tubulação) sem se deformar. De outro lado, os dutos utilizados nos sistemas para o condicionamento de ambientes (aquecimento ou resfriamento) normalmente apresentam seções transversais retangulares. Note que isto é possível porque a pressão relativa do fluido que escoa nestes dutos é relativamente pequena. A maioria dos princípios básicos que descrevem os escoamentos são independentes da forma da seção transversal (embora os detalhes do escoamento possam ser dependentes disso). Nós iremos admitir, exceto se especificado o contrário, que a seção transversal dos condutos é circular. Entretanto, nós também mostraremos um modo de calcular as características dos escoamentos em dutos. Nós admitiremos que o conduto está totalmente preenchido com fluido em todos os casos considerados neste capítulo.

8.1.1 Escoamento Laminar e Turbulento

O escoamento de um fluido num conduto pode ser laminar ou turbulento. Osborne Reynolds, cientista e matemático britânico, foi o primeiro a distinguir a diferença entre estes dois tipos de escoamentos utilizando um aparato simples (veja a Fig. 8.2*a*). Admita que água escoa num tubo, que apresenta diâmetro *D*, com uma velocidade média *V*. Nós podemos observar as seguintes características se injetarmos um líquido colorido, que apresenta massa específica igual a da água,

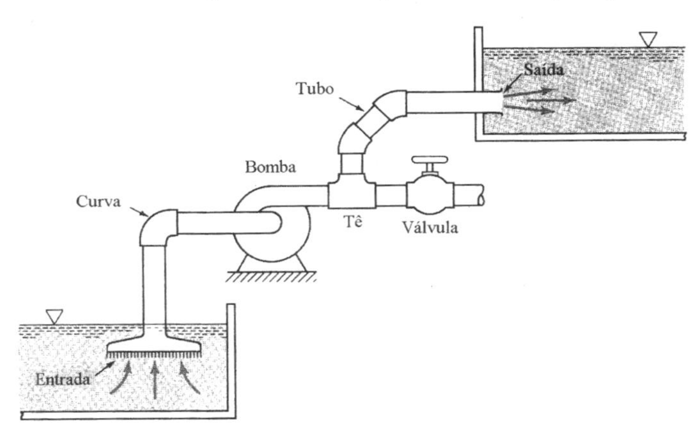

Figura 8.1 Componentes básicos de tubulações.

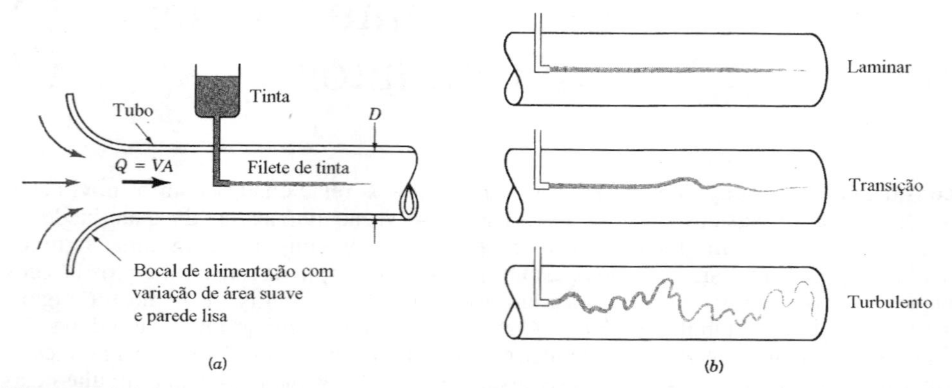

Figura 8.2 (*a*) Experimento utilizado para caracterizar o escoamento em tubos. (*b*) Filetes de tinta típicos.

no escoamento. Quando a vazão é "suficientemente pequena", o traço colorido permanece como uma linha bem definida ao longo do duto e apresenta somente alguns leves borrões provocados pela pela difusão molecular do corante na água. Se a vazão apresenta um "valor intermediário", o traço de corante flutua no tempo e no espaço e apresenta quebras intermediárias. Agora, se a vazão é "suficientemente grande", o traço de corante quase que imediatamente apresenta-se borrado e espalha-se ao longo de todo o tubo de forma aleatória. A Fig. 8.2*b* ilustra estas características e os escoamentos correspondentes são denominados escoamento laminar, de transição e turbulento (⦿ 8.1 – Escoamento laminar e turbulento num tubo).

O parâmetro mais importante nos escoamentos em condutos é o número de Reynolds. Assim, o termo vazão do parágrafo anterior deve ser substituído pelo número de Reynolds, $\mathrm{Re} = \rho VD/\mu$, onde V é a velocidade média do escoamento no tubo. Isto é, o escoamento é laminar, de transição ou turbulento de acordo com o número de Reynolds, que pode ser "pequeno o suficiente", "intermediário" ou "grande o suficiente". Não é somente a velocidade do fluido que determina a caracterização do escoamento - sua massa específica, viscosidade e tamanho do tubo têm igual importância. Estes parâmetros combinados produzem o número de Reynolds. Não é possível definir precisamente as faixas de números de Reynolds que indicam se o escoamento é laminar, de transição ou turbulento. A transição real de escoamento laminar para o turbulento pode acontecer em vários números de Reynolds pois a transição depende de quanto o escoamento está "perturbado" por vibrações nos condutos, da rugosidade da região de entrada etc. Nos projetos de engenharia (isto é, sem tomar precauções para eliminar estes tipos de perturbações), os seguintes valores são apropriados: o escoamento num tubo é laminar se o número de Reynolds é menor que aproximadamente 2100; o escoamento é turbulento se o número de Reynolds é maior que 4000. Para números de Reynolds entre estes dois limites, o escoamento pode apresentar, alternadamente e de um modo aleatório, características laminares e turbulentas (escoamento de transição).

Exemplo 8.1

Água a 10 °C escoa num tubo que apresenta diâmetro D = 19 mm. (**a**) Determine o tempo mínimo para encher um copo de 359 ml com água se o escoamento for laminar. (**b**) Determine o tempo máximo para encher o mesmo copo se o escoamento for turbulento. Refaça os cálculos admitindo que a temperatura da água é igual a 60 °C.

Solução (**a**) Se o escoamento no duto é laminar, o tempo mínimo para encher o copo ocorrerá quando o número de Reynolds for o máximo permitido para o escoamento laminar, ou seja, $\mathrm{Re} = \rho VD/\mu = 2100$. Assim, $V = 2100\mu \,/\, \rho D$. As propriedades da água podem ser obtidas na Tab. B.1, ou seja: $\rho = 999{,}7\ \mathrm{kg/m^3}$, $\mu = 1{,}307 \times 10^{-3}\ \mathrm{N{\cdot}s/m^2}$ para a temperatura de 10 °C e $\rho = 983{,}2\ \mathrm{kg/m^3}$, $\mu = 4{,}665 \times 10^{-4}\ \mathrm{N{\cdot}s/m^2}$ para temperatura de 60 °C. Assim, a velocidade média máxima para escoamento laminar da água a 10°C no tubo é:

$$V=\frac{2100\mu}{\rho D}=\frac{2100\left(1,307\times10^{-3}\right)}{(999,7)(0,019)}=0,145\ \mathrm{m/s}$$

De modo análogo, V = 0,052 m/s a 60 ºC. Com $\mathcal{V}$= volume do copo e $\mathcal{V}=Q\,t$, obtemos

$$t=\frac{\mathcal{V}}{Q}=\frac{\mathcal{V}}{\left(\pi D^2/4\right)V}=\frac{4\left(359\times10^{-6}\right)}{\pi(0,019)^2\,(0,145)}=8,73\,\mathrm{s}\quad \mathrm{a}\quad T=10^\circ\,\mathrm{C}$$

De modo análogo, t = 24,4 s quando a temperatura da água é 60 ºC. Note que a velocidade do escoamento de água quente tem que ser mais baixa do que aquela do escoamento de água fria.

(**b**) Se o escoamento no tubo é turbulento, o tempo máximo para encher o copo ocorrerá quando o número de Reynolds é o mínimo admitido para este tipo de escoamento, ou seja, Re = 4000. Assim, $V = 4000\ \mu/\rho D$ = 0,275 m/s e t = 4,6 s a 10 ºC, enquanto que V = 0,100 m/s e t = 12,7 s a 60 ºC.

Observe que a velocidade do escoamento deve ser baixa para que o escoamento seja laminar (isto é uma conseqüência da água apresentar uma viscosidade dinâmica "baixa"). É mais freqüente encontrarmos escoamentos turbulentos porque a viscosidade dinâmica dos fluidos mais comuns (água, gasolina, ar) é "baixa". Agora, se o fluido que escoa for mel – viscosidade cinemática ($\nu=\mu/\rho$) três mil vezes maior do que a da água – as velocidades acima iriam ser incrementadas por um fator três mil (3000) e os tempos reduzidos pelo mesmo fator. Como iremos ver nas próximas seções, a variação de pressão necessária para forçar um fluido "muito" viscoso a escoar num tubo com velocidade alta pode ser descomunal.

8.1.2 Região de Entrada e Escoamento Plenamente Desenvolvido

Qualquer conduto onde escoa um fluido deve apresentar uma seção de alimentação e uma de descarga. A região do escoamento próxima da seção de alimentação é denominada região de entrada (veja a Fig. 8.3). Esta região pode ser constituída pelos primeiros metros de um tubo conectado a um tanque ou pela porção inicial de uma longa tubulação de ar quente vindo de um fornalha. Normalmente, o fluido entra no conduto, seção (1), com um perfil de velocidade uniforme. Os efeitos viscosos provocam a aderência do fluido às paredes do conduto (condição de não-escorregamento). Isto é verdade para um óleo muito viscoso e também para um fluido que apresente viscosidade dinâmica baixa (como o ar). Assim, é produzida uma camada limite, onde os efeitos viscosos são importantes, ao longo da parede do duto, tanto que perfil inicial de velocidade muda com a distância longitudinal, x, até que o fluido atinja o final do comprimento de entrada, seção (2). Note que, a partir desta seção, o perfil não varia mais com x. A camada limite cresce até preencher totalmente o duto.

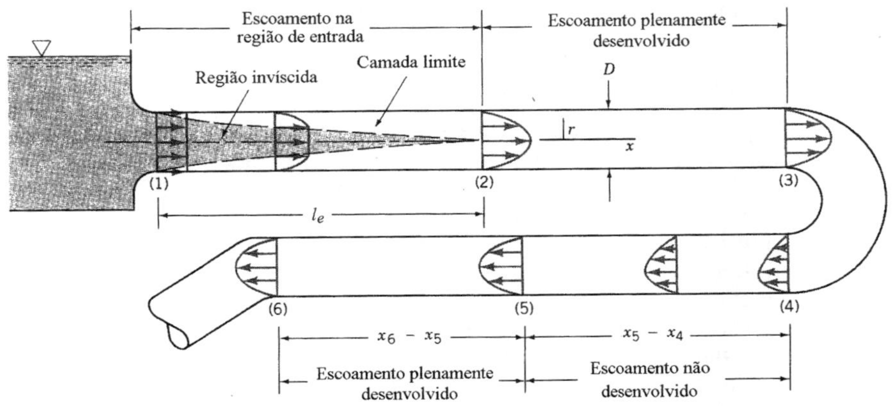

Figura 8.3 Região de entrada, desenvolvimento do escoamento e escoamento plenamente desenvolvido numa tubulação.

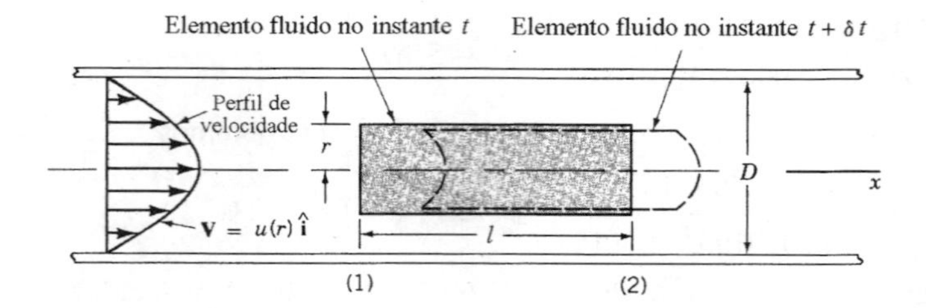

Figura 8.4 Movimento de um elemento fluido cilíndrico num tubo.

A forma do perfil de velocidade do escoamento num tubo depende se este é laminar ou turbulento e também do comprimento da região de entrada, l_e. Como muitas outras propriedades do escoamento em tubos, o adimensional comprimento de entrada, l_e/D, também correlaciona muito bem com o número de Reynolds. Os valores típicos dos comprimentos de entrada são dados por:

$$\frac{l_e}{D} = 0{,}06\,\text{Re} \qquad \text{para escoamento laminar} \qquad \textbf{(8.1)}$$

e

$$\frac{l_e}{D} = 4{,}4(\text{Re})^{1/6} \qquad \text{para escoamento turbulento} \qquad \textbf{(8.2)}$$

O escoamento é mais simples de ser descrito a jusante da seção (2) da Fig. 8.3 – final da região de entrada – porque a velocidade passa a ser uma função somente da distância ao centro do tubo, r, e é independente de x. Isto é verdade até que as características do tubo mudem de alguma maneira, como uma alteração no diâmetro, a presença de uma curva, válvula ou de outro componente [observe o escoamento entre as seções (3) e (4) da Fig. 8.3].O escoamento entre as seções (2) e (3) é denominado plenamente desenvolvido. Depois do trecho curvo da tubulação, o escoamento gradualmente começa seu retorno a condição de plenamente desenvolvido, seção (5), e continua com este perfil até que o próximo componente do sistema é atingido, na seção (6).

8.2 Escoamento Laminar Plenamente Desenvolvido

O conhecimento do perfil de velocidade pode fornecer diretamente muitas informações úteis sobre o comportamento dos escoamentos em dutos (como a queda de pressão, vazão etc.) Assim, nós começaremos nossa análise com o desenvolvimento da equação para o perfil de velocidade dos escoamentos laminares plenamente desenvolvidos em tubos. Se o escoamento não é plenamente desenvolvido, a análise teórica se torna muito mais complexa e sai fora do escopo deste texto. Agora, se o escoamento é turbulento, a análise teórica rigorosa não pode ser realizada porque ainda não existe uma teoria consistente para a descrição deste tipo de escoamento.

8.2.1 Aplicação de F = *m*a num Elemento Fluido

Nós vamos considerar o elemento fluido mostrado na Fig. 8.4 no instante t. Note que o elemento fluido é cilíndrico, apresenta comprimento L, raio r e está centrado no eixo de um tubo horizontal (diâmetro interno D). O perfil de velocidade do escoamento no tubo não é uniforme e provoca a deformação do elemento fluido, ou seja, as superfícies frontal e traseira do cilindro que inicialmente eram planas no instante t, estão destorcidas no instante $t + \delta t$ (quando o elemento deslocou para a nova posição ao longo do tubo – veja a Fig. 8.4). Se o escoamento é plenamente desenvolvido e ocorre em regime permanente, a distorção em cada extremidade do elemento fluido é a mesma e nenhuma parte do elemento é submetida a qualquer aceleração. Assim, qualquer partícula fluida escoa sobre linhas de corrente paralelas às paredes do tubo e com velocidade constante (embora as partículas vizinhas apresentem velocidades bem diferentes). Observe que a velocidade varia de uma linha de corrente para outra e que esta variação de velocidade, combinada com a viscosidade do fluido, produz tensões de cisalhamento.

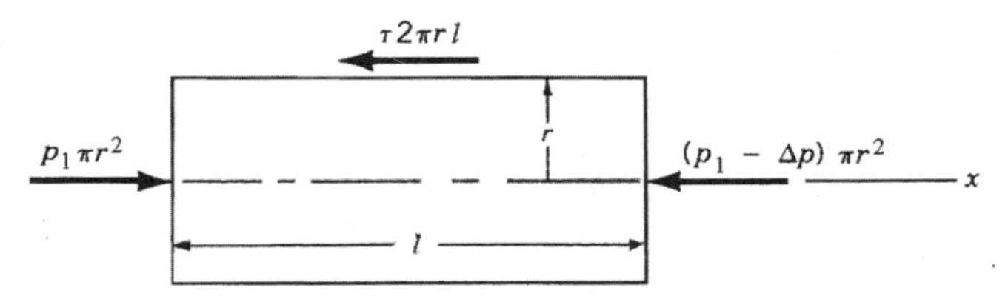

Figura 8.5 Diagrama de corpo livre do elemento fluido cilíndrico.

Se os efeitos gravitacionais são desconsiderados, a pressão é constante em qualquer seção transversal do tubo, ainda que a pressão varie de uma seção para outra. Assim, se a pressão é $p = p_1$ na seção (1), a pressão na seção (2) é $p_2 = p_1 - \Delta p$. Nós sabemos que a pressão decresce na direção do escoamento e, deste modo, $\Delta p > 0$. Uma tensão de cisalhamento, τ, atua na superfície lateral do elemento e ela é função do raio do elemento, ou seja, $\tau = \tau(r)$.

Considere o diagrama de corpo livre mostrado na Fig. 8.5 e apliquemos a segunda lei de Newton, $F_x = ma_x$, no elemento cilíndrico. Observe que já utilizamos esta técnica de análise no Cap. 2 (análise estática). No caso que estamos interessados, embora o fluido esteja em movimento, ele não está acelerando ($a_x = 0$). Assim, o escoamento plenamente desenvolvido no tubo é o resultado do equilíbrio entre as forças de pressão e as viscosas – a diferença de pressão atua na extremidade do cilindro (área igual a πr^2) e a tensão de cisalhamento atua na superfície lateral do cilindro (área igual a $2\pi rL$). Este equilíbrio de forças pode ser escrito do seguinte modo:

$$(p_1)\pi r^2 - (p_1 - \Delta p)\pi r^2 - (\tau)\pi rl = 0$$

Simplificando a equação,

$$\frac{\Delta p}{l} = \frac{2\tau}{r} \tag{8.3}$$

Como Δp e l não são funções da coordenada radial, r, segue que $2\tau/\,r$ também deve ser independente de r. Assim, $\tau = Cr$, onde C é uma constante. Em $r = 0$ (a linha de centro do tubo), não há tensão de cisalhamento ($\tau = 0$). Em $r = D/2$ (a parede do tubo) a tensão de cisalhamento é máxima, e é denominada τ_p, a tensão de cisalhamento na parede. Consequentemente, $C = 2\tau_p/D$ e a distribuição da tensão de cisalhamento ao longo do tubo é uma função linear da coordenada radial:

$$\tau = \frac{2\tau_p r}{D} \tag{8.4}$$

A Fig. 8.6 mostra o esboço desta distribuição. Como pode ser visto nas Eqs. 8.3 e 8.4, a queda de pressão e a tensão de cisalhamento na parede estão relacionadas através da relação:

$$\Delta p = \frac{4l\tau_p}{D} \tag{8.5}$$

Observe que uma pequena tensão de cisalhamento pode produzir uma grande diferença de pressão se o tubo é relativamente longo ($L/D >> 1$).

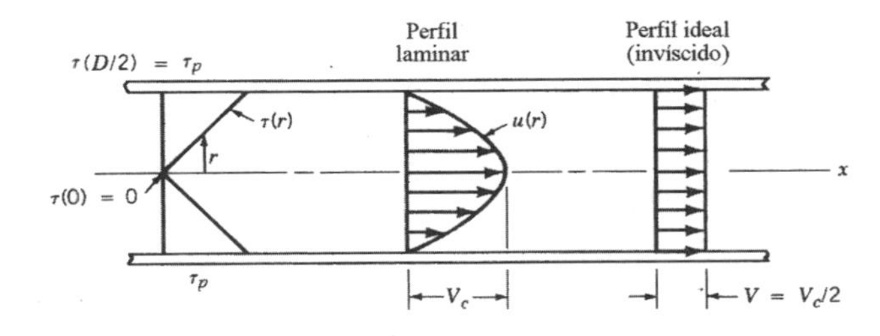

Figura 8.6 Distribuição da tensão de cisalhamento no escoamento em tubo (laminar ou turbulento) e perfis de velocidade típicos.

Neste ponto nós devemos descrever como a tensão de cisalhamento está relacionada com a velocidade. Este é a etapa crítica que separa a análise do escoamento laminar daquela referente aos escoamentos turbulentos. É importante ressaltar que é possível "resolver" o escoamento laminar mas que não é possível "resolver" o escoamento turbulento sem a utilização de hipóteses "ad hoc". Como será discutido na Seção 8.3, a natureza da tensão de cisalhamento no escoamento turbulento é muito complexa. Todavia, a tensão de cisalhamento é simplesmente proporcional ao gradiente de velocidade no escoamento laminar de um fluido Newtoniano, ou seja, "$\tau = \mu\, du/dy$" (veja a Sec. 1.6). Na notação associada com o escoamento em tubos, temos

$$\tau = -\mu \frac{du}{dr} \tag{8.6}$$

Nós incluímos o sinal negativo para que $\tau > 0$ quando $du/dr < 0$ (a velocidade decresce da linha de centro para a parede do duto).

As Eqs. 8.3 (segunda lei de Newton) e 8.6 (definição de fluido Newtoniano) representam as duas leis que descrevem o escoamento plenamente desenvolvido de um fluido Newtoniano num tubo horizontal. Combinando estas equações, obtemos

$$\frac{du}{dr} = -\left(\frac{\Delta p}{2\mu l}\right) r$$

O perfil de velocidade pode ser obtido pela integração desta equação. Deste modo,

$$\int du = -\frac{\Delta p}{2\mu l} \int r\, dr$$

ou

$$u = -\left(\frac{\Delta p}{4\mu l}\right) r^2 + C_1$$

onde C_1 é uma constante. O fluido é viscoso, e por isso adere as paredes do tubo e faz com que $u = 0$ em $r = D/2$. Utilizando esta condição temos que $C_1 = (\Delta p/16\mu\, l)D^2$. Assim, o perfil de velocidade do escoamento pode ser escrito como:

$$u(r) = \left(\frac{\Delta p\, D^2}{16\mu l}\right)\left[1 - \left(\frac{2r}{D}\right)^2\right] = V_c\left[1 - \left(\frac{2r}{D}\right)^2\right] \tag{8.7}$$

onde $V_c = \Delta p D^2/(16\mu\, l)$ é velocidade na linha de centro do tubo.

Este perfil de velocidade (veja a Fig. 8.6) é parabólico na coordenada radial, r, apresenta velocidade máxima, V_c, na linha de centro do tubo e velocidade nula na parede do tubo. A vazão em volume do escoamento no duto pode ser obtida pela integração do perfil de velocidade. Como o escoamento é axissimétrico, a velocidade é constante numa área pequena formada por um anel com raio r e espessura dr. Assim,

$$Q = \int u\, dA = \int_{r=0}^{r=R} u(r) 2\pi r\, dr = 2\pi V_c \int_0^R \left[1 - \left(\frac{r}{R}\right)^2\right] r\, dr$$

ou

$$Q = \frac{\pi R^2 V_c}{2}$$

Por definição, a velocidade média é igual a vazão volumétrica dividida pela área transversal do tubo, ou seja, $V = Q/A = Q/\pi R^2$. A velocidade média neste escoamento é dada por

$$V = \frac{\pi R^2 V_c}{2\pi R^2} = \frac{V_c}{2} = \frac{\Delta p\, D^2}{32\mu\ell} \tag{8.8}$$

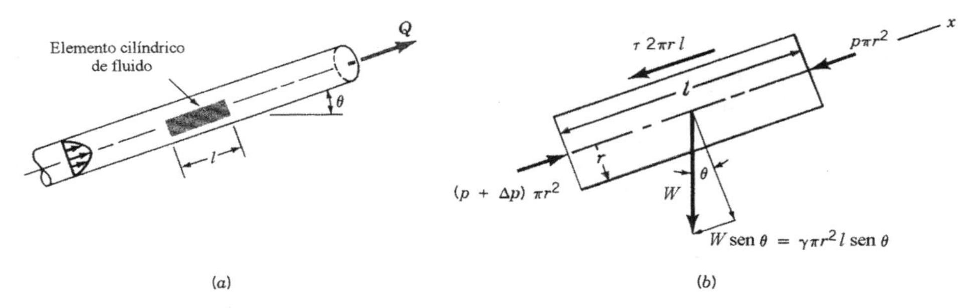

Figura 8.7 Diagrama de corpo livre para um elemento fluido cilíndrico localizado num tubo inclinado.

e

$$Q = \frac{\pi D^4 \Delta p}{128 \mu \ell} \tag{8.9}$$

Este escoamento é conhecido como o de Hagen – Poiseuille e a Eq. 8.9 é referida como a Lei de Poiseuille. Lembre sempre que todos estes resultados estão restritos a escoamentos laminares em tubos horizontais (que apresentam número de Reynolds menores do que aproximadamente 2100).

O ajuste necessário para levar em consideração a inclinação do tubo (veja a Fig. 8.7) no modelo de escoamento laminar é bastante simples pois basta incluir no cálculo da queda de pressão, Δp, os efeitos gravitacionais, ou seja, a nova queda de pressão é dada por $\Delta p - \gamma l \operatorname{sen} \theta$, onde θ é o ângulo formado pela linha de centro do tubo e o plano horizontal. Observe que $\theta > 0$ se o escoamento é para cima e que $\theta < 0$ se o escoamento é para baixo. Isto pode ser visto no equilíbrio de forças na direção x (ao longo do eixo do tubo) do elemento fluido mostrado na Fig. 8.7*b*. O método é exatamente análogo aquele utilizado para obter a equação de Bernoulli (Eq. 3.6) quando a linha de corrente não é horizontal. A força líquida na direção x é uma combinação da força de pressão naquela direção, $\Delta p \pi r^2$, e a componente do peso na mesma direção, $\gamma \pi r^2 l \operatorname{sen} \theta$. O resultado é uma forma um pouco modificada da Eq. 8.3, ou seja,

$$\frac{\Delta p - \gamma l \operatorname{sen} \theta}{l} = \frac{2\tau}{r}$$

Assim, todos os resultados para os dutos horizontais são válidos desde que Δp seja substituído por $\Delta p - \gamma l \operatorname{sen} \theta$. Deste modo,

$$V = \frac{(\Delta p - \gamma l \operatorname{sen} \theta) D^2}{32 \mu l} \tag{8.10}$$

e

$$Q = \frac{\pi (\Delta p - \gamma l \operatorname{sen} \theta) D^4}{128 \mu l} \tag{8.11}$$

Observe que a força motora para o escoamento em condutos pode ser tanto a queda de pressão na direção do escoamento, Δp, ou a componente do peso na direção do escoamento, $-\gamma l \operatorname{sen} \theta$.

Exemplo 8.2

Um óleo (viscosidade dinâmica $\mu = 0{,}40$ N·s/m² e massa específica $\rho = 900$ kg/m³) escoa num tubo que apresenta diâmetro interno, D, igual a 20 mm. (**a**) Qual é a queda de pressão, $p_1 - p_2$, necessária para produzir uma vazão de $Q = 2{,}0 \times 10^{-5}$ m³/s se o tubo for horizontal com $x_1 = 0$ e $x_2 = 10$ m? (**b**) Qual deve ser a inclinação do tubo, θ, para que o óleo escoe com a mesma vazão indicada na parte (a) mas com $p_1 = p_2$? (**c**) Para as condições da parte (b), determine a pressão na seção $x_3 = 5$ m (onde x é a medido ao longo do tubo) sabendo que $p_1 = 200$ kPa.

Solução (**a**) Se o número de Reynolds é menor que 2100, o escoamento é laminar e as equações derivadas nesta seção são válidas. A velocidade média do escoamento é definida por $V = Q/A$. Assim, $V = 2{,}0 \times 10^{-5} / [\pi (0{,}02)^2 / 4] = 0{,}0637$ m/s e o número de Reynolds é $\mathrm{Re} = VD\rho / \mu = 2{,}87$. Observe que o escoamento é laminar e nós podemos calcular a queda de pressão com a Eq. 8.9 (lembre que $l = x_2 - x_1 = 10$ m). Deste modo,

$$\Delta p = p_1 - p_2 = \frac{128 \mu l Q}{\pi D^4} = \frac{128\,(0.40)\,(10.0)(2.0\times10^{-5})}{\pi\,(0.020)^4} = 20400\ \text{Pa} = 20{,}4\ \text{kPa}$$

(**b**) Sabendo que $\Delta p = p_1 - p_2 = 0$ nós podemos utilizar a Eq. 8.11 para determinar a inclinação do tubo, ou seja,

$$\operatorname{sen}\theta = \frac{-128 \mu Q}{\pi \rho g D^4} \qquad \textbf{(1)}$$

$$\operatorname{sen}\theta = \frac{-128(0{,}40)\,(2{,}0\times10^{-5})}{\pi(900)\,(9{,}81)\,(0{,}020)^4} \qquad \text{e} \qquad \theta = -13{,}34^{\circ}$$

Este resultado está de acordo com aquele relativo ao tubo horizontal pois uma mudança de elevação de $\Delta z = l\ sen\theta = (10)\ \operatorname{sen}(-13.34^{\circ}) = -2.31$ m resulta numa alteração na pressão igual a $\Delta p = \rho\ g\Delta z = (900)(9{,}81)\ (2{,}31) = 20400$ Pa. Note que este valor é igual ao calculado no item (a). O trabalho realizado pelas forças de pressão do escoamento no tubo horizontal equilibra a dissipação viscosa. Como a queda de pressão do escoamento no tubo inclinado é nula, a mudança na energia potencial do fluido que escoa no tubo é dissipada pelos efeitos viscosos. Note que o valor fornecido pela Eq. 1 é sen $\theta = -1.15$ se desejarmos aumentar a vazão do escoamento para $Q = 1.0 \times 10^{-4}$ m³/s com $p_1 = p_2$. O seno de um ângulo não pode ser maior que 1 e, assim, este escoamento não é possível. O peso do fluido pode não ser grande o suficiente para compensar as forças viscosas geradas para a vazão desejada. Nestes casos, nós deveremos utilizar um tubo com diâmetro maior do que o indicado no item (a).

(**c**) A Eq. 1 não fornece informações sobre o comprimento do tubo, l, se $p_1 = p_2$. Isto é uma conseqüência da pressão ser constante ao longo do tubo. Este resultado pode ser verificado aplicando os valores de Q e θ do caso (b) na Eq. 8.11 e obtendo $\Delta p = 0$ para qualquer l. Por exemplo, $\Delta p = p_1 - p_3 = 0$ se $l = x_3 - x_1 = 5$ m. Assim, $p_1 = p_2 = p_3$ de modo que

$$p_3 = 200\ \text{kPa}$$

Se o fluido que escoa no tubo fosse gasolina ($\mu = 3{,}1 \times 10^{-4}$ N·s/m² e $\rho = 680$ kg/m³), o número de Reynolds seria igual a 2790 e o escoamento provavelmente não seria laminar. Neste caso, a utilização das Eqs. 8.9 e 8.11 fornecerá resultados incorretos. Note que a viscosidade cinemática, $\nu = \mu/\rho$, é um parâmetro viscoso importante (veja a Eq. 1) pois a razão entre a força viscosa ($\sim\mu$) e a força peso ($\sim \gamma = \rho g$) determina o valor de θ no escoamento a pressão constante no tubo inclinado.

8.2.2 Aplicação das Equações de Navier Stokes

Na seção anterior nós obtivemos vários resultados aplicáveis ao escoamento laminar plenamente desenvolvido num tubo através da aplicação da segunda lei de Newton a uma partícula fluida cilíndrica e com a utilização da hipótese de que o fluido era Newtoniano. Nós podemos obter as equações de Navier - Stokes modelando o fluido como Newtoniano e aplicando a Segunda lei de Newton num escoamento geral (veja o Cap. 6). Lembre que nós já resolvemos estas equações aplicadas ao escoamento laminar plenamente desenvolvido num tubo (releia a Sec. 6.9.3). Note que os resultados apresentados anteriormente são iguais aqueles indicados na Eq. 8.7.

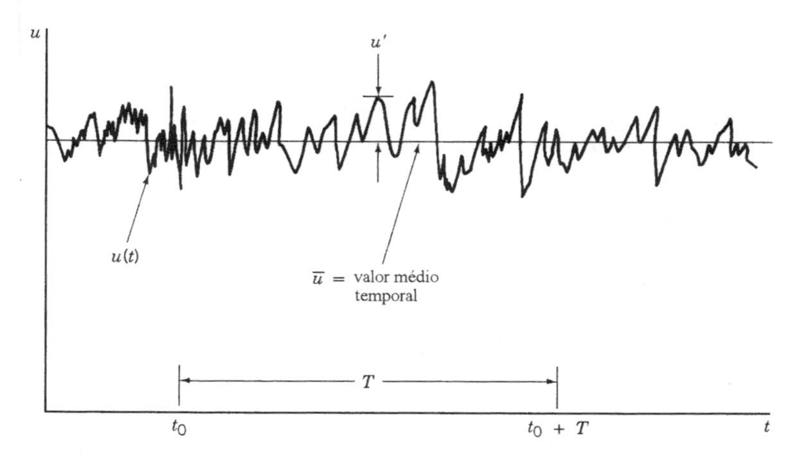

Figura 8.8 A velocidade média temporal, $\bar{u}$, e as flutuações em torno da velocidade média, u'.

8.3 Escoamento Turbulento Plenamente Desenvolvido

Nós discutimos, nas seções anteriores, várias características do escoamento laminar plenamente desenvolvido em tubos. É muito mais freqüente encontramos escoamentos turbulentos nos condutos e, por este motivo, torna-se necessário obter informações similares para o escoamento turbulento em condutos. No entanto, o escoamento turbulento é um processo muito complexo. Muitas pessoas tem dedicado um esforço considerável tentando entender os mecanismos e a estrutura da turbulência. Apesar de conhecermos alguns aspectos básicos da turbulência, o assunto está sendo estudado e o campo do escoamento turbulento ainda permanece como a área menos compreendida da mecânica dos fluidos.

8.3.1 Transição do Escoamento Laminar para o Turbulento

Os escoamentos são classificados como laminares ou turbulentos. Existe, para qualquer escoamento, pelo menos um parâmetro adimensional que indica se o escoamento é laminar ou turbulento, ou seja, se o valor do adimensional for menor do que um valor de referência ele será laminar. O parâmetro adimensional importante nos escoamentos em tubos é o número de Reynolds. O escoamento será laminar se o número de Reynolds for menor do que aproximadamente 2100 e turbulento se o número de Reynolds for maior do que 4000.

A Fig. 8.8 mostra um gráfico típico da componente axial da velocidade do escoamento turbulento num tubo, $u = u(t)$. A característica mais notável da turbulência é sua natureza irregular e aleatória. O caráter de muitas propriedades importantes do escoamento (por exemplo, a perda de pressão, a transferência de calor etc.) dependem fortemente da existência e da natureza das flutuações turbulentas indicadas na figura.

Os processos de mistura e de transferência de calor e massa são mais intensos no escoamento turbulento do que no escoamento laminar. Esta intensificação é devida a escala macroscópica dos movimentos turbulentos. Todos nós estamos familiarizados como as estruturas de movimento do tipo "rolo" encontradas no escoamento de água nas panelas aquecidas num fogão (mesmo que não esteja sendo aquecida para ferver). Este tipo de movimento, que apresenta tamanho finito, é muito efetivo no transporte de energia e massa no campo de escoamento (aumenta significativamente as várias taxas de processo envolvidas). O escoamento laminar, por outro lado, pode ser entendido como pequenas partículas, mas de tamanho finito, escoando suavemente em camadas sobrepostas. A única aleatoriedade e mistura se dá em escala molecular e resulta em taxas de transferência de calor, massa e quantidade de movimento relativamente baixas (◉ 8.2 – Turbulência num prato de sopa).

8.3.2 Tensão de Cisalhamento Turbulenta

A diferença fundamental entre o escoamento laminar e o turbulento é provocada pelo comportamento caótico e aleatório dos parâmetros do escoamento turbulento. Estas variações ocorrem nas três componentes da velocidade, na pressão, na tensão de cisalhamento, na temperatura, e em várias outras variáveis que tenham uma descrição de campo. A Fig. 8.8 mostra que os escoamentos turbulentos podem ser descritos em função de valores médios (indicados com um traço em cima da variável) e pelas flutuações (indicadas com um apóstrofo após a variável). Assim, se $u = u(x,y,z,t)$ é a componente x da velocidade, então a sua média temporal, $\overline{u}$, é

$$\overline{u} = \frac{1}{T}\int_{t_0}^{t_0+T} u(x, y, z, t)\, dt \tag{8.12}$$

onde o intervalo de tempo, T, é consideravelmente maior do que o período da flutuação mais longo mas consideravelmente mais curto que qualquer variação na velocidade média (veja novamente a Fig. 8.8).

É tentador estender o conceito da tensão de cisalhamento viscosa adequado aos escoamentos laminares ($\tau = \mu \; du / dy$) para o escoamento turbulento substituindo u, a velocidade instantânea, por $\overline{u}$, a velocidade média temporal. Todavia, numerosos estudos teóricos e experimentais tem mostrado que esta abordagem leva a resultados completamente incorretos.

Isto é, $\tau \neq \mu \, d\overline{u} / dy$ nos escoamentos turbulentos. Este comportamento ocorre porque esta relação não leva em consideração o transporte de quantidade de movimento associado às flutuações turbulentas. Um procedimento alternativo para avaliar a tensão de cisalhamento nos escoamentos turbulentos é baseada na utilização da viscosidade turbulenta efetiva, η,

$$\tau = \eta \frac{d\overline{u}}{dy} \tag{8.13}$$

Ainda que o conceito de viscosidade turbulenta efetiva seja intrigante, ele não é um parâmetro fácil de ser utilizado nas aplicações práticas. Diferentemente da viscosidade dinâmica, μ, que tem um valor conhecido para um dado fluido, a viscosidade turbulenta efetiva é uma função tanto do fluido quanto do escoamento. Isto é, a viscosidade turbulenta da água não pode ser pesquisada em manuais - seus valores mudam de um escoamento turbulento para outro e de um ponto para outro do mesmo escoamento turbulento.

Muitas teorias semi - empíricas foram propostas (veja a Ref. [1]) para determinar os valores aproximados de η. Por exemplo, Prandtl propôs que o processo turbulento poderia ser visto como um transporte aleatório de "agregados" de partículas fluidas de uma região que apresenta uma certa velocidade para outra região que apresenta uma velocidade diferente. A distância deste transporte foi denominada comprimento de mistura, l_m. Se utilizarmos várias hipóteses bastante restritivas, é possível concluir que a viscosidade turbulenta é dada por

$$\eta = \rho \, \ell_m^2 \left| \frac{d\overline{u}}{dy} \right|$$

e que a expressão da tensão de cisalhamento turbulenta é

$$\tau_{turb} = \rho \, \ell_m^2 \left(\frac{d\overline{u}}{dy} \right)^2 \tag{8.14}$$

Assim, o problema foi deslocado para a determinação do comprimento de mistura, l_m. Estudos posteriores indicaram que o comprimento de mistura não apresenta valor constante ao longo do campo de escoamento. Por exemplo, a turbulência é função da distância da parede nas regiões próximas às paredes. Nestas condições, torna-se necessário utilizar mais hipóteses que relacionam o comprimento de mistura com a distância à parede.

O resultado final é que ainda não existe um modelo de turbulência geral e completo que descreva como varia a tensão de cisalhamento num campo de escoamento incompressível, viscoso e turbulento qualquer. Sem este tipo de informação é impossível integrar a equação de equilíbrio de forças para obter o perfil de velocidades turbulento e todas outras informações relevantes do escoamento (como foi feito no caso do escoamento laminar num tubo).

8.3.3 Perfil de Velocidade Turbulento

A quantidade de informações sobre os perfis de velocidade turbulentos levantadas em trabalhos experimentais e teóricos é considerável. Entretanto, ainda não existe uma expressão geral e precisa para os perfis de velocidade nos escoamentos turbulentos.

Uma correlação muito utilizada (e relativamente fácil de utilizar) para o perfil de velocidade dos escoamentos turbulentos em tubos é a de potência

$$\frac{\overline{u}}{V_c} = \left(1 - \frac{r}{R}\right)^{1/n} \tag{8.15}$$

Nesta representação, o valor de n é uma função do número de Reynolds e varia entre 6 e 10. A lei da potência de um sétimo para o perfil de velocidade (n = 7) é geralmente utilizada, com uma precisão razoável, em muitas situações reais. A Fig. 8.9 mostra vários perfis turbulentos típicos baseados nesta lei de potência (⦿ 8.3 – Perfis de velocidade laminar e turbulento).

Uma análise cuidadosa da Eq. 8.15 mostra que o perfil da lei de potência não é válido na região próxima à parede, pois ali o gradiente previsto de velocidade é infinito. Adicionalmente, a Eq. 8.15 não é precisamente válida perto da linha de centro, pois não fornece $d\overline{u}/dr = 0$ em r = 0. Todavia, esta equação fornece uma aproximação razoável para os perfis de velocidade medidos na maior parte do tubo.

8.4 Análise Dimensional do Escoamento em Tubos

Os escoamentos turbulentos são muito complexos e, por este motivo, ainda não existe uma teoria geral e rigorosa que descreva completamente estes escoamentos. Assim, a maioria dos escoamentos turbulentos é analisada a partir de procedimentos baseados em resultados experimentais e em formulações semi-empíricas (mesmo nos casos onde o escoamento é plenamen-

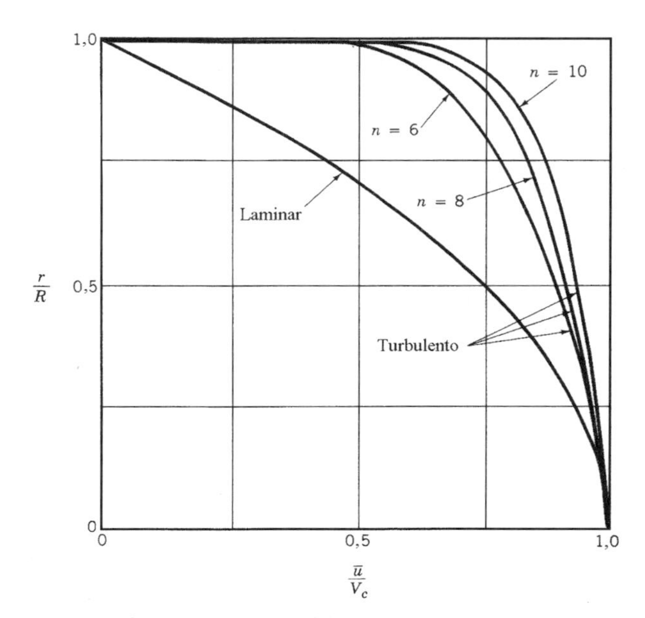

Figura 8.9 Perfis de velocidade para os escoamentos laminar e turbulentos em tubos.

te desenvolvido). Normalmente, os dados disponíveis sobre os escoamentos turbulentos plenamente desenvolvidos são apresentados na forma adimensional.

8.4.1 O Diagrama de Moody

O tratamento baseado na análise adimensional fornece uma base conveniente para o estudo do escoamento turbulento plenamente desenvolvido em condutos. A queda de pressão (e a perda de carga) num conduto depende da tensão de cisalhamento na parede, τ_p. Uma diferença fundamental entre o escoamento laminar e o turbulento é que a tensão de cisalhamento no escoamento turbulento é função da massa específica do fluido, ρ. A tensão de cisalhamento no escoamento laminar independente da massa específica e a viscosidade torna-se a única propriedade relevante do fluido.

Assim, a queda de pressão, Δp, para o escoamento incompressível, turbulento e que ocorre em regime permanente num tubo horizontal com diâmetro D pode ser escrita como

$$\Delta p = F(V, D, l, \varepsilon, \mu, \rho) \tag{8.16}$$

onde V é a velocidade média do fluido, l é o comprimento do tubo e ε é uma medida da rugosidade encontrada na parede do duto. É lógico que Δp deve ser uma função de V, D, e l. A dependência de Δp com as propriedades do fluido, μ e ρ, são esperadas por que τ depende destes parâmetros.

Ainda que a queda de pressão no escoamento laminar em tubos seja independente da rugosidade do tubo, é necessário incluir este parâmetro quando consideramos o escoamento turbulento. Note que existem sete variáveis (k = 7) neste problema e que estas podem ser escritas em função de três dimensões de referência (MLT), ou seja, r = 3. Deste modo, a Eq. 8.16 pode ser escrita na forma adimensional em função de $k - r = 4$ grupos adimensionais. Uma das representações possíveis é

$$\frac{\Delta p}{\frac{1}{2}\rho V^2} = \tilde{\phi}\left(\frac{\rho V D}{\mu}, \frac{l}{D}, \frac{\varepsilon}{D}\right)$$

Existem duas diferenças entre este resultado e aquele adequado para escoamentos laminares. A primeira é: nós utilizamos a pressão dinâmica, $\rho V^2/2$, para adimensionalizar a queda de pressão do escoamento no caso turbulento e não a tensão de cisalhamento característica, $\mu V/D$. A segunda diferença é: nós introduzimos dois parâmetros adimensionais – o número de Reynolds, Re = $\rho VD/\mu$, e a rugosidade relativa, ε/D, – que não estão presentes na formulação laminar. Esta introdução é necessária porque ρ e ε são importantes no escoamento turbulento plenamente desenvolvido.

Como foi feito para o escoamento laminar, a representação funcional pode ser simplificada se admitirmos que a queda de pressão é proporcional ao comprimento do duto (esta hipótese não está dentro do domínio da análise dimensional e é somente uma hipótese lógica sustentada por muitos experimentos). A única maneira para que isto seja verdade é se termo l/D puder ser retirado da dependência da função e passe a multiplicar a própria função, ou seja,

$$\frac{\Delta p}{\frac{1}{2}\rho V^2} = \frac{l}{D}\phi\left(\frac{\rho V D}{\mu}, \frac{\varepsilon}{D}\right)$$

A quantidade $\Delta pD/(l\rho V^2/2)$ é denominada fator de atrito, f. Assim, para o escoamento num tubo horizontal

$$\Delta p = f\frac{l}{D}\frac{\rho V^2}{2} \tag{8.17}$$

onde

$$f = \phi\left(\frac{\rho V D}{\mu}, \frac{\varepsilon}{D}\right)$$

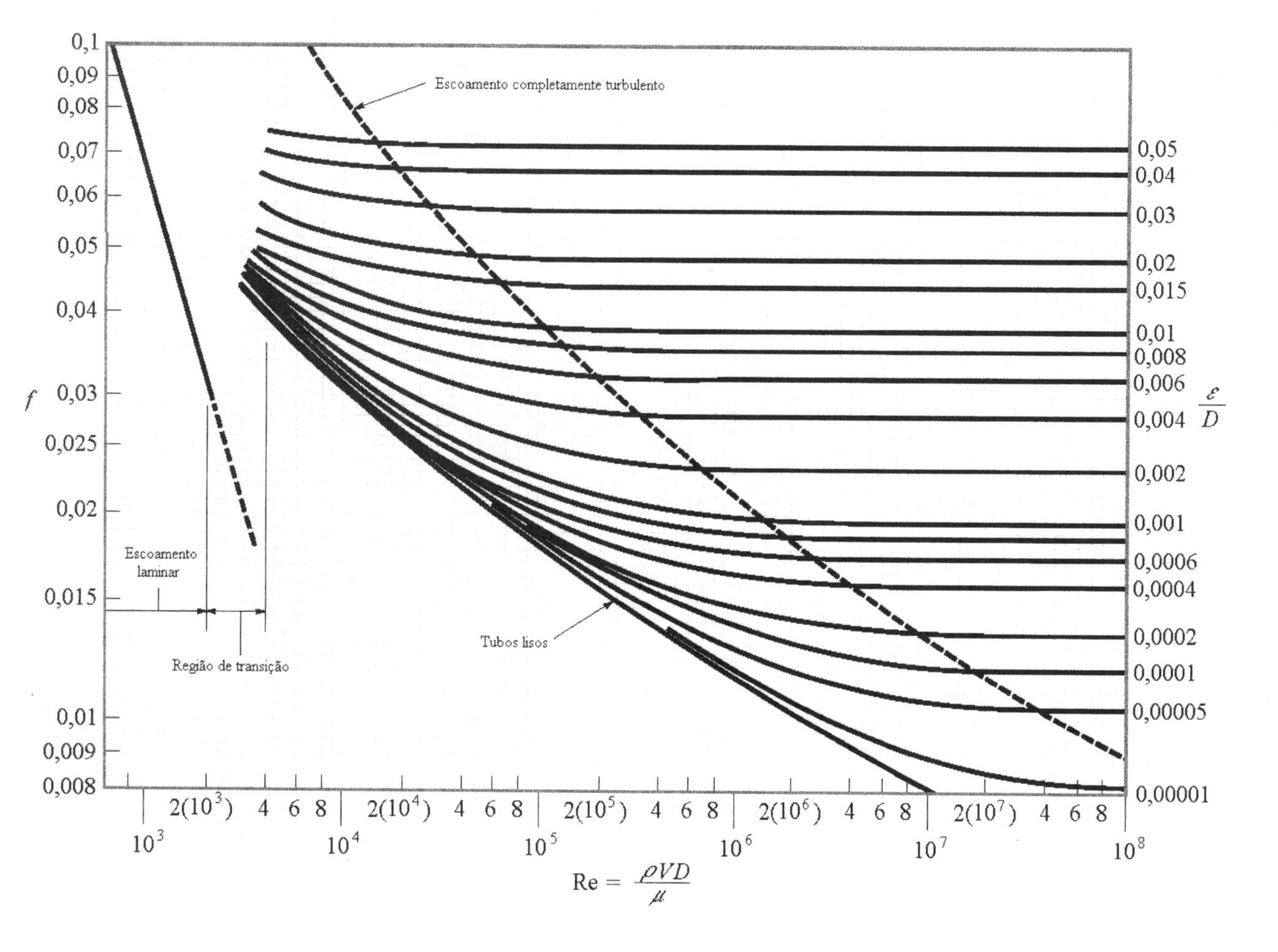

Figura 8.10 Diagrama de Moody (Dados da Ref. [2], reprodução autorizada).

Tabela 8.1
Rugosidade equivalente para tubos novos
(dados obtidos em Moody (Ref. [2]) e Colebrook (Ref. [3]).

Tubo	Rugosidade equivalente, ε (mm)
Aço rebitado	0,9 – 9,0
Concreto	0,3 – 3,0
Madeira aparelhada	0,18 – 0,9
Ferro fundido	0,26
Ferro galvanizado	0,15
Aço comercial ou estrudado	0,045
Tubo estirado	0,0015
Plástico, vidro	0,0 (liso)

A equação da energia para um escoamento incompressível em regime permanente é (Eq. 5.57)

$$\frac{p_1}{\gamma}+\frac{V_1^2}{2g}+z_1=\frac{p_2}{\gamma}+\frac{V_2^2}{2g}+z_2+h_L$$

onde h_L é a perda de carga no escoamento entre as seções (1) e (2). Se adotarmos a hipótese de que o tubo apresenta diâmetro constante ($D_1 = D_2$, logo $V_1 = V_2$), é horizontal ($z_1 = z_2$), e que o escoamento é plenamente desenvolvido, a equação fica reduzida a $\Delta p = p_1 - p_2 = \gamma h_L$. Este resultado quando combinado com a Eq. 8.17 resulta em

$$h_L = f\frac{l}{D}\frac{V^2}{2g} \qquad \textbf{(8.18)}$$

Esta relação é conhecida como a equação de Darcy-Weisbach. Note que ela é válida para qualquer escoamento incompressível, em regime permanente e plenamente desenvolvido – não importando se o tubo é horizontal ou inclinado. Por outro lado, a Eq. 8.17 só é válida para escoamentos em tubos horizontais. Se, $V_1 = V_2$, a equação da energia fica restrita a

$$p_1 - p_2 = \gamma(z_2 - z_1) + \gamma h_L = \gamma(z_2 - z_1) + f\frac{l}{D}\frac{\rho V^2}{2}$$

Observe que uma parte da diferença de pressão é devida a variação de elevação e a outra é devida aos efeitos de atrito (a perda associada ao atrito é representada pelo fator de atrito, f).

A dependência funcional entre o fator de atrito, o número de Reynolds e a rugosidade relativa não é fácil de ser determinada. Grande parte das informações disponíveis sobre esta dependência foi levantada experimentalmente. A Fig. 8.10, conhecida como o diagrama de Moody, mostra a dependência funcional entre f, Re e ε / D e a Tab. 8.1 apresenta um conjunto de valores de rugosidades típicas para várias superfícies de tubos.

As seguintes características podem ser observadas a partir da análise da Fig. 8.10. Note que f = 64/Re nos escoamentos laminares e que, nestas situações, f independe da rugosidade relativa. Quando o número de Reynolds é muito grande, $f = \phi(\varepsilon / D)$, ou seja, o fator de atrito é independente do número de Reynolds. Estes escoamentos são conhecidos como completamente (ou totalmente) turbulentos. Observe que o fator de atrito não é nulo mesmo nos escoamentos em tubos lisos ($\varepsilon = 0$). Isto é, nós detectamos uma perda de carga em qualquer escoamento num duto liso (não importa quão lisa é a superfície interna do tubo). Este é um resultado da condição de não escorregamento do escoamento.

A próxima equação, proposta por Colebrook, é válida para a região não laminar do diagrama de Moody

$$\frac{1}{\sqrt{f}} = -2,0\log\left(\frac{\varepsilon/D}{3,7} + \frac{2,51}{\text{Re}\sqrt{f}}\right) \tag{8.19}$$

De fato, o diagrama de Moody é uma representação gráfica desta equação (obtida a partir do ajuste dos resultados experimentais da queda de pressão em escoamentos em tubos). A Eq. 8.19 é conhecida como a fórmula de Colebrook. É um pouco difícil trabalhar com esta equação porque ela apresenta uma dependência implícita de f. Isto é, para uma dada condição (Re e ε/D), não é possível determinar o valor de f sem a utilização de um procedimento iterativo. Com o uso de computadores e calculadoras, estes cálculos se tornaram bem mais fáceis.

Exemplo 8.3

Ar, a 15 °C e pressão padrão, escoa numa tubulação estrudada, que apresenta 4,0 mm de diâmetro interno, com velocidade média, V, igual a 50 m/s. Normalmente, nestas condições, o escoamento é turbulento. Porém, se algumas precauções forem tomadas para eliminar as perturbações no escoamento (o formato da região de alimentação do tubo é suave, o ar não contém particulados, o duto não vibra, etc.), é possível manter o escoamento laminar. (**a**) Determine a queda de pressão num trecho de tubo com comprimento igual a 0,1 m se o escoamento for laminar. (**b**) Repita estes cálculos admitindo que o escoamento é turbulento.

Solução A massa específica e a viscosidade dinâmica do ar, nas condições dadas, são iguais a 1,23 kg/m^3 e 1.79 × 10^{-5} N·s/m^2. Assim, o número de Reynolds do escoamento é

$$\text{Re} = \frac{\rho VD}{\mu} = \frac{(1,23)(50)(0,004)}{1,79\times10^{-5}} = 13700$$

Este resultado mostra que, normalmente, o escoamento seria turbulento.

(**a**) Se o escoamento for laminar, então f = 64/Re = 64/13700 = 0,00467 e a queda de pressão num duto horizontal com comprimento igual a 0.1 m de seria

$$\Delta p = f\frac{l}{D}\frac{1}{2}\rho V^2 = (0,00467)\frac{(0,1)}{(0,004)}\frac{1}{2}(1,23)(50)^2 = 179 \text{ Pa}$$

Observe que o mesmo resultado pode ser obtido com a Eq. 8.8, ou seja,

$$\Delta p = \frac{32\mu l}{D^2}V = \frac{32\left(1,79\times10^{-5}\right)(0,1)}{(0,004)^2}(50) = 179 \text{ N/m}^2 = 179 \text{ Pa}$$

(**b**) Agora, se o escoamento for turbulento, temos que $f = \phi(\text{Re}, \varepsilon/D)$. A Tab. 8.1 indica que, para este tipo de tubo, ε = 0,0015 mm e, assim, ε/D = 0,0015/4,0 = 0,000375. Com estes resultados, ou seja, Re = 1,37 × 10^4 e ε/D = 0,000375, o diagrama de Moody fornece f = 0,028. A queda de pressão neste caso é

$$\Delta p = f\frac{l}{D}\frac{1}{2}\rho V^2 = (0,028)\frac{(0,1)}{(0,004)}\frac{1}{2}(1,23)(50)^2 = 1076 \text{ Pa}$$

Note que a queda de pressão necessária para promover o escoamento turbulento é bem maior do que àquela necessária para promover o escoamento laminar (se for possível manter o escoamento laminar neste número de Reynolds). Geralmente isto é muito difícil de se obter, mesmo que o escoamento laminar possa ser mantido até Re ≈ 100 000 (sob condições muito restritas).

Um método alternativo para determinar o fator de atrito num escoamento turbulento é aquele baseado na fórmula de Colebrook, Eq. 8.19. Deste modo,

$$\frac{1}{\sqrt{f}} = -2,0\log\left(\frac{\varepsilon/D}{3,7} + \frac{2,51}{\text{Re}\sqrt{f}}\right) = -2,0\log\left(\frac{0,000375}{3,7} + \frac{2,51}{1,37\times10^4\sqrt{f}}\right)$$

ou

$$\frac{1}{\sqrt{f}} = -2,0 \log \left(1,01 \times 10^{-4} + \frac{1,83 \times 10^{-4}}{\sqrt{f}} \right) \quad \textbf{(1)}$$

Nós devemos utilizar um procedimento iterativo para obter o valor de f. Por exemplo, admita que f é igual a 0,02. Substituindo f por este valor no lado direito da Eq. (1) é possível calcular um novo valor de f (f = 0.0307, neste caso). O processo iterativo ainda não convergiu porque os dois valores de f são diferentes. Na próxima tentativa nós vamos admitir que f = 0,0307 (o último valor calculado) e, seguindo o mesmo procedimento, determinamos que o novo f é igual a 0.0289. Novamente esta não é a solução. São necessárias mais duas iterações para que o valor admitido e o calculado sejam iguais a 0,0291 (note que este resultado está de acordo com aquele obtido no diagrama de Moody).

Numerosas fórmulas empíricas, referentes a regiões do diagrama de Moody, podem ser encontradas na literatura (veja, por exemplo, a Ref. [4]). Uma equação, conhecida como a fórmula de Blasius, adequada para escoamentos turbulentos em tubos lisos ($\varepsilon/D = 0$) e válida para a faixa $\text{Re} < 10^5$ é

$$f = \frac{0,316}{\text{Re}^{1/4}}$$

A aplicação das condições de nosso caso nesta equação resulta em

$$f = 0,316\,(13700)^{-0.25} = 0,0292$$

Observe que este valor está de acordo com os resultados anteriores e que o valor de f é relativamente insensível a variação de ε/D para as condições deste exemplo. Note que a queda de pressão deste escoamento não variará muito se o tubo estrudado (ε/D = 0,000375) for substituído por um de vidro liso (ε/D = 0). Para as condições deste exemplo, se multiplicarmos a rugosidade relativa por 30; ou seja, ε/D = 0,0113 (equivalente a um tubo de aço comercial, veja a Tab. 8.1); nós obteremos f = 0,043. Isto representa um aumento na queda de pressão e na perda de carga de um fator de 0,043/0,0291 = 1,48 (quando comparado ao escoamento no tubo estrudado original).

A queda de pressão de 1,076 kPa num comprimento de 0,1 m de duto corresponde a uma mudança na pressão absoluta [admitindo que p = 101 kPa (abs) em x = 0] aproximadamente igual a 1,076/101 = 0,0107, ou seja, algo em torno de 1%. Assim, a hipótese de escoamento incompressível, na qual os cálculos acima (e todas as fórmulas deste capítulo) são baseados, é razoável. Todavia, se o duto tiver dois metros de comprimento, a queda de pressão será próxima de 21,5 kPa (ou, aproximadamente, 20% da pressão original). Nesta situação, a massa específica não será constante ao longo do tubo e nós deveremos analisar o problema com um modelo adequado a escoamentos de fluidos compressíveis.

8.4.2 Perdas Localizadas (ou Singulares)

A maioria das tubulações apresenta outros componentes além dos trechos de condutos retos. Estes componentes adicionais (válvulas, cotovelos, tês, e outros) também contribuem para a perda de carga nas tubulações. Normalmente, estas perdas são denominadas de perdas localizadas (ou singulares). Nesta seção nós indicaremos como determinar as várias perdas singulares que normalmente ocorrem em tubulações.

As perdas de carga localizadas normalmente são determinadas experimentalmente e, para a maioria dos componentes, são fornecidas na forma adimensional. O método mais comum utilizado para determinar estas perdas de carga, ou perdas de pressão, é o baseado no coeficiente de perda, K_L. Este coeficiente é definido por

$$K_L = \frac{h_L}{\left(V^2/2g\right)} = \frac{\Delta p}{\left(\rho V^2/2\right)}$$

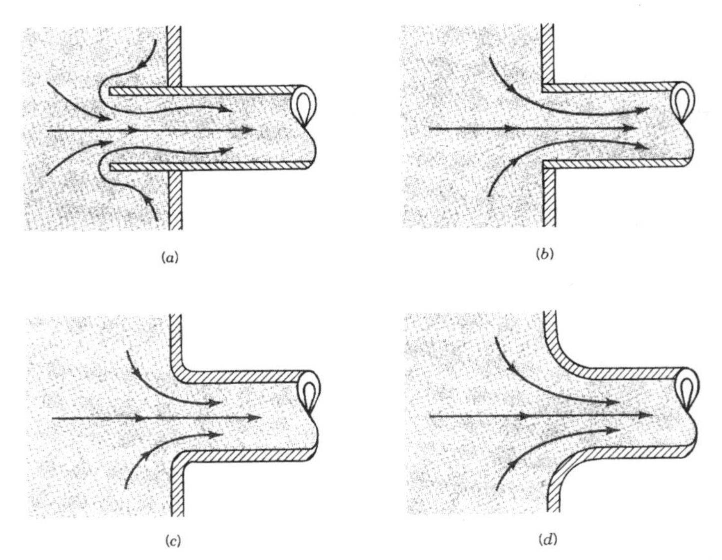

Figura 8.11 Escoamentos e coeficientes de perda para diversos tipos de alimentação (Refs. [12 e 13]). (*a*) Reentrante, $K_L = 0{,}8$; (*b*) canto vivo, $K_L = 0{,}5$; (*c*) ligeiramente arredondado, $K_L = 0{,}2$ (veja a Fig. 8.12); (*d*) bem arredondado, $K_L = 0{,}04$ (veja a Fig. 8.12).

ou

$$\Delta p = K_L \frac{1}{2} \rho V^2$$

e

$$h_L = K_L \frac{V^2}{2g} \tag{8.20}$$

A queda de pressão através de um componente que apresenta coeficiente de perda $K_L = 1$ é igual à pressão dinâmica, $\rho V^2/2$.

Muitas tubulações apresentam várias seções de transição (nas quais se verifica a variação de diâmetros, ou seja, o diâmetro do tubo de alimentação é diferente do de descarga). Estas mudanças de diâmetro podem ocorrer abruptamente ou suavemente (com uma mudança gradual da área disponível para o escoamento). Qualquer mudança na área de escoamento introduz perdas que não são contabilizadas no cálculo das perdas de carga para escoamentos plenamente desenvolvidos (o fator de atrito). Os casos extremos de transição são o escoamento de um grande tanque para um conduto (alimentação do conduto) e a descarga de um escoamento num reservatório.

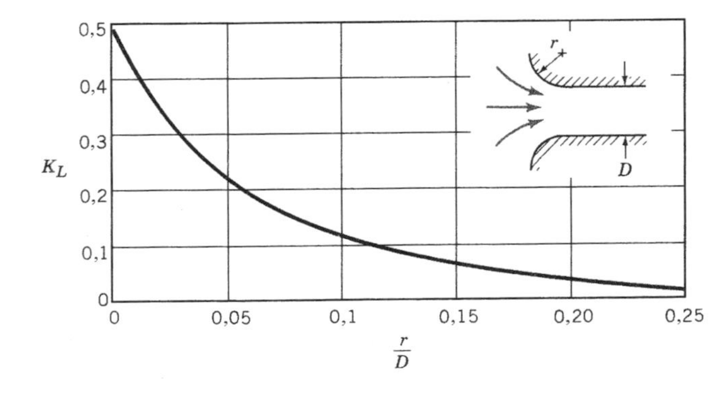

Figura 8.12 Coeficiente de perda na entrada em função do arredon - damento (Ref.[5]).

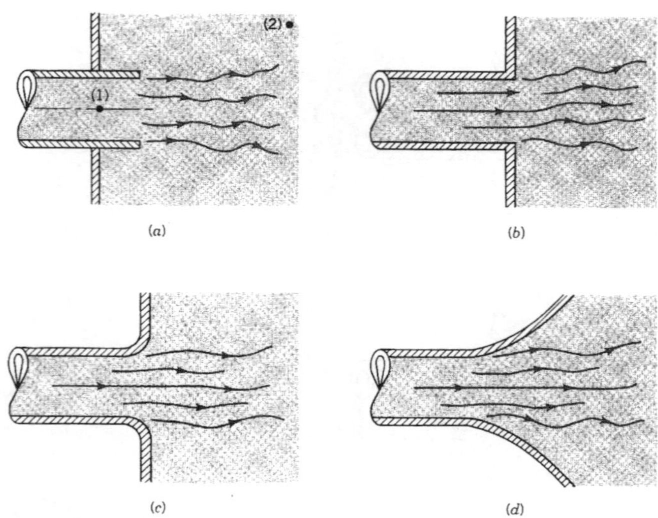

Figura 8.13 Escoamentos e coeficientes de perda em diversos tipos de descarga. (*a*) Reentrante, $K_L = 1{,}0$; (*b*) canto vivo, $K_L = 1{,}0$; (*c*) ligeiramente arredondado, $K_L = 1{,}0$; (*d*) bem arredondado, $K_L = 1{,}0$

O fluido pode escoar de um reservatório para um tubo através de muitos tipos de região de entrada (veja a Fig. 8.11). Cada geometria apresenta um coeficiente de perda associado. Uma maneira óbvia de diminuir a perda de entrada é arredondar a região de entrada (veja a Fig. 8.11*c*). A Fig. 8.12 mostra os valores típicos do coeficiente de perda para regiões de entrada em função do raio de arredondamento da borda. Note que é possível obter uma redução significante de K_L com um arredondamento suave da região de entrada (◉ 8.4 – Escoamentos em seções de alimentação e descarga).

Uma perda de carga (perda de saída) também é produzida quando um fluido escoa de um tubo para um tanque (veja a Fig. 8.13). Nestes casos, toda a energia cinética do fluido (velocidade V_1) é dissipada por efeitos viscosos quando a corrente de fluido se mistura com o fluido no tanque que normalmente está em repouso ($V_2 = 0$). Então, a perda de saída, do ponto (1) até o ponto (2), é equivalente a carga de velocidade, ou seja, K_L=1.

Nos também detectamos perdas nos escoamentos em expansões e contrações axissimétricas (veja as características destes escoamentos nas Figs. 8.14 e 8.15). Os escoamentos em entradas ou saídas com canto vivo discutidos nos parágrafos anteriores são casos limites para estes tipos de

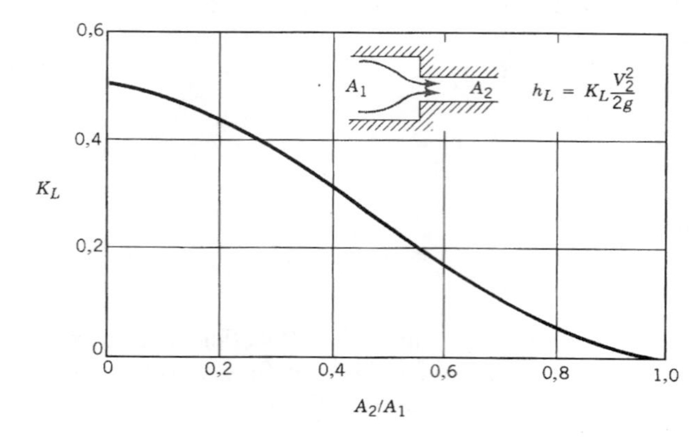

Figura 8.14 Coeficiente de perda para uma contração brusca axissimétrica.

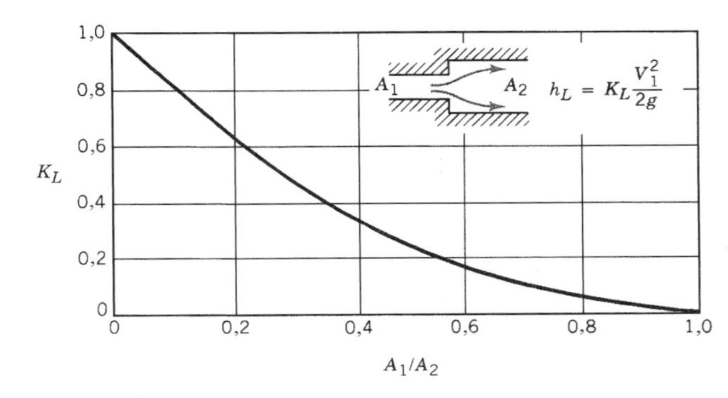

Figura 8.15 Coeficiente de perda para uma expansão brusca.

escoamento (para verificar esta afirmação considere $A_1/A_2 = \infty$ e $A_1/A_2 = 0$). O coeficiente de perda para uma redução brusca, $K_L = h_L / (V_2^2 / 2g)$, é função da razão entre as áreas, A_2/A_1 (veja a Fig. 8.14). O valor de K_L muda gradualmente da situação extrema onde a entrada com canto vivo apresenta $A_2/A_1 = 0$ (com $K_L = 0.5$) a outra situação extrema na qual não ocorre mudança de área, ou seja, $A_2/A_1 = 1$ (com $K_L = 0$). O coeficiente de perda localizada para o escoamento na expansão axisimétrica brusca pode ser avaliado na Fig. 8.15.

As perdas de carga nos escoamentos em curvas são maiores do que aquelas referentes ao escoamentos em tubos retos. As perdas são devidas a separação do escoamento que ocorre na parte interna da curva (especialmente se o raio de curvatura for pequeno) e a presença de um escoamento rotativo secundário provocado por um desbalanceamento das forças centrípetas (resultante da curvatura da linha de centro do conduto). A Fig. 8.16 mostra estas características e o valor de K_L associado a este tipo de escoamento (os resultados são válidos para curvas de 90° e escoamentos com altos números de Reynolds). A perda por atrito, relativa ao comprimento axial da curva, deve ser calculada e adicionada àquela calculada com o coeficiente de perda fornecido na Fig. 8.16.

Nos casos onde o espaço é limitado, a alteração da direção dos escoamentos usualmente é realizada com os componentes mostrados na Fig. 8.17. Note que as consideráveis perdas de carga detectadas nos escoamentos nestes tipos de "curva" podem ser reduzidas com a utilização de pás

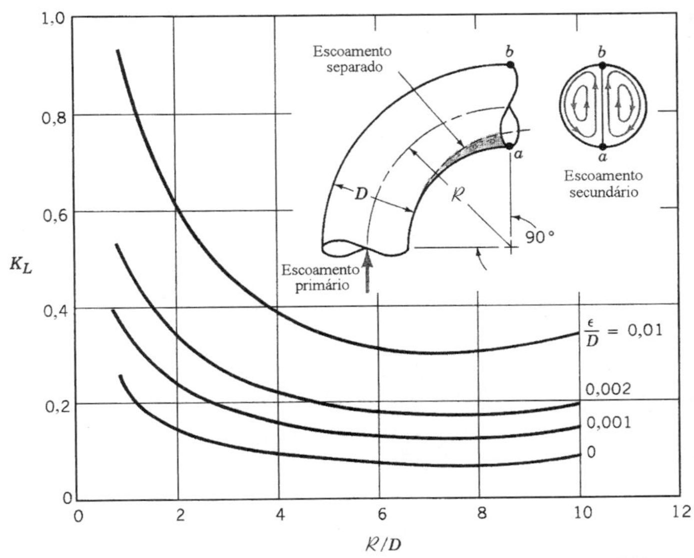

Figura 8.16 Características do escoamento numa curva de 90° e o coeficiente de perda neste tipo de escoamento (Ref. [4]).

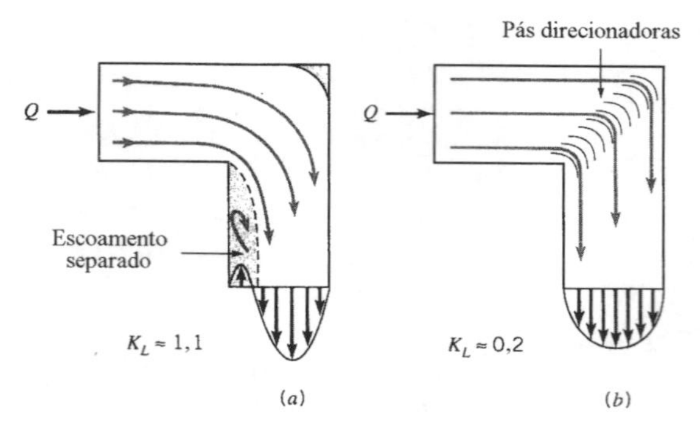

Figura 8.17 Características do escoamento numa "curva" típica de 90° usualmente utilizada em sistemas de ar condicionado e os coeficientes de perda associados: (*a*) sem pás direcionadoras, (*b*) com pás direcionadoras.

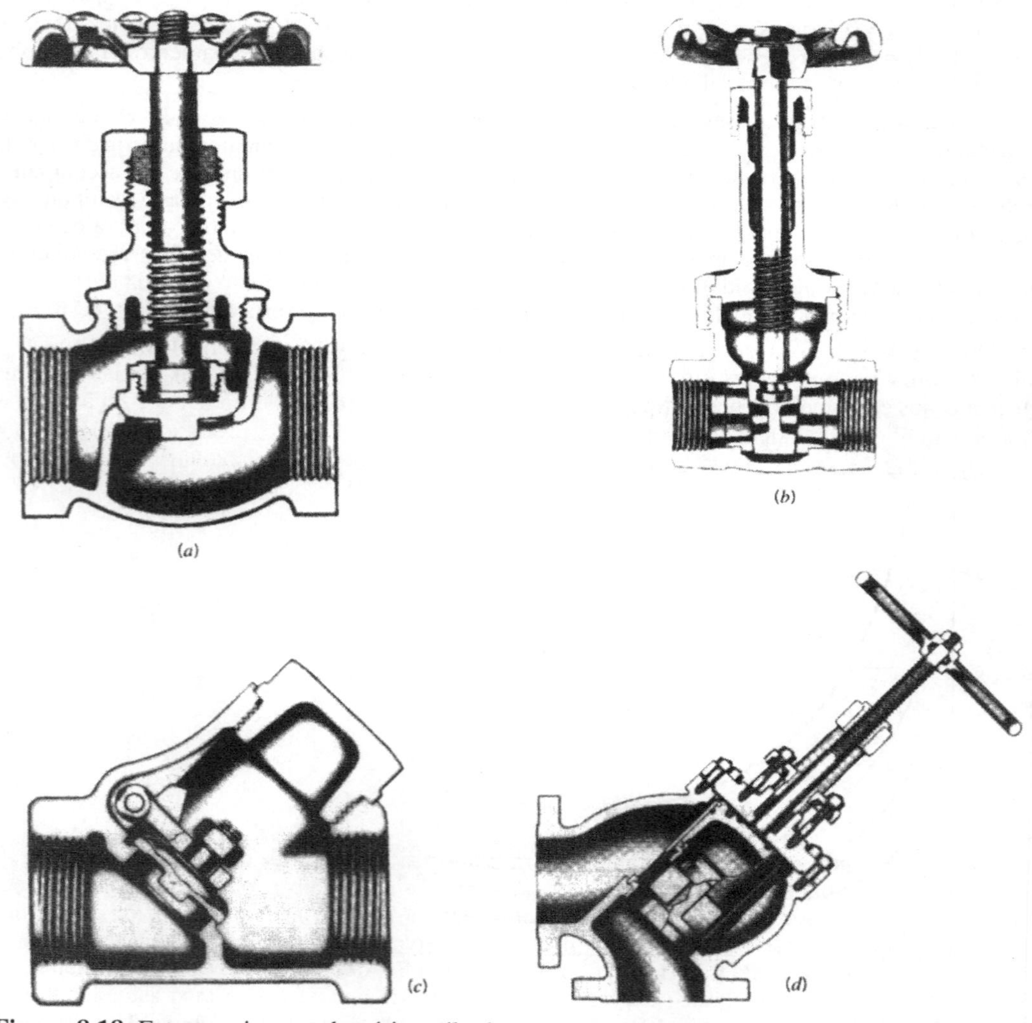

Figura 8.18 Estrutura interna de várias válvulas: (*a*) válvula globo, (*b*) válvula gaveta, (*c*) válvula de retenção e (*d*) válvula de verificação (cortesia da Crane Co., Divisão de Válvulas).

Tabela 8.2 Coeficientes de perda ($h_L = K_L V^2/2g$) para alguns componentes de tubulações (Dados obtidos nas Refs. [4, 6, 11]).

Componente	K_L
a. Curvas	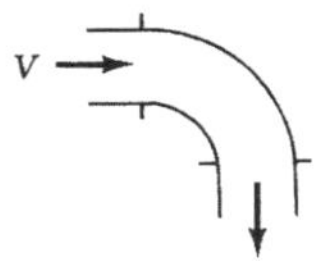
90º (raio normal), flangeada	0,3
90º (raio normal), rosqueada	1,5
90º (raio longo), flangeada	0,2
90º (raio longo), rosqueada	0,7
45º (raio longo), flangeada	0,2 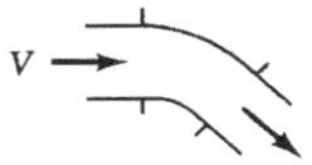
45º (raio normal)	0,4
b. Retornos (curvas com 180º)	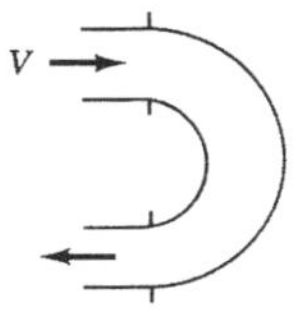
flangeados	0,2
rosqueados	1,5
c. Tês	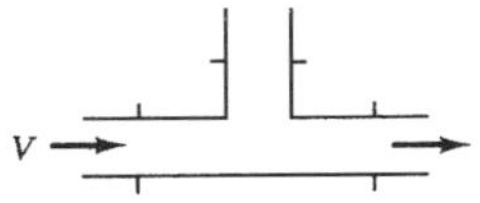
Escoamento alinhado, flangeado	0,2
Escoamento alinhado, rosqueado	0,9
Escoamento derivado, flangeado	1,0
Escoamento derivado, rosqueado	2,0 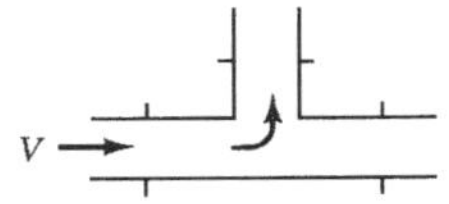
d. União rosqueada	0,08 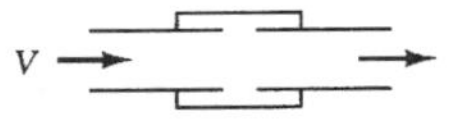
e. Válvulas*	
Globo, totalmente aberta	10
Gaveta, totalmente aberta	0,15
Gaveta, 1/4 fechada	0,26
Gaveta, 1/2 fechada	2,1
Gaveta, 3/4 fechada	17
Retenção, escoamento a favor	2
Retenção, escoamento contrário	∞
Esfera, totalmente aberta	0,05
Esfera, 1/3 fechada	5,5
Esfera, 2/3 fechada	210

* Veja as geometrias das válvulas na Fig. 8.18

direcionadoras. Note que a presença das pás reduz os escoamentos secundários e as perturbações encontradas na configuração original (◉ 8.5 – Sistema de exaustão de um automóvel).

Outros componentes importantes das tubulações são as conexões (tais como cotovelos, tês e redutores), válvulas e filtros. Os valores de K_L para estes componentes dependem fortemente da sua forma e praticamente são independentes do número de Reynolds para os escoamentos que apresentam números de Reynolds altos. Assim, o coeficiente de perda para uma curva de 90°

depende se a junção é rosqueada ou flangeada, mas é, dentro da precisão dos dados experimentais, seguramente independente do diâmetro do tubo, da vazão, e das propriedades do fluido. A Tab. 8.2 apresenta alguns valores típicos de K_L para estes componentes.

As válvulas proporcionam o controle da vazão nos sistemas fluidos porque podem induzir uma perda de carga variável nos sistemas. Quando a válvula está fechada, o valor de K_L é infinito e o fluido não escoa. A abertura da válvula reduz o valor de K_L e, assim, proporcionando a vazão desejada. A Fig. 8.18 mostra alguns cortes transversais de válvulas comercialmente disponíveis. A Tab. 8.2 apresenta alguns coeficientes de perda para válvulas típicas.

Exemplo 8.4

Ar, a 15ºC e na pressão padrão, escoa através de uma seção de teste [entre as seções (5) e (6)] do túnel de vento com circuito fechado mostrado na Fig. E8.4. A velocidade do ar na seção de teste é 61,0 m/s e o escoamento é promovido por um ventilador que essencialmente aumenta a pressão estática, de uma quantidade $p_1 - p_9$, necessária para vencer a perda de carga do escoamento no circuito. Estime o valor de $p_1 - p_9$ e a potência fornecida ao fluido pelo ventilador.

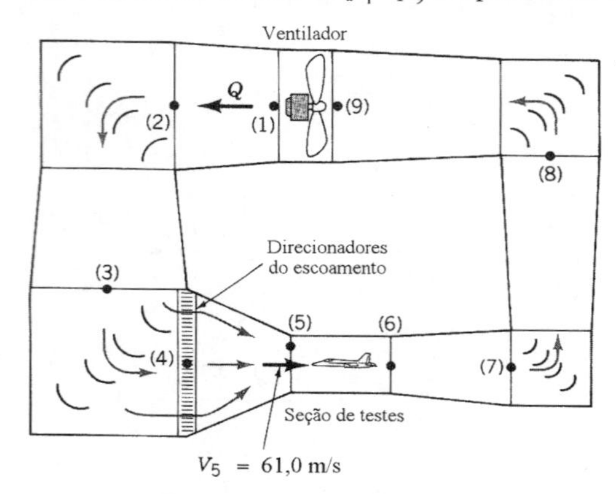

Figura E8.4

Seção	Área (m²)	Velocidade (m/s)
1	2,04	11,1
2	2,60	8,7
3	3,25	7,0
4	3,25	7,0
5	0,37	61,0
6	0,37	61,0
7	0,93	24,4
8	1,67	13,5
9	2,04	11,1

Solução A velocidade máxima do escoamento no túnel de vento ocorre na seção de teste (pois esta apresenta a menor seção transversal do circuito). Assim, o número de Mach máximo do escoamento é $\mathrm{Ma}_5 = V_5 / c_5$, onde $V_5 = 61{,}0$ m/s. A velocidade do som na seção 5, c_5, pode ser calculada com a Eq. 1.15, ou seja,

$$c_5 = (kRT_5)^{1/2} = (1{,}4 \times 286{,}9 \times 288)^{1/2} = 340 \text{ m/s}$$

Deste modo, $\mathrm{Ma}_5 = 61{,}0 / 340{,}0 = 0.179$. Nós afirmamos no Cap. 3 que a maioria dos escoamentos pode ser considerado incompressível se o número de Mach for menor do que 0,3. Nestas condições, nós utilizaremos as equações referentes a escoamentos incompressíveis na solução deste problema.

A finalidade do ventilador no túnel de vento é fornecer a energia necessária para vencer as perdas de cargas do escoamento de ar no circuito. Se aplicarmos a equação da energia entre os pontos (1) e (9), temos

$$\frac{p_1}{\gamma}+\frac{V_1^2}{2g}+z_1=\frac{p_9}{\gamma}+\frac{V_9^2}{2g}+z_9+h_{L_{1-9}}$$

onde $h_{L_{1-9}}$ é a perda de carga total entre as seções (1) e (9). Como $z_1 = z_9$ e $V_1 = V_9$,

$$\frac{p_1}{\gamma}-\frac{p_9}{\gamma}=h_{L_{1-9}} \quad \textbf{(1)}$$

De modo análogo, aplicando a equação da energia (Eq. 5.57) através do ventilador, de (9) a (1), nós obtemos

$$\frac{p_9}{\gamma}+\frac{V_9^2}{2g}+z_9+h_p=\frac{p_1}{\gamma}+\frac{V_1^2}{2g}+z_1$$

onde h_p é o fornecimento real de carga realizado pelo ventilador. Combinando esta equação com a Eq. (1), temos (lembre que $z_1 = z_9$ e $V_1 = V_9$)

$$h_p=\frac{(p_1-p_9)}{\gamma}=h_{L_{1-9}}$$

A potência real fornecida ao ar (*Pot*, em Watt) pode ser obtida à partir da carga do ventilador, ou seja,

$$Pot=\gamma Q h_p=\gamma A_5 V_5 h_p=\gamma A_5 V_5 h_{L_{1-9}} \quad \textbf{(2)}$$

Note que a potência fornecida pelo ventilador ao ar depende da perda de carga associada ao escoamento no circuito do túnel de vento. Para obter uma resposta razoável e aproximada nós utilizaremos as seguintes hipóteses: cada uma das curvas do túnel será modelada como àquela com pás direcionadoras mostrada na Fig. 8.17. Deste modo, o coeficiente de perda em cada uma das curvas é igual a 0,2, ou seja,

$$h_{L_{\text{curva}}} = K_L\frac{V^2}{2g} = 0,2\frac{V^2}{2g}$$

onde $V = V_5 A_5 / A$, porque nós admitimos que o escoamento é incompressível. A tabela abaixo da Fig. E8.4 mostra os valores de A, e as velocidades correspondentes, através do túnel de vento.

Nós modelaremos a expansão que ocorre no trecho do túnel limitado pelo final da seção de testes, seção (6), e a seção de alimentação do bocal, (4), como um difusor cônico com coeficiente de perda $K_{L\,\text{dif}} = 0,6$. Este valor é maior do que aquele referente a um difusor bem projetado (veja os dados apresentados na Ref. [4]). Desde que o difusor é interrompido pelas quatro curvas e pelo ventilador, pode ser impossível obter um valor menor de $K_{L\,\text{dif}}$ para esta configuração. Assim,

$$h_{L_{\text{dif}}}=K_{L_{\text{dif}}}\frac{V_6^2}{2g}=0,6\frac{V_6^2}{2g}$$

Nós vamos admitir que os coeficientes de perda para o bocal cônico, entre as seções (4) e (5), e para os retificadores de escoamento são dados por $K_{L_{\text{bocal}}} = 0,2$ e $K_{L_{\text{ret}}} = 4,0$ (Ref. [14]). Nós vamos desprezar a perda de carga na seção de testes porque ela é relativamente curta.

Nestas condições, a perda de carga no circuito é

$$h_{L\,1-9}=h_{L\,\text{curva7}}+h_{L\,\text{curva8}}+h_{L\,\text{curva2}}+h_{L\,\text{curva 3}}+h_{L\,\text{dif}}+h_{L\,\text{bocal}}+h_{L\,\text{ret}}$$

$$h_{L_{1-9}}=\left[0.2\left(V_7^2+V_8^2+V_2^2+V_3^2\right)+0.6V_6^2+0.2V_5^2+4.0V_4^2\right]/2g=$$

$$=\left[0,2\left(24,4^2+13,5^2+8,7^2+7,0^2\right)+0,6(61,0)^2+0,2(61,0)^2+4.0(7,0)^2\right]/[2(9.8)]$$

ou seja,

$$h_{L_{1-9}} = 171{,}1\ \text{m}$$

O aumento de pressão através do ventilador pode ser calculado com a Eq. (1),

$$p_1 - p_9 = \gamma h_{L_{1-9}} = (12{,}0)(171{,}1) = 2053{,}2\ \text{Pa}$$

Já a potência fornecida ao fluido pode ser calculada com a Eq. (2),

$$Pot = (12{,}0)(0{,}37)(61{,}0)(171{,}1) = 46341\ \text{W}$$

Observe que, nos escoamentos em túneis de vento fechados, toda a potência transferida ao fluido é dissipada por efeitos viscosos (a energia transferida ao fluido permanece no fluido que escoa no circuito). Se a transferência de calor pelas paredes do túnel for desprezível, a temperatura do ar dentro do túnel aumentará ao longo do tempo. Os túneis de vento deste tipo que operam em regime permanente normalmente contam um sistema de resfriamento do ar recirculado para manter a temperatura em níveis aceitáveis.

A potência do motor que aciona o ventilador deve ser maior do que os 46,34 kW calculados, porque nenhum ventilador apresenta eficiência igual a 100%. A potência calculada acima é a necessária para o fluido vencer as perdas no túnel. Se a eficiência do ventilador for igual a 60%, a potência de acionamento do ventilador será Pot = 46,34 / 0.60 = 77.23 kW. A determinação das eficiências de ventiladores (ou bombas) pode ser um problema muito complexo e é função da geometria específica do ventilador. O leitor interessado no assunto deve consultar a bibliografia para ampliar seus conhecimentos (por exemplo, as Refs. [7,8 e 9]).

Nós devemos ressaltar que os resultados apresentados neste exemplo são apenas aproximados. Um projeto cuidadoso dos componentes do túnel de vento (curvas, difusores, etc.) pode levar a uma redução dos valores dos coeficientes de perda de carga. Deste modo, a potência transferida ao fluido pode ser minimizada. É importante lembrar que h_L é proporcional a V^2. Assim, os escoamentos que apresentam velocidades significativas tendem a apresentar as maiores perdas de carga. Por exemplo, mesmo que $K_L = 0{,}2$ para cada uma das quatro curvas, a perda de carga para a curva (7) é $(V_7/V_3)^2 = (24{,}4/7{,}0)^2 = 12{,}2$ vezes maior do que a relativa a curva (3).

8.4.3 Dutos

Muitas tubulações utilizadas para transportar fluidos não apresentam seções transversais circulares. Ainda que os detalhes do escoamento nestes dutos dependam da forma exata da seção transversal, muitos resultados relativos aos escoamentos em tubos podem ser transformados para se tornarem adequados aos escoamentos em condutos que apresentam outras formas.

Um procedimento simples de avaliar a perda de pressão num duto é o baseado no diâmetro hidráulico que é definido por $D_h = 4A/P$, ou seja, o diâmetro hidráulico é igual a quatro vezes a razão da área da seção transversal pelo perímetro molhado, P (veja a Fig. 8.19). Note que o diâmetro hidráulico é comprimento característico associado ao formato da seção transversal do duto

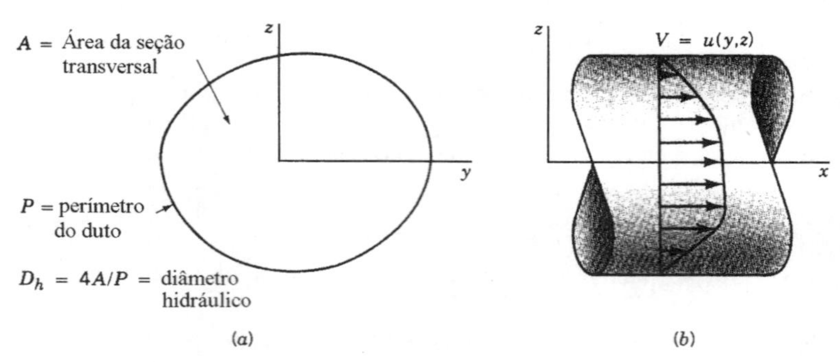

Figura 8.19 Duto com seção transversal não circular.

O fator 4 é incluído na definição de D_h para que este se torne igual ao diâmetro do tubo nos casos onde estamos analisando escoamentos em tubos [$D_h = 4A/P = 4(\pi D^2/4)/(\pi D) = D$]. O diâmetro hidráulico também é utilizado nas definições do fator de atrito, $h_L = f\,(l/D_h)\,V^2/2g$, e da rugosidade relativa, ε / D_h.

Os cálculos da perda de carga em escoamentos turbulentos plenamente desenvolvidos em condutos com seção transversal não circular são normalmente realizados com o diagrama de Moody (o diâmetro hidráulico passa a fazer o papel do diâmetro do tubo nas avaliações do número de Reynolds e da rugosidade relativa). A precisão dos resultados desta aproximação é da ordem de 15%. É importante lembrar que é necessária uma análise detalhada do escoamento no duto nos casos onde o conhecimento da perda de carga for muito importante (onde a precisão de 15% não for aceitável).

Exemplo 8.5

Ar, a 50 °C e pressão padrão, é descarregado de um aquecedor através de um tubo que apresenta diâmetro igual a 203 mm. A velocidade média do ar neste tubo é 3,0 m/s. O tubo descarrega o ar num duto com seção transversal quadrada (lado = a). Admita que as superfícies do tubo e do duto são lisas ($\varepsilon = 0$). Determine o valor de a para que a perda de carga por metro de duto seja igual àquela no tubo.

Solução Nós vamos primeiro determinar a perda de carga por metro de tubo, $h_L/l = (f/D)\,V^2/2g$ e depois a dimensão a para que obtenhamos o mesmo valor de perda de carga por metro de duto. A viscosidade cinemática do ar para a pressão e temperatura fornecidas é $\nu = 1.76 \times 10^{-5}$ m²/s (veja a Tab. B.2 do Apêndice). O número de Reynolds do escoamento no tubo é

$$\mathrm{Re} = \frac{VD}{\nu} = \frac{(3,0)\left(203\times10^{-3}\right)}{1,76\times10^{-5}} = 34602$$

O coeficiente de atrito do escoamento no tubo pode ser determinado com este número de Re e com a rugosidade relativa (neste caso o tubo é liso, ou seja, $\varepsilon/D = 0$). Utilizando a Fig. 8.10, encontramos $f = 0.022$. Deste modo,

$$\frac{h_L}{l} = \frac{0,022}{203\times10^{-3}}\frac{(3,0)^2}{2(9,8)} = 0,0498$$

O escoamento no duto quadrado deve apresentar

$$\frac{h_L}{l} = \frac{f}{D_h}\frac{V_s^2}{2g} = 0,0498 \qquad \textbf{(1)}$$

onde

$$D_h = 4A/P = 4a^2/4a = a \quad \text{e} \quad V_s = \frac{Q}{A} = \frac{\frac{\pi}{4}(0,203)^2(3,0)}{a^2} = \frac{0,0971}{a^2} \qquad \textbf{(2)}$$

onde V_s é a velocidade média no duto.

Combinando as Eqs. (1) e (2),

$$0,0498 = \frac{f}{a}\frac{\left(0,0971/a^2\right)^2}{2(9,8)}$$

ou

$$a = 0,395 f^{1/5} \qquad \textbf{(3)}$$

O número de Reynolds do escoamento no duto é

$$\mathrm{Re}_h = \frac{V_s D_h}{\nu} = \frac{\left(0,0971/a^2\right)a}{1,76\times10^{-5}} = \frac{5,517\times10^3}{a} \qquad \textbf{(4)}$$

Note que o problema apresenta três incógnitas (a, f, e Re_h) e três equações (as Eqs. (3), (4) e a terceira equação está na forma gráfica, Fig. 8.10). Nestas condições, é necessário utilizar um procedimento de tentativa e erro.

Nós vamos admitir, na primeira tentativa, que o coeficiente de atrito do escoamento no duto é igual aquele relativo ao escoamento no tubo. Isto é, nós vamos admitir que $f = 0.022$. O valor de a fornecido pela Eq. (3) é 0,184 m e a Eq. (4) indica que $\text{Re}_h = 3.00 \times 10^4$. Utilizando o valor do número de Reynolds calculado e a rugosidade relativa fornecida ($\varepsilon = 0$), temos que $f = 0,023$ (veja a Fig. 8.10). Este resultado não concorda muito bem com o valor admitido para f. Assim, nós ainda não temos uma solução para o problema. A segunda tentativa do processo iterativo pode ser inicializada com a hipótese de que $f =$ 0,023. Note que nós devemos continuar o processo iterativo até que o valor de f admitido seja igual ao valor fornecido pelo diagrama de Moody. O resultado final (depois de apenas duas iterações) é $f = 0.023$, $\text{Re}_h = 2,97 \times 10^4$, e

$$a = 0.186 \text{ m}$$

Observe que o lado do duto quadrado equivalente é aproximadamente igual a 92% do diâmetro do tubo (a/D = 0,918). É possível mostrar que esta relação é aproximadamente válida tanto para escoamentos laminares quanto para turbulentos. A área transversal do duto ($A = a^2 =$ 0,035 m^2) é maior do que a do duto circular ($A = \pi D^2/4 =$ 0,032 m^2). É interessante notar que a fabricação do tubo consome menos material (perímetro = πD = 0,637 m) do que a do duto quadrado (perímetro = $4a$ = 0,744 m).

8.5 Exemplos de Escoamento em Condutos

Nós discutimos, nas seções anteriores, vários aspectos dos escoamento em tubos e dutos. O objetivo desta seção é aplicar as idéias apresentadas às soluções de vários problemas.

8.5.1 Condutos Simples

O processo que deve ser utilizado para a solução de escoamentos em condutos pode depender fortemente de vários parâmetros. Alguns destes são independentes (dados) e outros dependentes (a determinar). Nós agora discutiremos os três tipos de problemas mais encontrados nos projetos de engenharia. Considere que o sistema de condutos pode ser caracterizado em função dos comprimentos dos condutos utilizados, do número de cotovelos, curvas e válvulas necessárias para transportar o fluido entre os dois locais preestabelecidos. Nós também vamos admitir que as propriedades relevantes do fluido que escoa no sistema são conhecidas.

Nós especificamos a vazão desejada, ou a velocidade média, e devemos determinar a diferença de pressão necessária para promover o escoamento ou a perda de carga nos problemas do Tipo I. Por exemplo, qual é a pressão necessária na seção de descarga de um aquecedor de água sabendo que a máquina de lavar louça, conectada ao aquecedor através de uma tubulação, deve operar com uma vazão de $1,26 \times 10^{-4}$ m^3/s?

Já nos problemas do Tipo II, nós especificamos a pressão que promove o escoamento (ou, alternativamente, a perda de carga) e determinamos a vazão. Por exemplo, quantos m^3/s de água quente são fornecidos à máquina de lavar louça se a pressão na seção de descarga do aquecedor de água é 413,7 kPa e os detalhes da tubulação (comprimento, diâmetro, rugosidade do conduto, número de conexões etc.) são conhecidos?

Num problema do Tipo III nós especificamos a queda de pressão, a vazão necessária e determinamos o diâmetro do duto necessário. Por exemplo, qual é o diâmetro do tubo que deve ser utilizado entre a seção de descarga do aquecedor e a de alimentação da máquina de lavar louça se a pressão na seção de descarga do aquecedor é 413,7 kPa (determinado pelo sistema municipal de abastecimento de água) e a vazão não pode ser menor que $1,26 \times 10^{-4}$ m^3/s (determinado pelo fabricante da máquina)?

Exemplo 8.6 (Tipo I, Determinação da queda de pressão)

Água, a 20 °C, escoa do térreo para o segundo andar de um edifício através de um tubulação construída com tubos estirados de cobre que apresentam diâmetro interno igual a 19 mm. A Fig. E8.6*a* mostra que a vazão na torneira, diâmetro da seção de escoamento igual a 12,7 mm, é 0,757 litros/s. Determine a pressão no ponto (1) se: (**a**) os efeitos viscosos forem desprezados, (**b**) as únicas perdas de carga forem as distribuídas e (**c**) todas as perdas forem consideradas.

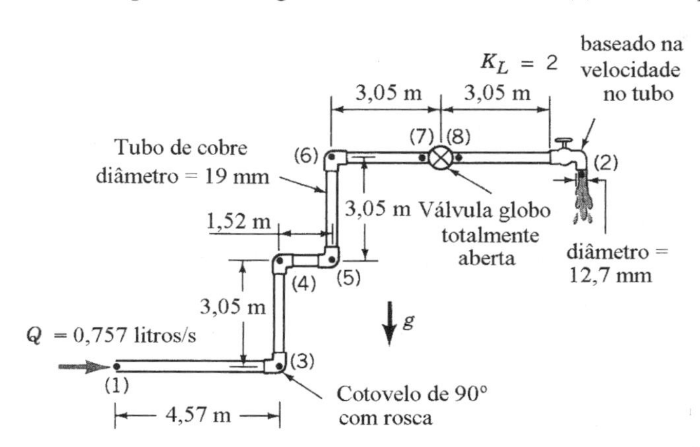

Figura E8.6*a*

Solução A velocidade média do escoamento no tubo é dada por $V_1 = Q/A = Q/(\pi D^2/4) = (0{,}757 \times 10^{-3})/[\pi(19 \times 10^{-3})^2/4] = 2{,}67$ m/s e a Tab. B.1 indica que as propriedades do fluido são: $\rho = 998{,}2$ kg/m^3 e $\mu = 1{,}00 \times 10^{-3}$ N·s/m^2 . Nestas condições, o número de Reynolds do escoamento, $\rho VD/\mu$, é igual a Re = (998,2)(2,67)(0,019)/(1,00 × 10^{-3}) = 50640. Observe que o escoamento no tubo é turbulento. A equação adequada para os casos (a), (b) e (c) é a da energia,

$$\frac{p_1}{\gamma} + \alpha_1 \frac{V_1^2}{2g} + z_1 = \frac{p_2}{\gamma} + \alpha_2 \frac{V_2^2}{2g} + z_2 + h_L$$

onde $z_1 = 0$, $z_2 = 6{,}10$ m, $p_2 = 0$ (jato livre), $\gamma = \rho g = 9782{,}4$ N/m^3 e a velocidade na seção de descarga da torneira é $V_2 = Q/A_2 = (0{,}757 \times 10^{-3})/[\pi(0{,}0127)^2/4] = 5{,}98$ m/s. Nós vamos admitir que os coeficientes de energia cinética, α_1 e α_2, são iguais a unidade. Esta aproximação é razoável porque o perfil de velocidade do escoamento turbulento no tubo é quase uniforme (veja a Sec. 5.3.4). Nestas condições,

$$p_1 = \gamma z_2 + \frac{1}{2}\rho\left(V_2^2 - V_1^2\right) + \gamma h_L \qquad \textbf{(1)}$$

onde a perda de carga é diferente para cada um dos três casos do problema.

(**a**) Se todas as perdas de carga forem desprezadas ($h_L = 0$), a Eq. (1) fornece:

$$p_1 = 9789 \times 6{,}1 + \frac{998{,}2}{2}\left[(5{,}98)^2 - (2{,}67)^2\right] = 59713 + 14290 = 74003 \text{ Pa}$$

Observe que o variação de pressão devida a diferença de nível (o efeito hidrostático) é $\gamma(z_2 - z_1) =$ 59713 Pa e a que é devida ao aumento de energia cinética é $\rho(V_2^2 - V_1^2)/2 = 14290 \text{ Pa}$.

(**b**) Se as únicas perdas incluídas no cálculo forem as distribuídas, temos que

$$h_L = f \frac{l}{D}\frac{V_1^2}{2g}$$

A Tab. 8.1 indica que a rugosidade típica dos tubos estirados de cobre vale 0,0015 mm. Assim, a rugosidade relativa do tubo com 19 mm de diâmetro interno é igual a 8×10^{-5}. Utilizando este valor e sabendo que o número de Reynolds do escoamento é 50640, temos, pelo diagrama de Moody, que $f = 0{,}021$. Observe que a equação de Colebrook (Eq. 8.19) fornece o mesmo valor para f. O comprimento total da tubulação é $l = (4{,}57 + 3{,}05 + 1{,}52 + 3{,}05 + 3{,}05 + 3{,}05) = 18{,}29$ m. Lembrando que os termos de elevação e energia cinética são iguais aqueles calculados na parte (a),

$$p_1 = \gamma z_2 + \frac{1}{2}\rho\left(V_2^2 - V_1^2\right) + \rho f \frac{l}{D}\frac{V_1^2}{2g}$$

$$= (59713 + 14290) + 998{,}2 \times 0{,}021 \times \left(\frac{18{,}29}{0{,}019}\right)\frac{(2{,}67)^2}{2} =$$

$$= (59713 + 14290 + 71927) = 145930 \text{ Pa}$$

Note que a parte da queda de pressão devida ao atrito é igual a 71927 Pa.

(c) Nós agora vamos considerar as perdas distribuídas e as localizadas. Aplicando a Eq. (1),

$$p_1 = \gamma z_2 + \frac{1}{2}\rho\left(V_2^2 - V_1^2\right) + f\gamma\frac{l}{D}\frac{V_1^2}{2g} + \sum \rho K_L \frac{V^2}{2}$$

ou

$$p_1 = 145930 + \sum \rho K_L \frac{V^2}{2} \qquad \textbf{(2)}$$

onde o primeiro termo do lado direito da equação representa a variação de pressão devida a diferença de nível, a variação de energia cinética e as perdas distribuídas [parte (b)]. O segundo termo do lado direito da equação representa a soma de todas as perdas de carga localizadas. Os coeficientes de perda ($K_L = 1{,}5$ para cada curva e $K_L = 10$ para a válvula globo totalmente aberta) podem ser encontrados na Tab. 8.2 e o coeficiente para a torneira, fornecido na Fig. E8.6*a*, é $K_L = 2$. Deste modo,

$$\sum \rho K_L \frac{V^2}{2} = 998{,}2\frac{(2{,}67)^2}{2}\left[10 + 4(1{,}5) + 2\right] = 64045 \text{ Pa} \qquad \textbf{(3)}$$

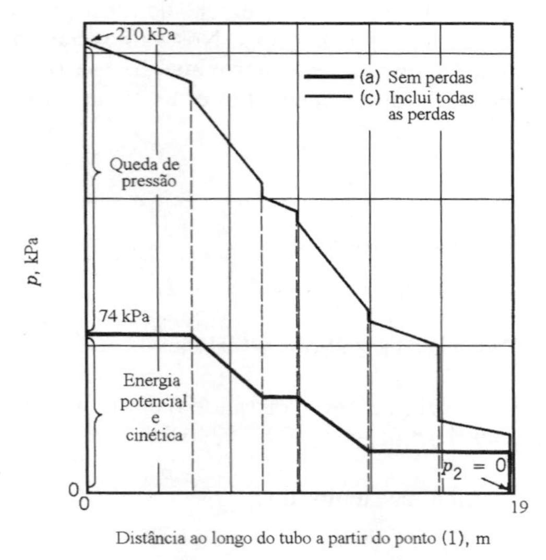

Figura E8.6*b*

Observe que nós não incluímos as perdas de entrada e saída porque os pontos (1) e (2) estão localizados dentro do escoamento (e não dentro de um reservatório onde a energia cinética é nula). Combinando as Eqs. 2 e 3 nós obtemos a queda de pressão total, ou seja,

$$p_1 = (145930 + 64045) = 209975 \text{ Pa}$$

Esta queda de pressão, calculada com todos as perdas de carga, fornece a resposta mais realista para o escoamento deste problema.

A Fig. 8.6*b* mostra um esboço da distribuição de pressão ao longo da tubulação. A figura mostra as distribuições de pressão relativas aos casos (a) e (c). Observe que nem toda a queda de pressão, $p_1 - p_2$, é uma "perda de pressão". As quedas de pressão devidas a diferença de nível e diferenças de velocidade são totalmente reversíveis mas a parte da diferença de pressão devida as perdas distribuídas e localizadas é irreversível.

Ainda que as equações que descrevem o escoamento em condutos sejam simples, elas fornecem resultados muito razoáveis para uma grande variedade de aplicações.

Exemplo 8.7 (Tipo I, Determinação da Perda de Carga)

Óleo cru a 60 °C (γ = 8436 N/m³ e $\mu = 3{,}83 \times 10^{-3}$ N·s/m²) é bombeado através do Alasca numa tubulação de aço de apresenta diâmetro e comprimento iguais a 1219 mm e 1286 km. A vazão de óleo na tubulação é 3,31 m³/s, ou seja, a velocidade média do escoamento, $V = Q/A$, é igual a 2,84 m/s. Determine a potência necessária para bombear o óleo nesta tubulação.

Solução A aplicação da equação da energia (Eq. 5.57) fornece

$$\frac{p_1}{\gamma} + \frac{V_1^2}{2g} + z_1 + h_p = \frac{p_2}{\gamma} + \frac{V_2^2}{2g} + z_2 + h_L$$

onde (1) e (2) representam pontos localizados dentro dos grandes tanques de armazenamento de óleo (nos extremos da tubulação), e h_p é a carga fornecida pelas bombas de óleo. Nós vamos admitir que $z_1 = z_2$ (bombeamento do nível do mar para o nível do mar, por exemplo), $p_1 = p_2 = V_1 = V_2 = 0$ (tanque grande e aberto a atmosfera) e $h_L = (f\, l/D)(V^2/2g)$. Nós também vamos considerar que as perdas de carga singulares são desprezíveis porque a tubulação é praticamente reta e muito longa ($l/D = 1286000/1{,}219 = 1{,}05 \times 10^6$). Nestas condições,

$$h_p = h_L = f \frac{l}{D} \frac{V^2}{2g}$$

O número de Reynolds deste escoamento é Re = $(8436/9{,}8)(2{,}84)(1{,}219)/(3{,}83 \times 10^{-3}) = 7{,}78 \times 10^5$ e $\varepsilon/D = 3{,}7 \times 10^{-5}$ (veja a Tab. 8.1). Com estes resultados, a Fig. 8.10 fornece $f = 0{,}0125$. Assim,

$$h_p = 0{,}0125\,(1{,}05 \times 10^6)\frac{(2{,}84)^2}{2(9{,}8)} = 5401{,}1 \text{ m}$$

e a potência real fornecida ao fluido, *Pot*, é

$$Pot = \gamma Q h_P = (8436)(3{,}31)(5401{,}1) = 150{,}8 \times 10^6 \text{ W} = 150{,}8 \text{ MW}$$

Existem muitas razões para que não se utilize uma única bomba para promover o escoamento de óleo nesta tubulação. A primeira é que não existe uma bomba com esta potência. A segunda é que a pressão na seção de descarga da bomba precisaria ser $p = \gamma h_L = (8436)(5401{,}1) = 45{,}6$ MPa. Nenhum tubo comercialmente disponível com 1219 mm de diâmetro pode suportar esta pressão. Outra alternativa inviável seria colocar um tanque num topo de uma montanha de 5395,6 metros e deixar a gravidade forçar o óleo através de 1286 km de duto.

O sistema real de bombeamento de óleo é constituído por 12 estações de bombeamento posicionadas em lugares estratégicos ao longo da tubulação. Cada estação possui quatro bombas, três delas operando normalmente e uma quarta de reserva (para casos de emergência). Cada bomba é movida por um motor de 13500 hp (10 MW) que, no total, produzem uma potência Pot_{tot} = 12 estações × 3 bombas/estação × 1,0 ×10⁶ W = 360 MW. Se nós admitirmos que cada conjunto motor – bomba apresenta uma eficiência de 60%, então 0,60 × 360 MW = 216 MW são transferidos ao fluido. Este número é próximo do valor calculado acima.

A hipótese de que o óleo escoa a 60 °C pode parecer inadequada para um escoamento através do Alasca. Porém, observe que o óleo está quente quando é bombeado do solo e que a potência necessária para bombear o óleo (150,8 MW) é dissipada no fluido. Entretanto se a temperatura do óleo fosse 20 °C, ao invés de 60 °C, a viscosidade dinâmica seria aproximadamente igual a $7{,}66 \times 10^{-3}$ N·s/m² (o dobro do valor original), mas o fator de atrito aumentaria de f = 0,0125 (referente a Re = $7{,}78 \times 10^5$) para f = 0,0140 a 20 °C (referente a Re = $3{,}88 \times 10^5$). Mesmo que a viscosidade dobre, a potência transferida ao fluido seria aumentada em apenas 11% (de 150,8 MW para 168,5 MW). Isto é uma conseqüência do alto valor do número de Reynolds do escoamento no tubo (a maior parte da tensão de cisalhamento é devida a natureza turbulenta do escoamento). Isto é, f é praticamente independente de Re (ou da viscosidade) porque o número de Re é grande o suficiente (observe que existe uma parte plana no diagrama de Moody).

Normalmente os problemas de escoamento em condutos nos quais se deseja determinar a vazão para um conjunto de condições dadas (problemas do Tipo II) requerem um técnica de solução baseada na tentativa e erro. Isto é necessário porque o valor do fator de atrito é função do número de Reynolds que por sua vez é função da velocidade (vazão) que é a incógnita do problema. O Exemplo 8.8 apresenta um procedimento de solução deste tipo.

Exemplo 8.8 (Tipo II - Determinação da Vazão)

O manual do fabricante de um secador de roupa indica que a tubulação de exaustão de gás (diâmetro = 102 mm e fabricado com ferro fundido) não pode apresentar comprimento total (somatória dos comprimentos dos trechos de tubo) maior do que 6,1 m e quatro curvas de 90º. Determine a vazão de ar nesta tubulação sabendo que a pressão dentro do secador é 50 Pa. Admita que a temperatura do ar descarregado do secador é igual a 37 °C e que a pressão ambiente é igual a pressão padrão.

Solução A aplicação da equação da energia (Eq. 5.57) entre os pontos (1), no interior do secador, e o (2), na saída da tubulação de descarga, fornece

$$\frac{p_1}{\gamma}+\frac{V_1^2}{2g}+z_1=\frac{p_2}{\gamma}+\frac{V_2^2}{2g}+z_2+f\,\frac{l}{D}\frac{V^2}{2g}+\sum K_L\,\frac{V^2}{2g} \qquad \textbf{(1)}$$

Nos vamos admitir que K_L = 0,5 para a região de entrada na tubulação e que K_L = 1,5 para cada uma das curvas de 90º. Adicionalmente nós vamos considerar que $V_1 = 0$, $V_2 = V$ (a velocidade do ar no duto), $z_1 = z_2$ (os efeitos da diferença de nível normalmente são desprezados nos escoamentos de gases), p_1 = 50 Pa e p_2 = 0. Nestas condições, e lembrando que o peso específico do ar é γ = 11,1 N/m³ (veja a Tab. B.2), temos

$$\frac{50}{11{,}1}=\left[1+59{,}8\times f+0{,}5+4(1{,}5)\right]\frac{V^2}{2(9{,}8)}$$

ou

$$88{,}3=(7{,}5+59{,}8\times f)V^2 \qquad \textbf{(2)}$$

O valor de f é função de Re, que, por sua vez, depende de V que é a incógnita do nosso problema. A Tab. B.2 indica que a viscosidade cinemática do ar a 37 ºC é $1{,}64 \times 10^{-5}$ m²/s e nós podemos escrever

$$\mathrm{Re}=\frac{VD}{\nu}=\frac{0{,}102\,V}{1{,}64\times10^{-5}}$$

, ou seja,

$$\mathrm{Re} = 6{,}22\times10^3\ V \tag{3}$$

Também, como ε/D = 0,15/102=0,0015 (veja a Tab. 8.1 para obter o valor de ε), nós conhecemos qual é a curva pertinente a este escoamento no Diagrama de Moody. Assim, temos três correlações (Eqs. (2), (3) e a curva relativa a ε/D = 0,0015 da Fig. 8.10) . A partir destas três relações nós podemos encontrar as três incógnitas do problema (f, Re e V). Nós agora vamos apresentar um procedimento para a solução deste tipo de problema.

Um procedimento simples para resolver o problema consiste em admitir um valor para f, calcular V com a Eq. (2), calcular Re com a Eq. (3) e conferir o valor de f no Diagrama de Moody para este valor de Re. Se o f admitido e o novo f calculado não forem iguais o conjunto (f, Re e V) não é a solução do problema. É interessante admitir um valor para f porque o valor correto freqüentemente fica na parte mais horizontal do Diagrama de Moody (que é insensível a Re).

Seguindo este procedimento, nós vamos admitir que f é igual a 0,022 (este valor é relativo a número de Reynolds altos e para a rugosidade relativa dada). Aplicando a Eq. (2), temos

$$V = \left[\frac{88{,}3}{7{,}5 + 59{,}8\,(0{,}022)}\right]^{1/2} = 3{,}16\ \mathrm{m/s}$$

e a Eq. 3 fornece

$$\mathrm{Re} = 6{,}22\times10^3(3{,}16) = 19655$$

A Fig. 8.10 fornece, para este Re e a rugosidade relativa do problema, f = 0,029. Este valor não é igual ao valor admitido (f = 0,022) ainda que eles sejam bastante próximos. Nós agora vamos admitir que f = 0,029. Nesta segunda tentativa nós encontramos V = 3,09 m/s e Re = 19234. Com estes valores, a Fig. 8.20 fornece f = 0,029. Note que este valor é igual ao valor admitido. Desse modo, a solução é V = 3,09 m/s, ou

$$Q = AV = \frac{\pi}{4}(0{,}102)^2(3{,}09) = 0{,}0252\ \mathrm{m^3/s} = 90{,}9\ \mathrm{m^3/h}$$

Observe que é necessário utilizar um procedimento iterativo de solução porque uma das equações, $f = \phi(\mathrm{Re}, \varepsilon/D)$, está na forma gráfica (Diagrama de Moody). Se a dependência entre f, Re e ε/D é conhecida através de uma equação (a utilização do gráfico torna-se desnecessária), o procedimento de solução pode se tornar mais fácil. Isto ocorre nos casos onde o escoamento é laminar porque f = 64/Re. Nos casos onde o escoamento é turbulento, nós podemos utilizar a equação de Colebrook ao invés do Diagrama de Moody. Mesmo nestes casos é necessário utilizar um procedimento iterativo para determinar a solução porque a equação de Colebrook é complexa. Nós mostraremos a seguir um método de solução que é adequado para a solução iterativa utilizando um computador.

Nós vamos utilizar novamente as Eqs. (2) e (3) em conjunto com a equação de Colebrook (Eq. 8.19) – ao invés do Diagrama de Moody – com ε/D = 0,0015. Deste modo,

$$\frac{1}{\sqrt{f}} = -2{,}0\log\left(\frac{\varepsilon/D}{3{,}7} + \frac{2{,}51}{\mathrm{Re}\sqrt{f}}\right) = -2{,}0\log\left(4{,}05\times10^{-4} + \frac{2{,}51}{\mathrm{Re}\sqrt{f}}\right) \tag{4}$$

Aplicando a Eq. (2) nós encontramos $V = [88{,}3/(7{,}5+59{,}8f)]^{1/2}$. Combinando este resultado com a Eq. (3),

$$\mathrm{Re} = \frac{58448}{\sqrt{7{,}5 + 59{,}8f}} \tag{5}$$

A combinação das Eqs. 4 e 5 fornece uma equação para a determinação de f, ou seja,

$$\frac{1}{\sqrt{f}} = -2{,}0\log\left(4{,}05\times10^{-4} + 4{,}29\times10^{-5}\sqrt{59{,}8 + \frac{7{,}5}{f}}\right) \tag{6}$$

Uma simples solução iterativa resulta em $f = 0{,}029$. Note que este resultado é idêntico ao obtido com a utilização do diagrama de Moody. [Uma solução iterativa usando a equação de Colebrook pode ser feita da seguinte maneira: (a) admita um valor para f, (b) calcule o novo valor de f aplicando o valor admitido no lado direito da Eq. 6, (c) utilizar o f calculado para recalcular outro valor de f, e (d) repetir estes passos até que os valores sucessivos de f sejam iguais].

No Exemplo 8.7 nós admitimos que as perdas de carga singulares eram desprezíveis porque a tubulação era muito longa. Neste exemplo, as perdas localizadas tem importância porque a tubulação é relativamente curta ($l/D = 60$). A razão entre as perdas localizadas e a distribuída no caso deste exemplo é $K_L/(f\,l/D) = 3{,}74$. Note que as curvas e a região de entrada produzem mais perdas do que o próprio tubo.

É necessário utilizar um procedimento baseado na tentativa e erro nos problemas onde o diâmetro interno do tubo não é conhecido. Isto ocorre porque o fator de atrito é uma função do diâmetro - através do número de Reynolds e da rugosidade relativa. Observe que não podemos determinar os valores de $Re = \rho VD/\mu = 4\rho Q/\pi\mu D$ e ε/D se não conhecermos o valor de D. O Exemplo 8.9 ilustra este tipo de procedimento.

Exemplo 8.9 (Tipo III, Determinação do Diâmetro sem as Perdas Localizadas)

Ar, a 25 °C e pressão padrão, escoa num tubo de ferro galvanizado e horizontal ($\varepsilon = 0{,}00015$) com uma vazão de 0,0566 m³/s. Determine o diâmetro mínimo do tubo sabendo que a queda de pressão não deve ser maior do que 113 Pa por metro de tubo.

Solução Nós vamos admitir que o escoamento de ar é incompressível com $\rho = 1{,}184$ kg/m³ e $\mu = 1{,}85 \times 10^{-5}$ N·s/m². Observe que o escoamento não pode ser modelado como incompressível se o tubo for muito longo porque o valor da queda de pressão ao longo do escoamento, $p_1 - p_2$, pode se tornar significativo em relação ao valor da pressão absoluta na seção de alimentação do tubo. Nós vamos considerar que $z_1 = z_2$ e que $V_1 = V_2$. A aplicação da equação da energia (Eq. 5.57) nos fornece

$$p_1 = p_2 + f\frac{l}{D}\frac{\rho V^2}{2} \tag{1}$$

onde $V = Q/A = 4Q/(\pi D^2) = 4(0{,}0566)/\pi D^2$, ou

$$V = \frac{7{,}21\times10^{-2}}{D^2}$$

Como $p_1 - p_2 = 113$ Pa para $l = 1$ m,

$$p_1 - p_2 = (113) = f\frac{1}{D}(1{,}184)\frac{1}{2}\left(\frac{7{,}21\times10^{-2}}{D^2}\right)^2$$

ou

$$D = 0{,}122\,f^{1/5} \tag{2}$$

onde D está em metros. Já o número de Reynolds é dado por

$$Re = \frac{(1{,}184)(7{,}21\times10^{-2}/D^2)D}{(1{,}85\times10^{-5})} = \frac{4614{,}4}{D} \tag{3}$$

A rugosidade relativa deste tubo é

$$\frac{\varepsilon}{D} = \frac{0{,}00015}{D} \tag{4}$$

Assim nós temos 4 equações [(Eqs (2), (3), (4) e o diagrama de Moody ou a fórmula de Colebrook] e quatro incógnitas (f, D, ε/D e Re). O problema está fechado e nós vamos obter sua solução através de um método baseado na tentativa e erro.

Se nós utilizarmos o diagrama de Moody, é mais fácil admitir um valor para f, calcular D, Re, ε/D com as Eqs. (2), (3) e (4) e então comparar o valor admitido de f com o fornecido pelo diagrama de Moody. Se o valor não for igual, é necessário admitir um novo valor de f e repetirmos o procedimento novamente. Por exemplo, nós vamos admitir $f = 0{,}02$ (um valor típico) e obtemos: $D = 0{,}122(0{,}02)^{1/5} = 0{,}056$ m; $\varepsilon/D = 0{,}00015/0{,}056 = 2{,}68 \times 10^{-3}$ e Re $= 4614{,}4/0{,}056 = 82400$. Utilizando o diagrama de Moody nós obtemos $f = 0{,}027$ para estes valores de ε/D e Re. Como este valor não é igual ao admitido no início do procedimento, nós teremos que admitir um outro valor para o fator de atrito. Com $f = 0{,}027$, nós obtemos $D = 0{,}059$ m, $\varepsilon/D = 2{,}5 \times 10^{-3}$ e Re $= 78210$. Utilizando o diagrama de Moody nós obtemos $f = 0{,}027$ para estes valores de ε/D e Re. Assim, o diâmetro do tubo é

$$D = 0{,}059 \text{ m}$$

Se nós utilizarmos a equação de Colebrook (Eq. 8.19) com $\varepsilon/D = 0{,}00015/(0{,}122 f^{1/5}) = 1{,}23 \times 10^{-3}/f^{1/5}$ e Re $= 4614{,}4/(0{,}122 f^{1/5}) = 3{,}782 \times 10^4/f^{1/5}$,

$$\frac{1}{\sqrt{f}} = -2{,}0 \log\left(\frac{\varepsilon/D}{3{,}7} + \frac{2{,}51}{\text{Re}\sqrt{f}}\right)$$

ou

$$\frac{1}{\sqrt{f}} = -2{,}0 \log\left(\frac{3{,}34\times10^{-4}}{f^{1/5}} + \frac{6{,}64\times10^{-5}}{f^{3/10}}\right)$$

Um procedimento iterativo de cálculo (veja a solução da Eq. 6 no Exemplo 8.8) indica que a solução desta equação é $f = 0{,}027$. Assim, $D = 0{,}059$ m. Observe que este resultado concorda com aquele obtido com o diagrama de Moody.

8.5.2 Sistemas com Múltiplos Condutos

Muitos sistemas de distribuição de fluido apresentam mais do que um conduto. As equações que descrevem os escoamentos nos condutos que formam estes sistemas são iguais àquelas que nós analisamos nas seções anteriores. Entretanto, a complexidade da resolução dos problemas pode aumentar significativamente devido ao aumento do número das incógnitas associadas aos problemas.

As configurações mais simples de sistemas com múltiplos condutos são as classificadas como escoamentos em série e em paralelo. A Fig. 8.20*a* mostra um arranjo de condutos em série. Cada partícula fluida que escoa pelo sistema passa em cada um dos condutos. Assim a vazão (mas não a velocidade) é a mesma em cada conduto e a perda de carga do ponto A ao B é igual a soma das perdas de carga em cada um dos trechos. As equações que descrevem este escoamento são

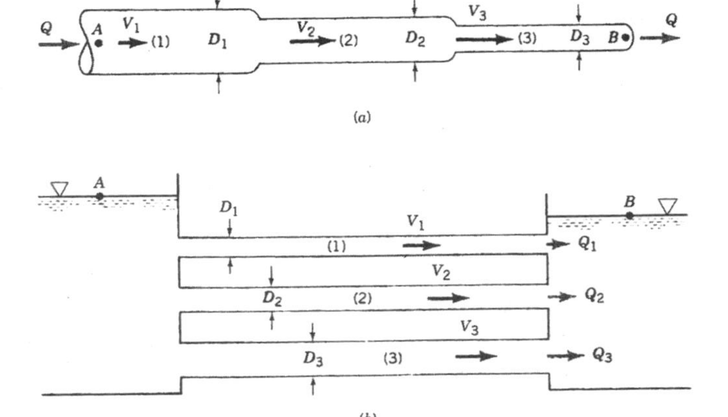

Figura 8.20 Arranjo de tubos (*a*) em série e (*b*) em paralelo.

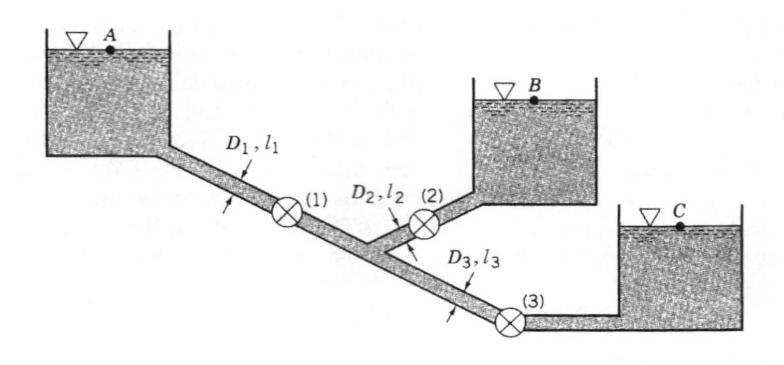

Figura 8.21 Um sistema com três reservatórios.

$$Q_1 = Q_2 = Q_3$$

e

$$h_{L_{A-B}} = h_{L_1} + h_{L_2} + h_{L_3}$$

onde os subscritos indicam cada um dos dutos mostrados na figura.

A Fig. 8.20*b* mostra uma arranjo de condutos em paralelo. Neste sistema uma partícula pode percorrer o caminho de *A* a *B* por qualquer um dos condutos mostrados e a vazão do arranjo é igual a soma das vazões em cada conduto. Se aplicarmos a equação da energia entre os pontos *A* e *B* da Fig. 8.20*b* é possível mostrar que a perda de carga do escoamento de qualquer partícula fluida que escoa entre os dois pontos independe da trajetória da partícula. As equações que descrevem o escoamento em arranjos com condutos em paralelo são

$$Q = Q_1 + Q_2 + Q_3$$

e

$$h_{L_1} = h_{L_2} = h_{L_3}$$

Novamente, o método de solução destas equações depende de quais informações são fornecidas e quais devem ser determinadas.

O escoamento num sistema aparentemente simples pode se revelar bastante complexo. O sistema ramificado com três reservatórios mostrado na Fig. 8.21 é um bom exemplo deste tipo de situação. Três reservatórios que apresentam superfícies livres com cotas conhecidas estão conectados através de condutos com características conhecidas (comprimento, diâmetro e rugosidade). O problema é determinar as vazões para dentro ou para fora dos reservatórios. Se a válvula (1) estiver fechada, o fluido escoará do reservatório *B* para o *C* e a vazão pode ser facilmente calculada. Cálculos similares podem ser feitos se as válvulas (2) ou (3) estiverem fechadas enquanto as outras restantes estiverem abertas. Agora, se todas as válvulas estiverem abertas, o sentido do escoamento do fluido não é óbvio. Para as condições indicadas na Fig. 8.37, está claro que o fluido escoa do reservatório *A*. Se o fluido escoa para dentro ou para fora do reservatório *B* depende das cotas dos reservatórios *B* e *C* e das características (comprimento, diâmetro e rugosidade) dos três dutos. Geralmente o sentido do escoamento não é explícito e o processo de solução deve incluir a determinação dos sentidos dos escoamentos.

8.6 Medição da Vazão em Tubos

Os três dispositivos mais utilizados para medir a vazão instantânea em tubos são a placa de orifício (Fig. 8.22), o bocal (Fig. 8.24) e o Venturi (Fig. 8.26). Como foi discutido na Seção 3.6.3, cada um destes medidores opera sob o mesmo princípio: uma diminuição na seção transversal do escoamento provoca um aumento na velocidade que é acompanhado por uma diminuição da pressão. A correlação da diferença de pressão com a velocidade fornece um meio para medir a vazão volumétrica do escoamento.

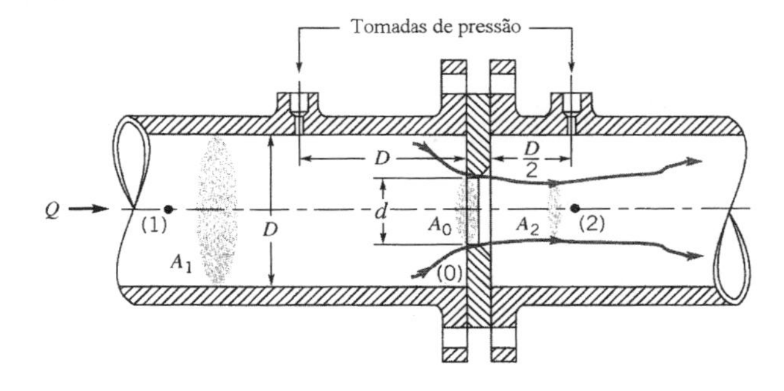

Figura 8.22 Placa de orifício típica.

As informações apresentadas nas seções anteriores deste capítulo nos indicam que existe uma perda de carga entre os pontos (1) e (2) do escoamento mostrado na Fig. 8.22. As equações que descrevem este escoamento são

$$Q = A_1 V_1 = A_2 V_2$$

e

$$\frac{p_1}{\gamma} + \frac{V_1^2}{2g} = \frac{p_2}{\gamma} + \frac{V_2^2}{2g} + h_L$$

A escoamento ideal apresenta $h_L = 0$. Assim,

$$Q_{\text{ideal}} = A_2 V_2 = A_2 \sqrt{\frac{2(p_1 - p_2)}{\rho(1-\beta^4)}} \quad \textbf{(8.21)}$$

onde $\beta = D_2 / D_1$ (veja a Sec. 3.6.3). A dificuldade de incluir a perda de carga na análise é provocada pela ausência de uma expressão precisa para calculá-la. O resultado desta ausência é a utilização de coeficientes empíricos nas equações de vazão.

A Fig. 8.22 mostra uma placa de orifício típica. Nós vamos introduzir um coeficiente de descarga, C_0 , na formulação ideal (Eq. 8.21) para levar em consideração os efeitos não existentes nesta análise ideal do escoamento. Procedendo deste modo,

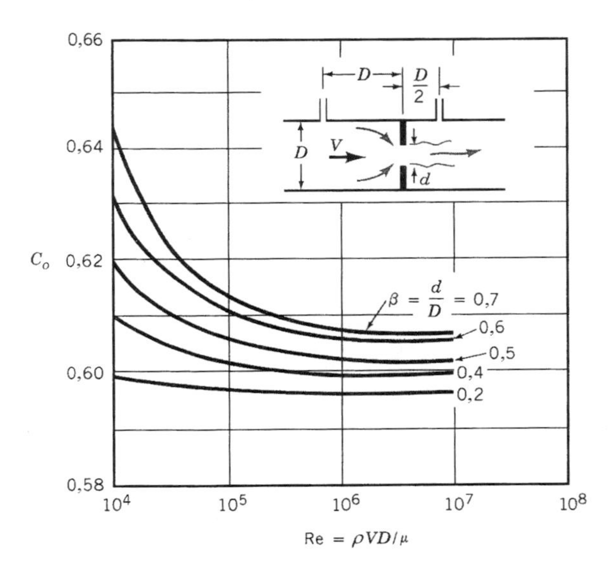

Figura 8.23 Coeficientes de descarga para placas de orifício (Ref.[10]).

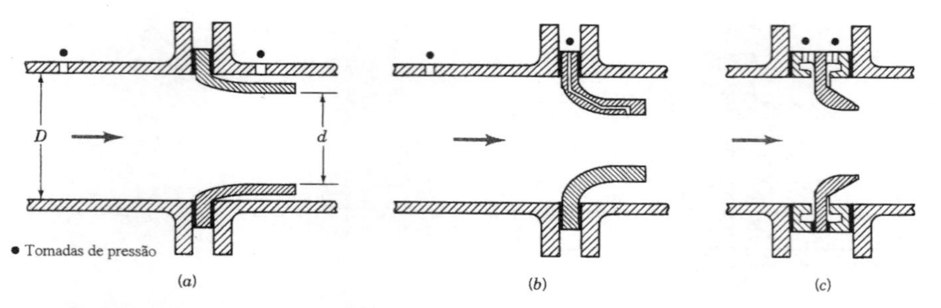

Figura 8.24 Medidores do tipo bocal.

$$Q = C_0\, Q_{\text{ideal}} = C_0\, A_0 \sqrt{\frac{2(p_1 - p_2)}{\rho(1-\beta^4)}} \tag{8.22}$$

onde $A_0 = \pi d^2/4$ é a área do orifício da placa. O valor de C_0 é uma função de $\beta = d/D$ e do número de Reynolds $\text{Re} = \rho\, VD/\mu$, onde $V = Q/A_1$. A Fig. 8.23 apresenta os valores típicos de C_0.

Um outro tipo de medidor de vazão é o bocal. Sua operação pode ser descrita com os mesmos princípios utilizados para descrever o escoamento na placa de orifício. A Fig. 8.24 mostra três configurações de bocal. O comportamento do escoamento no bocal é mais próximo do ideal do que aquele numa placa de orifício. Apesar disto, os efeitos viscosos ainda são relevantes e são levados em consideração através de um coeficiente de descarga do bocal, C_n. Assim,

$$Q = C_n\, Q_{\text{ideal}} = C_n\, A_n \sqrt{\frac{2(p_1 - p_2)}{\rho(1-\beta^4)}} \tag{8.23}$$

com $A_n = \pi d^2/4$. De modo análogo a placa de orifício, o valor C_n é função da razão dos diâmetros, $\beta = d/D$, e do número de Reynolds, $\text{Re} = \rho\, VD/\mu$. A Fig. 8.25 mostra alguns valores experimentais típicos de C_n. Observe que $C_n > C_0$, ou seja, o bocal é mais eficiente (dissipa menos energia) do que a placa de orifício.

O Venturi é o mais preciso, e o mais caro, dos três medidores de vazão por obstrução (veja a Fig. 8.26). Mesmo que o princípio de operação deste dispositivo seja o mesmo do bocal e da placa de orifício, o Venturi é projetado de modo a reduzir as perdas de carga ao mínimo (o formato da contração é tal que "acompanha" as linhas de corrente e minimiza a separação do escoamento na garganta e o formato da expansão é muito gradual para minimizar a separação no trecho de desaceleração do escoamento). A maior parte da perda de carga que ocorre num Venturi bem projetado é devida as perdas por atrito nas paredes ao invés das perdas associadas com a separação do escoamento. A expressão para a vazão num Venturi é

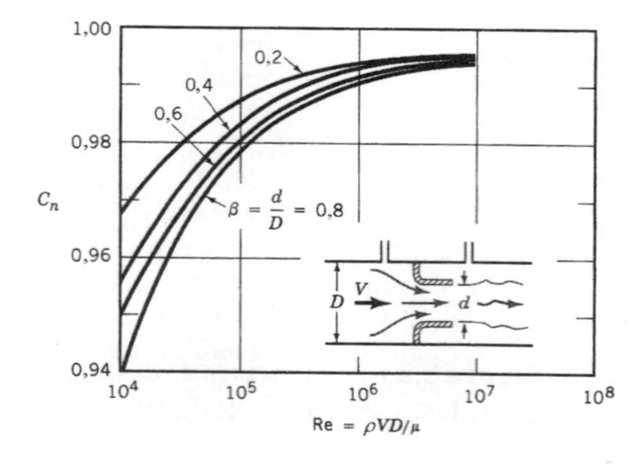

Figura 8.25 Coeficiente de descarga para bocais (Ref.[10]).

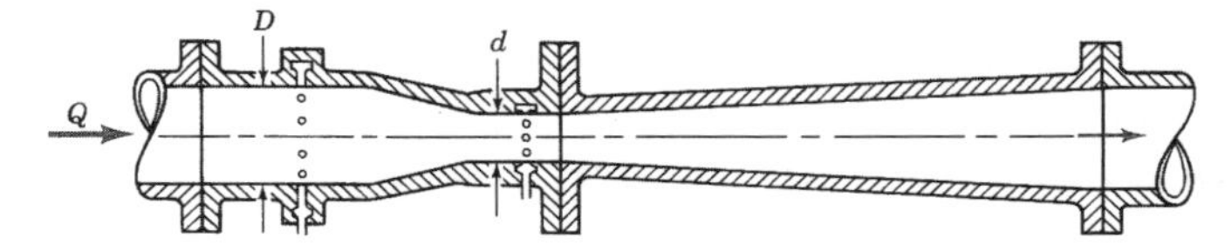

Figura 8.26 Medidor Venturi típico.

$$Q = C_v \, Q_{\text{ideal}} = C_v \, A_T \sqrt{\frac{2(p_1 - p_2)}{\rho(1-\beta^4)}} \qquad \textbf{(8.24)}$$

onde $A_T = \pi d^2/4$ é a área da garganta e C_v é o coeficiente de descarga do Venturi. A Fig. 8.27 mostra a faixa de valores deste coeficiente. Os parâmetros que influenciam o valor de C_v são: a razão entre os diâmetros da garganta e do tubo ($\beta = d/D$), o número de Reynolds do escoamento e as formas das seções convergente e divergente do medidor.

É interessante ressaltar que os valores de C_n, C_0 e C_v dependem da geometria específica dos dispositivos utilizados. Informações importantes sobre o projeto, utilização e a instalação de medidores podem ser encontradas na bibliografia (por exemplo, nas Refs. [10, 15, 16, e 17]).

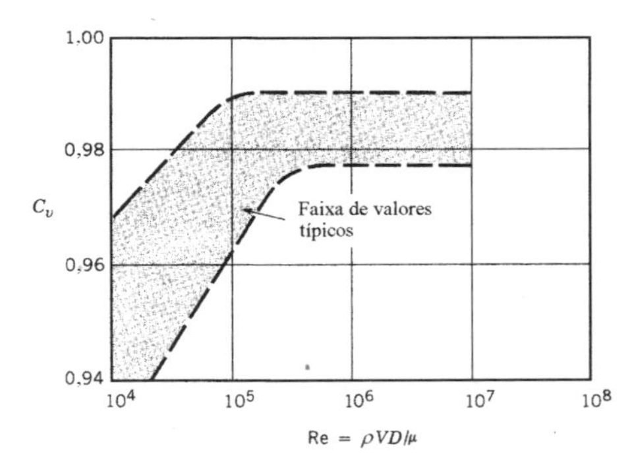

Figura 8.27 Coeficientes de descarga para medidores Venturi (Ref.[23]).

Exemplo 8.10

Álcool etílico escoa num tubo com diâmetro, D, igual a 60 mm. A queda de pressão num medidor do tipo bocal, Δp, é 4,0 kPa quando a vazão no tubo, Q , é 0,003 m³/s. Determine o diâmetro da garganta do bocal, d, deste medidor.

Solução As propriedades do álcool etílico são $\rho = 789$ kg/m³ e $\mu = 1{,}19 \times 10^{-3}$ N·s/m³ (veja a Tab. 1.4). Assim,

$$\text{Re} = \frac{\rho V D}{\mu} = \frac{4\rho Q}{\pi D \mu} = \frac{4(789)(0{,}003)}{\pi(0{,}06)(1{,}19\times10^{-3})} = 42200$$

Aplicando Eq. 8.23,

$$Q = 0{,}003 = C_n \frac{\pi}{4} d^2 \sqrt{\frac{2(4\times10^3)}{789(1-\beta^4)}}$$

ou

$$1{,}20\times10^{-3} = \frac{C_n d^2}{\sqrt{1-\beta^4}} \qquad \textbf{(1)}$$

Observe que $\beta = d/D = d/0{,}06$. A Eq. 1 e Fig. 8.25 representam duas equações e as duas incógnitas, d e C_n, devem ser resolvidas com um procedimento baseado na tentativa e erro.

Como uma primeira aproximação, nós vamos admitir que o escoamento é ideal, ou seja, $C_n = 1$. Deste modo, a Eq. 1 fica reduzida a

$$d = \left(1{,}20\times10^{-3}\sqrt{1-\beta^4}\right)^{1/2} \qquad \textbf{(2)}$$

Adicionalmente, $1 - \beta^4 \approx 1$ em muitos casos e, nesta condição, o valor aproximado de d que pode ser obtido com a Eq. (2) é

$$d = \left(1{,}20\times10^{-3}\right)^{1/2} = 0{,}0346 \text{ m}$$

Assim, com o valor inicial de $d = 0{,}0346$ m, $\beta = d/D = 0{,}0346/0{,}06 = 0{,}577$, nós obtemos da Fig. 8.25 (usando Re = 42200) um valor de C_n igual a 0,972. É claro que isto não concorda com a hipótese inicial de que $C_n = 1{,}0$. Logo, nós não temos a solução da Eq. 1 em conjunto com a Fig. 8.25. Nós vamos agora admitir que $\beta = 0{,}577$ e $C_n = 0{,}972$. A aplicação destes valores na Eq. 1 fornece

$$d = \left(\frac{1{,}20\times10^{-3}}{0{,}972}\sqrt{1-0{,}577^4}\right)^{1/2} = 0{,}0341 \text{ m}$$

Com o novo valor de $\beta = 0{,}0341/0{,}060 = 0{,}568$ e Re = 42200 nós obtemos (Fig. 8.25) $C_n \approx 0{,}972$ (este valor concorda com o valor admitido). Assim, o diâmetro da garganta do bocal é 34,1 mm.

Se nós vamos investigar vários casos torna-se interessante substituir a relação indicada na Fig. 8.25 por uma equação equivalente, $C_n = \phi\,(\beta, \text{Re})$, e utilizar um computador para fazer as iterações do procedimento de solução do problema. Estas equações estão disponíveis na literatura (Ref. 10). Lembre que esta substituição é similar ao uso da equação de Colebrook, ao invés do diagrama de Moody, nos problemas de escoamento em condutos.

Existem outros tipos de medidores de vazão que operam de modo diferente dos analisados até este ponto. Um medidor de vazão bastante utilizado, preciso e relativamente barato é o rotâmetro, ou medidor de área variável, como aquele mostrado no ⦿ 6.6 – Rotâmetro. Neste dispositivo, há uma marcador inserido num tubo transparente e com escala que está conectado verticalmente na tubulação. Conforme o fluido escoa através do medidor (entrando por baixo), o marcador sobe dentro do tubo e atinge uma altura de equilíbrio (que é função da vazão). Em muitas ocasiões é necessário conhecer a quantidade (volume ou massa) de fluido que escoa num tubo durante um certo período de tempo ao invés da vazão instantânea. Por exemplo, nós estamos mais interessados em saber quantos litros de gasolina foram transferidos para o tanque do nosso automóvel do que em saber qual é a vazão de gasolina num determinado instante. Existem vários medidores que fornecem este tipo de informação (⦿ 8.7 – Medidor de água).

Referências

1. Schlichting, H, *Boundary Layer Theory*, Sétima Edição, McGraw-Hill, New York, 1979.
2. Moody, L.F., "Friction Factors for Pipe Flow", *Transactions of the ASME*, Vol. 66, 1944.
3. Colebrook, C.F., "Turbulent Flow in Pipes with Particular Reference to the Transition Between the Smooth and Rough Pipes Laws", *Journal of the Institute of Civil Engineers London*, Vol. 11, 1939.
4. White, F.M., *Fluid Mechanics*, McGraw-Hill, New York, 1979.
5. *ASHRAE Handbook of Fundamentals*, ASHRAE, Atlanta, 1981.
6. Streeter, V.L., *Handbook of Fluid Dynamics*, McGraw-Hill, New York, 1961.

7. Balje, O.E., *Turbomachines: A Guide to Design, Selection and Theory*, Wiley, New York, 1981.

8. Wallis, R.A., *Axial Flows Fans and Ducts*, Wiley, New York, 1983.

9. Karassick, I.J. e outros, *Pump Handbook*, Segunda Edição, McGraw-Hill, New York, 1985.

10. "Measurement of Fluid Flow by Means of Orifice Plates, Nozzles and Venturi Tubes Inserted in Circular Cross Section Conduits Running Full", Int. Organ. Stand. Rep. DIS-5167, Geneve, 1976.

11. Hydraulic Institute, *Engineering Data Book*, Cleveland Hydraulic Institute, 1979.

12. Harris, C.W., *University of Washington Engineering Experimental Station Bulletin*, 48, 1928.

13. Hamilton, J.B., *University of Washington Engineering Experimental Station Bulletin*, 51, 1929.

14. Laws, E.M., Livesey, J.L., "Flow Through Screens", *Annual Review of Fluid Mechanics*, Vol. 10, Annual Reviews, Inc. Palo Alto, CA, 1978.

15. Bean, H.S., ed., *Fluid Meters: Their Theory and Application*, Sexta Edição, American Society of Mechanical Engineers, New York, 1971.

16. Goldstein, R.J., ed., *Fluid Mechanics Measurements*, Hemisphere Publishing, New York, 1983.

17. Spitzer, D.W., editor, *Flow Measurement: Practical Guides for Measurement and Control*, Instrument Society of America, Research Triangle Park, North Carolina, 1991.

Problemas

Nota: Se o valor de uma propriedade não for especificado no problema, utilize o valor fornecido na Tab. 1.4 ou 1.5 do Cap. 1. Os problemas com a indicação (∗) devem ser resolvidos com uma calculadora programável ou computador. Os problemas com a indicação (+) são do tipo aberto (requerem uma análise crítica, a formulação de hipóteses e a adoção de dados). Não existe uma solução única para este tipo de problema.

8.1 A água da chuva coletada num estacionamento escoa num tubo, com 0,9 m de diâmetro, preenchendo-o completamente. Você espera que o escoamento seja laminar ou turbulento? Veja o ⦿ 8.1 e justifique sua resposta com cálculos apropriados.

+ **8.2** Sob condições normais, o escoamento de ar na sua traquéia é laminar ou turbulento? Especifique todas as hipóteses e mostre todos os seus cálculos.

8.3 Dióxido de carbono, a 20 °C e 550 kPa (abs), escoa num tubo com uma vazão de 0,04 kg/s. Determine o diâmetro máximo do tubo para que o escoamento permaneça turbulento.

8.4 O tempo necessário para que 8,2 cm^3 de água escoe pelo tubo capilar instalado no viscosímetro mostrado na Fig. P8.4 é igual a 20 segundos (veja o ⦿ 1.3). O escoamento no tubo capilar é turbulento?

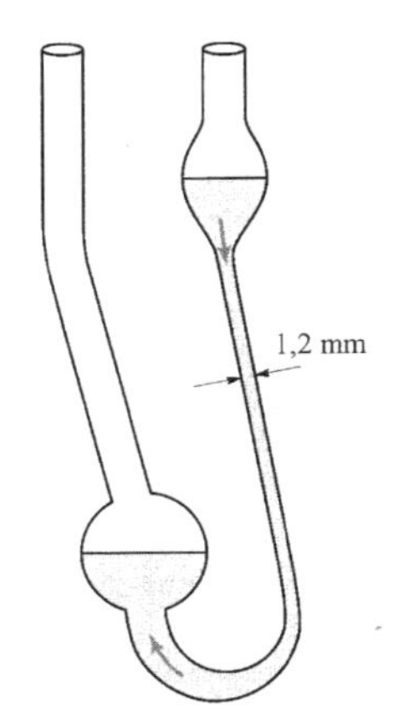

Figura P8.4

8.5 Um refrigerante, que apresenta as mesmas propriedades da água a 10°C, é sugado através de um canudinho, com 4 mm de diâmetro e 0,25 m de comprimento, a uma vazão de 4 cm^3/s. O escoamento na saída do canudinho é laminar? O escoamento é totalmente desenvolvido? Explique.

8.6 A vazão de ar utilizada para resfriar uma sala é 0,113 m^3/s. O ar é transportado dentro de uma tubulação que apresenta diâmetro interno igual a 203 mm. Qual é o comprimento da região de entrada do escoamento de ar nesta tubulação?

8.7 O gradiente de pressão necessário para forçar água a escoar num tubo horizontal com 25,4 mm de diâmetro é 1,13 kPa/m. Determine a tensão de cisalhamento na parede do tubo. Calcule, também, a tensão de cisalhamento a 7,6 e 12,7 mm da parede do tubo.

8.8 A próxima tabela apresenta um conjunto de pressões medidas ao longo de um trecho horizontal e reto de um tubo que apresenta diâmetro igual a 50 mm e que está conectado a um tanque. Qual é o comprimento de entrada do escoamento no tubo? Qual é o valor da tensão de cisalhamento na parede referente ao trecho onde o escoamento é plenamente desenvolvido?

x (mm) (± 0,01 m)	p (mm H_2O) (± 5 mm)
0 (saída do tanque)	520
0,5	427
1,0	351
1,5	288
2,0	236
2,5	188
3,0	145
3,5	109
4,0	73
4,5	36
5,0 (saída do tubo)	0

8.9 Água escoa num tubo com diâmetro constante e apresenta as seguintes características: na seção (a) p_a = 2,2 bar e z_a = 17,3 m e na seção (b) p_b = 2,0 bar e z_b = 20,8 m. O sentido do escoamento é de (a) para (b) ou de (b) para (a)? Justifique sua resposta.

8.10 Um fluido (densidade = 0,96) escoa em regime permanente num tubo (diâmetro = 25,4 mm) longo e vertical com uma velocidade média igual a 0,15 m/s. Se a queda de pressão é constante no fluido, qual é a viscosidade do fluido? Determine a tensão de cisalhamento na parede do duto.

8.11 Um fluido escoa num tubo horizontal que apresenta diâmetro interno e comprimento iguais a 2,5 mm e 6,1 m. Sabendo que a perda de carga no escoamento é 1,95 m quando o número de Reynolds é igual a 1500, determine a velocidade média deste escoamento.

8.12 Glicerina a 20 °C escoa para cima num tubo (diâmetro = 75 mm). A velocidade na linha de centro do tubo é igual a 1,0 m/s. Determine a perda de carga e a queda de pressão sabendo que o comprimento do tubo é igual a 10 m.

8.13 Óleo (peso específico = 8900 N/m³, viscosidade dinâmica = 0,10 N·s/m²) escoa no tubo mostrado na Fig. P8.13. O diâmetro interno do tubo é igual a 23 mm e um manômetro diferencial em U é utilizado para medir a queda de pressão no escoamento. Qual é o máximo valor de h para que o escoamento de óleo ainda seja laminar?

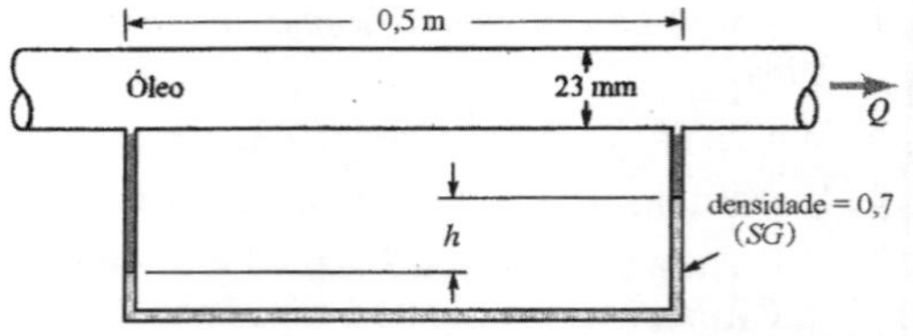

Figura P8.13

8.14 Óleo (densidade = 0,87 e ν = 2,2 × 10⁻⁴ m²/s) escoa no tubo vertical mostrado na Fig. P8.14. A vazão de óleo é 4 × 10⁻⁴ m³/s. Determine a leitura do manômetro. h.

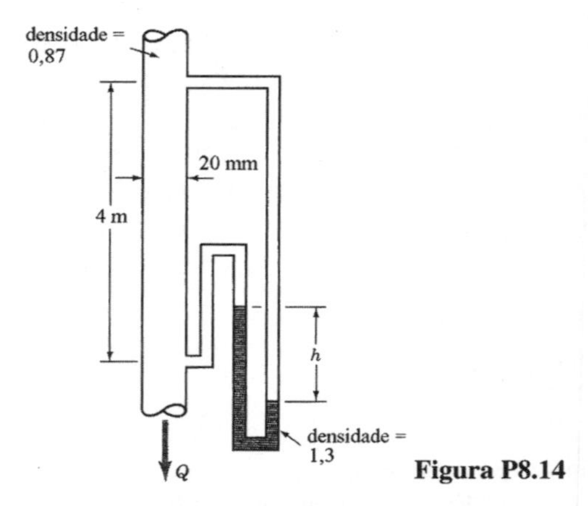

Figura P8.14

8.15 Determine a leitura do manômetro, h, da Fig P8.14 sabendo que o escoamento é para cima (i.e. ao contrário do mostrado na figura).

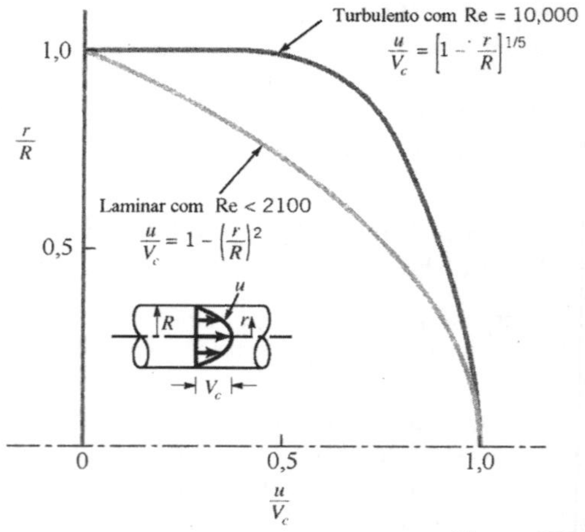

Figura P8.16

8.16 A Fig. P8.16 e o ◉ 8.3 mostram que o perfil de velocidade do escoamento laminar num tubo é bastante diferente daquele encontrado nos escoamentos turbulentos. Observe que o perfil de velocidade é parabólico quando o escoamento é laminar. Para um escoamento turbulento, com Re =

10000, o perfil de velocidade pode ser aproximado pelo perfil indicado na figura. (**a**) Considere um escoamento laminar. Em que posição você colocaria a ponta de um tubo de Pitot para que fosse possível medir diretamente a velocidade média do escoamento? (**b**) Refaça o item anterior considerando que o escoamento é turbulento com Re = 10000.

8.17 Durante uma forte tempestade, a água coletada num estacionamento escoa por um tubulação de esgoto (diâmetro = 0,457 m, lisa e construída com concreto) preenchendo-a completamente. Se a vazão for 0,283 m³/s, determine a queda de pressão num trecho horizontal de tubo com comprimento igual a 30,5 m. Repita o problema admitindo que este trecho apresenta um desnível de 0,6 m.

8.18 Dióxido de carbono, a 0°C e pressão de 600 kPa (abs), escoa num tubo horizontal com 40 mm de diâmetro. A velocidade média do escoamento é 2 m/s. Determine o coeficiente de atrito neste escoamento sabendo que a queda de pressão é 235 N/m² para cada 10 m de tubo.

8.19 Ar escoa no tubo mostrado na Fig. P8.19 (diâmetro e comprimento iguais a 2,7 e 610 mm). Determine o fator de atrito sabendo que h = 43 mm quando a vazão, Q, é igual a 5,4 × 10^{-5} m³/s. Compare seu resultado com o fornecido por f = Re/64. O escoamento é laminar ou turbulento?

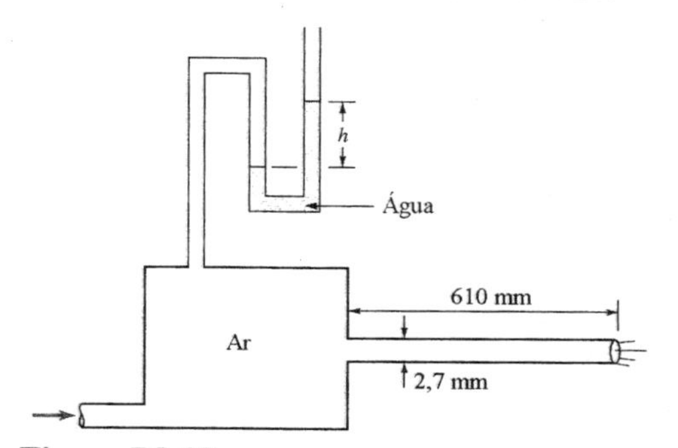

Figura P8.19

8.20 A vazão de água num tubo horizontal (diâmetro = 0,152 m) é 0,0566 m³/s. Sabendo que a queda de pressão no escoamento é 29 kPa a cada 30,5 m de duto, determine o fator de atrito neste escoamento.

8.21 Uma mangueira (comprimento = 21,34 m, diâmetro = 12,7 mm e rugosidade = 0,27 mm) está conectada a uma torneira onde água está disponível numa pressão p_1 . Admitindo que não há nenhum bocal conectado à mangueira, determine p_1 sabendo que a velocidade média do escoamento na mangueira é 1,83 m/s. Despreze as perdas localizadas e o possível desnível.

8.22 Refaça o Prob. 8.21 admitindo que um bocal está conectado à seção de descarga da mangueira. Considere que o diâmetro da seção mínima de escoamento no bocal é igual a 6,4 mm.

8.23 Água escoa num tubo novo de ferro fundido (diâmetro = 0,20 m) com velocidade média igual a 1,7 m/s. Nestas condições, determine a queda de pressão por metro de tubo.

+ **8.24** Uma mangueira de jardim está conectada a uma torneira que está completamente aberta. A distância atingida pela água esguichada não é significativa sem que um bocal esteja instalado na outra ponta da mangueira. Todavia, se você colocar o seu polegar na seção de descarga da mangueira, é possível esguichar a água a uma distância considerável. Explique este fenômeno.

8.25 Ar, no estado padrão, escoa num tubo de ferro galvanizado (diâmetro = 25,4 mm) com velocidade média de 3,05 m/s. Qual é o comprimento de tubo que produz uma perda de carga equivalente (**a**) a um cotovelo 90° flangeado, (**b**) a uma válvula totalmente aberta e (**c**) a uma entrada com cantos vivos?

* **8.26** Água a 40 °C escoa em tubos estrudados que apresentam diâmetros iguais a 25; 50 e 75 mm. Faça um gráfico da perda de carga por metro de tubo para cada um destes escoamentos. Admita que a vazão de água varia de 5 × 10^{-4} a 50 × 10^{-4} m³/s. Utilize a equação de Colebrook na solução deste problema.

+ **8.27** Considere o processo utilizado na doação de sangue. O sangue escoa de uma veia, onde a pressão é maior do que a atmosférica, para um saco de plástico, que apresenta pressão próxima da atmosférica, através de um tubo que apresenta diâmetro pequeno. Estime o tempo necessário para uma pessoa doar 470 ml de sangue utilizando os princípios da mecânica dos fluidos. Faça uma lista com as hipóteses utilizadas na solução do problema.

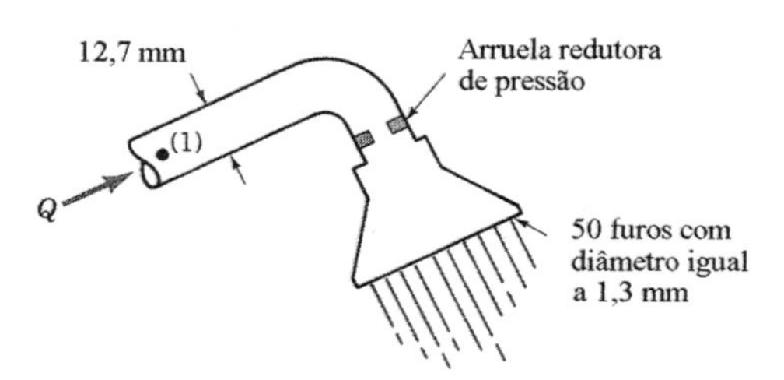

Figura P8.28

8.28 A Fig. P8.28 mostra que a instalação de um "redutor de pressão" em chuveiros elétricos pode diminuir os consumos de água e energia. Admitindo que a pressão no ponto (1) permanece constante e que todas as perdas, exceto a causada pelo "redutor de pressão", forem desprezadas, determine o valor do coeficiente de perda (baseado na velocidade no duto) para que o "redutor de pressão" diminua a vazão pela metade. Despreze os efeitos da gravidade.

8.29 Um fluido incompressível escoa, em regime permanente, numa expansão abrupta (de um diâmetro D_1 para um diâmetro D_2). Mesmo que haja um aumento de pressão através da expansão, como um resultado do decréscimo da energia cinética, há também uma perda de pressão devido as irreversibilidades no escoamento. Determine o valor de D_1/D_2 para que p_1 seja igual a p_2.

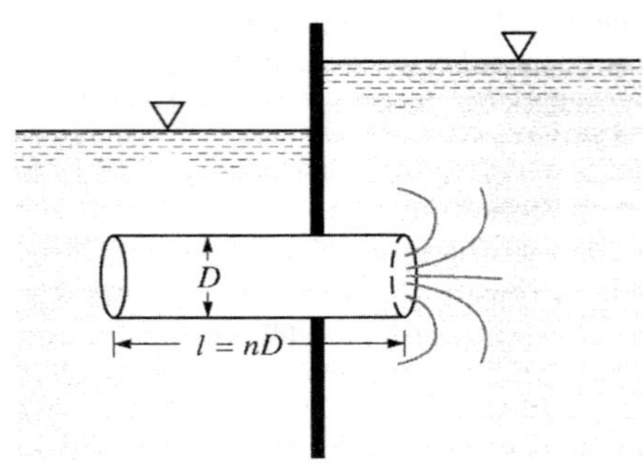

Figura P8.30

8.30 Água escoa de um tanque para outro através de uma tubo curto (veja a Fig. P8.30). Observe que as perdas singulares encontradas nas seções de alimentação e descarga do tubo podem ser significativas nesta aplicação (veja o ⦿ 8.4). Determine o máximo comprimento do tubo (o maior valor de n) para que a perda de carga no escoamento no tubo seja menor do que 10% das perdas singulares. Admita que o fator de atrito no escoamento de água no tubo é igual a 0,02.

+8.31 Um conduto de água (diâmetro = 0,152 m) se tornou muito rugoso devido a presença de incrustações e corrosão na superfície interna do conduto. Uma pessoa sugere que seja inserido um revestimento de plástico liso na superfície interna do conduto para aumentar a vazão no sistema. Ainda que o novo diâmetro seja menor, o duto será mais liso. Qual é procedimento para se obter uma maior vazão? Liste todas as hipóteses utilizadas na solução do problema.

8.32 Gás natural (ρ e ν iguais a 2,3 kg/m^3 e 4,8 × 10^{-6} m^2/s) é bombeado num tubo de ferro fundido com 152 mm de diâmetro. A vazão em massa de gás natural é 0,101 kg/s. Se a pressão na seção (1) é 3,45 bar (abs), determine a pressão numa seção situada a 12,87 Km a jusante da seção (1). Admita que o escoamento de gás é incompressível. Esta hipótese é razoável? Justifique sua resposta.

8.33 A vazão de gasolina num tubo (diâmetro = 40 mm) é 0,001 m^3/s. Se for possível inibir a ocorrência de turbulência, qual é a razão entre a perda de carga para o escoamento turbulento real e àquela do escoamento laminar?

8.34 Um tubo (diâmetro = 914 mm) é utilizado para transportar ar num túnel de vento. Um teste do equipamento mostrou que a queda de pressão do escoamento de ar num trecho de tubo com 457,2 m é 38,1 mm de coluna d'água quando a vazão no tubo é 4,25 m^3/s. Qual é o valor do fator de atrito neste escoamento? Qual a dimensão aproximada da rugosidade equivalente encontrada na superfície interna deste tubo?

8.35 Ar escoa num duto retangular de ferro galvanizado (0,30 m por 0,15 m) com uma vazão de 0,068 m^3/s. Sabendo que o comprimento do duto é igual a 12 m, determine a perda de carga neste escoamento.

8.36 Ar, no estado padrão, escoa num duto horizontal de ferro galvanizado que apresenta seção transversal retangular (0,61 m por 0,40 m) com uma vazão de 0,232 m^3/s. Determine a queda de pressão, em mm de coluna d'água, se o comprimento do duto for igual a 61 m.

8.37 Quando a válvula mostrada na Fig. P8.37 está fechada, a pressão no tubo é 400 kPa e a altura da superfície livre da água na câmara de equilíbrio, h é igual a 0,4 m. Determine o nível da água na câmara de equilíbrio admitindo que a válvula está totalmente aberta e que a pressão no ponto (1) permanece igual a 400 kPa. Considere que o fator de atrito é 0,02 e que as conexões são rosqueadas.

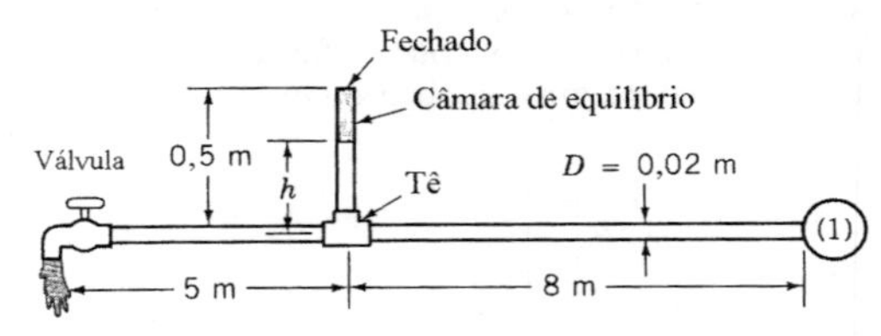

Figura P8.37

8.38 A vazão de água na tubulação mostrada na Fig. P8.38 é 0,113 m^3/s. O dispositivo instalado no prédio é uma bomba ou uma turbina? Explique e determine a sua potência. Despreze todas a perdas de carga localizadas e admita que o coeficiente de atrito da tubulação é igual a 0,025.

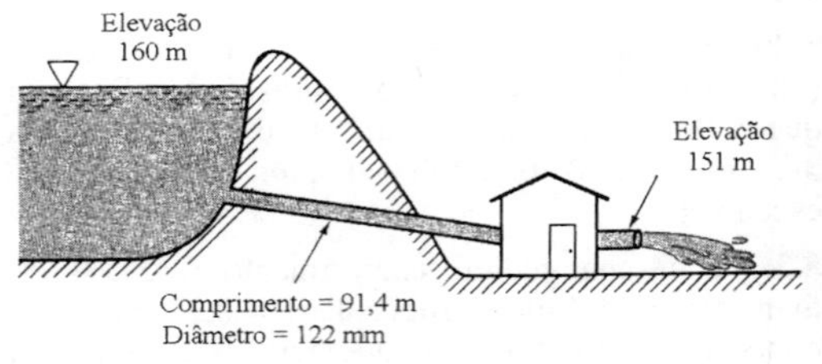

Figura P8.38

8.39 Refaça o Prob. P8.38 admitindo que a vazão na tubulação é igual a 0,0283 m^3/s.

8.40 Numa estação de esqui, água a 4,5 ºC e proveniente de uma lago situado a uma altitude de 1306 m, é bombeada para uma máquina de fazer neve, situada numa altitude de 1409 m, através de um tubo de aço que apresenta diâmetro e comprimento iguais a 76,2 mm e 609,6 m. Sabendo que a vazão de água é 0,0073 m^3/s e que é necessário manter a pressão de 5,5 bar na seção de alimentação da máquina de gelo, determine a potência transferida a água pela bomba.

8.41 Água escoa no tubo mostrado na Fig. P8.41. Determine o coeficiente de perda para o escoamento através da tela.

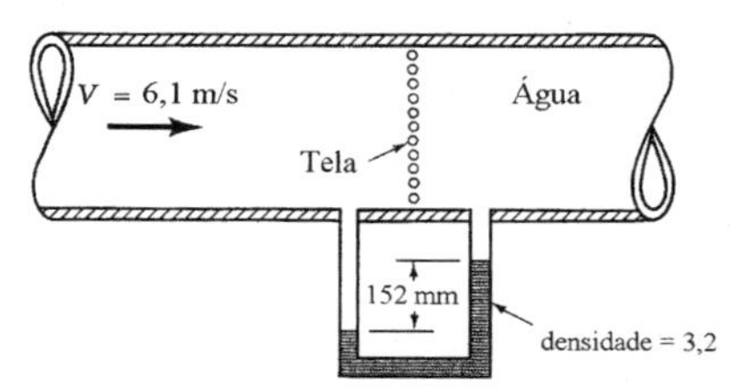

Figura P8.41

8.42 A vazão de água no sistema mostrado na Fig. P8.42 é igual a $5{,}7 \times 10^{-4}$ m^3/s. O sistema opera em regime permanente e o diâmetro interno dos tubos utilizados na construção do sistema são iguais a 19,1 mm. Uma pessoa sugere que não é necessário calcular a perda de carga dos escoamentos nos trechos retos de tubo porque estas perdas são muito menores do que as singulares encontradas no sistema. Você concorda com os argumentos desta pessoa? Justifique sua resposta (veja o ⦿ 8.6).

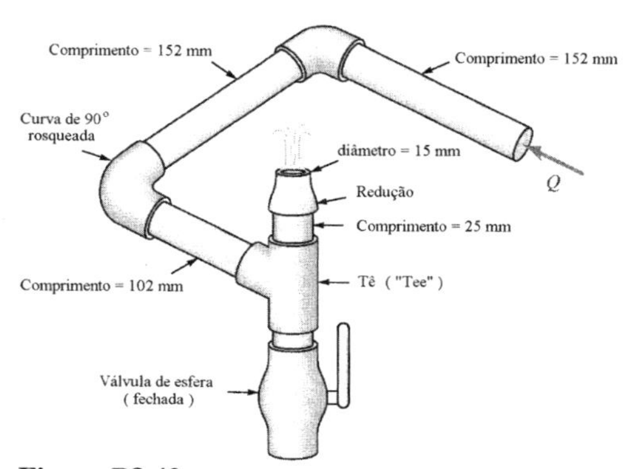

Figura P8.42

8.43 Admita que o sistema de exaustão de gases de um automóvel pode ser modelado como um conjunto de tubos de ferro fundido, comprimento total e diâmetros iguais a 4,27 m e 38 mm, acoplado a seis curvas flangeadas de 90° e um silenciador (veja o ⦿ 8.5). O silenciador age como uma resistência com coeficiente de perda K_L = 8,5. Determine a pressão na seção de entrada do sistema de escapamento se a vazão e a temperatura dos gases forem iguais a $2{,}83 \times 10^{-3}$ m^3/s e 121 °C.

8.44 Água a 4 °C escoa na serpentina horizontal de um trocador de calor (veja a Fig. P8.44). Sabendo que a vazão do escoamento é $5{,}68 \times 10^{-5}$ m^3/s, determine a perda de pressão entre as seções de alimentação e descarga da serpentina.

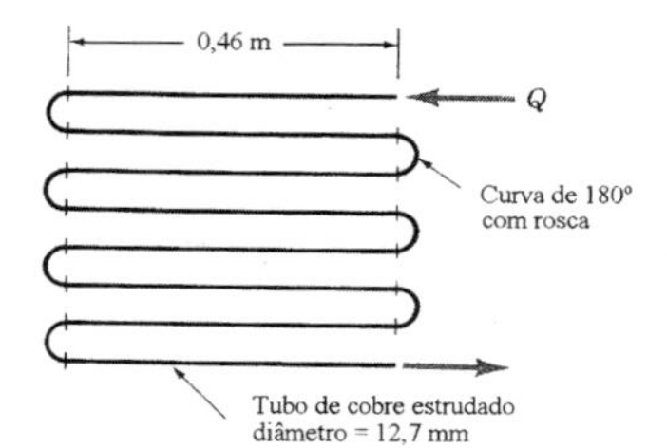

Figura P8.44

8.45 Água a 4 °C é bombeada de um lago do modo indicado na Fig. P8.45. Qual é a vazão máxima na bomba sem a ocorrência de cavitação?

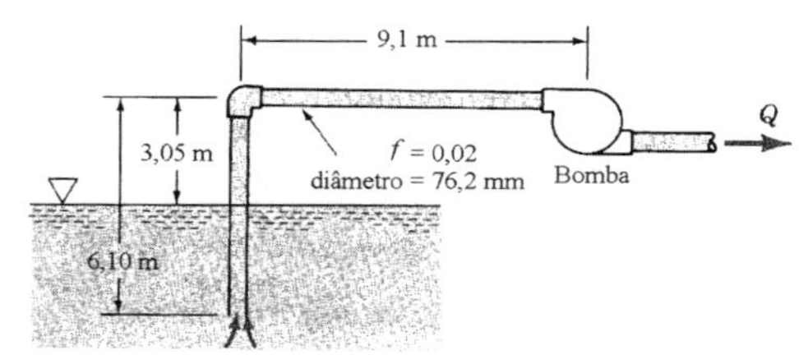

Figura P8.45

8.46 A mangueira mostrada na Fig. P8.46 (diâmetro = 12,7 mm) suporta, sem romper, uma pressão de 13,8 bar. Determine o comprimento máximo permitido, l, sabendo que o fator de atrito é igual a 0,022 quando a vazão é $2{,}83 \times 10^{-4}$ m^3/s. Despreze as perdas de carga singulares.

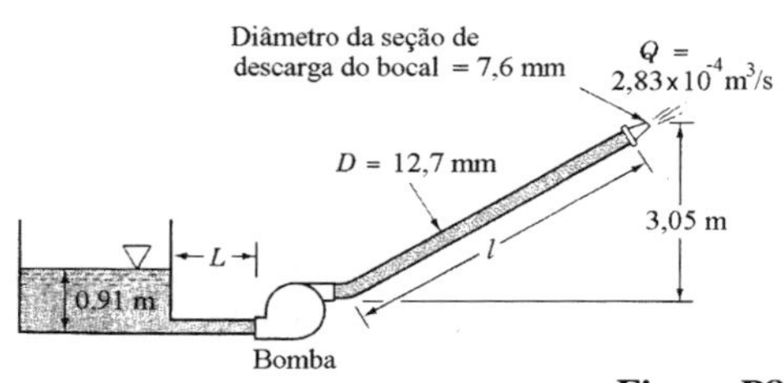

Figura P8.46

8.47 A mangueira mostrada na Fig. P8.46 irá colapsar se a pressão interna for 69 kPa menor do que a pressão atmosférica. Determine o comprimento máximo permitido, l, sabendo que a vazão é $2{,}83 \times 10^{-4}$ m^3/s e que o fator de atrito vale 0,015. Despreze as perdas singulares.

8.48 A jato descarregado da tubulação mostrada na Fig. P8.48 atinge uma altura, medida a partir da seção de descarga da tubulação, igual a 76 mm (veja o ⦿ 8.6). Os diâmetros internos dos componentes e o comprimento total da tubulação são respectivamente iguais a 19 e 534 mm. Nestas condições, determine o valor da pressão medida no ponto (1).

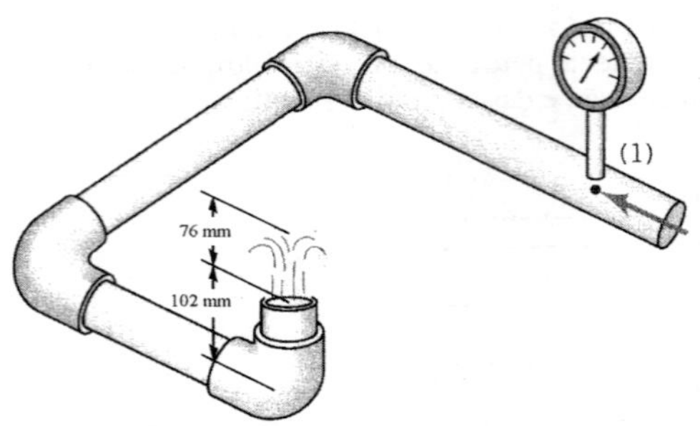

Figura P8.48

8.49 Um aviso de perigo, parecido com o mostrado na Fig. P8.49, está sempre presente na lateral das turbinas dos aviões. Explique porque o formato das zonas perigosas é parecido com o indicado na figura (as zonas cinzas). A análise do ⦿ 8.4 e das Figs. 8.11 e 8.13 pode facilitar sua exposição.

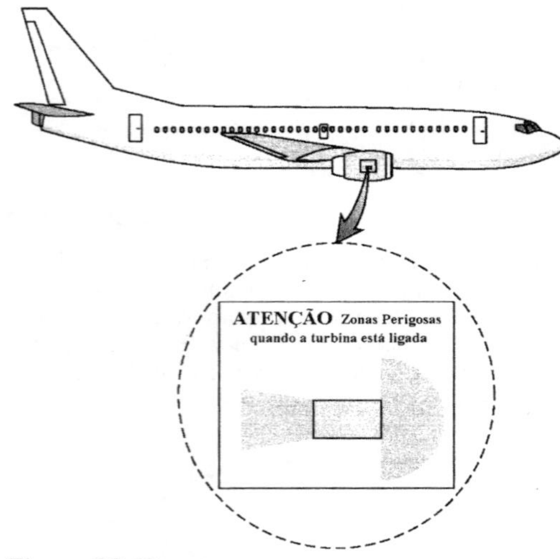

Figura P8.49

8.50 Água escoa de um tanque *A* para um tanque *B* através de um tubo de ferro fundido (diâmetro = 76 mm e comprimento = 61 m). Sabendo que a vazão no tubo é 14,2 litros/s e admitindo que as perdas localizadas são nulas, determine a diferença entre as cotas das superfícies livres dos tanques.

8.51 De acordo com as normas anti-incêndio de uma cidade, a perda de pressão num tubo horizontal de aço comercial não pode exceder 6,9 kPa a cada 45,7 m de duto para vazões até 0,0315 m³/s. Se a temperatura da água nunca está abaixo de 10 °C, determine o diâmetro mínimo do tubo indicado pela norma?

8.52 O medidor de consumo indicado na Fig. P8.52 foi instalado num sistema de irrigação para medir o volume de água consumido num ciclo de operação do sistema. O medidor indicou que o sistema consumiu 3,4 m³ de água num ciclo de operação quando a pressão a montante do medidor era igual a 344 kPa. Estime a pressão a montante do medidor necessária para que o sistema consuma 4,3 m³ de água no mesmo ciclo de operação do sistema de irrigação. Faça uma lista com todas as hipóteses utilizadas na solução do problema.

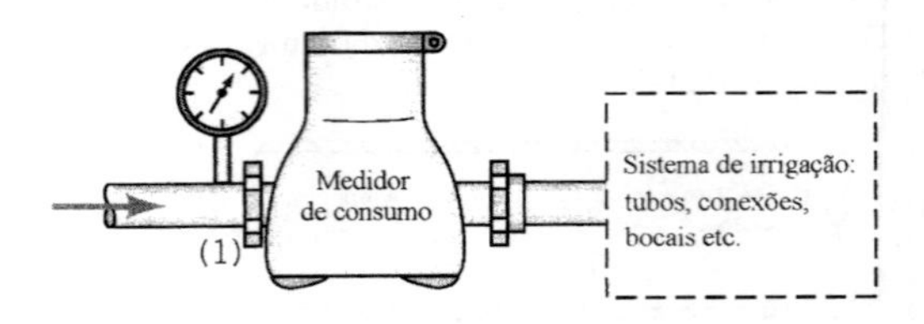

Figura P8.52

8.53 Água escoa no tubo mostrado na Fig. P8.53. Determine a força nos parafusos admitindo que as perdas localizadas são desprezíveis e que o atrito nas rodas é nulo.

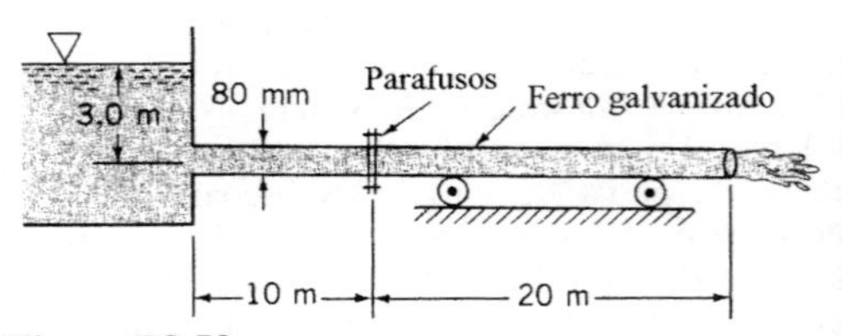

Figura P8.53

8.54 Refaça o Prob. 3.28 considerando todas as perdas de carga.

8.55 A bomba indicada na Fig. P8.55 transfere 25 kW para a água e produz uma vazão de 0,04 m³/s. Determine a vazão esperada se a bomba for removida do sistema. Admita f = 0,016 nos dois casos e despreze as perdas localizadas.

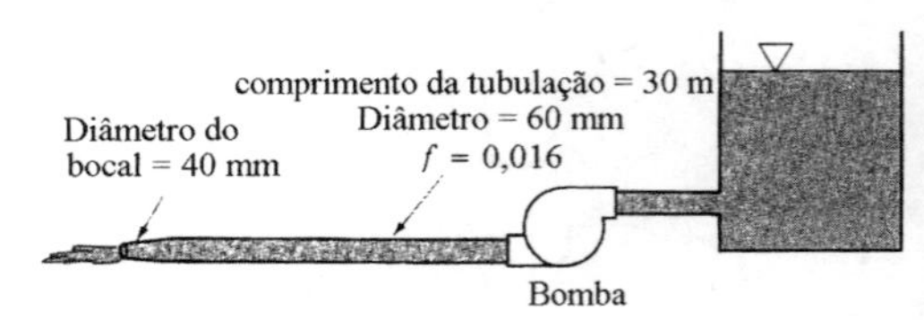

Figura P8.55

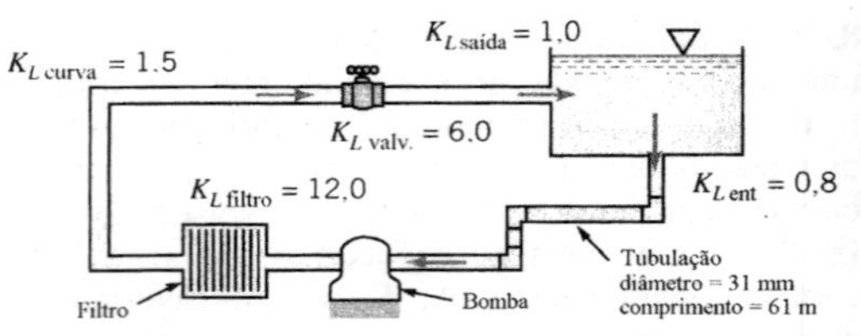

Figura P8.56

8.56 Considere o escoamento de água no circuito fechado mostrado na Fig. P8.56. Sabendo que a bomba transfere 272 W à água e que a rugosidade relativa dos tubos que compõe a tubulação é igual a

0,01, determine a vazão que escoa através do filtro mostrado na figura.

8.57 A vazão de gasolina num tubo de aço é igual a 0,0126 m^3/s. Sabendo que a queda de pressão do escoamento num trecho de tubo horizontal com comprimento de 30,5 m é 34 kPa, determine o diâmetro do tubo.

8.58 Uma tubulação deve conectar um tanque grande que contém água, pressurizada com ar comprimido a 138 kPa, a outro tanque grande e exposto à atmosfera. O projeto básico da tubulação indica que o comprimento total dos tubos necessário para a implementação do sistema é igual a 610 m. Sabendo que a superfície livre da água no tanque aberto à atmosfera está 45,7 m abaixo da superfície livre no tanque pressurizado, determine o diâmetro interno da tubulação necessário para que a vazão na tubulação seja igual a 0,085 m^3/s. Admita que as perdas de carga singulares são desprezíveis.

8.59 Refaça o problema anterior considerando que a somatória das perdas singulares, provocadas por curvas, válvulas etc., é igual a 40 cargas de velocidade.

8.60 Ar escoa na tubulação mostrada na Fig. P8.60. Determine a vazão se as perdas localizadas forem desprezíveis e o fator de atrito em cada tubo for igual a 0,020. Admita que o escoamento de ar é incompressível. Determine a vazão se substituirmos o tubo com 12,7 mm por outro com diâmetro igual a 25,4 mm. Analise se a hipótese de escoamento incompressível é razoável.

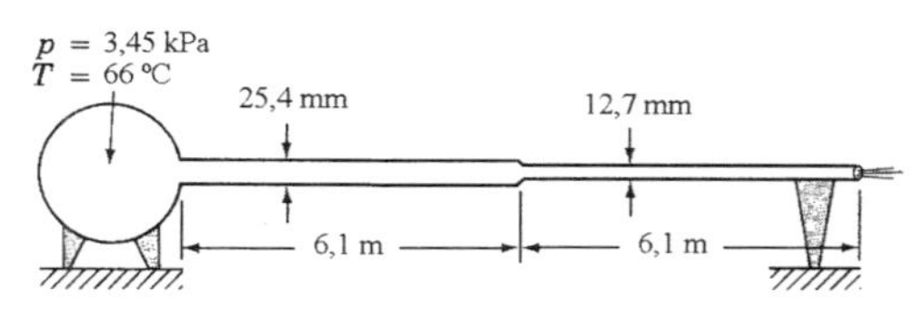

Figura P8.60

*** 8.61** Refaça o problema anterior admitindo que a tubulação é construída com tubos de ferro galvanizado. Utilize o valor da rugosidade relativa indicado no livro.

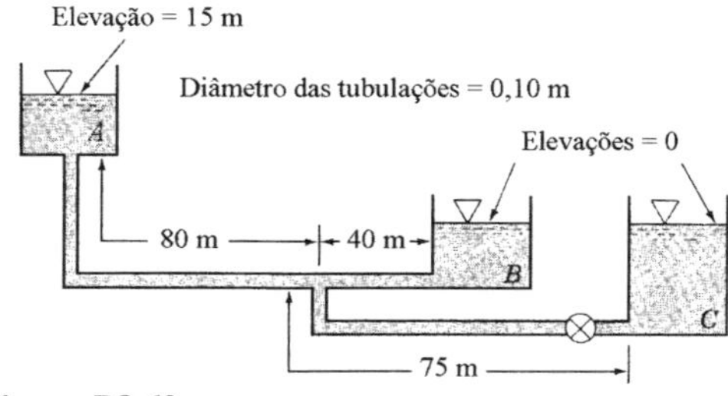

Figura P8.62

8.62 Água escoa do tanque *A* para o *B* quando a válvula está fechada (veja a Fig. 8.62). Qual é a vazão para o tanque *B* quando a válvula está aberta e permitindo que água também escoe para o tanque *C*. Despreze todas as perdas localizadas e admita que os coeficientes de atrito são iguais a 0,02 em todos os escoamentos.

8.63 Os três tanques mostrados na Fig. P8.63 contém água. Determine a vazão em cada tubo admitindo que as perdas singulares são desprezíveis.

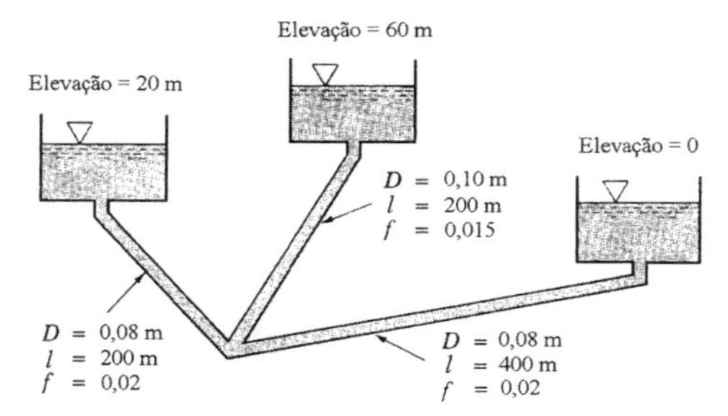

Figura P8.63

***8.64** Refaça o problema anterior considerando que os coeficientes de atrito não são conhecidos e que os tubos são fabricados com aço.

8.65 A vazão de gasolina que escoa num tubo com 35 mm de diâmetro é 0,0032 m^3/s. Determine a queda de pressão num bocal acoplado ao tubo sabendo que a seção de descarga do bocal apresenta diâmetro igual a 20 mm.

8.66 O ar de ventilação de uma mina subterrânea escoa por uma tubulação com 2 m de diâmetro. Um medidor rudimentar de vazão é construído colocando-se uma "arruela" de metal entre duas flanges do tubo. Estime a vazão sabendo que o furo da "arruela" apresenta diâmetro igual a 1,6 m e que a diferença de pressão através do dispositivo é 8,0 mm de coluna d'água.

8.67 Um medidor bocal (diâmetro da seção mínima igual a 63,5 mm) está instalado num tubo com diâmetro interno de 96,5 mm. Água a 71 °C escoa no conjunto. Se a leitura no manômetro do tipo U invertido, utilizado para medir a variação de pressão no medidor, for igual a 945 mm de coluna d'água, determine a vazão de água no tubo.

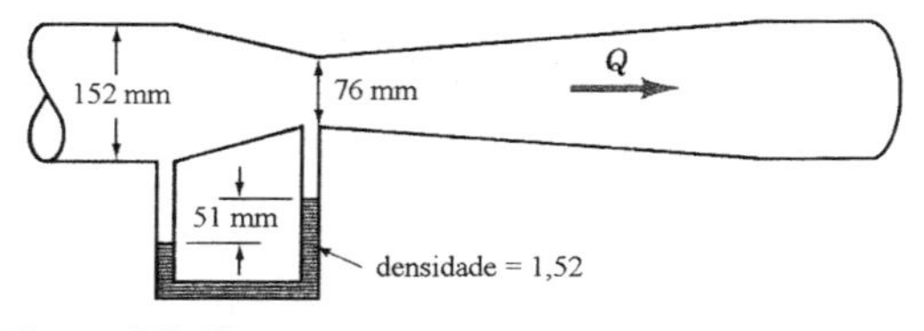

Figura P8.68

8.68 Água escoa através do medidor Venturi esboçado na Fig. P8.68. Sabendo que a densidade do fluido manométrico é 1,52, determine a vazão no Venturi.

8.69 Se o fluido que escoa no Prob. 8.68 for ar, qual será a vazão no Venturi? Os efeitos de compressibilidade serão importantes? Explique.

8.70 A vazão de água no tubo mostrado na Fig. P8.70 é 2,8 litros/s. Sabendo que o diâmetro do orifício da placa é igual a 30,5 mm, determine o valor de h.

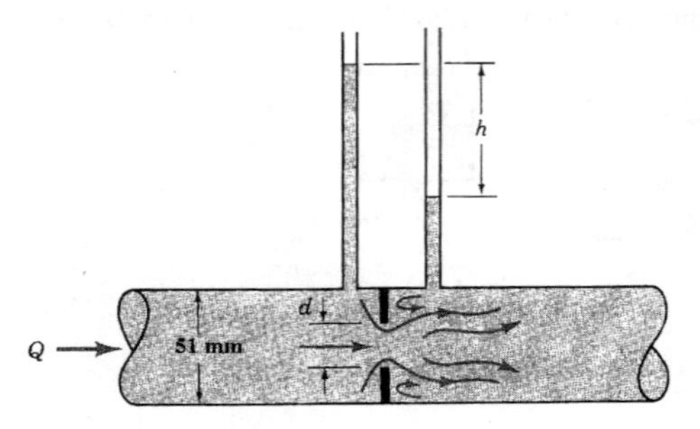

Figura P8.70

8.71 Água escoa, com uma vazão de 2,8 litros/s, através da placa de orifício esboçada na Fig. P8.70. Sabendo que h = 1158 mm, determine o valor de d.

8.72 Água escoa através da placa de orifício esboçada na Fig. 8.70 de tal modo que h = 488 mm quando d = 38,1 mm. Determine a vazão de água no medidor.

8.73 O dispositivo mostrado na Fig. P8.73 é utilizado para investigar o escoamento laminar em tubos e para determinar o número de Reynolds de transição (de escoamento laminar para turbulento). Ar, a 23 °C e pressão absoluta de 760,2 mm de Hg, escoa com uma velocidade média V num tubo com diâmetro pequeno, D = 2,74 mm, e comprimento l = 0,61 m. A vazão, Q, é determinada com um rotâmetro e a pressão no tanque ao qual o tubo está conectado é fornecida pela leitura do manômetro de coluna d'água, h.

Q (litros/s)	h (mm)
1,10	15,2
1,80	27,4
2,40	37,8
2,90	48,0
3,70	68,6
4,50	95,3
4,60	103,1
4,86	116,1
5,00	127,3
5,15	137,9
5,65	164,3
6,00	185,7
6,20	200,4

A tabela anterior mostra alguns valores de Q e h determinados experimentalmente. Utilize estes resultados para construir um gráfico num papel log-log do fator de atrito do escoamento em função do número de Reynolds baseado no diâmetro do duto, Re = $\rho VD/\mu$. Superponha, neste gráfico, a curva teórica para escoamentos laminares em tubos. A partir dos resultados obtidos, determine o valor do número de Reynolds de transição.

Compare os resultados teóricos com os experimentais e discuta as possíveis razões para as diferenças que podem existir entre eles.

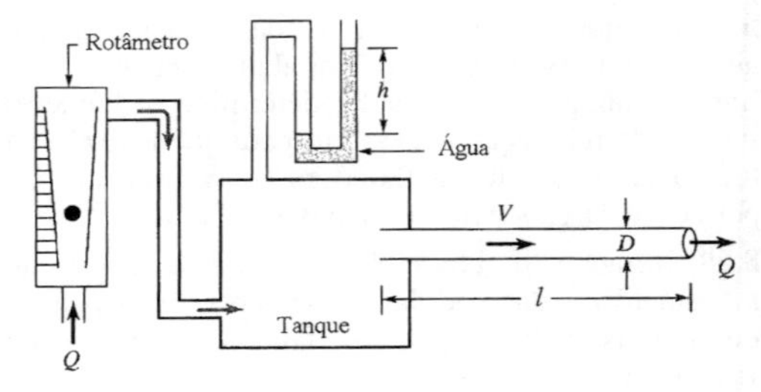

Figura P8.73

Escoamento Sobre Corpos Imersos 9

Neste capítulo nós iremos analisar vários aspectos dos escoamentos em torno de corpos imersos. O escoamento de ar ao redor dos aviões, automóveis, flocos de neve, ou ainda o de água em torno de submarinos e peixes são bons exemplos desta classe de escoamentos. Normalmente, o escoamento é denominado externo nos casos onde o objeto está totalmente envolvido pelo fluido. Como nas outras áreas da mecânica dos fluidos, existem duas abordagens (teórica e experimental) para a obtenção das informações sobre as forças que atuam no corpo imerso. As técnicas teóricas (i.e. analíticas e numéricas) podem fornecer muitas informações sobre este fenômeno. Entretanto, a quantidade de informações obtidas com métodos puramente teóricos é limitada devido a complexidade das equações que descrevem os escoamentos e da geometria dos objetos envolvidos. Muitas informações sobre os escoamentos externos foram obtidas em experimentos realizados, na maioria das vezes, com modelos dos objetos reais.

9.1 Características Gerais dos Escoamentos Externos

A força que atua nos corpos imersos num fluido que apresenta movimento é um resultado da interação entre o corpo e o fluido. Nós podemos fixar o sistema de coordenadas no corpo e tratar a situação como se o fluido estivesse escoando, com velocidade ao longe U, em torno do corpo imóvel.

Geralmente, a estrutura de um escoamento externo e o modo que este pode ser analisado dependem da natureza do corpo imerso. A Fig. 9.1 mostra três categorias de objetos: (*a*) objetos bidimensionais (infinitamente longos e com seção transversal constante), (*b*) objetos axissimétricos (formados pela rotação de uma figura sobre um eixo de simetria) e (*c*) objetos tridimensionais. Na prática não há corpos verdadeiramente bidimensionais porque nada se estende até o infinito. Todavia eles podem ser suficientemente longos para que os efeitos de borda se tornem desprezíveis.

Um outro modo de classificar estes escoamentos é baseado no formato do corpo imerso porque as características do escoamento dependem fortemente do formato do corpo. Usualmente, os corpos aerodinâmicos (como aerofólios e carros de corrida) provocam poucos efeitos no escoamento se comparados com aqueles provocados pelos corpos rombudos como os pára-quedas e edifícios (◉ 9.1 – Aterrissagem do Space Shuttle).

9.1.1 Arrasto e Sustentação

Quando um corpo se move através de um fluido, há uma interação entre o corpo e o fluido. Esta interação pode ser descrita por forças que atuam na interface fluido-corpo. Estas forças, por sua vez, podem ser escritas em função da tensão de cisalhamento na parede, τ_p, provocada pelos efeitos viscosos, e da tensão normal que é devida a pressão, p. As Figs. 9.2*a* e 9.2*b* mostram distribuições de pressão e tensão de cisalhamento típicas.

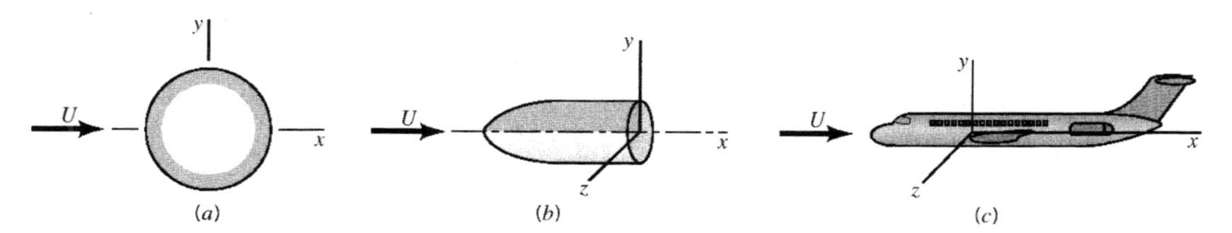

Figura 9.1 Classificação dos escoamentos: (*a*) bidimensional, (*b*) axissimétrico, (*c*) tridimensional.

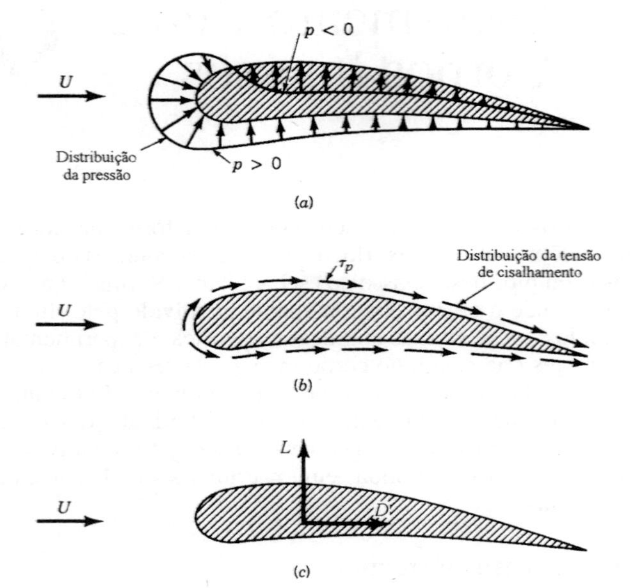

Figura 9.2 Forças num objeto bidimensional submerso: (*a*) força de pressão, (*b*) força viscosa e (*c*) força resultante (arrasto e sustentação).

Sempre é interessante conhecer as distribuições de pressão e de tensão de cisalhamento na superfície do corpo (mesmo que seja difícil obter esta informação). Entretanto, na maioria das vezes, apenas os efeitos globais destas tensões são necessários para resolver os nossos problemas. A componente da força resultante que atua na direção do escoamento é denominada arrasto, D ("drag"), e a que atua na direção normal ao escoamento é denominada sustentação, L ("lift") – veja a Fig. 9.2*c*. O arrasto e a sustentação podem ser obtidos pela integração das tensões de cisalhamento e normais ao corpo que está sendo considerado (veja a Fig. 9.3). Os componentes x e y da força que atua num pequeno elemento de área dA são:

$$dF_x = (p\,dA)\cos\theta + (\tau_p\,dA)\,\mathrm{sen}\theta$$

e

$$dF_y = -(p\,dA)\,\mathrm{sen}\theta + (\tau_p\,dA)\cos\theta$$

Assim, os módulos das forças D e L que atuam no objeto são

$$D = \int dF_x = \int p\cos\theta\,dA + \int \tau_p\,\mathrm{sen}\theta\,dA \tag{9.1}$$

e

$$L = \int dF_y = -\int p\,\mathrm{sen}\theta\,dA + \int \tau_p\cos\theta\,dA \tag{9.2}$$

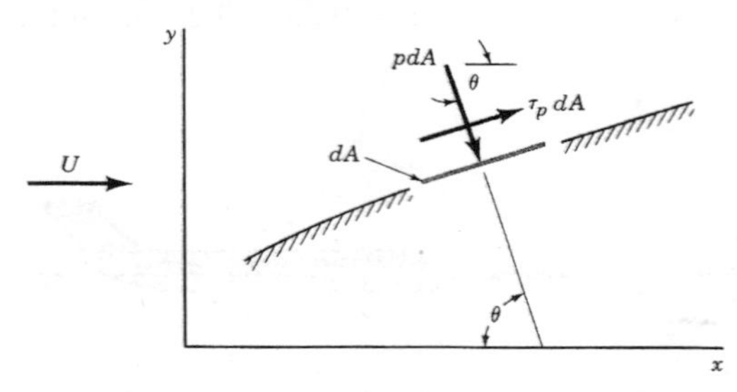

Figura 9.3 Forças de pressão e cisalhamento num elemento de área infinitesimal localizado na superfície de um corpo imerso.

Para calcular as integrais, e determinar o arrasto e a sustentação num corpo, nós precisamos conhecer o formato do corpo (i.e., θ ao longo do corpo) e as distribuições de τ_p e p ao longo da superfície do corpo. Normalmente, é muito difícil obter estas distribuições (tanto teórica como experimentalmente).

Exemplo 9.1

Ar, no estado padrão, escoa sobre a placa plana mostrada na Fig. E9.1. No caso (*a*), a placa está paralela ao escoamento ao longe e no caso (*b*) está posicionada perpendicularmente ao escoamento. Se a pressão e a tensão de cisalhamento sobre a superfície são as indicadas na figura, determine a sustentação e o arrasto na placa.

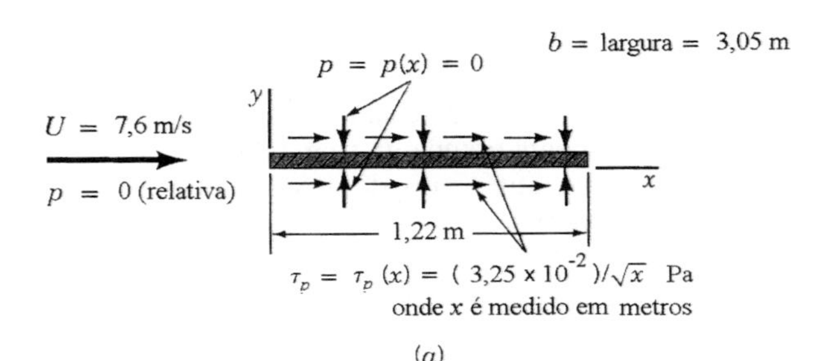

Figura E9.1

Solução Qualquer que seja a orientação da placa, o arrasto e a sustentação podem ser calculados com as Eqs. 9.1 e 9.2. Note que θ é igual a 90° na face superior e igual a 270° na face inferior da placa quando esta está paralela ao escoamento ao longe. Nesta condição, as forças na placa são

$$D = \int_{sup} \tau_p \, dA + \int_{inf} \tau_p \, dA = 2 \int_{sup} \tau_p \, dA \tag{1}$$

e

$$L = -\int_{sup} p \, dA + \int_{inf} p \, dA = 0$$

Note que o escoamento é simétrico e que não há sustentação na placa, ou seja, as distribuições de tensão de cisalhamento e de pressão nas superfícies superior e inferior da placa são iguais. Nós po-

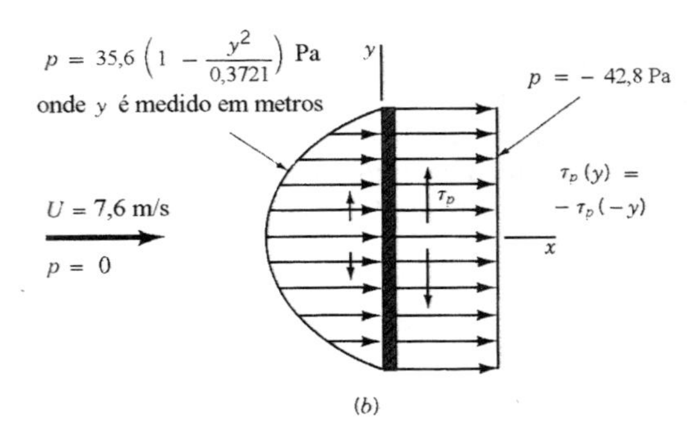

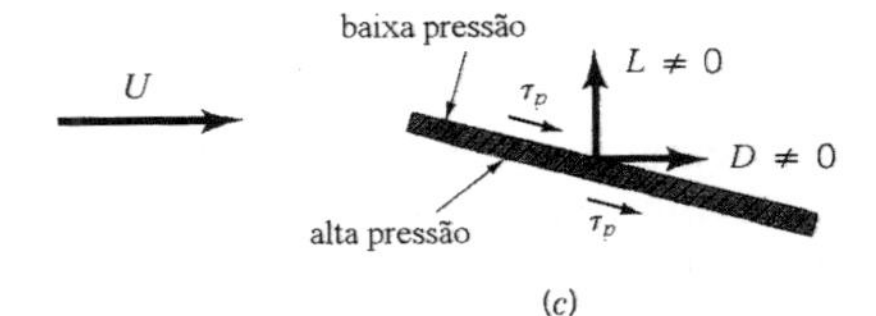

Figura E9.1 (continuação)

demos utilizar a pressão relativa ($p = 0$) ou a absoluta ($p = p_{atm}$) na Eq. 9.1. Aplicando a distribuição de tensão de cisalhamento fornecida (Fig. E9.1*a*) na Eq. (1), temos

$$D = 2 \int_{x=0}^{1,22} \left(\frac{0{,}0325}{x^{1/2}} \right) (3{,}05)\, dx = 0{,}44 \text{ N}$$

Com a placa posicionada perpendicularmente ao escoamento (veja a Fig. E9.1*b*), $\theta = 0°$ na porção frontal e $\theta = 180°$ na porção posterior. Assim, a partir das Eqs. 9.1 e 9.2 temos

$$L = \int_{\text{frente}} \tau_p \, dA - \int_{\text{atrás}} \tau_p \, dA = 0$$

e

$$D = \int_{\text{frente}} p \, dA - \int_{\text{atrás}} p \, dA$$

Novamente a sustentação é nula porque a distribuição da tensão de cisalhamento é simétrica em relação ao centro da placa. Note que a pressão é relativamente grande na frente da placa (o centro da placa é um ponto de estagnação) e que a pressão é negativa atrás da placa (menor do que a pressão no escoamento ao longe). Aplicando a equação anterior,

$$D = \int_{y=-0,61}^{0,61} \left[35{,}6 \left(1 - \frac{y^2}{0{,}3721} \right) - (-42{,}8) \right] (3{,}05)\, dy = 247{,}6 \text{ N}$$

Os casos (*a*) e (*b*) deste exemplo mostram que existem dois mecanismos responsáveis pelo arrasto. O mecanismo de arrasto no caso (*a*) é provocado pela tensão de cisalhamento identificada nas superfícies da placa. Note que, neste exemplo, o arrasto é relativamente pequeno. Já para o caso (*b*) – escoamento em torno de um corpo rombudo (a placa plana posicionada normalmente ao escoamento) – o arrasto é totalmente provocado pela diferença dos perfis de pressão nas faces da placa.

Nós detectaremos uma força de arrasto e outra de sustentação se a placa for posicionada do modo indicado na Fig. 9.1*c*. Isto ocorre porque as distribuições da tensão de cisalhamento e da pressão nas faces superior e inferior da placa são diferentes.

As Eqs. 9.1 e 9.2 podem ser aplicadas em qualquer corpo imerso num escoamento. Entretanto, é bastante difícil as utilizarmos porque, normalmente, nós não conhecemos as distribuições de pressão e de tensão de cisalhamento. Esforços consideráveis tem sido feitos para determinar estas distribuições mas, devido as complexidades envolvidas, elas estão disponíveis apenas para algumas situações bastante simples. Uma alternativa muito utilizada para contornar esta dificuldade é definir coeficientes adimensionais de arrasto e sustentação e determinar os seus valores aproximados através de uma análise simplificada, técnica numérica ou experimentos apropriados. O coeficiente de sustentação, C_L, e o coeficiente de arrasto, C_D, são definidos por

$$C_L = \frac{L}{\frac{1}{2} \rho U^2 A}$$

e

$$C_D = \frac{D}{\frac{1}{2} \rho U^2 A}$$

onde A é a área característica do objeto (veja o Cap. 7). Normalmente, A é a área frontal do corpo imerso, ou seja, a área projetada vista por um observador que olha para o objeto na direção paralela a velocidade ao longe do escoamento, U. Já em outras situações, a área A é calculada como sendo a área de planta, ou seja, a área vista por um observador localizado numa direção normal ao escoamento. Obviamente as áreas características utilizadas na definição dos coeficientes de sustentação e arrasto devem ser claramente identificadas.

9.1.2 Características do Escoamento em Torno de Corpos

Os escoamentos externos sobre corpos apresentam uma grande variedade de fenômenos da mecânica dos fluidos. As características do escoamento em torno de um corpo dependem fortemente de vários parâmetros como forma e tamanho do corpo, velocidade, orientação e propriedades do fluido que escoa sobre o corpo. Como foi discutido no Capítulo 7, é possível descrever o caráter do escoamento com alguns parâmetros adimensionais. Os parâmetros mais importantes nos escoamentos externos são os números de Reynolds, Mach e Froude.

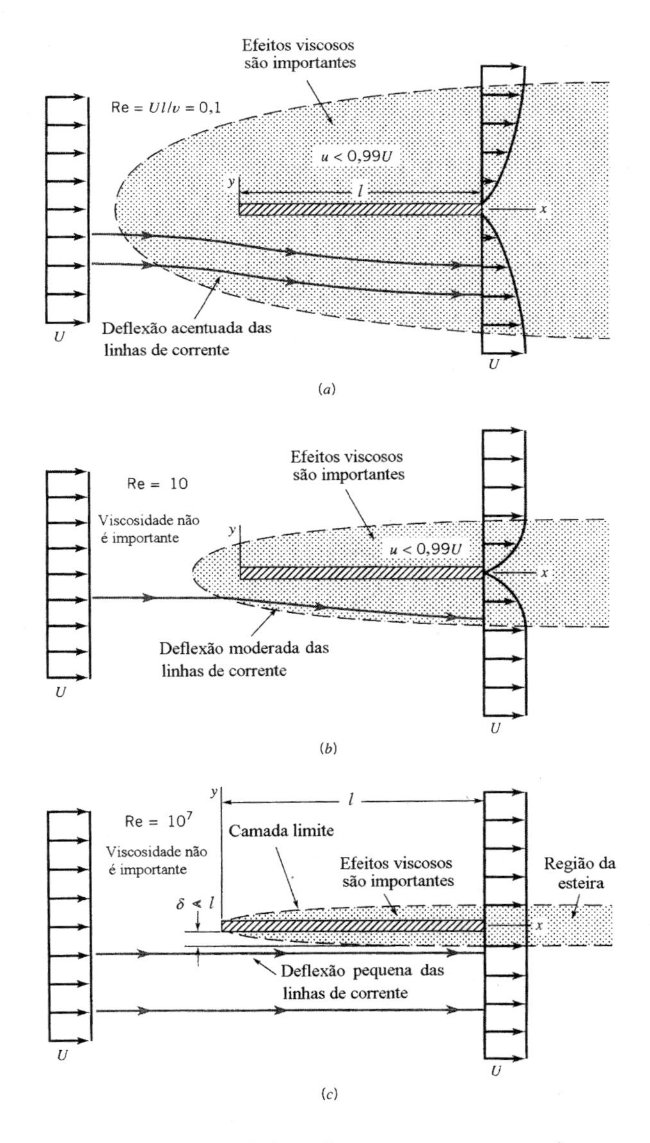

Figura 9.4 Características do escoamento em regime permanente sobre uma placa plana paralela ao escoamento ao longe. Escoamento com número de Reynolds (*a*) baixo, (*b*) moderado e (*c*) alto.

Inicialmente, nós vamos considerar como o escoamento externo, o arrasto e a sustentação variam com o número de Reynolds. Lembre que este número representa a razão entre os efeitos de inércia e os viscosos. Na ausência de todos os efeitos viscosos ($\mu = 0$), o número de Reynolds é infinito. Por outro lado, na ausência de todos os efeitos de inércia ($\rho = 0$), o número de Reynolds é nulo. É claro que qualquer escoamento real apresentará um número de Reynolds entre estes dois limites. A natureza do escoamento em torno de um corpo varia muito se Re >> 1 ou Re << 1.

A Fig. 9.4 mostra três escoamentos sobre uma placa plana com comprimento l. Note que os números de Reynolds dos escoamentos, Re = $\rho U l/\mu$, são iguais a 0,1; 10 e 10^7. Se o número de Reynolds é pequeno (veja a Fig. 9.4*a*), os efeitos viscosos serão relativamente fortes e a placa afetará bastante o escoamento uniforme. Assim, nós devemos nos afastar bastante da placa para alcançar a região do escoamento que tem sua velocidade alterada em menos de 1% (i.e. $U - u < 0{,}01U$). Note que a região afetada pelos efeitos viscosos é bastante ampla quando o número de Reynolds do escoamento é baixo.

Com o aumento do número de Reynolds do escoamento (por exemplo, com o aumento de U), a região onde os efeitos viscosos são importantes se torna menor em todas as direções, exceto a jusante da placa (veja a Fig. 9.4*b*). Note que as linhas de corrente são deslocadas da posição original do escoamento uniforme, mas o deslocamento não é grande como na situação referente a Re = 0,1 (veja a a Fig. 9.4*a*).

Se o número de Reynolds do escoamento for grande (mas não infinito), o escoamento será controlado pelos efeitos de inércia e os efeitos viscosos serão desprezíveis em todos os pontos, exceto naqueles pertencentes a região adjacente a placa e a região de esteira localizada a jusante da placa (veja a Fig. 9.4*c*). Como a viscosidade do fluido não é nula (Re < ∞), o fluido precisa aderir a superfície sólida (a condição de não escorregamento). Assim, a velocidade do escoamento varia do valor ao longe, U, até zero na região fina (i.e. fina em relação ao comprimento da placa) e adjacente a placa. Esta região é conhecida como camada limite. É interessante ressaltar que a espessura da camada limite, δ, é sempre muito menor do que o comprimento da placa. A espessura desta camada aumenta na direção do escoamento e é nula no bordo de ataque da placa. O escoamento na camada limite pode ser laminar ou turbulento e o regime de escoamento depende de vários parâmetros.

Um dos grandes avanços na mecânica dos fluidos ocorreu em 1904 e foi realizado a partir dos trabalhos de Prandtl (1875-1953). Ele concebeu a idéia da camada limite – uma região muito fina e adjacente a superfície do corpo onde os efeitos viscosos são muito importantes. Fora da camada limite e da esteira posicionada a jusante da placa (veja a Fig. 9.4*c*), o fluido se comporta como se fosse um fluido invíscido. É claro que a viscosidade dinâmica é a mesma em todo o escoamento. Assim, somente a importância relativa de seus efeitos (devido aos gradientes de velocidade) é diferente dentro ou fora da camada limite. Como será discutido na próxima seção, esta abordagem permite que simplifiquemos a análise dos escoamentos com número de Reynolds altos.

O escoamento sobre um corpo rombudo (como um cilindro circular) também varia com o número de Reynolds. Geralmente, quanto mais alto for o número de Reynolds menor será a região do campo do escoamento onde os efeitos viscosos são importantes. Nós também observamos uma outra característica interessante nos escoamentos em torno de corpos rombudos (pouco aerodinâmicos). Esta característica é denominada separação do escoamento e está mostrada na Fig. 9.5.

O escoamento em torno de um cilindro circular com número de Reynolds baixo (Re = $UD/\nu < 1$) é caracterizado por uma região onde os efeitos viscosos são importantes muito extensa. A Fig. 9.5*a* enfatiza que os efeitos viscosos são importantes na região adjacente ao cilindro e com espessura de vários diâmetros quando Re = $UD/\nu = 0{,}1$. Uma outra característica é: as linhas de corrente são praticamente simétricas em relação ao centro do cilindro – note que o padrão das linhas de corrente é o mesmo na frente e na parte posterior do cilindro.

Com o aumento do número de Reynolds do escoamento, a sub-região onde os efeitos viscosos são importantes situada a montante do cilindro se torna menor. Os efeitos viscosos são transportados (convectados) para região a jusante do cilindro e o escoamento perde sua simetria. Outra característica dos escoamentos externos ganha importância – o escoamento se separa do corpo e o

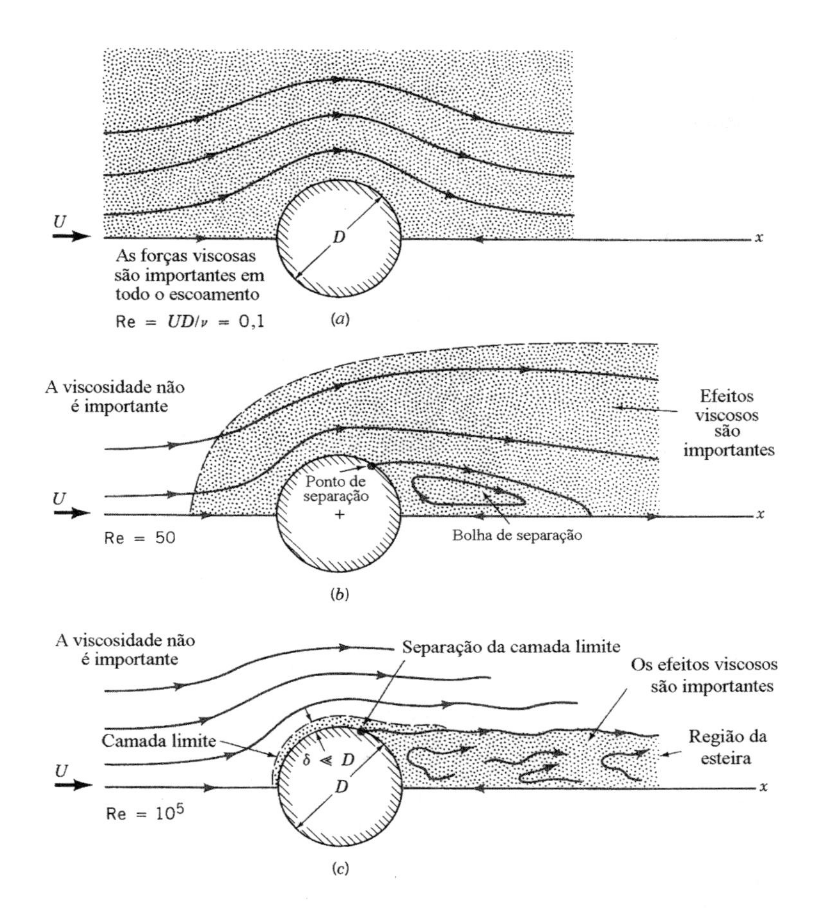

Figura 9.5 Características do escoamento viscoso e em regime permanente em torno de um cilindro. Escoamento com número de Reynolds: (*a*) baixo, (*b*) moderado e (*c*) alto.

ponto de separação está indicado na Fig. 9.5*b*. Com o aumento do número de Reynolds, a inércia do fluido fica mais importante e em algum ponto sobre o corpo, ponto de separação, esta inércia é tal que o fluido não pode mais seguir a trajetória curva ao redor do corpo. O resultado é a formação de um bolha de separação atrás do cilindro (onde o fluido se move no sentido contrário aquele do escoamento principal).

Com um aumento adicional do número de Reynolds, a área afetada pelas forças viscosas é forçada para a jusante do cilindro até que desenvolva somente uma camada limite bem fina ($\delta << D$) na parte frontal do cilindro e uma região de esteira irregular e em regime transitório (talvez turbulenta) na parte traseira do cilindro. O fluido na região fora da camada limite e da região de esteira escoa como se fosse invíscido. Os gradientes de velocidade dentro da camada limite e da esteira são muito maiores do que aqueles encontrados no resto do campo de escoamento. Como a tensão de cisalhamento (i.e. efeitos viscosos) é o produto da viscosidade dinâmica do fluido pelo gradiente de velocidade, os efeitos viscosos estarão confinados nas regiões da camada limite e da esteira (⦿ 9.2 - Corpos aerodinâmicos e rombudos).

9.2 Características da Camada Limite

Nós mostramos na seção anterior que é possível tratar o escoamento sobre um corpo a partir da combinação de um escoamento viscoso (na camada limite) e de um invíscido (fora da camada limite). Se o número de Reynolds for grande o suficiente, os efeitos viscosos só serão importantes na região da camada limite (e na região de esteira). Note que a camada limite é necessária para permitir a existência da condição de não escorregamento. Os gradientes de velocidade normais ao escoamento são relativamente pequenos fora da camada limite e o fluido se comporta como se fosse invíscido (mesmo que a viscosidade não seja nula). A condição necessária para a existência de uma estrutura de escoamento como esta é que o número de Reynolds deve ser elevado.

9.2.1 Estrutura e Espessura da Camada Limite numa Placa Plana

Nesta seção nós vamos considerar o escoamento em regime permanente de um fluido viscoso sobre uma placa plana com comprimento muito longo. A Fig. 9.6 mostra o esboço deste escoamento e a formação de uma camada limite. Para uma placa plana finita, o comprimento, l, pode ser utilizado como comprimento característico. Já para placa infinita, nós utilizaremos x, a distância medida ao longo da placa e medida a partir do bordo de ataque, como comprimento característico. Nesta condição, o número de Reynolds é definido por $\mathrm{Re}_x = Ux/\nu$. Assim, é sempre possível obter um escoamento com número de Reynolds alto se a placa plana é bastante longa (com qualquer fluido ou velocidade ao longe).

Nós podemos entender melhor a estrutura da camada limite considerando o movimento de uma partícula fluida no campo de escoamento. A Fig. 9.6 mostra que uma partícula de forma retangular mantém sua forma original se é transportada pelo escoamento externo à camada limite. Quando uma partícula entra na camada limite, ela começa a distorcer devido ao gradiente de velocidade do escoamento – a parte superior da partícula apresenta velocidade maior do que aquela na parte inferior.

A partir de uma certa distância do bordo de ataque, o escoamento na camada limite torna-se turbulento e as partículas fluidas ficam extremamente distorcidas devido a natureza aleatória e irregular da turbulência. Uma das características do escoamento turbulento é o movimento de mistura produzido no escoamento. Esta mistura é devida aos movimentos irregulares de porções de fluido que apresentam comprimentos que variam da escala molecular até a espessura da camada limite. Quando o escoamento é laminar, a mistura ocorre somente em escala molecular. A transição de escoamento laminar para turbulento ocorre quando o número de Reynolds atinge um valor crítico, Re_{xcr}. O valor crítico para o caso que estamos analisando varia de 2×10^5 a 3×10^6 e é função da rugosidade da superfície e da intensidade da turbulência presente no escoamento ao longe. Este tópico será discutido na Sec. 9.2.4 (◉ 9.3 – Transição de escoamento laminar para turbulento).

A função da camada limite na placa é permitir que o fluido mude sua velocidade do valor ao longe, U, para zero na placa. Assim, nós devemos encontrar um perfil de velocidade, $u = u(x, y)$, que satisfaça as condições $\mathbf{V} = 0$ em $y = 0$ e $\mathbf{V} \approx U\,\hat{\mathbf{i}}$ em $y = \delta$. Nós definimos a espessura da camada limite, δ, como a distância da placa na qual a velocidade do fluido adquire um valor arbitrário em relação a velocidade ao longe.

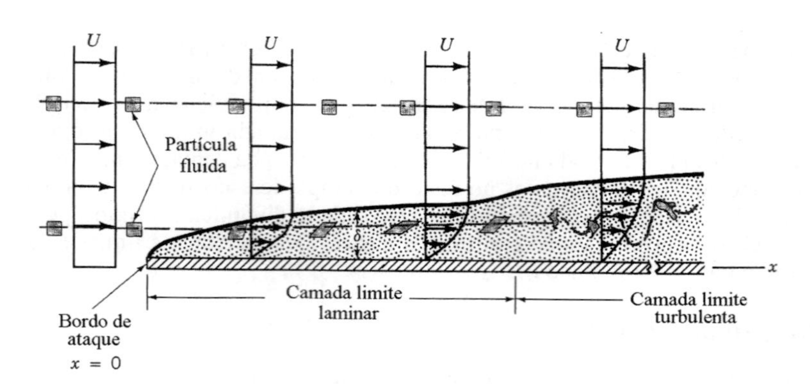

Figura 9.6 Distorção de uma partícula fluida enquanto escoa numa camada limite.

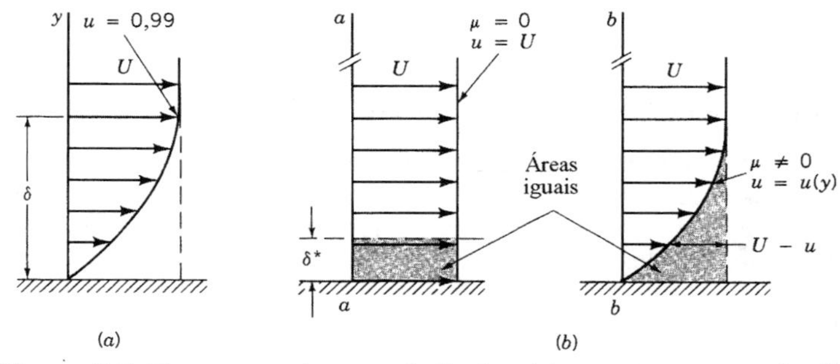

Figura 9.7 Espessuras da camada limite: (a) espessura normal e (b) espessura de deslocamento.

É normal definir esta espessura do seguinte modo (veja a Fig. 9.7*a*):

$$\delta = y \quad \text{onde} \quad u = 0{,}99U$$

Para remover esta arbitrariedade (i.e., o que há de tão especial em 99%, porque não 98%?), nós analisaremos algumas definições. A Fig. 9.7*b* mostra dois perfis de velocidade para o escoamento sobre uma placa plana - um no qual não há viscosidade (um perfil uniforme) e outro no qual há viscosidade e a velocidade na parede é nula (o perfil da camada limite). Devido a diferença de velocidades $U - u$ dentro da camada limite, a vazão através da seção $b - b$ é menor do que aquela na seção $a - a$. Todavia, se nós deslocarmos a placa na seção $a - a$ de uma quantidade apropriada δ^*, as vazões pelas seções serão idênticas. Este distância é denominada espessura de deslocamento da camada limite. Esta definição é verdadeira se

$$\delta^* bU = \int_0^\infty (U - u)\, b\, dy$$

onde b é a largura da placa. Assim,

$$\delta^* = \int_0^\infty \left(1 - \frac{u}{U}\right) dy \qquad \textbf{(9.3)}$$

A espessura de deslocamento representa o aumento da espessura do corpo necessário para que a vazão do escoamento uniforme fictício seja igual a do escoamento viscoso real. Esta espessura também representa o deslocamento das linhas de corrente provocado pelos efeitos viscosos. Esta idéia nos permite simular a presença da camada limite no escoamento pela adição de uma espessura de deslocamento na parede real e tratar o escoamento sobre o corpo espessado como se fosse invíscido.

Outra definição para a espessura da camada limite, que normalmente é utilizada na determinação do arrasto de corpos, é a espessura de quantidade de movimento, Θ. A diferença de velocidades existente na camada limite, U - u, provoca a redução do fluxo de quantidade de movimento na seção $b - b$ mostrada na Fig. 9.7 (o fluxo é menor do que aquele na seção $a - a$ da mesma figura). Esta diferença de fluxo de quantidade de movimento na camada limite, também conhecida como déficit do fluxo de quantidade de movimento no escoamento real, é dada por,

$$\int \rho u (U - u)\, dA = \rho b \int_0^\infty u (U - u)\, dy$$

Por definição, estas integrais representam o fluxo de quantidade de movimento numa camada de velocidade uniforme U e espessura Θ. Assim,

$$\rho b U^2 \Theta = \rho b \int_0^\infty u (U - u)\, dy$$

ou

$$\Theta = \int_0^\infty \frac{u}{U}\left(1 - \frac{u}{U}\right) dy \qquad \textbf{(9.4)}$$

As três definições de espessura de camada limite, δ, δ^* e Θ são utilizadas nas análises das camadas limite.

9.2.2 Solução da Camada Limite de Prandtl/Blasius

Os detalhes dos escoamentos viscosos e incompressíveis sobre um corpo podem ser obtidos resolvendo as equações de Navier-Stokes discutidas na Seção 6.8.2. Se o escoamento é bidimensional, ocorre em regime permanente e os efeitos gravitacionais forem desprezíveis, as equações de Navier Stokes (Eqs. 6.120*a*, *b* e *c*) ficam reduzidas a

$$u\frac{\partial u}{\partial x}+v\frac{\partial u}{\partial y}=-\frac{1}{\rho}\frac{\partial p}{\partial x}+\nu\left(\frac{\partial^2 u}{\partial x^2}+\frac{\partial^2 u}{\partial y^2}\right) \tag{9.5}$$

$$u\frac{\partial v}{\partial x}+v\frac{\partial v}{\partial y}=-\frac{1}{\rho}\frac{\partial p}{\partial y}+\nu\left(\frac{\partial^2 v}{\partial x^2}+\frac{\partial^2 v}{\partial y^2}\right) \tag{9.6}$$

A equação da continuidade, Eq. 6.31, para escoamentos bidimensionais e incompressíveis é

$$\frac{\partial u}{\partial x}+\frac{\partial v}{\partial y}=0 \tag{9.7}$$

As condições de contorno apropriadas para o problema são: a velocidade do escoamento ao longe é conhecida e a velocidade do fluido é nula na superfície do corpo imerso no escoamento. O problema do escoamento está muito bem colocado matematicamente mas, até hoje, ninguém obteve uma solução analítica destas equações para o escoamento em torno de qualquer corpo!

Prandtl utilizou os conceitos de camada limite (veja a seção anterior) e simplificou as equações que descrevem os escoamentos. Em 1908, H. Blasius, um dos alunos de Prandtl, resolveu estas equações simplificadas para o caso da camada limite sobre uma placa plana paralela ao escoamento Os detalhes do método de resolução deste problema podem ser encontrados na literatura (Refs. [1, 2 e 3]). A espessura da camada limite, na solução de Blasius, é igual a

$$\delta=5\sqrt{\frac{\nu x}{U}} \tag{9.8}$$

ou

$$\frac{\delta}{x}=\frac{5}{\sqrt{\mathrm{Re}_x}}$$

onde $\mathrm{Re}_x = U\,x/\nu$. Também é possível mostrar que as espessuras de deslocamento e de quantidade de movimento são dadas por,

$$\frac{\delta^*}{x}=\frac{1{,}721}{\sqrt{\mathrm{Re}_x}} \tag{9.9}$$

e

$$\frac{\Theta}{x}=\frac{0{,}664}{\sqrt{\mathrm{Re}_x}} \tag{9.10}$$

Como foi postulado anteriormente, a camada limite é fina quando Re_x é alto (i.e. $\delta/x \to 0$ quando $\mathrm{Re}_x \to \infty$).

É fácil determinar a tensão de cisalhamento na parede conhecendo o perfil de velocidade porque $\tau_p = \mu(\partial u/\partial y)_{y=0}$. Utilizando a solução de Blasius, temos

$$\tau_p = 0{,}332\,U^{3/2}\sqrt{\frac{\rho\mu}{x}} \tag{9.11}$$

Observe que a tensão de cisalhamento na parede diminui com o aumento de x devido ao aumento na espessura da camada limite (o gradiente de velocidade diminui com o aumento de x). Note também que τ_p varia com $U^{3/2}$ (e não com U – veja a solução do escoamento laminar plenamente desenvolvido num tubo).

Considere uma placa plana com comprimento l e largura b. Nesta condição, o arrasto por atrito, D_f, pode ser expresso em função do coeficiente de arrasto por atrito, C_{Df}, do seguinte modo

$$C_{Df} = \frac{D_f}{\frac{1}{2}\rho U^2 b l} = \frac{b \int_0^l \tau_p \, dx}{\frac{1}{2}\rho U^2 b l} \tag{9.12}$$

Aplicando a solução de Blasius, Eq. 9.11, nesta definição,

$$C_{Df} = \frac{1{,}328}{(\mathrm{Re}_l)^{1/2}}$$

Onde $\mathrm{Re}_l = Ul/\nu$ é o número de Reynolds baseado no comprimento da placa.

9.2.3 Equação Integral da Quantidade de Movimento para a Placa Plana

Um dos aspectos importantes da teoria da camada limite é que ela nos proporciona um modo de calcular o arrasto provocado pelas força de cisalhamento num corpo imerso. O arrasto pode ser obtido a partir das equações diferenciais que descrevem o escoamento na camada limite (veja as seções anteriores). Normalmente, é muito difícil obter as soluções destas equações analiticamente e de modo rigoroso. Assim, nós temos que recorrer a um método aproximado para obter a solução do escoamento. Nós apresentaremos, nesta seção, um método integral que é bastante utilizado na obtenção de soluções aproximadas dos problemas de camada limite.

Considere o escoamento sobre a placa plana e o volume de controle fixo mostrados na Fig. 9.8. De acordo com vários resultados experimentais, nós vamos admitir que a pressão é constante no campo do escoamento. O escoamento entra no volume de controle, de modo uniforme, pela seção (1) – localizado no bordo de ataque da placa – e sai do volume de controle pela seção (2). Note que a velocidade na seção (2) varia de 0 (em $y = 0$) até o valor da velocidade do escoamento ao longe (em $y = \delta$).

O fluido adjacente à placa forma a parte inferior da superfície de controle. A superfície superior do volume de controle coincide com a linha de corrente externa a borda da camada limite na seção (2). Esta linha de corrente não precisa coincidir (e de fato não coincide) com a borda da camada limite, mas precisa passar na extremidade superior da seção (2). O resultado da aplicação da equação da quantidade de movimento na direção x (Eq. 5.17) ao escoamento que ocorre em regime permanente dentro deste volume de controle é

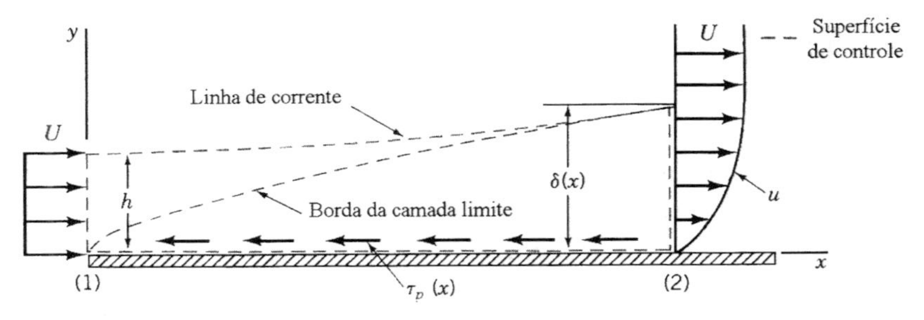

Figura 9.8 Volume de controle utilizado na obtenção da equação integral da quantidade de movimento para o escoamento na camada limite.

$$\sum F_x = \rho \int_{(1)} u\, \mathbf{V} \cdot \hat{\mathbf{n}}\, dA + \rho \int_{(2)} u\, \mathbf{V} \cdot \hat{\mathbf{n}}\, dA \qquad \textbf{(9.13)}$$

Se a placa plana apresenta largura b,

$$\sum F_x = -D = -\int_{\text{placa}} \tau_w\, dA = -b \int_{\text{placa}} \tau_w\, dx \qquad \textbf{(9.19)}$$

onde D é o arrasto que a placa exerce no fluido. Observe que, neste escoamento, a força resultante provocada pela distribuição de pressão é nula (a pressão é uniforme no campo de escoamento). Como a placa é sólida e a superfície superior do volume de controle é uma linha de corrente (não existe escoamento através desta superfície), temos

$$-D = \rho \int_{(1)} U(-U)\, dA + \rho \int_{(2)} u^2\, dA$$

ou

$$D = \rho U^2 bh - \rho b \int_0^\delta u^2\, dy \qquad \textbf{(9.15)}$$

Mesmo que a altura h não seja conhecida, a equação de conservação da massa estabelece que a vazão na seção (1) deve ser igual aquela na seção (2), ou seja,

$$U h = \int_0^\delta u\, dy$$

Esta equação pode ser reescrita do seguinte modo:

$$\rho U^2 bh = \rho b \int_0^\delta U u\, dy \qquad \textbf{(9.16)}$$

Combinando as Eqs. 9.15 e 9.16 nós obtemos o arrasto em função da diferença de fluxo de quantidade de movimento no volume de controle. Deste modo,

$$D = \rho b \int_0^\delta u (U - u)\, dy \qquad \textbf{(9.17)}$$

Note que o arrasto será nulo se o escoamento for invíscido (porque $u \equiv U$). A Eq. 9.17 indica outro fato importante: o escoamento na camada limite sobre uma placa plana é o resultado do equilíbrio do arrasto (o membro esquerdo da Eq. 9.17) e a diminuição da quantidade de movimento do fluido (o membro direito da Eq. 9.17). Nós podemos concluir, comparando as Eqs. 9.17 e 9.4, que o arrasto pode ser escrito em função da espessura de quantidade de movimento, Θ, ou seja

$$D = \rho b U^2 \Theta \qquad \textbf{(9.18)}$$

Lembre que esta equação é valida para escoamentos turbulentos e laminares.

A distribuição de tensão de cisalhamento pode ser obtida a partir da Eq. 9.18. Diferenciando os dois lados da equação, temos

$$\frac{dD}{dx} = \rho b U^2 \frac{d\Theta}{dx} \qquad \textbf{(9.19)}$$

Como $dD = \tau_p\, b\, dx$ (veja a Eq. 9.14), temos

$$\frac{dD}{dx} = b \tau_p \qquad \textbf{(9.20)}$$

Combinando as Eqs. 9.19 e 9.20 nós obtemos a equação integral da quantidade de movimento para o escoamento de camada limite sobre uma placa plana, ou seja,

$$\tau_p = \rho U^2 \frac{d\Theta}{dx} \qquad \textbf{(9.21)}$$

A utilidade desta relação está na facilidade de se obter resultados aproximados para a camada limite usando hipóteses grosseiras. O Exemplo 9.2 apresenta uma aplicação deste método.

Exemplo 9.2

Considere o escoamento laminar de um fluido incompressível sobre uma placa plana posicionada no plano com $y = 0$. Admita que o perfil de velocidade na camada limite é linear, ou seja, $u = Uy/\delta$ para $0 \leq y \leq \delta$ e $u = U$ para $y > \delta$ (veja a Fig. E9.2). Determine a tensão de cisalhamento utilizando a equação integral da quantidade de movimento. Compare os resultados obtidos com aqueles da solução de Blasius (Eq. 9.11).

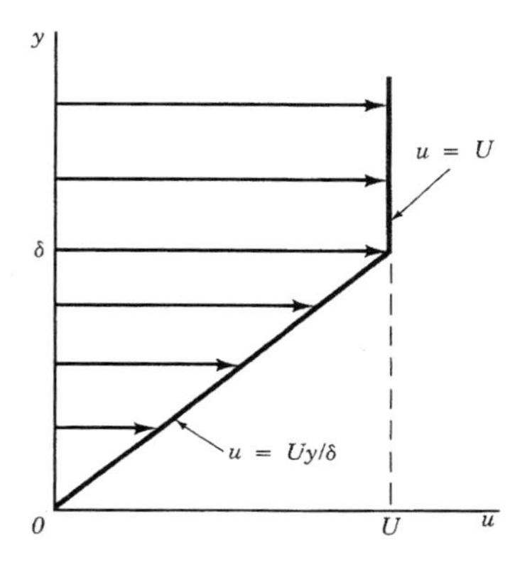

Figura E9.2

Solução Segundo a Eq. 9.21, a tensão de cisalhamento é dada por

$$\tau_p = \rho U^2 \frac{d\Theta}{dx} \qquad \textbf{(1)}$$

Nós sabemos que a tensão na parede nos escoamentos laminares sobre placas planas é dado por $\tau_p = \mu \; (\partial u / \partial y)_{y=0}$. Para o perfil admitido, temos

$$\tau_p = \mu \frac{U}{\delta} \qquad \textbf{(2)}$$

Aplicando a Eq. 9.4 (definição da espessura de quantidade de movimento),

$$\Theta = \int_0^\infty \frac{u}{U}\left(1 - \frac{u}{U}\right) dy = \int_0^\delta \frac{u}{U}\left(1 - \frac{u}{U}\right) dy = \int_0^\delta \frac{y}{\delta}\left(1 - \frac{y}{\delta}\right) dy$$

ou

$$\Theta = \frac{\delta}{6} \qquad \textbf{(3)}$$

Observe que nós não conhecemos o valor de δ (mas suspeitamos que δ é função de x).

Combinando as Eqs. (1), (2) e (3) nós obtemos a seguinte equação diferencial para δ:

$$\mu \frac{U}{\delta} = \frac{\rho U^2}{6} \frac{d\delta}{dx}$$

Simplificando,

$$\delta d\delta = \frac{6\mu}{\rho U} dx$$

Esta equação pode ser integrada desde o bordo de ataque da placa, $x = 0$ (onde $\delta = 0$), até um ponto x arbitrário onde a espessura da camada limite é δ. O resultado desta operação é

$$\frac{\delta^2}{2} = \frac{6\mu}{\rho U} x$$

ou

$$\delta = 3,46\sqrt{\frac{\nu x}{U}} \quad \textbf{(4)}$$

Note que este resultado é aproximado (i.e. o perfil de velocidade real na camada limite não é linear) mas é bastante próximo do resultado fornecido pela Eq. 9.8 (Blasius).

A tensão de cisalhamento na parede pode ser obtida pela combinação das Eqs. (1), (3) e (4). Deste modo,

$$\tau_p = 0,289\,U^{3/2}\sqrt{\frac{\rho\mu}{x}}$$

Novamente, a diferença entre a tensão de cisalhamento na parede relativa ao perfil linear de velocidade e o resultado de Blasius (Eq. 9.11) é pequena (da ordem de 13%).

9.2.4 Transição de Escoamento Laminar para Turbulento

Os resultados analíticos apresentados na Sec. 9.2.2 são aplicáveis às camadas limite laminares, com gradiente de pressão nulo, sobre placas planas. Estes dados concordam muito bem com resultados experimentais até o ponto onde a camada limite se torna turbulenta. O regime turbulento ocorrerá para qualquer escoamento desde que a placa apresente um comprimento suficientemente longo. Isto é verificado experimentalmente porque o parâmetro que descreve a transição de escoamento laminar para turbulento é o número de Reynolds – neste caso o número de Reynolds é o baseado na distância até o bordo de ataque da placa, $\mathrm{Re}_x = Ux/\nu$.

O valor do número de Reynolds de transição é uma função muito complexa de vários parâmetros como a rugosidade da superfície, a curvatura da superfície e da intensidade das perturbações existentes no escoamento externo à camada limite. A transição de escoamento laminar para turbulento na camada limite sobre uma placa plana posicionada num escoamento de ar e com bordo

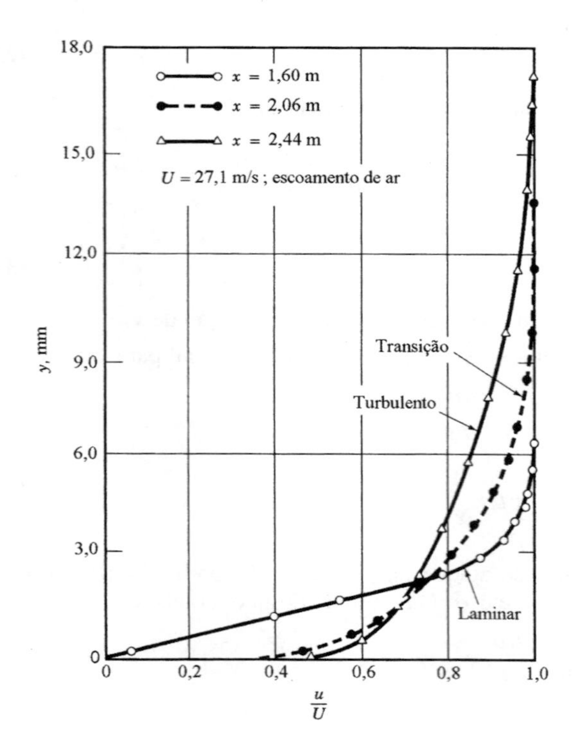

Figura 9.9 Perfis típicos de velocidade para os regimes laminar, de transição e turbulento do escoamento na camada limite sobre uma placa plana (Ref. [1]).

de ataque agudo ocorre a uma distância x (medida a partir do bordo de ataque da placa) que proporciona Re_{xcr} na faixa 2×10^5 a 3×10^6. Nós admitiremos que o número de Reynolds de transição é sempre igual a 5×10^5 nos nossos cálculos (salvo se especificarmos outro valor).

A transição do escoamento laminar para o turbulento também provoca uma mudança na forma do perfil de velocidade na camada limite. A Fig. 9.9 mostra perfis de velocidade típicos obtidos nas vizinhanças da região de transição de um escoamento sobre uma placa plana. Note que o perfil turbulento é mais plano e apresenta um alto gradiente de velocidade na parede.

Exemplo 9.3

Um fluido escoa em regime permanente sobre uma placa plana com velocidade ao longe igual a 3,1 m/s. Determine a distância em relação ao bordo de ataque da placa em que ocorre a transição do regime laminar para o turbulento e estime a espessura da camada limite neste local. Considere os seguintes fluidos: (a) água a 15 ºC, (b) ar no estado padrão e (c) glicerina a 20 ºC.

Solução A espessura da camada limite pode ser avaliada com a Eq. 9.8, ou seja,

$$\delta = 5\left(\frac{\nu x}{U}\right)^{1/2}$$

O escoamento na camada limite permanece laminar até

$$x_{cr} = \frac{\nu \, Re_{xcr}}{U}$$

Se nós admitirmos que $Re_{xcr} = 5 \times 10^5$,

$$x_{cr} = \frac{5\times10^5}{3{,}1}\nu = 1{,}6\times10^5 \nu$$

e

$$\delta_{cr} = \delta \,\Big|_{x=x_{cr}} = 5\left[\frac{\nu}{3{,}1}\left(1{,}6\times10^5 \, \nu\right)\right]^{1/2}$$

Os valores da viscosidade cinemática podem ser encontrados nas tabelas do Cap. 1 e do Apen. B. Com estes valores nós podemos construir a Tab. E9.3.

Tabela E9.3

Fluido	ν (m²/s)	x_{cr} (m)	δ_{cr} (mm)
a. Água	$1{,}16 \times 10^{-6}$	0,19	1,3
b. Ar	$1{,}56 \times 10^{-5}$	2,50	17,7
c. Glicerina	$1{,}19 \times 10^{-3}$	190,4	1352

Note que o regime laminar pode ser mantido numa porção maior da placa se a viscosidade cinemática do fluido for aumentada e, de modo análogo, nós detectamos um aumento da espessura da camada limite quando aumentamos a viscosidade cinemática do fluido que escoa sobre a placa.

9.2.5 Escoamento Turbulento na Camada Limite

A estrutura do escoamento na camada limite turbulenta é muito complexa, aleatória, irregular e apresenta muitas características parecidas com aquelas do escoamento turbulento em tubos (veja a Sec. 8.3). No escoamento turbulento, a velocidade em qualquer ponto do campo de escoamento varia aleatoriamente ao longo do tempo. Nós podemos modelar este escoamento como uma mistura desordenada de grupos de partículas fluidas entrelaçadas ("eddies") que apresentam dimensões e características bem diversas (tais como diâmetros e velocidades angulares). As várias grandezas do escoamento (i.e. massa, quantidade de movimento e velocidades angulares) são transportadas para jusante como ocorre no escoamento na camada limite laminar. Mas, nos escoamentos turbulentos, estas também são transportadas através da borda da camada limite (na

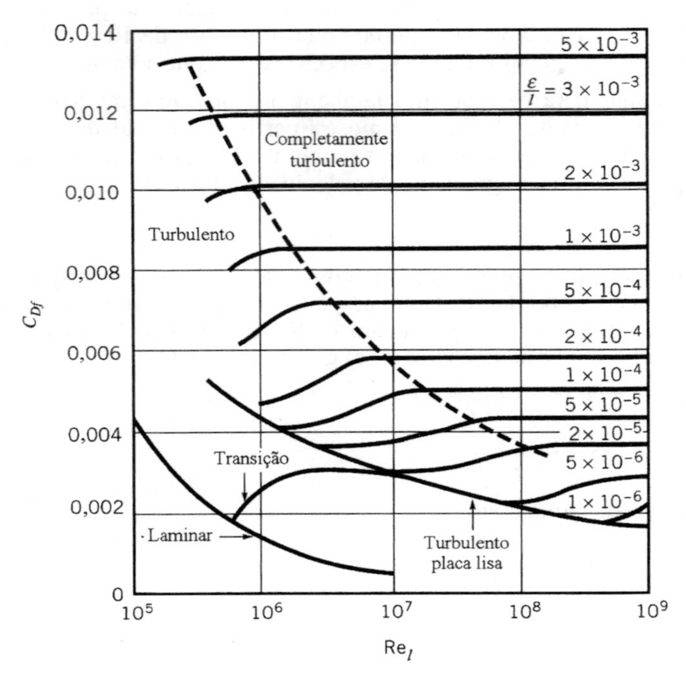

Figura 9.10 Coeficiente médio de atrito para uma placa plana posicionada paralelamente ao escoamento ao longe (Ref. [12], reprodução autorizada).

direção perpendicular a placa) pelo transporte aleatório das estruturas turbulentas. O transporte provocado pelas estruturas turbulentas (que apresentam múltiplas escalas) é muito mais eficiente do que aquele associado ao escoamento laminar (onde a mistura está confinada a escala molecular). Mesmo que exista um considerável transporte de partículas na direção perpendicular a placa, a transferência de massa através da camada limite é muito menor do que a vazão do escoamento na direção paralela à placa.

O movimento aleatório das estruturas turbulentas provoca uma transferência líquida de quantidade de movimento intensa na direção perpendicular a placa. As estruturas que se movem contra a placa (no sentido negativo do eixo y) tem o excesso de quantidade de movimento (elas são provenientes de uma região onde a velocidade é mais alta) removido pela placa. Já as estruturas que se movem para longe da placa (no sentido positivo do eixo y) ganham quantidade de movimento do escoamento (pois são provenientes de uma região onde a velocidade é mais baixa). O resultado final deste processo é que a placa atua como um sorvedouro de quantidade de movimento (extrai quantidade de movimento do escoamento continuamente). No escoamento laminar, o mecanismo de transferência de propriedades na direção transversal ao escoamento só ocorre na escala molecular. Já no escoamento turbulento, a mistura é realizada pelos movimentos aleatórios das estruturas turbulentas. Conseqüentemente, as tensões de cisalhamento no escoamento turbulento do tipo camada limite são consideravelmente maiores do que aquelas relativas aos escoamentos laminares do mesmo tipo (veja a Sec. 8.3.2).

Não existem soluções "exatas" para os escoamentos turbulentos do tipo camada limite. Como discutimos na Sec. 9.2.2, é possível resolver as equações da camada limite de Prandtl para o escoamento laminar sobre uma placa plana e, deste modo, obter a solução de Blasius (que é "exata" dentro do conjunto de hipóteses adotado para a formulação das equações da camada limite). Como não existe expressão exata para a tensão de cisalhamento em escoamentos turbulentos (veja a Sec. 8.3), não é possível obter as soluções para os escoamentos turbulentos. Assim, torna-se necessário utilizar uma relação empírica para a tensão de cisalhamento na parede.

Tabela 9.1 Equações Empíricas para o Coeficiente Médio de Atrito em Placas Planas (Ref. [1])

Equação	Escoamento
$C_{Df} = 1{,}328/(\mathrm{Re}_l)^{0,5}$	Laminar
$C_{Df} = 0{,}455/(\log \mathrm{Re}_l)^{2,58} - 1700/\mathrm{Re}_l$	Transição com $\mathrm{Re}_{xcr} = 5 \times 10^5$
$C_{Df} = 0{,}455/(\log \mathrm{Re}_l)^{2,58}$	Turbulento, placa plana
$C_{Df} = [1{,}89 - 1{,}62 \log(\varepsilon/l)]^{-2,5}$	Completamente turbulento

Normalmente, o coeficiente de atrito numa placa plana é função do número de Reynolds e da rugosidade relativa, ε/l. A Fig. 9.10 mostra resultados de inúmeros experimentos abrangendo uma grande faixa de valores destes parâmetros. Para camadas limite laminares, o coeficiente de atrito depende apenas do número de Reynolds - a rugosidade superficial não é importante. Isto é similar ao escoamento laminar em dutos. No entanto, para escoamentos turbulentos, a rugosidade afeta muito a tensão de cisalhamento e assim o coeficiente de atrito. Isto é similar ao escoamento turbulento em condutos. A Tab. 8.1 apresenta os valores da rugosidade, ε, para alguns materiais.

O diagrama de coeficiente de arrasto mostrado na Fig. 9.10 (escoamento tipo camada limite) apresenta muitas características semelhantes ao diagrama de Moody (relativo a escoamento em condutos – veja a Fig. 8.10) ainda que os mecanismos presentes nos escoamentos sejam muito diferentes. O escoamento totalmente desenvolvido em condutos é descrito por um balanço entre as forças de pressão e as forças viscosas. A inércia do fluido permanece a mesma. Já o escoamento do tipo camada limite sobre uma placa horizontal é descrito por um balanço entre os efeitos de inércia e as forças viscosas. A pressão permanece constante em todo o campo de escoamento.

Normalmente é mais conveniente ter uma equação para o coeficiente médio de atrito, em função do número de Reynolds e da rugosidade relativa, ao invés de uma representação gráfica (como a Fig. 9.10). Ainda que nenhuma equação seja válida para a faixa inteira de Re_l e ε/l, as equações apresentadas na Tab. 9.1 funcionam muito bem nas condições indicadas na tabela.

Exemplo 9.4

O esqui aquático mostrado na Fig. E9.4*a* movimenta-se pela água a 20 °C com velocidade U. Estime o arrasto provocado pela tensão de cisalhamento na parte inferior do esqui, para U variando de 0 a 9,0 m/s.

Solução É claro que o esqui não é uma placa plana e, normalmente, ele não fica alinhado com o escoamento ao longe. Porém, utilizando os resultados obtidos para a placa plana, nós podemos obter um valor aproximado da força de arrasto no esqui. O arrasto no esqui, D_f, pode ser estimado com

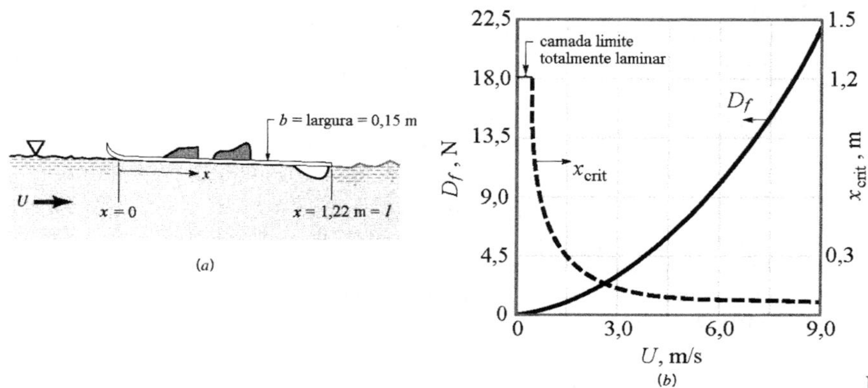

Figura E9.4

$$D_f = \frac{1}{2}\rho U^2 lbC_{Df}$$

Com $A = lb = 1{,}22$ m $\times$ 0,15 m = 0,183 m², $\rho = 998{,}2$ kg/m³ e $\mu = 1{,}004 \times 10^{-3}$ N·s/m², temos

$$D_f = \frac{1}{2}(998{,}2)(0{,}183)U^2 C_{Df} = 91{,}33\,U^2 C_{Df} \qquad \textbf{(1)}$$

O coeficiente de atrito, C_{Df}, pode ser obtido na Fig. 9.10 ou a partir das equações apresentadas na Tab. 9.1. Como veremos, a maior parte do escoamento deste problema está dentro do regime de transição (tanto o trecho laminar quanto o turbulento apresentam comprimentos comparáveis).

Para as condições dadas,

$$\mathrm{Re}_l = \frac{\rho U l}{\mu} = \frac{(998{,}2)(1{,}22)U}{1{,}004 \times 10^{-3}} = 1{,}21 \times 10^6 U$$

Com $U = 3{,}0$ m/s ou $\mathrm{Re}_l = 3{,}63 \times 10^6$, nós obtemos da Tab. 9.1, $C_{Df} = 0{,}455/(\log \mathrm{Re}_l)^{2{,}58} - 1700/\mathrm{Re}_l$ = 0,00308. Assim, o arrasto fornecido pela Eq. (1) é

$$D_f = 91{,}33\,(3{,}0)^2(0{,}00308) = 2{,}53 \text{ N}$$

Variando a velocidade do escoamento ao longe nós obtemos os resultados mostrados na Fig. E9.4*b*.

Se Re $\leq$ 1000, os resultados da teoria da camada limite não são válidos - os efeitos de inércia não são predominantes e a camada limite não é fina quando comparada ao comprimento da placa. Para o nosso problema isto corresponde a $U = 8{,}2 \times 10^{-4}$ m/s. Para todos os propósitos práticos U é maior que este valor e o escoamento no esqui é do tipo camada limite.

A transição entre o regime de escoamento laminar e o turbulento na camada limite ocorre quando o número de Reynolds é aproximadamente igual a 5×10^5 ($\mathrm{Re}_{cr} = \rho U x_{cr}/\mu$). A Fig. E9.4*b* indica que o escoamento na camada limite sob o esqui é totalmente laminar até $U = 0{,}41$ m/s. A região coberta por uma camada limite laminar decresce com o aumento de U até que apenas os primeiros 0,055 m do esqui estejam cobertos por uma camada limite laminar (quando $U = 9{,}0$ m/s).

A força necessária para puxar dois esquis a 9,0 m/s é muito maior do que 2 × 20,8 = 41,6 N indicados na Fig. E9.4*b*. Como será discutido na Seção 9.3, o arrasto total num objeto como o esqui aquático é provocado por vários fenômenos (o arrasto devido ao atrito é um deles). Os outros fenômenos que contribuem de modo significativo para o arrasto no esqui são o arrasto de pressão e arrasto por geração de ondas.

9.2.6 Efeitos do Gradiente de Pressão

Até este ponto nós sempre consideramos que as camadas limite se desenvolviam sobre placas planas com gradiente de pressão nulo. Normalmente, quando o fluido escoa sobre um objeto, diferente de uma placa plana, o campo de pressão não é uniforme. A Fig. 9.5 indica que uma camada limite relativamente fina irá se desenvolver sobre as superfícies do corpo quando o número de Reynolds do escoamento é alto. Nestes escoamentos, o componente do gradiente de pressão na direção do escoamento (i.e. ao longo da superfície do corpo) não é nulo, ainda que o gradiente de pressão na direção normal à superfície seja muito pequeno. Note que a pressão varia ao longo da superfície do corpo se este for curvo. O gradiente de pressão na camada limite é provocado pela variação da velocidade da corrente livre (velocidade na borda da camada limite), U_{fs}. Normalmente, as características de todo o campo de escoamento (tanto externa quanto internamente a camada limite) dependem muito dos efeitos do gradiente de pressão na camada limite.

A velocidade ao longe é igual a velocidade no bordo da camada limite, $U = U_{fs}$, nos escoamentos sobre placas planas posicionadas paralelamente ao escoamento ao longe. Isto é uma conseqüência da espessura desprezível da placa. Quando o corpo apresenta uma espessura considerável, estas duas velocidades são diferentes. Isto pode ser observado no escoamento em torno de um cilindro que apresenta diâmetro D. A velocidade e a pressão a montante do cilindro são, respectivamente, U e p_0. Se o fluido fosse invíscido ($\mu = 0$), o número de Reynolds seria infinito ($\mathrm{Re} = \rho UD/\mu = \infty$) e as linhas de corrente seriam simétricas (veja a Fig. 9.11*a*). A velocidade do fluido ao

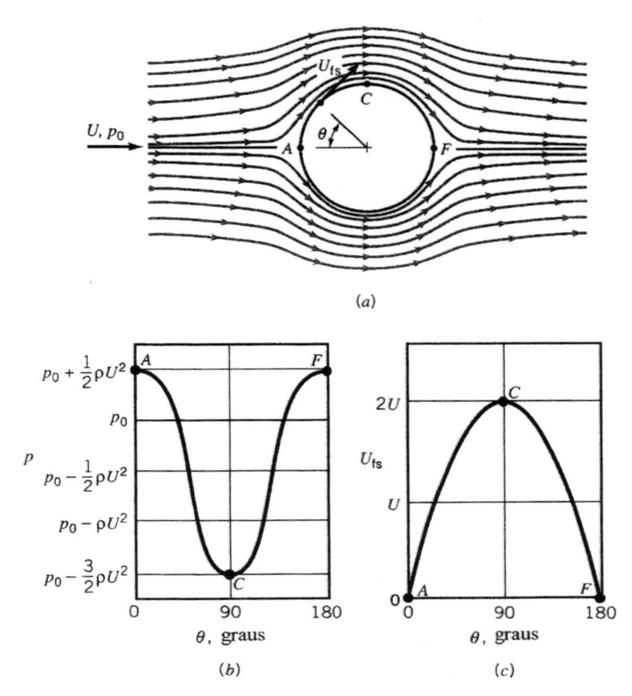

Figura 9.11 Escoamento invíscido em torno de um cilindro: (*a*) linhas de corrente para o escoamento invíscido, (*b*) distribuição de pressão na superfície do cilindro e (*c*) velocidade ao longe para o escoamento em torno do cilindro.

longo da superfície do cilindro varia de $U_{fs} = 0$ na frente e atrás do cilindro (os pontos A e F são pontos de estagnação) ao máximo de $U_{fs} = 2U$ no topo e em baixo do cilindro (ponto C). A pressão na superfície do cilindro será simétrica em relação ao semiplano vertical do cilindro, atingindo um máximo de $p_0 + \rho U^2/2$ (a pressão de estagnação) tanto na frente como na traseira do cilindro. As distribuições de pressão e velocidade ao longe estão mostradas na Fig. 9.11*b* e 9.11*c*. Observe que o arrasto e a sustentação no cilindro são nulos quando modelamos o escoamento como invíscido ($\tau_p = 0$ e a distribuição de pressão sobre o cilindro é simétrica).

Considere um escoamento de um fluido viscoso com número de Reynolds alto sobre um cilindro. Como discutimos na Seção 9.1.2, os efeitos viscosos devem estar confinados na camada limite adjacente à superfície. Esta condição permite ao fluido aderir a superfície ($\mathbf{V} = 0$) - uma condição necessária para qualquer fluido com $\mu \neq 0$. A idéia básica da teoria da camada limite é: a espessura da camada é fina o suficiente para que a perturbação no escoamento externo seja insignificante. Assim, nós esperamos que a maior parte do campo de escoamento sobre o cilindro deve ser muito parecida com o campo invíscido (veja a Fig. 9.11*a*) desde que o número de Reynolds do escoamento seja alto.

A distribuição de pressão indicada na Fig. 9.11*b* é imposta ao escoamento na camada limite formada sobre a superfície do cilindro. De fato, há uma variação desprezível de pressão na direção transversal à camada limite mas, normalmente, nós consideramos que esta variação é nula. A distribuição de pressão ao longo do cilindro é tal que o fluido estacionado no "nariz" do cilindro ($U_{fs} = 0$ em $\theta = 0$) é acelerado até a velocidade máxima ($U_{fs} = 2U$ em $\theta = 90°$) e é desacelerado na região traseira do cilindro ($U_{fs} = 0$ em $\theta = 180°$). Na região externa à camada limite, o escoamento apresenta um equilíbrio entre os efeitos de inércia e pressão porque os efeitos viscosos não são importantes nesta região.

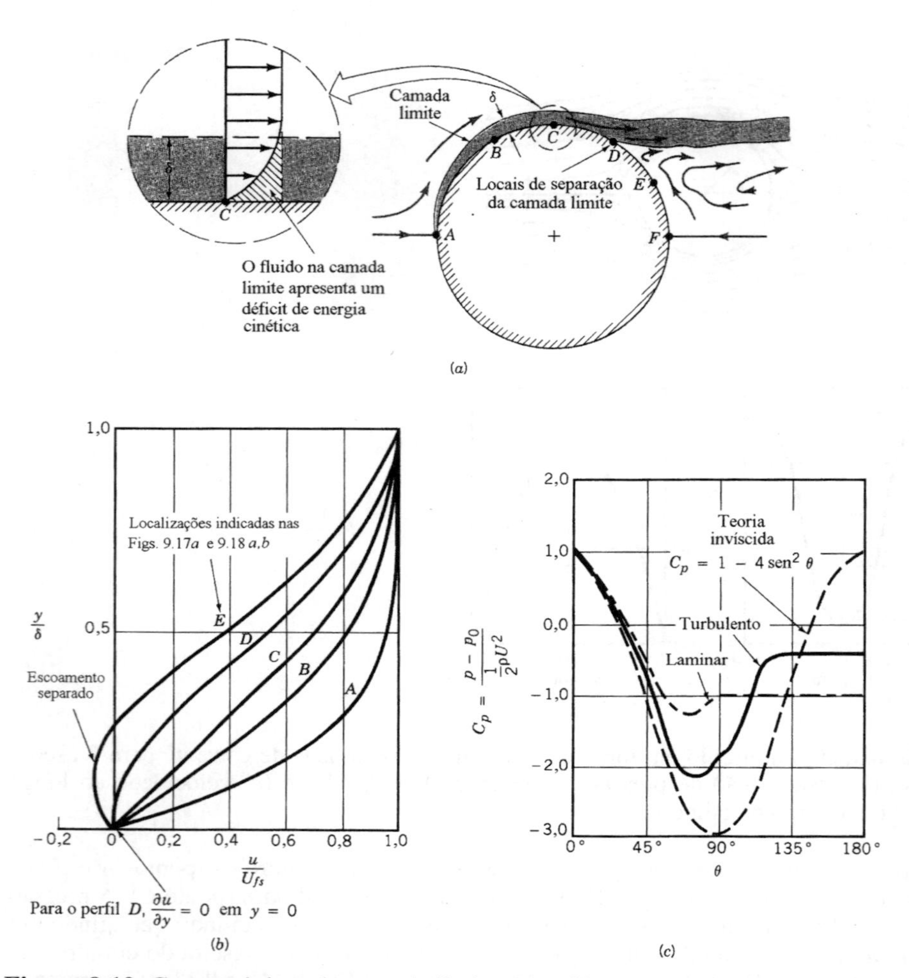

Figura 9.12 Características da camada limite num cilindro: (*a*) localização da separação da camada limite, (*b*) perfis de velocidade típicos em várias posições da camada limite e (*c*) distribuições superficiais de pressão para o escoamento invíscido e para o escoamento do tipo camada limite.

Na ausência de efeitos viscosos, uma partícula fluida pode escoar da parte dianteira para a traseira do cilindro (do ponto *A* para o *F* na Fig. 9.11*b*) sem nenhuma perda de energia. Há uma transformação de energia cinética para energia de pressão mas as perdas no processo são nulas. Se a camada limite é fina nós encontramos a mesma distribuição de pressão no escoamento dentro da camada limite. A diminuição da pressão na direção do escoamento (ao longo da metade dianteira do cilindro) é denominada gradiente de pressão favorável. O aumento da pressão na direção do escoamento (ao longo da metade traseira do cilindro) é denominado gradiente de pressão desfavorável (ou adverso).

Considere uma partícula fluida que escoa dentro da camada limite mostrada na Fig. 9.12. Durante o movimento de *A* para *F*, a partícula está submetida a mesma distribuição de pressão das partículas do escoamento ao longe (na região imediatamente externa a camada limite). Entretanto, devido aos efeitos viscosos, a partícula localizada dentro da camada limite sofre perdas de energia enquanto escoa. Esta perda faz com a partícula não tenha energia suficiente para vencer o gradiente de pressão adverso (movimento de *C* para *F*) e atingir o ponto de estagnação localizado na traseira do cilindro. Este déficit de energia cinética pode ser visto na Fig. 9.12*a* (detalhe do perfil de velocidade no ponto C). Devido ao atrito, o fluido da camada limite não pode se movimentar livremente da porção frontal para a região traseira do cilindro. Esta conclusão também pode ser obtida do seguinte modo: a partícula em C não tem quantidade de movimento suficiente para vencer o gradiente adverso de pressão. Assim, o fluido escoa contra uma pressão crescente e, num certo ponto, a camada limite se separa da superfície (veja a Fig. 9.12*a*). No ponto de separação (ponto D), o gradiente de velocidade e a tensão de cisalhamento na parede são nulos. Além deste ponto (do ponto D para o E) nós detectamos um escoamento reverso na camada limite.

A Fig. 9.12*c* indica que a pressão média na metade traseira do cilindro é consideravelmente menor do que na metade dianteira e isto é devido a separação da camada limite. Assim, nós detectamos um forte arrasto de pressão no cilindro, ainda que (devido a pequena viscosidade do fluido) o arrasto provocado pelas tensões de cisalhamento seja muito pequeno (⦿ 9.4 – Esteira num corpo rombudo).

A localização do ponto de separação, a largura da esteira posicionada atrás do objeto e a distribuição de pressão na superfície do corpo dependem da natureza do escoamento na camada limite. A energia cinética e a quantidade de movimento associadas ao escoamento na camada limite turbulenta são bem maiores do que as associadas ao escoamento na camada limite laminar porque: (1) o perfil de velocidade é mais uniforme e (2) a energia associada com os movimentos turbulentos aleatórios é significativa. Assim, o descolamento da camada limite turbulenta desenvolvida em torno do cilindro ocorre numa posição posterior àquela da camada limite laminar.

9.3 Arrasto

Como discutimos na Seção 9.1, qualquer objeto que se movimenta num fluido sofre um arrasto (força na direção do escoamento composta pelas forças de pressão e de cisalhamento que atuam na superfície do objeto). O arrasto pode ser determinado com a Eq. 9.1 desde que nós conheçamos a distribuição de pressão, p, e a de tensão de cisalhamento na parede, τ_p.

A maior parte das informações relacionadas ao arrasto em objetos foi levantada em experimentos realizados em túneis de vento, túneis de água, tanques de prova e em outros dispositivos engenhosos projetados para medir o arrasto em modelos. Normalmente, os experimentos fornecem o coeficiente de arrasto, definido por

$$C_D = \frac{D}{\frac{1}{2}\rho U^2 A} \qquad \mathbf{(9.22)}$$

O coeficiente de arrasto é função de outros parâmetros adimensionais como o número de Reynolds (Re), o de Mach (Ma), o de Froude (Fr) e da rugosidade relativa da superfície, ε/l. Assim,

$$C_D = \phi(\text{forma}, \text{Re}, \text{Ma}, \text{Fr}, \varepsilon/l)$$

9.3.1 Arrasto devido ao Atrito

O arrasto devido ao atrito, D_f, é a parte do arrasto que é provocada pela tensão de cisalhamento, τ_p, sobre o objeto. Note que o arrasto por atrito não depende somente da distribuição desta tensão mas também do formato do objeto. Este aspecto é indicado pelo termo $\tau_p \operatorname{sen}\theta$ da Eq. 9.1. A maior parcela do arrasto detectado nos corpos não rombudos pode ser devida ao atrito e isto também é verdade nos escoamentos com baixo número de Reynolds em torno de qualquer corpo.

O arrasto devido ao atrito sobre uma placa plana com largura b e comprimento l posicionada paralelamente ao escoamento a montante pode ser calculado com

$$D_f = \frac{1}{2}\rho U^2 b l C_{Df}$$

onde C_{Df} é o coeficiente de arrasto devido ao atrito. A Fig. 9.10 (e a Tab. 9.1) apresenta valores de C_{Df} em função do número de Reynolds, $\text{Re}_l = \rho U l/\mu$, e da rugosidade relativa, ε/l.

A maioria dos objetos não são placas planas paralelas ao escoamento e apresentam regiões curvas ao longo das quais a pressão varia. A determinação precisa da tensão de cisalhamento ao longo da superfície de um corpo curvo é muito difícil. Ainda que resultados aproximados possam ser obtidos através de uma variedade de técnicas (consulte as Refs. [1 e 2]), este assunto está fora do escopo deste livro.

9.3.2 Arrasto devido à Pressão

O arrasto devido à pressão, D_p, é a parte do arrasto provocada diretamente pela distribuição de pressão sobre o objeto. Normalmente, esta contribuição ao arrasto total é denominada arrasto de forma devido a sua forte dependência com o formato do objeto. O arrasto devido à pressão é função da magnitude da pressão e da orientação do elemento de superfície onde esta atua. Por exemplo, a força de pressão nos dois lados de uma placa paralela ao escoamento pode ser muito grande mas não contribui em nada para o arrasto (as pressões atuam na direção normal à placa). Por outro lado, a força de pressão que atua sobre uma placa normal ao escoamento fornece todo o arrasto.

Como foi observado anteriormente, a maioria dos corpos apresentam regiões com orientações diversas (regiões paralelas ao escoamento, normais e intermediárias). A força de pressão pode ser obtida com a Eq. 9.1 se nós conhecermos a distribuição de pressão na superfície do corpo. Isto é,

$$D_p = \int p \cos\theta \, d\theta$$

Nós podemos definir o coeficiente de arrasto devido à pressão, C_{Dp}, como,

$$C_{Dp} = \frac{D_p}{\frac{1}{2}\rho U^2 A} = \frac{\int p \cos\theta \, dA}{\frac{1}{2}\rho U^2 A} = \frac{\int C_p \cos\theta \, dA}{A} \quad \textbf{(9.23)}$$

onde $C_p = (p - p_0)/(\rho U^2/2)$ é o coeficiente de pressão e p_0 é uma pressão de referência. Note que o nível da pressão de referência não pode influenciar o arrasto diretamente porque a força resultante devida a pressão sobre o corpo é nula se a pressão for constante (i.e. p_0) em toda a superfície.

Nos escoamentos onde os efeitos de inércia são grandes, quando comparados aos efeitos viscosos (i.e. escoamentos com números de Reynolds altos), a diferença de pressão $p - p_0$ varia proporcionalmente a pressão dinâmica, $\rho U^2/2$, e o coeficiente de pressão é independente do número de Reynolds. Nestas situações nós esperamos que o coeficiente de arrasto seja praticamente independente do número de Reynolds.

9.3.3 Dados de Coeficientes de Arrasto e Exemplos

Nós mostramos, nas seções anteriores, que o arrasto total num corpo é produzido pelos efeitos da pressão e da tensão de cisalhamento na superfície do corpo. Normalmente, estes dois efeitos são considerados conjuntamente e produzem um coeficiente de arrasto total, C_D. Nós podemos encontrar muitas informações sobre este coeficiente de arrasto na literatura. Nesta seção nos consideraremos somente uma parte representativa destas informações. Dados adicionais podem ser obtidos em outras fontes (por exemplo, consulte as Refs. [5 e 6]).

Dependência da Forma. É claro que o coeficiente de arrasto sobre um objeto depende de sua forma. O formato de um objeto pode variar desde uma forma aerodinâmica até uma rombuda. O arrasto sobre uma elipse com relação de aspecto l/D, onde D e l são a espessura e o comprimento paralelo ao escoamento, ilustra esta dependência. A Fig. 9.13 mostra como varia o coeficiente de arrasto da elipse, $C_D = D/(\rho U^2 bD/2)$, baseado na sua área frontal $A = bD$ (onde b é o comprimento do corpo na direção normal ao escoamento). Observe que quanto mais rombuda for a elipse maior será o arrasto sobre ela. A Fig. 9.13 também mostra que: se $l/D = 0$ (i.e. uma placa plana normal ao escoamento) nós obtemos $C_D = 1{,}9$ e se $l/D = 1$ nós encontramos o valor de C_D referente ao cilindro. É importante observar que o valor de C_D diminui quando a relação l/D aumenta (◉ 9.5 – Movimento de um pára-quedas).

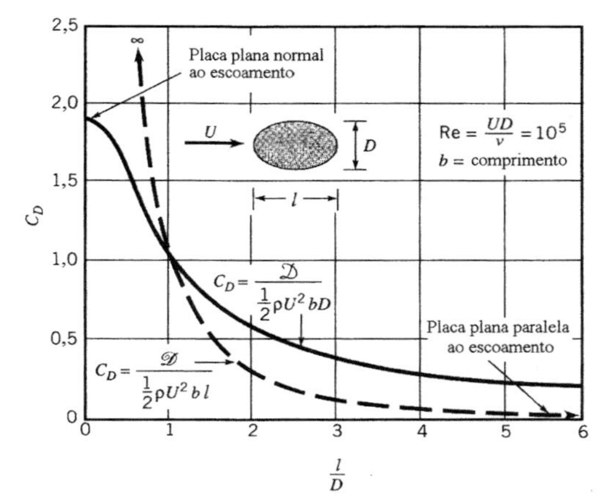

Figura 9.13 Coeficiente de arrasto para uma elipse com área frontal igual a bD ou área de seção transversal no plano perpendicular à figura igual a bl (Ref. [4]).

Quando $l/D \rightarrow \infty$, a elipse se comporta como uma placa plana paralela ao escoamento. Nestes casos, o arrasto devido ao atrito é maior que o arrasto devido à pressão e o valor de C_D baseado na área frontal, $A = bD$, cresce com o aumento de l/D. (Isto ocorre para valores de l/D maiores do que aqueles mostrados na Fig. 9.13).

A área projetada no plano perpendicular ao plano da figura, $A = bl$, é utilizada na definição do coeficiente de arrasto quando o corpo é extremamente fino (i.e., uma elipse com $l/D \rightarrow \infty$, uma placa plana ou um aerofólio muito fino). Isto é feito porque a tensão de cisalhamento atua em superfícies muito mais parecidas com esta do que com a frontal (que é pequena para corpos finos). A Fig. 9.13 mostra o comportamento do coeficiente de arrasto da elipse baseado na área projetada, $C_D = D/(\rho\, U^2 bl/2)$. É óbvio que o arrasto obtido com a utilização destas duas expressões para uma dada elipse será o mesmo (é um modo diferente de apresentar a mesma informação).

O formato do corpo pode ter um efeito considerável no arrasto. Inacreditavelmente, o arrasto nos dois corpos mostrados em escala na Fig. 9.14 é o mesmo. A largura da esteira criada no aerofólio é muito fina quando comparada àquela do cilindro (que apresenta um diâmetro pequeno).

Dependência do Número de Reynolds O coeficiente de arrasto depende muito do número de Reynolds do escoamento onde o corpo está imerso. Estes escoamentos podem ser classificados do seguinte modo: (1) escoamentos com número de Reynolds muito baixos, (2) com número de Reynolds moderados e (3) com número de Reynolds muito altos (camada limite turbulenta). O comportamento do coeficiente de arrasto em cada tipo de escoamento será apresentado a seguir.

Os escoamento com número de Reynolds baixos (Re < 1) são controlados por um balanço entre as forças viscosas e as de pressão. As forças de inércia são muito pequenas. Nestas circunstâncias, o arrasto é função da velocidade a montante, U, do tamanho do corpo, l, e da viscosidade dinâmica, μ. Assim,

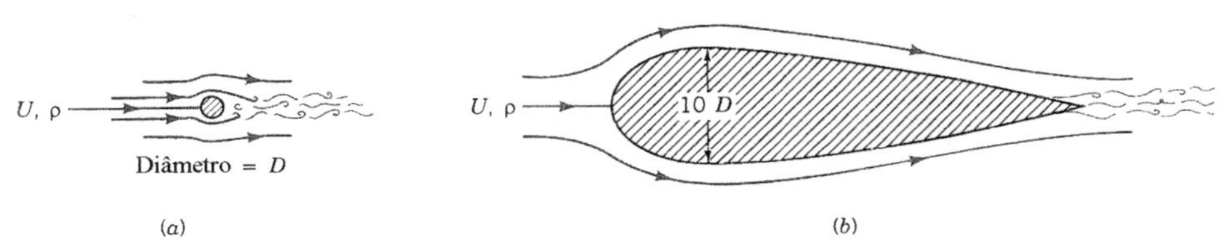

Figura 9.14 Dois objetos com formas diferentes mas que apresentam o mesmo arrasto: (*a*) cilindro com C_D =1,2 e (*b*) aerofólio com C_D = 0,12.

$$D = f(U, l, \mu)$$

A partir de considerações adimensionais (vide Seção 7.7.1)

$$D = C\mu l U \qquad \textbf{(9.24)}$$

onde o valor da constante C depende da forma do corpo. Se nós adimensionalizarmos a Eq. 9.24, utilizando a definição padrão de coeficiente de arrasto, temos,

$$C_D = \frac{\text{Constante}}{\text{Re}}$$

onde Re = $\rho Ul/\mu$. O coeficiente de arrasto para uma esfera – a dimensão característica, l, é o diâmetro da esfera, D – num escoamento com baixo número de Reynolds (Re < 1) é $C_D = 24/\text{Re}$.

Exemplo 9.5

Um pequeno grão de areia; com diâmetro K = 0,10 mm e densidade (SG) igual a 2,3; decanta para o fundo de um lago depois de ter sido agitado por um barco que passou. Determine a velocidade do movimento do grão de areia admitindo que a água do lago está estagnada.

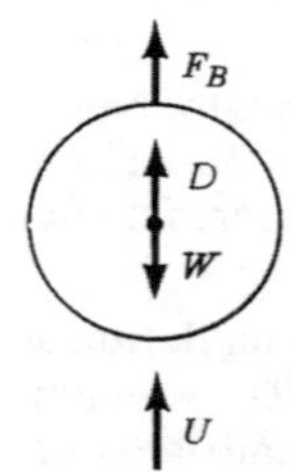

Figura E9.5

Solução A Fig. E9.5 mostra o diagrama de corpo livre da partícula (o observador está solidário a partícula). A partícula se move para baixo com velocidade U que é definida por um balanço entre o peso da partícula, W, a força de empuxo, F_B, e o arrasto da água sobre a partícula, D. Utilizando o diagrama,

$$W = D + F_B$$

onde

$$W = \gamma_{\text{areia}} \mathcal{V} = SG\,\gamma_{\text{H}_2\text{O}} \frac{\pi}{6} K^3 \qquad \textbf{(1)}$$

e

$$F_B = \gamma_{\text{H}_2\text{O}} \mathcal{V} = \gamma_{\text{H}_2\text{O}} \frac{\pi}{6} K^3 \qquad \textbf{(2)}$$

Nós vamos admitir que o número de Reynolds do escoamento é pequeno (Re < 1) porque o diâmetro da partícula é pequeno. Assim, C_D = 24/Re e o arrasto na partícula é

$$D = \frac{1}{2}\rho_{\text{H}_2\text{O}} U^2 \frac{\pi}{4} K^2 C_D = \frac{1}{2}\rho_{\text{H}_2\text{O}} U^2 \frac{\pi}{4} K^2 \left(\frac{24}{\rho_{\text{H}_2\text{O}} U K / \mu_{\text{H}_2\text{O}}} \right)$$

ou

$$D = 3\pi\,\mu_{\text{H}_2\text{O}}\, U K \qquad \textbf{(3)}$$

Nós devemos conferir se esta hipótese é válida ou não. A equação (3) é conhecida como a lei de Stokes em homenagem ao matemático e físico inglês G.G. Stokes. Combinando as Eqs. (1), (2) e (3), obtemos

$$SG\,\gamma_{\text{H}_2\text{O}} \frac{\pi}{6} K^3 = 3\pi\mu_{\text{H}_2\text{O}} U K + \gamma_{\text{H}_2\text{O}} \frac{\pi}{6} K^3$$

Como $\gamma = \rho g$,

$$U = \frac{(SG\,\rho_{H_2O} - \rho_{H_2O})\,g K^2}{18\mu} \qquad \textbf{(4)}$$

Nós vamos admitir que a temperatura da água do lago é 16 ºC. As propriedades da água podem ser encontradas no Apen. B, ou seja, $\rho_{H_2O} = 999$ kg/m³ e $\mu_{H_2O} = 1{,}12 \times 10^{-3}$ N·s/m². Aplicando estes valores na Eq. (4), temos

$$U = \frac{(2{,}3-1)(999)(9{,}81)\left(0{,}10\times10^{-3}\right)^2}{18\left(1{,}12\times10^{-3}\right)} = 6{,}32\times10^{-3}\,\text{m/s}$$

O número de Reynolds deste escoamento é

$$\text{Re} = \frac{\rho U K}{\mu} = \frac{(999)(0{,}00632)\left(0{,}10\times10^{-3}\right)}{1{,}12\times10^{-3}} = 0{,}564$$

Como Re < 1, o coeficiente de arrasto utilizado é válido, ou seja, a hipótese inicial foi verificada.

Note que $U = 0$ se a densidade da partícula for a mesma do fluido [analise a Eq. (4)]. Observe também que a velocidade da partícula foi considerada constante (conhecida como velocidade terminal). Isto é, nós desprezamos o período de aceleração da partícula do repouso até a velocidade terminal. Como a velocidade terminal é pequena, o tempo de aceleração também é pequeno. Para objetos mais rápidos (como um pára-quedista em queda livre), a análise do movimento inicial do objeto pode ser importante.

Os escoamentos com número de Reynolds moderados tendem a apresentar uma estrutura do tipo camada limite. O coeficiente de arrasto tende a diminuir suavemente com o número de Reynolds nos escoamentos sobre corpos aerodinâmicos. A relação $C_D \sim \text{Re}^{-1/2}$, que é válida para escoamentos laminares numa placa plana, é um exemplo deste comportamento (veja a Tab. 9.1). Os escoamentos com números de Reynolds moderados sobre corpos rombudos geralmente produzem coeficientes de arrasto relativamente constantes. O valor de C_D para esferas e cilindros circulares mostrados na Fig. 9.15*a* indicam esta característica na faixa de $10^3 < \text{Re} < 10^5$.

A Fig. 9.15*b* mostra as estruturas do campo do escoamento relativas aos pontos indicados na Fig. 9.15*a*. Note que, para um dado corpo, existem inúmeras condições de escoamento (que podem ser identificadas pelo valor do número de Reynolds). Nós recomendamos que você analise as fotografias deste escoamento apresentadas nas Ref. [6].

Nós detectamos, em muitos corpos, uma mudança abrupta no caráter do coeficiente de arrasto quando a camada limite se torna turbulenta. Esta situação está ilustrada na Fig. 9.10 (para a placa plana) e na Fig. 9.15 (para esferas e cilindros). Note que o número de Reynolds no qual ocorre a transição é função da forma do corpo (◉ 9.6 – Sinal oscilatório).

O coeficiente de arrasto aumenta quando a camada limite se torna turbulenta nos corpos aerodinâmicos porque a maior parte do arrasto é devida à força de cisalhamento (que é muito maior no escoamento turbulento do que no laminar). Por outro lado, o coeficiente de arrasto para um corpo relativamente rombudo, como um cilindro ou esfera, realmente diminui quando a camada limite se torna turbulenta. Como será discutido na Seção 9.2.6, uma camada limite turbulenta pode se desenvolver ao longo de uma superfície com um gradiente de pressão adverso (esta situação ocorre na parte posterior de um cilindro e antes do ponto de separação). O resultado deste processo é que a esteira é mais fina e o arrasto devido à pressão se torna menor no escoamento turbulento. A Fig. 9.15 mostra que o valor de C_D diminui abruptamente na faixa $10^5 < \text{Re} < 10^6$.

Para corpos extremamente rombudos, como uma placa plana perpendicular ao escoamento, o escoamento separa na borda da placa e isto independe da natureza do escoamento na camada limite.

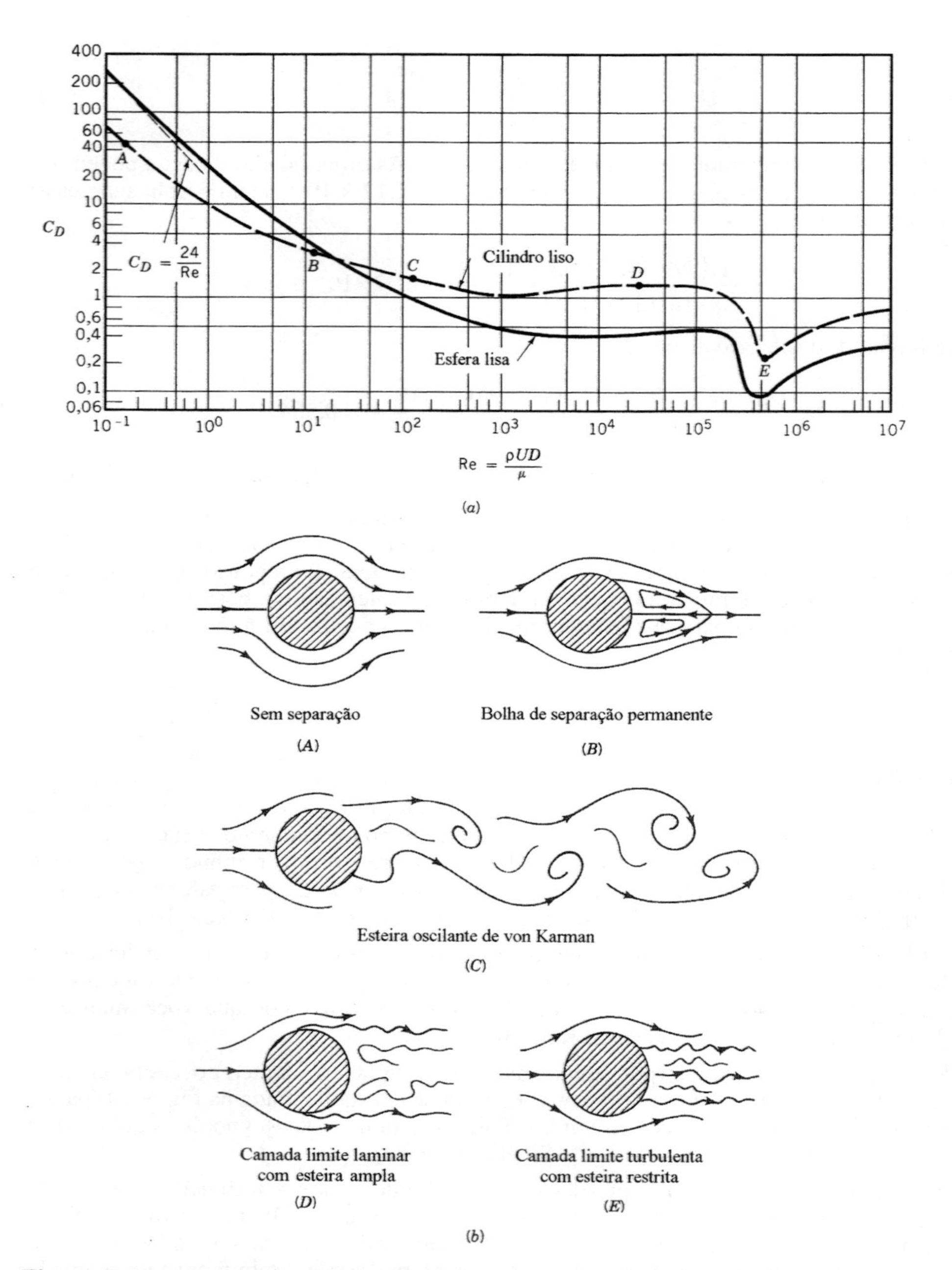

Figura 9.15 (*a*) Coeficiente de atrito em função do número de Reynolds para cilindros e esferas com superfícies lisas e (*b*) Estruturas típicas dos escoamentos referentes aos pontos indicados no gráfico.

Assim, o coeficiente de arrasto mostra uma dependência muito pequena em relação ao número de Reynolds. A Fig. 9.16 mostra como variam os coeficientes de arrasto em função do número de Reynolds para uma série de corpos bidimensionais. As características descritas anteriormente ficam claras se analisarmos cuidadosamente a figura.

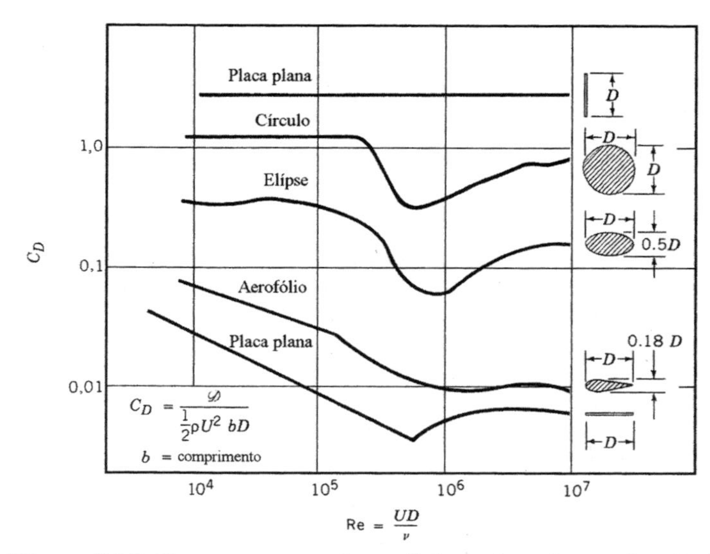

Figura 9.16 Comportamento do coeficiente de atrito em função do número de Reynolds para vários corpos (escoamentos bidimensionais) (Ref. [4]).

Exemplo 9.6

O granizo é produzido pela repetida ascensão e queda de partículas de gelo em correntes ascendentes de uma tempestade (veja a Fig. E9.6). Quando o granizo se torna grande o suficiente, o arrasto aerodinâmico de ascensão não pode suportar o peso do granizo e este cai da nuvem tempestuosa. Estime a velocidade da corrente ascendente, U, necessária para produzir um granizo com diâmetro, K, igual a 38 mm (i.e. do tamanho de uma bola de golfe).

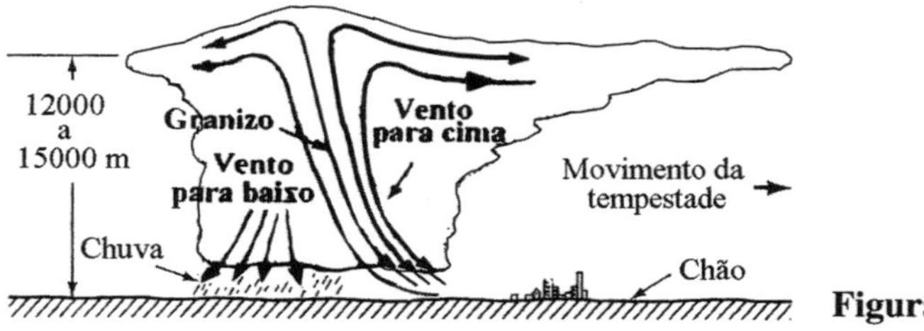

Figura E9.6

Solução Como foi apresentado no Exemplo 9.5, o balanço de forças para um corpo que cai, em regime permanente, num fluido resulta em

$$W = D + F_B$$

onde $F_B = \gamma_{ar} \mathcal{V}$ é a força de empuxo do ar sobre a partícula, $W = \gamma_{gelo} \mathcal{V}$ é o peso da partícula, e D é o arrasto aerodinâmico. Esta equação pode ser rescrita como

$$\frac{1}{2}\rho_{ar} U^2 \frac{\pi}{4} K^2 C_D = W - F_B \quad (1)$$

Com $\mathcal{V} = \pi K^3/6$ e desde que $\gamma_{gelo} >> \gamma_{ar}$ (i.e. $W >> F_B$), a Eq. 1 pode ser simplificada e fornecer

$$U = \left(\frac{4}{3} \frac{\rho_{gelo}}{\rho_{ar}} \frac{g K}{C_D} \right)^{1/2} \quad (2)$$

Aplicando $\rho_{gelo} = 948{,}3$ kg/m³, $\rho_{ar} = 1{,}22$ kg/m³ e $K = 38$ mm na Eq. (2), temos

$$U = \left[\frac{4}{3}\frac{(948{,}3)}{(1{,}22)}\frac{9{,}8\left(38\times10^{-3}\right)}{C_D}\right]^{1/2}$$

ou

$$U = \frac{19{,}7}{\sqrt{C_D}} \qquad \textbf{(3)}$$

Para determinar U, nós devemos conhecer C_D. No entanto, o coeficiente de atrito depende do número de Reynolds (veja a Fig. 9.15) que não é conhecido. Assim, nós temos que usar um método iterativo para obter a solução deste problema (o método é similar aqueles utilizados na Sec. 8.5).

A Fig. 9.15 indica que C_D é próximo de 0,5. Assim, nós vamos admitir que $C_D = 0{,}5$. Aplicando este valor na Eq. (3),

$$U = \frac{19{,}7}{\sqrt{0{,}5}} = 27{,}9 \text{ m/s}$$

O número de Reynolds correspondente a esta velocidade (admitindo $\nu = 1{,}45 \times 10^{-5}$ m²/s) é

$$\text{Re} = \frac{UK}{\nu} = \frac{27{,}9\left(38\times10^{-3}\right)}{1{,}45\times10^{-5}} = 7{,}3\times10^{4}$$

O valor de C_D que corresponde a este número de Reynolds na Fig. 9.15 é 0,5. Nós já obtemos a resposta do problema porque o valor admitido para o coeficiente de arrasto também é igual a 0,5. Assim,

$$U = 27{,}9 \text{ m/s}$$

Este resultado foi obtido utilizando as propriedades do ar ao nível do mar. Se utilizarmos as propriedades referentes a uma altitude de 6000 m ($\rho_{ar} = 0{,}66$ kg/m³ e $\mu_{ar} = 1{,}60 \times 10^{-5}$ N·s/m² – veja a Tab. C.1) nós encontramos $U = 37{,}8$ m/s.

A Eq. (2) mostra que quanto maior o granizo mais forte tem que ser a corrente ascendente de ar. Pedras de granizo com "diâmetros" maiores do que 152 mm já foram encontradas. Normalmente, o granizo não é esférico e não apresenta superfície lisa. Todavia, as velocidades de ascensão calculadas do modo indicado neste exemplo concordam com os valores medidos.

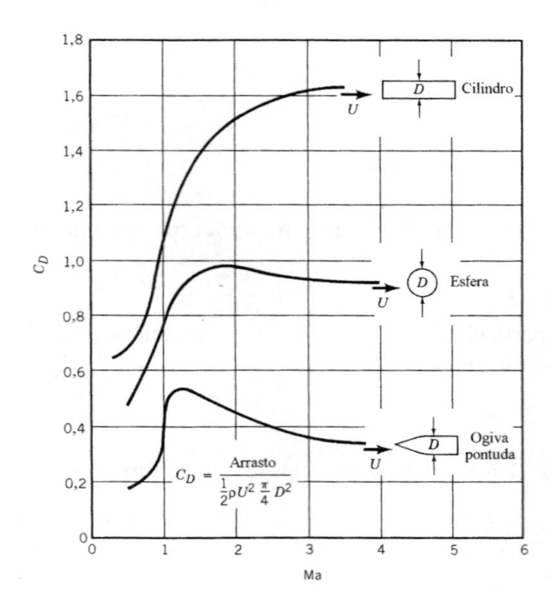

Figura 9.17 Coeficiente de arrasto em função do número de Mach para objetos imersos em escoamentos supersônicos (adaptado da Ref. [13]).

Efeitos de Compressibilidade Se a velocidade do objeto é suficientemente alta, os efeitos da compressibilidade se tornam importantes e o coeficiente de arrasto passa a depender do número de Mach, Ma = U/c, onde c é velocidade do som no fluido. Se o número de Mach do escoamento é baixo, o coeficiente de arrasto é essencialmente independente de Ma (veja a Fig. 9.17). Nesta situação, Ma < 0,5, os feitos de compressibilidade não são importantes. Por outro lado, para escoamentos com números de Mach altos, o coeficiente de arrasto pode ser fortemente dependente de Ma.

Os valores de C_D aumentam dramaticamente nas vizinhanças de Ma = 1 (i.e. escoamento sônico) para a maioria dos objetos. Esta mudança de natureza, indicada na Fig. 9.17, é devida a existência de ondas de choque (regiões extremamente finas no campo de escoamento onde os parâmetros do escoamento mudam de forma descontínua). As ondas de choque, que não podem existir em escoamentos subsônicos, fornecem um mecanismo de geração de arrasto que não está presente nos escoamentos com velocidades relativamente baixas. Maiores informações sobre estes tópicos podem ser encontradas nos textos dedicados aos escoamentos compressíveis e aerodinâmica (por exemplo, veja as Refs. [7, 8 e 18]).

Rugosidade Superficial Geralmente, nos corpos aerodinâmicos, o arrasto aumenta com o aumento da rugosidade superficial. É interessante ressaltar que são tomados grandes cuidados no projeto das asas de aviões para que estas sejam lisas. Por outro lado, para um corpo extremamente rombudo, como uma placa plana normal ao escoamento, o arrasto é independente da rugosidade superficial, pois a tensão de cisalhamento não está na direção do escoamento a montante do corpo e, por isso, não contribui em nada para o arrasto.

Para corpos rombudos, como um cilindro circular ou esfera, um aumento na rugosidade superficial pode realmente causar uma diminuição no arrasto. Isto é ilustrado para uma esfera na Fig. 9.18. Como foi discutido na Sec. 9.2.6, quando o número de Reynolds atinge um valor crítico (Re = 3×10^5 para uma esfera lisa), a camada limite se torna turbulenta e a região de esteira (posicionada atrás da esfera) fica consideravelmente mais estreita do que na situação laminar (veja as Figs. 9.12 e 9.15). O resultado disto é uma queda considerável no arrasto devido à pressão e um leve aumento no arrasto devido ao atrito, que combinados proporcionam um arrasto total menor. A camada limite numa esfera pode se tornar turbulenta com um número de Reynolds mais baixo se a

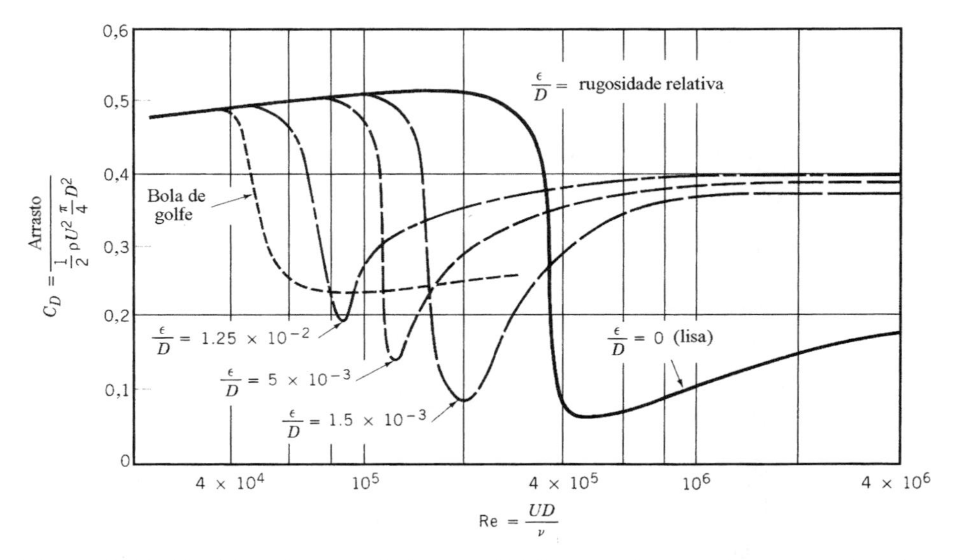

Figura 9.18 O efeito da rugosidade superficial no coeficiente de arrasto de esferas na faixa de número de Reynolds em que a camada limite laminar se torna turbulenta (Ref. [4]).

superfície for rugosa. Por exemplo, o número de Reynolds crítico para uma bola de golfe é aproximadamente igual a 4×10^4. Na faixa $4 \times 10^4 < \text{Re} < 4 \times 10^5$, o arrasto sobre uma bola de golfe padrão é consideravelmente menor do que numa bola lisa ($C_{D\text{rugosa}}/C_{D\text{lisa}} \sim 0{,}25/0{,}5 = 0{,}5$). Como será mostrado no Exemplo 9.7, as bolas de golfe bem tacadas apresentam números de Reynolds dentro da faixa indicada. Já os números de Reynolds das bolas de tênis de mesa bem rebatidas é menor que $\text{Re} = 4 \times 10^4$. Por este motivo as bolas de tênis são lisas.

Exemplo 9.7

Uma bola de golfe bem tacada (diâmetro $K = 42{,}9$ mm e peso $W = 0{,}44$ N) deixa o taco com velocidade $U = 61{,}0$ m/s. Uma bola de tênis de mesa bem rebatida (diâmetro $K = 38{,}1$ mm e peso $W = 2{,}45 \times 10^{-2}$ N) deixa a raquete com velocidade $U = 18{,}3$ m/s. Determine o arrasto numa bola de golfe padrão, numa bola de golfe lisa, e numa bola de tênis de mesa para as condições dadas. Determine, também, a desaceleração em cada bola para as condições fornecidas no problema.

Solução O arrasto em cada bola pode ser determinado com

$$D = \frac{1}{2}\rho U^2 \frac{\pi}{4} K^2 C_D \qquad \textbf{(1)}$$

onde o coeficiente de arrasto, C_D, pode ser encontrado na Fig. 9.18 em função do número de Reynolds e da rugosidade superficial. Nós vamos admitir que a temperatura do ar é 20 ºC e que a pressão é a padrão. Utilizando as propriedades do ar (veja as tabelas do Apen. B), temos que o número de Reynolds para a bola de golfe é

$$\text{Re} = \frac{UD}{\nu} = \frac{61{,}0\left(42{,}9\times10^{-3}\right)}{1{,}51\times10^{-5}} = 1{,}73\times10^5$$

e o da bola de tênis de mesa é

$$\text{Re} = \frac{UD}{\nu} = \frac{18{,}3\left(38{,}1\times10^{-3}\right)}{1{,}51\times10^{-5}} = 4{,}62\times10^4$$

Os coeficientes de arrasto correspondentes são $C_D = 0{,}25$ para a bola de golfe padrão, $C_D = 0{,}51$ para a bola de golfe lisa e $C_D = 0{,}50$ para a bola de tênis de mesa. Aplicando a Eq. (1) para a bola de golfe padrão,

$$D = \frac{1}{2}(1{,}20)(61{,}0)^2 \frac{\pi}{4}\left(42{,}9\times10^{-3}\right)^2 0{,}25 = 0{,}81\ \text{N}$$

para a bola de golfe lisa,

$$D = \frac{1}{2}(1{,}20)(61{,}0)^2 \frac{\pi}{4}\left(42{,}9\times10^{-3}\right)^2 0{,}51 = 1{,}65\ \text{N}$$

e para a bola de tênis de mesa,

$$D = \frac{1}{2}(1{,}20)(18{,}3)^2 \frac{\pi}{4}\left(38{,}1\times10^{-3}\right)^2 0{,}50 = 0{,}11\ \text{N}$$

As desacelerações correspondentes são dadas por $a = D/m = gD/W$, onde m é a massa da bola. Assim, as desacelerações relativas a aceleração da gravidade, $a/g = D/W$, são

$$\frac{a}{g} = \frac{0{,}81}{0{,}44} = 1{,}84 \quad \text{para a bola de golfe padrão}$$

$$\frac{a}{g} = \frac{1{,}65}{0{,}44} = 3{,}75 \quad \text{para a bola de golfe lisa}$$

$$\frac{a}{g} = \frac{0{,}11}{2{,}45\times10^{-2}} = 4{,}49 \quad \text{para a bola de tênis de mesa}$$

Observe que a desaceleração na bola de golfe padrão (rugosa) é bem menor do que aquela na bola lisa. Devido a alta razão arrasto – peso, a bola de tênis de mesa desacelera rapidamente e não pode alcançar as distâncias percorridas pelas bolas de golfe.

A faixa de números de Reynolds na qual a bola de golfe rugosa apresenta menos arrasto do que a bola lisa (i.e. 4×10^4 a 4×10^5) corresponde a velocidades entre 13 e 137 m/s. Esta faixa engloba as tacadas da grande maioria dos golfistas. Como será discutido na Sec. 9.4.2, as cavidades das bolas de golfe também ajudam a produzir uma sustentação (devido ao "spin" da bola) que permite a bola ir mais longe do que uma bola lisa.

Efeitos do número de Froude O coeficiente de arrasto também é influenciado pelo número de Froude, $\text{Fr} = U/(gl)^{1/2}$. Como será apresentado no Cap. 10, o número de Froude é uma razão entre a velocidade ao longe e uma velocidade típica de onda na interface de dois fluidos (como a in-

Forma	Área de Referência A (b = comprimento)	Coeficiente de arrasto $C_D = \dfrac{\mathscr{D}}{\frac{1}{2}\rho U^2 A}$	Número de Reynolds $\text{Re} = UD\rho/\mu$
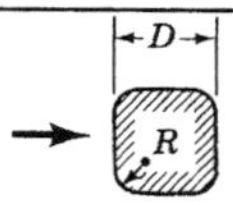 Barra quadrada com cantos arredondados	$A = bD$	R/D — C_D 0 — 2,2 0,02 — 2,0 0,17 — 1,2 0,33 — 1,0	$\text{Re} = 10^5$
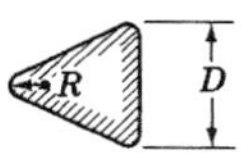 Triângulo eqüilátero com cantos arredondados	$A = bD$	R/D — C_D (→) — C_D (←) 0 — 1,4 — 2,1 0,02 — 1,2 — 2,0 0,08 — 1,3 — 1,9 0,25 — 1,1 — 1,3	$\text{Re} = 10^5$
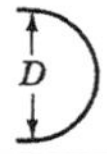 Casca semicircular	$A = bD$	→ 2,3 ← 1,1	$\text{Re} = 2 \times 10^4$
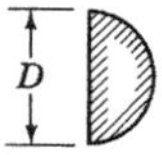 Cilindro semicircular	$A = bD$	→ 2,15 ← 1,15	$\text{Re} > 10^4$
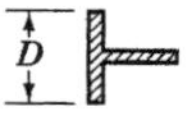 Barra T	$A = bD$	→ 1,80 ← 1,65	$\text{Re} > 10^4$
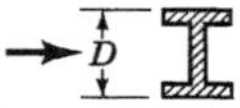 Barra I	$A = bD$	2,05	$\text{Re} > 10^4$
 Barra L	$A = bD$	→ 1,98 ← 1,82	$\text{Re} > 10^4$
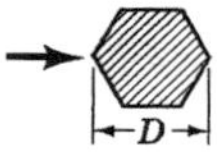 Hexágono	$A = bD$	1,0	$\text{Re} > 10^4$
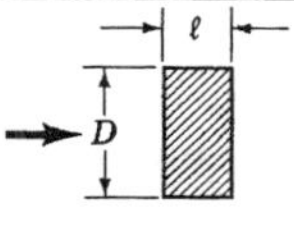 Retângulo	$A = bD$	l/D — C_D $\leq 0,1$ — 1,9 0,5 — 2,5 0,65 — 2,9 1,0 — 2,2 2,0 — 1,6 3,0 — 1,3	$\text{Re} = 10^5$

Figura 9.19 Coeficientes de arrasto típicos para objetos bidimensionais (Refs. [4 e 5]).

Forma	Área de Referência A	Coeficiente de arrasto C_D	Número de Reynolds Re
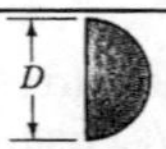 Hemisfério sólido (D)	$A = \pi D^2/4$	→ 1,17 ← 0,42	$Re > 10^4$
 Hemisfério oco (D)	$A = \pi D^2/4$	→ 1,42 ← 0,38	$Re > 10^4$
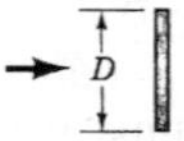 Disco fino (D)	$A = \pi D^2/4$	1,1	$Re > 10^3$
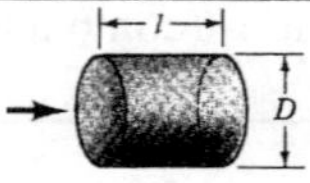 Eixo paralelo ao escoamento (l, D)	$A = \pi D^2/4$	l/D — C_D 0,5 — 1,10 1,0 — 0,93 2,0 — 0,83 4,0 — 0,85	$Re > 10^5$
 Cone (θ, D)	$A = \pi D^2/4$	θ, graus — C_D 10 — 0,30 30 — 0,55 60 — 0,80 90 — 1,15	$Re > 10^4$
Cubo (D)	$A = D^2$	1,05	$Re > 10^4$
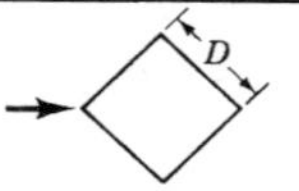 Cubo (D)	$A = D^2$	0,80	$Re > 10^4$
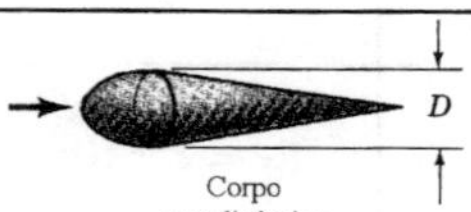 Corpo aerodinâmico (D)	$A = \pi D^2/4$	0,04	$Re > 10^5$

Figura 9.20 Coeficientes de arrasto típicos para objetos tridimensionais (Ref. [4]).

terface do oceano). Um objeto que se desloca numa superfície livre, como um navio, normalmente produz ondas que requerem uma fonte de energia para serem geradas. Esta energia provém do navio e se manifesta como um arrasto (⦿ 9.7 – "Jet ski"). A natureza das ondas produzidas sempre é função do número de Froude do escoamento e da forma do objeto - as ondas geradas por um esqui aquático "cortando" a água com velocidade baixa (baixo Fr) são diferentes daquelas geradas pelo esqui "planando" sobre a superfície com alta velocidade (alto Fr).

Arrasto de Corpos Compostos Nós podemos estimar o arrasto num corpo complexo a partir da decomposição do corpo em várias partes. Por exemplo, o arrasto em um avião pode ser aproximado somando-se o arrasto produzido por seus vários componentes - as asas, a fuselagem, a cauda e outros.

Exemplo 9.8

Um vento de 26,8 m/s sopra sobre a caixa d'água esboçada na Fig. E9.8*a*. Estime o torque, M, necessário para manter a base da torre estática.

Solução Nós vamos tratar a torre de água como uma esfera localizada na ponta de um cilindro e também vamos admitir que o arrasto total é a soma do arrasto das partes. A Fig. E9.8*b* mostra o diagrama de corpo-livre da torre. Somando os momentos sobre a base da torre, temos

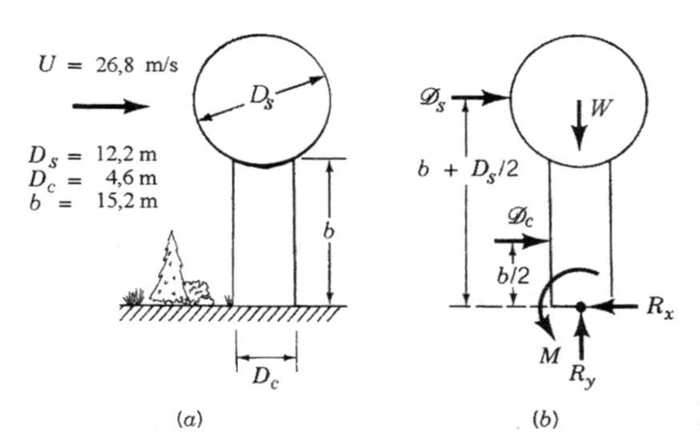

Figura E9.8

$$M = \mathscr{D}_s\left(b+\frac{D_s}{2}\right)+\mathscr{D}_c\left(\frac{b}{2}\right) \tag{1}$$

onde

$$\mathscr{D}_s = \frac{1}{2}\rho U^2 \frac{\pi}{4} D_s^{\,2} C_{Ds} \tag{2}$$

e

$$\mathscr{D}_c = \frac{1}{2}\rho U^2 \frac{\pi}{4} D_c \; C_{Dc} \tag{3}$$

são, respectivamente, o arrasto na esfera e no cilindro. Considerando que a temperatura é 15 °C e que a pressão é a padrão, os números de Reynolds são,

$$\text{Re}_s = \frac{UD_s}{\nu} = \frac{26{,}8(12{,}2)}{1{,}47\times10^{-5}} = 2{,}22\times10^7$$

e

$$\text{Re}_c = \frac{UD_c}{\nu} = \frac{26{,}8(4{,}6)}{1{,}47\times10^{-5}} = 8{,}38\times10^6$$

Os coeficientes de arrasto correspondentes, C_{Ds} e C_{Dc} podem ser encontrados na Fig. 9.15, ou seja,

$$C_{Ds} \approx 0{,}3 \qquad \text{e} \qquad C_{Dc} \approx 0{,}7$$

Observe que o valor de C_{Ds} foi obtido com uma extrapolação (este procedimento pode ser muito perigoso!). Utilizando as Eqs. (2) e (3), temos

$$D_s = \frac{1}{2}(1,23)(26,8)^2 \frac{\pi}{4}(12,2)^2 \; 0,3 = 15491 \text{ N}$$

e

$$D_s = \frac{1}{2}(1,23)(26,8)^2 \; (15,2\times4,6)0,7 = 21619 \text{ N}$$

O torque necessário para manter a caixa d'água equilibrada é

$$M = 15491\left(15,2+\frac{12,2}{2}\right)+21619\left(\frac{15,2}{2}\right) = 494263 \text{ N}\cdot\text{m}$$

Este resultado é somente uma estimativa do torque necessário para manter equilibrada a caixa d'água porque: (a) provavelmente, o vento não é uniforme do topo da torre até o chão; (b) a torre não é exatamente uma combinação de uma esfera lisa com um cilindro circular; (c) o cilindro não tem comprimento infinito; (d) existe alguma interação entre o escoamento sobre o cilindro e sobre a esfera de modo que o arrasto resultante não é exatamente igual a soma dos dois arrastos calculados isoladamente e (e) o valor do coeficiente de arrasto da esfera foi obtido por extrapolação. Entretanto, os resultados obtidos deste modo são razoavelmente próximos dos reais.

Forma	Área de referência	Coeficiente de arrasto, C_D
 Pára - quedas	Área Frontal $A = \pi D^2/4$	1,4
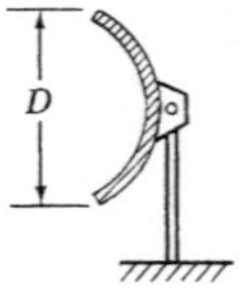 Antena parabólica porosa (D)	Área Frontal $A = \pi D^2/4$	Porosidade 0 0,2 0,5 $\rightarrow$ 1,42 1,20 0,82 $\leftarrow$ 0,95 0,90 0,80 Porosidade = área aberta/área total
 Pessoa média	de pé sentado agachado	$C_D A = 0{,}84$ m^2 $C_D A = 0{,}56$ m^2 $C_D A = 0{,}23$ m^2
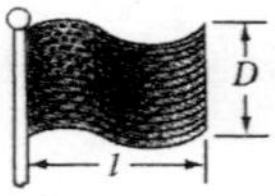 Bandeira panejando (D, l)	$A = LD$	l/D — C_D 1 — 0,07 2 — 0,12 3 — 0,15
 Empire State Building	Área frontal	1,4
 Trem com seis carros de passageiros	Área frontal	1,8
Bicicleta		
 Comum	$A = 0{,}51$ m^2	1,10
 Corrida	$A = 0{,}51$ m^2	0,88
 "Drafting"	$A = 0{,}51$ m^2	0,50
 Aerodinâmica	$A = 0{,}51$ m^2	0,12
Caminhão com carreta fechada		
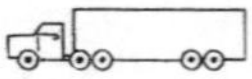 Comum	Área frontal	0,96
Defletor 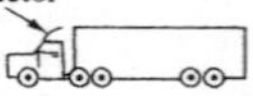 — Com defletor	Área frontal	0,76
Selo 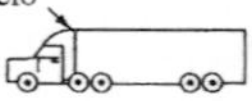 — Com defletor e selo	Área frontal	0,70
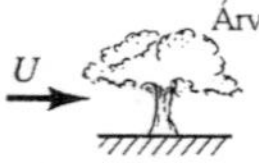 Árvore (U) U = 10 m/s U = 20 m/s U = 30 m/s	Área frontal	0,43 0,26 0,20
 Golfinho	Área molhada	0,0036 em Re $= 6 \times 10^6$ (uma placa plana apresenta $C_{Df} = 0{,}0031$)
 Pássaro grande	Área frontal	0,40

Figura 9.21 Coeficientes de arrasto típicos para vários corpos (Refs. [4, 5, 11 e 14]).

Nós apresentamos, nesta seção, os efeitos de vários parâmetros importantes (forma, Re, Ma, Fr e rugosidade) no coeficiente de arrasto para vários objetos. Como foi dito anteriormente, a literatura contém muitas informações sobre os coeficientes de arrasto para uma grande variedade de objetos. Algumas destas informações estão apresentadas nas Figs. 9.19, 9.20 e 9.21 para vários objetos bidimensionais e tridimensionais. Lembre que o coeficiente de arrasto unitário é equivalente ao arrasto produzido pela pressão dinâmica atuando uma área A. Isto é, Arrasto $= 0{,}5\rho\, U^2 A C_D = 0{,}5\rho\, U^2 A$ se $C_D = 1$. Note que os objetos não aerodinâmicos apresentam coeficientes de arrasto com esta ordem de grandeza (⦿ 9.8 – Arrasto num caminhão).

9.4 Sustentação

Qualquer objeto que se movimenta através de um fluido sofre a ação de uma força provocada pelo fluido. Se o objeto é simétrico, esta força atuará na direção do escoamento ao longe - o arrasto. Se o objeto não é simétrico (ou se este não produz um campo de escoamento simétrico, como o escoamento numa esfera girando), pode haver também uma força normal ao escoamento ao longe – uma sustentação, L.

9.4.1 Distribuição de Pressão Superficial

A sustentação num corpo pode ser determinada com a Eq. 9.2 se nós conhecermos as distribuições de pressão e de tensão de cisalhamento em torno do corpo. Nós já vimos na sec. 9.1 que, geralmente, estes dados não são conhecidos. Normalmente, a sustentação é dada em função do coeficiente de sustentação,

$$C_L = \frac{L}{\frac{1}{2}\rho U^2 A} \tag{9.25}$$

que é obtido a partir de experimentos, análises avançadas ou simulações numéricas.

O parâmetro que mais contribui para o coeficiente de sustentação é a forma do objeto imerso no escoamento. Esforços consideráveis tem sido feitos para projetar dispositivos com formas que tornem máxima a sustentação. Nós apenas analisaremos o efeito da forma na sustentação e os efeitos dos outros parâmetros adimensionais podem ser encontrados na literatura (por exemplo, nas Refs. [9, 10 e 18]).

Os dispositivos geradores de sustentação mais comuns (i.e. aerofólios, pás, aerofólios de carros etc.) operam numa faixa larga de número de Reynolds na qual o escoamento apresenta uma natureza de camada limite (os efeitos viscosos ficam confinados nas camadas limite e na esteira). Nestas circunstâncias, a tensão de cisalhamento na parede, τ_p, contribui pouco para a sustentação. A maior parte da sustentação é devida a distribuição de pressão na superfície.

Um dispositivo dedicado a produzir sustentação é projetado de modo que a distribuição de pressão na superfície inferior do dispositivo seja diferente daquela na superfície superior. Se o número de Reynolds do escoamento em torno do dispositivo é alto, estas distribuições de pressão

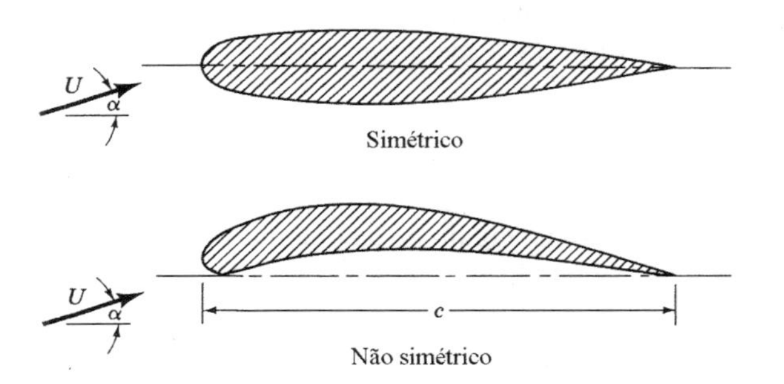

Figura 9.22 Aerofólio simétrico e não simétrico.

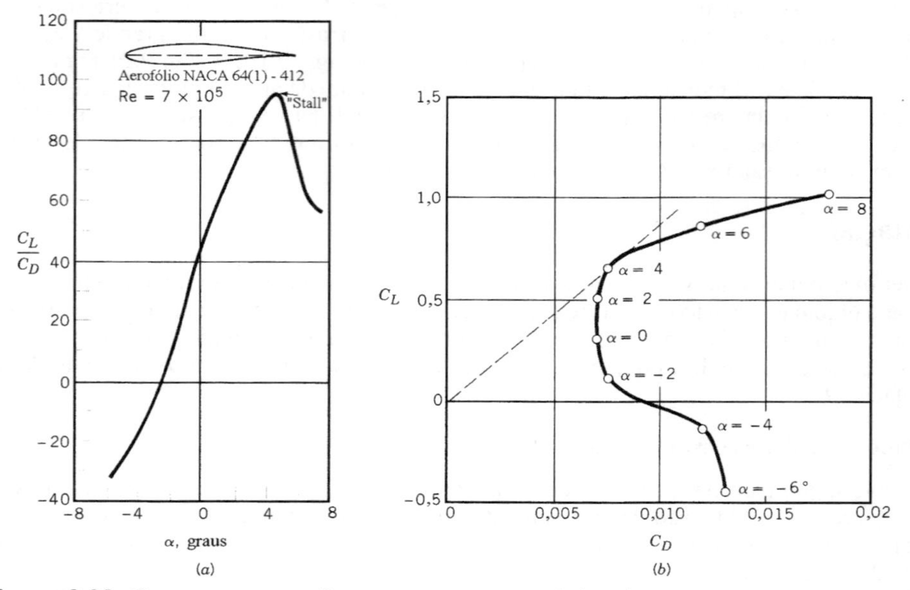

Figura 9.23 Duas representações para os mesmos dados de sustentação e arrasto num aerofólio típico: (*a*) razão entre a sustentação e o arrasto em função do ângulo da ataque (o início da separação na superfície superior do aerofólio está indicado pela ocorrência do estol, (*b*) o diagrama polar sustentação versus arrasto com a indicação de ângulo de ataque (Ref. [17]).

são diretamente proporcionais a pressão dinâmica, $\rho U^2/2$, e os efeitos viscosos apresentam uma importância secundária. A Fig. 9.22 mostra dois aerofólios que produzem sustentação. É claro que o aerofólio simétrico não pode gerar sustentação a menos que o ângulo de ataque seja não-nulo. Devido a assimetria do outro aerofólio, as distribuições de pressão nas superfícies superior e inferior são diferentes e uma sustentação é produzida, mesmo que o ângulo de ataque, α, seja nulo. Note que a sustentação no aerofólio não simétrico pode ser nula para um certo valor do ângulo de ataque (neste caso, o ângulo é negativo e as distribuições de pressão são diferentes nas superfícies superior e inferior, porém a força resultante no aerofólio é nula).

É usual utilizarmos a área projetada do aerofólio na definição do coeficiente de sustentação porque a maioria dos aerofólios é fina. A área projetada do aerofólio é definida por $A = bc$, onde b é o comprimento do aerofólio e c é o comprimento de corda – o comprimento do bordo de ataque até o bordo de fuga do aerofólio (veja a Fig. 9.22). A ordem de grandeza típica do coeficiente de sustentação é um, isto é, a força de sustentação é da ordem de grandeza da pressão dinâmica multiplicada pela área projetada do aerofólio, $L \sim (\rho U^2/2)A$. A carga da asa é definida como sendo a sustentação média por unidade de área da asa, L/A. Note que esta carga aumenta com a velocidade. Por exemplo, a carga da asa do avião dos irmãos Wright (1903) era de 71,8 N/m^2 enquanto que aquela de um Boeing 747 é 7182 N/m^2. Já a carga de asa para um besouro é aproximadamente igual a 47,9 N/m^2 (Ref. 11).

Uma quantidade muito importante em muitos dispositivos geradores de sustentação é a razão entre a sustentação e o arrasto desenvolvido, $L/D = C_L/C_D$. Esta informação normalmente é apresentada num gráfico de C_L/C_D em função de α (veja a Fig. 9.23*a*) ou num gráfico polar de C_L versus C_D com α como um parâmetro (veja a Fig. 9.23*b*). O ângulo de ataque mais eficiente (i.e. o que apresenta maior C_L/C_D) pode ser encontrado desenhando-se uma linha tangente a curva C_L - C_D a partir da origem (veja a Fig. 9.23*b*).

Os efeitos viscosos tem um papel importante no projeto e na utilização dos dispositivos de sustentação (ainda que a tensão de cisalhamento contribua pouco na geração da sustentação) porque

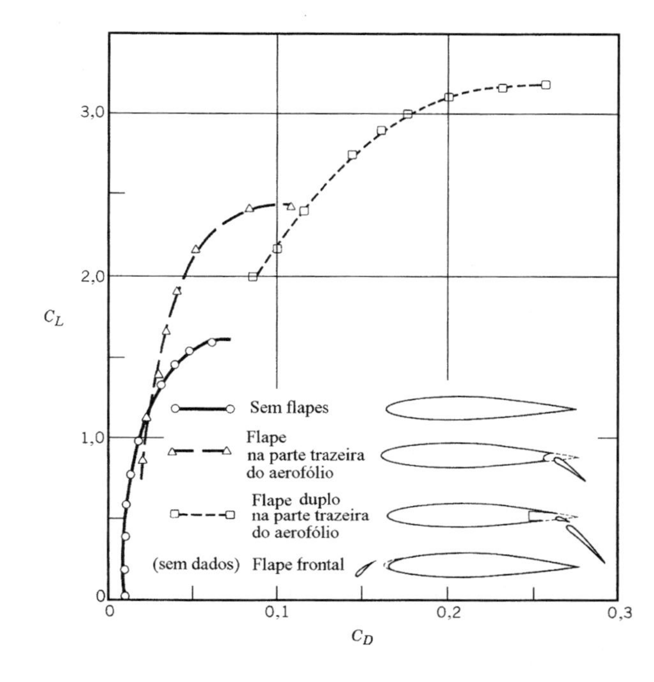

Figura 9.24 Alterações típicas da sustentação e do arrasto com a utilização de vários tipos de flapes (Ref. [15]).

a separação da camada limite, provocada pelos efeitos viscosos, pode ocorrer em corpos não aerodinâmicos, como os aerofólios que apresentam um ângulo de ataque muito grande. Se este ângulo for muito grande, a camada limite se separa da superfície superior do aerofólio e nós detectamos uma esteira grande e turbulenta no escoamento, uma diminuição da sustentação e o aumento do arrasto. Nestas condições nós dizemos que o aerofólio estola. Este fenômeno é extremamente perigoso se o avião estiver voando a baixa altitude pois não há tempo, nem altitude, suficientes para a recuperação da perda de sustentação.

Como nós já mostramos, a sustentação e o arrasto num aerofólio podem ser alterados com a mudança do ângulo de ataque (a alteração do ângulo de ataque pode ser encarada como uma mudança na forma do aerofólio). Existem outros modos de alterar a sustentação e o arrasto de aerofólios. A utilização de flapes de bordo de ataque e de bordo de fuga (veja a Fig. 9.24) nos aviões modernos é muito comum. Para gerar a sustentação necessária durante os procedimentos de vôo com velocidades relativamente baixas (aterrissagem e decolagem), a forma do aerofólio é alterada pelos flapes localizados na parte frontal e traseira das asas. A utilização dos flapes aumenta consideravelmente a sustentação, mesmo que isto seja feito às custas de um aumento de arrasto (o aerofólio fica numa configuração "suja"). Este aumento no arrasto não é muito importante durante as operações de aterrissagem e decolagem - a diminuição na velocidade de aterrissagem e decolagem é mais importante do que um aumento temporário no arrasto. Durante o vôo normal, os flapes são retraídos (configuração "limpa"), o arrasto é relativamente pequeno e a força de sustentação necessária é atingida com um menor coeficiente de sustentação e maior pressão dinâmica (maior velocidade).

Uma grande variedade de informações sobre o arrasto e a sustentação em corpos pode ser encontrada em livros sobre aerodinâmica (por exemplo, as Refs. [9, 10 e 18]).

Exemplo 9.9

Em 1977, a aeronave à propulsão humana "Condor de Gossamer" ganhou o prêmio Kremer por completar uma trajetória em forma de oito com os dois pontos de retorno separados por 805 m (Ref. [16]). A aeronave tinha os seguintes características:

velocidade de vôo = U = 4,6 m/s
características das asas = b = 29,26 m, c = 2,27 m (média)
peso (incluindo o piloto) = W = 934 N
coeficiente de arrasto = C_D = 0,046 (baseado na área plana projetada)
eficiência da transmissão = η = potência para vencer arrasto/potência do piloto = 0,8
Determine o coeficiente de sustentação, C_L, e a potência necessária para o vôo desta aeronave.

Solução Se o regime de vôo é o permanente, a sustentação deve ser igual ao peso, ou seja,

$$W = L = \frac{1}{2}\rho U^2 A C_L$$

Assim,

$$C_L = \frac{2W}{\rho U^2 A}$$

onde $A = bc$ = 29,26 × 2,27 = 66,42 m², W = 934 N e ρ = 1,23 kg/m³ (ar a 15°C e pressão padrão). Nestas condições,

$$C_L = \frac{2(934)}{(1,23)(4,6)^2\ 66,42} = 1,08$$

Este número é razoável pois a razão sustentação-arrasto para a aeronave é C_L/C_D = 1,08/0,046 = 23,5.

O produto da potência que o piloto fornece pela eficiência da transmissão é igual a potência útil necessária para vencer o arrasto, D. Isto é,

$$\eta\, Pot = DU$$

onde

$$D = \frac{1}{2}\rho U^2 A C_D$$

Assim,

$$Pot = \frac{DU}{\eta} = \frac{\frac{1}{2}\rho U^2 A C_D U}{\eta} = \frac{\rho A C_D U^3}{2\eta} \quad \textbf{(1)}$$

ou

$$Pot = \frac{(1,23)(66,42)(0,046)(4,6)^3}{2 \times 0,8} = 229 \text{ W}$$

Esta potência pode ser fornecida por um atleta bem condicionado (isto foi verificado – o vôo foi completado com sucesso). Observe que apenas 80% da potência do piloto (i.e. 0,8 × 229 = 183 W, corresponde a um arrasto D = 39,8 N) é necessária para manter o vôo da aeronave. Os outros 20% são perdidos (observe que a transmissão não é ideal). A Eq. (1) mostra que a potência necessária para o vôo aumenta com U^3 se o coeficiente de arrasto for constante. Assim, para dobrar a velocidade de cruzeiro é necessário aumentar a potência de acionamento em oito vezes (i.e. serão necessários 1832 W para o vôo – este valor é superior a capacidade de qualquer humano).

9.4.2 Circulação

Considere o escoamento em torno do aerofólio de comprimento finito mostrado na Fig. 9.25. Para as condições de escoamento com sustentação, a pressão média na superfície inferior é maior do que aquela na superfície superior do aerofólio. Perto das pontas das asas, esta diferença de pressão provoca uma tendência de migração do fluido da superfície inferior para a superior (veja a Fig. 9.25*b*). Ao mesmo tempo, o fluido movimenta-se para jusante do aerofólio e o movimento combinado forma uma esteira de vórtices em cada ponta de asa (veja a Fig. 4.3).

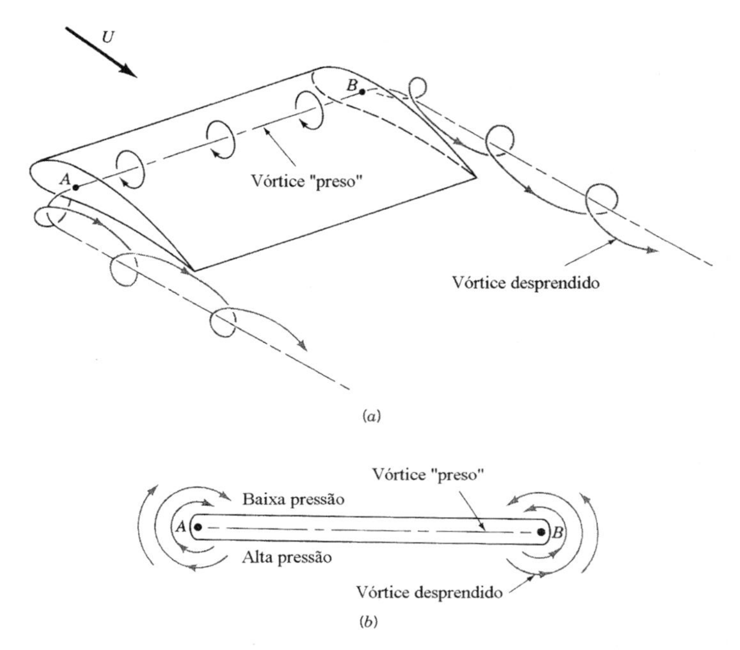

Figura 9.25 Escoamento em torno de uma asa finita: (*a*) vórtice "preso" ou ligado e o vórtice desprendido (esteira de vórtices) e (*b*) escoamento de ar em torno das pontas da asa que produz o desprendimento de vórtices.

As esteiras de vórtices das pontas das asas estão conectadas ao vórtice ligado (distribuído) ao longo do comprimento da asa. É este vórtice que gera a circulação, que por sua vez produz a sustentação. Este sistema combinado de vórtices é denominado vórtice ferradura. A intensidade das esteiras de vórtices (que é igual a intensidade do vórtice distribuído) é proporcional a sustentação gerada. As grandes aeronaves (por exemplo, o Boeing 747) geram esteiras de vórtices que permanecem na atmosfera por um longo tempo (antes que os efeitos viscosos os dissipem). Se uma aeronave pequena voar atrás e bem perto deste avião grande, os vórtices são suficientemente fortes para a deixar a pequena aeronave fora de controle (◉ 9.9 – Vórtices nas pontas das asas).

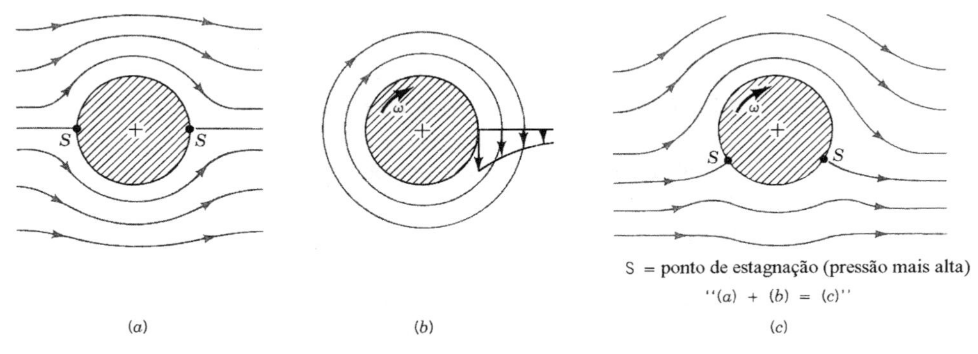

Figura 9.26 Escoamento invíscido em torno de um cilindro: (*a*) escoamento uniforme a montante do cilindro e sustentação no cilindro nula, (*b*) vórtice livre no centro do cilindro, (*c*) combinação do vórtice livre com o escoamento uniforme para fornecer um escoamento assimétrico e sustentação no cilindro.

Observe que a geração de sustentação está diretamente relacionada a produção de circulação, ou de escoamento vortical, em torno do objeto. Os aerofólios não simétricos são projetados para gerar uma quantidade determinada de circulação e sustentação. Os objetos simétricos, como os cilindros e as esferas, podem apresentar uma sustentação significativa se apresentarem movimento de rotação em torno do eixo de simetria.

O escoamento invíscido em torno de um cilindro apresenta um padrão similar aquele mostrado na Fig. 9.26*a* (veja a Sec. 6.6.2). Por simetria, o arrasto e a sustentação são nulos. Todavia, se o cilindro for girado em torno de seu próprio eixo num fluido estacionário real ($\mu \neq 0$), a rotação arrastará fluido em volta do cilindro produzindo uma circulação (veja a Fig. 9.26*b*). Quando a circulação é combinada com um escoamento ideal e uniforme ao longe, obtém-se o padrão de escoamento mostrado na Fig. 9.26*c*. O escoamento não é simétrico em relação ao plano horizontal que passa pelo centro do cilindro e a pressão média na parte inferior é maior do que aquela que atua na parte superior do cilindro. Note que isto gera uma sustentação. Este efeito é conhecido como efeito Magnus. Uma esfera que gira produz uma sustentação semelhante a do cilindro. Este é o motivo para a existência dos vários tipos de arremesso em beisebol (por exemplo, a bola curva), dos vários modos de chutar a bola no futebol ou de bater numa bola de golfe.

Referências

1. Schlichting, H.; *Boundary Layer Theory*, Sétima Edição, McGraw-Hill, New York, 1979.

2. Rosenhead, L., *Laminar Boundary Layers*, Oxford University Press, London, 1963.

3. White, F.M., *Viscous Fluid Flow*, McGraw-Hill, New York, 1974.

4. Blevins, R.D., *Applied Fluid Dynamics Handbook*, Van Nonstrand Reinhold, New York, 1984.

5. Hoerner, S.F., *Fluid-Dynamics Drag*, publicado pelo autor, Library of Congress No. 64, 19666, 1965.

6. Van Dyke, M., *An Album of Fluid Motion*, Parabolic Press, Stanford, Calif., 1982.

7 Thompson, P.A. *Compressible Fluid Dynamics*, McGraw-Hill, New York, 1972.

8 Zucrow, M.J., Hoffman, J.D., *Gas Dynamics*, Vol. I, Wiley, New York, 1976.

9 Shevell, R.S., *Fundamentals of Flight*, Segunda Edição, Prentice Hall, Englewood Cliffs, 1989.

10 Kuethe, A.M., Chow, C.Y., *Foundations of Aerodynamics*, *Bases of Aerodynamics Design*, Quarta Edição., Wiley 1986.

11 Vogel, J., *Life in Moving Fluids*, Segunda Edição, Willard Grant Press, Boston, 1994.

12 White, F.M., *Fluid Mechanics*, McGraw-Hill, New York, 1986.

13 Vennard, J.K., Street, R.L., *Elementary Fluid Mechanics*, Sexta Edição, Wiley, New York, 1982.

14 Gross, A.C., Kyle, C.R., Malewicki, D.J., *The Aerodynamics of Human Powered Land Vehicles*, Scientific American, Vol. 249, No. 6, 1983.

15 Abbott, I.H., von Doenhoff, A.E., *Theory of Wing Sections*, Dover Publications, New York, 1959.

16 MacReady, P.B., "Flight on 0,33 Horsepower: The Gossamer Condor", *Proc. AIAA 14th Annual Meeting (Paper No. 78-308)*, Washington, DC, 1978.

17 Abbott, I.H., von Doenhoff, A.E., Stivers, L.S., Summary of Airfoil Data, NACA Report No. 824, Langley Field, Va., 1945.

18 Anderson, J.D., *Fundamentals of Aerodynamics*, Segunda Edição, McGraw-Hill, New York, 1991.

Problemas

Nota: Se o valor de uma propriedade não for especificado no problema, utilize o valor fornecido na Tab. 1.4 ou 1.5 do Cap. 1. Os problemas com a indicação (*) devem ser resolvidos com uma calculadora programável ou computador. Os problemas com a indicação (+) são do tipo aberto (requerem uma análise crítica, a formulação de hipóteses e a adoção de dados). Não existe uma solução única para este tipo de problema.

9.1 Água escoa em torno da barra mostrada na Fig. P9.1. A seção transversal da barra é um triângulo eqüilátero e o escoamento produz a distribuição de pressão indicada na figura. Determine a sustentação e o arrasto na barra. Calcule, também, os coeficientes de sustentação e arrasto correspondentes baseados na área frontal da barra. Despreze as forças de cisalhamento.

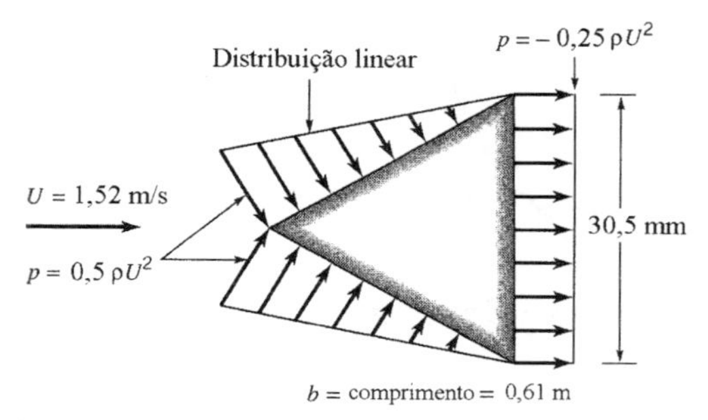

Figura P9.1

9.2 A Fig. P9.2 mostra as pressões médias e as tensões de cisalhamento que atuam nas superfícies de uma placa plana quadrada com 1 m de lado. Calcule a sustentação e o arrasto na placa. Determine, também, a sustentação e o arrasto admitindo que as forças de cisalhamento são nulas. Compare os dois conjuntos de respostas.

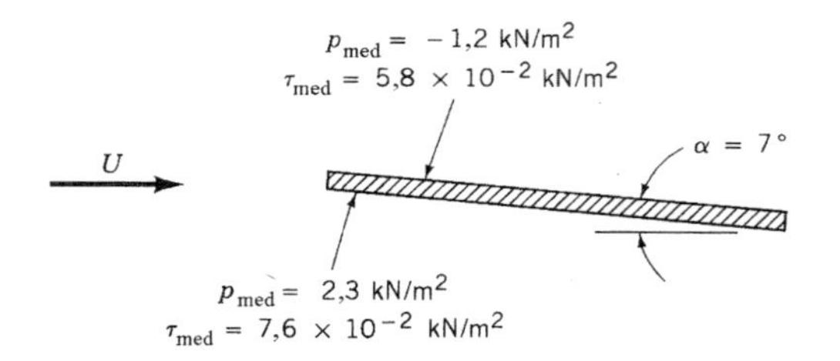

Figura P9.2

9.3 A Fig. P9.3 mostra uma aproximação da distribuição de pressão que atua na superfície de um cilindro imerso num escoamento. Observe que a distribuição é aproximada por dois segmentos de reta. Determine, utilizando a aproximação indicada e desprezando os efeitos das forças de cisalhamento, o arrasto no cilindro.

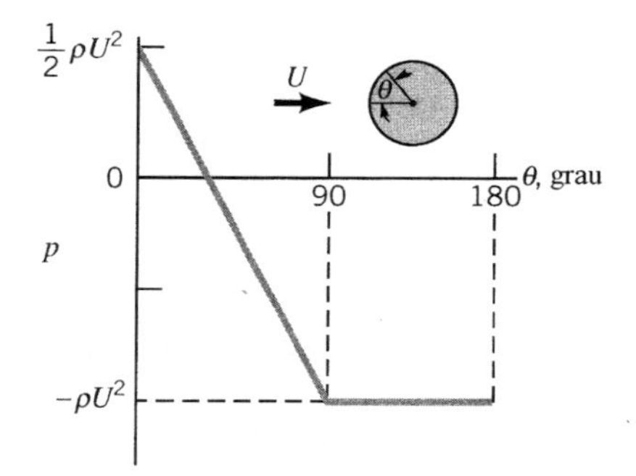

Figura P9.3

9.4 Refaça o Prob. 9.1 admitindo que o objeto é um cone (construído a partir da rotação do triângulo eqüilátero em torno do seu eixo horizontal).

9.5 A próxima tabela apresenta alguns valores típicos do numero de Reynolds associado ao movimento de um animal no ar ou na água. Em quais casos a inércia do fluido é importante? Em quais casos os efeitos viscosos são significativos? Classifique os escoamentos gerados pelo deslocamento dos animais. Justifique suas respostas.

Animal	Velocidade	Re
(a) baleia	10 m/s	3×10^8
(b) pato voando	20 m/s	3×10^5
(c) libélula	7 m/s	3×10^4
(d) larva invertebrada	1 mm/s	3×10^{-1}
(e) bactéria	0,01 mm/s	3×10^{-5}

+ 9.6 Quando uma pessoa caminha através de ar estagnado, ela espera que a natureza do escoamento ao seu redor seja mais parecida com a mostrada na Fig. 9.5*a*, *b* ou *c*? Explique.

9.7 Um fluido viscoso escoa sobre uma placa plana e a espessura de camada limite é 12 mm a 1,3 m do bordo de ataque da placa. Determine a espessura da camada limite a 0,2; 2,0 e 20 m do bordo de ataque. Admita que o escoamento é laminar.

9.8 Água escoa sobre uma placa plana com velocidade ao longe igual a 0,02 m/s. Determine a velocidade do escoamento a 10 mm da placa admitindo que a distância da seção considerada ao bordo de ataque da placa é igual a 1,5 m e 15 m.

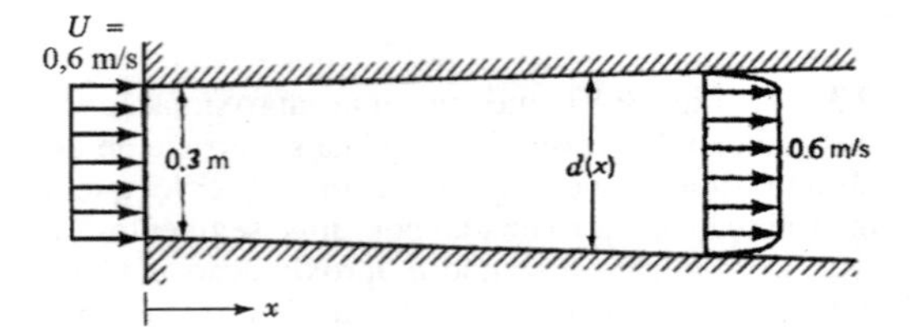

Figura P9.9

9.9 A Fig. P9.9 mostra um duto com seção transversal quadrada (lado = 0,305 m) que é alimentado com ar. Como a espessura de deslocamento da camada limite aumenta na direção do escoamento, é necessário aumentar a seção transversal do duto para que a velocidade seja constante na região central do escoamento. Nestas condições, construa um gráfico da largura do duto, d, em função de x para $0 \leq x \leq 3{,}04$ m. Admita que o escoamento é laminar.

9.10 Uma placa plana lisa (comprimento l = 6 m e largura b = 4 m) é colocada num escoamento de água que apresenta velocidade ao longe U = 0,5 m/s. Determine a espessura da camada limite e a tensão de cisalhamento na parede no centro e no bordo de fuga da placa. Admita que a camada limite é laminar.

9.11 Uma camada limite atmosférica é formada quando o vento sopra sobre a superfície da Terra. Normalmente, estes perfis de velocidade podem ser aproximados pela lei de potência: $u = a\,y^n$, onde as constantes a e n dependem da rugosidade do terreno. A Fig. P9.11 mostra que n = 0,4 para áreas urbanas, n = 0,28 para zona rural ou de subúrbio e n = 0,16 para grandes planícies. **(a)** Se a velocidade no convés de um barco (y = 1,22 m) for igual 6,1 m/s, determine a velocidade na ponta do mastro (y = 9,14 m). **(b)** Se a velocidade média no décimo andar de um edifício urbano é 4,5 m/s, qual será a velocidade média no sexto andar do edifício?

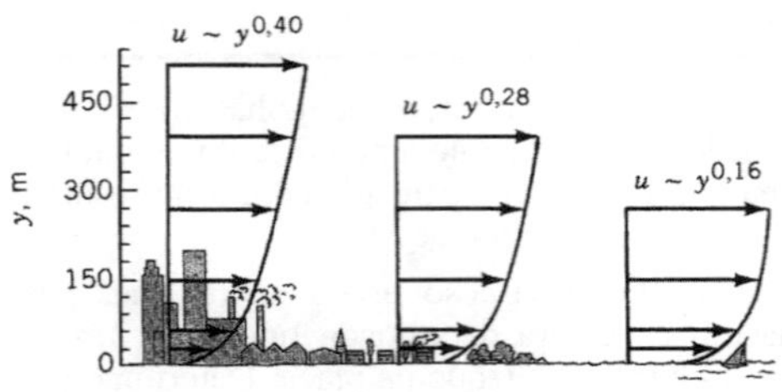

Figura P9.11

9.12 Um edifício comercial com 30 andares (cada andar apresenta altura igual a 3,7 m) está localizado num subúrbio industrial. Construa o gráfico da pressão dinâmica, $\rho U^2/2$, em função da altura se a velocidade do vento no topo do edifício é 121 km/h (furacão). Utilize as informações sobre a camada limite atmosférica fornecidas no Prob. 9.11.

+ **9.13** Se a camada limite no capô do seu carro se comporta como aquela numa placa plana, estime a distância da borda inicial do capô até o ponto onde a camada limite se torna turbulenta. Qual é a espessura da camada limite neste local?

9.14 O perfil de velocidade numa camada limite laminar pode ser aproximado por $u/U = 2(y/\delta) - 2(y/\delta)^3 + (y/\delta)^4$ para $y \leq \delta$ e $u = U$ para $y > \delta$. **(a)** Mostre que este perfil satisfaz as condições de contorno do problema da camada limite. **(b)** Utilize a equação integral da quantidade de movimento para determinar a espessura da camada limite, $\delta = \delta(x)$.

9.15 A Fig. P9.15 mostra uma aproximação (baseada em dois trechos de reta) do perfil de velocidade numa camada limite laminar. Utilize a equação integral da quantidade de movimento para determinar a espessura da camada limite, $\delta = \delta(x)$ e a tensão de cisalhamento na parede, $\tau_p = \tau_p(x)$. Compare estes resultados com aqueles produzidos com as Eqs. 9.8 e 9.11.

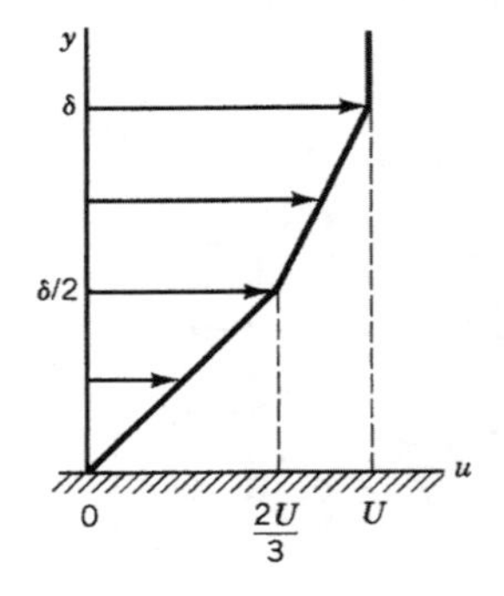

Figura P9.15

x (m)	τ_p (N/m²)
0	–
0,2	13,40
0,4	9,25
0,6	7,68
0,8	6,51
1,0	5,89
1,2	6,57
1,4	6,75
1,6	6,23
1,8	5,92
2,0	5,26

* **9.16** Um fluido, com densidade igual a 0,86, escoa sobre uma placa plana com velocidade ao longe igual a 5 m/s. A tabela anterior apresenta um conjunto de tensões de cisalhamento na parede determinado experimentalmente. Utilize a equação integral da quantidade de movimento para calcular a

espessura da quantidade de movimento na camada limite, $\Theta = \Theta\ (x)$. Admita que $\Theta = 0$ no bordo de ataque da placa.

9.17 O arrasto numa das superfícies das duas placas (lados iguais a l e $l/2$) mostradas na Fig. 9.17*a* é *D*. O escoamento ao longe é paralelo as placas. Determine o arrasto (em função de *D*) nas mesmas placas mas na situação mostrada na Fig. P9.17*b*. Admita que as camadas limites são laminares. Justifique, fisicamente, sua resposta.

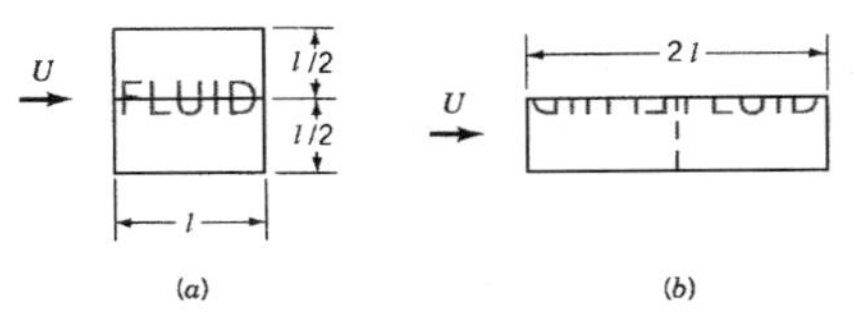

Figura P9.17

9.18 O arrasto numa das superfícies de uma placa plana paralela ao escoamento é *D* quando a velocidade ao longe é *U*. Qual será o arrasto na placa se a velocidade for alterada para $2U$ e para $U/2$? Admita que o escoamento é laminar.

9.19 Normalmente, as pessoas consideram que os "objetos pontudos podem cortar o ar melhor do que os rombudos". Baseado nesta crença, o arrasto no objeto mostrado na Fig. P9.19 deveria ser menor se o vento soprasse da direita para esquerda do que da esquerda para direita. Mas, os resultados experimentais mostram que o oposto é verdade. Explique por que isto ocorre.

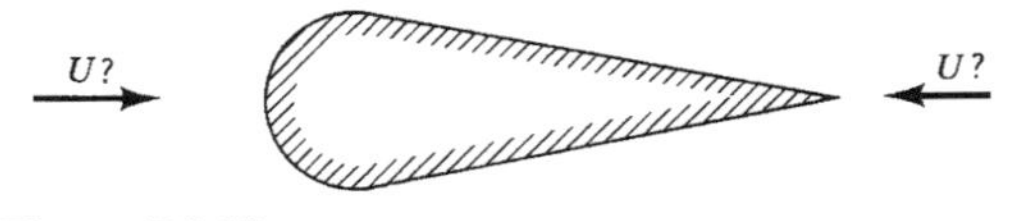

Figura P9.19

9.20 Um ventilador de teto com cinco pás gira a 100 rpm. Se cada pá apresenta comprimento e largura iguais a 0,80 e 0,10 m, estime o torque necessário para vencer o atrito nas pás. Admita que as pás se comportam como placas planas.

9.21 O ⦿ 9.2 mostra um caiaque em movimento (veja a Fig. P9.21*a*). O arrasto no caiaque pode ser estimado grosseiramente considerando que o casco se comporta como uma placa plana, lisa e com comprimento e largura respectivamente iguais a 5,2 e 0,6 m. Determine o arrasto na placa em função da velocidade. Compare os seus resultados com os dados experimentais mostrados na Fig. P9.21*b* (estes dados foram levantados num caiaque típico). Quais são os motivos para a existência das diferenças entre os resultados calculados e os experimentais.

9.22 Um esfera (diâmetro = *D* e massa específica = ρ_s) cai com velocidade constante num fluido (viscosidade = μ e massa específica = ρ). Se o número de Reynolds, $Re = \rho DU/\mu$, é menor do que 1, mostre que a viscosidade do fluido pode ser determinada com a equação $\mu = gD^2(\rho_s - \rho)/18U$.

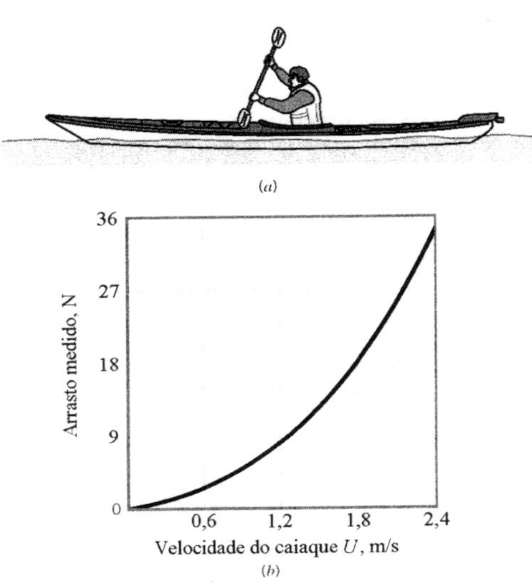

Figura P9.21

9.23 Um balão de ar quente, rugoso e esférico apresenta volume de 1982 m³ e peso igual a 2224 N (incluindo passageiros, cesto, tecido do balão etc.). Se a temperatura externa ao balão é 27 °C e a temperatura dentro do balão é 74 °C, estime a taxa de subida em regime permanente se a pressão atmosférica for igual a 1 atm.

9.24 Uma bolinha de ping - pong (diâmetro = 38,1 mm e peso = 0,0245 N) é solta do fundo de uma piscina. Qual é a velocidade de ascensão da bolinha numa piscina? Admita que esta já tenha atingido sua velocidade terminal.

+ **9.25** Qual a velocidade máxima que um balão de hélio pode atingir numa atmosfera estagnada? Faça uma lista com todas as hipóteses utilizadas na solução do problema.

9.26 Um vento, com velocidade de 97 km/h, sopra sobre uma tela de cinema ao ar livre que apresenta largura e altura respectivamente iguais a 21,34 e 6,1 m. Estime a força que atua na tela.

9.27 Determine o momento na base do mastro de uma bandeira (30 m de altura e 0,12 m de diâmetro) necessário para equilibrá-lo quando a velocidade do vento é igual a 20 m/s.

9.28 Refaça o Prob. 9.27 considerando que existe uma bandeira (2 m por 2,5 m) posicionada no topo do mastro. Utilize as informações da Fig. 9.21 para calcular o arrasto na bandeira.

9.29 A potência necessária para vencer o arrasto aerodinâmico de um veículo é 14920 W quando a velocidade é igual a 89 km/h. Estime a potência necessária para que o veículo atinja 105 Km/h.

9.30 Dois ciclistas correm a 30 km/h através de ar estagnado. Qual é a redução percentual na potência necessária para vencer o arrasto aerodinâmico obtida pelo segundo ciclista se ele se posicionar em fila e bem próximo da traseira da primeira bicicleta ao invés de correr ao lado da outra bicicleta? Despreze todas as outras forças.

9.31 É sugerido que a potência, P, necessária para vencer o arrasto aerodinâmico num veículo que se desloca com velocidade U varia de acordo com $P \sim U^n$. Qual é o valor apropriado para a constante n? Explique.

+ **9.32** Estime a velocidade do vento necessária para tombar um lata de lixo que está apoiada num calçada. Faça uma lista com todas as hipóteses utilizadas na solução do problema e mostre todos os cálculos.

9.33 Um caminhão, com massa total igual a 22,7 toneladas, perdeu o freio e desce a ladeira de concreto indicada na Fig. P9.33. A velocidade terminal do caminhão, V, é determinada pelo equilíbrio das forcas peso, resistência ao rolamento e arrasto aerodinâmico. Admita que a resistência ao rolamento é igual a 1,2% do peso do caminhão e que o coeficiente de arrasto do caminhão é igual a 0,76. Nestas condições, determine a velocidade terminal do caminhão.

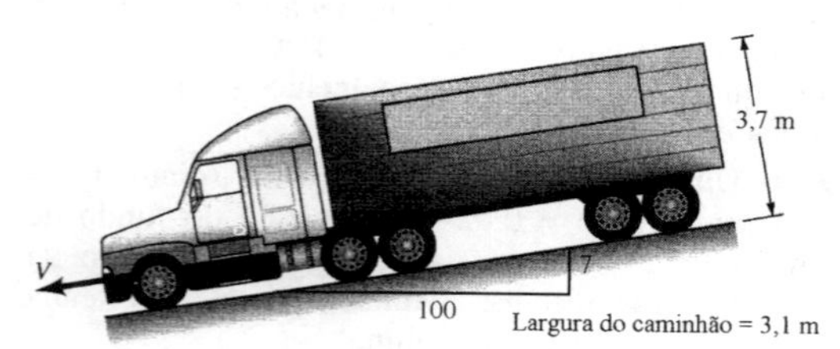

Figura P9.33

9.34 Estime a velocidade com que você faria contato com o solo se pulasse de um avião que voa numa altitude de 1524 m. Considere: **(a)** resistência do ar desprezível, **(b)** a resistência do ar é importante mas você esqueceu o pára-quedas e **(c)** se você usasse um pára-quedas com diâmetro igual a 7,62 m.

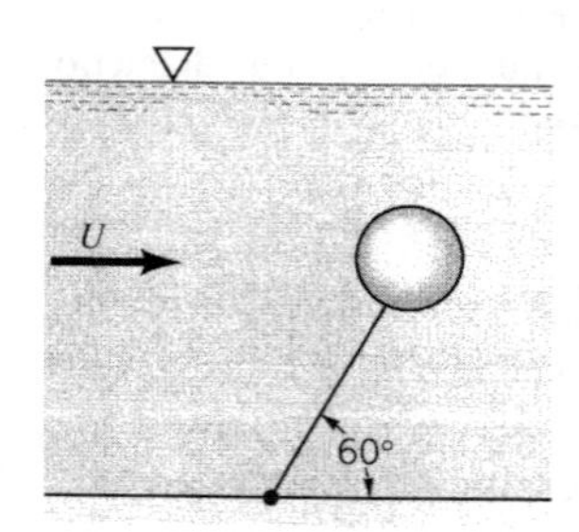

Figura P9.35

9.35 Uma bóia esférica de plástico (peso especifico = 2042 N/m^3) está ancorada no fundo de um rio do modo indicado na Fig. P9.35. Sabendo que o coeficiente de arrasto da bóia é igual a 0,5, estime a velocidade do rio.

9.36 Um cabo com diâmetro igual a 12 mm está estendido entre dois postes. A distância entre os dois postes é 60 m. Determine a força horizontal que este cabo exerce em cada poste se a velocidade do vento for igual a 30 m/s.

9.37 Um poste suporta uma placa de indicação de velocidade máxima que apresenta largura e altura iguais a 560 e 865 mm. O diâmetro do poste e a distância entre a parte inferior da placa e o chão são iguais a 76 mm e 1,52 m. Estime o momento fletor na base do poste quando um vento de 13,4 m/s incide na placa (veja o ⦿ 9.6). Faça uma lista com todas as hipóteses utilizadas na solução do problema.

9.38 Estime a força do vento sobre sua mão quando você a coloca para fora de um automóvel que apresenta velocidade igual a 89 km/h. Repita seus cálculos se você colocar a mão para fora da janela de um avião que voa a 885 km/h.

9.39 Estime a desaceleração (em termos de número de g's) de um veículo rombudo (diâmetro = 3,05 m e peso = 55600 N) reentrando na atmosfera. Admita que a velocidade do veículo é 24140 km/h e que a altitude é igual a 48 km.

9.40 Uma torre com 9,15 m de altura é construída com os segmentos mostrados na Fig. P9.40 (o comprimento de um segmento é igual a 305 mm e os quatro lados do segmento são iguais). Estime o arrasto na torre quando a velocidade do vento for igual a 121 km/h.

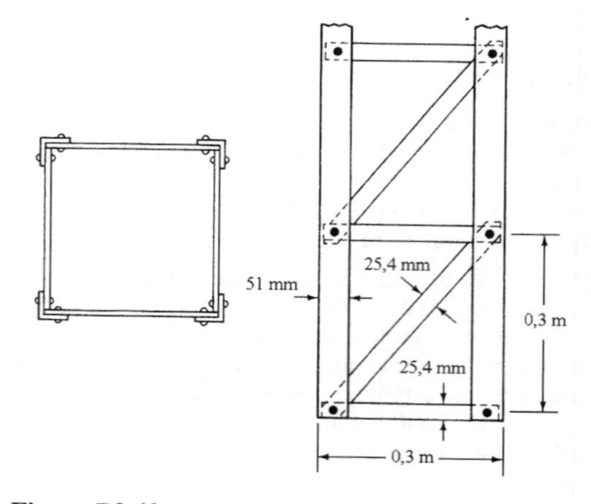

Figura P9.40

9.41 O edifício das Nações Unidas em Nova Iorque pode ser aproximado por um retângulo com 87,5 m de largura e 154 m de altura. **(a)** Determine o arrasto neste edifício se o coeficiente de arrasto for 1,3 e a velocidade do vento for uniforme e igual a 20 m/s **(b)** Repita os seus cálculos admitindo que o perfil de velocidade do vento é o típico de uma área urbana (veja o Prob. 9.11) e que a velocidade no plano médio do edifício for igual a 20 m/s.

+ **9.42** A Fig. P9.42 mostra uma máquina de fazer pipoca. O ar quente (T = 120 °C) é soprado sobre os grãos com velocidade U para que os não estourados permaneçam na grelha ($U < U_{max}$) e os estourados sejam soprados para fora do recipiente ($U > U_{min}$). Estime a faixa de velocidades para a operação apropriada da máquina ($U_{min} < U < U_{max}$). Faça uma lista com todas as hipóteses utilizadas na solução do problema.

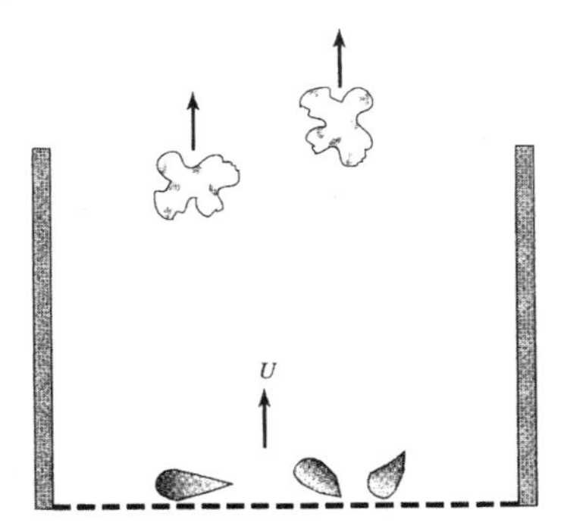

Figura P9.42

9.43 Uma bola de futebol padrão tem 172,2 mm de diâmetro e pesa 4,04 N. Admitindo que o coeficiente de arrasto é C_D = 0,2; determine sua desaceleração se esta apresentar velocidade de 6,1 m/s no topo de sua trajetória.

9.44 Um vento forte pode remover a bola de golfe de seu apoio (observe na Fig. P9.44 que é possível o pivotamento em torno do ponto 1). Determine a velocidade do vento necessária para remover a bola do apoio.

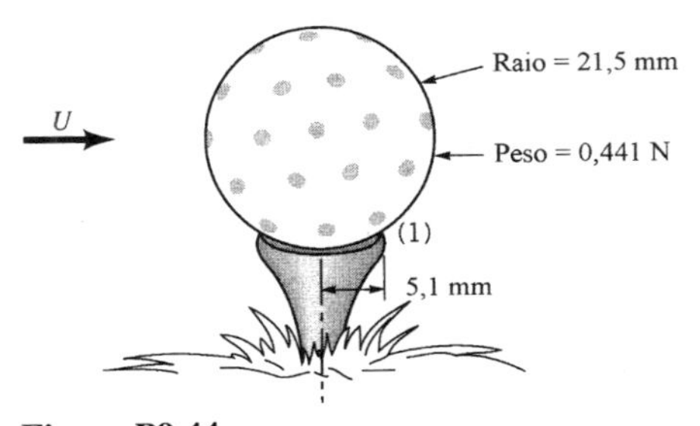

Figura P9.44

9.45 Um avião transporta uma faixa; que apresenta altura, b, e comprimento, l, respectivamente iguais a 0,8 e 25 m; com uma velocidade de 150 km/h. Se o coeficiente de arrasto baseado na área bl é C_D = 0,06, estime a potência necessária para transportar a faixa. Compare a força de arrasto na faixa com àquela numa placa plana rígida de mesma área. Qual apresentará a maior força de arrasto? Porquê?

9.46 O ⦿ 9.8 e a Fig. P9.46 mostram que o arrasto aerodinâmico dos caminhões pode ser reduzido com a instalação de defletores. Estime a redução da potência necessária para movimentar o caminhão mostrado na figura a 105 km/h proporcionada pela instalação do defletor.

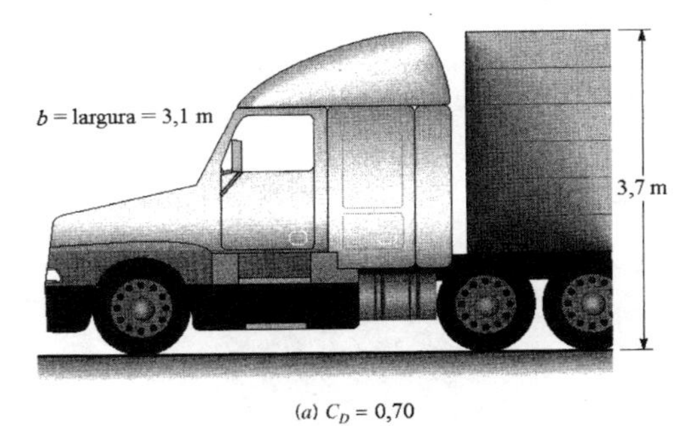

(*a*) C_D = 0,70

(*b*) C_D = 0,96

Figura P9.46

9.47 Uma pessoa corre numa atmosfera estagnada com velocidade igual a 9,1 m/s. Estime a potência necessária para vencer o arrasto aerodinâmico. Repita o cálculo se a corrida é feita com um vento contrário que apresenta velocidade igual a 32,2 km/h.

9.48 O ⦿ 9.5 e a Fig. P9.48 mostram que nós podemos utilizar um túnel de vento vertical para a prática do pára-quedismo. Estime a velocidade vertical necessária para sustentar uma pessoa **(a)** curvada e **(b)** deitada. Admita que a massa da pessoa é igual a 75 kg e que os coeficientes de arrasto são aqueles indicados na Fig. 9.21.

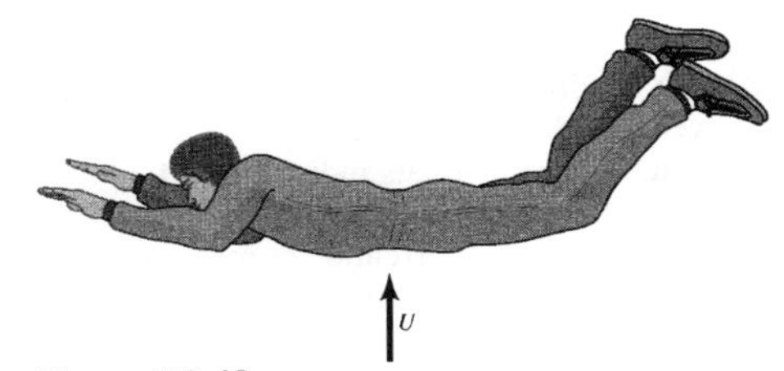

Figura P9.48

9.49 Um papagaio que pesa 5,34 N e apresenta área igual a 0,557 m^2 é empinado num vento que apresenta velocidade uniforme e igual a 6,1 m/s. A linha do papagaio faz um ângulo de 55° com a horizontal. Se a tensão na linha é 6,67 N, determine os coeficientes de sustentação e de arrasto baseados na área do papagaio.

9.50 Um iceberg flutua com aproximadamente 1/7 do seu volume em contato com o ar (veja a Fig. P9.54). Se a velocidade do vento é U e a água está parada, estime a velocidade do vento para que o iceberg comece a se movimentar.

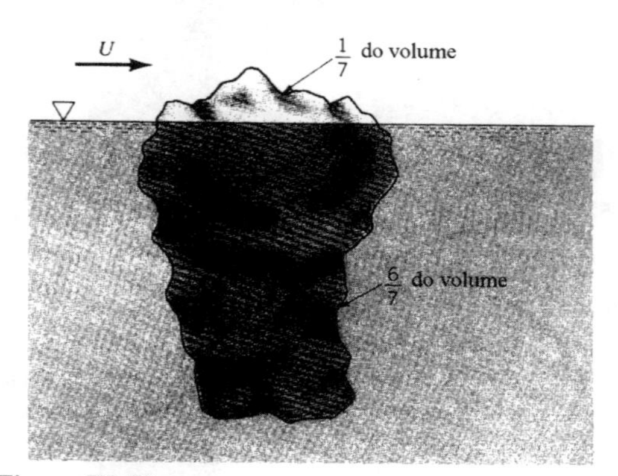

Figura P9.50

9.51 Um avião Piper Cub tem peso bruto igual a 7784 N, velocidade de cruzeiro de 185 km/h e 16,62 m^2 de área de asa. Determine, nestas condições, o coeficiente de sustentação deste avião.

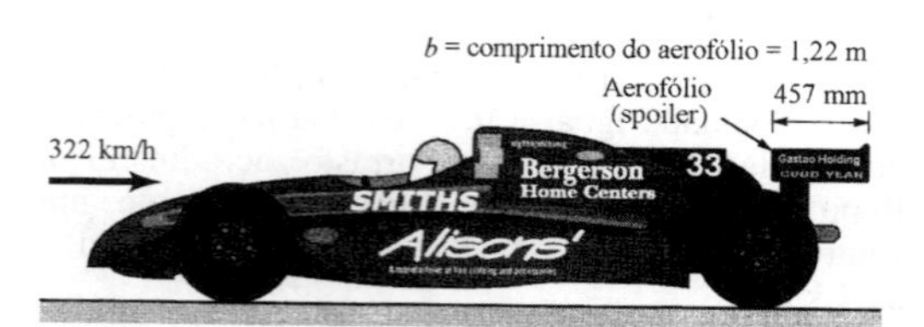

Figura P9.52

9.52 O ⦿ 9.9 e a Fig. P9.52 mostram que os aerofólios são utilizados nos carros de corrida para produzir uma sustentação negativa. Observe que o objetivo principal da instalação dos aerofólios é o aumento da tração no automóvel. Considere que o coeficiente de sustentação do aerofólio mostrado na figura é igual a 1,1, que o coeficiente de atrito entre os pneus e o pavimento é 0,6 e que o automóvel apresenta velocidade igual a 322 km/h. Determine, para as condições operacionais indicadas, a força de tração no automóvel. Suponha que o aerofólio caiu e o automóvel continua correndo com a mesma velocidade. Qual a força de tração nesta situação? Admita que a velocidade do ar em torno do aerofólio é igual a velocidade do automóvel e que o aerofólio aplica a forca de sustentação diretamente nas rodas do veiculo.

9.53 A sustentação de uma asa é L quando ela se movimenta com velocidade U na atmosfera ao nível do mar. Admitindo que o coeficiente de sustentação é constante, determine a velocidade dessa asa numa altitude de 10670 m para que a sustentação seja a mesma daquela no nível do mar.

9.54 Considere um avião Boeing 747 carregado com combustível e 100 passageiros. Nesta condição, o avião pesa $2{,}58 \times 10^6$ N e a velocidade para a decolagem é igual a 225 km/h. Com a mesma configuração (i.e. ângulo de ataque, posicionamento de flapes etc.), qual é a velocidade de decolagem do avião carregado com 327 passageiros? Admita que cada passageiro com bagagem pesa 890 N.

9.55 **(a)** Mostre que o ângulo de planagem, θ, é dado por tg $\theta = C_D / C_L$ num vôo sem propulsão (nesta condição as forças peso, sustentação e arrasto estão em equilíbrio). **(b)** O coeficiente de sustentação de um Boeing 777 é 15 vezes maior do que seu coeficiente de arrasto. Suponha que o avião perca a propulsão numa altura de 9144 m. É possível para este avião planar até um aeroporto que dista 129 km do ponto onde a propulsão foi perdida?

9.56 Considere um avião. Compare a potência necessária para manter um vôo a 1500 m de altitude com aquela referente a um vôo a 9150 m e mesma velocidade. Admita que o coeficiente de arrasto do avião permanece constante.

9.57 A velocidade de aterrissagem do Space Shuttle depende do valor da massa específica do ar na região da aterrissagem (veja o ⦿ 9.1). Determine o aumento percentual da velocidade de aterrissagem num dia que apresenta temperatura ambiente igual a 43 °C em relação àquela encontrada noutro dia onde a temperatura ambiente vale 10 °C. Admita que o valor da pressão atmosférica é o mesmo nos dois dias considerados.

9.58 O perfil de velocidade na camada limite sobre uma placa plana pode ser determinado com o dispositivo mostrado na Fig. P9.58. Ar, a 27 °C e pressão absoluta de 98,5 kPa escoa em regime permanente sobre a placa plana. Um tubo de pequeno diâmetro e aberto na extremidade é posicionado em vários planos que distam y da placa. Este tubo é utilizado para medir a pressão de estagnação do escoamento. A pressão estática é medida através do orifício na placa (veja a figura). A diferença entre a pressão de estagnação e a estática é determinada com o manômetro inclinado.

A próxima tabela apresenta alguns valores de l e y obtidos experimentalmente a uma distância de 381 mm do bordo de ataque da placa. Utilize estes resultados para construir o gráfico da velocidade do ar, u, em função da distância y. Determine a espessura da camada limite neste ponto. Calcule também a espessura de camada limite teórica para as condições correspondentes aos dados experimentais do problema.

Compare os resultados teóricos com os experimentais e discuta as possíveis razões para as diferenças que podem existir entre eles.

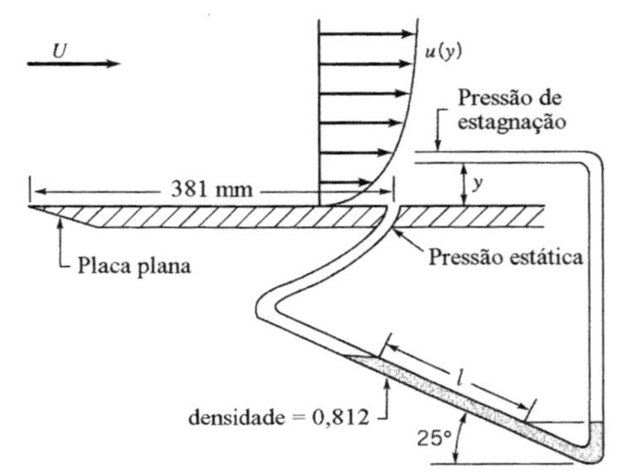

Figura P9.58

y (mm)	l (mm)
0,51	3,81
0,89	8,89
1,12	10,16
1,52	17,78
2,44	22,86
2,79	33,02
3,51	36,83
4,52	41,91
5,84	49,53
6,86	50,80
8,18	50,80

Apêndice A

Tabela de Conversão de Unidades[1]

A tabela deste apêndice contém vários fatores de conversão de unidades. A notação utilizada na apresentação dos fatores é a computacional. Alguns destes fatores são exatos (porque são resultados de definições) e estão indicados pela presença do asterisco. Por exemplo, 1 polegada = 2.54E–2* metro, ou seja, 1 polegada é exatamente igual a $2{,}54 \times 10^{-2}$ metro (por definição). Os números que não apresentam asterisco são aproximados.

Tabela A.1

Fatores de Conversão

Para Converter de	para	Multiplique por
Aceleração		
pé/segundo^2	metro/segundo^2	3,048 E–1*
polegada/segundo^2	metro/segundo^2	2,54 E–2*
Área		
pé^2	metro^2	9,290304 E–2*
polegada^2	metro^2	6,4516 E–4*
Massa específica		
grama/centímetro^3	quilograma/metro^3	1,00 E+3*
libra massa/polegada^3	quilograma/metro^3	2,7679905 E+4
libra massa/pé^3	quilograma/metro^3	1,6018463 E+1
slug/pé^3	quilograma/metro^3	5,15379 E+2
Energia		
British thermal unit (BTU) (IST depois de 1956)	joule	1,055056 E+3
British thermal unit (BTU) (termoquímica)	joule	1,054350 E+3
caloria (Tabela Internacional de Vapor)	joule	4,1868 E+0
caloria (termoquímica)	joule	4,184 E+0*
kWh	joule	3,60 E+06*
pé × libra força	joule	1,3558179 E+0
quilocaloria (Tabela Internacional de Vapor)	joule	4,1868 E+3
quilocaloria (termoquímica)	joule	4,184 E+3*
Força		
dina	newton	1,00 E–5*
libra força (lbf)	newton	4,4482216152605 E+0*
quilograma força (kgf)	newton	9,80665 E+0*
Comprimento		
jarda	metro	9,144 E–1*
milha (valor legal americano)	metro	1,609344 E+3*
milha nautica (Estados Unidos)	metro	1,852 E+3*
pé	metro	3,048 E–1*
polegada	metro	2,54 E–2*

[1] A tabela foi construída com os valores encontrados em Mechtly, E. A., *The International System of Units*, 2ª Rev., NASA, SP – 7012, 1973.

Tabela A.1 (continuação)

Para Converter de	para	Multiplique por
Massa		
grama	quilograma	1,00 E–3*
libra massa, lbm	quilograma	4,5359237 E–1*
tonelada (curta, 2000 lbm)	quilograma	9,0718474 E+2*
tonelada (longa)	quilograma	1,0160469088 E+3*
tonelada (métrica)	quilograma	1,0 E+3*
Potência		
Btu (termoquímico)/segundo	watt	1,054350264488 E+3
caloria (termoquímica)/segundo	watt	4,184 E+0*
hp (550 pé × lbf/segundo)	watt	7,4569987 E+2
pé × lbf/segundo	watt	1,3558179 E+0
quilocaloria (termoquímica)/segundo	watt	4,184 E+3*
Pressão		
atmosfera	newton/metro^2	1,01325 E+5*
bar	newton/metro^2	1,0 E+5*
centímetro de água (4 °C)	newton/metro^2	9,80638 E+1
centímetro de mercúrio (0 °C)	newton/metro^2	1,33322 E+3
dina/centímetro^2	newton/metro^2	1,0 E–1*
kgf/centímetro^2	newton/metro^2	9,80665 E+4*
kgf/metro^2	newton/metro^2	9,80665 E+0*
lbf/pe^2	newton/metro^2	4,7880258 E+1
lbf/polegada^2 (psi)	newton/metro^2	6,8947572 E+3
milímetro de mercúrio (0 °C)	newton/metro^2	1,333224 E+2
polegada de água (39,2 °F)	newton/metro^2	2,49082 E+2
polegada de água (60 °F)	newton/metro^2	2,4884 E+2
polegada de mercúrio (32 °F)	newton/metro^2	3,386389 E+3
polegada de mercúrio (60 °F)	newton/metro^2	3,37685 E+3
torr (0 °C)	newton/metro^2	1,333224 E+2
Velocidade		
pé/segundo	metro/segundo	3,048 E–1*
polegada/segundo	metro/segundo	2,54 E–2*
Temperatura		
Celsius	kelvin	$T_K = T_C + 273{,}15$
Fahrenheit	kelvin	$T_K = (5/9)\,(T_F + 459{,}67)$
Fahrenheit	Celsius	$T_C = (5/9)\,(T_F - 32)$
Rankine	kelvin	$T_K = (5/9)\,T_R$
Viscosidades		
pé^2/segundo	metro^2/segundo	9,290304 E–2*
stoke	metro^2/segundo	1,0 E–4*
lbm/pé segundo	newton × segundo/metro^2	1,4881639 E+0
lbf × segundo/pé^2	newton × segundo/metro^2	4,7880258 E+1
poise	newton × segundo/metro^2	1,0 E –1*
Volume		
barril (petróleo, 42 galões))	metro^3	1,589873 E–1
galão americano	metro^3	3,785411784 E–3*
galão inglês	metro^3	4,546087 E–3
pé^3	metro^3	2,8316846592 E–2*
polegada^3	metro^3	1,638706 E–5*

Apêndice B

Propriedades Físicas dos Fluidos

Tabela B.1
Propriedades Físicas da Água[a]

Temperatura (°C)	Massa específica ρ (kg/m³)	Peso específico[b] γ (kN/m³)	Viscosidade dinâmica μ (N·s/m²)	Viscosidade cinemática ν (m²/s)	Tensão superficial[c] σ (N/m)	Pressão de vapor p_v [N/m²(abs)]	Velocidade do som[d] c (m/s)
0	999,9	9,806	1,787 E – 3	1,787 E – 6	7,56 E – 2	6,105 E + 2	1403
5	1000,0	9,807	1,519 E – 3	1,519 E – 6	7,49 E – 2	8,722 E + 2	1427
10	999,7	9,804	1,307 E – 3	1,307 E – 6	7,42 E – 2	1,228 E + 3	1447
20	998,2	9,789	1,002 E – 3	1,004 E – 6	7,28 E – 2	2,338 E + 3	1481
30	995,7	9,765	7,975 E – 4	8,009 E – 7	7,12 E – 2	4,243 E + 3	1507
40	992,2	9,731	6,529 E – 4	6,580 E – 7	6,96 E – 2	7,376 E + 3	1526
50	988,1	9,690	5,468 E – 4	5,534 E – 7	6,79 E – 2	1,233 E + 4	1541
60	983,2	9,642	4,665 E – 4	4,745 E – 7	6,62 E – 2	1,992 E + 4	1552
70	977,8	9,589	4,042 E – 4	4,134 E – 7	6,44 E – 2	3,116 E + 4	1555
80	971,8	9,530	3,547 E – 4	3,650 E – 7	6,26 E – 2	4,734 E + 4	1555
90	965,3	9,467	3,147 E – 4	3,260 E – 7	6,08 E – 2	7,010 E + 4	1550
100	958,4	9,399	3,818 E – 4	2,940 E – 7	5,89 E – 2	1,013 E + 5	1543

[a] Baseada nos dados do *Handbook of Chemistry and Physics*, 69ª Ed., CRC Press, 1988.

[b] A massa específica e o peso específico estão realcionados por $\gamma = \rho g$.

[c] Em contato com ar.

[d] Dados obtidos em R. D. Blevins, *Applied Fluid Dynamics Handbook*, Van Nostrand Reinhold Co. New York, 1984.

Tabela B.2
Propriedades Físicas do Ar Referentes a Pressão Atmosférica Padrão[a]

Temperatura (°C)	Massa específica ρ (kg/m³)	Peso específico[b] γ (N/m³)	Viscosidade dinâmica μ (N·s/m²)	Viscosidade cinemática ν (m²/s)	Razão entre calores específicos k	Velocidade do som[d] c (m/s)
–40	1,514	14,85	1,57 E – 5	1,04 E – 5	1,401	306,2
–20	1,395	13,68	1,63 E – 5	1,17 E – 5	1,401	319,1
0	1,292	12,67	1,71 E – 5	1,32 E – 5	1,401	331,4
5	1,269	12,45	1,73 E – 5	1,36 E – 5	1,401	334,4
10	1,247	12,23	1,76 E – 5	1,41 E – 5	1,401	337,4
15	1,225	12,01	1,80 E – 5	1,47 E – 5	1,401	340,4
20	1,204	11,81	1,82 E – 5	1,51 E – 5	1,401	343,3
25	1,184	11,61	1,85 E – 5	1,56 E – 5	1,401	346,3
30	1,165	11,43	1,86 E – 5	1,60 E – 5	1,400	349,1
40	1,127	11,05	1,87 E – 5	1,66 E – 5	1,400	354,7

Tabela B.2 (continuação)

Temperatura (°C)	Massa específica ρ (kg/m³)	Peso específico[b] γ (N/m³)	Viscosidade dinâmica μ (N·s/m²)	Viscosidade cinemática ν (m²/s)	Razão entre calores específicos k	Velocidade do som[d] c (m/s)
50	1,109	10,88	1,95 E − 5	1,76 E − 5	1,400	360,3
60	1,060	10,40	1,97 E − 5	1,86 E − 5	1,399	365,7
70	1,029	10,09	2,03 E − 5	1,97 E − 5	1,399	371,2
80	0,9996	9,803	2,07 E − 5	2,07 E − 5	1,399	376,6
90	0,9721	9,533	2,14 E − 5	2,20 E − 5	1,398	381,7
100	0,9461	9,278	2,17 E − 5	2,29 E − 5	1,397	386,9
200	0,7461	7,317	2,53 E − 5	3,39 E − 5	1,390	434,5
300	0,6159	6,040	2,98 E − 5	4,84 E − 5	1,379	476,3
400	0,5243	5,142	3,32 E − 5	6,34 E − 5	1,368	514,1
500	0,4565	4,477	3,64 E − 5	7,97 E − 5	1,357	548,8
1000	0,2772	2,719	5,04 E − 5	1,82 E − 4	1,321	694,8

[a] Baseada nos dados de R. D. Blevins, *Applied Fluid Dynamics Handbook*, Van Nostrand Reinhold Co. New York, 1984.
[b]A massa específica e o peso específico estão realcionados por $\gamma = \rho g$.

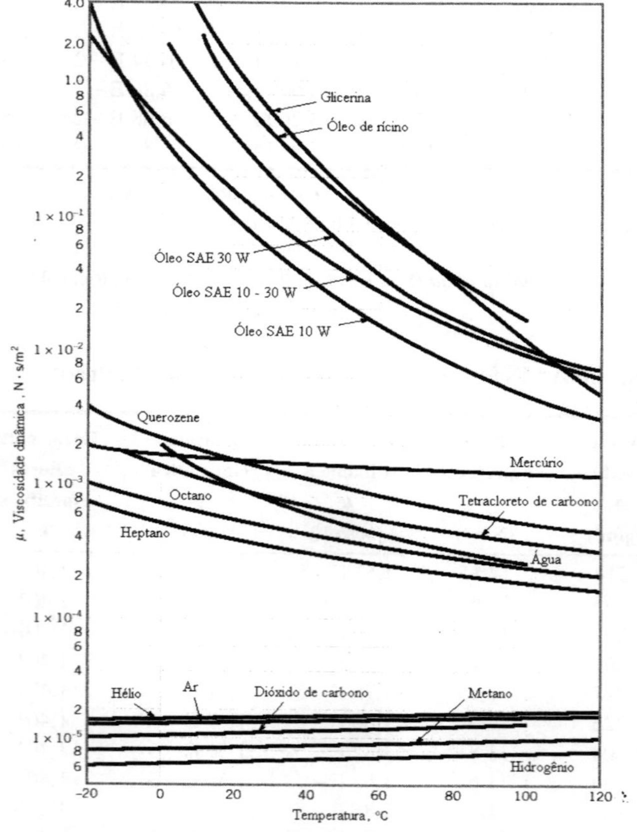

Figura B.1 Viscosidade dinâmica de alguns fluidos em função da temperatura. (Fox. R. W., e MacDonald, A. T., *Introduction to Fluid Mechanics*, 3ª Ed. Wiley, New York, 1985. Reprodução autorizada).

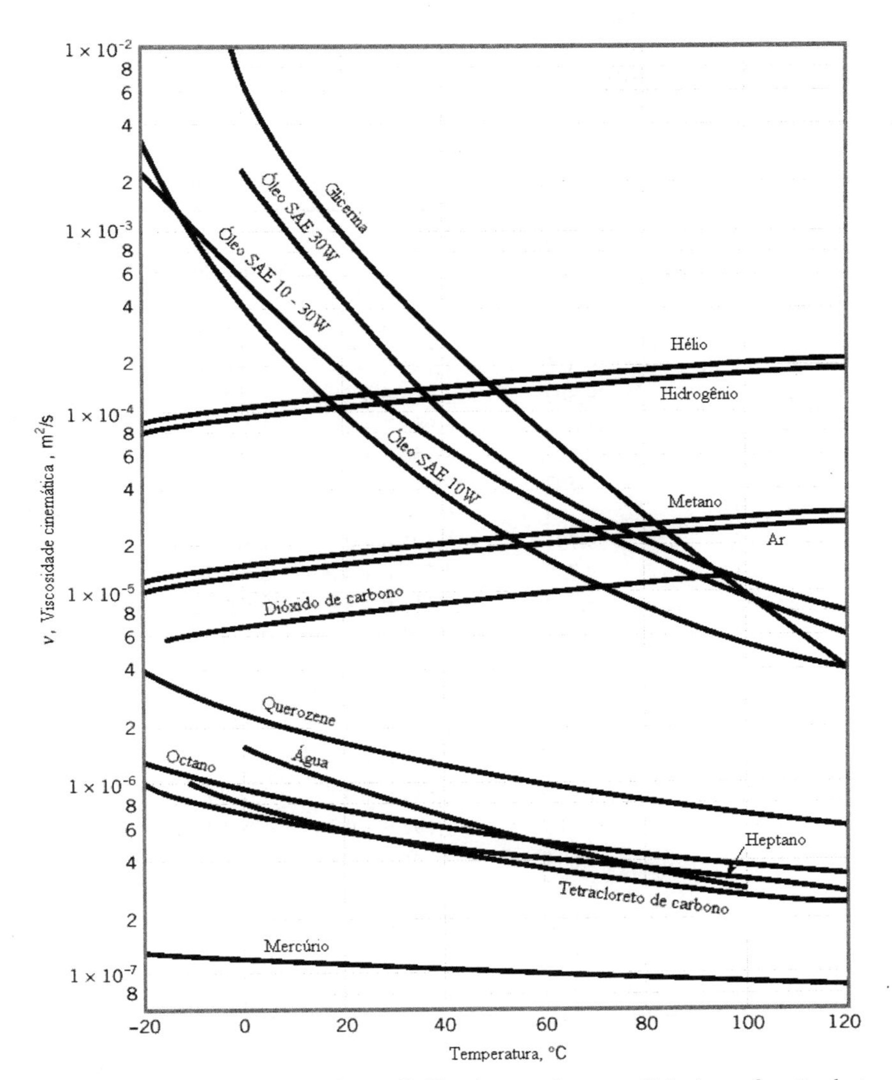

Figura B.2 Viscosidade cinemática de alguns fluídos (a pressão atmosférica) em função da temperatura. (Fox. R. W., e MacDonald, A. T., *Introduction to Fluid Mechanics*, 3ª Ed. Wiley, New York, 1985. Reprodução autorizada).

C Apêndice

Atmosfera Americana Padrão

Tabela C.1

Propriedades da Atmosfera Americana Padrão[a]

Altitude (m)	Temperatura (°C)	Aceleração da gravidade, g (m/s^2)	Pressão p [Pa (abs)]	Massa específica ρ (kg/m^3)	Viscosidade dinâmica μ ($N \cdot s/m^2$)
−1000	21,50	9,810	1,139 E + 5	1,347 E + 0	1,821 E − 5
0	15,00	9,807	1,013 E + 5	1,225 E + 0	1,789 E − 5
1000	8,50	9,804	8,988 E + 4	1,112 E + 0	1,758 E − 5
2000	2,00	9,801	7,950 E + 4	1,007 E + 0	1,726 E − 5
3000	−4,49	9,797	7,012 E + 4	9,093 E − 1	1,694 E − 5
4000	−10,98	9,794	6,166 E + 4	8,194 E − 1	1,661 E − 5
5000	−17,47	9,791	5,405 E + 4	7,364 E − 1	1,628 E − 5
6000	−23,96	9,788	4,722 E + 4	6,601 E − 1	1,595 E − 5
7000	−30,45	9,785	4,111 E + 4	5,900 E − 1	1,561 E − 5
8000	−36,94	9,782	3,565 E + 4	5,258 E − 1	1,527 E − 5
9000	−43,42	9,779	3,080 E + 4	4,671 E − 1	1,493 E − 5
10000	−49,90	9,776	2,650 E + 4	4,135 E − 1	1,458 E − 5
15000	−56,50	9,761	1,211 E + 4	1,948 E − 1	1,422 E − 5
20000	−56,50	9,745	5,529 E + 3	8,891 E − 2	1,422 E − 5
25000	−51,60	9,730	2,549 E + 3	4,008 E − 2	1,448 E − 5
30000	−46,64	9,715	1,197 E + 3	1,841 E − 2	1,475 E − 5
40000	−22,80	9,684	2,871 E + 2	3,996 E − 3	1,601 E − 5
50000	−2,50	9,654	7,978 E + 1	1,027 E − 3	1,704 E − 5
60000	−26,13	9,624	2,196 E + 1	3,097 E − 4	1,584 E − 5
70000	−53,57	9,594	5,221 E + 0	8,283 E − 5	1,438 E − 5
80000	−74,51	9,564	1,052 E + 0	1,846 E − 5	1,321 E − 5

[a]Dados coletados na *U.S. Standard Atmosphere*, 1976, U. S. Government Printing Office, Washington, D.C.

Respostas de Alguns Problemas Pares

Capítulo 1

1.6 sim
1.12 1,25; 1,25
1.14 0,805; 7,90 kN/m^3
1.16 12,0 kN/m^3 ; $1,22 \times 10^3$ kg/m^3 ; 1,22
1.20 oxigênio
1.22 2,02 m^3
1.24 0,277 $N \cdot s/m^2$
1.26 184
1.28 $\tau = 0,552\, U / \delta$ (em N / m^2)
1.32 3.14×10^{-5} m
1.36 0,727 $N \cdot s/m^2$
1.38 286 N
1.40 (a) 1,38 km/s; (b) 1,45 km/s; (c) 1,51 km/s
1,44 5,9 kPa (abs)
1.46 97,9 Pa
1.48 3,0 mm

Capítulo 2

2.2 10,4 m
2.4 60,6 MPa; 8790 psi
2.8 464 mm
2.10 133 kPa
2.12 70 kPa
2.14 154,5 kPa
2.18 2,9 kPa
2.20 1,91 m
2.22 34,2°
2.24 0,1 m
2.26 11,7
2.28 $F_R = 1,48$ MN; $y_R = 13,4$ m
2.30 612 kg
2.36 436 kN
2.38 118 N, 2,03 m abaixo da superfície livre do líquido
2.42 0,146
2.44 294 kN; 328 kN; sim
2.46 10206 kg
2.52 6,27 kN/m^3 ; 824 N
2.58 17,2 mm

Capítulo 3

3.4 −9,99 kPa/m
3.12 427 kPa
3.16 (a) 42,0 m; (b) 0,28 m; (c) 48.5 m
3.18 $Q = 1,56\, D^2$, em m^3/s
3.22 0,63 m/s
3.24 $2,54 \times 10^{-4}$ m^3/s
3.28 $5,12 \times 10^{-4}$ m^3/s
3.30 0,0111 m^3/s
3.36 89,6 kPa
3.38 0,55 m
3.40 6,37 m/s
3.44 2,3 m
3.46 $6,10 \times 10^{-3}$ m^3/s
3.50 $2,00 \times 10^{-4}$ m^3/s; 0,129 m
3.54 0,192 m; 1,366 m
3.56 6,51 m; 25,4 m; 6,51 m; −9,59 m

Capítulo 4

4.8 $2c^2x^3$; $2c^2y^3$; $x = y = 0$
4.12 2880 m/s^2 ; 5760 m/s^2 ; 8640 m/s^2
4.14 $-x/t^2$; x/t^2
4.18 200 °C/s; 100 °C/s
4.22 −68,5 m/s^2 ; −8,6 m/s^2 ; −2,5 m/s^2

Capítulo 5

5.2 4,2 m
5.4 0,89 m/s
5.6 0,52 m/s
5.10 7/8
5.14 1,11 m/s
5.16 1566 N (para a esquerda)
5.22 $F_{A,x} = 0$; $F_{A,y} = 66,6$ N
5.28 952 N (para a esquerda)
5.30 $2,66 \times 10^{-4}$ m^3/s
5.32 2,15 m/s a 45°
5.36 (a) 62,4 N·m/kg; (b) 62,4 N·m/kg
5.40 11,4 N·m/kg
5.44 0,842
5.46 0,47 K
5.48 0,046 m^3/s
5.52 (a) 294 kPa; (b) 324 kPa
5.54 4,54 MW
5.56 930 kW
5.58 (a) 4,08 hp; 3,03 m
5.60 0,022 m^3/s
5.66 lado direito; 18,2 N
5.70 3,97 m
5.72 (a) 4,29 m/s, 17,2°; (b) 558 (N · m)/s

Capítulo 6

6.2 $x^2z^2 + xy$; $2xyz^2 + x^3$; yz
6.6 $\omega = 4yz^2 - 6y^2z$
6.10 $v = -2y$; (b) 0,43 m/s
6.12 1 m^3/s (escoamento para a esquerda)
6.14 $\psi = 5x^2y - (5/3)y^3 + C$
6.18 (a) $\psi = 2xy$
6.20 (a) $\psi = -Kr^2/2 + C$; (b) não
6.24 $C = 0,50$ m
6.28 $h^2 = m / 2\pi A$
6.30 $p_{estag} - p_A = 0,703 \rho U^2$
6.36 $y/a \geq 10$
6.38 −5,98 kPa; −6,02 kPa; 45 Pa;

6.46 $U = (b^2/2\mu)\,\partial p/\partial x$
6.48 0,355 N·m
6.52 (a) sim; (b) 57,1 N/m^2 por metro
6.54 $v_\theta = R^2\omega/r$
6.56 (b) 1,20 Pa

Capítulo 7

7.2 (b)
7.10 $c(\rho/E)^{1/2} = \phi(h/D)$
7.12 Se a velocidade dobrar, a pressão dobrará.
7.14 $\mu = C_1\, t\, \Delta\gamma$ onde C_1 é uma constante
7.16 Omitir ρ e σ
7.18 $\Delta p_l = 40{,}5\mu Q/D^4$
7.20 26,5 mm/s
7.22 11,0 m/s
7.24 1180 km/h
7.26 131,4 m/s
7.32 1,22 N
7.36 0,13 m; 0,08 m^3/s
7.40 1,1 m/s; 0.32 m/s

Capítulo 8

8.4 laminar
8.6 5,4 m
8.8 3 m; 8,83 Pa
8.12 3,43 m; 166 kPa
8.14 18,5 m
8.16 (a) 0,707 *R*; (b) 0,750 *R*
8.18 0,0404
8.20 0,0300
8.22 1,73 bar
8.28 9,00
8.32 3,3 bar
8.38 bomba de 127 hp
8.40 24,4 hp
8.46 308,5 m
8.52 5,4 bar
8.56 $1{,}4 \times 10^{-3}$ m^3/s
8.58 0,15 m
8.62 0,018 m^3/s
8.66 18,0 m^3/s
8.70 1,76 m
8.72 0,0027 m^3/s

Capítulo 9

9.2 3,45 kN; 0,56 kN; 3,47 kN; 0,43 kN
9.6 Fig. 9.5*c*
9.8 0,00718 m/s; 0,00229 m/s
9.10 0,0130 m; 0,0716 Pa; 0,0183 m; 0,0506 Pa
9.14 $\delta = 5{,}83\,(\nu x/U)^{1/2}$
9.18 2,83 *D*; 0,354 *D*
9.20 0,044 N · m
9.24 1,06 m/s
9.28 18.800 N · m
9.30 43,2%
9.36 558 N
9.44 23,5 m/s
9.46 58,4 hp
9.48 (a) 68,4 m/s; (b) 36,1 m/s
9.50 0,0187 *U*
9.54 65,3 m/s
9.56 razão entre potências = 2,3

Capítulo 10

10.2 2,53 m/s
10.8 0,43 m; 1,26 m
10.10 0,16 m; 0,22 m
10.16 5,14 Pa
10.18 35,0 m^3/s
10.22 0.45 m
10.24 0,000505
10.26 11,7 m^3/s; 12,2 m^3/s
10.32 10,66 m
10.36 1,36 m
10.40 4,18 m/s
10.44 84,5 m^3/s
10.50 1,36 m^3/s; 0,333 m
10.52 sim

Capítulo 11

11.2 4,1 N · m; 1,71 rotações/segundo
11.4 89,7 kg/s; 286 rpm
11.6 1246 N · m; 0 rpm
11.8 18,7 m
11.14 0,11 m^3/s
11.16 0,0328 m^3/s; 8,0 m
11.22 bomba com escoamento misto
11.26 −12,8 MW
11.30 0,091 m
11.32 26.600 N; 37,6 m/s; 707 kg/s
11.34 23.500 hp; 190 rpm
11.38 impulso

Índice